그리스 문자표

문자 표기	발음 표기	문자 표기	발음 표기
A α	Alpha(알파)	N ν	Nu(뉴)
B β	Beta(베타)	Ξ ξ	Xi/Ksi(크사이)
Γ γ	Gamma(감마)	O o	Omicron(오미크론)
Δ δ	Delta(델타)	Π π	Pi(파이)
E ε	Epsilon(입실론)	P ρ	Rho(로)
Z ζ	Zeta(제타)	Σ σ	Sigma(시그마)
H η	Eta(에타)	T τ	Tau(타우)
Θ θ	Theta(세타)	Y υ	Upsilon(윱실론)
I ι	Iota(이오타)	Φ ϕ	Phi(파이)
K κ	Kappa(카파)	X χ	Chi(카이)
Λ λ	Lambda(람다)	Ψ ψ	Psi(프사이)
M μ	Mu(뮤)	Ω ω	Omega(오메가)

그리스 문자[Greek alphabet] (수학백과, 2015. 5, 대한수학회)

표본공간 : Ω, 공집합 : $\varnothing$, Ω의 사건 : $A \subset \Omega, B \subset \Omega, C \subset \Omega, \cdots$

합사건 : $A \cup B$, 곱사건 : $A \cap B = AB$, 여사건 : A^c

A에서 B를 뺀 사건 : $A - B = A \cap B^c = A - AB$

A와 B는 배반사건 : $A \cap B = \varnothing$

n의 계승, n factorial : $n! = n \cdot (n-1) \cdots 2 \cdot 1,\ 0! = 1$

n개에서 k개를 뽑는 순열의 수 : ${}_nP_k = n \cdot (n-1) \cdots (n-k+1) = \dfrac{n!}{(n-k)!}$

이항계수 = n개에서 k개를 뽑는 조합의 수 : $\dbinom{n}{k} = \dfrac{{}_nP_k}{k!} = \dfrac{n!}{(n-k)!\,k!}$

다항계수 : $\dbinom{n}{n_1, n_2, \cdots, n_k} = \dfrac{n!}{n_1!n_2! \cdots n_k!},\quad n_1 + n_2 + \cdots + n_k = n$

사건 A의 확률 : $P(A)$

사건 A가 주어졌을 때 사건 B의 조건부 확률 : $P(B|A) = \dfrac{P(A \cap B)}{P(A)}$

확률의 곱셈법칙 : $P(A \cap B) = P(A)P(B|A) = P(B)P(A|B)$

A와 B는 독립사건 : $P(A \cap B) = P(A)P(B)$

확률변수 : $X, Y, Z, \cdots$

확률변수의 값 : $x, y, z, \cdots$

누적분포함수 : $F(x) = P(X \le x)$

기댓값 : $\mu_X = E(X)$

분산 : $\sigma_X^2 = Var(X) = E((X-\mu_X)^2) = E(X^2) - \mu_X^2$

표준편차 : $\sigma_X = \sqrt{\sigma_X^2} = sd(X)$

확률생성함수 : $g_X(t) = E(t^X)$

적률생성함수 : $m_X(t) = E(e^{tX})$

결합누적분포함수 : $F_{X,Y}(x, y) = P(X \le x, Y \le y)$

공분산 : $Cov(X, Y) = E((X-\mu_X)(Y-\mu_Y)) = E(XY) - \mu_X\mu_Y$

상관계수 : $Corr(X, Y) = \rho(X, Y) = \dfrac{Cov(X, Y)}{\sigma_X \sigma_Y}$

조건부 확률질량함수 : $p_{X|Y}(x|y) = \dfrac{p(x, y)}{p_Y(y)}$

조건부 확률밀도함수 : $f_{X|Y}(x, y) = \dfrac{f(x, y)}{f_Y(y)}$

확률표본 : $X_1, X_2, \cdots, X_n$ 독립이고 동일한 분포

확률표본의 값 : $x, x_2, \cdots, x_n$

표본평균 : $\overline{X} = \dfrac{1}{n}(X_1 + X_2 + \cdots + X_n)$

표본평균의 값 : $\overline{x} = \dfrac{1}{n}(x_1 + x_2 + \cdots + x_n)$

표본분산 : $S^2 = \dfrac{1}{n-1}\sum_{k=1}^{n}(X_k - \overline{X})^2$

표본분산의 값 : $s^2 = \dfrac{1}{n-1}\sum_{k=1}^{n}(x_k - \overline{x})^2$

귀무가설 : H_0, 대립가설 : H_1

유의수준 : $\alpha = P(H_0 \text{ 기각} | H_0 \text{ 참})$

모수 θ의 추정량 : $\hat{\theta}$

모수 θ의 불편추정량 $\hat{\theta}$의 표준오차 : $\mathrm{SE}(\hat{\theta}) = \sqrt{Var(\hat{\theta})} = \sqrt{E((\hat{\theta}-\theta)^2)}$

$\mu \pm e = [\mu - e, \mu + e]$

z_α : 표준정규분포의 오른쪽 꼬리확률이 α인 값

$Z \sim N(0, 1)$일 때 $P(Z > z_\alpha) = \alpha$

$z_{0.1} = 1.28$, $z_{0.05} = 1.645$, $z_{0.025} = 1.96$, $z_{0.01} = 2.33$, $z_{0.005} = 2.58$

이공계생을 위한

확률과 통계

이공계생을 위한

확률과 통계

Probability & Statistics

강혜정 지음

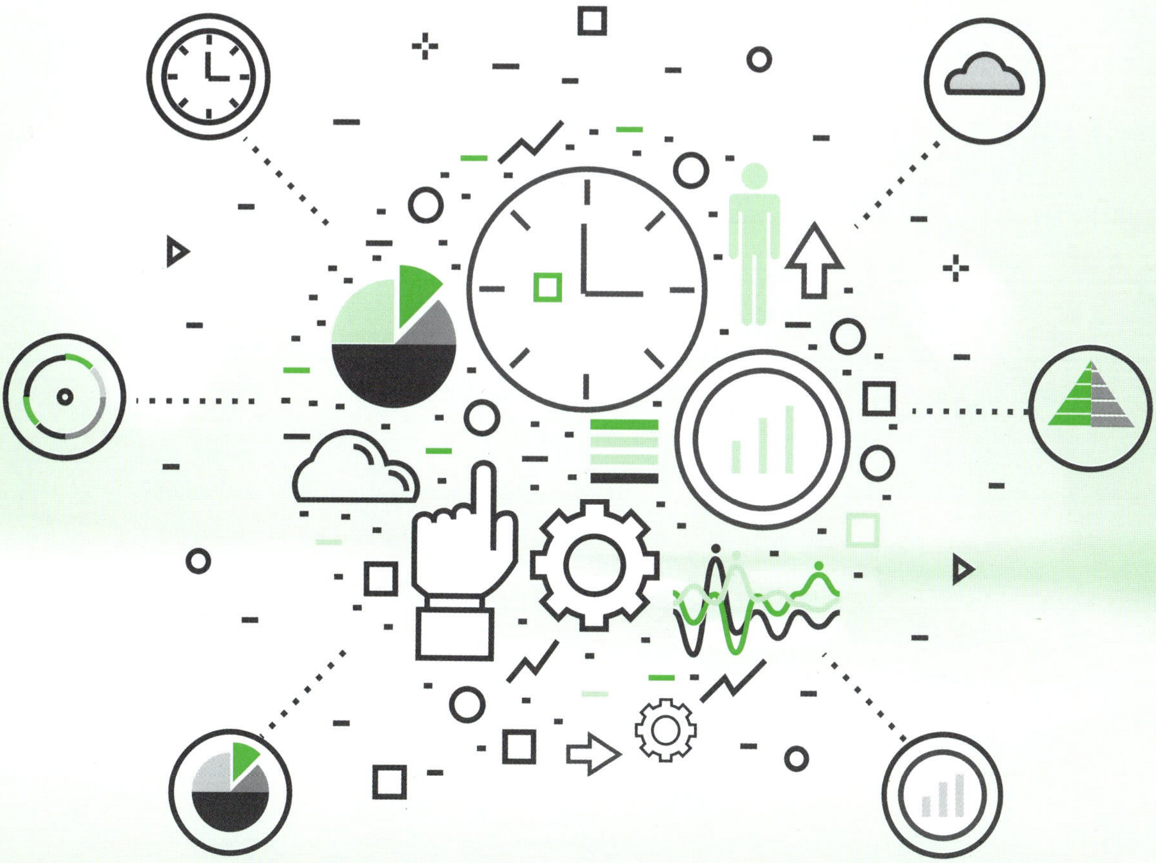

KM 경문사

머리말

현대사회에는 가히 데이터의 홍수라 할 만큼 많은 데이터가 만들어지고 있고 인터넷과 IT 기술의 발달로 일반인들도 많은 데이터에 접근이 가능해졌다. 21세기의 미래학자들은 새로운 핵심역량의 하나로 정보 처리 능력을 들고 있으며 데이터를 효율적으로 다루는 능력, 데이터를 적절한 방법으로 분석하여 올바른 의사결정을 내리는 능력 등은 앞으로 읽기, 쓰기 능력만큼이나 기본적이고 중요한 능력이 될 것이란 예측이다.

데이터를 다루는 통계학은 그 자체로서 과학의 중요한 영역이기도 하지만 다른 분야 — 자연과학, 의학, 사회과학, 공학 등 — 에서도 없어서는 안 될 중요한 도구이기도 하다. 실험이나 조사를 수행하는 영역에서 통계의 방법 없이 데이터로부터 의미 있는 결과를 도출할 수는 없기 때문이다.

이 교재에서는 확률론(1장~4장)과 통계적 추론(5장~8장)을 다룬다. 일상생활의 많은 문제들과 밀접하게 연관되어 있는 확률론은 통계학의 수학적 기초를 이룬다. 확률론은 그 자체로도 흥미롭고 유용한 학문이지만 통계학에서 얻은 추론의 정확도에 대한 논리적인 근거를 제시하는 역할도 한다. 통계학은 다양한 분야에서 실험 데이터와 관찰 데이터를 분석하는 데 필요하다. 데이터를 기술하고 요약하고 나면 이러한 것들이 의미하는 바가 무엇인지 결론을 내려야 하는데 데이터의 요약으로부터 논리적인 결론을 이끌어내는 것을 통계적 추론이라 한다.

이 교재는 이공계 학생들이 1학년 또는 2학년에서 한 학기 동안 공부할 교재로 기획되었다. 1장부터 8장까지의 본문과 부록으로 이루어져 있는데, 수업에서 다루어야 할 내용은 본문에 수록하였고 학생들이 참고하면 좋을 내용들은 부록에 수록하였다. 1장부터 4장까지는 확률론을 다루고 있고 5장부터 8장까지는 통계적 추론을 다룬다. 확률론의 내용은 중간고사까지, 통계적 추론의 내용은 중간고사 이후 기말고사까지 다루는 것이 자연스럽다. 중간고사까지의 분량이 중간고사 이후의 분량보다 약간 많은데 4장의 내용을 제외하고 공부하여도 그 이후의 내용을 이해하는 데 지장이 없도록 필요한 내용은 2, 3장에서 다루었다. 4장의 내용은 다변수함수에 대한 결과를 알고 있어야 이해가 가능하므로 다변수함수를 배우지 않은 학생들은 4장을 제외하고 공부하는 것을 권장한다.

각 절이 끝난 후, 또는 연관된 몇 개의 절이 끝나면 연습문제를 실었다. 본문에 나오는 개념과 중요한 결과들을 충분히 이해하고 활용할 수 있도록 구성하였다. 또한 수학적으로 어려운 내용을 필요로 하는 문제는 가급적 실지 않으려 하였으나 문제 자체의 의미가 있는 경우, 또는 흥미로운 결과를 보여주는 문제는 포함하였다. 연습문제 홀수 번호에 대한 풀이와 답은 부록에 실어 학생들이 스스로 공부하는 데 도움이 되도록 하였다.

확률과 통계를 위한 수학의 기초

이산확률변수를 다루기 위해서는 무한급수의 정의와 성질들을, 연속확률변수를 다루기 위해서는 미분과 적분의 정의와 성질들을 알고 있어야 한다. 부록 A에는 이 교재에서 많이 사용되는 수학적 기초를 다루고 있다. 특히 지수함수에 대한 거듭제곱급수나 미분, 적분 등은 확률에서 중요한 역할을 하는데 부록에 있는 공식들을 이용하면 이 교재에서 다루는 대부분의 공식을 유도하고 보기들의 계산을 할 수 있다. 이 교재의 목표가 확률과 통계에 대한 이해와 활용이므로 너무 복잡하거나 어려운 수학적 계산은 전체적인 이해도를 떨어뜨릴 위험이 있다. 이런 경우는 직접 계산을 하는 것보다는 계산기나 엑셀을 이용하여 계산하는 방법을 추천한다. 특히 누적확률분포를 구하는 문제는 몇몇 특수한 경우를 제외하면 많이 복잡하고 어려우므로 부록 C에서 누적확률분포를 엑셀을 이용하여 구하는 방법을 소개한다.

자료의 정리와 요약

고등학교까지 다룬 통계의 내용은 대부분 유한한 데이터들의 정리와 요약을 다루는 기술통계학이다. 이러한 내용에 익숙하지 않은 학생들을 위하여 자료를 정리하고 요약하는 방법을 부록 B에 따로 담았다. 5장을 시작하기 전 수업에서 간단하게 다루어도 좋고 필요할 때마다 참고하여도 좋다. 부록의 내용을 몰라도 본문을 이해하는 데 큰 어려움이 없도록 필요한 용어와 내용은 본문에서 다시 설명하였다.

엑셀 사용법

통계의 사용빈도와 중요성이 커지면서 다양한 통계패키지가 개발되어 사용되고 있다. 통계패키지를 사용하면 데이터와 간단한 명령어만 입력하여 수많은 결과를 한꺼번에 구할 수 있다. 그러나 이 교재의 목표는 확률과 통계의 원리를 이해하고 활용하는 것이므로 이러한 통계패키지의 활용은 적절하지 않다고 생각한다. 그 대신 단순하지만 많은 양의 계산을 해야 하는 경우

(평균, 분산 등을 구할 때)와 수학적으로 너무 어려운 계산을 해야 하는 경우(누적분포함수 등을 구할 때) 엑셀을 이용하여 쉽게 계산하는 방법을 소개하였다. 엑셀을 이용해서도 필요한 기술통계량 또는 추정과 검정의 결과를 한꺼번에 구할 수 있으나 이러한 방법은 각 통계량이나 추정과 검정이 의미하는 바를 이해하는 데에 전혀 도움이 되지 않으므로 소개하지 않았다. 어떤 개념이든 새로운 개념을 처음 배울 때는 정의를 이용한 계산 과정 자체가 개념을 이해하는 데 중요한 역할을 한다고 믿기 때문이다.

확률분포표

이산확률변수 또는 연속확률변수의 누적확률분포를 구하는 것은 급수의 부분합, 또는 정적분을 구해야 하며 대부분 복잡하고 어렵고 어떤 경우는 불가능한 경우도 있다. 따라서 이항분포, 정규분포, t-분포, 카이제곱분포 등의 누적확률분포를 여러 값에 대하여 근사적으로 미리 계산해 놓은 확률분포표를 만들어 사용한다. 이 교재에서는 정규분포표, t-분포표, 카이제곱분포표, F-분포표를 부록 D에 수록하였다. 그러나 컴퓨터의 상용화로 이러한 표를 이용하는 것보다 훨씬 편하게 다양한 값을 구할 수 있게 되었다. 누적확률분포를 엑셀을 이용하여 구하는 방법은 부록 C에서 확인할 수 있다.

수업자료와 연습문제 해답

교수자의 효율적인 강의 준비를 위하여 온라인과 오프라인으로 강의 보조 자료를 제공한다. 경문사 대표전화 02) 332-2004로 전화하거나 저자에게 e-mail(jhjkang@snu.ac.kr)을 보내면 교수용 PPT 자료와 전체 연습문제의 풀이 및 정답을 받을 수 있다.

차례

제 6 장 통계적 추론

제 7 장 모평균의 추론 : Z-검정과 t-검정

제 8 장 카이제곱검정과 F-검정

부록

제 1 장

사건과 확률

확률이란 단어는 일상생활에서, 군사적 상황에서 또는 연구 결과 등에서 사용되며 가능성이란 의미로 많이 사용된다. 확률의 이론을 다루는 확률론은 일상생활, 특히 도박이나 게임에 관련된 문제에서 출발하여 현재는 수학의 가장 유용하고 흥미로운 학문의 분야로 발전하였다.

모든 곳에서 엄청난 양의 데이터가 축적되는 현대에서는 간단하고 유용한 정보를 만들어내는 통계의 역할이 그만큼 커질 수밖에 없다. 통계학은 기본적으로 전체에서 일부의 데이터를 이용하여 전체의 특성에 대한 추론을 한다. 확률론은 그 자체로도 흥미롭고 유용한 학문이지만 통계학에서 얻은 추론의 정확도에 대한 논리적인 근거를 제시하는 역할도 한다. 1장에서는 확률의 기본 개념에 대하여 살펴본다.

1.1 사건과 경우의 수

이 절에서는 이미 고등학교 확률에서 배운 내용 중에서 활용도가 높은 내용들을 간단하게 복습하도록 한다. 이 절에서 다루는 내용이 익숙하지 않은 학생들은 고등학교 확률과 통계 교재를 참고하기 바란다.

1.1.1 표본공간과 사건

결과를 정확히 예측할 수 없는 어떤 실험이나 현상을 **확률 실험**(experiment), 또는 **시행**(trial)이라 한다. 이때 가능한 모든 결과의 집합을 **표본공간**(sample space)이라 부르고 Ω로 나타내기로 하자. 예를 들어 동전을 던졌을 때 앞면이 나오면 H, 뒷면이 나오면 T로 나타내면 동전을 한 번 던졌을 때 표본공간은

$$\Omega_1 = \{\mathrm{H},\ \mathrm{T}\}$$

두 번 던졌을 때의 표본공간은

$$\Omega_2 = \{\mathrm{HH},\ \mathrm{HT},\ \mathrm{TH},\ \mathrm{TT}\}$$

이다. 동전의 앞면이 나올 때까지 동전을 던지는 실험을 반복한다고 하자. 가능한 결과를 모두 나열하면 표본공간은

$$\Omega_3 = \{\mathrm{H},\ \mathrm{TH},\ \mathrm{TTH},\ \mathrm{TTTH},\ \cdots\}$$

이다. $\Omega_1, \Omega_2, \Omega_3$와 같이 원소의 개수가 유한하거나 셀 수 있는 경우 표본공간을 **이산표본공간**(discrete sample space)이라 한다.

배터리의 수명을 측정하는 실험을 한다고 하자. 가능한 표본공간의 하나는 모든 양수를 포함하는 것으로 다음과 같이 주어진다.

$$\Omega = \mathbb{R}^+ = [0, \infty)$$

이처럼 실수집합의 구간 형태로 주어지는 표본공간을 **연속표본공간**(continuous sample space)이라 한다.

표본공간의 부분집합 A를 **사상** 또는 **사건**(event)이라 부른다. 특히 표본공간의 원소는 **근원 사건**이라 부르기도 한다. 실험결과가 A에 속할 경우 사건 A가 **발생했다**고 한다.

두 사건 A, B에 대해 A의 모든 원소가 B에 속할 때 A는 B에 **포함된다**고 하고 다음과 같이 나타낸다.

$$A \subset B$$

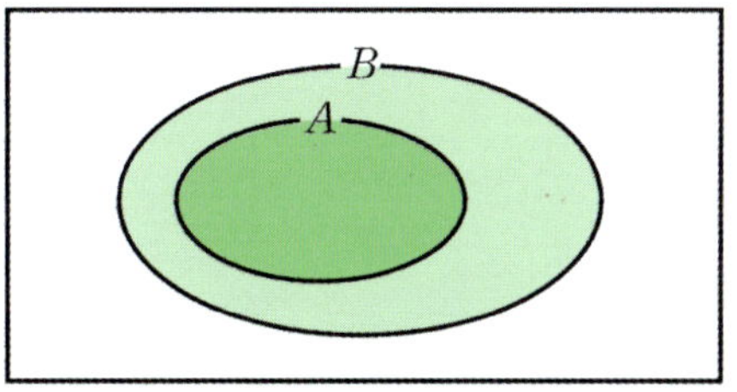

$A \subset B$이고 $B \subset A$이면 A와 B는 **같다**고 하며 $A = B$로 나타낸다.

■ 사건의 연산

표본공간 Ω의 사건 A, B에 대해 다음과 같이 사건의 연산을 정의한다.

- 사건 $A \cup B$는 A와 B의 **합사건**(union)이라 부르고 사건 A 또는 사건 B가 일어나는 사건을 나타낸다.
- 사건 $A \cap B$는 A와 B가 동시에 일어나는 사건을 나타내며 A와 B의 **곱사건**(intersection)이라 부른다. 곱사건은 간단히 AB로 나타내기도 한다.

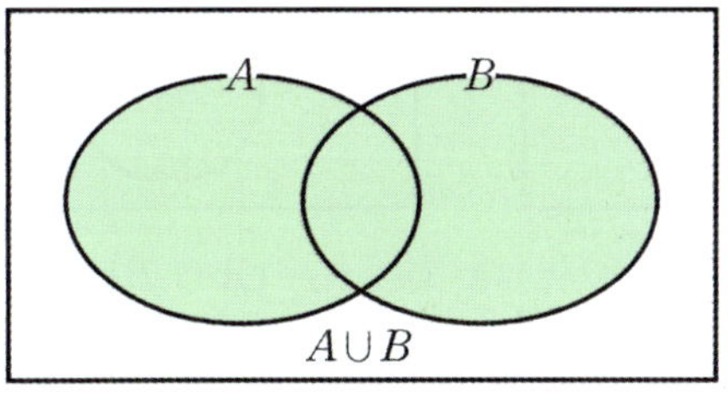

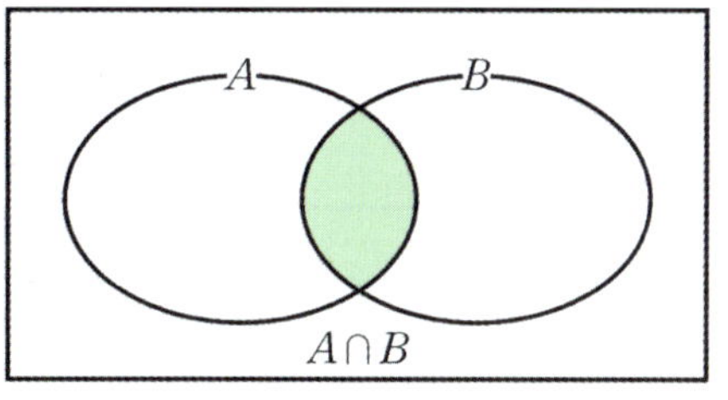

보기 1

같은 표본공간의 사건 A, B에 대하여 다음 관계가 성립한다.

(a) $A \subset A \cup B, \ \ A \cap B \subset A$

(b) $A \subset B$이면 $A \cup B = B, \ \ A \cap B = A$

세 개 이상의 사건에 대해서도 합사건과 곱사건을 정의할 수 있다. 사건 $A_1, A_2, \cdots, A_n$의 합사건은 $A_1 \cup A_2 \cup \cdots \cup A_n$ 또는 간단히 $\bigcup_{i=1}^{n} A_i$로 나타내며 적어도 하나의 사건 A_i에 속하는 원소들로 이루어진다. 사건 $A_1, A_2, \cdots, A_n$의 곱사건은 $A_1 A_2 \cdots A_n$ 또는 $\bigcap_{i=1}^{n} A_i$로 나타내며 모든 사건 A_i에 속하는 원소들로 이루어진다.

합사건, 곱사건 등의 연산은 덧셈, 곱셈에 대해 성립하는 다음과 같은 연산법칙을 따른다.

사건의 연산법칙

교환법칙: $A \cup B = B \cup A$ $\qquad AB = BA$

결합법칙: $(A \cup B) \cup C = A \cup (B \cup C)$ $\qquad (AB)C = A(BC)$

배분법칙: $(A \cup B)C = (AC) \cup (BC)$ $\qquad (AB) \cup C = (A \cup C)(B \cup C)$

다음 그림은 벤다이어그램을 이용하여 배분법칙의 첫 번째 식을 설명한 것이다.

$$(A \cup B)C = (AC) \cup (BC)$$

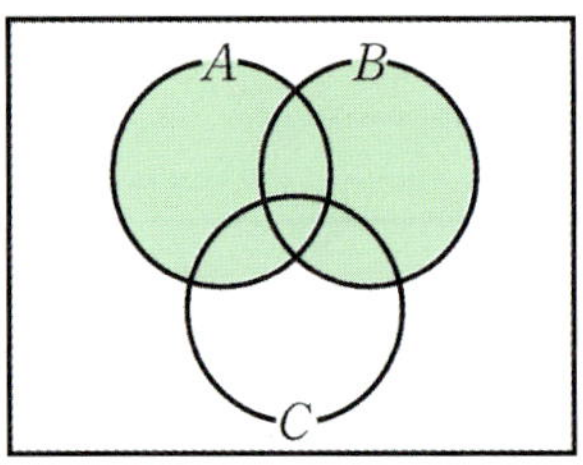

$(A \cup B)$

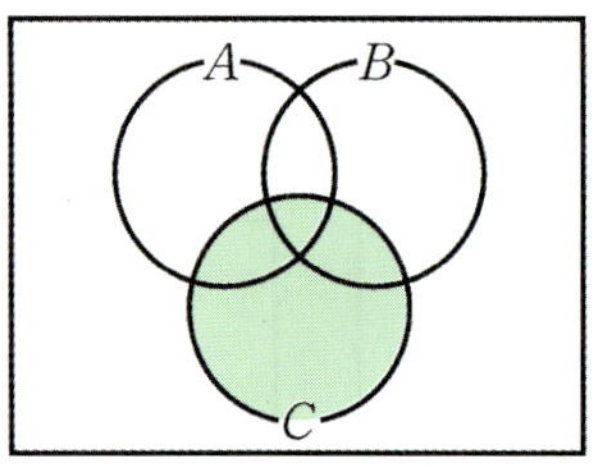

C

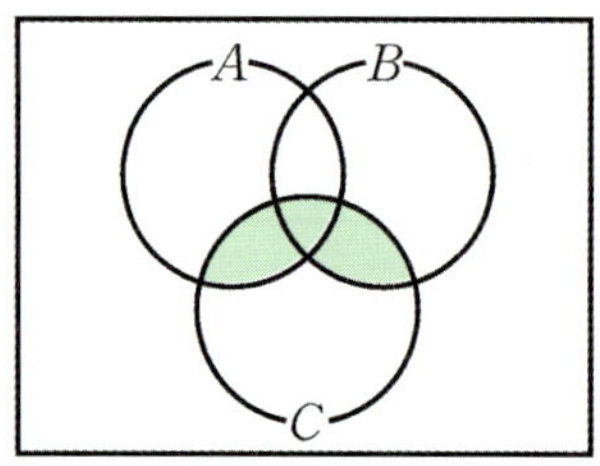

$(A \cup B)C$

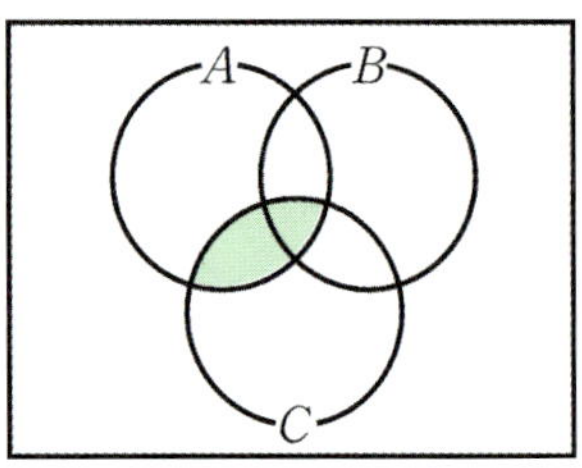

AC

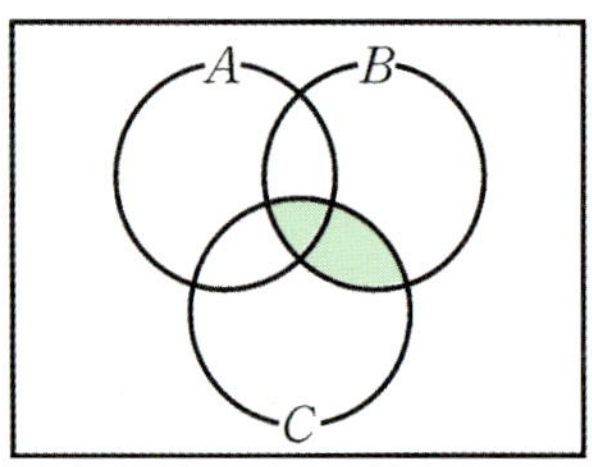

BC

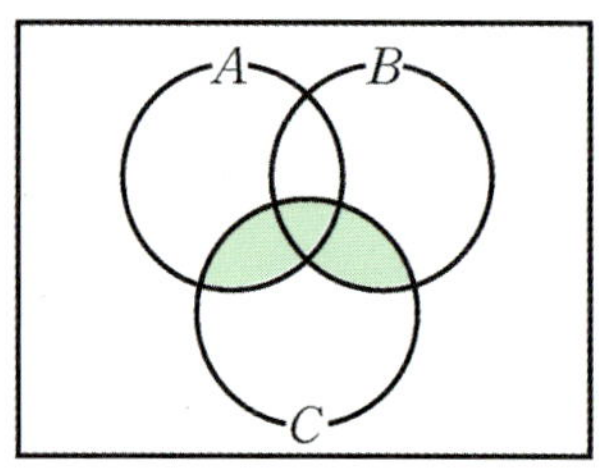

$(AC) \cup (BC)$

• 사건 A^c는 A의 **여사건**(complement)이며 A가 일어나지 않는 사건이다.

사건 A는 일어나고 사건 B는 일어나지 않는 사건 AB^c를 사건 A에서 사건 B를 뺀 사건이라 하고 $A-B$로 나타낸다.

$$AB^c = A - B = A - AB$$

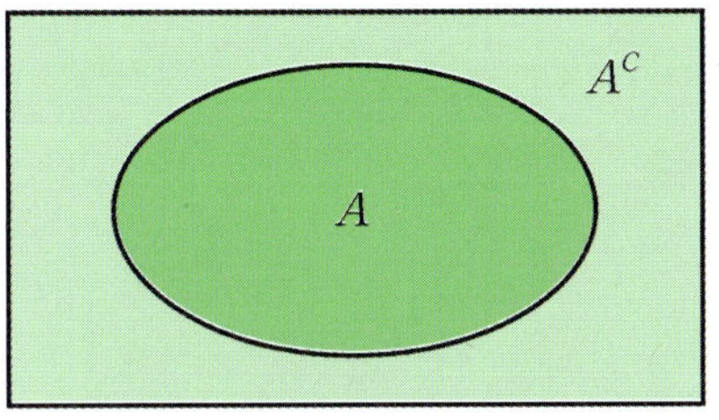

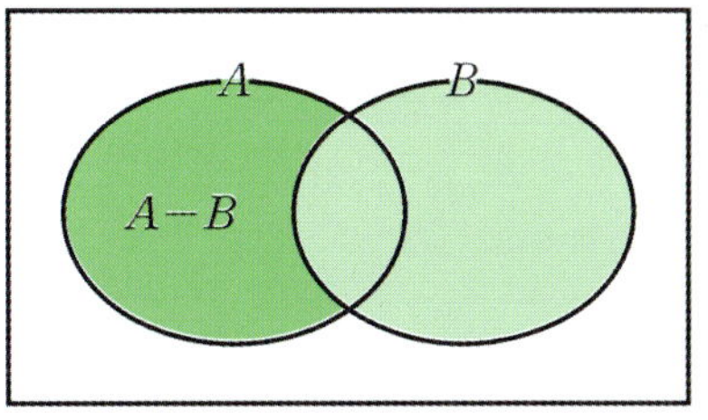

원소가 하나도 없는 사건을 **공사건**(empty event)이라 하고 기호 $\varnothing$로 나타낸다. 두 사건 A, B에 대해 $A \cap B = \varnothing$이면 A와 B는 **배반**(disjoint 또는 exclusive)**사건**이라 한다. 일반적으로 서로 다른 모든 i, j에 대하여 $A_i \cap A_j = \varnothing$이면 사건들의 열 $A_1, A_2, \cdots$은 **상호배반**(mutually disjoint)이라 한다.

$A \cap B = \varnothing$

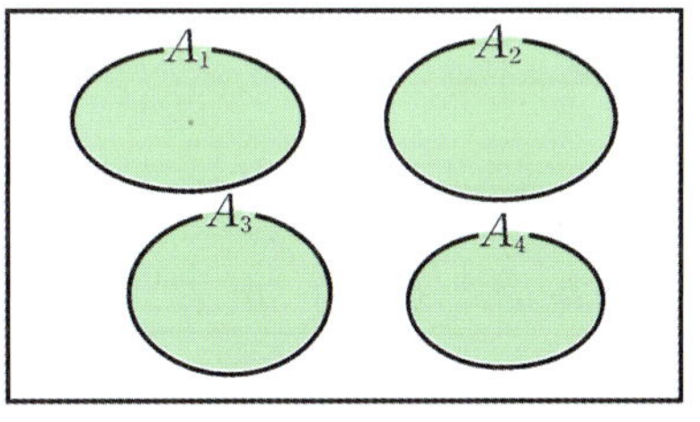

$i \neq j$**일 때** $A_i \cap A_j = \varnothing$

보기 2

(a) A와 A^c는 배반사건이다.

(b) $A-B$, AB, $B-A$는 상호배반이다.

(c) $A \subset B^c$이면 A와 B는 상호배반이다.

여사건과 배반사건

여사건 A^c : 사건 A가 일어나지 않는 사건

사건 A**에서 사건** B**를 뺀 사건** $A-B$: 사건 A는 일어나고 사건 B는 일어나지 않는 사건 AB^c

배반사건 A, B : $A \cap B = \varnothing$

상호배반인 사건의 열 $A_1, A_2, \cdots$: $i \neq j$일 때 $A_i \cap A_j = \varnothing$

보기 3

동전을 던졌을 때 앞면이 나오면 H, 뒷면이 나오면 T로 나타내자. 동전을 세 번 던졌을 때의 표본공간은

$$\Omega = \{\mathrm{HHH}, \mathrm{HHT}, \mathrm{HTH}, \mathrm{THH}, \mathrm{HTT}, \mathrm{THT}, \mathrm{TTH}, \mathrm{TTT}\}$$

이다. 사건 A를 앞면이 한 번 나온 사건, 사건 B를 처음에 앞면이 나온 사건, 사건 C를 두 번째에 뒷면이 나온 사건이라 하면

$$A = \{\mathrm{HTT}, \mathrm{THT}, \mathrm{TTH}\}$$
$$B = \{\mathrm{HHH}, \mathrm{HHT}, \mathrm{HTH}, \mathrm{HTT}\}$$
$$C = \{\mathrm{HTH}, \mathrm{HTT}, \mathrm{TTH}, \mathrm{TTT}\}$$

이다. A와 B의 합사건, A, B, C의 합사건은 각각

$$A \cup B = \{\mathrm{HTT}, \mathrm{THT}, \mathrm{TTH}, \mathrm{HHH}, \mathrm{HHT}, \mathrm{HTH}\}$$
$$A \cup B \cup C = \{\mathrm{HHH}, \mathrm{HHT}, \mathrm{HTH}, \mathrm{HTT}, \mathrm{THT}, \mathrm{TTH}, \mathrm{TTT}\}$$

이고 A, B, C에 대하여 곱사건들은 다음과 같다.

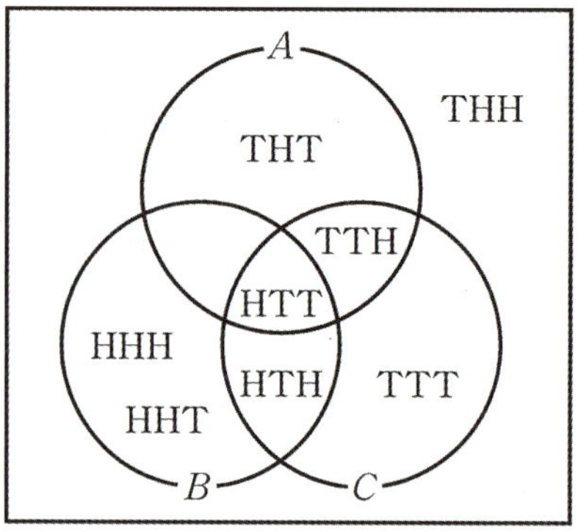

$$A \cap B = \{\mathrm{HTT}\}$$
$$B \cap C = \{\mathrm{HTH}, \mathrm{HTT}\}$$
$$C \cap A = \{\mathrm{HTT}, \mathrm{TTH}\}$$
$$A \cap B \cap C = \{\mathrm{HTT}\}$$

B의 여사건은

$$B^c = \{\mathrm{THH}, \mathrm{THT}, \mathrm{TTH}, \mathrm{TTT}\}$$

이고 A에서 B를 뺀 사건은 다음과 같다.

$$A - B = \{\mathrm{THT}, \mathrm{TTH}\}$$

A와 B는 상호배반이 아니고 $A \cap B$와 $A - B$는 상호배반이다.

합사건, 곱사건, 여사건 사이에 다음과 같은 유용한 관계식이 성립하는데 이를 **드모르간 법칙**(De Morgan's law)이라 한다.

드모르간 법칙(De Morgan's law)

집합 A, B에 대하여 다음 관계식이 성립한다.

$(A \cup B)^c = A^c \cap B^c$ $\qquad$ $(A \cap B)^c = A^c \cup B^c$

다음 그림은 벤다이어그램을 이용하여 드모르간의 첫 번째 식을 설명한 것이다.

$$(A \cup B)^c = A^c \cap B^c$$

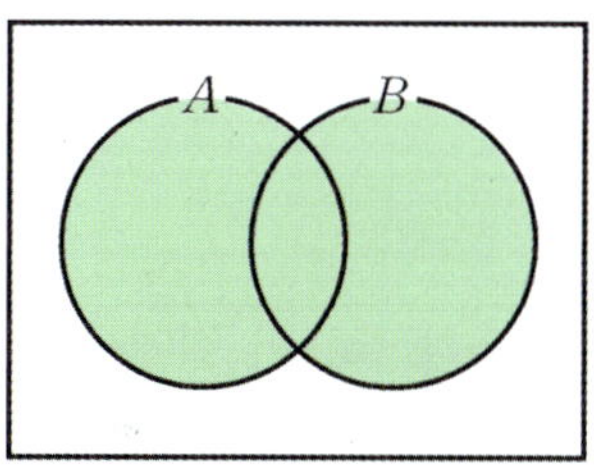

$A \cup B$

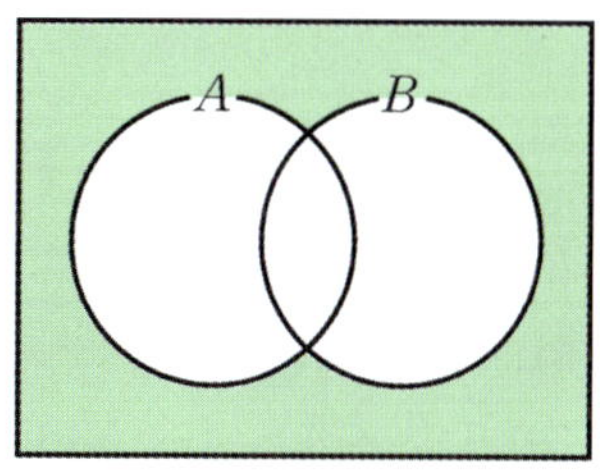

$(A \cup B)^c$

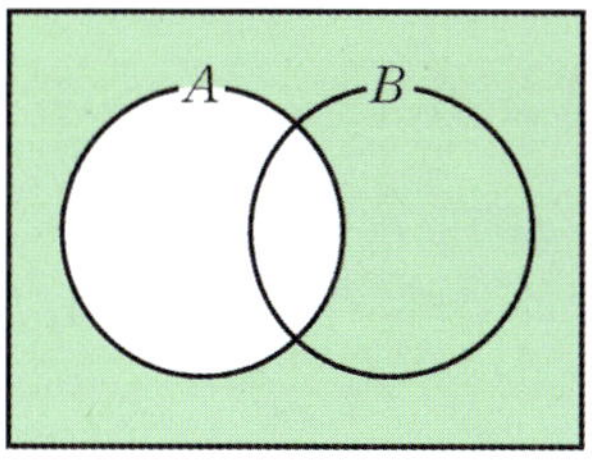

A^c

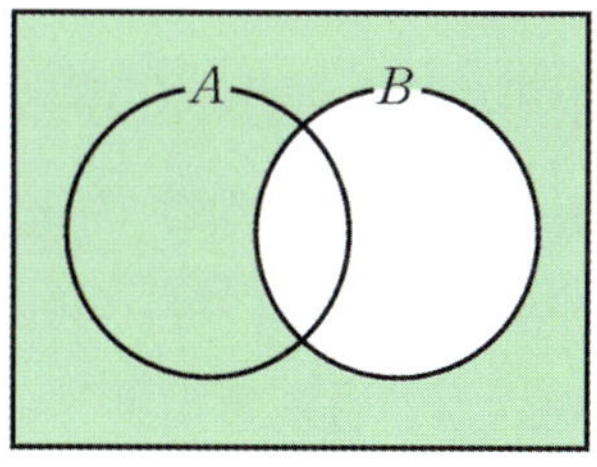

B^c

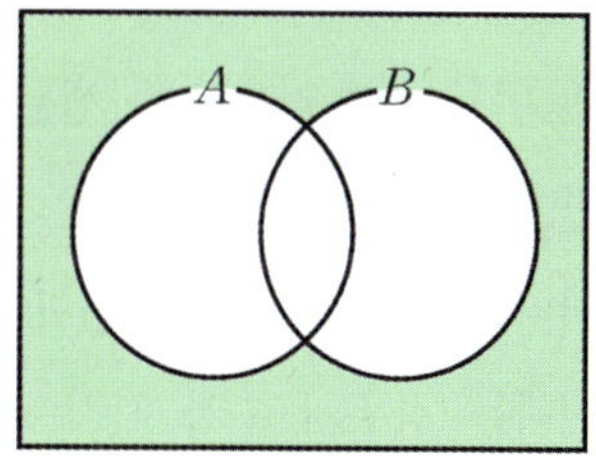

$A^c \cap B^c$

보기 4

다음 벤다이어그램에서 영역 I, 영역 II를 사건 A, B, C를 이용하여 나타내어라.

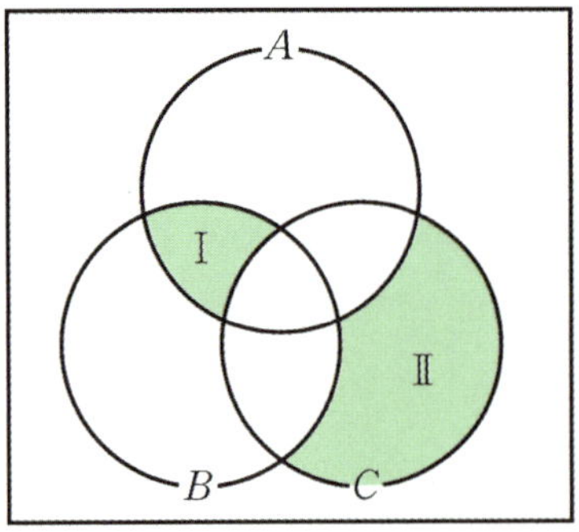

풀이 영역 I : $AB - C = ABC^c$

영역 II : $C - (A \cup B) = C(A \cup B)^c = C(A^cB^c)$

1.1.2 경우의 수

표본공간 Ω의 원소의 개수가 유한하고 각 원소가 일어날 가능성이 모두 같을 때 사건 A의 확률은 다음과 같이 정의한다.

$$P(A) = \frac{n(A)}{n(\Omega)}$$

이때 확률의 계산은 사건의 원소의 수를 세는 것에 기초하므로 이 절에서는 원소의 개수를 세는 기본적인 원칙을 소개하기로 한다.

■ 합의 법칙

합의 법칙은 경우의 수를 세는 가장 기본적인 방법이다. 두 사건 A, B가 동시에 일어나지 않으면, 다시 말해서 $A \cap B = \varnothing$이면 사건 A 또는 사건 B가 일어나는 경우의 수는 사건 A가 일어나는 경우의 수와 사건 B가 일어나는 경우의 수를 더한 것과 같다. 즉, 두 사건 A, B가 일어나는 경우의 수가 각각 m, n이고 $A \cap B = \varnothing$이면

$$\text{사건 } A \text{ 또는 사건 } B\text{가 일어나는 경우의 수} = n + m = m + n$$

이다. 이러한 성질을 **합의 법칙**(addition rule)이라 한다.

일반적으로 사건 A가 서로 겹치는 부분이 없는 사건 $A_1, A_2, \cdots, A_k$로 나뉘면 사건 A가 일어나는 경우의 수는 사건 $A_1, A_2, \cdots, A_k$가 일어나는 경우의 수를 모두 더한 것과 같다.

합의 법칙(경우의 수)

- 표본공간 Ω의 두 사건 A, B가 상호배반이면, 즉 $A \cap B = \varnothing$이면 A 또는 B가 일어나는 경우의 수는 다음과 같다.

$$n(A \cup B) = n(A) + n(B)$$

- 표본공간 Ω의 사건 $A_1, A_2, \cdots, A_k$가 상호배반이면, 즉 $i \neq j$일 때 $A_i \cap A_j = \varnothing$이면 $A = \bigcup_{i=1}^{k} A_i$에 대하여 다음 식이 성립한다.

$$n(A) = \sum_{i=1}^{k} n(A_i) = n(A_1) + n(A_2) + \cdots + n(A_k)$$

보기 5

(a) 주사위를 두 번 던져 두 눈의 합이 3 이하이거나 11 이상인 경우의 수를 구하시오.
(b) 양의 정수 x, y, z에 대하여 $x + y + z \leq 5$를 만족시키는 (x, y, z)의 개수를 구하시오.

풀이 (a) 두 눈의 합이 3 이하인 사건을 A, 11 이상인 사건을 B라 하면 A와 B는 동시에 일어날 수 없다.

$$A = \{(1,1), (1,2), (2,1)\}, \quad B = \{(5,6), (6,5), (6,6)\}$$

이므로 구하는 경우의 수는 $3 + 3 = 6$이다.

(b) x, y, z가 양의 정수이므로 주어진 부등식을 만족시키는 $x + y + z$의 값은 3, 4, 5이다. A_k를 $x + y + z = k$인 자연수 모음 (x, y, z)의 집합이라 하면 A_3, A_4, A_5는 상호배반이고 다음과 같다.

$$A_3 = \{(1, 1, 1)\}$$
$$A_4 = \{(1, 1, 2), (1, 2, 1), (2, 1, 1)\}$$
$$A_5 = \{(1, 1, 3), (1, 3, 1), (3, 1, 1), (1, 2, 2), (2, 1, 2), (2, 2, 1)\}$$

$n(A_3)=1$, $n(A_4)=3$, $n(A_5)=6$이므로 구하는 경우의 수는 다음과 같다.

$$1+3+6=10$$

■ 곱의 법칙

두 종류의 실험을 한다고 하자. 첫 번째 실험이 n개의 결과를 갖고, 첫 번째 실험의 각 결과에 대하여 두 번째 실험의 결과가 m개라면 두 실험의 결과는

$$mn$$

가지이다. 이 결과를 **곱의 법칙**(multiplication rule)이라 한다. k개의 실험에서 결과의 수도 같은 방법으로 구할 수 있다.

곱의 법칙(경우의 수)

- 두 종류의 실험을 한다고 하자. 첫 번째 실험이 n개의 결과를 갖고, 첫 번째 실험의 각 결과에 대하여 두 번째 실험의 결과가 m개라면 두 실험의 결과는

$$mn$$

가지이다.

- k개의 실험을 할 때, 첫 번째 실험 결과가 n_1개, 첫 번째 실험의 각 결과에 두 번째 실험 결과가 n_2개, 처음 두 실험의 각 결과에 대하여 세 번째 실험의 결과가 n_3개, 같은 방법으로 계속하여 처음부터 $(k-1)$번째까지 실험의 각 결과에 대하여 k번째 실험의 결과가 n_k개이면 k개의 실험에서 가능한 결과는 모두

$$n_1 \cdot n_2 \cdot \cdots \cdot n_k$$

가지이다.

예를 들어 동전을 던지는 실험과 주사위를 던지는 실험을 한다면 가능한 결과는 다음과 같다.

$$\Omega=\{(\mathrm{H},1),(\mathrm{H},2),(\mathrm{H},3),(\mathrm{H},4),(\mathrm{H},5),(\mathrm{H},6),(\mathrm{T},1),(\mathrm{T},2),(\mathrm{T},3),(\mathrm{T},4),(\mathrm{T},5),(\mathrm{T},6)\}$$

Ω의 경우의 수는 동전을 던지는 실험의 결과가 2가지($\{\mathrm{H}, \mathrm{T}\}$), 주사위를 던지는 실험의 결

과가 6가지($\{1, 2, 3, 4, 5, 6\}$)이므로 가능한 결과는

$$2 \cdot 6 = 12$$

가지이다.

보기 6

안이 보이지 않는 상자에 10개의 공이 들어 있다. 공에는 0부터 9까지의 수가 하나씩 쓰여 있는데 그중 3개의 공을 뽑아 일렬로 세우려고 한다. 다음과 같이 공을 뽑을 때 가능한 경우의 수를 구하시오.

(a) 꺼낸 공을 상자에 다시 돌려놓을 때

(b) 꺼낸 공을 상자에 돌려놓지 않을 때

풀이 (a) 처음 가능한 수는 10가지, 두 번째와 세 번째에도 가능한 수는 10가지이므로 구하는 경우의 수는 곱의 법칙에 의하여

$$10 \cdot 10 \cdot 10 = 10^3 = 1000$$

가지이다.

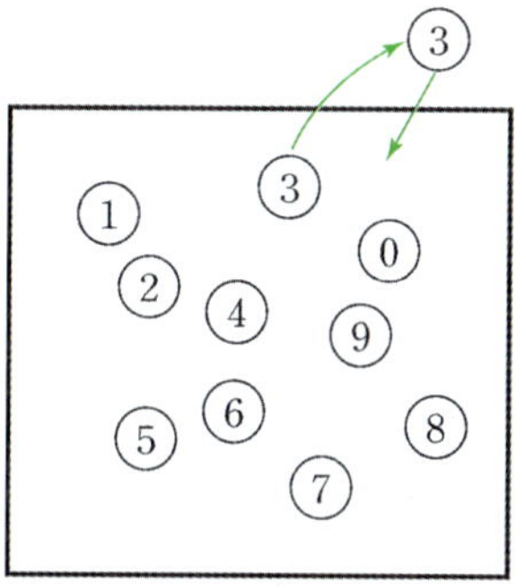

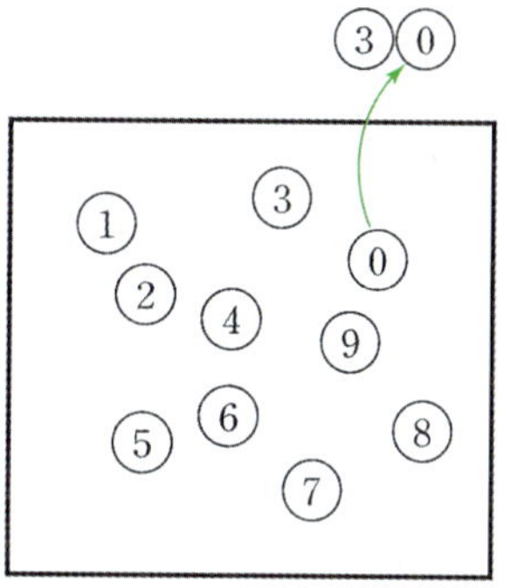

(b) 처음 가능한 수는 10가지, 두 번째 공은 처음 뽑힌 공을 제외한 9가지, 세 번째 공은 첫 번째와 두 번째에서 뽑힌 공을 제외한 8가지가 가능하다. 따라서 구하는 경우의 수는 곱의 법칙에 의하여

$$10 \cdot 9 \cdot 8 = 720$$

가지이다.

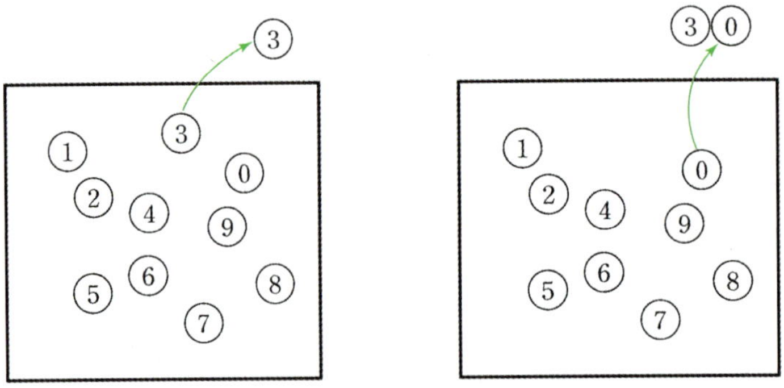

보기 6에서 (a)처럼 꺼낸 것을 돌려놓는 추출 방법을 **복원추출**(sampling with replacement), (b)처럼 꺼낸 것을 돌려놓지 않는 추출 방법을 **비복원추출**(sampling without replacement)이라 한다.

보기 7

(a) 문자 a, b, c의 서로 다른 배열은 모두 몇 개인지 구하시오.

(b) 자연수 1, 2, 3, 4, 5를 모두 한 번씩 사용하여 만들 수 있는 자연수는 모두 몇 개인지 구하시오.

풀이 (a) 첫 번째 자리에 올 수 있는 문자의 수는 3가지,
두 번째 자리에 올 수 있는 문자의 수는 첫 번째 자리의 문자를 제외한 2가지,
마지막 자리에 올 수 있는 문자는 나머지 1가지이므로 곱의 법칙에 의하여

$$3 \cdot 2 \cdot 1 = 6$$

가지이다.

(b) 첫 번째 자리에 올 수 있는 수는 5가지,
두 번째 자리에 올 수 있는 수는 첫 번째 자리의 수를 제외한 4가지,
세 번째 자리에 올 수 있는 수는 첫 번째와 두 번째 자리의 수를 제외한 3가지,
네 번째 올 수 있는 수는 처음 세 자리의 수를 제외한 2가지,
마지막 자리에 올 수 있는 수는 나머지 1가지
이므로 곱의 법칙에 의하여

$$5 \cdot 4 \cdot 3 \cdot 2 \cdot 1 = 120$$

가지이다.

보기 7(a)에서 가능한 배열은 다음과 같다.

$$\text{abc, acb, bac, bca, cab, cba}$$

이때 각각의 배열을 a, b, c의 **순열**(permutation)이라 하고 가능한 순열의 개수를 **순열의 수**라 한다.

서로 다른 n개의 물건을 일렬로 세우는 경우의 수는

$$n \cdot (n-1) \cdots 3 \cdot 2 \cdot 1$$

임을 알 수 있다. 이 값을 표현하기 위해 기호 $n!$을 사용하는데 n **계승** 또는 n factorial이라 읽는다. 즉, 다음과 같이 정의한다.

$$n \cdot (n-1) \cdots 3 \cdot 2 \cdot 1 = n!$$

$0! = 1$로 정의한다.

보기 8

서로 다른 n개에서 k개를 뽑아[1] 일렬로 나열하는 경우의 수를 구하시오.

풀이 첫 번째 자리에 올 수 있는 것은 n가지,
두 번째 자리에 올 수 있는 것은 첫 번째 자리에 놓인 것을 제외한 $(n-1)$가지,
세 번째 자리에 올 수 있는 것은 앞의 두 자리에 놓인 것을 제외한 $(n-2)$가지이다. 같은 방법으로 반복하면 곱의 법칙에 의하여 다음이 성립한다.

$$n \cdot (n-1) \cdot \cdots \cdot (n-k+1) = \frac{n!}{(n-k)!}$$

서로 다른 n개에서 k개를 뽑아 일렬로 나열하는 것을 n개에서 k개를 뽑는 **순열**이라 하고, 이 **순열의 수**를 기호 ${}_nP_k$로 나타낸다.

$${}_nP_k = n \cdot (n-1) \cdot \cdots \cdot (n-k+1) = \frac{n!}{(n-k)!}$$

이때 n개에서 n개를 뽑아 나열하는 수는 ${}_nP_n = n! = \frac{n!}{0!}$이므로, $0! = 1$로 정의하는 것이 합

1) 비복원추출

리적임을 보여준다.

보기 9

서로 다른 n개에서 k개를 뽑는 경우의 수를 구하시오.[2)]

풀이 서로 다른 n개에서 k개를 뽑아 일렬로 나열하는 경우의 수 ${}_nP_k$는 n개에서 k개를 뽑은 후, 이를 일렬로 세우는 방법의 수와 같다. 서로 다른 k개를 일렬로 세우는 방법은 $k!$이므로 곱의 법칙에 따라

$${}_nP_k = \text{서로 다른 } n\text{개에서 } k\text{개를 뽑는 경우의 수} \cdot k!$$

이다. 따라서 다음 식이 성립한다.

$$\text{서로 다른 } n\text{개에서 } k\text{개를 뽑는 경우의 수} = \frac{{}_nP_k}{k!} = \frac{n!}{(n-k)!k!}$$

서로 다른 n개에서 k개를 뽑는 경우의 수를 n개에서 k개를 뽑는 **조합의 수**라 하고 기호로

$$\binom{n}{k} \text{ 또는 } {}_nC_k$$

등으로 나타낸다.

$$\binom{n}{k} = \frac{{}_nP_k}{k!} = \frac{n!}{(n-k)!k!}$$

순열의 수, 조합의 수

- n개에서 k개를 뽑는 **순열의 수**

$${}_nP_k = n \cdot (n-1) \cdots (n-k+1) = \frac{n!}{(n-k)!}, \qquad 0! = 1$$

- n개에서 k개를 뽑는 **조합의 수**

$$\binom{n}{k} = \frac{{}_nP_k}{k!} = \frac{n!}{(n-k)!k!}, \qquad \binom{n}{k} = \binom{n}{n-k}$$

2) 비복원추출

보기 10

$(x+y)^n$의 전개식에서 $x^{n-k}y^k$의 계수를 구하시오.

풀이 $(x+y)^n$의 전개식은 n개의 인수 $(x+y)$에서 각각 x 또는 y를 하나씩 택하여 곱한 항을 모두 더한 것이다.

$$(x+y)^n = \underbrace{(x+y)(x+y)\ \cdots\ (x+y)}_{n\text{번}}$$

이때 k개의 $(x+y)$에서는 y를 선택하고 나머지 $n-k$개의 $(x+y)$에서는 x를 선택하여 곱하면 $x^{n-k}y^k$이므로 $x^{n-k}y^k$의 계수는 서로 다른 n개에서 k개를 선택하는 조합의 수 $\binom{n}{k}$이다.

보기 10의 결과에 의하면 다음과 같은 전개식을 얻는다.

$$(x+y)^n = \sum_{k=0}^{n}\binom{n}{k}x^{n-k}y^k$$

이 전개식을 **이항정리**(binomial theorem)라 한다.

이항정리

n이 자연수일 때 다음 식이 성립한다.

$$\begin{aligned}(x+y)^n &= \sum_{k=0}^{n}\binom{n}{k}x^{n-k}y^k \\ &= \binom{n}{0}x^n + \binom{n}{1}x^{n-1}y + \binom{n}{2}x^{n-2}y^2 + \cdots + \binom{n}{n}y^n\end{aligned}$$

$(x+y)^n$의 전개식에서 각 항의 계수

$$\binom{n}{0},\ \binom{n}{1},\ \binom{n}{2},\ \cdots,\ \binom{n}{n}$$

을 **이항계수**(binomial coefficient)라 한다. 이항정리에서 $x=y=1$, $x=1$, $y=-1$을 대입하

면 각각 다음 결과들을 얻는다.

$$\sum_{k=0}^{n}\binom{n}{k}=2^n, \qquad \sum_{k=0}^{n}(-1)^k\binom{n}{k}=0$$

연습문제 1.1 EXERCISES

01 표본공간 $\Omega=\{x|x$는 10 이하의 자연수$\}$의 세 사건

$A=\{x|x$는 짝수$\}$, $B=\{x|x$는 소수$\}$, $C=\{x|x$는 12의 약수$\}$

에 대하여 다음 사건을 구하여라.

(a) $A\cup(B\cap C)$ (b) $(A\cup B)\cap C$

(c) $(B^c\cup C^c)$ (d) $B-A$

(e) $A-(B\cup C)$ (f) $(A-B)\cup(A-C)$

02 같은 표본공간의 두 사건 A, B에 대하여 다음을 간단히 하시오.

(a) $A-B^c$ (b) $(A-B)\cup(B-A^c)$

(c) $(A\cup B)\cap A^c$

03 두 사건 A, B가 배반사건일 때 다음을 간단히 하시오.

(a) $(A\cap B)\cup C$ (b) $B\cap(A\cup C)$

04 주사위를 두 번 던졌을 때 두 눈의 수가 같은 사건을 A, 두 눈의 합이 8인 사건을 B, 첫 번째 주사위의 눈이 3인 사건을 C라 할 때 다음을 구하시오.

(a) A, B, C (b) $A\cap B,\ B\cap C,\ A\cap C$

(c) $A-B,\ B-A$ (d) $A\cup B,\ B\cup C,\ A\cup C$

(e) $(A\cup B)\cap C$ (f) $(A\cap B)\cup C$

05 같은 표본공간의 세 사건 A, B, C에 대하여 다음 식이 성립함을 보이시오.

(a) $(A-B)\cup(A-C)=A-(B\cap C)$

(b) $(A-B)-C=A-(B\cup C)$

06 같은 표본공간의 세 사건 A, B, C에 대하여 다음 사건을 사건의 연산을 이용하여 나타내어라.

(a) A만 나오는 사건

(b) B 또는 C만 나오는 사건

(c) 적어도 하나의 사건이 일어나는 사건

(d) 적어도 두 개의 사건이 일어나는 사건

(e) 정확히 두 개의 사건이 일어나는 사건

07 10원짜리 동전 4개, 100원짜리 동전 3개, 500원짜리 동전 2개가 있을 때 하나 이상을 이용하여 만들 수 있는 금액의 가짓수를 구하시오.

08 다음 전기회로에서 각 스위치의 번호를 위에서 아래로, 왼쪽에서 오른쪽으로 1부터 매긴다. k번째 스위치가 닫힌 사건을 E_k라 할 때 A에서 B로 전류가 흐르는 사건을 E_1, E_2, E_3의 연산을 이용하여 나타내어라.

(a)

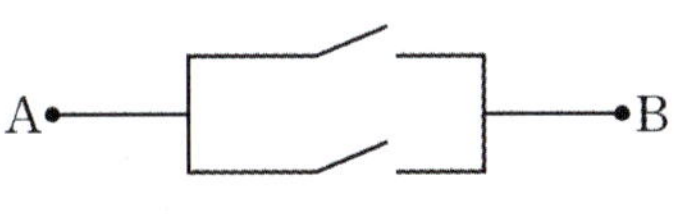

(b)

(c)

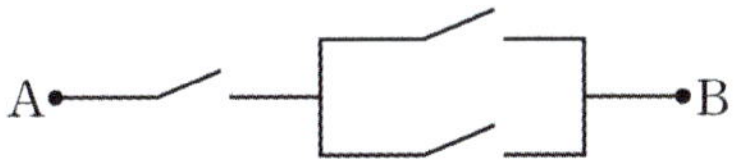

(d)

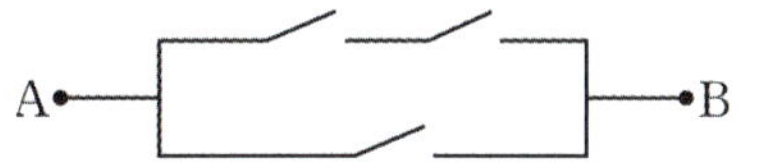

09 (a) p, q가 소수일 때 $p^n q^m$의 양의 약수의 개수를 구하시오. 단, n, m은 음이 아닌 정수이다.

(b) p, q, r가 소수일 때 $p^n q^m r^k$의 양의 약수의 개수를 구하시오. 단, n, m, k는 음이 아닌 정수이다.

10 다음 자연수의 양의 약수의 개수를 구하시오.

(a) 225 (b) 400 (c) 750

11 다음 다항식을 전개했을 때 항의 개수를 구하시오.

(a) $(a+b+c+d)(x+y+z)$

(b) $(a+b+c)(x+y+z)(p+q)$

12 세 사람이 가위바위보를 하였을 때 다음 사건의 경우의 수를 구하시오.

(a) 비기는 사건 (b) 한 사람만 이기는 사건

13 다음 등식을 만족하는 자연수 n의 값을 구하시오.

(a) ${}_nP_2 = 90$ (b) ${}_nP_4 = 6 \cdot {}_nP_2$

(c) $\binom{n}{2} = 28$ (d) $\binom{n}{2} + \binom{n-1}{2} = \binom{n+2}{2}$

14 다음 등식이 성립함을 보이시오.

(a) $k \cdot {}_nP_k = n \cdot {}_{n-1}P_{k-1}\,(1 \le k \le n-1)$

(b) ${}_nP_k = {}_{n-1}P_k + n \cdot {}_{n-1}P_{k-1},\ \ 1 \le k \le n-1$

(c) $\binom{n}{k} = \binom{n-1}{k} + \binom{n-1}{k-1},\ \ 1 \le k \le n-1$

15 다음 등식이 성립함을 보이시오.

(a) $\binom{n+m}{r} = \sum_{k=0}^{r} \binom{n}{k}\binom{m}{r-k},\ \ 1 \le r \le \min(n, m)$

(b) $\binom{2n}{r} = \sum_{k=0}^{r} \binom{n}{k}^2$

16 다음 등식이 성립함을 보이시오.

$$\sum_{k=0}^{n} \binom{n}{k} p^k (1-p)^{n-k} = 1$$

17 다음 등식이 성립함을 보이시오.

(a) $k\binom{n}{k} = n\binom{n-1}{k-1}, \ 1 \le k \le n$

(b) $k(k-1)\binom{n}{k} = n(n-1)\binom{n-2}{k-2}, \ 2 \le k \le n$

18 문제 17의 결과를 이용하여 다음 등식이 성립함을 보이시오.

(a) $\sum_{k=0}^{n} k\binom{n}{k} = n2^{n-1}$

(b) $\sum_{k=0}^{n} k^2\binom{n}{k} = n(n+1)2^{n-2}$

1.2 확률의 정의와 성질

1.2.1 확률의 정의

확률이란 단어는 다음 기사들에서 볼 수 있듯이 일상생활에서 어렵지 않게 볼 수 있다.

- 지난 6일 공개된 연금복권 162회 1등 당첨번호는 '5조479791'과 '4조769933'이다. 연금복권의 당첨 확률은 315315만분의 11로, 기존 로또 당첨 확률인 814814만분의 11보다 확률이 높다. (SBS 뉴스 2016. 9. 28.)
- 서울·경기 지역은 흐리고 비가 오는 가운데 17도에서 25도의 분포를 보이겠다. 강수 확률은 오전 80%, 오후 70%로 예상된다. (기상청 일기예보 2016. 9. 30.)

일상생활에서 확률이란 단어는 가능성 또는 비율의 의미로 많이 쓰인다. 수학적으로 **확률**(probability)은 발생 여부가 불확실한 어떤 사건이 일어날 가능성을 수치로 나타낸 것으로 비율의 개념을 확장한 것으로 이해할 수 있다. 어떤 사건에 대한 확률은 0과 1 사이의 수로 주어지며 확률이 클수록 그 사건이 일어날 가능성이 높음을 의미한다.

표본공간 Ω가 일어날 정도를 1이라 하였을 때, 즉,

$$P(\Omega) = 1$$

이라 했을 때, Ω의 사건 A가 일어날 가능성을 0 이상 1 이하의 값으로 나타낸 것을 사건 A의 확률이라 하고 $P(A)$로 나타낸다.

$$0 \le P(A) \le 1$$

상황에 따라 사건의 확률을 정의하는 방법이 달라지기도 하고 같은 사건에 대하여 여러 가지 방법으로 확률을 정의하기도 하기 때문에, 확률이 무엇인지를 정의하기는 어렵다. 확률을 정의하는 대표적인 방법은 가능한 모든 결과가 일어날 가능성이 모두 같다는 전제를 바탕으로 하는 **수학적 확률**과 상대도수의 개념을 확장한 **경험적 확률**, 수학적 공리계를 도입하여 정의하는 **공리적 확률** 등이다.

보기 1

카드 한 벌은 조커를 제외하면 스페이드(♠), 하트(♥), 클로버(♣), 다이아몬드(♦)가 각각 13장(A(에이스), 2, 3, 4, 5, 6, 7, 8, 9, 10, J, Q, K)씩 모두 52장이다. 카드 한 벌에서 하나의 카드를 무작위로 뽑는다고 하면 표본공간은 다음과 같다.

Ω = { ♠A, ♠2, ♠3, ♠4, ♠5, ♠6, ♠7, ♠8, ♠9, ♠10, ♠J, ♠Q, ♠K,
♥A, ♥2, ♥3, ♥4, ♥5, ♥6, ♥7, ♥8, ♥9, ♥10, ♥J, ♥Q, ♥K,
♣A, ♣2, ♣3, ♣4, ♣5, ♣6, ♣7, ♣8, ♣9, ♣10, ♣J, ♣Q, ♣K,
♦A, ♦2, ♦3, ♦4, ♦5, ♦6, ♦7, ♦8, ♦9, ♦10, ♦J, ♦Q, ♦K }

이때 52장의 카드는 각각 뽑힐 확률이 모두 같다고 가정한다.

(a) 하트 에이스(♥A)가 나올 확률은 $\frac{1}{52}$ 이다.

(b) 하트(♥)가 나올 확률은 네 개의 그림

스페이드(♠), 하트(♥), 클로버(♣), 다이아몬드(♦)

중에서 하나 뽑는 것으로 생각할 수 있으므로 $\frac{1}{4}$ 이다.

(c) 에이스(A)가 나올 확률은 다음 13개

A(에이스), 2, 3, 4, 5, 6, 7, 8, 9, 10, J, Q, K

중에서 하나 뽑는 것으로 생각할 수 있으므로 $\frac{1}{13}$ 이다.

보기 1에서 확률을 계산하는 데에는 카드 한 벌에 들어 있는 각각의 카드가 뽑힐 가능성이 모두 같다는 조건이 전제되어 있다.

(a) 하트 에이스(♥A)가 나오는 사건은 { ♥A }

(b) 하트(♥)가 나오는 사건은

{ ♥A, ♥2, ♥3, ♥4, ♥5, ♥6, ♥7, ♥8, ♥9, ♥10, ♥J, ♥Q, ♥K }

(c) 에이스(A)가 나오는 사건은 { ♠A, ♥A, ♣A, ♦A }

따라서 보기 1에서 각 확률은 원하는 카드의 개수를 전체 카드의 개수로 나눈 것이다.

$$\frac{1}{52}, \quad \frac{13}{52}=\frac{1}{4}, \quad \frac{4}{52}=\frac{1}{13}$$

이처럼 유한한 결과를 갖는 어떤 시행에서

"시행의 모든 결과가 동일한 가능성을 갖는다."

는 동일가능성 조건을 만족하는 경우 **등확률모형**이라 한다. 등확률모형의 경우 확률을 **수학적 확률** 또는 **고전적 확률**이라 한다.

확률의 고전적 정의

등확률모형에서 표본공간 Ω의 사건 A의 확률 $P(A)$는

$$P(A)=\frac{n(A)}{n(\Omega)}$$

로 정의한다. 여기에서 사건 A에 대하여 $n(A)$는 사건 A가 일어나는 경우의 수를 나타낸다. 특히, A가 하나의 원소로 이루어진 경우, 즉, $A=\{x\}$, $x \in \Omega$이면

$$P(\{x\})=\frac{1}{n(\Omega)}$$

이다.

확률의 고전적 정의는 공정한 동전이나 주사위 던지기, 카드 뽑기, 주머니에서 구슬 꺼내기 등 물리적인 대칭성이 존재하는 경우 적용이 가능하며 중고등학교에서 배우는 확률의 대부분은 이러한 정의에 근거하고 있다. 확률의 고전적 정의에 의하면 동전을 한 번 던졌을 때, 앞면이 나올 확률은

$$P(\mathrm{H})=\frac{1}{2}$$

이다. 또한 주사위를 던졌을 때 짝수가 나올 확률은

$$P(\mathrm{Even})=\frac{\text{짝수가 나오는 경우의 수}}{6}=\frac{3}{6}=\frac{1}{2}$$

이다. 다음과 같은 경우의 확률도 확률의 수학적 정의로부터 구할 수 있다.

1. 동전 세 개를 던졌을 때 앞면이 하나일 확률
2. 주사위를 두 개 던졌을 때 두 눈의 합이 5일 확률
3. 로또 복권이 당첨될 확률

실생활에서 일어나는 상황에서 등확률모형을 가정하는 것은 적절하지 않은 경우가 많으므로 주의가 필요하다.

보기 2

(a) 윷을 던졌을 때 윗면이 나올 확률과 아랫면이 나올 확률이 같다고 가정하는 것은 옳지 않다. 윷의 모양에 따라 확률이 달라지기 때문이다.

(b) 주사위를 두 개 던졌을 때 두 눈의 합은 2부터 12까지 11가지가 가능하다. 하지만 이때 11가지의 경우가 모두 같은 확률을 가진다고 가정하는 것은 적절하지 않다. 대신 두 눈의 수를 순서쌍으로 나타낸 36개의 순서쌍

$$(i, j),\ i, j = 1, 2, \cdots, 6$$

가 모두 같은 확률 $\frac{1}{36}$을 가진다고 가정한다.

(c) 로또에 당첨되는 사건과 당첨되지 않는 사건이 같은 확률을 갖는다고 가정하는 것도 적절하지 않다. 이때 번호의 모든 조합이 당첨될 확률이 각각 같다고 가정하는 것이 옳다.

자연현상이나 사회현상에서 일어나는 여러 상황의 확률은 수학적 확률의 정의를 이용하여 구할 수 없는 경우가 많다. 시행의 모든 결과가 같은 가능성을 갖는다는 전제 조건이 대부분 성립하지 않기 때문이다. 이런 경우 **상대도수**의 개념을 다음과 같이 확장하여 확률을 정의한다. 이를 **확률의 통계적 정의**(statistical definition of probability)라 한다.

확률의 통계적 정의

어떤 실험을 N번 반복했을 때 사건 A에 해당하는 결과가 a_N번 일어난 경우, $\frac{a_N}{N}$을 사건 A가 일어날 **상대도수**라 한다. N이 무한히 커지면 상대도수는 일정한 수로 수렴하는데 이 극한값

$$\lim_{N\to\infty}\frac{a_N}{N}$$

을 사건 A의 **통계적 확률** 또는 **경험적 확률**이라 한다.

현실적으로 시행을 무한하게 반복하는 것은 불가능하므로 시행 횟수 N이 충분히 크면 상대도수 $\frac{a_N}{N}$을 통계적 확률로 사용한다. 다음과 같은 경우의 확률은 통계적 정의로부터 구할 수 있다.

1. 어떤 타자가 타석에서 안타를 칠 확률
2. 암 수술을 받은 환자가 5년 이상 생존할 확률
3. 공장에서 생산되는 제품이 불량일 확률

보기 3

19세기 중반, 오스트리아의 수도승 **멘델**(Mendel, Gregor)은 완두콩을 교배하여 유전에 대한 중요한 성질들을 발견하였다.

완두콩의 모양은 주름진(wrinkle) 형태의 대립형질 w와 둥근 형태의 대립형질 W에 의하여 결정된다. 각 완두콩은 한 쌍의 대립형질을 갖는데 이것을 **유전자형**(genotype)이라 한다. 멘델은 완두콩의 모양에 대하여 동형(WW, ww)의 완두콩을 재배하여 모두 이형(Ww)의 둥근 완두콩을 얻었다.[3] 이 둥근 완두콩들을 다시 재배하여 다음 세대에는 5474개의 둥근 모양, 1850개의 주름진 모양의 완두콩을 얻었다. 따라서 둥근 모양과 주름진 모양의 비율이

$$5474 : 1850 \approx 2.96 : 1$$

이고 이때 둥근 모양의 완두콩을 얻을 (통계적) 확률이 약 3/4이라는 결론을 얻었다. 멘델은 모양 이외에도 완두콩의 색, 줄기의 길이, 꽃의 색, 콩깍지의 모양 등을 관찰하여 같은 결론에 도달한다. 멘델은 그 원인을 다음과 같이 설명하였다.

> "유전자형은 생식세포 단계에서 분리되었다가 수정 과정에서 다시 결합한다. 이때 자손은 양쪽 부모로부터 하나씩의 대립형질을 **무작위**(at random)로 물려받는다."[4]

멘델의 주장을 수학적 확률로 설명하면 다음과 같다. 자손 1세대는 모두 둥근 모양의 이형

3) 물론 멘델이 실험을 할 당시에는 유전자에 대한 것이 알려진 바가 없는 상태였다.
4) 이러한 법칙을 **멘델의 제1법칙**이라 하는데 현대 유전학의 시작점이라 할 수 있다.

(Ww)인 완두콩이다. 자손 2세대에서 유전자형을 알아보기 위하여 다음과 같은 표를 그려 보자.

	W	w
W	WW	Ww
w	wW	ww

여기서 행의 이름은 1세대의 한쪽 부모가 갖고 있는 대립형질을, 열의 이름은 1세대의 다른 부모가 갖고 있는 대립형질을 나타낸다. 각 대립형질을 물려받을 가능성은 모두 같으므로 표의 각 항은 모두 같은 가능성을 갖는다. 가능한 유전자형을 표본공간으로 놓으면

$$\Omega = \{\mathrm{WW}, \mathrm{Ww}, \mathrm{wW}, \mathrm{ww}\}$$

이고 모든 원소는 같은 확률을 가지므로

$$P(\mathrm{WW}) = P(\mathrm{Ww}) = P(\mathrm{wW}) = P(\mathrm{ww}) = \frac{1}{4}$$

이다. 둥근 모양이 우성이므로 둥근 모양일 사건은

$$A = \{\mathrm{WW}, \mathrm{Ww}, \mathrm{wW}\}$$

이고 따라서 제2세대의 완두콩이 둥근 모양일 (수학적) 확률은

$$\frac{n(A)}{n(\Omega)} = \frac{3}{4}$$

이다. 다시 말해서 둥근 모양과 주름진 모양이 차지하는 비율은 3 : 1이다.

Note ▶ Ww와 wW는 같은 특성을 나타내므로 표본공간을

$$\Omega = \{\mathrm{WW}, \mathrm{Ww}, \mathrm{ww}\}$$

로 나타낼 수도 있다. 이때 확률은 다음과 같다.

$$P(\mathrm{WW}) = P(\mathrm{ww}) = \frac{1}{4},\ P(\mathrm{Ww}) = \frac{1}{2}$$

따라서 확률의 수학적 정의를 이용할 때는 각 원소가 같은 확률을 갖는지 확인하는 것이 필수적이다.

1.2.2 확률의 성질

확률의 고전적 정의는 가능한 결과가 유한하고 모든 결과가 일어날 가능성이 같다는 것을 전제로 한다. 확률의 통계적 정의는 각 시행이 같은 조건에서 독립적으로 무한히 이루어져야 하지만 현실적으로 이런 조건을 만족하기는 쉽지 않다. 이러한 한계성과 문제점을 극복하고 엄밀성 확보를 위해 수학적 공리를 도입하여 확률을 정의한다. 수학적 확률과 통계적 확률은 모두 이러한 공리를 만족하는데 공리를 이용한 확률의 정의는 현대 확률론의 기초를 이룬다.[5)]

확률의 공리적 정의

표본공간 Ω의 각 사건에 대하여 실수를 대응하는 함수 P가 다음 공리를 만족하면 **확률**이라 한다.

(공리 1) 임의의 사건 A에 대하여 $0 \le P(A) \le 1$

(공리 2) 표본공간 Ω에 대하여 $P(\Omega) = 1$

(공리 3) 사건들의 열 $A_1, A_2, \cdots$이 상호배반이면(즉, $i \ne j$이면 $A_i \cap A_j = \varnothing$)

$$P\left(\bigcup_{i=1}^{\infty} A_i\right) = \sum_{i=1}^{\infty} P(A_i)$$

확률의 고전적 정의나 통계적 정의는 위의 공리를 모두 만족시키는 것을 알 수 있다.

확률의 공리로부터 확률의 중요한 성질들을 보일 수 있다.

확률의 성질 1

- 공사건의 확률 : $P(\varnothing) = 0$
- 배반사건의 확률 : $A_1, A_2, \cdots, A_n$이 배반사건이면

$$P(A_1 \cup A_2 \cup \cdots \cup A_n) = P(A_1) + P(A_2) + \cdots + P(A_n)$$

5) 이 공리들은 소련의 수학자 콜모고로프의 이름을 붙여 콜모고로프의 공리라 부르기도 한다.

증명 $\Omega = \Omega \cup \varnothing \cup \varnothing \cup \cdots$ 와 (공리 3)을 이용하면

$$P(\Omega) = P(\Omega \cup \varnothing \cup \varnothing \cup \cdots) = P(\Omega) + \sum_{i=2}^{\infty} P(\varnothing)$$

이므로 $1 = 1 + \sum_{i=2}^{\infty} P(\varnothing)$ 에서 $P(\varnothing) = 0$ 임을 알 수 있다.

$A_1, A_2, \cdots, A_n$ 이 배반사건이면 (공리 3)에서 $A_{n+1} = A_{n+2} = \cdots = \varnothing$ 으로 놓으면 $P(\varnothing) = 0$ 이므로 원하는 결과를 얻는다.

$$P(A_1 \cup A_2 \cup \cdots \cup A_n) = P(A_1) + P(A_2) + \cdots + P(A_n)$$ ■

위의 성질들을 이용하면 다음 결과들을 보일 수 있다.

확률의 성질 2

(a) **여사건의 확률:** $P(A^c) = 1 - P(A)$

(b) **차사건의 확률:** $P(A - B) = P(A) - P(AB)$

(c) **확률의 단조성:** $A \subset B$ 이면 $P(A) \le P(B)$ 이다.

증명 (a) $\Omega = A \cup A^c$ 이고 $A \cap A^c = \varnothing$ 이므로

$$P(\Omega) = P(A) + P(A^c)$$

이다. 따라서 여사건에 대한 확률은 다음과 같다.

$$P(A^c) = 1 - P(A)$$

(b) AB 와 $AB^c = A - B$ 는 배반사건이고 $(AB) \cup (AB^c) = A$ 이므로 다음 식이 성립한다.

$$P(A) = P(AB) + P(AB^c)$$

따라서 차사건에 대하여 다음 식이 성립한다.

$$P(A - B) = P(AB^c) = P(A) - P(AB)$$

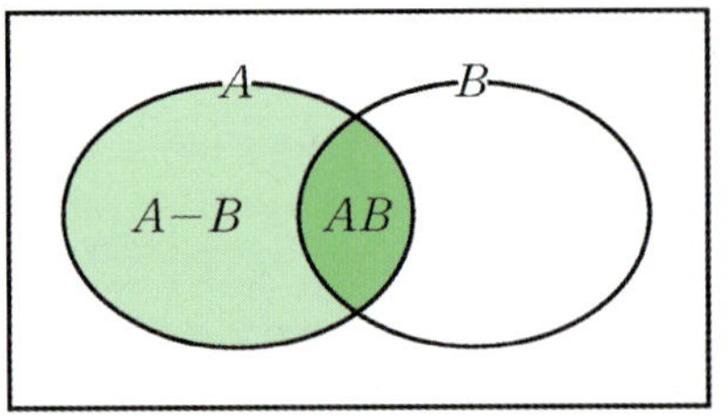

(c) $A \subset B$이면 A, $B-A$는 배반사건이고

$$B = A \cup (B-A)$$

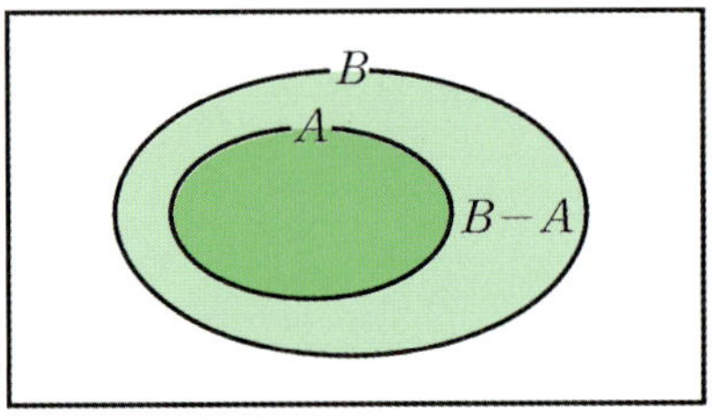

이므로 다음 등식과 부등식이 성립한다.

$$P(B) = P(A) + P(B-A) \geq P(A)$$ ■

임의의 두 사건 A, B에 대하여 $A \cup B$는 다음과 같이 상호배반인 사건들의 합으로 쓸 수 있다.

$$A \cup B = (A-B) \cup (AB) \cup (B-A)$$

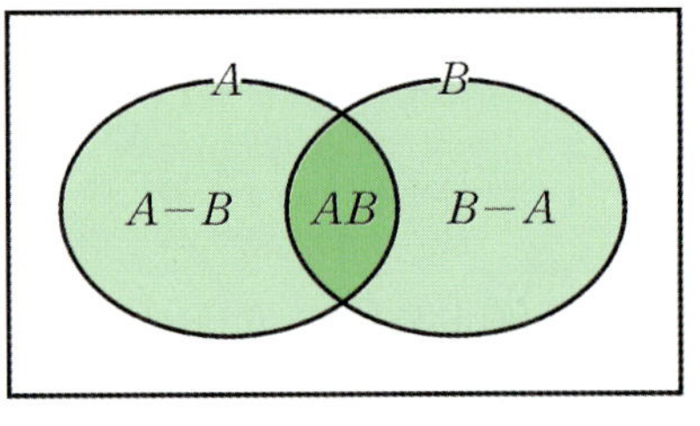

$P(A-B) = P(A) - P(AB)$, $P(B-A) = P(B) - P(AB)$이므로 다음 식이 성립한다.

$$\begin{aligned} P(A \cup B) &= P(A-B) + P(B-A) + P(AB) \\ &= P(A) + P(B) - P(AB) \end{aligned}$$

특히 두 사건 A, B가 서로 배반사건이면 $P(AB) = 0$이므로 다음 결과가 성립한다.

확률의 덧셈법칙

두 사건 A, B에 대하여 다음 식이 성립한다.

$$P(A \cup B) = P(A) + P(B) - P(AB)$$

특히 두 사건 A, B가 서로 배반사건이면 다음 식이 성립한다.

$$P(A \cup B) = P(A) + P(B)$$

보기 4

주사위를 두 번 던지는 실험에서 E를 합이 8인 사건, F를 2가 한 번 나온 사건이라고 할 때 다음 사건의 확률을 구하시오.

(a) $E \cap F$ (b) $E \cup F$ (c) $E^c \cup F^c$ (d) $E - F$

풀이 (a) 표본공간 $\Omega = \{(1,1), (1,2), \cdots, (6,6)\}$이므로 $n(\Omega) = 36$이다.

$E = \{(2,6),(3,5),(4,4),(5,3),(6,2)\}$

$F = \{(2,1),(2,3),(2,4),(2,5),(2,6),(1,2),(3,2),(4,2),(5,2),(6,2)\}$

이므로 $E \cap F = \{(2,6),\ (6,2)\}$이고

$$P(E \cap F) = \frac{2}{36} = \frac{1}{18}$$

이다.

(b) $P(E) = \frac{5}{36}$, $P(F) = \frac{10}{36} = \frac{5}{18}$이므로

$$P(E \cup F) = P(E) + P(F) - P(EF) = \frac{5}{36} + \frac{5}{18} - \frac{1}{18} = \frac{13}{36}$$

이다.

(c) 드모르간 법칙에서 $E^c \cup F^c = (E \cap F)^c$이므로 여사건의 확률로부터

$$P((E \cap F)^c) = 1 - P(E \cap F) = \frac{17}{18}$$

이다.

(d) $E-F=E-EF$이고 $EF \subset E$이므로

$$P(E-F)=P(E)-P(EF)=\frac{5}{36}-\frac{1}{18}=\frac{1}{12}$$

이다.

세 개 이상의 사건에 대한 합사건의 확률을 구해보자.

$$P(A \cup B \cup C)=P((A \cup B) \cup C)=P(A \cup B)+P(C)-P((A \cup B)C)$$

이고 배분법칙에서 $(A \cup B)C=(AC) \cup (BC)$이므로

$$P((A \cup B)C)=P((AC) \cup (BC))=P(AC)+P(BC)-P(ABC)$$

이다. 따라서 다음 결과를 얻는다.

$$\begin{aligned} P(A \cup B \cup C) &= P(A \cup B)+P(C)-P((A \cup B)C) \\ &= P(A)+P(B)-P(AB)+P(C)-P(AC)-P(BC)+P(ABC) \\ &= P(A)+P(B)+P(C)-P(AB)-P(BC)-P(CA)+P(ABC) \end{aligned}$$

연습문제 1.2 EXERCISES

01 두 사건 E, F에 대하여

$$P(E)=0.6, \quad P(F)=0.4, \quad P(EF)=0.2$$

이다. 다음 사건의 확률을 구하시오.

(a) $E \cup F$　　(b) E^c　　(c) E^cF

(d) E^cF^c　　(f) $E \cup F^c$

02 $\Omega=A \cup B$이고 $P(A)=0.75$, $P(B)=0.6$일 때 다음 사건의 확률을 구하시오.

(a) A^c　　(b) $A \cap B$　　(b) $A-B$

03 1.1절의 보기 3에 대하여 다음 사건의 확률을 구하시오.

(a) A, B, C
(b) $A \cap B,\ B \cap C,\ A \cap C$
(c) $A \cap B \cap C$
(d) $A \cup B,\ B \cup C,\ A \cup C$
(e) $(A \cup B) \cap C$
(f) $(A \cap B) \cup C$

04 두 사건 A, B에 대하여 $P(A) = 0.5,\ P(A \cap B) = 0.2,\ P(A \cup B) = 0.8$일 때 다음 사건의 확률을 구하시오.

(a) B
(b) $A^c \cap B^c$
(c) $A \cap B^c$

05 1부터 10까지의 자연수가 각각 하나씩 적혀 있는 카드 중에서 임의로 2장의 카드를 뽑을 때 카드에 적힌 두 수의 곱이 짝수일 확률을 구하시오.

06 윗면이 나올 확률이 $\frac{2}{3}$인 윷으로 윷놀이를 할 때

(a) 도(4개 중 1개만 윗면이 나오는 사건)가 나올 확률을 구하시오.
(b) 윷(4개 모두 윗면이 나오는 사건)이 나올 확률을 구하시오.
(c) 걸(4개 중 3개만 윗면이 나오는 사건)이 나올 확률은 도가 나올 확률의 몇 배인가?

07 세 사람이 가위바위보를 할 때

(a) 비길 확률을 구하시오.
(b) 한 사람만 이길 확률을 구하시오.

08 1부터 40까지 자연수가 각각 하나씩 적힌 40장의 카드 중에서 임의로 한 장의 카드를 뽑을 때 다음을 구하시오.

(a) 카드에 적힌 수가 4의 배수이거나 5의 배수일 확률
(b) 카드에 적힌 수가 소수일 확률
(c) 카드에 적힌 수가 소수이거나 홀수일 확률
(d) 카드에 적힌 수가 소수이면서 홀수일 확률

09 여학생 3명과 남학생 4명 중에서 임의로 3명의 학생을 선택할 때

(a) 여학생이 하나도 포함되지 않을 확률을 구하시오.
(b) 여학생이 하나 이상 포함될 확률을 구하시오.

10 52장의 카드에서 다음과 같은 방법으로 카드 3장을 차례로 꺼낼 때 3장 모두 다이아몬드일 확률을 구하시오.

(a) 비복원추출 (b) 복원추출

11 52장으로 이루어진 카드 한 벌에서 4개의 카드를 뽑을 때(비복원추출)

(a) 모두 다른 모양일 확률을 구하시오.

(b) 모두 같은 모양일 확률을 구하시오.

12 (생일 문제)

(a) 50명의 학생이 확률과 통계 과목을 수강하고 있다. 이 중 생일이 같은 사람이 적어도 2명 있을 확률을 구하시오. 단, 1년은 365일로 생각한다.

(b) 학생이 25명일 때 (a)의 확률을 구하시오.

13 주사위를 두 번 던졌다.

(a) 두 눈의 수가 같을 확률을 구하시오.

(b) 나중에 나온 눈의 수가 처음 나온 눈의 수보다 클 확률을 구하시오.

(c) 나중에 나온 눈의 수가 처음 나온 눈의 수보다 작지 않을 확률을 구하시오.

14 사건 A, B, C에 대하여

$$P(A) = 0.2,\ P(B) = 0.3,\ P(C) = 0.4$$
$$P(A \cup B) = 0.4,\ P(B \cap C) = 0.15,\ P(C - A) = 0.3$$
$$P(A \cup B \cup C) = 0.6$$

일 때 다음을 구하시오.

(a) $P(A \cap B)$ (b) $P(B \cup C)$

(c) $P(A \cap C)$, $P(A \cup C)$ (d) $P(A - B)$

(e) $P(A^c \cap B^c)$ (f) $P(A \cap B \cap C)$

15 다음 표는 한 보험회사가 나이와 자동차 사고 수와의 연관성을 찾기 위하여 1000명의 고객(운전자)을 대상으로 조사한 자료를 정리한 것이다.

연령(사고 수/1년)	0	1	2	3	4번 이상
18 이상 ~ 25 미만	42	44	45	27	18
25 ~ 35	75	104	78	51	12
35 ~ 45	88	733	38	20	5
45 ~ 55	38	32	20	7	3
55 이상	43	50	35	28	24

임의로 한 명의 운전자를 선택하였을 때 그 사람이 다음 조건을 만족할 (통계적) 확률을 구하시오.

(a) 한 번도 사고를 내지 않을 확률

(b) 사고를 3번 이상 낼 확률

(c) 45세 이상 55세 미만일 확률

(d) 35세 이상일 확률

(e) 25세 미만이고 한 번도 사고를 내지 않을 확률

(f) 25세 이상이고 한 번도 사고를 내지 않을 확률

(g) 55세 미만이고 한 번도 사고를 내지 않을

(h) 55세 이상이고 한 번 이상 사고를 낼 확률

1.3 조건부 확률

1.3.1 조건부 확률

조건부 확률은 실험의 결과에 대한 정보가 부분적으로만 알려져 있을 때 확률을 계산하거나 또는 추가적인 정보가 주어지고 확률을 다시 계산해야 할 때 특히 유용한 개념이다.

조건부 확률을 이해하기 위해 두 개의 공정한 주사위를 던지는 실험을 생각하자. 표본공간은 다음과 같이 36개의 원소로 이루어진다.

$$\Omega = \{(i,j) : i = 1,2,3,4,5,6,\ j = 1,2,3,4,5,6\}$$

이때 (i,j)는 첫 번째 주사위의 눈이 i, 두 번째 주사위의 눈이 j임을 의미한다. 36개의 가능한 결과 각각이 일어날 가능성은 모두 같고 그 확률이 $\frac{1}{36}$이다.
두 주사위의 눈의 합이 5인 것을 알 때 첫 번째 주사위의 눈이 3일 확률을 구해보자. 이 질문에 답하기 위하여 다음과 같이 생각해볼 수 있다.

- 두 눈의 합이 5라는 사실로부터 첫 번째 주사위의 눈은 5나 6이 될 수 없다.
- 따라서 첫 번째 주사위의 눈은 1, 2, 3, 4 중 하나이다.
- 1, 2, 3, 4 모두 같은 확률을 가지므로 첫 번째 주사위의 눈이 3일 확률은 $\frac{1}{4}$이다.

조금 더 구체적으로 두 눈의 합이 5인 사건을 A, 첫 번째 주사위의 눈이 3일 사건을 B라 하자.

$$A = \{(1,4), (2,3), (3,2), (4,1)\}$$
$$B = \{(3,1), (3,2), (3,3), (3,4), (3,5), (3,6)\}$$

A라는 사건이 일어났을 때 B라는 사건이 일어날 확률은 표본공간을 A라 생각했을 때 그중 B에 속하는 사건이 일어날 확률을 의미한다. 사건 A 중에 사건 B에 속하는 원소는

$$AB = \{(3,2)\}$$

이고 A의 모든 원소는 같은 확률을 가지므로 구하는 확률은

$$\frac{n(AB)}{n(A)} = \frac{1}{4}$$

이다. 등확률모형에서 왼쪽 식은 다음과 같이 나타낼 수도 있다.

$$\frac{n(AB)}{n(A)} = \frac{n(AB)/n(\Omega)}{n(A)/n(\Omega)} = \frac{P(AB)}{P(A)}$$

사건 A의 발생 여부에 대한 사전 지식이 없을 때의 사건 B의 확률과 구분하여, A라는 사건이 일어났을 때 사건 B가 일어날 **조건부 확률**(conditional probability)을 $P(B|A)$로 나타내고 다음과 같이 정의한다.

조건부 확률

$P(A) > 0$이라 하자. 사건 A가 주어졌을 때 사건 B의 조건부 확률은 $P(B|A)$로 나타내고 다음과 같이 정의한다.

$$P(B|A) = \frac{P(A \cap B)}{P(A)}$$

사건 A가 주어졌을 때 사건 B의 조건부 확률 $P(B|A)$는 다음 그림과 같이 표본공간을 사건 $\Omega_1 = A$로 생각하고 그중에서 사건 AB가 일어날 확률로 해석할 수 있다.

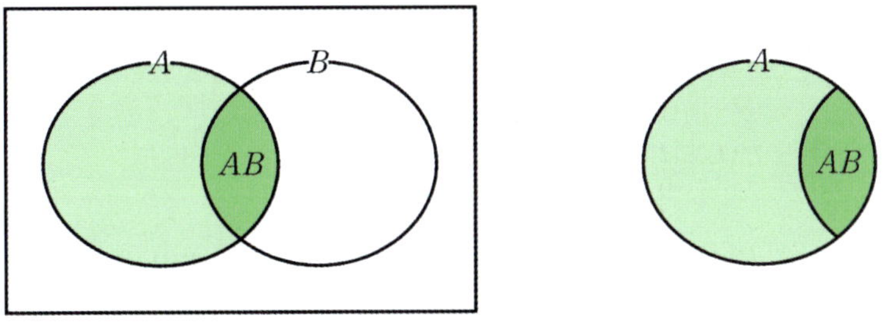

보기 1

색맹은 성유전자에 관련되어 여성과 남성에게 일어나는 확률이 다르다. S대학교 학생 5천명(남학생 3천명, 여학생 2천명)을 대상으로 조사한 결과 색맹인 남학생이 240명, 색맹인 여학생이 10명이라 한다.

(a) 선택한 한 명이 색맹인 남학생일 확률과 색맹인 여학생일 확률을 각각 구하시오.

(b) 선택한 한 명이 색맹일 확률을 구하시오.

(c) 남학생 중에 한 명을 선택하였을 때, 그 사람이 색맹일 확률을 구하시오.

(d) 색맹인 사람 중에서 한 명을 선택하였을 때 남학생일 확률을 구하시오.

풀이 남학생인 사건을 M, 여학생인 사건을 F, 색맹인 사건을 C라 하자. 주어진 조건을 표로 정리하면 다음과 같다.

	색맹 (C)	정상 (C^c)	합계
남(M)	240	2760	3000
여(F)	10	1990	2000
합계	250	4750	5000

표로부터 다음과 같이 확률을 구할 수 있다.

$$P(M)=\frac{3000}{5000}=\frac{3}{5},\quad P(F)=\frac{2000}{5000}=\frac{2}{5}$$

(a) 선택한 한 명이 색맹인 남학생(CM)일 확률과 색맹인 여학생(CF)일 확률은 각각 다음과 같다.

$$P(CM)=\frac{240}{5000}=0.048,\quad P(CF)=\frac{10}{5000}=0.002$$

(b) 색맹인 사람은 250명이므로 선택한 한 명이 색맹일 확률은

$$P(C)=\frac{250}{5000}=0.05$$

이다.

(c) 구하는 확률은 $P(C|M)$이다. 위의 표를 이용하면

$$P(C|M)=\frac{P(CM)}{P(M)}=\frac{n(CM)}{n(M)}=\frac{240}{3000}=0.08$$

이다. 따라서 남학생 중에 색맹이 차지하는 비율은 8%이다.

(d) 색맹을 택하였을 때, 남학생일 확률이므로

$$P(M|C)=\frac{P(CM)}{P(C)}=\frac{0.048}{0.05}=0.96$$

이다. 즉, 색맹의 96%는 남학생이다.

상대위험(relative risk)은 간단히 RR로 나타내며 위험요인에 노출된 "처리" 그룹과 노출되지 않은 "대조" 그룹에서 특정 반응의 비율을 의미한다. 다시 말해서, D^+를 특정 반응을 보이는 사건, E를 위험에 노출되는 사건이라 할 때, 상대위험 RR은 다음과 같이 정의된다.

$$RR = \frac{P(D^+|E)}{P(D^+|E^c)}$$

보기 2

(a) 보기 1에서 남성이라는 사건을 위험으로 놓고 색맹에 대한 상대위험을 구하시오.

(b) 교통사고 발생 시 안전벨트를 착용하지 않았을 경우 사망률은 1.45%, 착용했을 때는 0.39%이다.[6] 안전벨트 미착용이라는 위험요소의 사망에 대한 상대위험을 구하시오.

풀이 (a) 정의로부터 $RR = \dfrac{P(C|M)}{P(C|F)} = \dfrac{240/3000}{10/2000} = 16$이다.

(b) 사망이라는 사건을 D, 안전벨트를 매지 않는 사건을 E라 하면 주어진 조건은

$$P(D|E) = 0.0145, \quad P(D|E^c) = 0.0039$$

이다. 따라서 구하는 상대위험은 다음과 같다.

$$RR = \frac{P(D|E)}{P(D|E^c)} = \frac{0.0145}{0.0039} \approx 3.72$$

다음 보기는 많은 사람들이 잘못 생각하는 것으로 유명한 문제 중 하나인데 조건부 확률을 이용하면 쉽게 답을 구할 수 있다.

보기 3

당신이 사는 아파트에 두 자녀를 둔 가족이 이사를 왔다. 엘리베이터에서 그 가족의 엄마와 한 명의 딸이 같이 있는 것을 보았다면, 그 가족의 두 아이가 모두 딸일 확률을 구하시오. 이때 각 자녀가 딸, 또는 아들일 확률은 같다고 가정한다.

풀이 딸을 g, 아들을 b로 표시하고 큰 애와 작은 애의 성별을 순서쌍으로 나타내자. 예를

6) 도로교통공단 교통사고 통계 분석 결과

들어 큰 애가 딸, 작은 애가 아들이면 (g, b)로 나타낸다. 그러면 이사 온 가족의 자녀의 성별에 대한 표본공간은

$$\Omega = \{(g,g),(g,b),(b,g),(b,b)\}$$

이고 각 원소의 확률은 동일하므로 1/4이다. 이때 두 아이가 모두 딸인 사건을 G, 당신이 엄마와 딸이 같이 있는 것을 본 사건을 A라 하면

$$G = \{(g,g)\},\ A = \{(g,g),(g,b),(b,g)\}$$

이고 구하는 확률은 다음과 같다.

$$P(G|A) = \frac{P(G \cap A)}{P(A)} = \frac{1/4}{3/4} = \frac{1}{3}$$

보기 3에 대하여 1/2이라고 답하는 경우가 많은데 같이 있지 않은 자녀가 딸 또는 아들일 확률이 같다고 생각하기 때문이다. 만약 같이 있는 딸이 첫째라는 사실을 안다면 딸만 둘일 확률은 1/2이 맞다. 그러나 풀이에서 보았듯이 딸이 첫째 아이인지 둘째 아이인지 모르는 상황에서 같이 있지 않은 자녀가 딸 또는 아들일 확률은 같지 않다.

사건 A가 일어났을 때 사건의 조건부 확률은 표본공간을 A로 제한하고 확률을 구하는 것과 같다. 따라서 확률에 대한 기본성질이 조건부 확률에 대해서도 마찬가지로 성립한다. 예를 들어 표본공간 Ω의 사건 A, C에 대하여 $P(C) > 0$이면 $(AC) \cup (A^cC) = C$, $(AC) \cap (A^cC) = \varnothing$이므로

$$P(C) = P(A^cC) + P(AC)$$

이다. 양변을 $P(C)$로 나누면

$$1 = \frac{P(AC)}{P(C)} + \frac{P(A^cC)}{P(C)} = P(A|C) + P(A^c|C)$$

이므로 다음 식이 성립한다.

$$P(A^c|C) = 1 - P(A|C)$$

비슷한 방법으로 다음 결과가 성립함을 보일 수 있다.

정리: 조건부 확률의 성질

표본공간 Ω의 사건 A, B, C에 대하여 $P(C) > 0$이면 다음 성질이 성립한다.

- $P(\varnothing | C) = 0$
- $A_1, A_2, \cdots, A_n$이 배반사건이면

$$P(A_1 \cup A_2 \cup \cdots \cup A_n | C) = P(A_1 | C) + P(A_2 | C) + \cdots + P(A_n | C)$$

- $P(A^c | C) = 1 - P(A | C)$
- $P(A - B | C) = P(A | C) - P(AB | C)$
- $A \subset B$이면 $P(A | C) \le P(B | C)$이다.
- $P(A \cup B | C) = P(A | C) + P(B | C) - P(AB | C)$

1.3.2 확률의 곱셈법칙

$P(A) > 0$, $P(B) > 0$이면 조건부 확률의 정의는 다음과 같이 고쳐 쓸 수 있다.

$$P(A \cap B) = P(A)P(B | A) = P(B)P(A | B)$$

이것을 확률의 **곱셈법칙**(multiplication rule)이라 한다.

확률의 곱셈법칙

$P(A) > 0$, $P(B) > 0$이면 다음 식이 성립한다.

$$P(A \cap B) = P(A)P(B | A) = P(B)P(A | B)$$

보기 4

상자에 7개의 하얀 공과 3개의 검은 공이 들어 있다. 삼순이와 삼식이가 차례로 하나의 공을 다음과 같이 꺼낼 때 삼식이만 검은 공을 꺼낼 확률을 구하시오.

(a) 꺼낸 공을 상자에 돌려놓지 않을 때(비복원추출)

(b) 꺼낸 공을 상자에 다시 돌려놓을 때(복원추출)

풀이 삼순이가 하얀 공을 꺼내는 사건을 E, 삼식이가 검은 공을 꺼내는 사건을 F라고 하면 주어진 사건은 $E \cap F$이다.

(a) $P(E)=7/10$이고 삼순이가 하얀 공을 꺼냈을 경우 공의 개수는 총 9개이고 그중 하얀 공은 6개, 검은 공은 3개이다. 따라서

$$P(E \cap F)=P(E)P(F|E)=\frac{7}{10}\cdot\frac{3}{9}=\frac{7}{30}$$

이다.

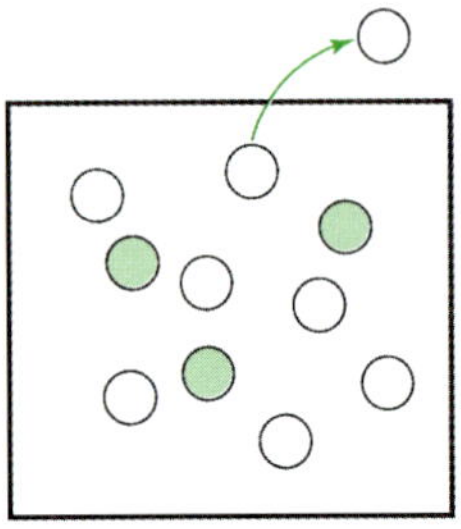

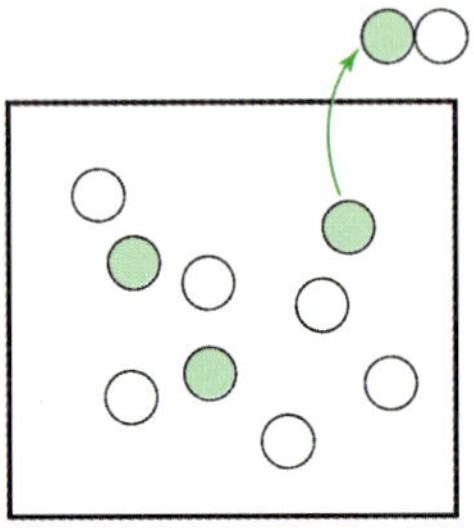

(b) 삼순이가 어떤 공을 꺼냈는지에 상관없이 삼식이가 공을 꺼낼 때 상자 속에는 7개의 하얀 공과 3개의 검은 공이 들어 있다. 따라서 $P(F|E)=3/10$이고

$$P(E \cap F)=P(E)P(F|E)=\frac{7}{10}\cdot\frac{3}{10}=\frac{21}{100}$$

이다.

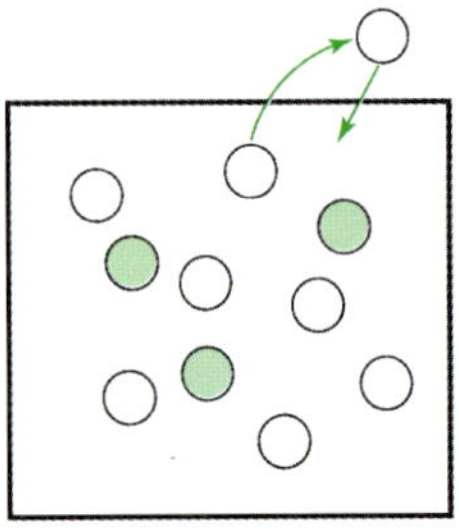

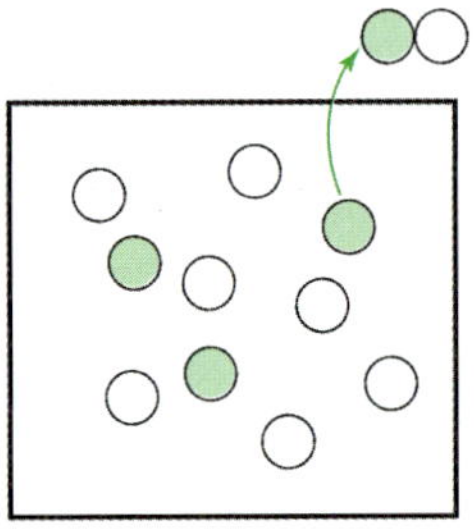

확률의 곱셈법칙은 세 개 이상의 사건에 대하여도 확장할 수 있다. 예를 들어, $P(BC)>0$인 세 사건 A, B, C에 대하여 다음 식이 성립한다.

$$\begin{aligned} P(ABC) &= P(A(BC)) \\ &= P(A|BC)P(BC) \\ &= P(A|BC)P(B|C)P(C) \end{aligned}$$

보기 5

다음 표는 2014년도 우리나라의 **완전생명표**(life table)의 일부이다(출처 : 통계청).

연령구간 $(x \sim x+1)$	구간사망확률 (q_x)	생존자 수 (l_x)
0 ~ 1	0.00300	100,000
1 ~ 2	a	99,700
2 ~ 3	0.00017	99,676
3 ~ 4	0.00012	b
⋮	⋮	⋮

구간사망확률 q_x는 각 구간의 시점(x)에서 살아 있던 사람 중에 각 구간의 끝점$(x+1)$에서는 사망한 사람들의 비율이다. 생존자 수 l_x는 10만 명 중에서 각 구간 $(x \sim x+1)$의 시점 x에 살아 있는 사람의 수를 나타낸다. a, b를 구하시오.

풀이 E_x를 신생아가 x세까지 생존하는 사건이라고 하면

$$1 - q_x = P(E_{x+1} | E_x)$$

이다. 또한 x에서의 생존자 수 l_x는

$$l_x = P(E_x) \times 100,000$$

이다. 이해를 돕기 위하여 구간생존확률 $1-q_x$와 x세까지의 생존확률 $P(E_x)$을 추가하여 표를 만들면 다음과 같다.

연령구간 $(x \sim x+1)$	구간사망확률 (q_x)	구간생존확률 $(1-q_x)$	생존자 수 (l_x)	생존확률 $(P(E_x))$
$0 \sim 1$	0.00300	0.99700	100,000	1
$1 \sim 2$	a	$1-a$	99,700	0.99700
$2 \sim 3$	0.00017	0.99983	99,676	0.99676
$3 \sim 4$	0.00012	0.99988	b	$b/100,000$
⋮	⋮	⋮	⋮	⋮

$E_x E_{x-1} = E_x$이므로

$$\begin{aligned} P(E_2) &= P(E_2 E_1) = P(E_2 | E_1) P(E_1) \\ &= (1-q_1)(1-q_0) \end{aligned}$$

이 성립한다. 따라서

$$(1-q_0)(1-a)=P(E_2) \Rightarrow 0.99700(1-a)=0.99676$$

에서

$$a=q_1=0.00024$$

이다. 같은 방법으로

$$\begin{aligned} P(E_3) &= P(E_3E_2)=P(E_3|E_2)P(E_2) \\ &= (1-q_2)(1-q_1)(1-q_0) \end{aligned}$$

이므로

$$P(E_3)=\frac{b}{100{,}000}=(1-q_2)(1-q_1)(1-q_0)=0.99659$$

이다. 따라서 $b=99659$이다.

1.3.3 전체 확률의 법칙

사건 $B_1, \cdots, B_n$이 상호배반이고 $\bigcup_{j=1}^{n} B_j=\Omega$라 하자.7)

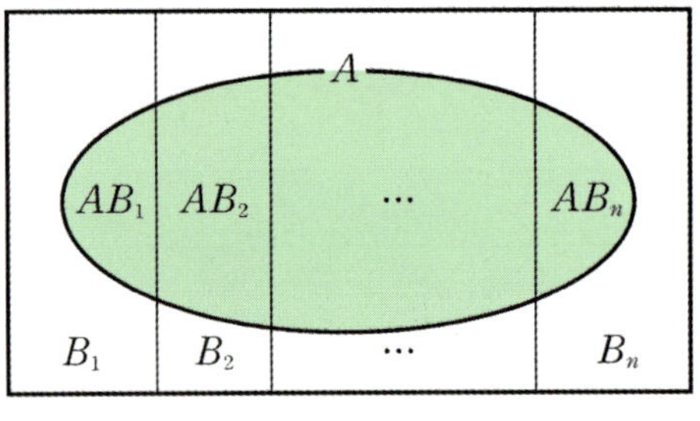

그러면 사건 $A\cap B_1, \cdots, A\cap B_n$들도 상호배반이고

$$A=\bigcup_{j=1}^{n}(A\cap B_j)$$

이므로 확률의 덧셈법칙에 의해 다음이 성립한다.

7) 이 두 조건을 만족하는 $\{B_1, B_2, \cdots, B_n\}$을 Ω의 **분할**(partition)이라 한다.

$$P(A) = \sum_{j=1}^{n} P(A \cap B_j)$$

이 결과에 확률의 곱셈법칙 $P(A \cap B) = P(A|B)P(B)$를 적용한 다음 결과를 **전체 확률의 법칙**(law of total probability)이라 한다.

전체 확률의 법칙

사건 $B_1, \cdots, B_n$이 상호배반이고 $\bigcup_{j=1}^{n} B_j = \Omega$이면 사건 A에 대해 다음이 성립한다.

$$P(A) = \sum_{j=1}^{n} P(A \cap B_j) = \sum_{j=1}^{n} P(A|B_j)P(B_j)$$

보기 6

자동차 보험회사는 고객을 사고성향이 큰 사람과 그렇지 않은 사람으로 분류한다. 통계에 의하면 1년 동안 사고를 낼 확률이, 사고성향이 큰 사람은 0.3, 그렇지 않은 사람은 0.1이다. 만약 20%의 고객이 사고성향이 큰 사람으로 분류된다면 한 고객이 1년 안에 사고를 낼 확률을 구하시오.

풀이 E를 한 고객이 1년 안에 사고를 낼 사건, F를 사고경향이 큰 사람일 사건이라 하면

$$P(F) = 0.2, \quad P(F^c) = 0.8,$$
$$P(E|F) = 0.3, \quad P(E|F^c) = 0.1$$

이다. 전체 확률의 법칙에 의하여 1년 안에 사고를 낼 확률은 다음과 같다.

$$\begin{aligned} P(E) &= P(E|F)P(F) + P(E|F^c)P(F^c) \\ &= 0.3 \cdot 0.2 + 0.1 \cdot 0.8 = 0.14 \end{aligned}$$

보기 7

두 개의 빨간 주머니에는 각각 흰 공이 3개, 검은 공이 4개 들어 있다. 노란 주머니에는 흰 공이 5개, 검은 공이 2개, 파란 주머니에는 흰 공이 4개, 검은 공이 3개 들어 있다.

(a) 네 개의 주머니 중에서 하나를 임의로 택하여 하나의 공을 꺼낼 때 그 공이 흰색일 확률을 구하시오.

(b) 꺼낸 공이 흰색일 때 그 공이 노란 주머니에서 나왔을 확률을 구하시오.

풀이 (a) 빨간 주머니를 택할 사건을 R, 노란 주머니를 택할 사건을 Y, 파란 주머니를 택할 사건을 B, 흰 공이 나올 사건을 W라 하자. 그러면

$$P(R)=\frac{2}{4},\ P(Y)=P(B)=\frac{1}{4}$$
$$P(W|R)=\frac{3}{7},\ P(W|Y)=\frac{5}{7},\ P(W|B)=\frac{4}{7}$$

이다. 따라서

$$\begin{aligned}P(W)&=P(W|R)P(R)+P(W|Y)P(Y)+P(W|B)P(B)\\&=\frac{3}{7}\cdot\frac{2}{4}+\frac{5}{7}\cdot\frac{1}{4}+\frac{4}{7}\cdot\frac{1}{4}=\frac{15}{28}\end{aligned}$$

(b) 구하는 확률은 W가 주어졌을 때 Y가 일어날 확률 $P(Y|W)$이므로

$$P(Y|W)=\frac{P(Y\cap W)}{P(W)}=\frac{P(W|Y)P(Y)}{P(W)}=\frac{\frac{5}{7}\cdot\frac{1}{4}}{\frac{15}{28}}=\frac{1}{3}$$

이다.

보기 7의 실험은 주머니를 고른 후 공을 꺼내는 2단계로 이루어져 있다. 이처럼 여러 단계를 갖는 확률적 실험에서 가능한 모든 경우를 도표로 나타내면 확률 구조를 이해하기가 더 쉬워진다. 조건부 확률에 대한 유명한 문제로 살펴보기로 하자.

몬티 홀(Monty Hall)은 1970년대 미국의 유명한 TV 쇼의 진행자이다. 이 쇼의 출연자는 세 개의 문 중에서 하나의 문을 선택한다. 세 개의 문 중 하나의 뒤에는 고급승용차가 놓여 있고 출연자가 차가 있는 문을 선택한다면 차를 상품으로 받아갈 수 있다. 게임은 다음과 같이 진행된다.

1. 출연자가 문을 선택한다.
2. 진행자는 출연자가 선택한 문이 아닌 다른 문 중 하나의 문을 열어서 그 문 뒤에 차가 없음을 보여준다.
3. 진행자는 출연자에게 선택한 문을 바꿀 수 있는 기회를 다시 준다.

물론 진행자는 어느 문 뒤에 차가 있는지 알고 있다. 만약 당신이 출연자이고 1번 문을 선택하였다고 하자. 두 번째 선택에서 당신은 계속 1번 문을 고수할 것인가? 아니면 다른 문으로 바꿀 것인가? 1990년 Parade라는 주간지에 처음 소개된 이 문제는 수많은 논란을 일으켰다. 대다수의 사람들은 선택한 문을 바꾸어도 차를 얻을 수 있는 확률에는 변화가 없다고 주장하였다. 이제 확률나무를 이용하여 이 문제를 해결해보기로 하자.

각 문 뒤에 차가 놓여 있을 확률은 모두 같으므로 각각 1/3이다. 차가 1번 문 뒤에 있다면 진행자는 2번과 3번 중에서 임의의 문을 열므로 각 문을 열 확률은 각각 1/2이다. 그러나 차가 2번 문 뒤에 있다면 진행자는 3번 문을 열 수밖에 없다. 마찬가지로 차가 3번 문 뒤에 있다면 진행자는 2번 문을 열 수밖에 없다. 이 같은 상황을 그려보면 다음과 같다.

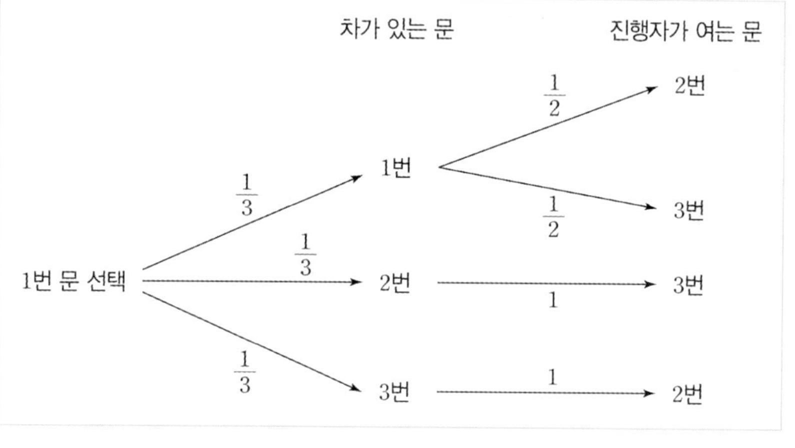

진행자가 2번 문을 여는 사건은 첫 번째 경로와 마지막 경로이다. 따라서 진행자가 2번 문을 열 확률은

$$\frac{1}{3}\cdot\frac{1}{2}+\frac{1}{3}\cdot 1=\frac{1}{6}+\frac{1}{3}=\frac{1}{2}$$

이다. 또한 차는 1번 문 뒤에, 그리고 진행자가 2번 문을 여는 사건은 첫 번째 경로에 해당한다. 따라서 진행자가 2번 문을 열었다면 1번 문을 고수하였을 때 차를 얻을 수 있는 확률은

$$\frac{1/6}{1/6+1/3}=\frac{1}{3}$$

이다. 반면에 문을 3번으로 바꾸어 선택하였을 때 차를 얻을 수 있는 확률은

$$\frac{1/3}{1/6+1/3}=\frac{2}{3}$$

이다. 진행자가 3번 문을 열었을 때에도 똑같은 결과가 성립한다. 즉, 어느 경우라도 선택한 문을 바꾸는 것이 차를 상품으로 탈 수 있는 확률을 두 배로 높여준다.

몬티 홀 문제에서처럼 가능한 모든 경우를 나열하여 나무구조로 나타내고 각 가지에 해당하는 확률을 적어 준 것을 **확률나무**(chance tree, 또는 probability tree)라고 한다.

보기 8

어느 질병은 혈액검사에서 감염자의 경우 95%가 양성반응을 보인다. 그러나 이 검사는 비감염자에게도 1%의 양성반응을 보인다. 인구의 1%가 이 질병에 감염되어 있다면 검사 결과가 양성인 사람이 실제로 감염자일 확률을 구하시오.

풀이 검사를 받는 사람이 감염자(D^+)일 확률과 비감염자(D^-)일 확률은 각각 0.01, 0.99이다. 이 상황은 다음과 같이 첫 번째 가지로 나타내기로 한다. 두 번째 가지는 첫 번째 시행에 의하여 생긴 상황에서 검사 결과를 나타낸다. 검사 결과가 양성인 사건을 T^+, 음성인 사건을 T^-라고 하자. 두 번째 가지에 적힌 확률은 첫 번째 가지에서 일어난 사건이 주어졌을 때 두 번째 가지에서 일어나는 사건의 조건부 확률이다.

$$P(T^+|D^+)=0.95,\quad P(T^-|D^+)=0.05$$
$$P(T^+|D^-)=0.01,\quad P(T^-|D^-)=0.99$$

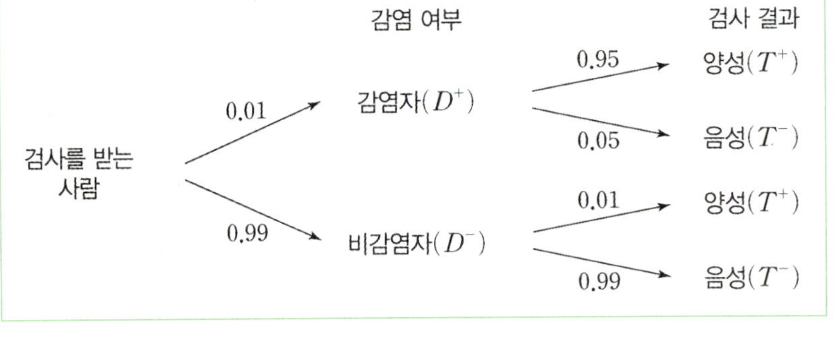

검사 결과가 양성인 경우는 첫 번째 경로와 세 번째 경로이다. 따라서 임의의 사람이 검사를 받았을 때 양성반응이 나올 확률은

$$P(T^+) = 0.0095 + 0.0099 = 0.0194$$

이다. 검사 결과가 양성일 때 그 사람이 감염자일 확률은 조건부 확률의 정의로부터

$$\begin{aligned} P(D^+|T^+) &= \frac{P(D^+T^+)}{P(T^+)} = \frac{P(T^+|D^+)P(D^+)}{P(T^+)} \\ &= \frac{0.0095}{0.0194} \approx 0.49 \end{aligned}$$

이다. 그러므로 양성반응이 나왔을 때, 그 사람이 감염자가 아닐 확률은 약 0.51이다.

Note ▶ 보기 8이 보여 주는 결과는 상당히 혼란스럽다. 양성반응이 나왔을 때 감염자일 확률과 비감염자일 확률이 거의 같기 때문이다. 전체에서 감염자가 차지하는 비율이 작아지면 검사 결과는 더욱 믿을 수 없는 것이 된다.

예를 들어, 전체 인구의 0.1%만이 이 질병에 감염되어 있다면 양성반응이 나왔을 때, 실제 감염자일 확률은 약 8.7%밖에 되지 않는다. 이러한 현상은 감염자의 수가 비감염자의 수에 비하여 훨씬 작기 때문에 생긴다. 10,000명을 대상으로 검사를 하였다면 약 $10000 \cdot 0.001 = 10$명이 감염자이고 검사 결과가 맞을 확률이 95%이므로 약 9.5명이 양성으로 판정된다. 그러나 9990명의 비감염자 중에서 양성으로 판정될 사람은 평균적으로

$$0.01 \cdot 9990 = 99.9$$

명이므로 양성으로 판정될 사람 중에서 감염자와 비감염자의 비율은 9.5 : 99.9이다. 바꾸어 말하면 양성반응이 나온 사람 중에서 감염자가 차지하는 비율은

$$\frac{9.5}{99.5 + 9.5} = 0.087$$

이다.

1.3.4 베이즈의 정리

확률나무를 이용한 조건부 확률의 계산은 다음과 같은 **베이즈의 정리**(Bayes' theorem)로 다시 쓸 수 있다. 사건 $F_1, \cdots, F_n$이 상호배반이고

$$\bigcup_{i=1}^{n} F_i = \Omega$$

라 하자. 조건부 확률의 정의에 의하여

$$P(F_i|E) = \frac{P(F_i \cap E)}{P(E)} = \frac{P(E|F_i)P(F_i)}{P(E)}$$

이다. 따라서 사건 E가 일어났을 때 사건 F_i가 일어날 조건부 확률 $P(F_i|E)$는 전체 확률의 법칙에 의하여 다음과 같이 구할 수 있다.

베이즈의 정리

사건 $F_1, \cdots, F_n$이 상호배반이고 $\bigcup_{i=1}^{n} F_i = \Omega$이면 임의의 사건 E에 대하여 다음이 성립한다.

$$P(F_i|E) = \frac{P(E|F_i)P(F_i)}{P(E)} = \frac{P(E|F_i)P(F_i)}{\sum_{j=1}^{n} P(E|F_j)P(F_j)}$$

간단히 말하자면 **베이즈의 정리**는 사건 A, B에 대해 $P(B|A)$가 상대적으로 구하기 쉬울 때 조건부 확률 $P(A|B)$를 다음과 같이 구하는 방법이다.

$$P(A|B) = \frac{P(B|A)P(A)}{P(B)}$$

보기 9

A, B, C 세 공장에서 생산되는 제품의 양은 각각 전 생산량의 50%, 30%, 20%를 차지한다. 세 공장에서 만들어진 제품의 불량률은 각각 1%, 2%, 3%이다. 임의의 한 불량품이 B 공장에서 만들어졌을 확률을 구하시오.

풀이 사건 A, B, C를 각각 공장 A, B, C에서 제품이 만들어질 사건이라고 하자. 불량품이 나오는 사건을 E라고 하면 구하는 확률은 $P(B|E)$이다.

$$P(A) = 0.5, \quad P(E|A) = 0.01$$
$$P(B) = 0.3, \quad P(E|B) = 0.02$$
$$P(C) = 0.2, \quad P(E|C) = 0.03$$

이므로 베이즈의 정리로부터 구하는 확률은 다음과 같이 주어진다.

$$P(B|E) = \frac{P(E|B)P(B)}{P(E|A)P(A)+P(E|B)P(B)+P(E|C)P(C)}$$
$$= \frac{0.02 \cdot 0.3}{0.01 \cdot 0.5 + 0.02 \cdot 0.3 + 0.03 \cdot 0.2} = \frac{6}{17}$$

베이즈의 정리는 새로운 정보가 주어졌을 때 확률이 어떻게 변하는가에 대한 계산방법을 제공해준다. 이러한 방법은 병원이나 법원에서 생기는 사건을 해석할 때 특히 유용하다.

보기 10

어떤 살인사건에서 두 명의 용의자 X, Y가 수사선상에 올라왔다. 사건 후 두 명의 용의자는 모두 잠적한 상태였다. 초기 수사에서 용의자 X와 Y가 범인일 확률은 같은 것으로 결론지어졌다. 범행현장 감식 결과 범인의 혈액형은 A형임이 밝혀졌다. 얼마 후 용의자 X가 체포되었고 혈액검사 결과 혈액형이 A형임이 밝혀졌다. 그렇다면 X가 범인일 확률은 얼마인가? 단, 전체인구의 40%가 A형이라고 한다.

풀이 용의자 X가 범인일 사건을 H, X의 혈액형이 A형일 사건을 A라고 하자. 초기수사에서 용의자 X와 용의자 Y가 범인일 확률이 같았으므로

$$P(H) = P(H^c) = \frac{1}{2}$$

이다. 또한 $P(A|H) = 1$, $P(A|H^c) = \frac{2}{5}$이므로

$$P(A) = P(A|H)P(H) + P(A|H^c)P(H^c)$$
$$= 1 \cdot \frac{1}{2} + \frac{2}{5} \cdot \frac{1}{2} = \frac{7}{10}$$

이다. 따라서 X의 혈액형이 A라는 새로운 정보에 의하여 X가 범인일 확률은

$$P(H|A) = \frac{P(A|H)P(H)}{P(A)} = \frac{1 \cdot 1/2}{7/10} = \frac{5}{7}$$

로 높아진다.

1.4 독립사건

1.4.1 두 사건의 독립성

하나의 실험이 다른 실험과 서로 아무 영향을 미치지 않고 이루어질 때, 두 실험은 독립적(independent)이라 한다.

1.3절의 보기 4(a)에서(비복원추출) 삼순이가 꺼낸 공이 하얀 공인지 검은 공인지에 따라 삼식이가 검은 공을 꺼낼 확률은 달라진다. 따라서 삼순이가 공을 꺼내는 실험과 삼식이가 공을 꺼내는 실험은 독립이 아니다. 만약 삼순이가 꺼낸 공을 돌려놓고 삼식이가 공을 꺼낸다면(복원추출) 삼순이가 꺼낸 공이 무엇인지는 삼식이가 꺼내는 공이 무엇인지에 아무 영향도 미치지 않는다. 따라서 복원추출의 경우 두 실험(삼순이가 공을 꺼내는 것과 삼식이가 공을 꺼내는 것)은 독립이다.

일반적으로 사건 A가 주어졌을 때 사건 B가 일어날 확률 $P(B|A)$와 그냥 사건 B의 확률 $P(B)$는 같지 않다. 즉, 사건 A가 발생하였다는 사실이 사건 B의 확률을 변화시킨다. 한 사건이 일어났다는 사실이 다른 사건이 일어나는 확률에 변화를 주지 않는 경우, 다시 말해서 다음 식이 성립하면

$$P(B|A) = P(B)$$

두 사건 A, B는 독립(independent)이라 한다. 예를 들어, 동전을 두 번 던질 때 처음 앞면이 나온 사건을 A, 두 번째 앞면이 나오는 사건을 B라 하면 표본공간은

$$\Omega = \{\mathrm{HH},\ \mathrm{HT},\ \mathrm{TH},\ \mathrm{TT}\}$$

이고

$$A = \{\mathrm{HH}, \mathrm{HT}\}, \quad B = \{\mathrm{HH}, \mathrm{TH}\}$$

이다. 따라서 $AB = \{\mathrm{HH}\}$이므로 첫 번째 동전의 앞면이 나왔을 때 두 번째 동전도 앞면이 나올 확률은

$$P(B|A) = \frac{P(AB)}{P(A)} = \frac{1/4}{1/2} = \frac{1}{2} = P(B)$$

이고 두 번째 동전의 앞면이 나왔을 때 첫 번째 동전도 앞면이 나올 확률은

$$P(A|B) = \frac{P(AB)}{P(B)} = \frac{1/4}{1/2} = \frac{1}{2} = P(A)$$

이다. 따라서 첫 번째 동전이 앞면이 나오는 사건과 두 번째 동전이 앞면이 나오는 사건은 독립이다.

두 사건 A, B가 독립이면 확률의 곱셈법칙

$$P(A \cap B) = P(A)P(B|A) = P(B)P(A|B)$$

으로부터 다음 식이 성립하는데 이 식을 두 사건의 독립을 정의하는 데 사용한다.

$$P(AB) = P(A) \cdot P(B)$$

독립사건

두 사건 A, B에 대하여 다음 식이 성립하면 두 사건은 독립이라 한다.

$$P(AB) = P(A) \cdot P(B)$$

Note ▶ 두 사건 A와 B가 독립이면 다음 식에서 볼 수 있듯이 A와 B^c도 독립이다.

$$\begin{aligned} P(AB^c) &= P(A) - P(AB) = P(A) - P(A)P(B) \\ &= P(A)(1-P(B)) = P(A)P(B^c) \end{aligned}$$

마찬가지로 A^c와 B, A^c와 B^c도 독립임을 보일 수 있다.[8)]

두 실험이 독립적이고 두 사건 A, B가 각 실험의 사건이면 A, B는 당연히 독립이다. 두 실험의 결과가 독립인지 확실하지 않은 경우는 독립사건의 조건을 만족하는지 살펴봄으로써 독립 여부를 알 수 있다.

8) 연습문제

보기 1

주사위를 두 번 던졌을 때 E를 두 눈의 합이 7인 사건, F를 첫 번째 주사위가 3이 나오는 사건이라 하자.

$$E=\{(6,1),(5,2),(4,3),(3,4),(2,5),(1,6)\}$$
$$F=\{(3,1),(3,2),(3,3),(3,4),(3,5),(3,6)\}$$

EF는 첫 번째 주사위는 3, 두 번째 주사위는 4가 나오는 사건이다.

$$EF=\{(3,4)\}$$
$$\frac{1}{36}=P(EF)=P(E)P(F)=\frac{6}{36}\cdot\frac{6}{36}$$

이므로 두 사건은 독립이다. G를 두 눈의 합이 6인 사건이라 하면

$$G=\{(1,5),(2,4),(3,3),(4,2),(5,1)\}$$

이고 GF는 첫 번째 주사위는 3, 두 번째 주사위는 3이 나오는 사건이다.

$$GF=\{(3,3)\}$$

그러나

$$\frac{1}{36}=P(GF)\neq P(G)P(F)=\frac{5}{36}\cdot\frac{6}{36}$$

이므로 두 사건 F, G는 독립이 아니다.

보기 2

여학생 10명과 남학생 15명을 대상으로 설문조사를 한 결과 여학생은 a명이 찬성, 나머지는 반대였고, 남학생은 9명이 찬성, 6명이 반대를 하였다. 성별과 찬반 여부가 독립이라고 할 때 a의 값을 구하시오.

풀이 여학생인 사건을 F, 찬성하는 사건을 A라 하자. 주어진 조건을 표로 정리하면 다음과 같다.

	찬성(A)	반대(A^c)	합계
여학생(F)	a	$10-a$	10
남학생(F^c)	9	6	15
합계	$a+9$	$16-a$	25

$P(A)=\frac{a+9}{25}$, $P(F)=\frac{10}{25}=\frac{2}{5}$, $P(AF)=\frac{a}{25}$ 이고 사건 A와 사건 F가 독립이므로 다음 식이 성립한다.

$$P(AF)=P(A)P(F)$$

a에 대한 방정식을 풀면 다음과 같다.

$$\frac{a}{25}=\frac{a+9}{25}\cdot\frac{2}{5} \Rightarrow 5a=2a+18 \Rightarrow a=6$$

1.4.2 세 개 이상의 사건의 독립성

사건 E, F, G에 대하여 다음 식이 성립하면 세 사건 E, F, G는 **상호독립** 또는 간단히 **독립**이라 한다.

$$P(EFG)=P(E)P(F)P(G)$$
$$P(EF)=P(E)P(F)$$
$$P(FG)=P(F)P(G)$$
$$P(EG)=P(E)P(G)$$

보기 3

항아리 속에 각각 숫자 1, 2, 3, 4가 쓰여 있는 공이 네 개 들어 있다.

$$E=\{1,2\},\quad F=\{1,3\},\quad G=\{1,4\}$$

라 하면 $EF=FG=GE=\{1\}$ 이므로

$$P(EF)=P(E)P(F)=\frac{1}{4},$$
$$P(FG)=P(F)P(G)=\frac{1}{4},$$
$$P(EG)=P(E)P(G)=\frac{1}{4}$$

이다. 따라서 E와 F, F와 G, G와 E는 각각 독립이다. 그러나

$$P(EFG) = P(1) = \frac{1}{4}$$

이지만

$$P(E)P(F)P(G) = \frac{1}{8}$$

이다. 따라서 세 사건 E, F, G는 독립이 아니다.

Note ▶ 보기 3처럼 두 개의 사건끼리는 모두 독립인 경우 E, F, G는 **쌍으로 독립**(mutually independent)이라 한다. 보기 3은 어떤 사건들이 쌍으로 독립이라고 해서 항상 상호독립은 아님을 보여준다.

세 사건 E, F, G가 상호독립이면 사건 E는 F와 G의 연산에 의하여 만들어지는 어떤 사건과도 독립이다.

보기 4

E, F, G가 상호독립이라 하자.

(a) 사건 E와 $F \cup G$는 서로 독립임을 보이시오.

(b) 사건 E^c, F^c, G^c는 상호독립임을 보이시오.

풀이 (a) $P(E(F \cup G)) = P(E)P(F \cup G)$이 성립함을 보이면 된다.

F와 G가 독립이므로 덧셈법칙에 의하면

$$\begin{aligned} P(F \cup G) &= P(F) + P(G) - P(FG) \\ &= P(F) + P(G) - P(F)P(G) \end{aligned}$$

이고 분배법칙

$$E(F \cup G) = (EF) \cup (EG)$$

을 이용하면 다음과 같이 보일 수 있다.

$$\begin{aligned} P(E(F \cup G)) &= P((EF) \cup (EG)) = P(EF) + P(EG) - P(EFG) \\ &= P(E)P(F) + P(E)P(G) - P(E)P(F)P(G) \\ &= P(E)[P(F) + P(G) - P(F)P(G)] \\ &= P(E)P(F \cup G) \end{aligned}$$

(b) E와 F, E와 G, F와 G가 독립이므로 E^c와 F^c, E^c와 G^c, F^c와 G^c도 각각 독립이다. 따라서

$$P(E^cF^c) = P(E^c)P(F^c)$$
$$P(E^cG^c) = P(E^c)P(G^c)$$
$$P(F^cG^c) = P(F^c)P(G^c)$$

이 성립한다. 그러므로 E^c, F^c, G^c가 상호독립임을 보이려면

$$P(E^cF^cG^c) = P(E^c)P(F^c)P(G^c)$$

임을 보이면 된다. $F^cG^c = (F \cup G)^c$이고 E와 $F \cup G$는 독립이므로 E^c와 $(F \cup G)^c$도 독립이다.

$$\begin{aligned} P(E^cF^cG^c) &= P(E^c(F \cup G)^c)) \\ &= P(E^c)P((F \cup G)^c) = P(E^c)(1 - P(F \cup G)) \\ &= P(E^c)(1 - P(F) - P(G) + P(F)P(G)) \\ &= P(E^c)(1 - P(F))(1 - P(G)) = P(E^c)P(F^c)P(G^c) \end{aligned}$$

이므로 증명이 완성된다.

같은 방법으로 네 개 이상의 사건에 대하여도 독립을 정의한다.

같은 조건에서 반복할 수 있으며, 매번 결과가 달라질 수 있는 관찰이나 실험을 **시행**(trial)이라 한다. 또, 동전이나 주사위를 여러 번 던지는 것처럼 매번 같은 조건에서 어떤 시행을 반복할 때, 각 시행의 결과가 다른 시행의 결과에 영향을 주지 않는 시행을 **독립시행**이라 한다.

독립시행의 경우 서로 다른 시행에서 일어나는 사건들은 서로 독립이다. 다시 말해서 A_i를 i번째 시행에서의 임의의 사건이라고 하면 $A_1, A_2, \cdots, A_n$은 독립이다. 따라서 확률의 곱셈 법칙에 의하여 다음 결과가 성립한다.

독립시행의 사건

n번의 시행이 모두 독립일 때 A_i가 i번째 시행에서의 사건이라면

$$P(A_1 \cap A_2 \cap \cdots \cap A_n) = P(A_1)P(A_2)\cdots P(A_n)$$

이 성립한다.

보기 5

직렬시스템은 n개의 컴포넌트 중 하나라도 작동하지 않으면 정상적으로 운영되지 않는다. 반면 병렬시스템은 n개의 컴포넌트 중 하나라도 작동하면 정상적으로 운영된다. i번째 컴포넌트가 작동될 확률이 p_i일 때 각 시스템이 정상적으로 운영될 확률을 구하시오. 단, 모든 컴포넌트는 독립적으로 작동한다.

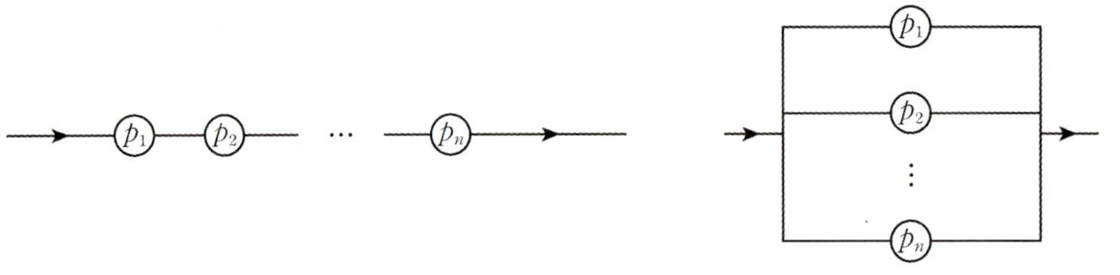

풀이 각 컴포넌트의 작동 여부를 살피는 것은 독립시행이다. i번째 컴포넌트가 작동되는 사건을 A_i라 하자. 직렬시스템이 정상적으로 운영되는 사건은 $A_1A_2\cdots A_n$이므로 정상적으로 운영될 확률은

$$P(A_1A_2\cdots A_n) = P(A_1)P(A_2)\cdots P(A_n) = p_1p_2\cdots p_n$$

이다. 병렬시스템은 모든 컴포턴트가 작동하지 않을 때만 정상적으로 운영되지 않는다. 모든 컴포넌트가 정상적으로 운영되지 않는 사건은

$$A_1^cA_2^c\cdots A_n^c$$

이고 $A_1^c, A_2^c, \cdots, A_n^c$가 상호독립이므로 시스템이 정상적으로 운영될 확률은 다음과 같다.

$$\begin{aligned} P(\text{시스템 정상 운영}) &= 1 - P(\text{시스템 운영되지 않음}) \\ &= 1 - P(A_1^cA_2^c\cdots A_n^c) = 1 - P(A_1^c)P(A_2^c)\cdots P(A_n^c) \\ &= 1 - (1 - P(A_1))(1 - P(A_2))\cdots(1 - P(A_n)) \\ &= 1 - (1 - p_1)(1 - p_2)\cdots(1 - p_n) \end{aligned}$$

연습문제 1.3 ~ 1.4 EXERCISES

01 다음 표는 보험회사에서 1년 동안의 주행거리에 따른 사고 발생 유무를 조사하여 통계적 확률을 구한 것이다. 단, 단위는 km이다.

	~ 12000	12000 ~ 18000	18000 ~	합
사고 발생(A)	0.05	0.08	0.12	0.25
사고 미발생(A^c)	0.15	0.27	0.33	0.75
합	0.20	0.35	0.45	1

(a) 어떤 차가 1년 동안 사고를 일으킬 확률을 구하시오.

(b) 어떤 차가 1년 동안 18000km 이상 주행을 하고 사고를 일으키지 않을 확률을 구하시오.

(c) 1년 동안 주행거리가 18000km 이상인 차가 사고를 일으킬 확률을 구하시오.

(d) 1년 동안 주행거리가 12000km 이상인 차가 사고를 일으키지 않을 확률을 구하시오.

02 다음 표는 1000명을 대상으로 색맹 유무를 조사하여 표로 만든 것이다.

	여성(F)	남성(M)	합
색맹(C)	2	40	42
정상(C^c)	488	470	958
합	490	510	1000

(a) 선택한 사람이 색맹일 때, 그 사람이 여성일 확률을 구하시오.

(b) 선택한 사람이 남성일 때, 그 사람이 색맹일 확률을 구하시오.

(c) 어떤 사람이 남성인 사건과 색맹인 사건은 독립인가?

03 운동선수의 스테로이드 사용 여부를 판단하는 두 종류의 시약이 있다. 시약 A의 정확도는 90%, 시약 B의 정확도는 80%이다. 어떤 운동선수에게서 시약 A는 양성반응, 시약 B는 음성반응을 보일 때, 이 선수가 스테로이드를 복용했을 확률은 얼마인가?

04 위의 문제에서 다음 확률을 구하시오.

(a) 두 시약 모두 양성 반응을 보일 때 이 선수가 스테로이드를 복용했을 확률

(b) 두 시약 모두 음성 반응을 보일 때 이 선수가 스테로이드를 복용했을 확률

05 (a) F와 G가 상호배반이면 $P(F \cup G | E) = P(F|E) + P(G|E)$임을 보이시오.

(b) $P(E) \neq 0$이면 $P(F^c|E) = 1 - P(F|E)$임을 보이시오.

06 $P(E)P(F)P(G) > 0$일 때 다음을 보이시오.

(a) $P(E^c \cup F^c) = 1 - P(E)P(F|E)$

(b) $P(E \cap F | F \cup G) = P(E|F)P(F|F \cup G)$

(c) $P(E \cup F | G) = P(E|G) + P(F|G) - P(EF|G)$

(d) $P(F \cap G | E) = P(G|E)P(F|E \cap G)$, 단, $P(E \cap G) \neq 0$

(e) $\dfrac{P(E|E \cup F)}{P(F|E \cup F)} = \dfrac{P(E)}{P(F)}$

◈ **(7 ~ 8)** 성인의 경우 이완기혈압(diastolic blood pressure, DBP)이 95 이상이면 고혈압으로 진단한다. 반면에 어린이의 경우는 DBP가 80 이상이면 고혈압으로 진단한다. 사건 A, B를 각각 엄마와 아빠가 고혈압인 사건, 사건 C를 아이가 고혈압인 사건이라고 하자. 아이가 있는 만 가구를 대상으로 조사하여 다음과 같은 결과를 얻었다.

$P(A) = 0.15$, $P(B) = 0.2$, $P(C) = 0.1$

$P(AB) = 0.03$, $P(AC) = 0.05$, $P(BC) = 0.05$

$P(ABC) = 0.02$

07 다음 조건에서 아이가 고혈압일 확률은 각각 얼마인가?

(a) 엄마가 고혈압일 때

(b) 아빠가 고혈압일 때

(c) 엄마, 아빠 모두 고혈압일 때

08 다음 경우에 아이가 고혈압인 상대위험은 얼마인가?

(a) 엄마가 고혈압인 사건을 위험사건이라 할 때

(b) 아빠가 고혈압인 사건을 위험사건이라고 할 때

(c) 엄마, 아빠가 모두 고혈압인 사건을 위험사건이라고 할 때

09 두 종류의 컴퓨터를 만들어 판매하는 컴퓨터 회사의 매출에서 모델 I 이 60%, 모델 II가 40%를 차지한다고 한다. 판매 후 1년 이내에 AS 요청이 들어오는 비율이 각각 4%, 5%이다.

(a) 이 회사의 컴퓨터를 구입한 고객이 1년 이내에 AS를 요청할 확률을 구하시오.

(b) 1년 이내에 AS를 요청한 고객이 구입한 컴퓨터가 모델 I 일 확률을 구하시오.

10 1000명을 대상으로 조사를 하였더니 8%가 간 질환을 가지고 있었다. 간 질환을 가진 사람의 50%는 과음주자, 40%는 음주자, 10%는 비음주자이다. 간 질환을 갖지 않은 사람의 10%는 과음주자, 40%는 음주자, 50%는 비음주자라고 한다.

(a) 조사대상자에서 과음주자가 차지하는 비율은 몇 %인가?

(b) 어떤 사람이 과음주자일 때, 간 질환을 가지고 있을 확률을 구하시오.

11 신약의 부작용을 알아보기 위하여 1000명의 환자를 대상으로 실험을 하였다. 그 결과, 60명의 환자에게서 식욕부진현상이, 80명의 환자에게서 수면장애현상이 관찰되었다. 그러나 880명의 환자에게는 아무런 부작용이 발견되지 않았다고 한다.

(a) 식욕부진과 수면장애현상을 동시에 보인 환자는 몇 %인가?

(b) 식욕부진현상을 보인 사람이 수면장애도 가지고 있을 확률을 구하시오.

(c) 식욕부진현상을 보이지 않는 사람이 수면장애현상을 가지고 있을 확률을 구하시오.

◈ (12 ~ 14)

12 어느 도시 사람들은 500명에 1명꼴로 어떤 바이러스에 감염되는데, 감염 여부를 판정하는 검사법의 정확도가 90%라고 한다.

(a) 이 도시 사람 중 하나를 검사할 때 양성 반응을 보일 확률을 구하시오.

(b) 양성 반응을 보인 사람이 실제로 바이러스에 감염되었을 확률을 구하시오.

13 문제 12에서 1000명에 1명꼴로 바이러스에 감염된 경우 같은 질문에 답하시오.

14 문제 12에서 1000명에 1명꼴로 바이러스에 감염되고, 검사법의 정확도가 99%라고 할 때 같은 질문에 답하시오.

◈ (15 ~ 17)

15 평소에 하는 말의 반이 거짓말인 사람이 있다. 이 사람에게 정확도가 90%인 거짓말 탐지기를 사용하여 조사를 하려고 한다.

(a) 이 사람의 답변에 거짓말 탐지기가 거짓이라는 판단을 내릴 확률을 구하시오.

(b) 거짓말 탐지기가 거짓이라는 판단을 내렸을 때 이 사람이 거짓말을 했을 확률을 구하시오.

16 평소에 하는 말의 75%가 거짓말인 사람에 대하여 질문 (a), (b)에 답하시오.

17 평소에 하는 말의 10%가 거짓말인 사람에 대하여 질문 (a), (b)에 답하시오.

18 다음과 같이 3개의 상자에 공이 들어 있다.

> 상자 A : 5개의 흰 공과 3개의 빨간 공, 그리고 2개의 파란 공
> 상자 B : 6개의 흰 공과 4개의 빨간 공
> 상자 C : 3개의 흰 공과 7개의 빨간 공
> 상자 A에서 공 하나를 꺼낸 결과에 따라 다음과 같이 공 하나를 빈 상자에 넣으려고 한다.
> 상자 A에서 꺼낸 공이 흰 공이면 상자 B에서 하나의 공을 꺼내어 빈 상자에 넣는다.
> 상자 A에서 꺼낸 공이 파란 공이면 상자 C에서 하나의 공을 꺼내 빈 상자에 넣는다.
> 상자 A에서 꺼낸 공이 빨간 공이면 그 공을 빈 상자에 넣는다.

(a) 빈 상자에 들어간 공이 빨간색일 확률을 구하시오.

(b) 빈 상자에 들어간 공이 빨간색일 때 처음 선택한 공이 흰색일 확률을 구하시오.

19 임산부가 흡연을 하는 경우 기형아를 출산할 확률은 흡연을 하지 않는 여성의 세 배라고 한다. 임산부의 10%가 흡연자라고 하면 기형아를 출산한 여성이 흡연자일 확률은 얼마인가?

20 보기가 5개인 객관식 문제를 풀 때, 어떤 학생이 그 문제의 답을 알고 있을 확률이 p이다. 답을 모르는 경우는 임의로 하나의 답을 선택한다고 한다. 이 학생의 답이 맞았을 경우 문제의 답을 알고 있었을 확률은 얼마인가?

21 항해 중이던 선박이 태풍을 만나 침몰하였다. 침몰한 지역으로 추측되는 영역은 크게 세 개의 영역으로 구분되고 선박이 각 영역에 있을 가능성은 모두 같다. 지형적인 이유로 i 영역에 선박이 있더라도 찾을 수 없는 확률은 p_i라고 한다. 첫 번째 영역에서 선박을 찾지 못했을 때,

(a) 그 선박이 첫째 영역에 있을 확률을 구하시오.

(b) 그 선박이 둘째 영역에 있을 확률을 구하시오.

22 세 개의 동전이 있다. 하나의 동전은 정상인 동전이지만 두 개의 동전은 각각 앞면과 뒷면만 있는 동전이다. 임의로 동전을 선택하여 던졌을 때 앞면이 나왔다면 그 동전이 정상인 동전일 확률을 구하시오.

23 문제 22에서 정상인 동전이 k개, 앞면만 있는 동전이 m개, 뒷면만 있는 동전이 n개 있는 경우 같은 문제를 푸시오.

24 축구경기가 무승부로 끝나면 승부차기로 승부를 가린다. 양 팀의 승부차기 실력은 같고 처음 찰 때의 성공률은 0.8이라 한다. 반면에 앞사람이 성공했을 경우 성공률은 0.9인 반면 앞사람이 실패한 경우 성공률은 0.7이라 한다. 기회는 양 팀에 한 번씩만 주어질 때

(a) 먼저 공을 찬 팀이 이길 확률을 구하시오.

(b) 공을 나중에 찬 팀이 이길 확률을 구하시오.

25 서로 독립인 두 사건 A, B에 대하여 $P(A)=\frac{2}{5}$, $P(B)=\frac{3}{4}$일 때 $P(A\cap B)$, $P(A\cup B)$를 각각 구하시오.

26 여학생 10명과 남학생 15명을 대상으로 설문조사를 한 결과 찬성표는 여학생 a명, 남학생 b명이었고 나머지는 반대였다. 성별과 찬반 여부가 독립이라고 할 때 a, b 사이의 관계식을 구하시오.

27 한 개의 주사위를 던져서 짝수의 눈이 나오는 사건을 A, 1 또는 2의 눈이 나오는 사건을 B, 6의 약수의 눈이 나오는 사건을 C라 할 때 다음 두 사건이 독립인지 종속인지 판단하시오.

(a) A, B　　(b) B, C　　(c) A, C

28 다음 전기회로에서 각 스위치는 임의의 시간에 닫혀 있을 확률이 $\frac{3}{4}$이고 각 스위치는 독립적으로 작용한다. 임의의 시간에 A에서 B로 전류가 통할 확률을 각각 구하시오.

(a)
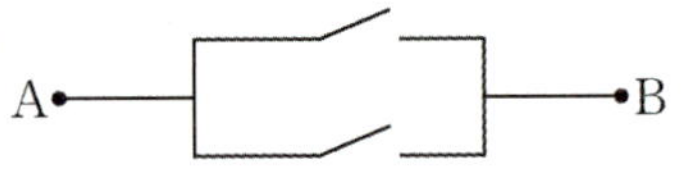

(b)

(c)
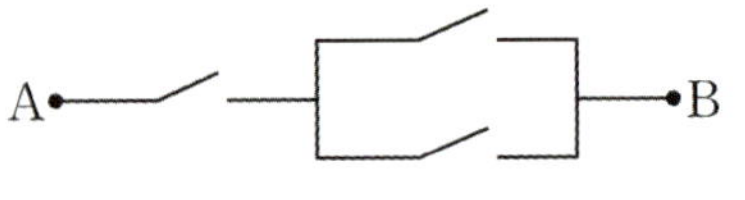

(d)
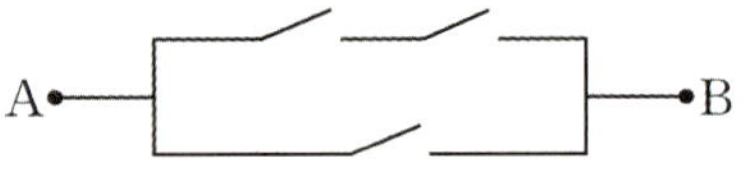

29 주사위를 두 번 던질 때 다음과 같이 사건들을 정의한다.

> A : 첫 번째 주사위가 짝수가 나오는 사건
> B : 두 번째 주사위가 홀수가 나오는 사건
> C : 한 개의 주사위는 짝수, 다른 주사위는 홀수가 나오는 사건
> D : 두 눈의 합이 6인 사건
> E : 두 눈의 합이 7인 사건

다음 명제의 참, 거짓을 판단하시오.

(a) 사건 A와 D는 독립이다.　　(b) 사건 A와 E는 독립이다.

(c) 사건 A와 C는 독립이다.　　(d) 사건 C와 D는 독립이다.

(e) 사건 C와 E는 독립이다.

30 A와 B는 독립사건이고 B와 C는 상호배반사건이라 하자.

$$P(A)=1/3,\ \ P(A\cup B)=1/2,\ \ P(C)=1/4,\ \ P(A\cap C)=1/8$$

일 때 다음을 구하시오.

(a) $P(A|B)$　　(b) $P(A|B^c)$　　(c) $P(B)$

(d) $P(A\cap B)$　　(e) $P(C|B)$　　(f) $P(A\cup B\cup C)$

31 두 사건 A와 B가 독립이면 A^c와 B, A^c와 B^c도 독립임을 보이시오.

32 세 사건 E, F, G가 독립이면 다음 식이 성립함을 보이시오.

$$P(E\cup F\cup G)=1-(1-P(E))(1-P(F))(1-P(G))$$

Hint. $(E\cup F\cup G)^c=E^c\cap F^c\cap G^c$

33 어떤 위험의 질병에 대한 상대위험이 1이면 두 사건(위험과 질병)은 독립임을 보이시오.

34 배구 대회에서 경기를 하게 된 L팀과 S팀이 각 세트마다 서로를 이길 확률은 각각 $\frac{3}{5}$, $\frac{2}{5}$이다. 경기는 5세트 중 3세트를 먼저 이기는 팀이 이긴다고 한다. 각 세트의 승부는 모두 독립이라고 가정한다.

(a) 5세트까지 경기가 진행될 확률을 구하시오.

(b) L팀이 이길 확률을 구하시오.

(c) L팀이 이겼을 때 5세트까지 경기가 진행되었을 확률을 구하시오.

35 (de Méré의 주사위 문제)

(a) 주사위를 4번 던졌을 때 적어도 6의 눈이 한 번 이상 나올 확률은 얼마인가?

(b) 주사위 2개를 동시에 던지는 시행을 반복한다. 두 주사위 모두 6이 나오는 사건이 적어도 한 번 나올 확률이 0.5보다 크게 하려면 최소한 몇 번의 시행을 하여야 하는가?

제 2 장

확률변수와 확률분포

소비자 만족도에 대한 설문을 할 때 다음 5개의 문항에서 하나에 동그라미를 친다고 하자.

(매우 불만족, 불만족, 보통, 만족, 아주 만족)

설문 결과를 분석할 때 분석자는 각 문항에 차례대로 1, 2, 3, 4, 5를 대응시키고 응답자의 대답을 기록한다. 이 수의 평균을 구하여 클수록 만족도가 높고, 낮을수록 만족도가 낮다고 판단을 한다. 이렇게 실험이나 통계조사에서 얻은 결과에 실수를 대응시키면 다루기가 쉽고 그 결과에 대한 판단의 근거를 수치적으로 만들 수 있다.

실험 또는 통계조사 결과	→	확률변수	→	확률분포

실험 또는 통계조사 결과는 확률변수에 의하여 확률분포라는 정보를 우리에게 전달한다. 이 장에서는 확률론에서 가장 기본이 되는 개념인 확률변수와 확률분포에 대하여 알아본다. 또한 확률변수의 중심위치를 나타내는 값들 −기댓값, 중앙값− 과 흩어진 정도를 나타내는 값들 −분산, 표준편차− 에 대하여 알아보고 그 성질들을 살펴보기로 한다.

2.1 확률변수와 분포함수

2.1.1 확률변수

확률적 실험의 결과들은 무게, 길이, 시간 등과 같이 양적(quantitative)인 값을 갖는 경우와 신생아의 남·여 구분이나 선거에서의 지지하는 후보, 또는 동전을 세 번 던졌을 때의 결과 등과 같이 질적(qualitative)인 값을 갖는 경우가 있다.

질적인 자료의 경우 동전을 세 번 던졌을 때 앞면이 나온 횟수라든지, 두 개의 주사위를 던지는 게임에서 두 눈의 수의 합과 같이 실험의 결과보다 실험의 결과를 수치화한 것에 관심을 가질 때가 있다. 이렇게 실험 결과마다 실수를 대응하는 함수를 **확률변수**(random variable)라 하고 확률변수 X가 취하는 모든 실수의 집합을 **상태공간**(state space)이라 한다. 확률변수는 주로 알파벳 대문자 X, Y, Z 등을 사용하여 나타내고 확률변수의 값은 주로 알파벳 소문자 x, y, z 등을 사용하여 나타낸다.

보기 1

(a) 동전을 세 번 던지는 실험의 표본공간은 다음과 같이 주어진다.

$$\Omega = \{\mathrm{HHH, HHT, HTH, THH, HTT, THT, TTH, TTT}\}$$

위의 표본공간에 대하여 X를 '동전 앞면의 수'라 정의하면

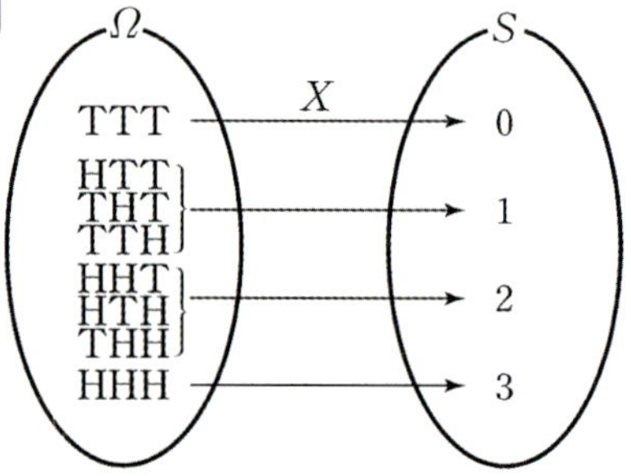

$$X(\mathrm{TTT}) = 0$$
$$X(\mathrm{HTT}) = X(\mathrm{THT}) = X(\mathrm{TTH}) = 1$$
$$X(\mathrm{HHT}) = X(\mathrm{HTH}) = X(\mathrm{THH}) = 2$$
$$X(\mathrm{HHH}) = 3$$

이고 상태공간은 $S = \{0, 1, 2, 3\}$이다.

(b) 동전의 앞면이 나올 때까지 동전을 던지는 시행을 반복한다고 하면 표본공간은

$$\Omega = \{\mathrm{H}, \mathrm{TH}, \mathrm{TTH}, \mathrm{TTTH}, \cdots\}$$

이다. 동전의 앞면이 처음 나올 때까지의 시행 횟수를 Y라 하면

$$Y(\mathrm{H}) = 1,\ Y(\mathrm{TH}) = 2,\ Y(\mathrm{TTH}) = 3, \cdots$$

이고 상태공간은 $S = \{1, 2, 3, \cdots\}$이다.

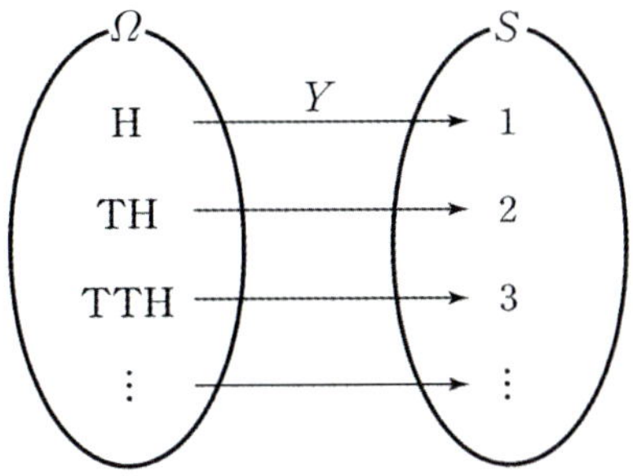

(c) 주사위를 두 번 던져 윗면의 눈의 수를 차례로 기록한다면 표본공간은

$$\Omega = \{(m, n) \mid m, n = 1, 2, \cdots, 6\}$$

이다. T를 두 주사위의 윗면의 눈의 합으로 정의하면 다음과 같다.

$$T(m, n) = m + n$$

이때 상태공간은 $S = \{2, 3, \cdots, 12\}$이다.

B를 실수의 부분집합이라 하자. 표본공간 Ω에 정의된 확률변수 X가 B에 속할 확률 $P(X \in B)$는

$$P(X^{-1}(B)) = P(s \in \Omega \mid X(s) \in B)$$

를 의미한다. 예를 들어, $B = \{2\}$인 경우 $P(X \in B)$는 X가 취하는 값이 2인 확률을 뜻한다. 이때 $P(X \in \{2\})$ 대신 $P(X = 2)$로 나타낸다. 비슷하게 $P(X \in \{x \mid x \leq 3\})$ 대신 $P(X \leq 3)$으로 나타낸다.

보기 2

보기 1의 실험에서

(a) X를 '동전 앞면의 수'라 정의하면 다음과 같은 결과를 얻는다.

$$X(\mathrm{TTT})=0, \qquad P(X=0)=P(\mathrm{TTT})=\frac{1}{8}$$

$$X(\mathrm{HTT})=X(\mathrm{THT})=X(\mathrm{TTH})=1, \quad P(X=1)=P(\mathrm{HTT, THT, TTH})=\frac{3}{8}$$

$$X(\mathrm{HHT})=X(\mathrm{HTH})=X(\mathrm{THH})=2, \quad P(X=2)=P(\mathrm{HHT, HTH, THH})=\frac{3}{8}$$

$$X(\mathrm{HHH})=3, \qquad P(X=3)=P(\mathrm{HHH})=\frac{1}{8}$$

(b) 동전의 앞면이 처음 나올 때까지의 시행 횟수를 Y라 하면 다음 결과를 얻는다.

$$Y(\mathrm{H})=1, \quad P(Y=1)=P(\mathrm{H})=\frac{1}{2}$$

$$Y(\mathrm{TH})=2, \quad P(Y=2)=P(\mathrm{TH})=\frac{1}{4}$$

따라서 $P(Y \le 2)$는 다음과 같다.

$$P(Y \le 2)=P(\mathrm{H})+P(\mathrm{TH})=\frac{1}{2}+\frac{1}{4}=\frac{3}{4}$$

(c) T를 두 주사위의 눈의 합으로 정의하면

$T(1,3)=T(2,2)=T(3,1)=4$이므로

$P(T=4)=P((1,3),(2,2),(3,1))=\frac{3}{36}=\frac{1}{12}$

$T(1,4)=T(2,3)=T(3,2)=T(4,1)=5$이므로

$P(T=5)=P((1,4),(2,3),(3,2),(4,1))=\frac{4}{36}=\frac{1}{9}$이다. 따라서

$$P(4 \le T \le 5)=P(T=4)+P(T=5)=\frac{1}{12}+\frac{1}{9}=\frac{7}{36}$$

확률변수는 함수의 일종이므로, 함수처럼 더하거나, 곱하거나, 상수배 등을 할 수 있다.

예를 들어 같은 표본공간에서 정의된 두 확률변수 $X, Y : \Omega \to \mathbb{R}$에 대해 다음과 같은 새로운 확률변수를 정의한다.

$$(X+Y)(\omega)=X(\omega)+Y(\omega) \quad (\omega \in \Omega)$$
$$(cX)(\omega)=cX(\omega) \quad (\omega \in \Omega)$$
$$(XY)(\omega)=X(\omega)Y(\omega) \quad (\omega \in \Omega)$$

예를 들어, 보기 2(a)에서 $X_k(k=1, 2, 3)$를 k번째 던진 동전이 앞면이면 1, 뒷면이면 0인 확률변수라 하면,

$$X_1 + X_2 + X_3$$

은 동전을 세 번 던졌을 때 나오는 앞면의 개수를 나타내는 확률변수 X와 같다. 또한 보기 2(c)에서 $Y_i(i=1,2)$를 i 번째 던진 주사위의 눈의 수라 하면 확률변수 T는 다음과 같이 나타낼 수 있다.

$$T = Y_1 + Y_2$$

2.1.2 이산확률변수

표본공간에 정의된 확률변수는 확률변수가 취하는 값의 형태에 따라 이산확률변수와 연속확률변수로 구분한다. 두 형태가 혼합된 형태의 확률변수도 정의할 수 있는데 이 교재에서는 이산인 경우와 연속인 경우만 다루기로 한다.

표본공간에 정의된 확률변수 X의 상태공간이 이산집합이면, 즉 유한하거나 **가산**(countable)이면 **이산확률변수**(discrete random variable)라 한다. 예를 들어, 보기 1에서 확률변수 X, Y, T는 모두 이산확률변수이다.

- 동전을 세 번 던져 나온 앞면의 수 X의 상태공간은 $S=\{0, 1, 2, 3\}$이다.
- 주사위를 두 번 던질 때 두 눈의 합 T의 상태공간은 $S=\{2, 3, \cdots, 12\}$이다.
- 동전의 앞면이 나올 때까지 던진 횟수 Y의 상태공간은 가산인 자연수의 집합 $\mathbb{N}=\{1, 2, 3, \cdots\}$이다.

X가 이산확률변수이면 X가 취하는 값들을 하나씩 나열할 수 있으며 이를 일반적으로 $x_0, x_1, x_2, \cdots$로 나타낸다. 이때 $x_0, x_1, x_2, \cdots$에 대하여 확률

$$P(X=x_0),\ \ P(X=x_1),\ \ P(X=x_2),\ \cdots$$

를 대응시켜 주는 함수를 **확률질량함수**(probability mass function)라 하고 p_X로 나타낸다. 즉, 이산확률변수 X의 확률질량함수 p_X는 다음과 같이 정의한다.

$$p_X(x) = \begin{cases} P(X=x), & x = x_j \\ 0, & \text{기타} \end{cases}$$

일반적으로 확률질량함수는 0보다 큰 값을 가지는 경우만 나타내기도 한다. 또한

$P(X=x_j)>0$인 경우 $p_j=P(X=x_j)$로 나타내기도 한다. 확률질량함수의 값 $p_X(x)$는 정의로부터 음이 아닌 값이고, 즉, $p_X(x)\geq 0$이고 양의 값을 모두 더하면 1이다.

$$\sum_{x_j : p_X(x_j)>0} p_X(x_j)=1$$

확률질량함수

이산확률변수 X가 $x_0, x_1, x_2, \cdots$의 값을 취할 때, X의 확률질량함수 p_X는 다음과 같이 정의된다.

$$p_X(x)=\begin{cases} P(X=x), & x=x_j \\ 0, & \text{기타} \end{cases}$$

p_X가 확률질량함수이면 $p_X(x)\geq 0$이고 다음 식을 만족한다.

$$\sum p_X(x_j)=1$$

보기 3

보기 1(a)에서 X의 확률질량함수는 다음과 같다.

$$p_X(0)=P(\mathrm{TTT})=\frac{1}{8}$$

$$p_X(1)=P(\{\mathrm{HTT},\mathrm{THT},\mathrm{TTH}\})=\frac{3}{8}$$

$$p_X(2)=P(\{\mathrm{HHT},\mathrm{HTH},\mathrm{THH}\})=\frac{3}{8}$$

$$p_X(3)=P(\mathrm{HHH})=\frac{1}{8}$$

위의 분포를 정리하면 다음과 같은 X의 **확률분포표**를 얻는다.

x	0	1	2	3
$P(X=x)$	$\frac{1}{8}$	$\frac{3}{8}$	$\frac{3}{8}$	$\frac{1}{8}$

확률변수의 분포를 쉽게 알기 위해서 확률분포표를 만들거나 그래프를 사용한다. 많이 사용되는 그래프는 **확률막대그래프**(bar graph)와 **확률기둥그래프**(histogram)이다. 일반적으로 확률막대그래프에서는 x의 값에 대응되는 확률 $P(X=x)$를 선분으로 나타내고, 확률기둥그래프에서는 각 직사각형의 넓이가 확률 $P(X=x)$를 나타낼 수 있도록 한다.

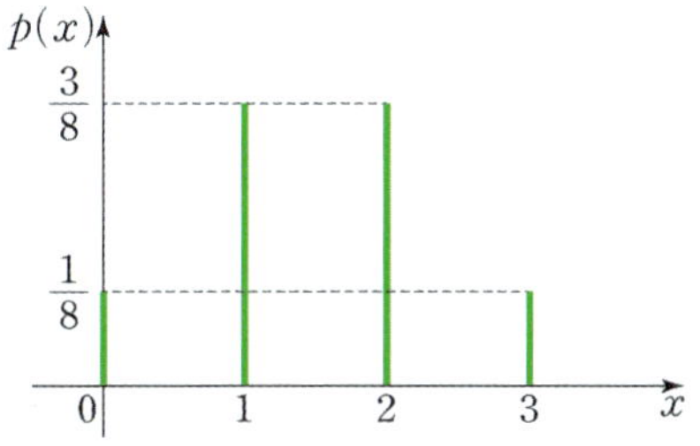

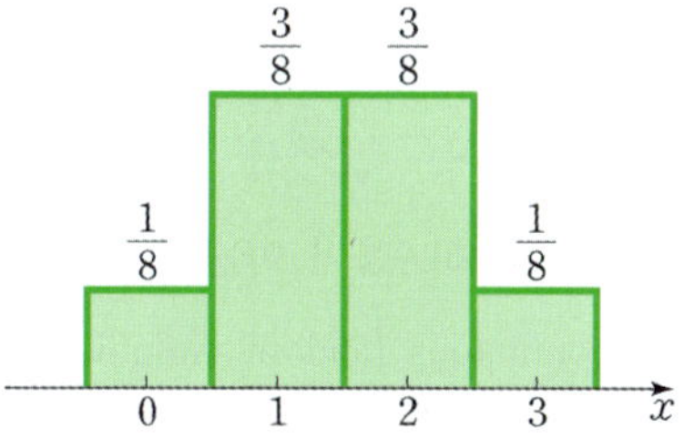

보기 4

공정한 주사위를 던졌을 때 나오는 눈의 개수 X는 1부터 6까지이고 각 눈이 나올 확률은 같다. 따라서 X의 확률질량함수는 다음과 같다.

$$p_X(1) = p_X(2) = p_X(3) = p_X(4) = p_X(5) = p_X(6) = \frac{1}{6}$$

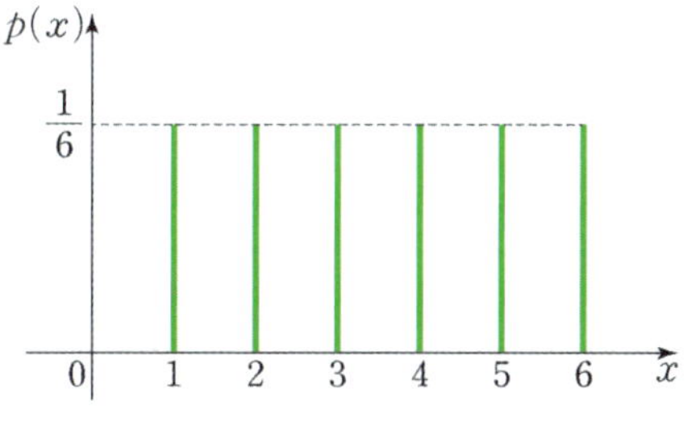

일반적으로 확률변수 X가 1부터 n까지의 자연수의 값을 취하며 각 확률이 같으면 확률질량함수는 다음과 같다.

$$p_X(k) = \frac{1}{n}, \quad k = 1, 2, \cdots, n$$

이때 확률변수 X는 모수가 n인 **이산균일분포**(discrete uniform distribution)를 따른다고 하고 $X \sim DU(n)$으로 나타낸다.

2.1.3 연속확률변수

확률변수 X의 상태공간이 연속집합, 예를 들어 실수의 구간 형태이면 연속확률변수라 한다. 신생아의 몸무게라든가, 학교까지의 통학시간 등과 같은 계기를 이용하여 측정하는 자료값들은 연속확률변수로 표현한다.

연속확률변수에 대하여는 어느 한 점에서의 확률을 계산하는 것이 아니라 어느 구간에 속할 확률을 구한다. 어느 값에서 그 확률변수가 일어날 상대적 가능성을 **확률밀도**라고 정의한다. 엄밀하게 말해서, 음이 아닌 함수 $f:\mathbb{R}\to\mathbb{R}$에 대하여 다음 두 조건이 성립하면 X를 **연속확률변수**(continuous random variable)라 하고, f를 X의 **확률밀도함수**(probability density function)라 한다.

- $\int_{-\infty}^{\infty} f(x)dx = 1$
- $P(a \le X \le b) = \int_a^b f(x)dx$

다시 말해서 확률밀도함수와 x축 사이의 넓이는 1이고 확률변수 X가 구간 $[a, b]$의 값을 취할 확률은 구간 $[a, b]$에서 확률밀도함수와 x축 사이의 넓이이다.

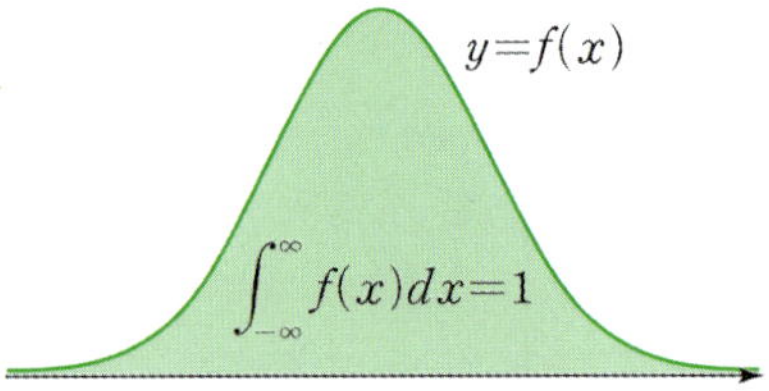

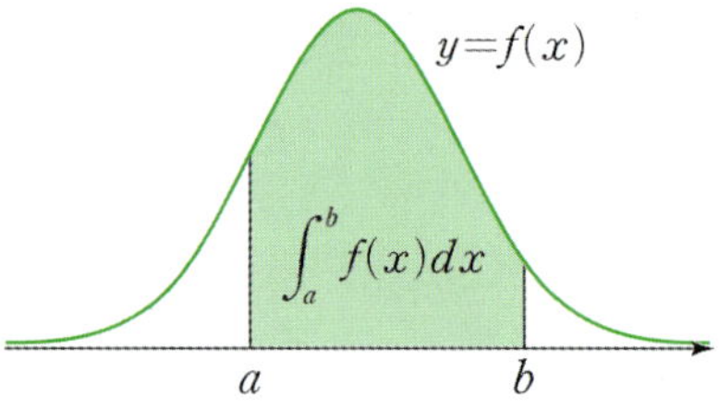

확률밀도함수

음이 아닌 함수 $f:\mathbb{R}\to\mathbb{R}$에 대하여 다음 두 조건이 성립하면 f를 X의 **확률밀도함수**라 한다.

- $\int_{-\infty}^{\infty} f(x)dx = 1$
- $P(a \le X \le b) = \int_a^b f(x)dx$

확률밀도함수의 두 번째 성질에서 $a=b$인 경우

$$P(X=a)=\int_a^a f(x)dx=0$$

이다. 따라서 이산확률변수와는 달리 연속확률변수의 경우에는 한 점에서 0보다 큰 확률을 가질 수 없다. 대신 연속확률변수의 확률밀도함수값 $f(a)$는 확률변수 X가 a 근처에서 어느 정도 발생할지에 대한 측도로서 이해할 수 있다. 즉, 확률밀도함수 f가 $x=a$에서 연속이면 충분히 작은 값 da에 대하여

$$P(a\le X\le a+da)=\int_a^{a+da} f(x)dx \quad \approx f(a)da$$

이므로 X의 값이 $[a,\, a+da]$에 속할 확률은 근사적으로

$$f(a)da$$

이다.

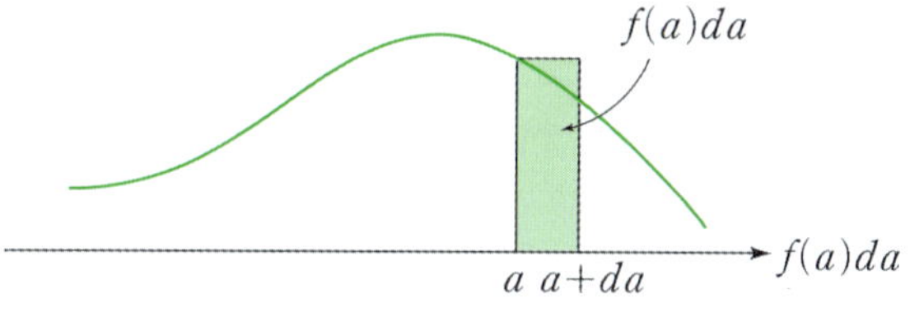

보기 5

확률변수 X의 확률밀도함수 f가 다음과 같다.

$$f(x)=\begin{cases} c(4-x^2), & -2<x<2 \\ 0, & \text{기타} \end{cases}$$

c의 값을 구하고 확률 $P(X\le 1)$을 구하시오.

풀이 f는 확률밀도함수이므로 $\int_{-\infty}^{\infty} f(x)dx=1$이어야 한다. 즉,

$$1=\int_{-\infty}^{\infty} f(x)dx=c\int_{-2}^{2}(4-x^2)dx$$
$$=c\left[4x-\frac{x^3}{3}\right]_{-2}^{2}=\frac{32}{3}c$$

이므로 $c = 3/32$이고 구하는 확률은 다음과 같다.

$$P(X \le 1) = \frac{3}{32}\int_{-2}^{1}(4 - x^2)dx = \frac{27}{32}$$

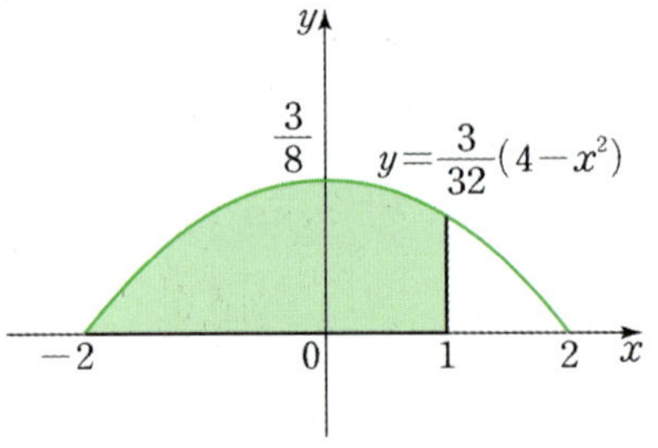

표현의 편의상 확률밀도함수는 0이 아닌 구간에 대하여만 표시하기도 한다. 예를 들어 보기 5의 확률밀도함수를 간단히 다음과 같이 나타내기도 한다.

$$f(x) = \frac{3}{32}(4 - x^2), \quad -2 < x < 2$$

2.1.4 누적분포함수

확률변수 X에 대하여 **누적분포함수**(cumulative distribution function) 또는 간단히 **분포함수**(distribution function) F는 임의의 실수 x에 대하여 다음과 같이 정의한다.

$$F(x) = P(X \le x)$$

F는 증가함수이고[1] 다음 성질을 갖는다.

- $\lim_{x \to \infty} F(x) = 1$
- $\lim_{x \to -\infty} F(x) = 0$

역으로 위의 두 성질을 만족하는 증가함수를 누적분포함수라 한다. 누적분포함수의 정의로부터

$$P(a < X \le b) = F(b) - F(a)$$

1) $x < y$이면 $F(x) \le F(y)$일 때 F를 **증가함수**(increasing function)라 한다.

이다.

■ 누적분포함수와 확률질량함수

이산확률변수 X의 확률질량함수가 $p(x)$이면

$$F(x) = \sum_{k \le x} p(k)$$

이고 F의 그래프는 $p(x) > 0$인 x에서 크기가 $p(x)$인 점프를 하는 계단 모양의 함수이다. 역으로 이산확률변수의 누적분포함수를 알면 다음 식에서 확률질량함수를 구할 수 있다.

$$p(x) = F(x) - F(x-)$$

이때 $F(x-) = P(X < x) = \lim_{t \to x-} F(t)$이다.

누적분포함수와 확률질량함수

이산확률변수 X의 확률질량함수가 $p(x)$, 누적분포함수가 $F(x)$이면

$$F(x) = \sum_{k \le x} p(k)$$

이고 $p(x) = F(x) - F(x-)$이다.

보기 6

보기 1(a)에서 확률변수 X의 확률질량함수와 누적분포함수는 각각 다음과 같다.

$$p_X(x) = \begin{cases} 1/8, & x = 0 \\ 3/8, & x = 1 \\ 3/8, & x = 2 \\ 1/8, & x = 3 \end{cases} \qquad F_X(x) = \begin{cases} 0, & x < 0 \\ 1/8, & 0 \le x < 1 \\ 1/2, & 1 \le x < 2 \\ 7/8, & 2 \le x < 3 \\ 1, & x \ge 3 \end{cases}$$

X의 확률질량함수의 막대그래프와 누적분포함수의 그래프는 각각 다음과 같다.

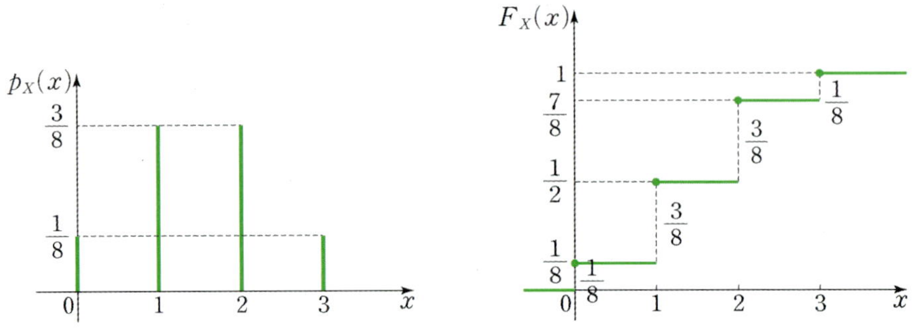

보기 1(b)에서 확률변수 X의 누적분포함수를 F라 하면

$$x < 1,\ F(x) = 0$$

$$1 \le x < 2,\ F(x) = P(X \le x) = P(X = 1) = \frac{1}{2}$$

$$2 \le x < 3,\ F(x) = P(X \le x) = P(X = 1) + P(X = 2) = \frac{1}{2} + \frac{1}{4} = \frac{3}{4}$$

이다. 같은 방법으로 자연수 n에 대하여 $n \le x < n+1$이면

$$F(x) = P(X \le x) = P(X = 1) + \cdots + P(X = n) = \sum_{k=1}^{n} \frac{1}{2^k} = 1 - \frac{1}{2^n}$$

이므로 누적분포함수는 다음과 같다.

$$F_X(x) = \begin{cases} 0, & x < 1 \\ 1 - \dfrac{1}{2^n}, & n \le x < n+1 \end{cases}$$

X의 확률질량함수의 막대그래프와 누적분포함수의 그래프는 각각 다음과 같다.

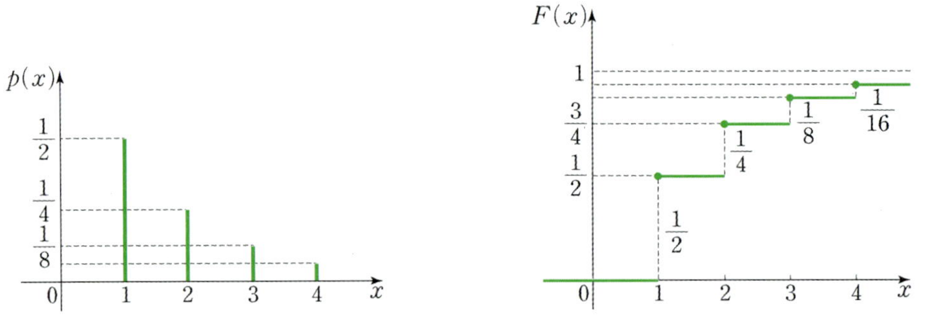

■ 누적분포함수와 확률밀도함수

연속확률변수 X의 누적분포함수 F와 확률밀도함수 f에 대하여

$$F(x) = \int_{-\infty}^{x} f(t)\,dt$$

이므로 미적분학의 기본정리로부터 다음 결과를 얻는다.

누적분포함수와 확률밀도함수

$f(x)$, $F(x)$가 각각 연속확률변수 X의 확률밀도함수, 누적분포함수이면

$$F(x) = \int_{-\infty}^{x} f(t)dt, \quad F'(x) = f(x)$$

이다.

보기 7

지하철역에 지하철이 5분에 한 대씩 들어온다고 하자. 당신이 지하철역에 도착하였을 때, 바로 앞의 지하철이 언제 떠났는지 모른다면 3분 이내에 다음 지하철을 탈 수 있는 확률은 얼마인가?

풀이 확률변수 X를 지하철역 도착 후 다음 지하철이 들어올 때까지의 시간이라고 하자. 그러면 $0 \le X \le 5$이며 X는 이 구간에서 모두 같은 정도의 가능성을 가지므로 X의 확률밀도함수 $f(x)$는

$$f(x) = \begin{cases} c, & x \in [0, 5] \\ 0, & \text{기타} \end{cases}$$

이다.

$$\int_{-\infty}^{\infty} f(x)dx = \int_{0}^{5} c\,dx = 5c = 1$$

이므로 $c = 1/5$이고 구하는 확률은 다음과 같다.

$$P(X \le 3) = \int_{0}^{3} \frac{1}{5}dx = \frac{3}{5}$$

연속확률변수 X가 어떤 구간 $[a, b]$의 값을 취하며, 구간의 어느 점에서도 일어날 가능성이 같을 때, X는 구간 $[a, b]$에서 **(연속)균일분포**(uniform distribution)를 따른다고 하고

$$X \sim U(a, b)$$

로 나타낸다. 이때 확률밀도함수는 다음과 같다.

$$f(x) = \begin{cases} \dfrac{1}{(b-a)}, & x \in [a, b] \\ 0, & \text{기타} \end{cases}$$

(연속)균일분포

연속확률변수 X가 구간 $[a, b]$의 값을 취하며 구간의 어느 점에서도 일어날 가능성이 같을 때, X는 구간 $[a, b]$에서 **균일분포**를 따른다고 하고

$$X \sim U(a, b)$$

로 나타낸다. 이때 확률밀도함수는 다음과 같다.

$$f(x) = \frac{1}{b-a}, \quad a \le x \le b$$

균일분포의 경우 X가 구간 $[c, d]$에 속할 확률은 구간 $[c, d]$의 길이가 구간 $[a, b]$에서 차지하는 비율이다. 즉, $a \le c < d \le b$이면

$$P(c \le X \le d) = \frac{[c, d]\text{의 길이}}{[a, b]\text{의 길이}} = \frac{d-c}{b-a}$$

이다. 구간 $[a, b]$에서 누적분포함수는 기울기가 $\dfrac{1}{b-a}$이고 점 $(a, 0)$을 지나는 직선이다.

$$F(x) = \begin{cases} 0, & x \le a \\ \dfrac{1}{b-a}(x-a), & a \le x \le b \\ 1, & x \ge b \end{cases}$$

X의 확률밀도함수와 누적분포함수의 그래프는 각각 다음과 같다.

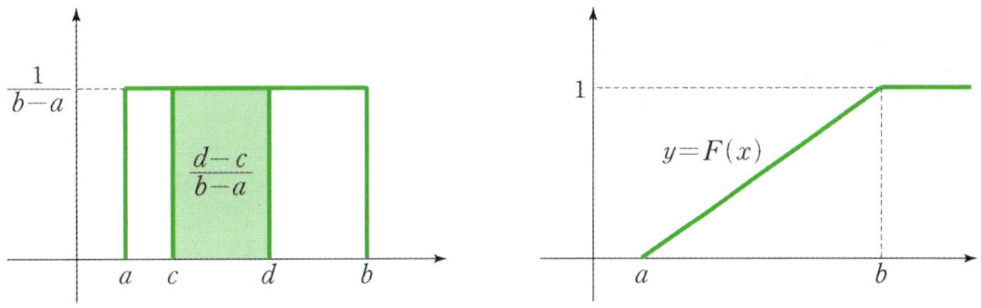

X의 누적분포함수와 확률밀도함수로부터 $Y=g(X)$의 누적분포함수와 확률밀도함수를 구하는 방법을 보기들을 통하여 소개한다.

보기 8

$f_X(x)$, $F_X(x)$가 각각 연속확률변수 X의 확률밀도함수, 누적분포함수라 하자. 다음 확률변수의 누적분포함수 $F_Y(y)=P(Y\le y)$와 확률밀도함수 $f_Y(y)$를 구하시오.

(a) $Y=X+1$ (b) $Y=2X$ (c) $Y=-X$

풀이 (a) $F_Y(y)=P(Y\le y)=P(X\le y-1)=F_X(y-1)$이므로 확률밀도함수는 다음과 같다.

$$f_Y(y)=\frac{d}{dy}F_Y(y)=\frac{d}{dy}F_X(y-1)=f_X(y-1)$$

(b) $F_Y(y)=P(Y\le y)=P\left(X\le \frac{y}{2}\right)=F_X\left(\frac{y}{2}\right)$이므로 확률밀도함수는 다음과 같다.

$$f_Y(y)=\frac{d}{dy}F_Y(y)=\frac{d}{dy}F_X\left(\frac{y}{2}\right)=\frac{1}{2}f_X\left(\frac{y}{2}\right)$$

(c) $F_Y(y)=P(Y\le y)=P(X\ge -y)=1-F_X(-y)$이므로 확률밀도함수는 다음과 같다.

$$f_Y(y)=\frac{d}{dy}F_Y(y)=\frac{d}{dy}(1-F_X(-y))=f_X(-y)$$

2.2 중심위치에 대한 측도

주어진 모집단 또는 확률변수의 특성을 말할 때 가장 관심을 갖게 되는 것은 **중심위치**(central location)라 할 수 있다. 중심위치에 대한 측도로 가장 많이 쓰이는 것은 **기댓값**(expected value)이지만 경우에 따라서는 **중앙값**(median) 또는 **최빈값**(mode)을 사용하기도 한다. 중심위치의 측도 중에서 어느 것을 사용할 것인가를 결정하는 것은 확률변수의 속성에 따라 달라진다.

2.2.1 기댓값

확률변수의 기댓값은 분포의 중심위치를 나타내는 측도로서 확률론에서 가장 중요한 개념 중의 하나이다. X의 **기댓값**(expected value) 또는 **평균**(mean)을 $E(X)$, μ_X 또는 간단히 μ로 나타낸다.

이산확률변수 X의 확률질량함수가 $p(x)$일 때, X의 기댓값은 다음과 같이 정의한다.

$$\mu = E(X) = \sum x_j p(x_j)$$

다시 말하자면, X의 기댓값은 X가 취하는 값들에 대하여 확률질량함수를 **가중치**(weight)로 한 **가중평균**(weighted mean)이다.

연속확률변수 X의 기댓값은 확률밀도함수 $f(x)$를 이용하여 다음과 같이 정의한다.

$$E(X) = \int_{-\infty}^{\infty} x f(x) dx$$

dx가 0에 가까운 양수를 나타낸다면

$$P(x < X < x + dx) \approx f(x) dx$$

이므로 X의 기댓값은 X가 x 근방에 있을 확률 $f(x)$를 가중치로 한 가중평균으로 이해할 수 있다. 다시 말해서 이산확률변수나 연속확률변수 모두 기댓값은 확률질량함수 또는 확률밀도함수의 무게중심으로 이해할 수 있는데 x축에서 기댓값 아래 받침대를 놓으면 그래프는 평형을 이룬다.

기댓값의 정의

- 확률질량함수가 $p(x)$인 이산확률변수 X의 기댓값은 다음과 같이 정의한다.

$$\mu = E(X) = \sum x_j p(x_j)$$

- 확률밀도함수가 $f(x)$인 연속확률변수 X의 기댓값은 다음과 같이 정의한다.

$$\mu = E(X) = \int_{-\infty}^{\infty} x f(x) dx$$

보기 1

(a) 임의의 사건 $A \subset \Omega$에 대하여 다음과 같이 정의된 변수를 **지시변수**(characteristic random variable 또는 indicator random variable)라 하고 I_A로 나타낸다.

$$I_A = \begin{cases} 1, & \text{사건 } A\text{가 일어났을 때} \\ 0, & \text{사건 } A\text{가 일어나지 않았을 때} \end{cases}$$

사건 A의 지시변수 I_A의 기댓값은 사건 A의 확률과 같다.

$$E(I_A) = 0 \cdot P(A^c) + 1 \cdot P(A) = P(A)(= p)$$

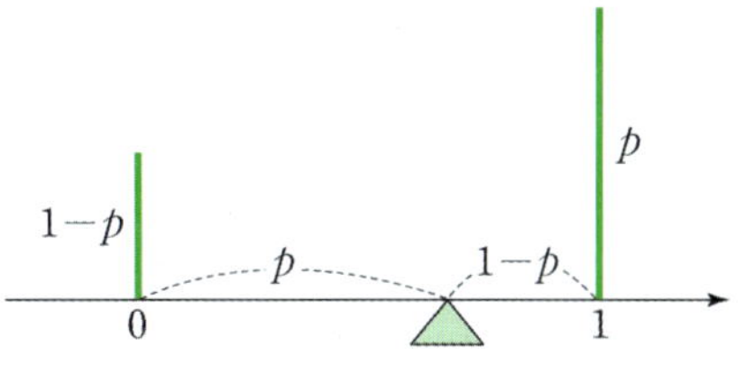

(b) 확률변수 X가 1, 2, 3의 값을 가질 확률이 각각 $\frac{1}{6}, \frac{2}{6}, \frac{3}{6}$이면 기댓값은

$$E(X) = 1 \cdot \frac{1}{6} + 2 \cdot \frac{2}{6} + 3 \cdot \frac{3}{6} = \frac{7}{3}$$

이다. 다음 그림은 X의 확률질량함수의 막대그래프와 기댓값을 나타낸 것이다.

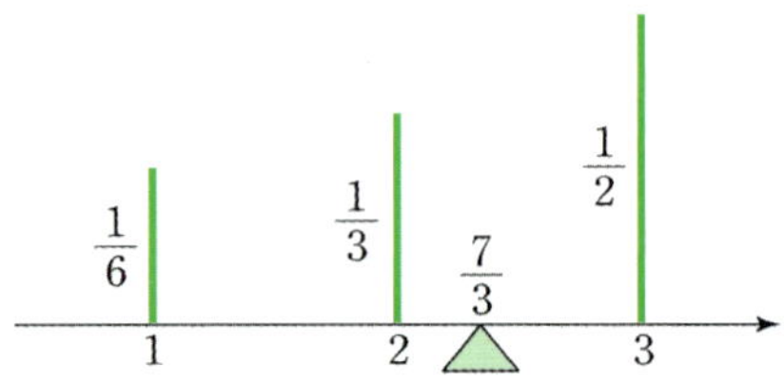

Note ▶ 기댓값의 정의로부터 음이 아닌 확률변수 X의 기댓값은 음이 아니다. 즉, $X \geq 0$이면 $E(X) \geq 0$이다.

보기 2

배차 간격이 10분인 고속버스가 있다. 고속버스터미널에 도착하였을 때 제일 먼저 출발하는 고속버스를 탄다면 고속버스가 떠날 때까지 4분 이상 기다릴 확률을 구하시오. 또 고속버스가 떠날 때까지 기다리는 시간의 기댓값을 구하시오.

풀이 고속버스가 출발할 때까지 기다리는 시간을 T라 하자. 앞의 고속버스가 언제 떠났는지 모르는 상태에서 고속버스가 출발할 때까지 기다리는 시간은 0에서 10분까지 똑같은 가능성을 가지므로 T는 구간 $[0, 10]$에서 균일분포를 따르고 확률밀도함수는

$$f(x) = \begin{cases} \frac{1}{10}, & x \in [0, 10] \\ 0, & \text{기타} \end{cases}$$

이다. 따라서 4분 이상 기다릴 확률은

$$P(T \geq 4) = \int_4^{10} \frac{1}{10} dt = \frac{1}{10}(10 - 4) = \frac{3}{5}$$

이다. 기다리는 시간의 기댓값은

$$E(T) = \int_{-\infty}^{\infty} tf(t)dt = \int_0^{10} \frac{t}{10} dt = \frac{1}{10} \cdot \left. \frac{t^2}{2} \right|_0^{10} = 5$$

이다. 즉 평균적으로 5분 기다리면 고속버스는 출발한다.

일반적으로 연속확률변수 X가 구간 $[a, b]$에서 균일분포를 따르면 기댓값은 다음과 같다.

$$E(X) = \int_{-\infty}^{\infty} f(x)dx = \int_a^b \frac{x}{b-a} dx = \frac{1}{(b-a)} \frac{x^2}{2} \bigg|_a^b$$

$$= \frac{1}{2(b-a)}(b^2 - a^2) = \frac{a+b}{2}$$

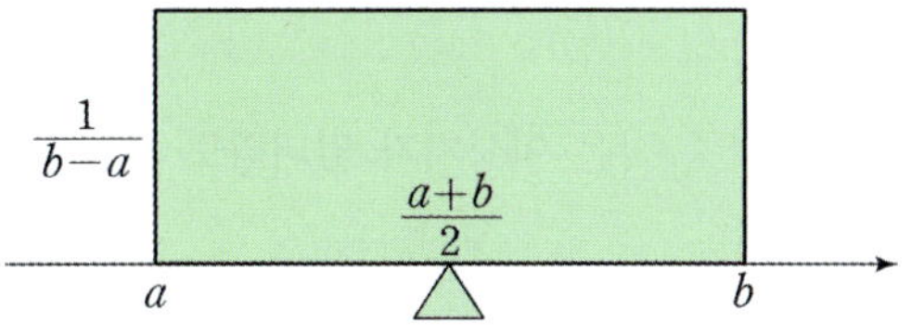

2.2.2 중앙값

모든 확률변수에 대하여 기댓값이 항상 존재하는 것은 아니다. 예를 들어, 확률변수 X의 확률밀도함수가

$$f(x) = \frac{1}{2x^{3/2}}, \quad x \geq 1$$

이면

$$E(X) = \int_1^{\infty} \frac{x}{2x\sqrt{x}} dx = [\sqrt{x}\,]_1^{\infty} = \infty$$

이다. 이때 기댓값은 중심의 위치에 대하여 아무런 정보를 주지 못하므로 중심의 위치를 나타내는 다른 측도가 필요하다. 평균과 더불어 중심의 위치에 대한 측도로 많이 사용되는 것은 중앙값(median)이다.

유한개의 자료 $x_1, x_2, \cdots, x_n$에 대하여 중앙값은 크기 순서상 가운데 오는 자료의 값을 의미한다. 다시 말해서, 자료들을 크기 순서대로 나열한 것이

$$x_{(1)}, x_{(2)}, \cdots, x_{(n)}$$

일 때 중앙값 m은 다음과 같이 정의한다.

$$m = \begin{cases} x_{(k+1)}, & n = 2k+1 \\ \dfrac{x_{(k)} + x_{(k+1)}}{2}, & n = 2k \end{cases}$$

예를 들어 $\{1, 2, 3, 4, 5, 15\}$의 평균은 $\frac{1}{6}(1+2+3+4+5+15)=5$이지만 중앙값은 세 번째 값 3과 네 번째 값 4의 평균 $\frac{1}{2}(3+4)=3.5$이다.

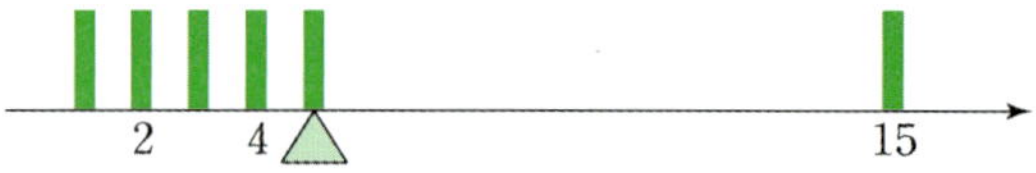

중앙값은 자료에 아주 크거나 아주 작은 이상치가 있더라도 평균만큼 큰 영향을 받지 않는다는 장점이 있다.

확률변수 X의 중앙값 m은 다음 식을 만족하는 값으로 정의한다.

$$P(X \le m) \ge 0.5, \quad P(X \ge m) \ge 0.5$$

연속확률변수의 경우 중앙값 m은

$$P(X \le m) = P(X \ge m) = 0.5$$

인 값이다. 중앙값은 기댓값과는 달리 유일하지 않을 수도 있다.

보기 3

(a) 보기 1(a)에서 $p > \frac{1}{2}$이면

$$P(X \le 1) = 1 \ge \frac{1}{2}, \ P(X \ge 1) = p \ge \frac{1}{2}$$

이므로 중앙값은 $m=1$이다.

(b) 보기 1(b)에서 $2 \le x < 3$이면

$$P(X \le x) = P(X=1) + P(X=2) = \frac{1}{2}, \ P(X \ge x) = P(X \ge 3) = \frac{1}{2}$$

이므로 $2 \le x < 3$인 x는 모두 중앙값이다.

$$P(X \le 3) = 1 \ge \frac{1}{2}, \ P(X \ge 3) = \frac{1}{2}$$

이므로 $x=3$도 중앙값이다.

(c) $X \sim U(a,\, b)$이면 확률밀도함수는 $x_0 = \dfrac{a+b}{2}$에 대하여 대칭이므로

$$P\left(X \le \frac{a+b}{2}\right) = P\left(X \ge \frac{a+b}{2}\right) = \frac{1}{2}$$

이고 $x_0 = \dfrac{a+b}{2}$는 유일한 중앙값이다.

(d) 확률밀도함수가 $f(x) = \dfrac{1}{2x^{3/2}},\ \ x \ge 1$이면

$$\int_m^{\infty} \frac{1}{2x^{3/2}}\,dx = \frac{1}{\sqrt{m}} = \frac{1}{2} \Rightarrow m = 4$$

이므로 중앙값은 $m = 4$이다.

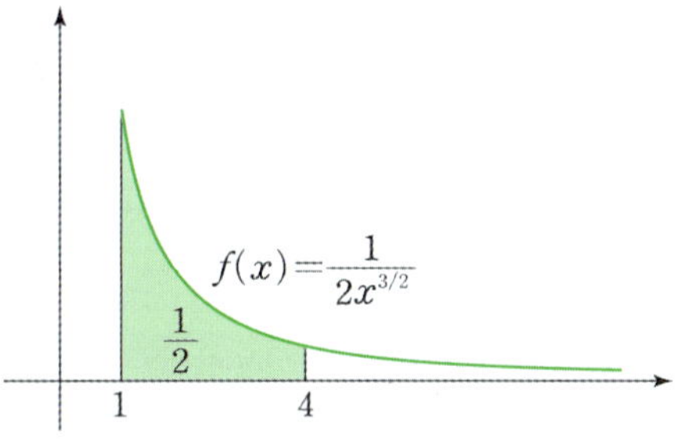

Note ▶ 보기 3(c)의 경우처럼 확률변수 X의 확률분포가 어떤 점 x_0에 대하여 좌우대칭이면 x_0은 중앙값이다. 또한 확률변수 X의 기댓값이 존재하고 X의 확률분포가 어떤 점 x_0에 대하여 좌우대칭이면 기댓값과 중앙값은 모두 x_0이다.

$$x_0 = m = \mu = E(X)$$

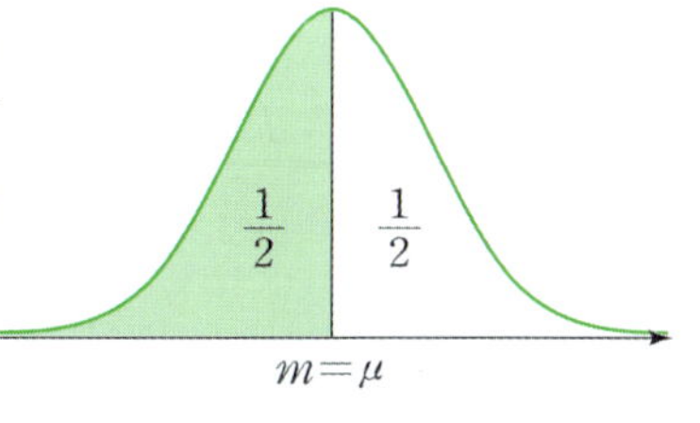

연속확률변수의 경우 중앙값은 누적분포함수의 값이 $\frac{1}{2}$이 되는 값이다.

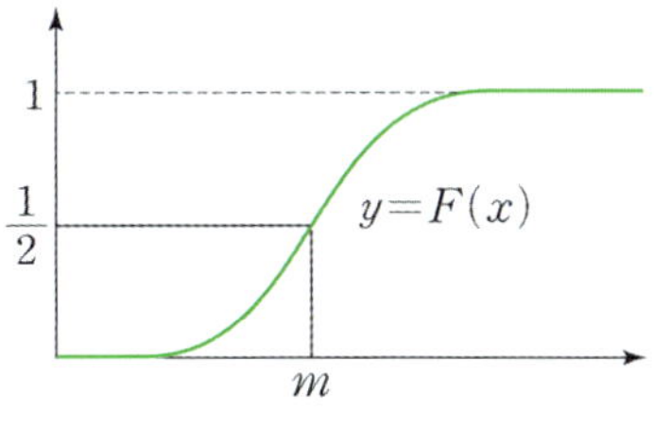

한편 확률분포를 4등분하는 수 Q_1, Q_2, Q_3를 X의 **사분위수**(quartile)라 한다. 또한 확률변수 X의 분포함수 $F(x)$에 대하여 다음을 만족하는 수 x_p를 $100p$-**백분위수**(percentile)라 한다.

$$F(x_p) = p, \quad 0 < p < 1$$

제1사분위수는 25-백분위수, 제2사분위수는 중앙값과 같으며 50-백분위수이며, 제3사분위수는 75-백분위수이다.

$$Q_1 = x_{0.25}, \quad Q_2 = m = x_{0.5}, \quad Q_3 = x_{0.75}$$

보기 4

다음 확률밀도함수를 가지는 연속확률변수 X에 대하여

$$f(x) = e^{-x}, \quad x \geq 0$$

(a) 기댓값과 중앙값을 구하시오.

(b) 제1, 3사분위수를 구하시오.

풀이 (a) 기댓값은 다음과 같이 부분적분을 이용하여 구한다.

$$E(X) = \int_{-\infty}^{\infty} xf(x)dx = \int_0^{\infty} xe^{-x}\,dx = [-xe^{-x}]_0^{\infty} - \int_0^{\infty}(-e^{-x})dx = 1$$

중앙값 m은 $P(X \geq m) = \int_m^{\infty} e^{-x}dx = [-e^{-x}]_m^{\infty} = e^{-m} = \frac{1}{2}$
이므로 $m = \ln 2 \approx 0.6931$이다.

(b) $P(X \leq Q_1) = 0.25$이므로 $P(X \geq Q_1) = 0.75$이다.

$$P(X \geq Q_1) = \int_{Q_1}^{\infty} e^{-x}dx = [-e^{-x}]_{Q_1}^{\infty} = e^{-Q_1} = 0.75$$
$$\Rightarrow Q_1 = \ln 4 - \ln 3 \approx 0.2877$$

$$P(X \geq Q_3) = \int_{Q_3}^{\infty} e^{-x}dx = [-e^{-x}]_{Q_3}^{\infty} = e^{-Q_3} = 0.25$$
$$\Rightarrow Q_3 = \ln 4 \approx 1.3863$$

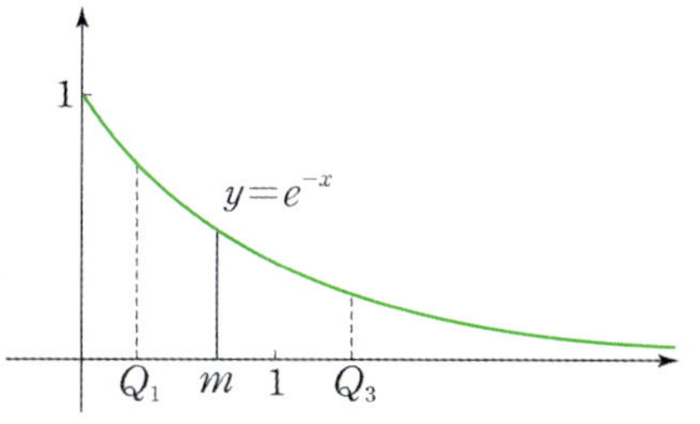

보기 4처럼 확률분포가 왼쪽으로 치우치고 오른쪽으로 긴 꼬리를 가지는 경우 중앙값이 기댓값보다 작다.

$$m < \mu = E(X)$$

반대로 확률분포가 오른쪽으로 치우치고 왼쪽으로 긴 꼬리를 가지는 경우 중앙값이 기댓값보다 크다.

$$m > \mu = E(X)$$

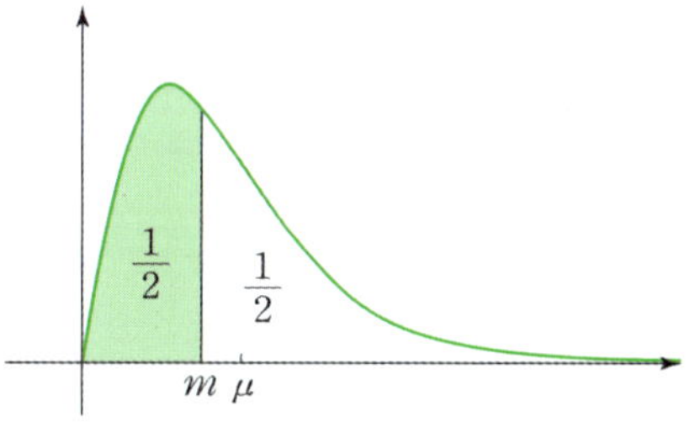

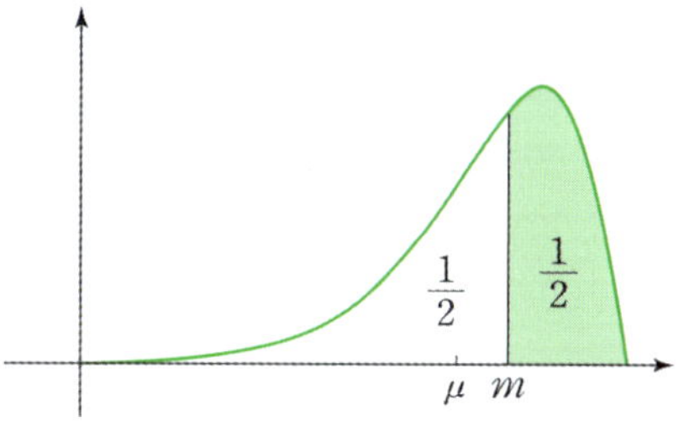

2.3 기댓값의 성질

2.3.1 확률변수의 함수의 기댓값

확률변수 X의 분포를 알고 있을 때, X의 기댓값 이외에도 X의 함수 $g(X)$의 기댓값(예를 들어, $g(X)=X^2$, $g(X)=e^X$ 등)이 필요할 때가 있다. $g(X)$의 기댓값을 구하는 방법을 알아보자. 다음 방법은 $g(X)$의 확률분포를 구한 후 기댓값 $E(g(X))$를 구한 것이다.

보기 1

동전을 세 번 던져 앞면이 나온 횟수를 X라 하자. $Y=(X-1)^2$의 기댓값을 구하여보자.

X	0	1	2	3
Y	1	0	1	4

$X=0$ 또는 $X=2$일 때 $Y=1$이므로 X의 분포를 이용하여 Y의 분포를 구하면 다음과 같다.

$$P(Y=0)=P(X=1)=\frac{3}{8}$$

$$P(Y=1)=P(X=0)+P(X=2)=\frac{1}{2}$$

$$P(Y=4)=P(X=3)=\frac{1}{8}$$

위의 분포를 정리하면 다음과 같은 Y의 확률분포표를 얻는다.

y	0	1	4
$P(Y=y)$	$\frac{3}{8}$	$\frac{1}{2}$	$\frac{1}{8}$

따라서 Y의 기댓값은 정의로부터

$$E(Y)=E((X-1)^2)=0\cdot\frac{3}{8}+1\cdot\frac{1}{2}+4\cdot\frac{1}{8}=1$$

이다.

보기 2

$f_X(x)$, $F_X(x)$가 각각 연속확률변수 X의 확률밀도함수, 누적분포함수라 하자. 확률변수 $Y=e^X$에 대하여

(a) Y의 확률밀도함수 f_Y를 f_X를 이용하여 나타내어라.

(b) Y의 기댓값을 $f_X(x)$를 이용하여 나타내어라.

풀이 (a) $F_Y(y)=P(Y\le y)=P(e^X\le y)$이고 $e^X>0$이므로 $y\le 0$이면 $F_Y(y)=0$이다. $y>0$이면

$$F_Y(y)=P(e^X\le y)=P(X\le \ln y)=F_X(\ln y)$$

이므로 Y의 확률밀도함수는 **연쇄법칙**(chain rule)을 이용하면 다음과 같다.

$$f_Y(y)=\frac{d}{dy}F_X(\ln y)=\frac{f_X(\ln y)}{y}$$

(b) $E(Y)=\int_{-\infty}^{\infty} yf_Y(y)dy=\int_0^{\infty} y\frac{f_X(\ln y)}{y}dy=\int_0^{\infty} f_X(\ln y)dy$이다.

$x=\ln y$로 치환하면

$$y=e^x,\quad dy=e^x\,dx$$

이므로 $Y=e^X$의 기댓값은 다음과 같이 쓸 수 있다.

$$E(Y)=E(e^X)=\int_0^{\infty} f_X(\ln y)\,dy=\int_{-\infty}^{\infty} e^x f_X(x)dx$$

보기 1처럼 $g(X)$의 분포를 구한 후 $g(X)$의 기댓값을 구할 수도 있지만 보기 2처럼 $g(X)$의 분포를 구하지 않고도 $g(X)$의 기댓값을 구할 수 있다.

보기 2의 결과는 일반적인 연속함수 g에 대해 항상 성립한다. 기댓값 $E(g(X))$를 $g(X)$가 가지는 값들에 대한 가중평균으로 생각하면 $X=x$에서 $g(X)$의 값은 $g(x)$이고 $g(x)$에 대한 가중치는 $X=x$의 확률 $p_X(x)$(확률질량함수) 또는 $f_X(x)$(확률밀도함수)로 주어진다. 따라서 다음 결과를 얻는다.

$g(X)$의 기댓값

임의의 연속함수 g에 대하여 $g(X)$의 기댓값은 다음과 같다.

$$E(g(X)) = \begin{cases} \sum_x g(x)p(x), & X\text{가 이산형일 때} \\ \int_{-\infty}^{\infty} g(x)f(x)\,dx, & X\text{가 연속형일 때} \end{cases}$$

자연수 n에 대하여 $E(X^n)$을 X의 **n차 적률**(nth moment)이라 부른다. 위의 결과로부터 n차 적률에 대한 다음 결과를 얻는다.

$$E(X^n) = \begin{cases} \sum_x x^n p(x), & X\text{가 이산형일 때} \\ \int_{-\infty}^{\infty} x^n f(x)\,dx, & X\text{가 연속형일 때} \end{cases}$$

2.3.2 기댓값의 덧셈법칙

기댓값은 선형성을 가진다. 다시 말해서 상수 a, b에 대하여 다음 식이 성립한다.

$$E(aX+b) = aE(X)+b$$

이 결과는 다음과 같이 기댓값의 정의로부터 쉽게 보일 수 있다. X가 확률질량함수 $p_X(x)$를 갖는 이산확률변수이면

$$\begin{aligned} E(aX+b) &= \sum_x (ax+b)p(x) \\ &= a\sum_x [xp(x)] + b\sum_x p(x) = aE(X)+b \end{aligned}$$

이고 X가 확률밀도함수 $f(x)$를 갖는 연속확률변수이면

$$\begin{aligned} E(aX+b) &= \int_{-\infty}^{\infty} (ax+b)f(x)dx \\ &= a\int_{-\infty}^{\infty} xf(x)dx + b\int_{-\infty}^{\infty} f(x)dx = aE(X)+b \end{aligned}$$

이다.

이제 확률변수의 합의 기댓값을 다음 보기에서 구해보자.

보기 3

두 개의 주사위를 던져 나오는 눈의 합을 T라고 할 때, T의 확률분포를 구하고 기댓값을 구하시오.

풀이 첫 번째 주사위의 눈이 a, 두 번째 주사위의 눈이 b인 사건을 순서쌍 (a, b)로 나타내자. 예를 들어

$$\{T=4\} = \{(1,3),(2,2),(3,1)\}$$

이고 표본공간은 36개의 원소를 갖는 등확률모형이므로

$$P(T=4) = \frac{3}{36} = \frac{1}{12}$$

이다. 같은 방법으로 계산하면 다음과 같은 T의 확률분포를 얻는다.

$$P(T=2) = P((1,1)) = \frac{1}{36}$$

$$P(T=3) = P((1,2),\ (2,1)) = \frac{2}{36}$$

$$P(T=4) = P((1,3),\ (2,2),\ (3,1)) = \frac{3}{36}$$

$$P(T=5) = P((1,4),\ (2,3),\ (3,2),\ (4,1)) = \frac{4}{36}$$

$$P(T=6) = P((1,5),\ (2,4),\ (3,3),\ (4,2),\ (5,1)) = \frac{5}{36}$$

$$P(T=7) = P((1,6),\ (2,5),\ (3,4),\ (4,3),\ (5,2),\ (6,1)) = \frac{6}{36}$$

$$P(T=8) = P((2,6),\ (3,5),\ (4,4),\ (5,3),\ (6,2)) = \frac{5}{36}$$

$$P(T=9) = P((3,6),\ (4,5),\ (5,4),\ (6,3)) = \frac{4}{36}$$

$$P(T=10) = P((4,6),\ (5,5),\ (6,4)) = \frac{3}{36}$$

$$P(T=11) = P((5,6),\ (6,5)) = \frac{2}{36}$$

$$P(T=12) = P((6,6)) = \frac{1}{36}$$

따라서 다음과 같은 확률분포표를 얻는다.

t	2	3	4	5	6	7	8	9	10	11	12
$P(T=t)$	$\frac{1}{36}$	$\frac{2}{36}$	$\frac{3}{36}$	$\frac{4}{36}$	$\frac{5}{36}$	$\frac{6}{36}$	$\frac{5}{36}$	$\frac{4}{36}$	$\frac{3}{36}$	$\frac{2}{36}$	$\frac{1}{36}$

이 표를 이용하면 기댓값은 다음과 같다.

$$E(T) = \sum_{t=2}^{12} tP(T=t) = 7$$

보기 3에서 T의 기댓값은 다음과 같이 구할 수도 있다. 즉, 1번 주사위의 눈의 수를 X_1, 2번 주사위의 눈의 수를 X_2라 하면

$$T = X_1 + X_2$$

이다. X_1과 X_2는 이산균일분포를 따르고 $E(X_1) = E(X_2) = \frac{7}{2}$이다. 따라서

$$E(T) = E(X_1 + X_2) = E(X_1) + E(X_2) = 7$$

이다. 다시 말해서 T의 기댓값은 X_1과 X_2의 기댓값의 합과 같다. 마찬가지로 주사위를 n번 던져 나온 눈의 수의 합을 T_n, X_k를 k번째 던진 주사위의 눈의 수라 하면

$$T_n = X_1 + X_2 + \cdots + X_n$$

이고

$$E(T_n) = E(X_1) + E(X_2) + \cdots + E(X_n) = \frac{7}{2}n$$

이다.

이러한 확률변수의 합에 대한 기댓값의 결과는 일반적인 확률변수들에 대하여도 성립하며 **기댓값의 덧셈법칙**이라 한다.[2)]

2) 엄밀한 증명은 4장에서 다루기로 한다.

기댓값의 덧셈법칙

같은 표본공간에 정의된 확률변수 X, Y에 대하여

$$E(X+Y)=E(X)+E(Y)$$

이다. 일반적으로 n개의 확률변수 $X_1, X_2, \cdots, X_n$에 대하여

$$E(X_1+X_2+\cdots+X_n)=E(X_1)+E(X_2)+\cdots+E(X_n)$$

이 성립한다.

Note 1 ▶ 기댓값의 덧셈법칙은 다음과 같이 일반화할 수 있다.

$$E(aX+bY)=aE(X)+bE(Y)$$
$$E(a_1X_1+a_2X_2+\cdots+a_nX_n)=a_1E(X_1)+a_2E(X_2)+\cdots+a_nE(X_n)$$

Note 2 ▶ 기댓값의 덧셈법칙으로부터 같은 표본공간에 정의된 확률변수 X, Y에 대하여

$$X \le Y \text{이면 } E(X) \le E(Y)$$

임을 보일 수 있다.

기댓값의 덧셈법칙은 복잡한 확률변수를 여러 개의 간단한 확률변수의 합으로 나타내어 기댓값을 쉽게 구할 수 있게 해 준다. 몇 개의 보기를 통해 그 유용성을 살펴보자.

보기 4

100명의 고객에게 보낼 편지의 편지지와 봉투가 분리되어 있다. 편지지를 무작위로 봉투에 넣을 때 편지지의 고객과 봉투의 고객이 일치하는 개수 X의 기댓값을 구하시오.

풀이 $i=1, 2, \cdots, 100$에 대하여 사건 E_i를 i번째 편지지가 i번째 봉투에 들어가는 사건이라 하자. 사건 E_i의 확률은 100개의 봉투 중에서 i번째 봉투 하나를 선택하는 확률이므로

$$P(E_i)=\frac{1}{100}, \quad 1 \le i \le 100$$

이다. $X=I_{E_1}+I_{E_2}+\cdots+I_{E_{100}}$이고 $E(I_{E_i})=P(E_i)$이므로

$$E(X)=E(I_{E_1}+I_{E_2}+\cdots+I_{E_{100}})=100E(I_{E_1})=100\frac{1}{100}=1$$

이다.

보기 4는 확률론에서 아주 유명한 문제의 한 형태로 보통 **모자 문제**라 불리며 다양한 형태로 변형하여 응용할 수 있는데 연습문제에서 살펴보기로 한다.

보기 5

항아리에 m개의 빨간 공을 포함하여 총 N개의 공이 들어 있다. 이 중에서 n개의 공을 비복원추출로 꺼낼 때, 빨간 공의 수의 기댓값을 구하시오.

풀이 $i=1,2,\cdots,m$에 대하여 사건 A_i를 i번째 빨간 공이 선택되는 사건이라고 하자. 확률변수 X_i를 사건 A_i의 지시변수라고 하자.

$$X_i=\begin{cases}1, & i\text{번째 빨간 공이 선택된 경우}\\ 0, & \text{그 이외의 경우}\end{cases}$$

선택된 공 가운데 빨간 공의 수를 X라 하면

$$X=X_1+X_2+\cdots+X_m$$

이다. 사건 A_i는 i번째 빨간 공을 포함하고 나머지 $N-1$개의 공 중에서 $n-1$개의 공을 선택하는 것과 같다. $E(X_i)=P(X_i=1)=P(A_i)$이므로

$$\begin{aligned}E(X_i)&=P(A_i)\\&=\frac{\binom{1}{1}\binom{N-1}{n-1}}{\binom{N}{n}}=\frac{\dfrac{(N-1)!}{(N-1-(n-1))!(n-1)!}}{\dfrac{N!}{(N-n)!n!}}=\frac{n}{N}\end{aligned}$$

이다. 기댓값의 덧셈법칙에서

$$E(X)=E(X_1)+E(X_2)+\cdots+E(X_m)=\frac{mn}{N}$$

을 얻는다.

2.3.3 기댓값의 곱셈법칙

임의의 실수 x, y에 대하여 사건 $P(X \le x)$와 $P(Y \le y)$가 독립이면, 다시 말해서 다음 식이 성립하면 확률변수 X와 Y는 **독립**(independent)이라 한다.

$$P(X \le x,\ Y \le y) = P(X \le x)P(Y \le y)$$

$F(x, y) = P(X \le x,\ Y \le y)$라 할 때 이 조건을 X와 Y의 누적분포함수 F_X, F_Y를 이용하여 나타내면 다음과 같다.

$$F(x, y) = F_X(x)F_Y(y)$$

독립변수

두 확률변수 X와 Y가 임의의 실수 x, y에 대하여

$$P(X \le x, Y \le y) = P(X \le x)P(Y \le y)$$

이면 X와 Y는 독립이라 한다. 독립이 아닌 확률변수들은 **종속관계**에 있다고 한다.

독립인 시행에서 얻어지는 확률변수 X, Y는 **독립변수**(independent random variable)이다. X, Y가 이산확률변수인 경우 X와 Y가 독립인 것은 임의의 m, n에 대해 두 사건 $(X = m)$과 $(Y = n)$이 독립인 것과 필요충분조건이다.[3)]

$$P(X = m,\ Y = n) = P(X = m)P(Y = n)$$

X와 Y가 독립이고 취하는 값이 각각 $x_1, x_2, \cdots,\ y_1, y_2, \cdots$이면 두 변수의 곱 XY의 기댓값은 다음과 같이 구할 수 있다.

$$\begin{aligned}
E(XY) &= \sum_{i=1}^{\infty}\sum_{j=1}^{\infty} x_i y_j P(X = x_i,\ Y = y_j) \\
&= \sum_{i=1}^{\infty}\sum_{j=1}^{\infty} x_i y_j P(X = x_i)P(Y = y_j) \\
&= \sum_{i=1}^{\infty} x_i P(X = x_i) \sum_{j=1}^{\infty} y_j P(Y = y_j) \\
&= E(X)E(Y)
\end{aligned}$$

3) 증명은 4장 연습문제 참조

X, Y가 연속확률변수일 때도 같은 결과가 성립하는데 증명은 4장에서 다루기로 한다. 이러한 기댓값의 성질을 **기댓값의 곱셈법칙**이라 한다.

기댓값의 곱셈법칙

두 확률변수 X와 Y가 독립변수이면

$$E(XY) = E(X)E(Y)$$

이다. 일반적으로 X와 Y가 독립이면 함수 f, g에 대하여 다음 식이 성립한다.

$$E(f(X)g(Y)) = E(f(X))E(g(Y))$$

n개의 확률변수에 대해서도 독립성은 다음과 같이 자연스러운 방법으로 확장된다. 임의의 실수 $x_1, x_2, \cdots, x_n$에 대하여

$$P(X_1 \le x_1, X_2 \le x_2, \cdots, X_n \le x_n) = P(X_1 \le x_1)P(X_2 \le x_2) \cdots P(X_n \le x_n)$$

이면 확률변수 $X_1, X_2, \cdots, X_n$은 독립이라 한다.

2.4 분산과 표준편차

2.4.1 분산과 표준편차

X의 기댓값 $\mu = E(X)$나 중앙값 m은 확률분포의 중심위치를 나타내는 측도이다. 그러나 기댓값이나 중앙값은 확률변수의 퍼져 있는 정도, 즉 **산포도**(measure of dispersion)에 대해 아무것도 알려주지 않는다. 두 확률변수의 기댓값 또는 중앙값이 같은 경우도 퍼져 있는 정도는 상당히 다를 수 있다.

확률분포가 다음과 같이 주어진 두 확률변수 X, Y를 생각해 보자. X, Y의 기댓값은 모두 0이지만 Y의 분포가 X의 분포보다 중심위치로부터 훨씬 넓게 퍼져 있음을 알 수 있다.

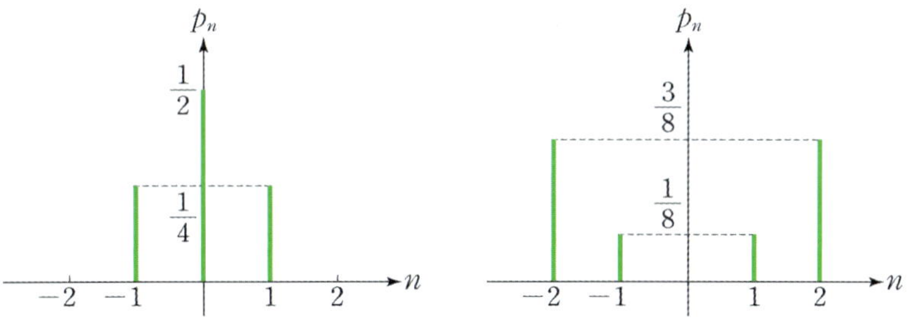

X의 분포가 기댓값 $\mu = E(X)$로부터 퍼져 있는 정도를 나타내는 값으로서

$$E((X-\mu)^2)$$

을 많이 이용하는데 이를 X의 **분산**(variance)이라 하고 기호로는

$$\sigma_X^2 \text{ 또는 } Var(X)$$

로 나타낸다. 정의로부터 분산은 음의 값을 가질 수 없으며 분산이 클수록 기댓값에서 멀리 퍼져 있고 0에 가까워질수록 기댓값 근방에 집중된다. 확률밀도함수의 그래프가 다음과 같을 때 각각의 분산에 대하여 다음과 같은 부등식이 성립한다.

$$\sigma_3^2 < \sigma_2^2 < \sigma_1^2$$

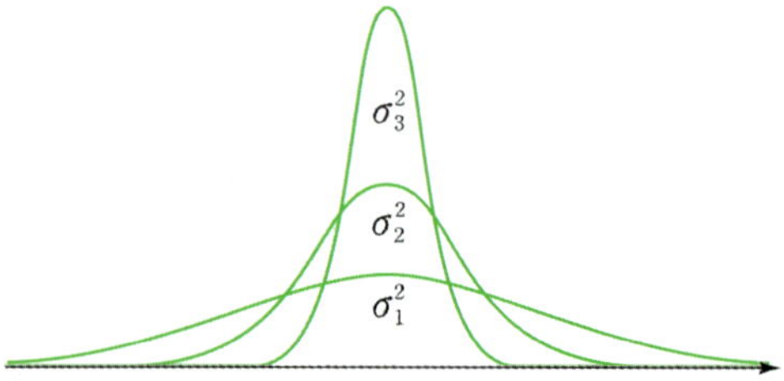

확률변수 X의 분산은 $(X-\mu)^2$의 기댓값이므로 X와 단위가 다르다. 확률변수와 같은 단위의 측도가 필요한 경우 분산의 양의 제곱근 $\sqrt{Var(X)}$를 이용한다. 이를 X의 **표준편차**(standard deviation)라 하고,

$$\sigma_X \quad \text{또는} \quad sd(X)$$

로 나타낸다.

확률변수 X의 분산과 표준편차

$\mu = E(X)$일 때, X의 분산과 표준편차는 각각 다음과 같이 정의한다.

$$\sigma_X^2 = Var(X) = E[(X-\mu)^2]$$
$$\sigma_X = sd(X) = \sqrt{Var(X)}$$

기댓값의 성질을 이용하면 다음과 같은 분산의 성질을 알 수 있다.

$$\begin{aligned} V(X) &= E((X-\mu)^2) = E(X^2 - 2\mu X + \mu^2) \\ &= E(X^2) - 2\mu E(X) + \mu^2 = E(X^2) - 2\mu^2 + \mu^2 \\ &= E(X^2) - \mu^2 \end{aligned}$$

따라서 X의 분산은 X^2의 기댓값에서 X의 기댓값의 제곱을 뺀 것이다. 또한

$$E(aX+b) = aE(X) + b = a\mu + b$$

이므로 $aX+b$의 분산에 대한 다음 결과를 얻는다.

$$\begin{aligned} Var(aX+b) &= E((aX+b-(a\mu+b))^2) = E(a^2(X-\mu)^2) \\ &= a^2 E((X-\mu)^2) = a^2\, Var(X) \end{aligned}$$

분산의 성질

확률변수 X의 기댓값 $\mu = E(X)$와 상수 a, b에 대하여 다음이 성립한다.

- $Var(X) = E(X^2) - \mu^2$
- $Var(aX+b) = a^2 Var(X)$

보기 1

(a) 세 개의 동전을 던졌을 때 나오는 앞면의 개수를 X라 하자. 확률변수 X의 분산을 구하시오.

(b) 주사위를 던져 나온 눈의 수를 X라 할 때 확률변수 X의 분산을 구하시오.

(c) 사건 A의 지시변수 I_A의 평균과 분산을 구하시오.

풀이 (a) $p_0 = \frac{1}{8}$, $p_1 = \frac{3}{8}$, $p_2 = \frac{3}{8}$, $p_3 = \frac{1}{8}$이므로

$$E(X^2) = 0 \cdot \frac{1}{8} + 1^2 \cdot \frac{3}{8} + 2^2 \cdot \frac{3}{8} + 3^2 \cdot \frac{1}{8} = 3$$

이다. $E(X) = \frac{3}{2}$이므로 분산의 성질을 이용하면 X의 분산은

$$Var(X) = E(X^2) - E(X)^2 = 3 - \left(\frac{3}{2}\right)^2 = \frac{3}{4}$$

이다.

(b) $p_1 = p_2 = p_3 = p_4 = p_5 = p_6 = \frac{1}{6}$이므로

$$E(X^2) = 1^2 \cdot \frac{1}{6} + 2^2 \cdot \frac{1}{6} + 3^2 \cdot \frac{1}{6} + 4^2 \cdot \frac{1}{6} + 5^2 \cdot \frac{1}{6} + 6^2 \cdot \frac{1}{6} = \frac{91}{6}$$

이다. 분산의 성질을 이용하면 X의 분산은

$$Var(X) = E(X^2) - E(X)^2 = \frac{91}{6} - \left(\frac{7}{2}\right)^2 = \frac{35}{12}$$

이다.

(c) 사건 A의 지시변수 I_A의 평균은 A의 확률과 같다.

$$E(I_A) = P(A) = p$$

$(I_A)^2 = I_A$이므로 I_A의 분산은

$$Var(I_A) = E((I_A)^2) - [E(I_A)]^2 = p - p^2 = p(1-p)$$

이다.

보기 2

$X \sim U(a, b)$일 때 X의 분산을 구하시오.

풀이 $E(X) = \dfrac{a+b}{2}$이고

$$E(X^2) = \int_a^b \frac{x^2}{b-a} dx = \frac{1}{b-a} \left[\frac{x^3}{3} \right]_a^b$$
$$= \frac{1}{3(b-a)}(b^3 - a^3) = \frac{1}{3}(a^2 + ab + b^2)$$

이므로 분산은 다음과 같다.

$$Var(X) = E(X^2) - [E(X)]^2$$
$$= \frac{1}{3}(a^2 + ab + b^2) - \frac{1}{4}(a^2 + 2ab + b^2) = \frac{(a-b)^2}{12}$$

지금까지 배운 연속균일분포에 대한 결과를 정리하면 다음과 같다.

연속균일분포의 성질

연속확률변수 X가 구간 $[a, b]$에서 균일분포를 따르면

- **확률밀도함수** : $f(x) = \dfrac{1}{b-a}, \quad a \le x \le b$
- **기댓값과 중앙값** : $E(X) = m = \dfrac{a+b}{2}$
- **분산** : $Var(X) = \dfrac{(a-b)^2}{12}$

2.4.2 분산의 덧셈법칙

확률변수들의 합의 기댓값은 확률변수들의 기댓값의 합과 같다.

$$E(X_1 + X_2 + \cdots + X_n) = E(X_1) + E(X_2) + \cdots + E(X_n)$$

이러한 성질은 일반적으로 분산에 대해서는 성립하지 않는다. 예를 들어

$$\begin{aligned} Var(X+X) &= Var(2X) = 2^2 Var(X) = 4Var(X) \\ &\neq Var(X) + Var(X) \end{aligned}$$

이다. 그러나 독립인 변수들에 대해서는 이러한 성질이 성립한다.

독립변수 X, Y에 대하여 $U = X + Y$라 하자. $\mu_X = E(X)$, $\mu_Y = E(Y)$이면

$$E(U) = E(X+Y) = E(X) + E(Y) = \mu_X + \mu_Y$$

이다. X, Y는 독립이므로

$$E(XY) = E(X)E(Y) = \mu_X \mu_Y$$

이고 U의 분산은 다음과 같다.

$$\begin{aligned} Var(U) &= E(U^2) - [E(U)]^2 = E((X+Y)^2) - (\mu_X + \mu_Y)^2 \\ &= E(X^2) - \mu_X^2 + E(Y^2) - \mu_Y^2 + 2E(X)E(Y) - 2\mu_X\mu_Y \\ &= Var(X) + Var(Y) \end{aligned}$$

이 결과는 독립인 n개의 확률변수에 대하여 자연스러운 방법으로 확장되며 **분산의 덧셈법칙**이라 한다.

분산의 덧셈법칙

- X, Y가 독립변수이면 다음 식이 성립한다.

$$Var(X+Y) = Var(X) + Var(Y)$$

- 독립인 n개의 확률변수 $X_1, X_2, \cdots, X_n$에 대하여 다음 식이 성립한다.

$$Var(X_1 + X_2 + \cdots + X_n) = Var(X_1) + Var(X_2) + \cdots + Var(X_n)$$

- 같은 분포를 따르는 독립변수 $X_1, X_2, \cdots, X_n$에 대하여 다음 식이 성립한다.

$$Var(X_1 + X_2 + \cdots + X_n) = n\,Var(X_1)$$

보기 3

n개의 주사위를 던졌을 때 나온 눈의 수의 합을 T_n이라 하자. T_n의 분산을 구하시오.

풀이 X_k를 k번째 던진 주사위의 눈의 수라 하자. $X_1, X_2, \cdots, X_n$은 독립이고

$$T_n = X_1 + X_2 + \cdots + X_n$$

이다. $Var(X_1) = \frac{35}{12}$이므로 T_n의 분산은 다음과 같다.

$$Var(T_n) = n\,Var(X_1) = \frac{35}{12}n$$

2.4.3 큰 수의 법칙

다음 부등식은 음이 아닌 확률변수에 대하여 알려진 것이 기댓값뿐일 때 확률분포에 대한 정보를 알려준다. 즉, 음이 아닌 값만 가지는 확률변수가 어떤 양수 a보다 큰 값을 가질 확률이, 기댓값을 a로 나눈 것보다 클 수 없음을 알려준다. 이 부등식을 러시아의 수학자 마르코프[4]의 이름을 따라 **마르코프 부등식**(Markov's inequality)이라 부른다.

마르코프 부등식

음의 값을 가지지 않는 확률변수 X가 유한한 기댓값을 가질 때, 양수 a에 대하여 다음 부등식이 성립한다.

$$P(X \geq a) \leq \frac{E(X)}{a}$$

4) Markov, A. A. ; 1856~1922

마프코프 부등식의 증명: 음이 아닌 확률변수 X와 양수 a에 대하여 확률변수 Y를 다음과 같이 정의하자.

$$Y = \begin{cases} a, & X \geq a \\ 0, & X < a \end{cases}$$

$Y \leq X$이므로 $E(Y) \leq E(X)$이고

$$E(Y) = aP(X \geq a)$$

이므로 원하는 결과를 얻는다. ▣

보기 4

m이 음이 아닌 확률변수 X의 중앙값일 때 다음 부등식이 성립함을 보이시오.

$$m \leq 2E(X)$$

풀이 $m = 0$이면 $E(X) \geq 0$이므로 부등식이 성립한다. 정의로부터 중앙값은 다음 두 부등식을 동시에 만족한다.

$$P(X \geq m) \geq \frac{1}{2}, \quad P(X \leq m) \geq \frac{1}{2}$$

따라서 음이 아닌 확률변수 X에 대하여 $m > 0$이면 마르코프 부등식에 의하면

$$P(X \geq m) \leq \frac{E(X)}{m}$$

이고 $P(X \geq m) \geq \frac{1}{2}$이므로 원하는 결과를 얻는다.

$$m \leq 2E(X)$$

■ 체비쇼프 부등식

마르코프 부등식은 확률변수의 기댓값만 알려졌을 때 확률분포에 대한 정보를 알려준다. **체비쇼프 부등식**(Chebyshev's inequality)은 확률변수의 기댓값과 분산이 알려진 경우, 확률분포가 평균에서 어느 정도 벗어나는지를 알려준다. 체비쇼프 부등식은 **큰 수의 법칙**과 같은 중요한 정리의 증명에 사용된다.

체비쇼프 부등식

평균 $\mu = E(X) < \infty$, 분산 $\sigma^2 = Var(X) < \infty$인 확률변수 X와 양수 k에 대하여 다음 부등식이 성립한다.

$$P(|X-\mu| \geq k\sigma) \leq \frac{1}{k^2} \text{ 또는 } P(|X-\mu| \geq k) \leq \frac{\sigma^2}{k^2}$$

체비쇼프 부등식의 증명 : 음이 아닌 확률변수 $Y = (X-\mu)^2 \geq 0$와 음이 아닌 상수 $a = k^2\sigma^2$에 대하여 마르코프 부등식을 생각한다.

$$E(Y) = E[(X-\mu)^2] = \sigma^2$$

이므로 다음 결과를 얻는다.

$$P(Y \geq k^2\sigma^2) = P((X-\mu)^2 \geq k^2\sigma^2) \leq \frac{\sigma^2}{k^2\sigma^2} = \frac{1}{k^2}$$

따라서 $P(|X-\mu| \geq k\sigma) \leq \dfrac{1}{k^2}$이고 k 대신 $\dfrac{k}{\sigma}$를 대입하면

$$P(|X-\mu| \geq k) \leq \frac{\sigma^2}{k^2}$$

임을 알 수 있다. ▣

체비쇼프 부등식 $P(|X-\mu| \geq k\sigma) \leq \dfrac{1}{k^2}$은 다음과 같이 고쳐 쓸 수 있다.

$$P(|X-\mu| < k\sigma) \geq 1 - \frac{1}{k^2}$$

이 부등식은 확률변수 X가 평균으로부터 어떤 거리 내에 놓일 확률의 최솟값을 알려준다. 특히 확률변수 X가 평균으로부터 각각 2σ, 3σ 이내에 있을 확률은 각각 다음과 같다.

$$P(\mu - 2\sigma < X < \mu + 2\sigma) = P(|X-\mu| < 2\sigma) \geq 1 - \frac{1}{2^2} = 0.75$$
$$P(\mu - 3\sigma < X < \mu + 3\sigma) = P(|X-\mu| < 3\sigma) \geq 1 - \frac{1}{3^2} = \frac{8}{9} \approx 0.89$$

이처럼 체비쇼프 부등식은 확률변수에 대하여 평균과 분산만 알려져 있을 때 확률분포를 어림

할 수 있게 하는 중요한 부등식이다.

보기 5

양의 확률변수 X에 대하여 $E(X)=6$, $E(X^2)=40$이다.

(a) X가 2와 10 사이에 있을 확률의 범위를 체비쇼프 부등식을 이용하여 구하시오.

(b) X가 10보다 클 확률의 범위를 각각 마르코프 부등식과 체비쇼프 부등식을 이용하여 구하시오.

풀이 (a) $Var(X)=E(X^2)-[E(X)]^2=40-6^2=4$이다. 따라서 $\sigma=2$이고 체비쇼프 부등식에 의하여 다음 부등식을 얻는다.

$$P(2 \le X \le 10)=P(|X-6| \le 2\sigma) \ge 1-\frac{1}{2^2}=0.75$$

따라서 X가 2와 10 사이에 있을 확률은 0.75보다 크다.

(b) 마르코프 부등식에 의하면

$$P(X \ge 10) \le \frac{6}{10}=\frac{3}{5}=0.6$$

이다. 체비쇼프 부등식에 의하면

$$P(X>10)=P(X-6>4) \le P(|X-6|>2 \cdot 2) \le \frac{1}{2^2}=0.25$$

이다.

보기 5(b)에서 본 것처럼 마르코프 부등식은 기댓값만 사용하지만 체비쇼프 부등식은 기댓값과 분산을 모두 사용하므로 체비쇼프 부등식이 더 정확한 정보를 알려준다.

보기 6

$Var(X)=0$이면 $\mu=E(X)$에 대하여 $P(X=\mu)=1$임을 보이시오.[5)]

풀이 n이 자연수일 때 체비쇼프 부등식에 의하여 다음 부등식이 성립한다.

5) 이때 X는 확률 1로 상수 μ라고 한다.

$$P\left(|X-\mu|>\frac{1}{n}\right) \le \frac{Var(X)}{1/n^2}=0$$

따라서 $P(|X-\mu|>0)=\lim_{n\to\infty} P\left(|X-\mu|>\frac{1}{n}\right)=0$이고[6] 다음 결과를 얻는다.

$$P(X=\mu)=P(|X-\mu|=0)=1$$

■ 큰 수의 법칙

$X_1, X_2, \cdots, X_n$이 독립이고 모두 같은 확률분포를 갖는다고 하자.[7] 이는 $X_1, X_2, \cdots, X_n$이 동일한 실험을 독립적으로 반복하여 얻은 결과로 간주할 수 있다. $X_1, X_2, \cdots, X_n$의 평균을

$$\overline{X}_n=\frac{1}{n}(X_1+X_2+\cdots+X_n)$$

이라 하자. $k=1, 2, \cdots, n$에 대하여

$$E(X_k)=E(X_1)=\mu, \quad V(X_k)=V(X_1)$$

이므로 기댓값의 덧셈법칙으로부터 다음 결과가 성립한다.

$$\begin{aligned} E(\overline{X}_n) &= \frac{1}{n}(E(X_1)+E(X_2)+\cdots+E(X_n)) \\ &= \frac{1}{n}\cdot n\cdot E(X_1)=E(X_1) \end{aligned}$$

또한 분산의 성질 $Var(aX)=a^2 Var(X)$와 분산의 덧셈법칙으로부터 다음 결과를 얻는다.

$$\begin{aligned} Var(\overline{X}_n) &= \frac{1}{n^2}Var(X_1+X_2+\cdots+X_n) \\ &= \frac{1}{n^2}(Var(X_1)+Var(X_2)+\cdots+Var(X_n)) \\ &= \frac{1}{n^2}n\,Var(X_1)=\frac{1}{n}Var(X_1) \end{aligned}$$

---

6) 첫 번째 등식에는 다음과 같은 **확률의 연속성**을 사용하였다.

$A_1\subset A_2\subset A_3\subset\cdots$ 이면 $P\left(\bigcup_{n=1}^{\infty}A_n\right)=\lim_{n\to\infty}P(A_n)$

$A_1\supset A_2\supset A_3\supset\cdots$ 이면 $P\left(\bigcap_{n=1}^{\infty}A_n\right)=\lim_{n\to\infty}P(A_n)$

7) $X_1, X_2, \cdots, X_n$이 독립이고 모두 같은 확률분포를 가질 때 $X_1, X_2, \cdots, X_n$을 크기가 n인 확률표본이라 한다.

이 결과를 양의 상수 ε에 대하여 체비쇼프 부등식에 대입하면 다음 결과를 얻는다.

$$P(|\overline{X}_n - \mu| \geq \varepsilon) \leq \frac{1}{\varepsilon^2} V(\overline{X}_n) = \frac{1}{\varepsilon^2} \frac{Var(X_1)}{n}$$

따라서

$$\lim_{n \to \infty} P(|\overline{X}_n - \mu| \geq \varepsilon) = 0$$

이 성립하는데 이 결과를 **큰 수의 법칙**(law of large number)이라 한다.[8)]

큰 수의 법칙

$X_1, X_2, \cdots, X_n$이 독립이고 모두 같은 확률분포를 갖는다고 하자. $V(X_1) < \infty$이면 $X_1, X_2, \cdots, X_n$의 평균

$$\overline{X}_n = \frac{1}{n}(X_1 + X_2 + \cdots + X_n)$$

와 임의의 양수 $\varepsilon > 0$에 대하여 다음 결과가 성립한다.

$$\lim_{n \to \infty} P(|\overline{X}_n - \mu| \geq \varepsilon) = 0$$

Note ▶ 큰 수의 법칙을 간단히 $\lim_{n \to \infty} \overline{X}_n = \mu$로 쓰기도 한다.

■ 통계적 확률과 수학적 확률

어떤 시행에서 사건 A가 일어날 (수학적) 확률이 p라 하자. n번의 독립시행에서 사건 A가 일어나는 횟수를 X라 하면 상대도수는 $\frac{X}{n}$이다. $k = 1, 2, \cdots, n$에 대하여

$$X_k = \begin{cases} 1, & k\text{번째 행에서 사건 } A\text{가 발생할 때} \\ 0, & \text{그 이외의 경우} \end{cases}$$

로 정의하면 $X_1, X_2, \cdots, X_n$은 독립이고 같은 분포를 따른다. 상대도수

$$\frac{X}{n} = \frac{1}{n}(X_1 + X_2 + \cdots + X_n)$$

8) 엄밀하게 말하면 **큰 수의 약법칙**(weak law of large numbers)이라 한다.

에 대하여 $Var(X_1) = p(1-p) < \infty$ 이므로 다음 식이 성립한다.

$$\lim_{n \to \infty} P\left(\left| \frac{X}{n} - p \right| \geq \varepsilon \right) = 0$$

또는

$$\lim_{n \to \infty} P\left(\left| \frac{X}{n} - p \right| < \varepsilon \right) = 1$$

n이 커지면 상대도수 $\frac{X}{n}$는 통계적 확률에 가까워지므로 큰 수의 법칙에 의하여 통계적 확률은 수학적 확률 p에 가까워짐을 알 수 있다.

연습문제 2.1 ~ 2.4 EXERCISES

01 확률변수 X가 취하는 값은 $-2,\ -1,\ 0,\ 1,\ 2$이고

$$p(2) = p(-2) = 0.2,\quad p(1) = p(-1) = 0.15$$

이다.

(a) $p(0)$의 값을 구하시오.

(b) X의 기댓값과 중앙값을 구하시오.

(c) X의 분산과 표준편차를 구하시오.

02 확률변수 X의 상태공간이 $\{1, 2, 3, 4, 5, 6, 7\}$이다.

$$P(X < 4) = 0.45,\quad P(X > 4) = 0.35$$

일 때 다음을 구하시오.

(a) $P(X = 4)$ (b) $P(X < 5)$ (c) $P(X > 3)$

03 확률변수 X의 상태공간이 10 이하의 자연수 집합이다.

$$P(X<5)=0.4,\ P(X>5)=0.5$$

일 때 다음을 구하시오.

(a) $P(X=5)$　　(b) $P(X<6)$　　© $P(X>4)$

04 빨간 공 4개와 파란 공 3개가 들어 있는 상자에서 임의로 3개의 공을 꺼낼 때(비복원추출) 파란 공의 개수를 확률변수 X라 하자.

(a) X의 확률질량함수를 구하여 표(확률분포표)로 나타내어라.

(b) 파란 공이 2개 이상일 확률을 구하시오.

(c) $E(X)$, $Var(X)$를 구하시오.

(d) 중앙값 m을 구하시오.

05 확률변수 X의 확률분포가 다음과 같을 때 주어진 값을 구하시오.

x	1	2	3	4	합계
$P(X=x)$	0.12	0.23	a	0.32	1

(a) 상수 a의 값

(b) 누적분포함수 $F(x)=P(X\le x)$

(c) $P(2<X\le 4)$

(d) $E(X)$, $Var(X)$

(e) 중앙값 m

06 500원짜리 동전 한 개와 100원짜리 동전 한 개를 동시에 던져 앞면이 나온 동전의 금액의 합을 X라 할 때 X의 기댓값을 구하시오.

07 주머니에 500원짜리 동전 3개와 100원짜리 동전 4개가 들어 있다. 4개의 동전을 임의로 꺼냈을 때(비복원추출) 500원짜리의 개수를 X라 하자.

(a) X의 확률질량함수를 구하시오.

(b) X의 평균과 분산을 구하시오.

(c) 4개 동전의 총액수 Y를 X를 이용하여 나타내고 Y의 평균과 분산을 구하시오.

08 확률변수 X의 누적분포함수의 그래프가 다음과 같을 때

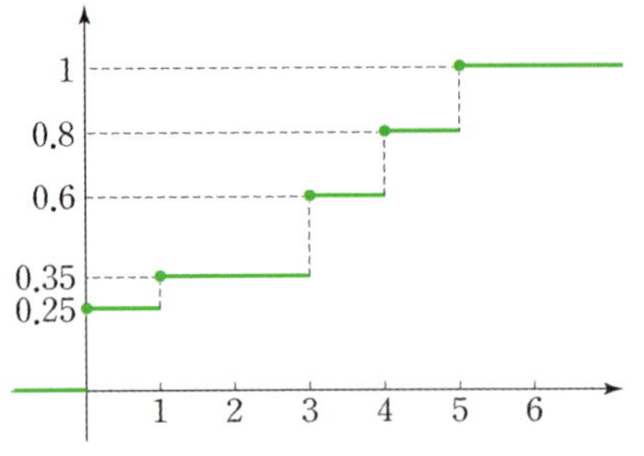

(a) X의 확률질량함수를 구하여 표(확률분포표)로 나타내시오.

(b) $P(1 \le X \le 4)$를 구하시오.

(c) $E(X)$, $Var(X)$를 구하시오.

(d) 중앙값 m을 구하시오.

09 52장의 카드에서 복원추출로 4장의 카드를 뽑을 때 에이스의 개수를 X라 하자.

(a) X의 확률질량함수를 구하여 표(확률분포표)로 나타내시오.

(b) X의 누적분포함수를 구하시오.

(c) $E(X)$, $Var(X)$를 구하시오.

10 문제 9에서 비복원추출로 카드를 뽑을 때 같은 질문에 답하시오.

11 전산실습실에 30대의 컴퓨터가 있다. 지난 1년(52주) 동안 매주 점검한 결과 고장인 컴퓨터 대수는 다음 표와 같다.

고장컴퓨터	0	1	2	3	4	5	6
횟수	6	8	10	11	8	5	4

(a) 고장인 컴퓨터 대수를 X라 할 때 X의 확률질량함수를 구하시오.

(b) 수강생이 27명인 수업에서 모든 학생이 실습을 할 수 있을 확률을 구하시오.

(c) $E(X)$, $Var(X)$를 구하시오.

12 한국시리즈는 7전 4선승제이다. 2018년 한국시리즈에는 S팀과 B팀이 진출하였고 S팀의 2018년 정규시즌 B팀과의 전적은 30승 20패이다. 한국시리즈에서의 승률도 정규시즌과 같다고 가정할 때 다음을 구하시오.

(a) 한국시리즈가 $k\,(k=4,\,5,\,6,\,7)$게임 만에 끝날 확률 p_k

(b) 한국시리즈의 게임 수의 평균

(c) S팀이 우승할 확률

13 변수 X가 음이 아닌 정수 값만을 취할 때 다음을 보이시오.

$$E(X) = \sum_{n=1}^{\infty} P(X \geq n)$$

14 상자에 1부터 10까지 쓰여 있는 구슬이 하나씩 들어 있다. 복원 추출로 두 개의 공을 꺼냈을 때 첫 번째 수를 X_1, 두 번째 수를 X_2라 하자.

(a) $X = \max(X_1, X_2)$의 확률분포를 구하시오.

Hint. $P(X=k) = P(X \leq k) - P(X \leq k-1)$

(b) 문제 13의 결과를 이용하여 X의 기댓값을 구하시오.

Hint. $\sum_{k=1}^{n} k = \frac{n(n+1)}{2}, \quad \sum_{k=1}^{n} k^2 = \frac{n(n+1)(2n+1)}{6}$

(c) $Y = \min(X_1, X_2)$의 기댓값을 구하시오.

15 주사위 4개를 던져 i번째 나온 눈의 수를 X_i라 하고 $X = \min(X_1, X_2, X_3, X_4)$라 하자.

(a) $k = 1, 2, \cdots, 6$에 대하여 $P(X \geq k)$를 구하시오.

(b) 문제 13의 결과를 이용하여 $E(X)$를 구하시오.

16 정의변수에 대하여 다음 식이 성립함을 보이시오.

(a) $I_{E \cap F} = I_E I_F$

(b) $I_{E \cup F} = I_E + I_F - I_{E \cap F}$

(c) $I_{E^c} = 1 - I_E$

(d) $E(I_A) = P(A)$

17 확률변수 X의 기댓값과 분산이 각각 5, 7이다. $Y=2X-3$이라 할 때 다음 값을 구하시오.

(a) $E(X^2)$ (b) $E(Y)$, $Var(Y)$

18 독립인 두 변수 X, Y의 기댓값과 분산이 모두 3과 2이다. 다음 변수의 평균과 분산을 구하시오.

(a) $X+Y$ (b) XY

19 두 변수 X, Y의 분산이 같으면 다음 식이 성립함을 보이시오.

$$E((X+Y)(X-Y)) = E(X+Y)E(X-Y)$$

20 $E(X)=\mu$, $Var(X)=\sigma^2$일 때, 임의의 상수 a에 대하여 다음 식이 성립함을 보이시오.[9)]

$$E((X-a)^2) = \sigma^2 + (\mu - a)^2$$

21 연속확률변수 X의 확률밀도함수의 그래프가 다음과 같을 때 주어진 값을 구하시오.

(a) a (b) $P(-1 \le X \le 0.5)$ (c) $P(|X| \le b) = \frac{1}{2}$인 b

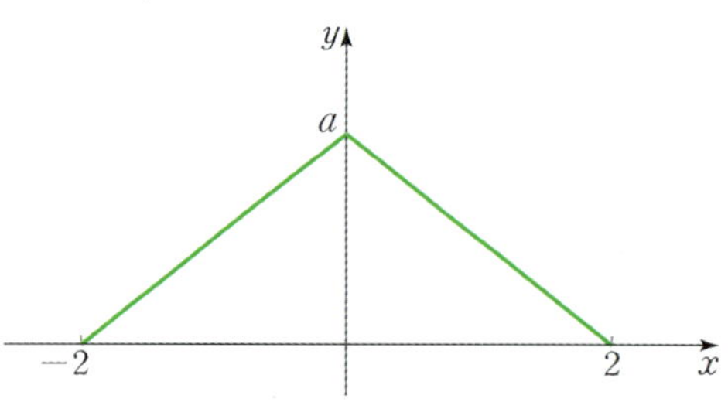

22 버스가 아침 5시부터 15분 간격으로 차고에서 출발한다. 어떤 승객이 차고에 도착하는 시각은 7시부터 7시 30분까지 균일분포를 따른다고 한다. 이 승객이 버스가 출발할 때까지 10분 이상 기다릴 확률을 구하시오. 또 5분 이하로 기다릴 확률을 구하시오.

---

9) 따라서 평균 μ는 $E((X-a)^2)$을 최소화하는 값이다.

23 함수 $f(x)=kx,\ 0 \le x \le 4$가 확률밀도함수일 때

(a) 상수 k를 구하시오.

(b) $P(1 \le X \le 3)$을 구하시오.

(c) $E(X)$, $Var(X)$를 구하시오.

(d) 사분위수를 모두 구하시오.

24 $f(x)=1/\sqrt{x},\ 1 \le x \le k$가 확률밀도함수일 때

(a) 상수 k를 구하시오.

(b) $P(1 \le X \le 1.96)$을 구하시오.

(c) $E(X)$, $Var(X)$를 구하시오.

(d) 중앙값을 구하시오.

25 연속확률변수 X의 확률밀도함수의 그래프가 다음과 같을 때

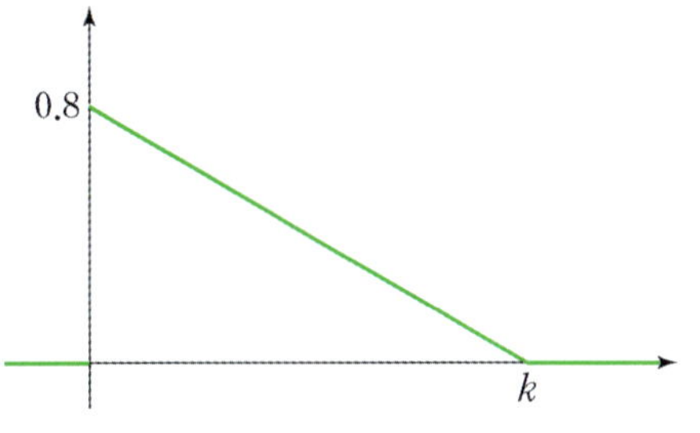

(a) 상수 k값을 구하시오.

(b) X의 확률밀도함수를 구하시오.

(c) X의 누적분포함수를 구하시오.

(d) $E(X)$, $Var(X)$를 구하시오.

(e) 중앙값을 구하시오.

26 연속확률변수 X의 누적분포함수가 다음과 같다.

$$F(x)=\begin{cases} a+be^{-x}, & x \ge 0 \\ 0, & x < 0 \end{cases}$$

(a) 상수 a, b값을 구하시오.

(b) X의 확률밀도함수를 구하시오.

(c) $P(X \ge 2)$를 구하시오.

(d) $E(X)$, $Var(X)$를 구하시오.

(e) 사분위수를 모두 구하시오.

27 연속확률변수 X의 누적분포함수가 다음과 같다.

$$F(x) = \begin{cases} 0, & x < 0 \\ x(2-x), & 0 \le x \le k \\ 1, & x > k \end{cases}$$

(a) 상수 k값을 구하시오.

(b) X의 확률밀도함수를 구하시오.

(c) $P(X \ge 1/2)$를 구하시오.

(d) $E(X)$, $Var(X)$를 구하시오.

(e) 중앙값을 구하시오.

28 (a) $f_1(x)$, $f_2(x)$가 각각 확률밀도함수이고 $\alpha\,(0 \le \alpha \le 1)$는 상수일 때 $\alpha f_1(x) + (1-\alpha) f_2(x)$도 확률밀도함수임을 보이시오.

(b) $F_1(x)$, $F_2(x)$가 각각 확률분포함수이고 $\alpha\,(0 \le \alpha \le 1)$는 상수일 때 $\alpha F_1(x) + (1-\alpha) F_2(x)$도 확률분포함수임을 보이시오.

29 연속확률변수 X의 분포가 임의의 실수 x에 대하여 다음 식을 만족하면 X는 0에 대하여 대칭(symmetric)이라고 한다.

$$P(X \le -x) = P(X \ge x)$$

연속확률변수 X가 0에 대하여 대칭일 때

(a) X와 $-X$의 분포가 같음을 보이시오.

(b) $P(|X| \le x) = 2F_X(x) - 1$임을 보이시오.

30 연속확률변수 X의 확률밀도함수가 $f(x)$, 누적분포함수가 $F(x)$이다. $Y = aX + b$의 누적분포함수와 확률밀도함수를 다음 경우에 구하시오.

(a) $a > 0$

(b) $a < 0$

31 X의 확률밀도함수 $f(x)$가 우함수일 때[10] $Y=X^2$의 확률밀도함수 g를 f를 이용하여 나타내어라.

32 X가 구간 $[-1, 1]$에서 균일분포를 따른다.

(a) $F(x)=P(X \le x)$를 구하시오.

(b) $Y=|X|$라고 할 때 Y의 누적분포함수 $G(y)=P(Y \le y)$를 구하시오.

(c) Y의 확률밀도함수 $g(y)$를 구하시오.

(d) $E(Y)$, $Var(Y)$를 구하시오.

33 X는 확률밀도함수가 $f(x)$, 누적분포함수가 $F(x)$인 연속확률변수이다.

(a) $Y=e^X$의 누적분포함수 $G(y)=P(Y \le y)$를 X의 누적분포함수 $F(x)=P(X \le x)$를 이용하여 나타내어라.

(b) $Y=e^X$의 확률밀도함수 $g(y)=G'(y)$를 X의 확률밀도함수 $f(x)=F'(x)$를 이용하여 나타내어라.

34 나누어 심기를 한 나무의 수명은 확률밀도함수가 다음과 같다.

$$f(x)=\begin{cases} cxe^{-2x}, & x \ge 0 \\ 0, & \text{기타} \end{cases}$$

(a) 상수 c를 구하시오.

(b) 이 나무의 평균수명을 구하시오.

35 어떤 전기제품의 수명(단위 : 년)의 확률밀도함수가 다음과 같다.

$$f(x)=\begin{cases} \dfrac{8}{x^3}, & x \ge a \\ 0, & x < a \end{cases}$$

(a) 상수 a를 구하시오.

(b) 신상품을 구입하였을 경우 3년 이상 사용할 수 있을 확률을 구하시오.

(c) 이 제품의 수명의 평균을 구하시오.

(d) 이 제품의 수명의 중앙값을 구하고 그 의미를 설명하시오.

10) 정의역의 임의의 x에 대하여 $f(-x)=f(x)$일 때

36 확률변수 X의 확률밀도함수가

$$f(x) = \begin{cases} a + bx^2, & 0 \le x \le 4 \\ 0, & \text{기타} \end{cases}$$

이고 $E(X) = \dfrac{5}{2}$이다. a, b를 구하시오.

37 같은 해에 결혼한 N쌍의 부부 중에서 30년 동안 m명이 사망하였다. 30년 후 부부 모두 생존해 있는 쌍을 X라 할 때, X의 기댓값을 구하시오.

2.5 생성함수

2.5.1 확률생성함수

음이 아닌 정숫값만 취하는 이산확률변수 X에 대하여

$$g(t) = E(t^X)$$

를 확률변수 X의 **확률생성함수**(probability generating function)라 정의한다. 다시 말해서 $k = 0, 1, 2, \cdots$에 대하여

$$p_k = P(X = k)$$

라 하면

$$\begin{aligned} E(t^X) &= P(X=0) + P(X=1)t + P(X=2)t^2 + \cdots \\ &= p_0 + p_1 t + p_2 t^2 + \cdots \end{aligned}$$

이다. 즉, 확률생성함수 $g(t)$는 t^n의 계수가 p_n인 거듭제곱급수이다.

예를 들어, 변수 X의 확률분포가

$$P(X=0) = 1 - p, \quad P(X=1) = p$$

이면[11] X의 확률생성함수는 다음과 같다.

$$g(t) = (1-p) + pt$$

확률생성함수의 정의

음이 아닌 정숫값만 취하는 이산확률변수 X에 대하여 확률생성함수는 다음과 같이 정의한다. 이때 $p_k = P(X = k)$이다.

11) 이러한 분포를 갖는 확률변수를 성공 확률이 p인 베르누이 시행이라고 한다. 다음 장 참조.

$$g(t) = E(t^X) = \sum_{k=0}^{\infty} p_k t^k$$
$$= p_0 + p_1 t + p_2 t^2 + \cdots + p_k t^k + \cdots$$

보기 1

확률변수 X의 확률질량함수가 다음과 같을 때 확률생성함수를 구하시오.

(a) $p_k = P(X=k) = \dfrac{1}{6}, \quad k = 1, 2, \cdots, 6$

(b) $p_k = P(X=k) = p(1-p)^{k-1}, \quad k \geq 1$[12)]

풀이 (a) $g(t) = \dfrac{1}{6}(t + t^2 + t^3 + t^4 + t^5 + t^6) = \dfrac{t(1-t^6)}{6(1-t)}$

(b) $k \geq 1$일 때, $p_k = p(1-p)^{k-1}$이다. $|r| < 1$이면 $\displaystyle\sum_{k=1}^{\infty} r^{k-1} = \dfrac{1}{1-r}$이므로 $|(1-p)t| < 1$, 즉 $|t| < \dfrac{1}{1-p}$일 때 확률생성함수는 다음과 같다.

$$g(t) = \sum_{k=0}^{\infty} p_k t^k = \sum_{k=1}^{\infty} p(1-p)^{k-1} t^k$$
$$= pt \sum_{k=1}^{\infty} ((1-p)t)^{k-1} = \frac{pt}{1-(1-p)t}$$

Note ▶ 거듭제곱급수에 대한 결과는 부록 A를 참고하기 바란다.

■ 확률생성함수를 알면 확률분포를 알 수 있다

역으로 거듭제곱급수(또는 다항식)

$$g(t) = \sum_{n=0}^{\infty} p_n t^n$$

의 모든 계수가 음이 아니고 계수들의 합이 1이면, 다시 말해서

$$p_n \geq 0, \quad g(1) = \sum_{n=0}^{\infty} p_n = 1$$

12) 이러한 확률질량함수를 갖는 확률변수는 성공 확률이 p인 **기하분포**를 따른다고 한다. 기하분포에 대해서는 3장에서 자세하게 다룬다.

이면 $g(t)$는 어떤 확률변수의 확률생성함수가 된다. 예를 들어

$$g(t)=\frac{1}{2}+\frac{1}{3}t+\frac{1}{6}t^2$$

은 확률생성함수이다. 또한 X가 확률생성함수가 $g(t)$인 확률변수이면 X의 확률분포는 다음과 같다.

$$P(X=0)=\frac{1}{2},\quad P(X=1)=\frac{1}{3},\quad P(X=2)=\frac{1}{6}$$

일반적으로 X의 확률생성함수 $g(t)=E(t^X)=\sum_{k=0}^{\infty}p_k t^k$에 대하여 **거듭제곱급수의 기본정리**[13] 에 의하면 다음 식이 성립한다.

$$\begin{aligned} g'(t) &= \sum_{k=1}^{\infty}p_k k t^{k-1}=p_1+2p_2t+3p_3t^2+\cdots \\ &\Rightarrow g'(0)=p_1 \\ g''(t) &= \sum_{k=2}^{\infty}p_k k(k-1)t^{k-2}=2p_2+3\cdot 2p_3t+4\cdot 3p_4t^2+\cdots \\ & g''(0)=2p_2 \end{aligned}$$

같은 식으로 반복하면

$$\begin{aligned} g^{(n)}(t) &= \sum_{k=n}^{\infty}p_k k(k-1)\cdots(k-n+1)t^{k-n} \\ &= n!+[(n+1)n\cdots 2t]+[(n+2)(n+1)\cdots 3t^2]+\cdots \end{aligned}$$

에서 $g^{(n)}(0)=n!p_n$ 이다. 이 결과는 확률생성함수 $g(t)$가 급수 꼴로 쓰여 있지 않은 경우에도 적용이 가능하다.

확률생성함수의 성질

음이 아닌 정숫값만 취하는 확률변수 X에 대하여 X의 확률생성함수가 $g(t)$이면 다음 식이 성립한다.

- $g(1)=1$
- $P(X=n)=p_n=\dfrac{g^{(n)}(0)}{n!}$

13) 부록 A 참조

위의 결과에 따르면 확률생성함수 g를 알면 X의 확률분포를 모두 알 수 있다. 또한 같은 확률생성함수를 가지는 두 확률변수는 같은 확률분포를 따른다. 즉, 같은 확률질량함수를 가진다.

보기 2

확률변수 X의 확률생성함수가 다음과 같을 때 상수 c와 $P(1 \le X \le 3)$를 구하시오.

(a) $g(t) = c + \dfrac{x}{2} + \dfrac{x^2}{4} + \dfrac{x^3}{8} + \dfrac{x^4}{16}$ (b) $g(t) = \dfrac{ct}{2-t}$

풀이 (a) $g(1) = c + \dfrac{15}{16} = 1$이므로 $c = \dfrac{1}{16}$이고 구하는 확률은 다음과 같다.

$$\begin{aligned} P(1 \le X \le 3) &= P(X=1) + P(X=2) + P(X=3) \\ &= \frac{1}{2} + \frac{1}{4} + \frac{1}{8} = \frac{7}{8} \end{aligned}$$

(b) $g(1) = \dfrac{c}{1} = 1$이므로 $c = 1$이다. $g(t) = \dfrac{2-(2-t)}{2-t} = \dfrac{2}{2-t} - 1$을 이용하여 g의 도함수를 구하면 다음과 같다.

$$g'(t) = \frac{2}{(2-t)^2},\ g''(t) = 2\frac{2}{(2-t)^3},\ g'''(t) = 3 \cdot 2\frac{2}{(2-t)^4}$$

따라서

$$P(X=1) = g'(0) = \frac{1}{2},\ P(X=2) = \frac{g''(0)}{2!} = \frac{1}{4},\ P(X=3) = \frac{g'''(0)}{3!} = \frac{1}{8}$$

이고 구하는 확률은 다음과 같다.

$$\begin{aligned} P(1 \le X \le 3) &= P(X=1) + P(X=2) + P(X=3) \\ &= \frac{1}{2} + \frac{1}{4} + \frac{1}{8} = \frac{7}{8} \end{aligned}$$

평균과 분산도 확률생성함수를 이용하여 구할 수 있다. X의 확률생성함수를 g라고 하면 거듭제곱급수의 기본정리에서 다음 사실들을 알 수 있다.

$$g'(t) = \sum_{k=1}^{\infty} kp_k t^{k-1}, \quad g''(t) = \sum_{k=1}^{\infty} k(k-1)p_k t^{k-2}$$

따라서 다음 관계식이 성립한다.

$$g'(1) = \sum_{k=1}^{\infty} kp_k = E(X)$$

$$g''(1) = \sum_{k=2}^{\infty} k(k-1)p_k = E(X(X-1)) = E(X^2) - E(X)$$

이 결과를 이용하면 다음 결과를 얻는다.

확률생성함수의 성질 : 기댓값과 분산

확률변수 X의 확률생성함수를 $g(t)$라 하면 X의 평균과 분산은 각각 다음과 같다.

$$E(X) = g'(1), \quad Var(X) = g''(1) + g'(1) - [g'(1)]^2$$

보기 3

보기 2에 주어진 확률변수 X의 평균과 분산을 구하시오.

(a) $g(t) = c + \frac{x}{2} + \frac{x^2}{4} + \frac{x^3}{8} + \frac{x^4}{16}$ (b) $g(t) = \frac{ct}{2-t}$

풀이 (a) g의 도함수와 이계도함수를 구하면

$$g'(t) = \frac{1}{2} + \frac{x}{2} + \frac{3x^2}{8} + \frac{x^3}{4}, \quad g''(t) = \frac{1}{2} + \frac{3x}{4} + \frac{3x^2}{4}$$

이므로 평균과 분산은 각각 다음과 같다.

$$E(X) = g'(1) = \frac{1}{2} + \frac{1}{2} + \frac{3}{8} + \frac{1}{4} = \frac{13}{8}$$

$$Var(X) = g''(1) + g'(1) - [g'(1)]^2 = 2 + \frac{13}{8} - \left(\frac{13}{8}\right)^2 = \frac{63}{64}$$

(b) 보기 2에서 구한 결과

$$g'(t) = \frac{2}{(2-t)^2}, \quad g''(t) = 2\frac{2}{(2-t)^3}$$

에서 $g'(1)=2$, $g''(1)=4$이므로 평균과 분산은 각각 다음과 같다.

$$E(X)=g'(1)=2$$
$$Var(X)=g''(1)+g'(1)-[g'(1)]^2=4+2-2^2=2$$

2.5.2 적률생성함수

확률생성함수는 X가 음이 아닌 정숫값만 취하는 이산확률변수에 대하여 정의할 수 있다. 좀 더 일반적으로 다음과 같이 확률변수 X의 **적률생성함수**(moment generating function)를 정의한다. 적률생성함수는 확률변수의 적률뿐 아니라 확률분포에 대한 완벽한 정보를 알려주는 중요한 함수이다.

$$m_X(t)=E(e^{tX})$$

확률변수 X가 확률질량함수 $p(x)$를 갖는 이산확률변수이면 적률생성함수는

$$m_X(t)=E(e^{tX})=\sum_x e^{tx}p(x)$$

로 정의한다. 확률변수 X가 음이 아닌 정숫값만을 가지는 경우 확률생성함수를 $g_X(t)$라 하면 두 함수가 존재하는 t의 범위에서 다음 관계식이 성립한다.

$$m_X(t)=E(e^{tX})=E((e^t)^X)=g_X(e^t)$$

예를 들어 보기 1(b)에 주어진 분포

$$p_n=(1-p)^{n-1}p, \quad n=1,2,\cdots$$

의 확률생성함수와 적률생성함수는 각각 다음과 같다. 이때 $q=1-p$이다.

$$g(t)=\frac{pt}{1-qt}\left(t<\frac{1}{q}\right), \quad m(t)=\frac{pe^t}{1-qe^t}\,(t<-\ln q)$$

X가 확률밀도함수 $f(x)$를 갖는 연속확률변수이면 적률생성함수는 다음과 같다.

$$m_X(t)=E(e^{tX})=\int_{-\infty}^{\infty}e^{tx}f(x)\,dx$$

적률생성함수의 정의

확률변수 X에 대하여 X의 적률생성함수를 다음과 같이 정의한다.

$$m_X(t) = E(e^{tX})$$

보기 4

확률변수 X가 다음 분포를 따를 때 적률생성함수를 구하시오.

(a) 이산균일분포 $DU(n)$

(b) 연속균일분포 $U(a, b)$

풀이 (a) $m_X(t) = E(e^{tX}) = \dfrac{1}{n}(e^t + e^{2t} + \cdots + e^{nt}) = \dfrac{e^t(1-e^{nt})}{n(1-e^t)}$

(b) $m_X(t) = E(e^{tX}) = \dfrac{1}{b-a}\displaystyle\int_a^b e^{tx}\,dx = \dfrac{e^{tb}-e^{ta}}{(b-a)t}$

두 확률변수가 같은 적률생성함수를 가지면 두 확률변수의 확률분포가 같다는 의미에서 적률생성함수는 확률분포를 유일하게 결정한다. 즉,

$$m_X(t) = m_Y(t) \;\Rightarrow\; P(X \le x) = P(Y \le x)$$

가 성립한다.[14)]

X의 n번째 적률(moment) $E(X^n)$은 적률생성함수 $m_X(t)$로부터 다음과 같이 쉽게 구할 수 있다. e^{tx}의 거듭제곱급수

$$e^{tx} = 1 + xt + \frac{x^2}{2!}t^2 + \frac{x^3}{3!}t^3 + \cdots + \frac{x^n}{n!}t^n + \cdots$$

를 이용하면

$$\begin{aligned} E(e^{tX}) &= E\left(1 + Xt + \frac{X^2}{2!}t^2 + \cdots + \frac{X^n}{n!}t^n + \cdots\right) \\ &= 1 + E(X)t + \frac{E(X^2)}{2!}t^2 + \cdots + \frac{E(X^n)}{n!}t^n + \cdots \end{aligned}$$

14) 증명은 이 교재의 수준에서 다루기 어려우며 관심 있는 학생은 확률론 교재를 참고할 것

이므로

$$m_X^{(n)}(0) = E(X^n), \quad n \ge 1$$

이다. 특히 $n = 1, 2$일 때

$$m_X'(0) = E(X), \quad m_X''(0) = E(X^2)$$

이므로 다음 결과를 얻는다.

$$E(X) = m_X'(0)$$
$$Var(X) = m_X''(0) - (m_X'(0))^2$$

적률생성함수의 성질

- 적률생성함수는 확률분포를 유일하게 결정한다.

$$m_X(t) = m_Y(t) \Rightarrow P(X \le x) = P(Y \le x)$$

- X의 평균과 분산은 다음과 같다.

$$E(X) = m_X'(0), \quad Var(X) = m_X''(0) - (m_X'(0))^2$$

보기 5

연속확률변수 X의 확률밀도함수가 양수 λ에 대하여 다음과 같다.[15)]

$$f(x) = \begin{cases} \lambda e^{-\lambda x}, & x \ge 0 \\ 0, & \text{기타} \end{cases}$$

X의 적률생성함수를 구하고 이를 이용하여 평균과 분산을 구하시오.

풀이 적률생성함수의 정의에 의하면

$$\begin{aligned} m_X(t) &= E(e^{tX}) = \lambda \int_0^\infty e^{tx} e^{-\lambda x} dx \\ &= \lambda \int_0^\infty e^{(t-\lambda)x} dx = \left[\frac{\lambda}{t-\lambda} e^{(t-\lambda)x} \right]_0^\infty \end{aligned}$$

15) 이러한 확률밀도함수를 갖는 확률변수는 모수가 λ인 **지수분포**를 따른다고 한다. 지수분포에 대해서는 3장에서 다룬다.

이다. 마지막 값은 $t-\lambda<0$일 때, 즉 $t<\lambda$일 때 $\frac{\lambda}{\lambda-t}$로 수렴한다. 따라서 적률생성함수 $m_X(t)$는 다음과 같다.

$$m_X(t)=\frac{\lambda}{\lambda-t},\quad t<\lambda$$

적률생성함수의 도함수와 이계도함수는

$$m_X{}'(t)=\frac{\lambda}{(\lambda-t)^2},\quad m_X{}''(t)=\frac{2\lambda}{(\lambda-t)^3},\quad t<\lambda$$

이므로 평균은

$$E(X)=m_X{}'(0)=\frac{1}{\lambda}$$

이고 분산은

$$Var(X)=m_X{}''(0)-(m_X{}'(0))^2=\frac{2}{\lambda^2}-\frac{1}{\lambda^2}=\frac{1}{\lambda^2}$$

이다.

Note ▶ 지수함수에 대한 결과는 부록 A를 참조하기 바란다.

$Y=aX+b$라 하자. 그러면 적률생성함수의 정의로부터

$$m_Y(t)=E(e^{(aX+b)t})=E(e^{(at)X})e^{bt}=e^{bt}m_X(at)$$

임을 알 수 있다.

$Y=aX+b$의 적률생성함수

확률변수 X의 적률생성함수가 $m_X(t)=E(e^{tX})$일 때 $Y=aX+b$의 적률생성함수는 다음과 같다.

$$m_Y(t)=e^{bt}m_X(at)$$

보기 6

보기 5에서 $Y = aX,\ a > 0$일 때 적률생성함수를 구하시오.

풀이 X의 적률생성함수는

$$m_X(t) = \frac{\lambda}{\lambda - t}, \quad t < \lambda$$

이므로 Y의 적률생성함수는 다음과 같다.

$$m_Y(t) = m_X(at) = \frac{\lambda}{\lambda - at}, \quad at < \lambda$$

2.5.3 독립변수들의 합의 생성함수

음이 아닌 정숫값을 가지는 두 변수 $X,\ Y$가 독립이라 하자. 그러면 $X + Y$도 음이 아닌 정숫값을 가진다. X와 Y의 확률생성함수가 각각 $f(t),\ g(t)$라고 할 때 $X + Y$의 확률생성함수를 $h(t)$라고 하자.

$$f(t) = E(t^X), \quad g(t) = E(t^Y), \quad h(t) = E(t^{X+Y})$$

X와 Y는 독립이므로 $t^X,\ t^Y$도 독립이고

$$\begin{aligned} h(t) &= E(t^{X+Y}) = E(t^X t^Y) \\ &= E(t^X)E(t^Y) = f(t)g(t) \end{aligned}$$

이다. 즉, 독립변수의 합의 확률생성함수는 확률생성함수의 곱으로 주어진다.

n개의 독립변수에 대하여도 같은 결과가 성립한다. 적률생성함수에 대하여도 같은 결과가 성립하는데 증명은 연습문제로 남긴다.

독립변수의 합의 확률생성함수와 적률생성함수

독립인 확률변수 $X_1, X_2, \cdots, X_n$에 대하여

- 이산인 경우 확률생성함수가 각각 $g_1(t), g_2(t), \cdots, g_n(t)$이면 $Y = X_1 + X_2 + \cdots + X_n$의 확률생성함수 g_Y는 다음과 같다.

$$g_Y(t) = g_1(t)g_2(t) \cdots g_n(t)$$

- 적률생성함수가 각각 $m_1(t), m_2(t), \cdots, m_n(t)$이면 $Y = X_1 + X_2 + \cdots + X_n$의 적률생성함수 m_Y는 다음과 같다.

$$m_Y(t) = m_1(t)m_2(t) \cdots m_n(t)$$

연습문제 2.5 EXERCISES

01 이산확률변수 X의 확률생성함수가 다음과 같다.

$$g(t) = e^t - e - t + 2$$

(a) $i = 0, 1, 2, 3$에 대하여 $p_i = P(X = i)$를 구하시오.

Hint. $e^t = 1 + t + \frac{1}{2!}t^2 + \cdots + \frac{1}{n!}t^n + \cdots$

(b) X의 평균과 분산을 구하시오.

02 이산확률변수 X의 확률생성함수가 다음과 같다.

$$g(t) = \frac{1}{(2-t)^2}$$

(a) $i = 0, 1, 2, 3$에 대하여 $p_i = P(X = i)$를 구하시오.

(b) X의 평균과 분산을 구하시오.

03 이산확률변수 X의 확률생성함수가 $g(t)$일 때 다음이 성립함을 보이시오.

$$P(X = \text{짝수}) = \frac{g(1)+g(-1)}{2}, \quad P(X = \text{홀수}) = \frac{g(1)-g(-1)}{2}$$

04 이산확률변수 X의 확률생성함수가 $g(x) = c(e^x + e^{-x})$이다.

(a) c를 구하시오.

(b) X의 평균과 분산을 구하시오.

05 이산확률변수 X의 확률생성함수가 $g(t) = E(t^X)$일 때, 다음 확률변수의 생성함수를 g를 이용하여 나타내어라.

(a) $Y = X + 1$

(b) $Y = 2X$

06 $n = 3, 4, 5, \cdots$에 대하여

$$P(X = n) = \frac{2}{3^{n-2}}$$

라고 한다. 다음을 구하시오.

(a) X의 확률생성함수 $g(t) = E(t^X)$

(b) $E(X)$

(c) $Var(X)$

07 확률변수 X의 적률생성함수가 다음과 같을 때 $E(X)$, $Var(X)$을 구하시오.

(a) $m(t) = \left(\dfrac{3}{3-t}\right)^2, \ t < 3$

(b) $m(t) = \exp(2t^2)$

제 3 장

여러 가지 확률분포

2장에서는 확률변수가 취하는 값의 형태에 따라 이산확률변수와 연속확률변수로 구분하고 확률질량함수, 확률밀도함수를 이용하여 확률을 정의하는 방법과 확률변수의 중심위치, 산포도 등 중요한 정보를 구하는 방법을 다루었다.

이 장에서는 대표적인 이산확률분포인 이항분포, 초기하분포, 기하분포, 음이항분포, 푸아송 분포 등과 연속확률분포 중에서 지수분포, 감마분포, 정규분포 등을 소개한다. 각 분포들의 확률질량함수, 확률밀도함수와 기댓값, 분산 등의 기본 특성들과 각 분포 사이의 연관 관계를 살펴보고 확률변수들의 합이 어떤 분포를 가지는지도 살펴보기로 한다.

3.1 이항분포와 초기하분포

3.1.1 베르누이 시행

동전을 던지면 앞면 또는 뒷면이 나온다. 신생아는 남 · 여로 구분된다. 제품의 품질 검사 결과는 합격, 불합격으로 분류된다. 이와 같이 어떤 시행을 독립적으로 반복할 때 가능한 결과가 오직 두 가지인 경우 **베르누이 시행**(Bernoulli trials)이라 한다. 베르누이 시행에 대하여 다음이 성립한다.

- 각 시행의 결과는 반드시 "**성공**(success)"과 "**실패**(failure)" 중 하나이다.[1)]
- 각 시행에서 성공 확률 p와 실패 확률 $1-p$는 항상 일정하다.
- 각 시행은 독립이다.

보기 1

(a) 앞면과 뒷면으로 구분된 동전을 반복하여 던지는 것은 베르누이 시행이다. 이때 앞면이 나오는 사건을 성공, 뒷면이 나오는 사건을 실패로 정의하면 공정한 동전에 대하여 성공 확률은 $\frac{1}{2}$이다.

(b) 공정한 주사위를 반복하여 던지는 것은 베르누이 시행이다. 3의 배수가 나오는 것을 성공, 나머지 수가 나오는 것을 실패라고 한다면 성공 확률은 $\frac{1}{3}$이다.

(c) n개의 흰 공과 m개의 파란 공이 든 항아리에서 복원추출로 공을 꺼내어 공의 색깔을 기록하는 시행은 베르누이 시행이다. 흰 공이 나오면 성공, 파란 공이 나오면 실패라 하면 성공 확률은 $\frac{n}{n+m}$이다.

시행의 결과가 "성공"일 때 $X=1$, "실패"일 때 $X=0$으로 정의되는 확률변수 X를 **베르누이 변수**(Bernoulli random variable)라 하고 성공 확률이 p이면

1) 보통 두 개의 결과 중 관심을 갖고 있는 사건이 일어나면 "**성공**(success)", 그 이외에는 "**실패**(failure)"로 부른다.

$$X \sim Bin(1, p)$$

로 나타낸다. 베르누이 시행에서 성공인 사건을 A라 할 때 베르누이 변수는 지시변수 I_A와 같다. 베르누이 시행은 이항분포와 기하분포 등을 정의하는 데 사용되며, 이산확률분포에서 중요한 역할을 한다. 성공 확률이 p인 베르누이 분포를 따르는 확률변수 X의 평균과 분산은 다음과 같다.

$$E(X) = E(X^2) = 0 \cdot (1-p) + 1 \cdot p = p$$
$$Var(X) = E(X^2) - [E(X)]^2 = p - p^2 = p(1-p)$$

확률생성함수는 실수 t에 대하여 $g(t) = 1 - p + pt$이다.

베르누이 변수의 성질

성공 확률이 $p(0 < p < 1)$인 베르누이 변수 X에 대하여

- **확률질량함수**: $p(0) = 1-p, \ p(1) = p$
- **평균과 분산**: $E(X) = p, \ Var(X) = p(1-p)$
- **확률생성함수**: $g(t) = 1 - p + pt, \ t \in \mathbb{R}$

3.1.2 이항분포

성공 확률이 p인 베르누이 시행을 n번 반복했을 때 나온 성공 횟수를 X라 하자. 이때 X를 모수(parameter)가 (n, p)인 이항변수(binomial random variable)라 하고

$$X \sim Bin(n, p)$$

로 나타낸다. 예를 들어, 동전을 10번 던져 앞면이 나오는 횟수를 X라고 한다면

$$X \sim Bin\left(10, \frac{1}{2}\right)$$

이다. 또한 주사위를 20번 던져 1 또는 3이 나오는 횟수를 X라고 한다면

$$X \sim Bin\left(20, \frac{1}{3}\right)$$

이다. 베르누이 변수는 시행이 1번인 경우이므로 모수가 $(1, p)$인 이항변수이다.

동전을 세 번 던져 나온 앞면의 수를 X로 정의하였을 때 $X=j$라는 사건이 일어날 경우의 수는 3번의 시행에서 j번의 앞면(S), $(3-j)$번의 뒷면(F)이 나와야 하므로 3개에서 j개를 뽑는 경우의 수와 같다. 따라서 X의 확률분포는 다음과 같이 구할 수 있다.

X의 값 j	0	1	2	3
가능한 결과	FFF	SFF FSF FFS	SSF FSS SFS	SSS
경우의 수	$\binom{3}{0}=1$	$\binom{3}{1}=3$	$\binom{3}{2}=3$	$\binom{3}{3}=1$
각 경우의 확률	$\left(\frac{1}{2}\right)^0\left(\frac{1}{2}\right)^3$	$\left(\frac{1}{2}\right)^1\left(\frac{1}{2}\right)^2$	$\left(\frac{1}{2}\right)^2\left(\frac{1}{2}\right)^1$	$\left(\frac{1}{2}\right)^3\left(\frac{1}{2}\right)^0$
$P(X=j)$	$\binom{3}{0}\left(\frac{1}{2}\right)^3=\frac{1}{8}$	$\binom{3}{1}\left(\frac{1}{2}\right)^3=\frac{3}{8}$	$\binom{3}{2}\left(\frac{1}{2}\right)^3=\frac{3}{8}$	$\binom{3}{3}\left(\frac{1}{2}\right)^3=\frac{1}{8}$

이제 성공 확률이 p인 시행을 3번 한 결과 성공 횟수를 X라 할 때 확률질량함수를 구하여보자. 이때 각 시행에서 실패가 나올 확률은 $q=1-p$이고 가능한 결과와 경우의 수는 위의 표와 동일하다. 그러나 각 경우의 확률과 $P(X=j)$는 다음과 같이 달라진다.

X의 값 j	0	1	2	3
가능한 결과	FFF	SFF FSF FFS	SSF FSS SFS	SSS
경우의 수	$\binom{3}{0}=1$	$\binom{3}{1}=3$	$\binom{3}{2}=3$	$\binom{3}{3}=1$
각 경우의 확률	p^0q^3	p^1q^2	p^2q^1	p^3q^0
$P(X=j)$	$\binom{3}{0}p^0q^3$	$\binom{3}{1}p^1q^2$	$\binom{3}{2}p^2q^1$	$\binom{3}{3}p^3q^0$

마찬가지로 n번의 베르누이 시행에서 j회의 성공과 $(n-j)$회의 실패가 있는 경우의 수는 $\binom{n}{j}$이다. 이때 각 경우의 확률은 $p^j(1-p)^{n-j}$이므로 다음 결과를 얻는다.

이항변수의 확률질량함수

이항변수 $X \sim Bin(n, p)$의 확률질량함수는 다음과 같다.

$$p_X(j) = \binom{n}{j} p^j (1-p)^{n-j}, \qquad j = 0, 1, \cdots, n$$

다음 그림은 $p = 0.4,\ 0.7$일 때 $n = 10,\ 20,\ 50$(●, ■, ◇)인 경우의 이항분포의 확률질량함수를 각각 그린 것이다. 그래프에서 볼 수 있듯이 이항분포 $Bin(n, p)$의 그래프는 n이 커질수록 좌우가 대칭인 종모양의 곡선에 가까워진다.

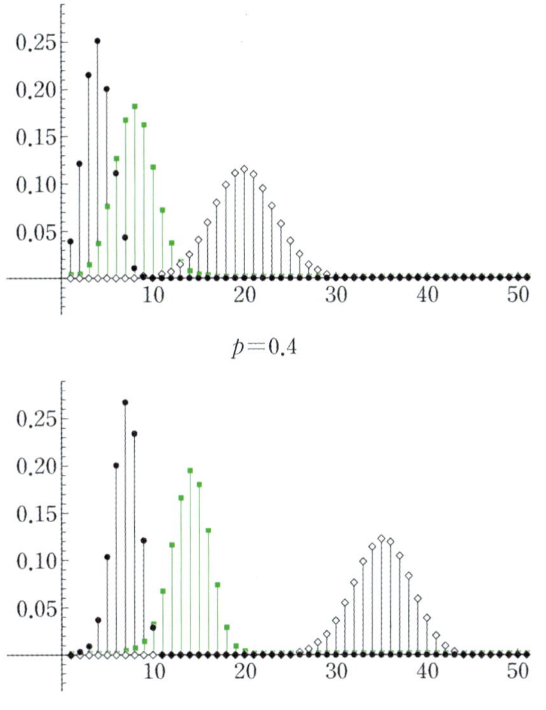

$p = 0.4$

$p = 0.7$

확률변수 X가 모수가 (n, p)인 이항분포를 따르면 X는 성공 확률이 p인 베르누이 시행을 n번 반복한 결과의 합으로 생각할 수 있다. 다시 말해서, X_i를 i번째 시행에서 성공이면 1, 실패이면 0인 베르누이 변수라 하면

$$X = X_1 + X_2 + \cdots + X_n$$

이다. 따라서 기댓값은 기댓값의 덧셈법칙에서

$$E(X) = E(X_1 + X_2 + \cdots + X_n)$$
$$= p + p + \cdots + p = np$$

이다. 각 베르누이 시행이 독립이고 모든 i에 대하여

$$Var(X_i) = pq$$

이므로 이항변수의 분산은 분산의 덧셈법칙으로부터 다음과 같이 구할 수 있다.

$$\begin{aligned} Var(X) &= Var(X_1 + X_2 + \cdots + X_n) \\ &= Var(X_1) + Var(X_2) + \cdots + Var(X_n) \\ &= p(1-p) + p(1-p) + \cdots + p(1-p) \\ &= np(1-p) \end{aligned}$$

이항변수의 확률생성함수도 베르누이 변수의 확률생성함수로부터 쉽게 구할 수 있다. 즉,

$$g_1(t) = \cdots = g_n(t) = 1 - p + pt$$

이고 $X_1, X_2, \cdots, X_n$은 독립이므로 X의 확률생성함수는 다음과 같다.

$$g_X(X) = [g_{X_1}(t)]^n = (1 - p + pt)^n$$

이항변수의 성질

확률변수 X가 모수 (n, p)인 이항분포를 따를 때

- **확률생성함수**: $g_X(t) = (1 - p + pt)^n$
- **기댓값과 분산**: $E(X) = np, \ \ Var(X) = np(1-p)$

보기 2

항아리에 N개의 공이 들어 있다. 이 중 M개는 하얀 공이고 나머지는 파란 공이다. 복원추출로 공을 하나씩 n번 꺼낼 때 하얀 공의 개수 X의 확률질량함수와 기댓값, 분산을 구하시오.

풀이 한 번의 시행에서 하얀 공이 나올 확률은 $p = \dfrac{M}{N}$이다. 복원추출의 경우 n번의 시행은 모두 독립이고 같은 성공 확률을 가지므로 X는 모수가 (n, p)인 이항분포를 따른다.

따라서 확률질량함수는

$$p_X(k) = \binom{n}{k}\left(\frac{M}{N}\right)^k \left(1 - \frac{M}{N}\right)^{n-k}, \quad k = 0, 1, 2, \cdots, n$$

이다. 기댓값과 분산은 각각 다음과 같다.

$$E(X) = n\frac{M}{N}, \quad Var(X) = n\frac{M}{N}\left(1 - \frac{M}{N}\right) = \frac{nM(N-M)}{N^2}$$

보기 3

어느 식당을 예약한 팀 중에 예약을 지키지 않는 비율이 25%라 한다. 이 식당을 예약한 10팀 중에 실제로 식당을 방문하는 팀의 수를 X라 할 때 다음을 구하시오.

(a) X의 확률질량함수 (b) X의 평균과 분산 (c) $P(X \geq 8)$

풀이 (a) X는 모수가 $(10, 0.75)$인 이항분포를 따른다. 따라서

$$P(X = j) = \binom{10}{j}(0.75)^j(0.25)^{10-j}, \quad j = 0, 1, 2, \cdots, 10$$

이다.

(b) $X \sim Bin(10, 0.75)$이므로

$$E(X) = 10 \cdot 0.75 = 7.5, \; Var(X) = 10 \cdot 0.75 \cdot 0.25 = 1.875$$

이다.

(c) $P(X \geq 8) = P(X=8) + P(X=9) + P(X=10)$

$$= \binom{10}{8}(0.75)^8(0.25)^2 + \binom{10}{9}(0.75)^9(0.25)^1 + \binom{10}{10}(0.75)^{10}(0.25)^0$$

$$\approx 0.5256$$

Note ▶ 이항변수의 확률분포를 엑셀을 이용하여 구하는 방법은 부록 C를 참고하기 바란다.

독립인 두 확률변수 X, Y가 각각 모수가 (n, p), (m, p)인 이항분포를 따른다면 $X+Y$는 성공 확률이 p인 베르누이 시행을 $(n+m)$번 반복했을 때 성공 횟수이므로

$$X + Y \sim Bin(n+m, p)$$

이다. 이 결과는 적률생성함수를 이용하여 보일 수도 있는데 증명은 연습문제로 남긴다.

3.1.3 다항분포

다항분포(multinomial distribution)는 이항분포를 다음과 같이 일반화한 분포이다. 각 시행에 대하여 r개의 결과 $(E_1, E_2, \cdots, E_r)$가 가능하고 i번째 결과 E_i가 일어날 확률이 p_i라고 하자. 동일한 시행을 독립적으로 n번 반복했을 때, X_i를 i번째 결과가 나온 횟수라 하면

$$X_1 + X_2 + \cdots + X_r = n, \quad \sum_{i=1}^{r} p_i = p_1 + p_2 + \cdots + p_r = 1$$

이다. 이때 확률변수 $X_1, X_2, \cdots, X_r$는 모수가 $(n;\ p_1, p_2, \cdots, p_r)$인 다항분포를 따른다고 한다. 이때 X_i는 모수가 (n, p_i)인 이항분포를 따른다. 따라서

$$E(X_i) = np_i, \quad V(X_i) = np_i(1-p_i)$$

이다.

확률변수 $X_1, X_2, \cdots, X_r$의 확률분포 $P(X_1 = n_1, \cdots, X_r = n_r)$는 다음과 같이 구할 수 있다.

각 시행은 독립이므로 각 사건 $E_i (i = 1, 2, \cdots, r)$가 n_i번씩 일어날 확률은 사건이 일어나는 위치와는 무관하게 항상 $p_1^{n_1} p_2^{n_2} \cdots p_r^{n_r}$이다. 한편 각 사건 $E_i (i = 1, \cdots, r)$가 일어나는 n_i개의 위치를 뽑는 방법의 수는 n개에서 E_1이 일어나는 n_1개의 자리를 뽑고, 남은 $(n-n_1)$개의 자리에서 E_2가 일어나는 n_2개의 자리를 뽑고, 같은 방법으로 반복하면 경우의 수를 세는 곱의 법칙에 따라

$$\binom{n}{n_1}\binom{n-n_1}{n_2} \cdots \binom{n-n_1-\cdots-n_{r-1}}{n_r}$$

이다. $r=3$인 경우 $n_1+n_2+n_3=n$이고 $0!=1$이므로

$$\begin{aligned}\binom{n}{n_1}\binom{n-n_1}{n_2}\binom{n-n_1-n_2}{n_3} &= \frac{n!}{(n-n_1)!\,n_1!} \frac{(n-n_1)!}{(n-n_1-n_2)!\,n_2!} \frac{(n-n_1-n_2)!}{(n-n_1-n_2-n_3)!\,n_3!} \\ &= \frac{n!}{n_1!\,n_2!\,n_3!}\end{aligned}$$

이다. 일반적으로 다음 식이 성립한다.

$$\binom{n}{n_1}\binom{n-n_1}{n_2}\cdots\binom{n-n_1-\cdots-n_{r-1}}{n_r}=\frac{n!}{n_1!\,n_2!\cdots n_r!}$$

이 값을 **다항계수**(multinomial coefficient)라 부르고 다음과 같이 나타낸다.

$$\binom{n}{n_1,\,n_2,\,\cdots,\,n_r}=\frac{n!}{n_1!\,n_2!\cdots n_r!}$$

다항분포의 정의

확률변수 $X_1, X_2, \cdots, X_r$가 모수 $(n;\,p_1,\,p_2,\,\cdots,\,p_r)$인 다항분포를 따르면 다음 식이 성립한다.

$$\begin{aligned}P(X_1=n_1,\,X_2=n_2,\,\cdots,\,X_r=n_r)&=\binom{n}{n_1,\,n_2,\,\cdots,\,n_r}p_1^{n_1}p_2^{n_2}\cdots p_r^{n_r}\\&=\frac{n!}{n_1!\,n_2!\cdots n_r!}p_1^{n_1}p_2^{n_2}\cdots p_r^{n_r}\end{aligned}$$

여기서 $n_i\ (i=1,\,\cdots,\,r)$는 음이 아닌 정수이며 조건 $n_1+\cdots+n_r=n$을 만족한다.

공정한 주사위를 9번 던졌을 때 i의 눈이 나온 횟수를 X_i라고 하면 $X_1,\,\cdots,\,X_6$은 모수가 $\left(9;\,\frac{1}{6},\,\frac{1}{6},\,\frac{1}{6},\,\frac{1}{6},\,\frac{1}{6},\,\frac{1}{6}\right)$인 다항분포를 따른다. 예를 들어,

$$\begin{aligned}P(X_1=X_2=X_3=1,\,X_4=X_5=X_6=2)&=\binom{9}{1,1,1,2,2,2}\left(\frac{1}{6}\right)^1\left(\frac{1}{6}\right)^1\left(\frac{1}{6}\right)^1\left(\frac{1}{6}\right)^2\left(\frac{1}{6}\right)^2\left(\frac{1}{6}\right)^2\\&=\frac{9!}{1!1!1!2!2!2!}\left(\frac{1}{6}\right)^9=\frac{35}{6^5}\approx 0.0045\end{aligned}$$

이다.

보기 4

공정한 주사위를 던져 1 또는 2가 나오면 삼순이가 이기고 6이 나오면 삼식이가 이긴다고 하자. 나머지 경우는 비긴다고 한다. 주사위를 7번 던졌을 때 삼순이와 삼식이가 각각 2번, 1번 이길 확률을 구하시오.

풀이 X_1을 삼순이가 이긴 횟수, X_2를 삼식이가 이긴 횟수, X_3을 비긴 횟수라고 하면, X_1, X_2, X_3은 모수가 $\left(7; \frac{1}{3}, \frac{1}{6}, \frac{1}{2}\right)$인 다항분포를 따른다. 이때 삼순이와 삼식이가 각각 2번, 1번 이기면 4번은 비겨야 하므로 구하는 확률은 다음과 같다.

$$\begin{aligned} P(X_1 = 2, X_2 = 1, X_3 = 4) &= \binom{7}{2,1,4}\left(\frac{1}{3}\right)^2\left(\frac{1}{6}\right)^1\left(\frac{1}{2}\right)^4 \\ &= \frac{7!}{2!1!4!}\frac{1}{3^2 6^1 2^4} = \frac{35}{9 \cdot 2^5} \approx 0.1215 \end{aligned}$$

3.1.4 초기하분포

보기 2처럼 항아리에 하얀 공이 M개, 파란 공이 $(N-M)$개 들어 있다고 하자. 이 항아리에서 복원추출로 n개의 공을 꺼내면 하얀 공의 개수 X는 성공 확률이 $p = \frac{M}{N}$인 이항분포를 따른다.

$$X \sim Bin\left(n, \frac{M}{N}\right)$$

이제 비복원추출로 공을 꺼내는 경우를 살펴보자. 항아리에서 비복원추출로 n개의 공을 꺼내는 방법은 $\binom{N}{n}$가지이다. 이때 하얀 공이 $k\,(0 \le k \le \min(n, M))$개인 경우는 M개의 하얀 공에서 k개를 꺼내고 나머지 $(n-k)\,(0 \le n-k \le N-M)$개를 $(N-M)$개의 파란 공에서 꺼내는 경우이다. 따라서 n개의 표본에 포함된 하얀 공의 수를 X라 하면

$$P(X=k) = \frac{\binom{M}{k}\binom{N-M}{n-k}}{\binom{N}{n}}, \quad \max(0, n-N+M) \le k \le \min(n, M)$$

이다. 확률질량함수가 이와 같은 확률변수 X를 모수가 (N, M, n)인 **초기하확률변수**(hypergeometric random variable)라 하고 다음과 같이 나타낸다.

$$X \sim HG(N, M, n)$$

다음 그림은 $N = 100$, $n = 30$일 때 $M = 20$, $M = 50$, $M = 80$(●, ■, ◇)에 대하여 확률질량함수의 그래프를 그린 것이다. $p = \dfrac{M}{N}$이라 할 때 $p < 0.5$이면 왼쪽으로, $p > 0.5$이면 오른쪽으로 치우친 모양이다. $p = 0.5$이면 좌우 대칭의 모양을 보인다.

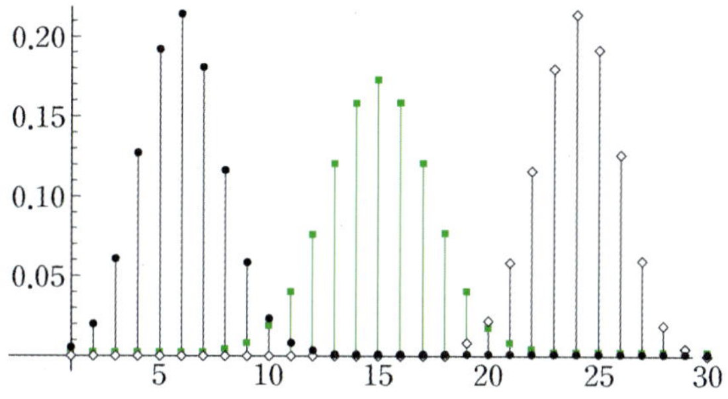

하얀 공은 속성을 가지는 개체로 생각할 수 있으며 초기하분포의 일반적인 정의는 다음과 같다.

초기하분포의 정의

크기가 N인 모집단에 어떤 속성을 가지는 개체가 M개 포함되어 있다. 모집단에서 비복원추출로 n개의 개체를 꺼낼 때 이 속성을 가지는 개체 수를 X라 하면

- X를 모수가 (N, M, n)인 초기하분포를 따른다고 하고 다음과 같이 나타낸다.

$$X \sim HG(N, M, n)$$

- 확률질량함수는 $\max(0, n - N + M) \le k \le \min(n, M)$에 대하여 다음과 같다.

$$p_X(k) = P(X = k) = \frac{\dbinom{M}{k}\dbinom{N-M}{n-k}}{\dbinom{N}{n}}$$

보기 5

어느 기계를 조립하는 데 동일한 부품 8개가 필요하고 6개 이상의 부품이 정상이면 기계가 작동한다고 한다. 40개의 부품이 들어 있는 상자에는 정상품이 32개, 불량품이 8개 들어 있다. 이 상자에서 8개의 부품을 선택할 때 기계가 작동할 확률을 구하시오.

풀이 선택된 8개의 부품 중 정상품의 개수를 X라 하면

$$X \sim HG(40,\ 32,\ 8)$$

이고 기계가 작동할 확률은 다음과 같다.

$$P(X \ge 6) = \sum_{k=6}^{8} P(X=k) = \frac{\binom{8}{2}\binom{32}{6} + \binom{8}{1}\binom{32}{7} + \binom{8}{0}\binom{32}{8}}{\binom{40}{8}} \approx 0.8168$$

Note ▶ 초기하변수의 확률분포를 엑셀로 구하는 방법은 부록 C를 참고하기 바란다.

하얀 공이 M개, 파란 공이 $(N-M)$개 들어 있는 항아리에서 n개의 공을 꺼낼 때 하얀 공의 개수를 X라 하면 $X \sim HG(N,\ M,\ n)$이다. 이때 X의 평균을 구하기 위하여

$$X_k = \begin{cases} 1, & k\text{번째 하얀 공이 선택되었을 때} \\ 0, & \text{그 이외의 경우} \end{cases}$$

로 정의하면

$$X = X_1 + X_2 + \cdots + X_M$$

이다. k번째 하얀 공이 선택될 확률은 모든 k에 대하여 같고 k번째 하얀 공을 선택하고 나머지 $(N-1)$개의 공에서 $(n-1)$개의 공을 선택하는 확률과 같다. 따라서 다음 식이 성립한다.

$$\begin{aligned} E(X_k) &= P(X_k = 1) \\ &= \frac{\binom{1}{1}\binom{N-1}{n-1}}{\binom{N}{n}} = \frac{\dfrac{(N-1)!}{(N-1-(n-1))!(n-1)!}}{\dfrac{N!}{(N-n)!n!}} = \frac{n}{N} \end{aligned}$$

따라서 기댓값의 덧셈법칙에 의하여 X의 기댓값은 다음과 같다.

$$\begin{aligned} E(X) &= E(X_1) + E(X_2) + \cdots + E(X_M) \\ &= ME(X_1) = MP(X_1 = 1) = \frac{nM}{N} \end{aligned}$$

초기하분포의 분산은 이항분포 $Bin\left(n, \frac{M}{N}\right)$의 분산 $n\frac{M}{N}\left(1-\frac{M}{N}\right)$에 $\frac{N-n}{N-1}$이 곱해진 값이다. 증명은 공분산에 대한 결과가 필요하므로 4장에서 다루기로 한다.

다시 말해서 초기하분포 $HG(N, M, n)$은 이항분포 $Bin\left(n, \frac{M}{N}\right)$와 평균은 같고 분산은 비복원추출에 의한 보정계수 $\frac{N-n}{N-1}$이 곱해진 것과 같다. 모집단의 크기 N이 커질수록 초기하분포는 이항분포와 유사해진다. 표본의 크기 n에 비하여 모집단의 크기 N이 많이 크면 복원추출이나 비복원추출에 큰 차이가 없는 것과 같은 결과이다.

초기하분포의 기댓값과 분산

$X \sim HG(N, M, n)$일 때 $p=\frac{M}{N},\ q=1-\frac{M}{N}$이라 하면

- 기댓값 : $E(X)=np=\frac{nM}{N}$
- 분산 : $Var(X)=npq\left(\frac{N-n}{N-1}\right)=n\frac{M}{N}\left(1-\frac{M}{N}\right)\left(\frac{N-n}{N-1}\right)$

보기 6

상자 안에 들어 있는 100개의 제비 중에 10개가 당첨제비이다. 7명이 차례로 제비를 비복원추출로 하나씩 뽑을 때

(a) 2명이 당첨될 확률을 구하시오.

(b) 당첨제비 개수를 X라 할 때 X의 평균과 분산을 구하시오.

풀이 당첨제비 개수를 X라 하면 $X \sim HG(100, 10, 7)$이다.

(a) $P(X=2)=\dfrac{\binom{10}{2}\binom{90}{5}}{\binom{100}{7}} \approx 0.1235$

(b) 당첨제비의 비율은 $p=\frac{10}{100}=0.1$이므로 기댓값과 분산은 다음과 같다.

$$E(X)=7\cdot 0.1=0.7,\quad Var(X)=7\cdot 0.1\cdot 0.9\left(\frac{100-7}{100-1}\right)\approx 0.5918$$

연습문제 3.1 EXERCISES

01 $X \sim Bin(40, 0.25)$일 때 다음 값을 구하시오.

(a) $P(X=10)$ (b) $P(X \le 10)$ (c) $P(10 \le X \le 20)$

(d) $E(X)$ (e) $Var(X)$

02 $X \sim HG(60, 20, 12)$일 때 다음 값을 구하시오.

(a) $P(X=6)$ (b) $P(X \le 6)$ (c) $P(3 \le X \le 6)$

(d) $E(X)$ (e) $Var(X)$

03 10개의 ○, × 문제가 있다. 임의로 ○, ×를 선택하였을 때

(a) 모두 틀릴 확률을 구하시오.

(b) 정답인 문제의 개수를 X라 할 때 X의 분포와 기댓값을 구하시오.

(c) 맞으면 4점, 틀리면 -2점일 때 점수의 기댓값을 구하시오.

04 보기가 5개인 문제가 10개 있다. 임의로 하나의 보기를 선택할 때 문제 3의 질문에 답하시오.

05 CD 한 상자에는 10개의 CD가 들어 있다. 하나의 CD가 불량일 확률은 0.05이고 한 상자에 불량 CD가 하나라도 있으면 그 상자는 불량으로 분류한다.

(a) 어떤 상자가 불량일 확률을 구하시오.

(b) 어떤 손님이 5상자를 구입했을 때 한 상자라도 불량일 확률을 구하시오.

(c) 100개의 상자 중에 불량인 상자의 개수를 Y라 할 때 Y의 분포를 구하고 평균과 분산을 구하시오.

06 4개의 동전을 던졌을 때 앞면이 나온 수 X와 뒷면이 나온 수 Y의 차이를 $D = X - Y$라 하자. 앞면이 나올 확률과 뒷면이 나올 확률은 같다고 할 때

(a) D의 확률분포를 구하시오.

(b) D의 기댓값과 분산을 구하시오.

07 컴퓨터는 모든 문자를 이진법의 기호 0과 1을 이용하여 나타낸다. 각 기호가 잘못 전달될 확률이 1/4이다. 중요한 암호문을 전달하는 데 있어서 오류를 줄이기 위하여 0은 000으로 1은 111로 대신 나타내기로 한다. 수신된 기호가 0이 더 많으면 0으로 1이 더 많으면 1로 해독한다. 즉,

$$000, \quad 001, \quad 010, \quad 100$$

은 원래 기호가 0이라고 해독한다.

(a) 원래 기호의 길이가 1인 암호가 맞게 해독될 확률은 얼마인가?

(b) 원래 기호의 길이가 n인 암호가 맞게 해독될 확률은 얼마인가?

08 크기가 100인 로트에 불량품이 10개 포함되어 있다. 이 로트에서 5개의 제품을 복원추출로 꺼내어 조사한 결과 불량품의 개수를 X라 하자.

(a) 불량품이 2개 들어 있을 확률을 구하시오.

(b) 불량품이 1개 이상 들어 있을 확률을 구하시오.

(c) 확률변수 X의 기댓값과 분산을 구하시오.

09 52장의 카드에서 3장을 꺼낼 때(비복원추출)

(a) 다이아몬드 무늬의 카드 개수 X의 확률분포를 구하시오.

(b) X의 기댓값과 분산을 구하시오.

(c) 모두 같은 무늬일 확률을 구하시오.

(d) 빨간색 카드가 검은색 카드보다 많이 나올 확률을 구하시오.

10 로또 복권은 1부터 45까지 번호 중에서 추첨을 통하여 6개의 번호와 1개의 보너스 번호를 결정한다. 복권을 구매하는 사람은 1부터 45까지의 수 중에서 6개를 선택한다.

1등 : 6개의 번호 일치
2등 : 6개의 번호 중 5개가 일치하고 보너스 번호 포함
3등 : 6개의 번호 중 5개가 일치하고 보너스 번호 불포함
4등 : 6개의 번호 중 4개가 일치
5등 : 6개의 번호 중 3개가 일치

(a) 하나의 복권을 구입하였을 때 1등에 당첨될 확률을 구하시오.

(b) X를 등수라 할 때 X의 확률질량함수를 $p = P(X = 1)$를 이용하여 나타내어라.

11 두 개의 상자에 다음과 같이 공이 들어 있다. 상자를 임의로 선택하여 두 개의 공을 꺼낼 때 빨간 공의 개수를 X라 하자. X의 확률질량함수를 구하시오.

	상자 1	상자 2
빨간 공	4	2
파란 공	3	5

12 혈액형이 AB, AO인 부모에게 4명의 자녀가 있다. 자녀 중에 A형이 2명, B형과 AB형이 각각 1명일 확률을 구하시오. 단, 자녀의 혈액형은 부에게서 하나, 모에게서 하나의 대립형질을 받아서 결정되며 각 자녀의 혈액형은 독립적으로 결정된다.

13 500원짜리 동전 2개와 100원짜리 동전 3개, 10원짜리 동전 4개가 들어 있는 상자에서 임의로 3개의 동전을 꺼낼 때 동전의 액수를 X라 하자.

(a) X의 확률질량함수를 구하여 표(확률분포표)로 나타내어라.

(b) 300원 이상일 확률을 구하시오.

(c) 300원 이하일 확률을 구하시오.

14 국가대표 양궁 선수는 화살을 과녁에 맞힐 확률이 10점이 0.6, 9점이 0.3, 8점이 0.1이다. 화살을 3번 쏠 때

(a) 총점의 기댓값을 구하시오.

(b) 총점이 28점일 확률을 구하시오.

15 모수가 (n, p)인 이항변수 X에 대하여 $P(X = k)$가 증가하는 k의 범위를 구하시오. 즉, $P(X = k) \le P(X = k + 1)$인 k의 범위를 구하여라.

16 성공 확률이 p인 베르누이 시행을 $m+n$회 반복하였다. S_n을 처음 n번 시행 중 성공의 횟수, T_m을 마지막 m번 시행 중 성공의 횟수라고 하자.

(a) S_n, T_m, S_n+T_m의 분포를 구하시오.

(b) S_n과 T_m은 독립인가? 그 이유를 설명하시오.

(c) $0 \le k \le \min(n, m)$일 때 다음 등식이 성립함을 보이시오.

$$\sum_{j=0}^{k} \binom{n}{j}\binom{m}{k-j} = \binom{n+m}{k}$$

17 독립인 두 확률변수 X, Y가 각각 모수가 (n, p), (m, p)인 이항분포를 따를 때

$$X+Y \sim Bin(n+m, p)$$

임을 적률생성함수의 성질을 이용하여 보이시오.

18 모수가 (n, p)인 이항변수 X에 대하여 다음 식이 성립함을 보이시오.

$$E\left(\frac{1}{X+1}\right) = \frac{1-(1-p)^{n+1}}{(n+1)p}$$

3.2 기하분포와 음이항분포

3.2.1 기하분포

성공 확률이 p인 베르누이 시행을 성공할 때까지 반복할 때, X를 성공할 때까지의 시행 횟수라고 하자. 그러면 $X=n$일 사건은 처음 $(n-1)$번은 실패이고 n번째에서 성공인 사건이다.

	$X=1$	$X=2$	$X=3$	$X=4$	$\cdots$
가능한 결과	S	FS	FFS	FFFS	$\cdots$
경우의 수	1	1	1	1	$\cdots$
각 경우의 확률	p	$(1-p)p$	$(1-p)^2p$	$(1-p)^3p$	$\cdots$
$P(X=j)$	p	$(1-p)p$	$(1-p)^2p$	$(1-p)^3p$	$\cdots$

따라서

$$\begin{aligned} P(X=n) &= P(FF\cdots FS) \\ &= (1-p)^{n-1}p \end{aligned}$$

이다. 이렇게 정의되는 변수를 모수가 p인 **기하변수**(geometric random variable)라 하고

$$X \sim Geo(p)$$

로 나타낸다. 다음 그림은 $p=0.3$일 때와(왼쪽) $p=0.5$일 때의(오른쪽) 확률질량함수의 그래프를 나타낸 것이다.

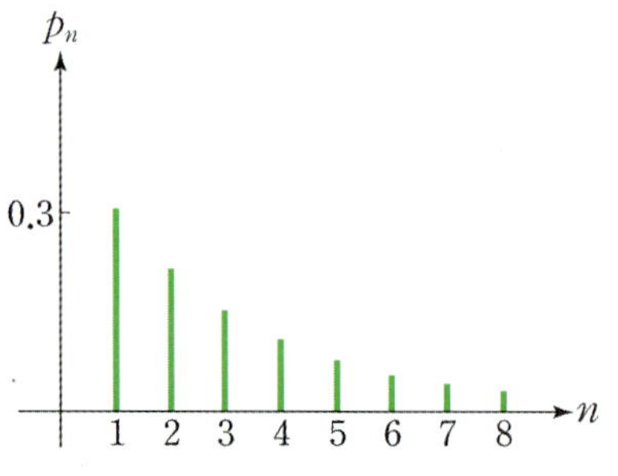

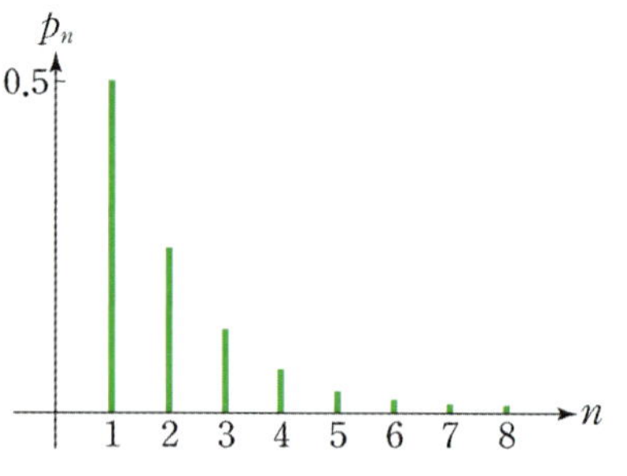

$X \sim Geo(p)$일 때 $X > n$인 사건은 n번째 시행까지 모두 실패만 일어나는 사건이므로

$$P(X > n) = P(FF\cdots F) = (1-p)^n$$

이고 누적분포함수는 다음과 같다.

$$P(X \le n) = 1 - P(X > n) = 1 - (1-p)^n$$

이로부터 기하분포는 양의 정수 n, m에 대하여 다음과 같은 **무기억성질**(memoryless property)을 가진다.[2)]

$$P(X > n + m \mid X > m) = P(X > n)$$

무기억성질은 다음과 같은 상황을 생각하면 쉽게 이해할 수 있다.

- 매번 당첨될 확률이 같은 복권을 m번 구매하여 한 번도 당첨되지 않았을 때 그 다음 n번의 구매에서도 당첨되지 않을 확률은 처음부터 n번 구매하여 당첨되지 않을 확률과 같다.

모수가 p인 기하변수 X의 확률생성함수는

$$g(t) = E(t^X) = \sum_{k=1}^{\infty} t^k (1-p)^{k-1} p = pt \sum_{k=1}^{\infty} (qt)^{k-1} = \frac{pt}{1-qt}$$

이다. 이때 $q = 1-p$이다. 또한

$$g'(t) = \frac{p(1-qt) - pt(-q)}{(1-qt)^2} = \frac{p}{(1-qt)^2}$$

$$g''(t) = -2p(1-qt)^{-3}(-q) = 2pq(1-qt)^{-3}$$

이므로 2장의 결과에 의하면 평균과 분산은 다음과 같다.

$$E(X) = g'(1) = \frac{p}{(1-q)^2} = \frac{1}{p}$$

$$Var(X) = g''(1) + g'(1) - [g'(1)]^2 = \frac{2q}{p^2} + \frac{1}{p} - \frac{1}{p^2} = \frac{q}{p^2}$$

2) 이러한 성질을 가지는 이산확률분포는 기하분포밖에 없다.

기하변수의 성질

X가 모수 p인 기하분포를 따를 때,

- **확률질량함수**: $p_X(n) = q^{n-1}p,\ n = 1, 2, \cdots$
- **확률생성함수**: $g(t) = E(t^X) = \dfrac{pt}{1-qt},\quad q = 1-p$
- **기댓값과 분산**: $E(X) = \dfrac{1}{p},\ Var(X) = \dfrac{q}{p^2}$

보기 1

상자 속에 빨간 공 a개와 파란 공 b개가 들어 있다. 복원추출로 파란 공이 처음 나올 때까지 반복하여 공을 꺼낸다고 한다.

(a) 정확히 공을 n번 꺼낼 확률을 구하시오.

(b) 공을 n번 이상 꺼낼 확률은 얼마인가?

풀이 파란 공이 처음 나올 때까지 공을 꺼낸 횟수를 X라고 하자. 그러면 매번의 시행에서 성공(파란 공이 나올) 확률은

$$p = \frac{b}{a+b}$$

이다. 따라서

(a) 정확히 공을 n번 꺼낼 확률은

$$P(X=n) = \left(\frac{a}{a+b}\right)^{n-1}\left(\frac{b}{a+b}\right) = \frac{a^{n-1}b}{(a+b)^n}$$

이다.

(b) 공을 n번 이상 꺼내는 사건은 처음 $(n-1)$번의 시행에서 모두 빨간 공을 꺼내는 사건과 동일하다. 따라서

$$P(X \ge n) = \left(\frac{a}{a+b}\right)^{n-1}$$

이다.

3.2.2 음이항분포

성공 확률이 p인 독립시행을 반복할 때 성공이 r번 나올 때까지 시행 횟수를 X라 하자. 이때 X를 모수가 (r, p)인 **음이항분포**(negative binomial distribution)를 따른다고 하고

$$X \sim NB(r, p)$$

로 나타낸다. $r=1$이면 음이항분포는 기하분포와 같다.

$$NB(1, p) = Geo(p)$$

$r=3$인 경우 X의 확률분포를 알아보자. $n \geq 3$일 때 $X=n$인 사건은 n번째는 S이고 처음 $(n-1)$개 중에서 2개가 S, 나머지는 모두 F이어야 한다.

이러한 경우의 수는 $(n-1)$개 중에서 2개를 뽑는 조합의 수 $\binom{n-1}{2}$와 같다. 각 경우 실패 $(n-3)$번, 성공 3번이므로 확률은 $(1-p)^{n-3}p^3$이다.

	$X=3$	$X=4$	$X=5$	…
가능한 결과	SS S	SSF S SFS S FSS S	SSFF S SFSF S SFFS S FSSF S FSFS S FFSS S	…
경우의 수	$\binom{3-1}{2}=1$	$\binom{4-1}{2}=3$	$\binom{5-1}{2}=6$	…
각 경우의 확률	p^3	$(1-p)p^3$	$(1-p)^2p^3$	…
$P(X=j)$	p^3	$3(1-p)p^3$	$6(1-p)^2p^3$	…

일반적으로 $n \geq r$일 때 $X=n$이면 n번째 시행에서는 성공이 나오고 처음 $(n-1)$번의 시행에서는 $(r-1)$번의 성공과

$$n-1-(r-1) = n-r$$

번의 실패가 나와야 한다. 그러므로 $n \geq r$일 때

$$P(X=n) = \binom{n-1}{r-1}(1-p)^{n-r}p^{r-1}p = \binom{n-1}{r-1}(1-p)^{n-r}p^r$$
$$= \frac{(n-1)!}{(r-1)!(n-r)!}(1-p)^{n-r}p^r$$

이다.

X의 평균과 분산을 구하기 위하여 X_1을 성공이 처음 나올 때까지의 시행 횟수라고 하자. X_2는 첫째 성공이 나오고 나서 다음 성공이 나올 때까지의 시행 횟수, 같은 방법으로 X_r까지 정의하자. 그러면

$$X = X_1 + X_2 + \cdots + X_r$$

이다. 모든 시행은 독립이므로 $X_1, X_2, \cdots, X_r$은 서로 독립이고 각각 성공 확률이 p인 기하분포를 따른다. 따라서 기댓값의 덧셈법칙으로부터

$$E(X) = E(X_1 + X_2 + \cdots + X_r) = rE(X_1) = \frac{r}{p}$$

을 얻는다. 또한 $X_1, X_2, \cdots, X_r$은 서로 독립이므로 분산의 덧셈법칙으로부터

$$\begin{aligned} Var(X) &= Var(X_1 + X_2 + \cdots + X_r) \\ &= r\,Var(X_1) = \frac{r(1-p)}{p^2} \end{aligned}$$

임을 알 수 있다. $X_k\,(k = 1, 2, \cdots, r)$의 확률생성함수는

$$g(t) = \frac{pt}{1-qt}$$

이고 $X_1, X_2, \cdots, X_r$은 독립이므로 X의 확률생성함수는

$$g(t) = E(t^X) = E(t^{X_1})E(t^{X_2}) \cdots E(t^{X_r}) = \left(\frac{pt}{1-qt}\right)^r$$

이다.

음이항분포의 성질

X가 모수 (r, p)인 음이항분포를 따를 때,

- **확률질량함수**: $P(X = n) = \binom{n-1}{r-1}(1-p)^{n-r}p^r, \quad n = r, r+1, r+2, \cdots$
- **확률생성함수**: $g(t) = E(t^X) = \left(\frac{pt}{1-qt}\right)^r$
- **기댓값과 분산**: $E(X) = \frac{r}{p}, \quad Var(X) = \frac{rq}{p^2}$

보기 2

여론조사 기관에서 전화설문을 실시하는데 전화를 걸었을 때 설문에 대한 응답률은 0.25이다.

(a) 4개의 설문 결과를 얻기 위해 전화통화를 10통 해야 할 확률을 구하시오.

(b) 100개의 설문 결과를 얻으려면 평균 몇 번의 통화를 해야 하는지 구하시오.

풀이 (a) X를 4개의 설문 결과를 얻기 위한 전화통화 수라 하면 X는 모수가 $(4, 0.25)$인 음이항분포를 따른다. 따라서 구하는 확률은 다음과 같다.

$$P(X=10)=\binom{9}{3}\left(\frac{3}{4}\right)^6\left(\frac{1}{4}\right)^4 \approx 0.0584$$

(b) X를 100개의 설문 결과를 얻기 위해 해야 하는 전화통화 수라 하면 X는 모수가 $(100, 0.25)$인 음이항분포를 따른다.

$$E(X)=\frac{100}{0.25}=400$$

이므로 평균 400통의 전화통화를 하여야 한다.

Note ▶ 음이항분포를 엑셀을 이용하여 구하는 방법은 부록 C를 참고하기 바란다.

연습문제 3.2 EXERCISES

01 $X \sim Geo(0.4)$일 때 다음 값을 구하시오.

(a) $P(X=3)$ (b) $P(X \le 3)$ (c) $P(3 \le X \le 6)$

(d) $P(X \ge 6 | X \ge 3)$ (e) $E(X)$ (f) $Var(X)$

02 $X \sim NB(3, 0.6)$일 때 다음 값을 구하시오.

(a) $P(X=4)$ (b) $P(X \ge 4)$ (c) $P(5 \le X \le 8)$

(d) $E(X)$ (e) $Var(X)$

03 타율이 0.25인 타자가 있다. 20개의 안타를 칠 때까지 연습 스윙을 한다고 할 때

(a) 연습 스윙의 기댓값을 구하시오.

(b) 연습 스윙을 100개 이상 할 확률을 구하시오.

(c) (a), (b)에서 어떤 가정을 하였는가?

04 하나의 복권이 당첨될 확률이 0.002이다. 매주 한 장씩 복권을 산다고 할 때 X를 처음 당첨될 때까지 복권을 구입한 횟수라 하자.

(a) X의 확률질량함수를 구하시오.

(b) 1년 안에 당첨될 확률을 구하시오. 단, 1년은 52주로 계산한다.

05 고객과 상담 결과 계약을 체결할 확률이 0.08인 보험 설계사가 있다. 하루에 12명의 고객과 상담을 한다고 할 때 X를 하루 동안 계약을 체결한 고객의 수, Y를 마지막 계약 후 다음 계약을 하기까지 상담한 고객의 수라 하자.

(a) 하루 동안 이루어진 계약 체결 건수의 기댓값을 구하시오.

(b) 처음 계약을 성사하기까지 필요한 상담 수의 기댓값을 구하시오.

(c) 하루 동안 계약이 하나도 이루어지지 않을 확률을 각각 X, Y를 이용하여 나타내시오.

06 성공률이 p인 베르누이 시행을 반복한다. 적어도 한 번의 성공과 실패가 일어날 때까지의 시행 횟수를 X라 할 때

(a) X의 확률질량함수를 구하시오.

(b) $E(X)$를 구하시오.

07 포켓몬 스티커가 들어 있는 과자가 있다. 스티커의 종류는 모두 5가지이고 과자에는 한 종류의 스티커가 들어 있으며 각 스티커가 들어 있을 확률은 모두 같다. 물론 과자 봉지를 뜯기 전까지는 어떤 스티커가 들어 있는지 알 수 없다.

(a) $k(k=0,1,2,3,4)$ 종류의 스티커를 갖고 있는 상황에서 다른 종류의 스티커를 얻을 때까지 뜯어 본 과자 봉지의 수를 X_k라고 할 때 $E(X_k)$를 구하시오.

(b) 5종류의 스티커를 모으기 위해서 필요한 과자 봉지 수의 기댓값은 얼마인가?

(c) 스티커의 종류 n이 커지면 필요한 과자 봉지의 수는 근사적으로 $n \ln n$임을 보이시오.

08 독립인 두 변수 X, Y가 각각 $X \sim Geo(0.2)$, $Y \sim Geo(0.2)$일 때 다음 확률을 구하시오.

(a) $P(X = Y)$

(b) $P(X < Y)$

09 $X \sim Geo(p)$이면

$$P(X > n + m \mid X > n) = P(X > m)$$

임을 보이시오.

10 동전 1은 앞면이 나올 확률이 p_1, 동전 2는 앞면이 나올 확률이 p_2이다. 동전을 임의로 선택하여 앞면이 나올 때까지 던진 횟수를 X라 할 때

(a) X의 확률질량함수를 구하시오.

(b) X의 기댓값을 구하시오.

11 앞면이 나올 확률이 p인 동전을 앞면이 나올 때까지 던진 횟수를 X라 할 때, $E(2^X)$를 구하시오.

12 독립인 두 변수 X, Y는 각각 성공 확률이 p_1, p_2인 기하분포를 따른다고 한다. 다음을 구하시오.

(a) $P(X = Y)$

(b) $M_1 = \min(X, Y)$일 때, $P(M_1 \geq n)$

(c) $M_2 = \max(X, Y)$일 때, $P(M_2 \geq n)$

13 문제 12에서 정의된 M_1, M_2에 대하여 다음을 구하시오.

(a) $E(M_1)$

(b) $E(M_2)$

Hint. 확률변수 X가 음이 아닌 정수 값만을 취할 때 $E(X) = \sum_{n=1}^{\infty} P(X \geq n)$

14 $X \sim Geo(p)$이고 n이 양의 정수일 때 다음 확률변수의 확률질량함수를 구하시오.

(a) $X_1 = \min(X, n)$

(b) $X_2 = \max(X, n)$

(c) $X_3 = 2X$

15 $X \sim Bin(n, p)$, $Y \sim Geo(p)$이면 다음 식이 성립함을 설명하시오.

$$P(X=0) = P(Y>n)$$

16 $X \sim Geo(p)$이면 $E\left(\frac{1}{X}\right) = -\frac{p}{q}\ln p$임을 보이시오. (단, $q = 1-p$는 실패할 확률)

3.3 푸아송 분포와 푸아송 과정

3.3.1 푸아송 근사

성공 확률 α가 아주 작은 베르누이 시행을 반복한다고 하자. n번 반복하였을 때 성공 횟수를 X_n이라고 하면 $X_n \sim Bin(n, \alpha)$이고

$$E(X_n) = n\alpha$$

이다. $n\alpha$의 값이 적당히 크면(일반적으로 10 이상) X_n의 분포는 근사적으로 정규분포를 따른다.[3)] 그러나 $n\alpha$의 값이 작으면 이항분포는 평균을 중심으로 대칭을 이루지 않는다. 다음 그림은 $\alpha = 0.01$이고 $n = 100, 200$일 때 이항분포를 그린 것이다.

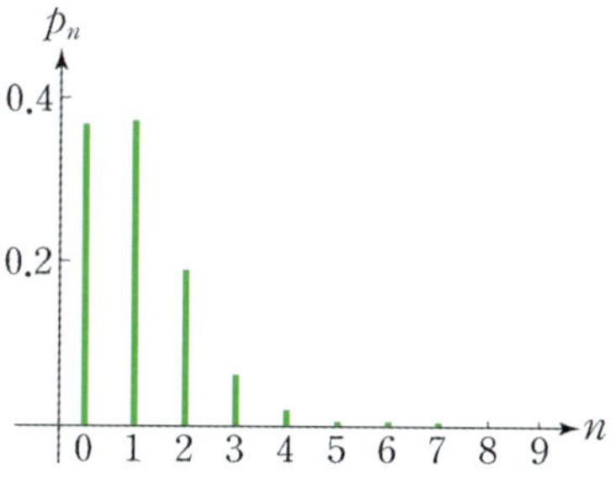

$n = 100(n\alpha = 1)$

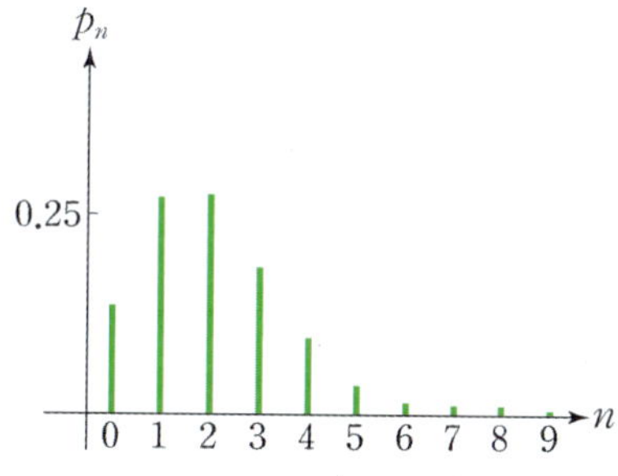

$n = 200(n\alpha = 2)$

N이 아주 큰 수이고 $\alpha > 0$은 아주 작은 수이어서 $\lambda = N\alpha$가 적당한 크기라고 하자.[4)] 이때 다음 근사식이 성립함이 알려져 있다.

$$P(X = k) \approx \frac{\lambda^k e^{-\lambda}}{k!}$$

이 근사식을 프랑스의 수학자 푸아송[5)]의 이름을 따서 **푸아송 근사**(Poisson approximation)라고 한다.

3) 5.2절 중심극한정리

4) 근삿값을 구하는 것이라 정확히 N은 얼마 이상, α는 얼마 이하라고 정해진 기준은 없다. 일반적으로 N은 100 이상, α는 0.01 이하 정도이면 푸아송 근사를 사용한다.

5) Siméon D. Poisson(1781~1840) 프랑스의 수학자이자 물리학자

푸아송 근사

확률변수 X가 모수 (N, α)인 이항분포를 따를 때, N이 아주 크고 α가 아주 작으면(따라서 $\lambda = N\alpha$의 값이 적당한 크기이면) 다음이 성립한다.

$$P(X = k) \approx e^{-\lambda}\frac{\lambda^k}{k!}$$

보기 1

어떤 생산라인의 제품의 불량률은 0.001이라고 한다. 4000개의 제품을 대상으로 검사를 할 때 불량품이 5개일 확률을 구하시오. 또 불량품이 6개일 확률을 구하시오. 단, 각 제품이 불량일 사건은 모두 독립이라고 가정한다.

풀이 불량품의 개수를 X라 하면 $X \sim Bin(4000, 0.001)$이다. 4000은 충분히 큰 수이고 확률 0.001은 충분히 작은 확률이므로 푸아송 근사를 사용한다. 이 경우

$$\lambda = Np = 4000 \cdot 0.001 = 4$$

이므로 구하는 확률은 각각

$$P(X = 5) = \frac{4^5 e^{-4}}{5!} \approx 0.1563, \quad P(X = 6) = \frac{4^6 e^{-4}}{6!} \approx 0.1042$$

이다. 이항분포를 이용하여 구하면 다음과 같다.

$$P(X = 5) = 0.1564, \quad P(X = 6) = 0.1042$$

3.3.2 푸아송 분포

임의의 양수 λ에 대하여

$$\sum_{k=0}^{\infty} e^{-\lambda}\frac{\lambda^k}{k!} = e^{-\lambda}\sum_{k=0}^{\infty}\frac{\lambda^k}{k!} = e^{-\lambda}e^{\lambda} = 1$$

이다. 따라서

$$p(k) = e^{-\lambda}\frac{\lambda^k}{k!}, \qquad k = 0, 1, 2, \cdots$$

는 확률질량함수이다. 만약 확률변수 Y가 $p(k)$를 확률질량함수로 갖는다면 Y를 모수가 λ인 **푸아송 분포**(Poisson distribution)를 따른다고 하고

$$Y \sim Poi(\lambda)$$

로 나타낸다. 다음 그림은 모수가 각각 $\lambda = 1, 2$인 푸아송 분포의 그래프이다.

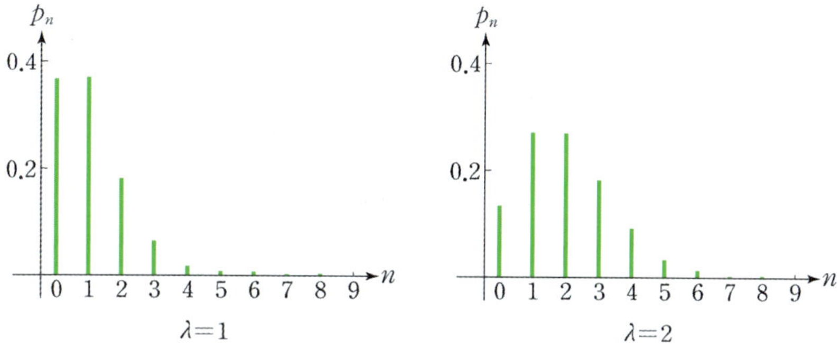

예를 들어 능숙한 편집자가 영어로 타이핑한다고 하자. A4 한 페이지에 들어가는 알파벳이 2000개이고 각 알파벳에 오타가 생길 확률은 $\frac{1}{1000}$이라면 한 페이지에 발생하는 오타의 수는 이항분포 $Bin\left(2000, \frac{1}{1000}\right)$을 따른다고 할 수 있다. 따라서 한 페이지에 발생하는 오타의 수는 모수(=평균)가 2인 푸아송 분포를 따른다고 생각할 수 있다.

우리 주변에서 흔히 볼 수 있는 다음과 같은 것들을 조사한다고 하자.

- 어느 사거리에서 하루 동안 발생하는 교통사고의 수
- 어느 보험회사의 생명보험 가입자 중 6개월 안에 암으로 사망한 가입자의 수
- 물 1ml에 들어 있는 대장균의 수
- 노트북 화면의 불량화소의 개수

이러한 확률적 실험의 공통점은 모두 시간이나 공간의 단위('하루', '6개월', '물 1ml', '노트북 화면')당 발생하는 사건('교통사고', '암으로 사망', '대장균', '불량화소')의 수를 조사하는 것이다. 이러한 '단위당 발생하는 사건의 수'를 나타내는 데에는 푸아송 분포를 많이 사용한다.[6]

6) 예를 들어 사거리에서 하루 동안 발생하는 교통사고의 수를 X라 하면 하루 동안 사거리를 지나가는 자동차의 대수는 아주 크고 각 자동차가 사고를 내는 확률은 아주 작다고 할 수 있다. 확률변수 X는 n이 크고 p가 작은 이항분포를 따른다고 할 수 있고 따라서 근사적으로 푸아송 분포를 따른다고 할 수 있다. 다른 경우도 비슷한 설명이 가능하다.

X가 모수가 λ인 푸아송 분포를 따를 때, 확률생성함수를 구해보자.

$P(X=k)=e^{-\lambda}\dfrac{\lambda^k}{k!}$이므로 임의의 실수 t에 대하여

$$\begin{aligned} g(t) &= E(t^X) = \sum_{k=0}^{\infty} p_k t^k = \sum_{k=0}^{\infty} e^{-\lambda}\frac{\lambda^k}{k!}t^k \\ &= e^{-\lambda}\sum_{k=0}^{\infty}\frac{(t\lambda)^k}{k!} = e^{-\lambda}e^{\lambda t} = e^{\lambda(t-1)} \end{aligned}$$

이다.

$$g'(t)=\lambda e^{\lambda(t-1)}, \quad g''(t)=\lambda^2 e^{\lambda(t-1)}$$

이므로 푸아송 변수의 기댓값과 분산은 다음과 같다.

$$\begin{aligned} E(X) &= g'(1) = \lambda \\ V(X) &= g''(1)+g'(1)-(g'(1))^2 = \lambda \end{aligned}$$

푸아송 변수의 성질

X가 모수 λ인 푸아송 분포를 따를 때

- **확률질량함수 :** $p(k)=e^{-\lambda}\dfrac{\lambda^k}{k!}, \quad k=0, 1, 2, \cdots$
- **확률생성함수 :** $g(t)=e^{\lambda(t-1)}$
- **기댓값과 분산 :** $E(X)=\lambda, \quad Var(X)=\lambda$

보기 2

어떤 도시에서 한 주에 발생하는 교통사고의 횟수는 평균이 7인 푸아송 분포를 따른다고 한다. 이번 주에 교통사고가 2회 이하로 일어날 확률을 구하시오.

풀이 X를 이번 주에 일어나는 교통사고 횟수라 하자. 푸아송 분포의 기댓값은 모수 λ와 같으므로 X의 분포는 다음과 같다.

$$P(X=k)=e^{-7}\frac{7^k}{k!}, \quad k=0, 1, 2, \cdots$$

따라서 구하는 확률은 다음과 같다.

$$P(X \le 2) = P(X=0) + P(X=1) + P(X=2)$$
$$= e^{-7}\left(1 + 7 + \frac{7^2}{2!}\right) \approx 0.0296$$

Note ▶ 푸아송 분포를 엑셀을 이용하여 구하는 방법은 부록 C를 참고하기 바란다.

보기 3

X_1, X_2는 독립이고 각각 모수가 m_1, m_2인 푸아송 분포를 따른다고 한다. $X_1 + X_2$의 확률 분포를 구하시오.

풀이 $X_1 + X_2$의 확률생성함수를 $h(t)$라고 하자. X_i의 확률생성함수는

$$g_i(t) = e^{m_i(t-1)}, \quad (i = 1, 2)$$

이므로

$$h(t) = g_1(t) g_2(t) = e^{m_1(t-1)} e^{m_2(t-1)} = e^{(m_1+m_2)(t-1)}$$

이다. 따라서 $X_1 + X_2$는 모수가 $(m_1 + m_2)$인 푸아송 분포를 따른다.

3.3.3 푸아송 과정

보기 3은 독립인 두 푸아송 분포의 합은 다시 푸아송 분포를 따른다는 것을 보여 준다. 겹치지 않는 구간에서 일어나는 사건의 횟수가 독립이라 가정하면 이러한 성질은 다음 보기와 같이 중요한 결과를 보여준다.

보기 4

보기 2의 도시에서 이번 주와 다음 주 2주 동안 발생하는 교통사고의 횟수가 따르는 분포를 구하시오. 또 n주 동안 일어나는 교통사고의 횟수가 따르는 분포는 무엇인가?

풀이 이번 주와 다음 주에 발생하는 교통사고의 횟수를 각각 X_1, X_2라 하면

$$X_1 \sim Poi(7), \quad X_2 \sim Poi(7)$$

이고 이번 주와 다음 주 2주 동안 발생하는 교통사고의 횟수는

$$X = X_1 + X_2$$

이다. X_1, X_2가 독립이라 가정하면 X는 모수가 14인 푸아송 분포를 따른다. 같은 방법으로 n주 동안 발생하는 교통사고의 횟수는 모수가 $7n$인 푸아송 분포를 따른다.

보기 4는 푸아송 과정의 특별한 사례이다. 일반적으로 어떤 특정한 사건이 구간 $(0, t]$에서 일어나는 사건의 횟수를 $N(t)$라 하자. 실수 $\lambda > 0$에 대하여 다음 조건들이 성립할 때

$$\{N(t) : t > 0\}$$

를 변화율이 λ인 **푸아송 과정**(Poisson process)이라 한다.

(1) $N(0) = 0$

(2) 겹치지 않는 두 구간에서 발생하는 사건들의 수는 서로 독립이다.

(3) 특정 구간에서 발생하는 사건의 건수의 분포는 구간의 길이에만 의존한다. 다시 말해서 구간 $(0, t]$에서 일어나는 사건의 건수와 구간 $(s, s+t]$에서 일어나는 사건의 건수는 같은 분포를 따른다.

(4) $\lim_{h \to 0} \frac{P(N(h) = 1)}{h} = \lambda$, $\lim_{h \to 0} \frac{P(N(h) \geq 2)}{h} = 0$

- 조건 (1)로부터 구간 $[0, t]$에서 일어나는 사건의 건수는 $N(t)$라 할 수 있다.
- 조건 (2)는 **독립증분**(independent increment)을 가진다고 표현한다. 조건 (2)에 의하면 $N(s)$와 $N(t+s) - N(s)$은 서로 독립이다.
- 조건 (3)은 $N(t+s) - N(s)$의 분포는 $N(t)$와 같음을 의미한다.

$$P(N(t+s) - N(s) = k) = P(N(t) = k), \quad k = 0, 1, 2, \cdots$$

- 마지막 조건 (4)는 길이가 h인 아주 짧은 구간에서 한 개의 사건이 발행할 확률은 근사적으로 λh이지만 두 개 이상 일어날 확률은 거의 0임을 의미한다.

$\{N(t) : t > 0\}$가 변화율이 λ인 푸아송 과정일 때 주어진 조건으로부터 $N(t)$는 모수가 λt인 푸아송 분포를 따른다는 것을 보일 수 있다.

$$P(N(t) = k) = \frac{(\lambda t)^k}{k!} e^{-\lambda t}, \quad k = 0, 1, 2, \cdots$$

역으로 $N(t)$가 모수가 λt인 푸아송 분포를 따르면 $\{N(t) : t > 0\}$는 변화율이 λ인 푸아송 과정(Poisson process)임을 보일 수 있다.[7)]

푸아송 과정

- $\{N(t) : t > 0\}$가 변화율이 λ인 푸아송 과정일 때 $N(t)$는 모수가 λt인 푸아송 분포를 따른다.

$$P(N(t) = k) = \frac{(\lambda t)^k}{k!} e^{-\lambda t}$$

- $N(t)$가 모수가 λt인 푸아송 분포를 따르면 $\{N(t) : t > 0\}$는 변화율이 λ인 푸아송 과정이다.

예를 들어 $N(t)$를 지하수 t ml에 들어 있는 대장균의 수라 할 때 $\{N(t) : t > 0\}$가 푸아송 과정이라 하자. 지하수 1ml에 들어 있는 대장균의 수 $N(1)$이 평균 $\lambda = 10$인 푸아송 분포를 따른다면 2ml에 들어 있는 대장균의 수 $N(2)$는 평균 $\lambda \cdot 2 = 20$인 푸아송 분포를 따른다. 또한 0.5ml에 들어 있는 대장균의 수 $N(0.5)$는 평균 $\lambda \cdot 0.5 = 5$인 푸아송 분포를 따른다.

보기 5

어떤 지역에서 지진이 일어나는 횟수는 연간 변화율이 4인 푸아송 과정을 따른다고 한다.

(a) 2019년에 지진이 2번 이상 발생할 확률을 구하시오.

(b) 2019년 전반부(1월부터 6월까지)에 지진이 한 번도 일어나지 않을 확률을 구하시오.

(c) 2019년 전반부(1월부터 6월까지)에 지진이 한 번도 일어나지 않았을 때 2019년 후반부(7월부터 12월까지)에 지진이 3번 이상 일어날 확률을 구하시오.

풀이 (a) 2019년에 일어나는 지진 횟수 $X(1)$는 모수가 4인 푸아송 분포를 따른다. 따라서

$$\begin{aligned} P(X(1) \geq 2) &= 1 - P(X(1) = 0) - P(X(1) = 1) \\ &= 1 - e^{-4} - 4e^{-4} \approx 0.9084 \end{aligned}$$

7) 증명에 관심이 있는 학생은 확률과정론 교재를 참고할 것

(b) 2019년 전반부(1월부터 6월까지)에 일어나는 지진의 수는 $X(0.5)$이고 푸아송 과정의 성질에 의하여

$$X(0.5) \sim Poi(0.5 \cdot 4) = Poi(2)$$

이다. 따라서 구하는 확률은 다음과 같다.

$$P(X(0.5) = 0) = e^{-2} \approx 0.1353$$

(c) 2019년 후반부에 일어나는 지진의 횟수는 $X(1) - X(0.5)$이고 $X(0.5)$와 독립이다. 또한 $X(1) - X(0.5)$은 $X(0.5)$와 같은 분포를 따르므로 구하는 확률은 다음과 같다.

$$\begin{aligned} P(X(1) - X(0.5) = 3 \mid X(0.5) = 0) &= P(X(1) - X(0.5) = 3) \\ &= P(X(0.5) = 3) = \frac{2^3 e^{-2}}{3!} \approx 0.1804 \end{aligned}$$

연습문제 3.3 EXERCISES

01 $X \sim Poi(4)$일 때 다음 확률을 구하시오.

(a) $P(X = 3)$　(b) $P(X \le 3)$　(c) $P(4 \le X \le 6)$

02 $X \sim Bin(2000, 0.002)$일 때 다음 확률을 푸아송 근사를 이용하여 구하시오.

(a) $P(X = 3)$　(b) $P(X \le 3)$　(c) $P(4 \le X \le 6)$

03 동남아시아의 어느 지역은 1년에 평균 4.5회의 태풍이 지나간다. 이 지역에 태풍이 지나가는 횟수가 푸아송 분포를 따를 때 올해 태풍이 4회 이상 지나갈 확률을 구하시오.

04 노트북 화면의 불량화소 수는 평균 12인 푸아송 분포를 따른다. 불량화소 수가 15개 이상이면 불량으로 분류할 때 임의의 노트북 화면이 불량일 확률을 구하시오.

05 독감 예방주사에 의한 부작용이 일어날 확률은 개인당 0.001이라고 한다. 보건소에서 주민 5000명을 대상으로 예방접종을 하였을 때

(a) 4명이 부작용을 일으킬 확률을 구하시오.

(b) 부작용을 일으킨 사람이 4명 이하일 확률을 구하시오.

06 어느 비서는 1분에 200자를 타이핑하는데 분당 평균 0.5개의 오타가 발생한다고 한다. 각 글자의 오타 여부는 모두 독립이라고 할 때

(a) 1분 동안 타이핑할 때 생기는 오타 수의 확률분포를 구하시오.

(b) 10분 동안 타이핑했을 때 생기는 오타 수의 확률분포를 구하시오.

(c) 10분 동안 타이핑했을 때 생기는 오타 수가 3개일 확률을 근사적으로 구하시오.

07 어느 자동차 회사에서 생산하는 자동차가 1년 안에 고장을 일으키는 확률은 0.015이다. 판매된 400대의 자동차 중에서 1년 안에 고장을 일으키는 자동차가 5대 이하일 확률을 근사적으로 구하시오.

08 우연히 모인 365명의 사람이 있다.

(a) 이 중 정확히 두 명의 생일이 9월 19일일 확률을 근사적으로 구하시오.

(b) 생일이 9월 19일인 사람이 하나도 없을 확률을 근사적으로 구하시오.

(c) 적어도 두 사람의 생일이 9월 19일일 확률을 근사적으로 구하시오. 단, 1년은 365일이라고 가정한다.

09 당첨될 확률이 0.001인 복권을 100장 샀다. 다음과 같은 방법으로 주어진 확률을 구하시오.

- 이항분포를 이용하여
- 푸아송 근사를 이용하여

(a) 적어도 하나는 당첨될 확률

(b) 정확히 하나 당첨될 확률

10 문제 9에서 복권을 1000장 산 경우에 대하여 답하시오.

11 어떤 사람이 1년 동안 감기에 걸리는 횟수는 모수가 3인 푸아송 분포를 따른다고 한다. 2년 동안 감기에 3번 이하 걸릴 확률은 얼마인가? 단, 해마다 감기에 걸리는 횟수는 독립이라고 가정한다.

12 $X \sim Poi(\lambda)$일 때 다음 등식이 성립함을 보이시오.

$$\lambda P(X = k) = (k+1)P(X = k+1)$$

13 X는 모수가 λ인 푸아송 분포를 따른다. λ가 정수이면 $P(X = \lambda - 1) = P(X = \lambda)$임을 보이시오.

14 X가 모수 λ인 푸아송 분포를 따를 때, X가 짝수일 확률은

$$\frac{1}{2}(1 + e^{-2\lambda})$$

임을 보이시오.

15 다음 분포의 적률생성함수를 구하시오.

(a) 모수가 p인 기하분포

(b) 모수가 (n, p)인 이항분포

(c) 모수가 λ인 푸아송 분포

16 독립인 두 확률변수 X, Y의 적률생성함수가 각각

$$m_X(t) = \exp(2e^t - 2), \quad m_Y(t) = \left(\frac{7}{10}e^t + \frac{3}{10}\right)^5$$

일 때 다음 값을 소수점 이하 네 자리까지 구하시오.

(a) $P(X + Y = 1)$ (b) $P(XY = 0)$ (c) $E(XY)$

17 X가 모수 $\lambda\,(0<\lambda<1)$인 푸아송 분포를 따를 때, $E(X!)$을 구하시오.

18 X가 모수 λ인 푸아송 분포를 따른다.

(a) 다음 식이 성립함을 보이시오.

$$E(X^n)=\lambda E((X+1)^{n-1})$$

(b) 이 식을 이용하여 $E(X^3)$을 구하시오.

3.4 지수분포와 감마분포

3.4.1 지수분포

기하분포가 어떤 사건이 일어날 때까지 기다리는 횟수를 나타내는 이산확률분포라면 지수분포는 어떤 사건이 일어날 때까지 기다리는 시간을 나타내는 연속확률분포이다.

연속확률변수 X의 확률밀도함수가 양수 $\lambda > 0$에 대하여

$$f(x) = \lambda e^{-\lambda x}, \quad x \geq 0$$

일 때, X는 모수가 λ인 **지수분포**(exponential distribution)를 따른다고 하고

$$X \sim \mathrm{Exp}(\lambda)$$

로 나타낸다.

지수분포의 정의

X의 확률밀도함수가 양수 $\lambda > 0$에 대하여

$$f(x) = \begin{cases} \lambda e^{-\lambda x}, & x \geq 0 \\ 0, & \text{기타} \end{cases}$$

일 때, X는 모수가 λ인 지수분포를 따른다고 한다.

지수분포의 확률밀도함수는 $x = 0$에서 최댓값 λ를 가지고 이후 감소하는 함수이다. 다음 그래프는 $\lambda = 1, 2, 3$일 때 확률밀도함수의 그래프를 그린 것이다.

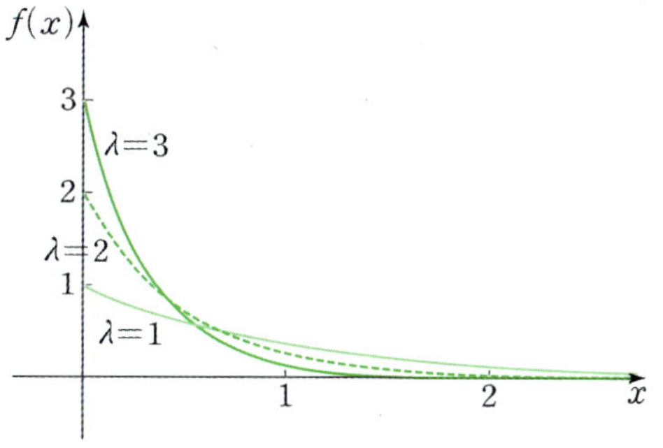

Note ▶ 위의 그래프로부터 다음 사실들을 추론할 수 있다.

- λ값이 클수록 초반의 확률밀도함수의 값이 크다.
- λ값이 클수록 시간이 흐르면 확률밀도함수의 값이 빨리 감소한다.

모수가 λ인 지수분포의 적률생성함수는

$$m_X(t) = \frac{\lambda}{\lambda - t}, \quad t < \lambda$$

이고[8] 적률생성함수의 도함수와 이계도함수는 각각 다음과 같다.

$$m_X{}'(t) = \frac{\lambda}{(\lambda - t)^2}, \quad m_X{}''(t) = \frac{2\lambda}{(\lambda - t)^3}, \quad t < \lambda$$

따라서 평균은

$$E(X) = m_X{}'(0) = \frac{1}{\lambda}$$

분산은

$$Var(X) = m_X{}''(0) - (m_X{}'(0))^2 = \frac{2}{\lambda^2} - \frac{1}{\lambda^2} = \frac{1}{\lambda^2}$$

이다.

지수분포의 성질

X가 모수가 λ인 지수분포를 따르면

- **적률생성함수 :** $m_{X_i}(t) = \dfrac{\lambda}{\lambda - t}, \quad t < \lambda$
- **기댓값과 분산 :** $E(X) = \dfrac{1}{\lambda}, \quad Var(X) = \dfrac{1}{\lambda^2}$

8) 2.5절 보기 4

Note ▶ 지수분포에서 모수 λ는 기댓값의 역수이다. 따라서 λ가 커지면 기댓값은 작아지고 λ가 작아지면 기댓값은 커진다. X가 어떤 위험한 사건이 일어날 때까지의 시간이나 사망할 때까지의 시간이라 하면 $E(X) = \frac{1}{\lambda}$가 크면, 즉, λ가 작다면 사건이 일어날 가능성은 작아지고 따라서 위험도는 줄어든다. 반대로 $E(X)$가 작다면, 즉, λ가 크다면 사건이 짧은 시간 내에 일어남을 의미하므로 위험도는 커진다. 이런 의미에서 모수 λ를 **위험계수**(hazard rate)라 부른다.

지수분포는 다음과 같이 생명체 또는 기구의 수명이나 어떤 사건이 일어날 때까지의 시간을 모형화하기에 적합하다.

- 자동차 배터리의 수명
- 암 수술을 받은 환자의 생존기간
- 방사성 물질이 붕괴를 시작할 때까지의 시간
- 어느 지역에서 지진이 일어난 후 다음 지진이 일어날 때까지의 시간
- DNA에서 돌연변이가 일어나는 사건 사이의 시간

보기 1

삼순이가 구입한 노트북의 배터리는 100% 충전하였을 때 평균 지속시간이 5시간이라 한다. 배터리의 지속시간이 지수분포를 따를 때 2시간 반짜리 영화를 전원 없이 볼 수 있는 확률을 구하시오. 단 배터리는 100% 충전되어 있다고 가정한다.

풀이 X를 100% 충전된 배터리의 지속시간이라 하면 X는 평균이 5인 지수분포를 따른다. 따라서 X는 모수가 1/5인 지수분포를 따르고 구하는 확률은 다음과 같다.

$$P(X \geq 2.5) = \int_{2.5}^{\infty} \frac{e^{-t/5}}{5} dt = e^{-1/2} \approx 0.6065$$

X가 모수 λ인 지수분포를 따르면 누적분포함수는

$$\begin{aligned} F(t) = P(X \leq t) &= \int_0^t \lambda e^{-\lambda x} dx \\ &= -\frac{\lambda}{\lambda} e^{-\lambda x} \Big|_0^t = 1 - e^{-\lambda t} \end{aligned}$$

이다. 만약 X가 어떤 생명체의 수명을 의미한다면 $P(X > t)$는 그 생명체가 시간 t가 지나서

도 살아 있을 확률을 의미하고

$$P(X>t)=\int_t^{\infty}\lambda e^{-\lambda x}dx=e^{-\lambda t}$$

이다. 이런 의미에서 함수

$$S(t)=P(X>t)$$

를 **생존함수**(survival function)라고 부른다. 다음 그림은 각각 $\lambda=1,\ 2,\ 3$일 때의 누적분포함수와 생존함수의 그래프이다. 위험계수 λ가 클수록 누적분포함수는 빨리 증가하고 생존함수는 빨리 감소한다.

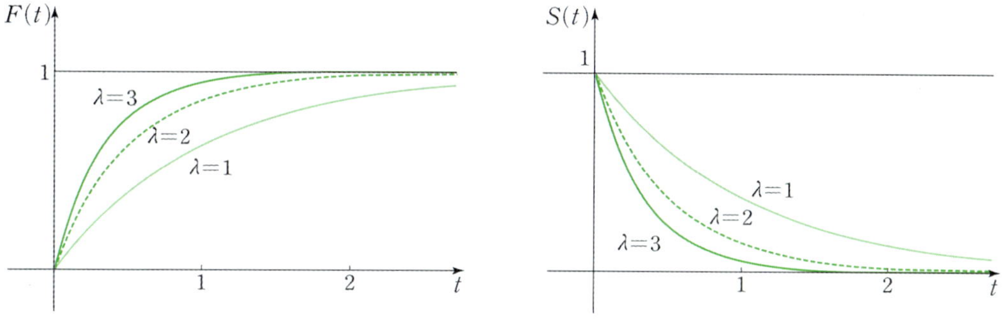

보기 2

다음과 같이 연결된 두 시스템을 살펴보자.

(a) 시스템 1

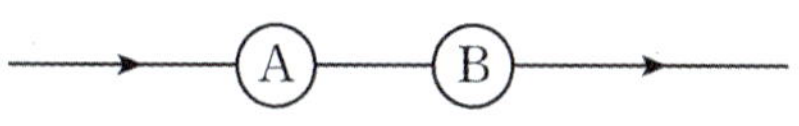

(b) 시스템 2

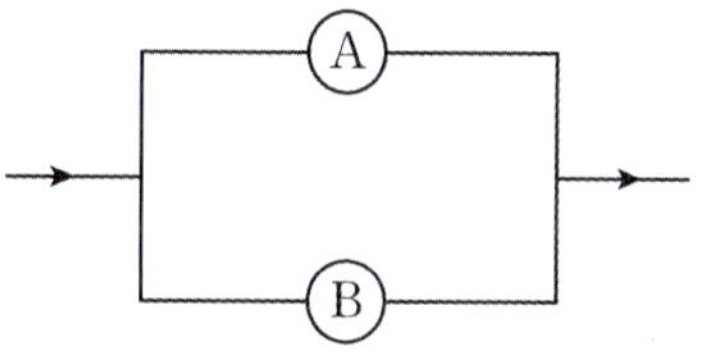

시스템 1에서는 하나의 공정이라도 고장이 나면 시스템이 작동을 멈추지만 시스템 2에서는 하나의 공정이라도 작동을 하면 시스템이 작동한다. 공정 A와 B가 고장 날 때까지의 시간은 서로 독립이고 각각 평균 4(단위 : 개월)인 지수분포를 따른다. 각 시스템이 작동을 멈출 때까지의 시간을 X라 할 때 X의 확률밀도함수를 각각 구하시오.

풀이 $X_A,\ X_B$를 각각 공정 A, B가 고장 날 때까지의 시간이라 하자.

(a) 시스템 1에서 사건 $X>t$는 공정 A, B가 시각 t까지 고장 나지 않는 사건

$(X_A > t,\ X_B > t)$이고 X_A, X_B는 독립이므로

$$P(X > t) = P(X_A > t,\ X_B > t) \\ = P(X_A > t)P(X_B > t) \\ = e^{-t/4}e^{-t/4} = e^{-t/2}$$

이다. 따라서 X의 확률밀도함수는

$$f(t) = \frac{d}{dt}P(X \le t) = \frac{d}{dt}(1 - e^{-t/2}) = \frac{1}{2}e^{-t/2}$$

이다. 즉, X는 모수가 1/2인 지수분포를 따른다.

(b) 시스템 2에서 사건 $X \le t$는 공정 A, B가 모두 시각 t까지 고장 나는 사건 $(X_A \le t,\ X_B \le t)$이고 X_A, X_B는 독립이므로

$$P(X \le t) = P(X_A \le t,\ X_B \le t) \\ = P(X_A \le t)P(X_B \le t) \\ = (1 - e^{-t/4})(1 - e^{-t/4}) = (1 - e^{-t/4})^2$$

이다. 따라서 X의 확률밀도함수는

$$f(t) = \frac{d}{dt}P(X \le t) = \frac{1}{2}e^{-t/4}(1 - e^{-t/4})$$

이다.

3.4.2 무기억성질

음이 아닌 확률변수 X가 모든 $s, t \ge 0$에 대하여 다음 등식을 만족하면 X는 **무기억성질**(memoryless property)을 갖는다고 한다.

$$P(X > s + t \mid X > t) = P(X > s)$$

조건부 확률의 정의로부터 무기억성질은

$$\frac{P(X > s + t,\ X > t)}{P(X > t)} = P(X > s)$$

로 쓸 수 있고 $\{X > s + t, X > t\} = \{X > s + t\}$이므로 무기억성질은 다음과 같이 쓸 수

있다.

$$P(X > s+t) = P(X > s)P(X > t)$$

확률변수 X가 지수분포를 따른다면

$$\begin{aligned} P(X > s+t) &= e^{-\lambda(s+t)} = e^{-\lambda s}e^{-\lambda t} \\ &= P(X > s)P(X > t) \end{aligned}$$

이므로 X는 무기억성질을 갖는다.

역으로 양의 값을 취하는 연속확률변수가 무기억성질을 가지면 지수분포를 따름을 보일 수 있다.[9] 따라서 X가 지수분포를 따른다는 것을 다음과 같이 다양한 방법으로 나타낼 수 있다.

지수분포의 성질

X가 음이 아닌 값을 취하는 연속확률변수일 때, 다음 명제들은 모두 동치이다.

- X는 지수분포 $\mathrm{Exp}(\lambda)$를 따른다.
- X의 확률밀도함수는 $f(x) = \lambda e^{-\lambda x}$, $x \geq 0$
- 모든 $t > 0$에 대하여 $P(X > t) = e^{-\lambda t}$이다.
- 모든 $s, t > 0$에 대하여 다음 식이 성립한다.

$$P(X > s+t) = P(X > s)P(X > t)$$

보기 3

미국여행을 간 삼식이는 자동차로 동서횡단여행을 하려고 한다. LA에서 차를 대여하여 뉴욕까지 가는데 계획한 총 여행거리는 4000마일이다. 운전자가 자동차 사고를 낼 때까지의 주행거리는 평균 10000마일인 지수분포를 따른다고 한다. 삼식이가 사고를 내지 않고 여행을 끝낼 확률을 구하시오.

풀이 사고가 날 때까지의 주행거리를 X라고 하면 X는 위험계수가 1/1(단위 : 만 마일)인 지수분포를 따른다. 지수분포는 무기억성질을 가지므로 지금까지의 주행거리와는 상관없이

9) 증명은 연습문제 14 참고

구하는 확률은

$$P(X > t+0.4 \mid X > t) = P(X > 0.4) \\ = e^{-0.4/1} \approx 0.67$$

이다. 여기서 t는 마지막 사고가 났었던 시점부터(사고가 한 번도 나지 않았다면 운전을 처음 시작한 시점부터) 자동차를 대여한 시점까지의 주행거리를 나타낸다.

보기 4

두 대의 자동화기기가 있는 무인은행이 있다. 당신이 무인은행에 들어갔을 때, 두 명의 고객이 각각 자동화기기를 사용 중이었다. 사람들의 자동화기기 사용시간은 평균 2분인 지수분포를 따른다고 한다. 모든 고객의 사용시간은 다른 고객과 독립이라고 한다.

(a) 당신이 자동화기기를 사용할 때까지 t분 이상 기다릴 확률은 얼마인가?

(b) 당신이 자동화기기 사용을 마치고 나올 때까지 시간의 기댓값은 얼마인가?

(c) 새로운 고객이 들어오지 않는다면 당신이 무인은행을 떠나는 마지막 사람이 될 확률은 얼마인가?

풀이 (a) 기기 $i\ (i = 1, 2)$를 사용하는 사람이 앞으로 기기를 더 이용할 시간을 X_i라고 하자. 두 명의 고객이 기기를 얼마나 사용했는지에 상관없이 지수분포의 무기억성질에 의하여 X_1과 X_2는 모수가 1/2인 지수분포를 따른다. 즉, $i = 1, 2$에 대하여

$$P(X_i > t) = e^{-0.5t}$$

이다. 당신이 자동화기기를 사용할 수 있기까지 기다린 시간 X는

$$X = \min(X_1, X_2)$$

이고 X_1과 X_2는 독립이므로 구하는 확률은 다음과 같다.

$$\begin{aligned} P(X > t) &= P(\min(X_1, X_2) > t) \\ &= P(X_1 > t, X_2 > t) \\ &= P(X_1 > t)P(X_2 > t) \\ &= e^{-0.5t}e^{-0.5t} \\ &= e^{-t} \end{aligned}$$

(b) 자동화기기를 사용할 수 있기까지 기다린 시간을 X, 자동화기기를 사용한 시간을 Y라고 하자. 그러면 자동화기기의 사용을 마칠 때까지의 시간은

$$\text{기다린 시간} + \text{사용한 시간} = X + Y$$

이다. X는 평균이 1인 지수분포를 따르고 Y는 평균이 2인 지수분포를 따르므로

$$E(X+Y) = E(X) + E(Y) = 1 + 2 = 3$$

이다.

(c) 한 사람이 떠난 후 남은 사람과 당신의 기기 이용시간은 다시 지수분포의 무기억성질에 의하여 둘 다 모수가 1/2인 지수분포를 따른다. 따라서 당신이 마지막으로 떠날 확률과 다른 사람이 마지막으로 떠날 확률은 같다. 즉, 당신이 마지막으로 무인은행을 떠날 확률은 1/2이다.

3.4.3 감마분포

확률변수 $X_1, X_2, \cdots, X_k$가 독립이고 모두 모수가 λ인 지수분포를 따르면 확률변수

$$X = X_1 + X_2 + \cdots + X_k$$

는 모수가 (k, λ)인 **감마분포**를 따른다고 하고 기호로 $X \sim \Gamma(k, \lambda)$와 같이 나타낸다.

다음 그림은 $\lambda = 2$, $\lambda = 3$일 때 $k = 1, 3, 5, 7$에 대하여 감마분포의 확률밀도함수를 그린 것이다.

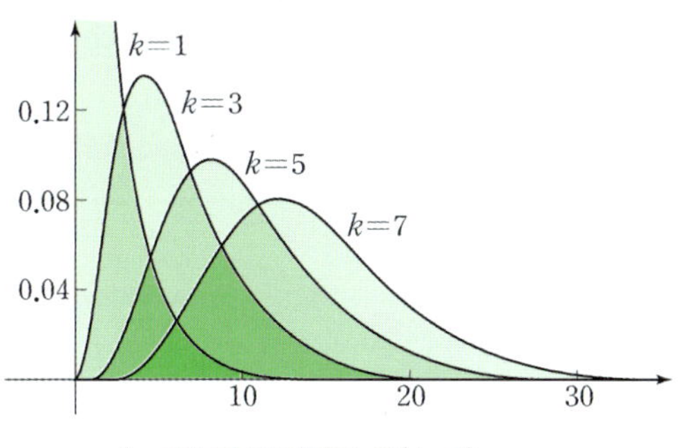

$\lambda=2$일 때 감마분포 $\Gamma(k, \lambda)$

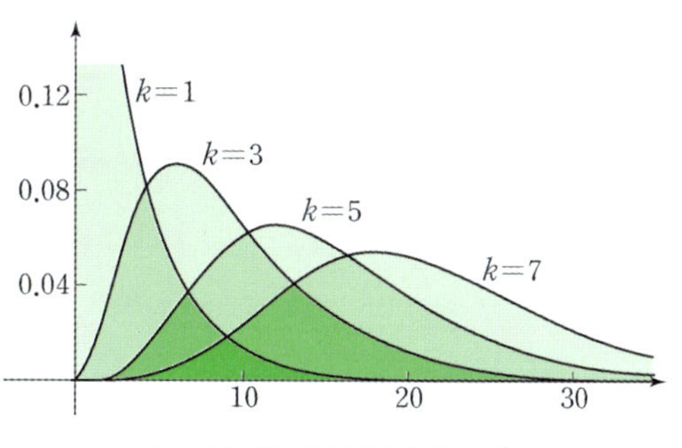

$\lambda=3$일 때 감마분포 $\Gamma(k, \lambda)$

모수가 λ인 지수분포의 적률생성함수는

$$m_{X_i}(t) = \frac{\lambda}{\lambda - t}, \quad t < \lambda$$

이므로 모수가 (k, λ)인 감마분포의 적률생성함수는

$$m_X(t) = m_{X_1}(t) \cdots m_{X_k}(t) = \frac{\lambda^k}{(\lambda - t)^k}, \quad t < \lambda$$

이다.

일반적으로 양의 실수 $k > 0$, $\lambda > 0$에 대하여도 감마분포를 정의할 수 있으며 확률밀도함수가 다음과 같다.

$$f(x) = \begin{cases} \dfrac{(\lambda x)^{k-1}}{\Gamma(k)} \lambda e^{-\lambda x}, & x \geq 0 \\ 0, & x < 0 \end{cases}$$

여기서 $\Gamma : (0, \infty) \to (0, \infty)$는 다음과 같이 정의된 **감마함수**(Gamma function)이다.

$$\Gamma(x) = \int_0^\infty t^{x-1} e^{-t} dt, \quad x > 0$$

감마함수의 여러 성질 중 다음과 같은 성질이 유용하게 쓰인다.[10)]

$$\Gamma(x+1) = x\Gamma(x)$$
$$\Gamma(n+1) = n! \ (n = 0, 1, 2, \cdots)$$
$$\Gamma\left(\frac{1}{2}\right) = \sqrt{\pi}$$

정의로부터 적률생성함수를 구하면 k가 자연수일 때와 같은 형태의 적률생성함수를 구할 수 있다. 즉, 양의 실수 $k > 0$, $\lambda > 0$에 대하여 $X \sim \Gamma(k, \lambda)$이면 X의 적률생성함수는

$$m_X(t) = \frac{\lambda^k}{(\lambda - t)^k}, \quad t < \lambda$$

이다.

$X \sim \Gamma(k, \lambda)$일 때 X의 평균과 분산은 적률생성함수로부터 쉽게 계산할 수 있다.

$$m_X{}'(t) = k\lambda^k(\lambda - t)^{-k-1}, \quad m_X{}''(t) = k(k+1)\lambda^k(\lambda - t)^{-k-2}$$

10) 감마함수에 대한 내용은 부록 A 참조

이므로 기댓값과 분산은 각각 다음과 같다.

$$E(X) = m_X'(0) = \frac{k}{\lambda},$$
$$Var(X) = m_X''(0) - (m_X'(0))^2 = \frac{k(k+1)}{\lambda^2} - \frac{k^2}{\lambda^2} = \frac{k}{\lambda^2}$$

감마분포의 성질

양의 실수 $k > 0$, $\lambda > 0$에 대하여 $X \sim \Gamma(k, \lambda)$이면

- **X의 확률밀도함수**: $f(x) = \begin{cases} \dfrac{(\lambda x)^{k-1}}{\Gamma(k)} \lambda e^{-\lambda x}, & x \geq 0 \\ 0, & x < 0 \end{cases}$
- **X의 적률생성함수**: $m_X(t) = \dfrac{\lambda^k}{(\lambda - t)^k}$, $t < \lambda$
- **X의 기댓값과 분산**: $E(X) = \dfrac{k}{\lambda}$, $Var(X) = \dfrac{k}{\lambda^2}$

보기 5

보험사 고객상담실에서 한 명의 고객과의 상담은 평균 0.5(시간)인 지수분포를 따른다고 한다. 상담실 업무가 시작되는 오전 10시에 보험 상담사 삼식이에게 상담을 요청하고 기다리는 고객이 5명일 때 12시까지 5명 모두 상담을 마칠 확률을 구하시오. 단 각 고객과의 상담시간은 모두 독립이고 상담은 오전 10시부터 시작한다고 한다.

풀이 한 명의 고객과의 상담은 모수가 2인 지수분포를 따른다. 따라서 5명의 고객과 상담을 모두 마치는 데 걸리는 시간을 X라 하면 X는 모수가 $(5, 2)$인 감마분포를 따른다. 따라서 2시간 이내에 상담을 마칠 확률은

$$P(X \leq 2) = \frac{1}{\Gamma(5)} \int_0^2 (2x)^4 2e^{-2x} dx \approx 0.3712$$

이다.[11)]

11) 위 계산은 엑셀의 함수 마법사에서 GAMMA.DIST$(x, k, 1/\lambda, 1)$을 입력하면 얻을 수 있다. 여기서는 $x=2$, $k=5$, $1/\lambda = 0.5$이고 마지막 값 1은 누적분포함수를 의미한다. 부록 C를 참조할 것.

연습문제 3.4 EXERCISES

01 확률변수 X가 모수가 $\lambda = \frac{1}{100}$ 인 지수분포를 따른다.

(a) X 의 확률밀도함수와 누적분포함수를 구하시오.

(b) X의 생존함수를 구하시오.

(c) X 의 기댓값과 분산을 구하시오.

02 확률변수 X는 지수분포를 따르며 기댓값이 10이다.

(a) X의 확률밀도함수와 누적분포함수를 구하시오.

(b) X의 생존함수를 구하시오.

(c) X의 분산을 구하시오.

03 사고 다발 지역에서 일어나는 교통사고 발생시간의 간격 X(단위 : 년)의 확률밀도함수가 $f(x) = 8e^{-8x}\ (x \geq 0)$이다.

(a) 사고 발생 후 3개월 안에 다시 사고가 일어날 확률을 구하시오.

(b) 사고 발생 후 6개월 안에 사고가 나지 않을 확률을 구하시오.

04 어떤 자동차의 부품은 고장 날 때까지의 시간은 평균 2(단위 : 년)인 지수분포를 따른다고 한다.

(a) 1년 이내에 이 부품이 고장 나지 않을 확률을 구하시오.

(b) 이 부품에 아무 문제없이 1년을 사용하고 난 후 그 후 다시 1년 동안 고장 나지 않을 확률을 구하시오.

(c) 부품이 고장 나면 바로 같은 제품으로 교체한다고 한다. 1년 이내에 부품을 세 번 이상 교체할 확률을 구하시오.

05 X가 모수가 λ인 지수분포를 따른다. 다음 확률변수의 적률생성함수를 구하시오.

(a) $-X$ (b) $X-2$ (c) λX

06 X가 모수가 1인 지수분포를 따른다.

(a) X의 누적분포함수 $F(x) = P(X \le x)$를 구하시오.

(b) $Y = \ln X$의 누적분포함수 $G(y) = P(Y \le y)$를 구하시오.

(c) $Y = \ln X$의 확률밀도함수 $g(y) = G'(y)$를 X의 확률밀도함수 $f(x) = F'(x)$를 이용하여 나타내어라.

07 확률변수 T는 모수가 λ인 지수분포를 따른다. $X = [T] + 1$은 기하분포를 따름을 보이시오. 여기서 $[x]$는 x를 넘지 않는 최대정수이다.

08 건전지의 수명은 모수가 2(단위 : 개월)인 지수분포를 따른다고 한다.

(a) 2개의 건전지를 직렬로 연결하여 사용할 때, 건전지를 한 달 이상 교체하지 않고 사용할 수 있을 확률을 구하시오.

(b) 2개의 건전지를 병렬로 연결하여 사용할 때, 건전지를 한 달 이내에 교체해야 할 확률을 구하시오.

09 n개의 독립변수 $X_1, \cdots, X_n$이 모수가 λ인 지수분포를 따른다.

$$S = \min(X_1, X_2, \cdots, X_n)$$

의 분포를 구하시오.

10 모수가 λ인 지수분포의 $100 \times p$ 백분위수를 구하시오.

11 X가 모수가 λ인 지수분포를 따를 때 자연수 k에 대하여 $E(X^k) = \dfrac{k!}{\lambda^k}$임을 보이시오.

12 $X \sim \Gamma(6, 2)$에 대하여 다음을 구하시오.

(a) X의 확률밀도함수

(b) $E(X)$, $Var(X)$

(c) X의 적률생성함수

(d) $P(X \le 2)$

13 컴퓨터 부품의 수명은 모수가 4(단위 : 년)인 지수분포를 따른다. 새로운 컴퓨터를 구입하였을 때 부품이 3개 들어 있었다면 이 부품으로 유지 가능한 기간은 평균 얼마인지 구하시오. 단, 부품은 한 개씩 사용하며 부품의 수명이 다하면 즉시 교체하고 각 부품의 수명은 독립이라 한다.

14 양의 확률변수 X가 무기억성질을 갖는 연속확률변수라고 하자. 즉 $G(t)=P(X>t)$라고 할 때

$$G(s+t)=G(s)G(t)$$

이 성립한다고 하자. X는 지수분포를 따름을 보이시오.

15 $X \sim \mathrm{Exp}(\lambda)$이고 $\beta>0$일 때 $Y=\beta e^{X}$의 확률밀도함수를 구하시오.[12)]

16 상수 $\alpha>0$, $\beta>0$에 대하여 확률변수 X의 확률밀도함수가 다음과 같다.[13)]

$$f(x)=cx^{\alpha-1}e^{-\left(\frac{x}{\beta}\right)^{\alpha}}, \quad x \geq 0$$

(a) 상수 c를 구하시오.

(b) X의 기댓값과 분산을 감마함수를 이용하여 구하시오($\Gamma(k)=\int_0^{\infty} x^{k-1}e^{-x}dx$).

(c) 확률변수 $Y=\left(\frac{X}{\beta}\right)^{\alpha}$라 할 때 $Y \sim \mathrm{Exp}(1)$임을 보이시오.

◈ **(17 ~ 20) 확률변수 X의 확률밀도함수가 다음과 같을 때**

$$f(x)=\frac{1}{2}\lambda e^{-\lambda|x-\mu|}, \quad -\infty<x<\infty$$

X는 모수가 λ와 μ인 라플라스 분포(Laplace distribution)를 따른다고 하고 $X \sim$ Laplace (λ, μ)로 나타낸다.

17 X가 모수가 $\lambda=1$, $\mu=0$인 라플라스 분포를 따를 때

(a) $P(X \geq 0)$을 구하시오.

(b) X의 기댓값과 분산을 구하시오.

18 X가 모수가 λ, 0인 라플라스 분포를 따를 때 적률생성함수를 구하시오.

---

12) 이러한 확률변수 Y를 모수 (λ, β)인 파레토 분포(Pareto distribution)를 따른다고 한다.

13) 이러한 분포를 스웨덴의 물리학자 Waloddi Weibull의 이름을 따서 베이불 분포(Weibull distribution)라 하고 $X \sim Wei(\alpha, \beta)$로 나타낸다. 베이불 분포는 생존분석, 신뢰성분석, 고장분석 등 여러 분야에서 사용되는 분포이다.

19 (a) $X \sim$ Laplace$(\lambda, 0)$이면 $|X| \sim \text{Exp}(\lambda)$임을 보이시오.

(b) $X \sim$ Laplace(λ, μ)이면 $|X - \mu| \sim \text{Exp}(\lambda)$임을 보이시오.

20 (a) $X, Y \sim \text{Exp}(\lambda)$이고 독립이면 $(X - Y) \sim$ Laplace$(\lambda, 0)$임을 보이시오.

(b) $X \sim \text{Exp}(\lambda_1)$, $Y \sim \text{Exp}(\lambda_2)$이고 독립이면 $(\lambda_1 X - \lambda_2 Y) \sim$ Laplace$(1, 0)$임을 보이시오.

3.5 정규분포

3.5.1 정규분포와 표준정규분포

다음 표는 병원에서 태어난 신생아 100명의 몸무게를 기록하여 놓은 것이다.(단위 : g)

2378	2555	2847	2911	2988	3011	3045	3078	3086	3105
3119	3143	3177	3189	3201	3207	3217	3222	3222	3233
3235	3249	3261	3273	3281	3295	3301	3307	3311	3319
3325	3325	3330	3337	3341	3345	3347	3355	3359	3366
3371	3374	3379	3384	3391	3395	3409	3411	3417	3418
3421	3421	3426	3429	3431	3437	3441	3449	3453	3458
3467	3471	3477	3480	3485	3489	3493	3506	3510	3519
3526	3535	3541	3547	3555	3561	3566	3573	3579	3584
3592	3612	3671	3632	3645	3649	3659	3662	3675	3681
3693	3721	3752	3769	3845	3879	3966	4011	4129	4376

다음 그림은 위의 자료를 구간의 크기가 각각 100(단위 : g)인 막대그래프로 나타낸 것이다.

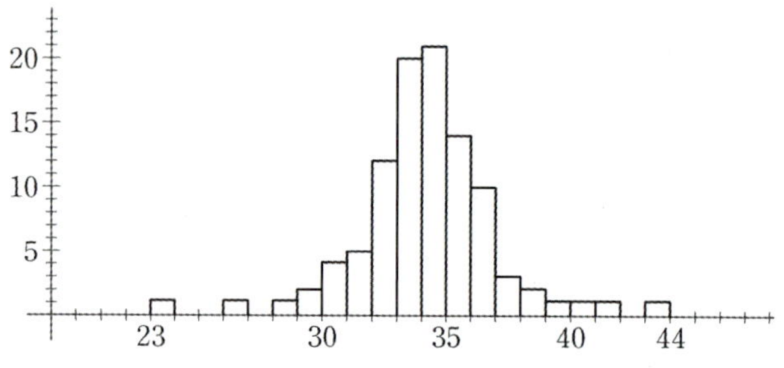

몸무게는 연속형 자료의 한 예인데 대부분의 연속형 자료들은 위의 그래프와 유사한 분포를 따른다. 즉, 자료들이

- 평균 근처에서 밀도가 가장 높고
- 평균에서 멀어질수록 밀도가 낮아지며
- 평균을 기준으로 하여 좌우대칭이다.

이러한 연속형 자료들의 분포는 **정규분포**(normal distribution)를 이용하여 나타낼 수 있는데 프랑스의 수학자 **드무아브르**(De Moivre)[14]에 의하여 처음 제시되었다. 그 후 정규분포의 확률 밀도함수는 독일의 수학자 **가우스**(Gauss, Carl F.)[15]에 의하여 수리적으로 유도되었다. 유로화가 사용되기 전 독일에서 쓰이던 화폐(10마르크)에는 가우스의 사진과 함께 정규분포의 확률 밀도함수가 그려져 있다. 가우스는 각종 물리학 실험의 계측오차에 대한 수학적 모형으로 정규분포를 사용하였다.

자연현상, 사회현상에 대한 실험이나 조사에서 얻어지는 자료들은 대부분 정규분포의 형태를 따른다. 또한 **중심극한정리**(central limit theorem)에 의하면 대부분의 확률표본에서 표본평균의 분포는 정규분포로 근사할 수 있다.

이 정리는 모집단이 따르는 분포에 관계없이 성립하며 통계적 추론에서 중요한 역할을 한다. 이러한 점에서 정규분포는 모든 분포 중에서 가장 핵심적인 역할을 한다.

연속확률분포 X의 확률밀도함수가

$$f(x) = \frac{1}{\sqrt{2\pi}\,\sigma} \exp\left(-\frac{(x-\mu)^2}{2\sigma^2}\right), \qquad -\infty < x < \infty$$

일 때 X는 모수가 (μ, σ^2)인 **정규분포**(normal distribution) 또는 **가우스 분포**를 따른다고 하고

$$X \sim N(\mu,\ \sigma^2)$$

으로 나타낸다. 이때 X의 기댓값과 분산은 각각 μ와 σ^2이 된다는 것이 알려져 있다.

14) De Moivre, Abraham, 1667~1754
15) Gauss, Carl Friedrich, 1777~1855

정규분포 $X \sim N(\mu,\, \sigma^2)$

- 확률분포 X의 확률밀도함수가

$$f(x) = \frac{1}{\sqrt{2\pi}\,\sigma} \exp\left(-\frac{(x-\mu)^2}{2\sigma^2}\right), \quad -\infty < x < \infty$$

일 때 확률변수는 모수가 $(\mu,\, \sigma^2)$인 정규분포를 따른다고 하고 $X \sim N(\mu,\, \sigma^2)$로 나타낸다.

- $E(X) = \mu,\ Var(X) = \sigma^2$

확률변수 X가 정규분포 $X \sim N(\mu,\, \sigma^2)$를 따를 때 X의 분포함수는

$$F(x) = P(X \le x) = \frac{1}{\sqrt{2\pi}\,\sigma} \int_{-\infty}^{x} \exp\left(-\frac{(t-\mu)^2}{2\sigma^2}\right) dt$$

이며 확률밀도함수와 분포함수의 그래프는 각각 다음과 같다.

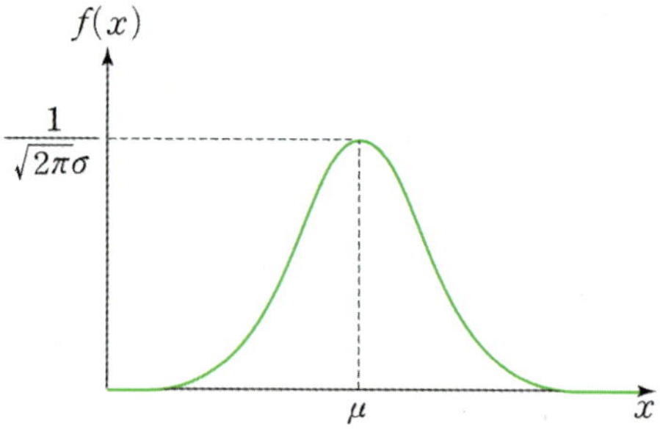

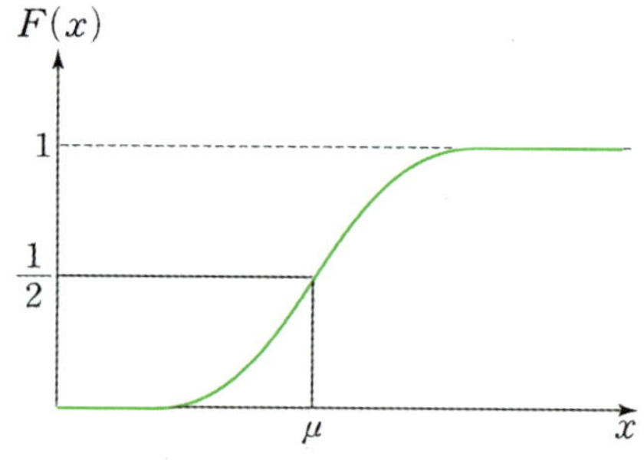

확률밀도함수의 정의로부터 모든 μ와 σ^2에 대하여 다음 성질들이 성립함을 알 수 있다.

$X \sim N(\mu, \sigma^2)$**의 확률밀도함수**

- 종 모양의 연속함수이다.
- $x = \mu$를 대칭축으로 하여 좌우대칭이다.
- $x = \mu$에서 최댓값 $1/(\sqrt{2\pi}\,\sigma)$을 갖는다.

정규분포는 기댓값 μ와 분산 σ^2에 의하여 결정되는데 확률밀도함수의 그래프가 μ와 σ에 따라 어떻게 변화하는지 아래 그림에서 보기로 하자. 왼쪽 그림은 기댓값은 동일하지만($\mu = 0$) 분산이 다른($\sigma^2 = 1, 4, 9$) 세 정규분포를 보여준다. 분산이 작을수록 분포는 기댓값 축에 집중된다. $\sigma^2 = 1$일 때 검은색 그래프, $\sigma^2 = 4$일 때 점선 그래프, $\sigma^2 = 9$일 때 초록색 그래프이다. 오른쪽 그림은 분산이 같고 기댓값이 다른 경우($\mu = -3$, $\mu = 0$, $\mu = 3$)인데 세 경우 모두 곡선의 모양은 같고 중심축의 위치만 다르다.

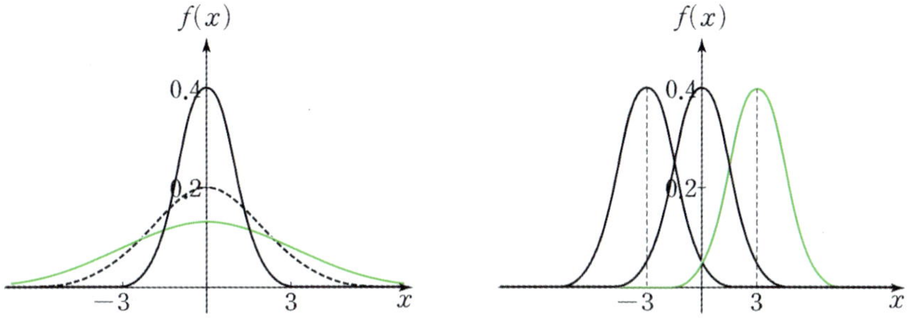

3.5.2 표준정규분포

기댓값이 0이고 분산이 1인 정규분포를 특히 **표준정규분포**(standard normal distribution)라 하고, 그 확률변수를 Z로 표기한다.

$$Z \sim N(0,\ 1)$$

표준정규확률변수 Z가 구간 $[a,\ b]$의 값을 취할 확률은

$$P(a \le Z \le b) = \frac{1}{\sqrt{2\pi}} \int_a^b e^{-\frac{1}{2}x^2} dx$$

이고, 이 값은 다음 그림에서 어두운 영역의 면적에 해당한다.

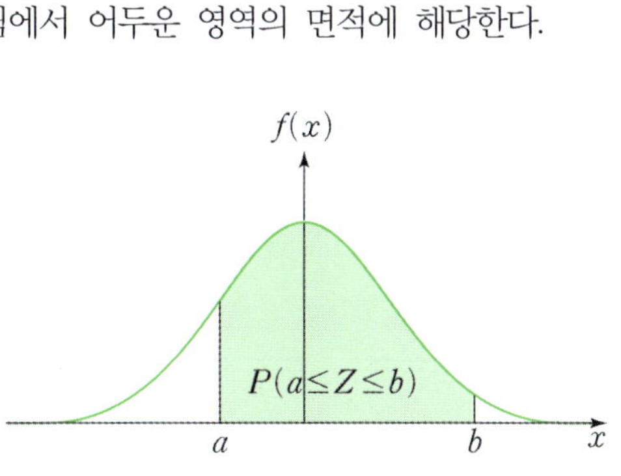

일반적으로 위의 적분은 초등적인 방법으로는 구할 수 없다. 그러나 이에 대한 수표(부록 D 정규분포표)가 만들어져 있어 수표를 이용하여 표준정규분포의 확률을 구할 수 있다. 표에 주어진 값은 주어진 점 $z(\geq 0)$의 왼쪽 부분의 면적이다. 즉, 주어진 값 z에 대하여

$$\Phi(z) = P(Z \leq z) = \frac{1}{\sqrt{2\pi}} \int_{-\infty}^{z} e^{-\frac{x^2}{2}} dx$$

값이 구하여져 있다. 이때 $\Phi(z)$를 **표준정규분포함수**(standard normal distribution function)라 한다.

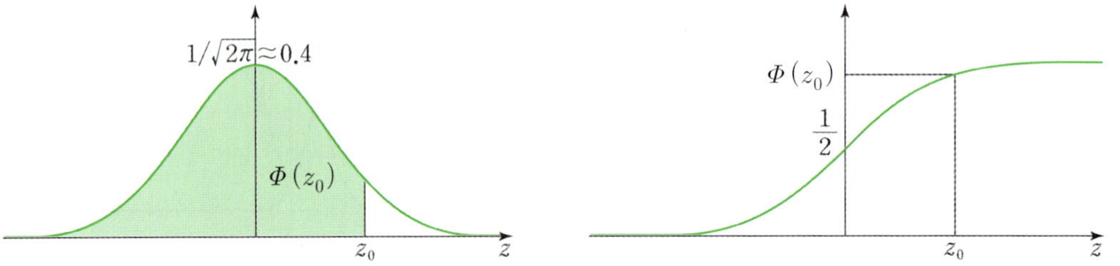

부록에 주어진 표준정규분포표와 확률의 성질을 이용하여 $P(Z \leq z)$의 확률을 읽는 법은 다음과 같다.

- 표의 첫 번째 세로줄(첫 열)은 z의 소수점 이하 첫 자리까지를 나타낸 것이고 표의 첫 번째 가로줄(첫 행)은 z의 소수점 아래 두 번째 자리 값이다.
- 예를 들어 $P(Z \leq 0.12)$를 구하려면 첫 열에서 0.1을 찾고 첫 행에서 0.02를 찾는다. 0.1이 포함된 행과 0.02가 포함된 열이 만나는 위치의 값을 읽으면 된다. 아래 그림에서 볼 수 있듯이 $P(Z \leq 0.12) = 0.5478$이다.

z	0.00	0.01	0.02	0.03	⋯
0.0	0.5000	0.5040	0.5080	0.5160	⋯
0.1	0.5398	0.5438	0.5478	0.5517	⋯
0.2	0.5793	0.5832	0.5871	0.5910	⋯
0.3	0.6179	0.6217	0.6255	0.6293	⋯
⋯	⋯	⋯	⋯	⋯	⋯

Note ▶ 표준정규분포를 엑셀을 이용하여 구하는 방법은 부록 C를 참고하기 바란다.

확률의 성질로부터 다음 관계식을 얻는다.

$$P(Z \geq z) = 1 - P(Z \leq z) = 1 - \Phi(z)$$
$$P(a \leq Z \leq b) = P(Z \leq b) - P(Z \leq a) = \Phi(b) - \Phi(a)$$

또한 표준정규분포는 y-축에 대하여 대칭이므로 음수$(-z)$에 대한 확률을 다음과 같이 구할 수 있다.

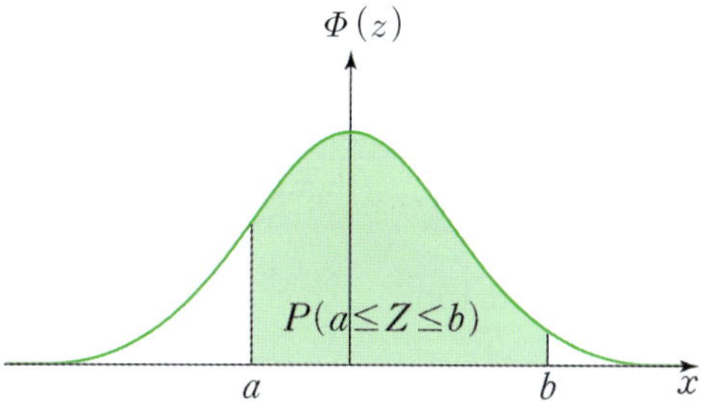

$$P(Z \le -z) = P(Z \ge z) = 1 - P(Z \le z) = 1 - \Phi(z)$$
$$P(Z \ge -z) = P(Z \le z) = \Phi(z)$$
$$P(|Z| \le z) = P(Z \le z) - P(Z \le -z) = \Phi(z) - (1 - \Phi(z)) = 2\Phi(z) - 1$$

표준정규분포함수 $\Phi(z)$

- $Z \sim N(0, 1)$일 때 Z의 누적분포함수 Φ를 표준정규분포함수라 한다.

$$\Phi(z) = P(Z \le z) = \frac{1}{\sqrt{2\pi}} \int_{-\infty}^{z} e^{-\frac{x^2}{2}} dx$$

- 표준정규분포함수 Φ에 대하여 다음 식이 성립한다.
  - $P(Z \ge z) = 1 - P(Z \le z) = 1 - \Phi(z)$
  - $P(Z \le -z) = P(Z \ge z) = 1 - \Phi(z)$
  - $P(a \le Z \le b) = P(Z \le b) - P(Z \le a) = \Phi(b) - \Phi(a)$

Note ▶ Z는 연속확률변수이므로 $P(Z \le z) = P(Z < z)$이다.

보기 1

Z가 표준정규확률변수일 때 다음 확률을 구하시오.

(a) $P(Z < 1)$ (b) $P(Z \ge 1)$ (c) $P(Z \le -1)$ (d) $P(|Z| \le 1)$

풀이 (a) 표준정규분포표에서 이 확률은 약 $\Phi(1) = 0.8413$이다.

(b) $P(Z \ge 1) = 1 - P(Z \le 1) = 0.1587$

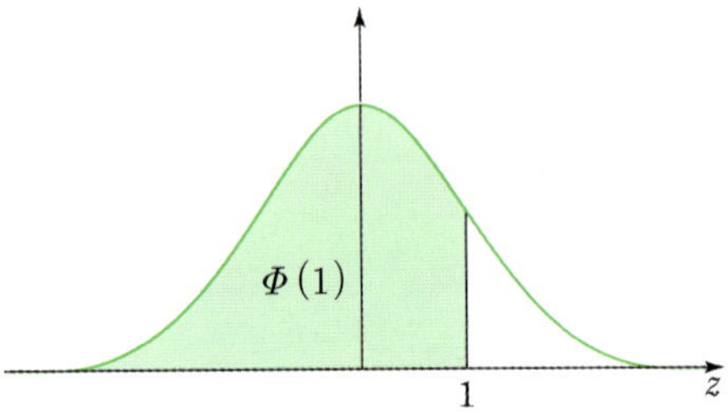

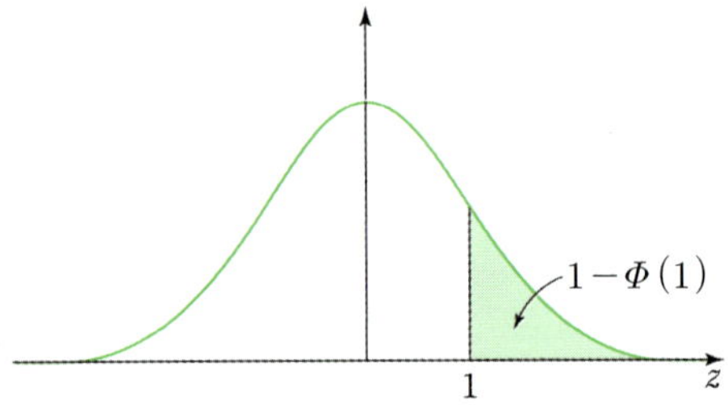

(c) $P(Z \leq -1) = P(Z \geq 1) = 0.1587$

(d) $P(|Z| \leq 1) = P(Z \leq 1) - P(Z \leq -1) = 2P(Z \leq 1) - 1 = 0.6826$

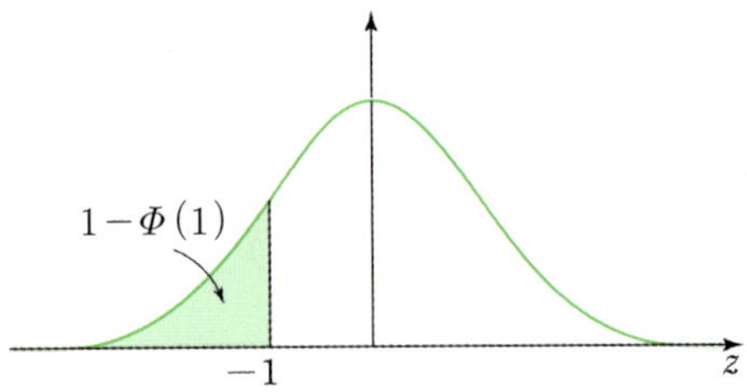

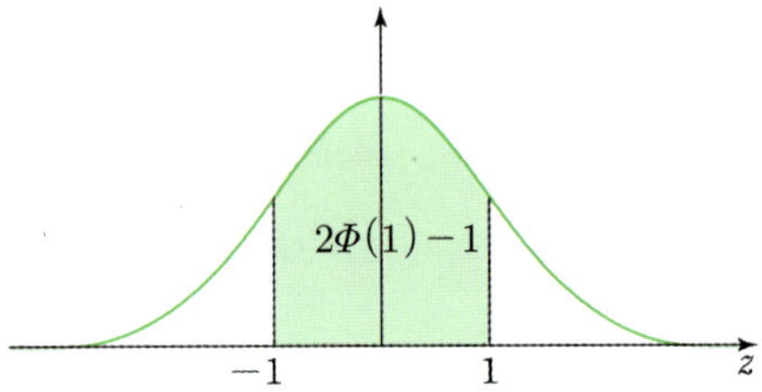

보기 1에서 (d)는 표준정규확률변수가 평균에서 표준편차 이내에 있을 확률이 68.26%임을 보여준다. 같은 방법으로 2배의 표준편차 이내에 있을 확률은 95.44%, 3배의 표준편차 이내에 있을 확률은 99.74%임을 알 수 있다.

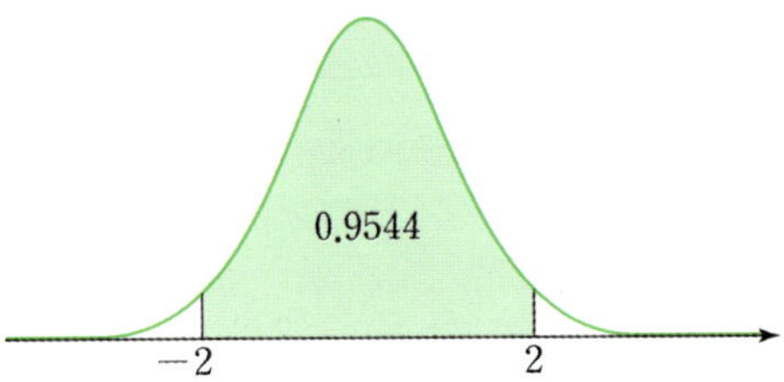

$P(-2 \leq Z \leq 2) = 0.9544$

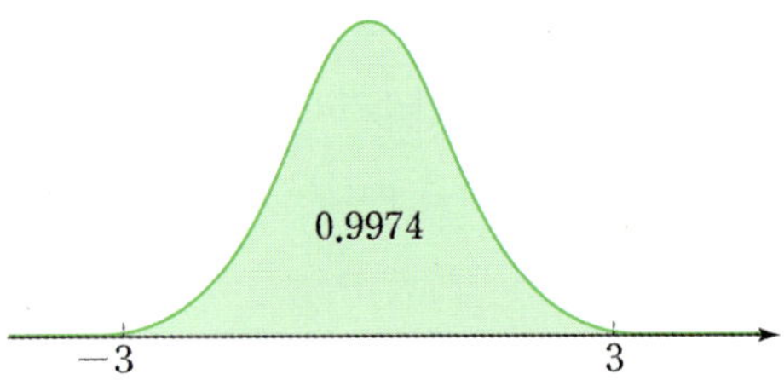

$P(-3 \leq Z \leq 3) = 0.9974$

보기 1에서 (b)와 (c) 형태의 확률을 각각 **오른쪽 꼬리 확률**, **왼쪽 꼬리 확률**이라 하고 $P(|Z| \geq z_0)$ 형태의 확률을 **양쪽 꼬리 확률**이라 한다. 즉 z_0은 양수일 때 다음과 같이 정의한다.

꼬리 확률

오른쪽 꼬리 확률 : $P(Z \geq z_0)$

왼쪽 꼬리 확률 : $P(Z \leq -z_0)$

양쪽 꼬리 확률 : $P(|Z| \geq z_0) = P(Z \leq -z_0) + P(Z \geq z_0)$

보기 2

Z가 표준정규분포를 따를 때 꼬리 확률이 각각 다음과 같은 z-값을 구하시오.

(a) 오른쪽 꼬리 확률 0.05 (b) 양쪽 꼬리 확률 0.05

풀이 (a) $P(Z \geq z) = 0.05$이면 $P(Z \leq z) = 0.95$인 z값을 찾아야 한다. 표준정규분포표에서 이 z는 근사적으로 1.645이다.

(b) $P(|Z| \geq z) = 0.05$이면 Z는 원점에 대하여 대칭이므로

$$P(Z \geq z) = P(Z \leq -z) = 0.025$$

이다. $P(Z < z) = 0.975$인 z를 찾으면 $z = 1.96$이다.[16)]

Note ▶ 꼬리 확률은 통계적 추론에서 중요한 역할을 한다. 오른쪽 꼬리 확률이 α인 z값을 z_α로 나타내며 다음 식을 만족하는 수이다.

$$P(Z \geq z_\alpha) = \alpha, \quad 0 \leq \alpha \leq 1$$

예를 들어, 보기 2에서

$$z_{0.05} = 1.645, \qquad z_{0.025} = 1.96$$

이다. 또한 다음 등식이 성립하는데 통계적 추론에서 중요한 역할을 하는 값들이므로 기억해두면 유용하다.

표준정규분포의 꼬리 확률값

$P(Z \geq 1.645) = P(Z \leq -1.645) = 0.05$

$P(Z \geq 1.96) = P(Z \leq -1.96) = 0.025$

$P(Z \geq 2.33) = P(Z \leq -2.33) = 0.01$

$P(|Z| \leq 1.645) = 0.90$, $P(|Z| \leq 1.96) = 0.95$, $P(|Z| \leq 2.58) = 0.99$

16) $P(Z \leq x) = p$인 값 x는 엑셀에서 =NORM.S.INV(p)을 입력하면 얻어진다. 예를 들어 =NORM.S.INV(0.95)를 입력하면 $z_{0.05} = 1.645$가 출력된다.
=NORM.S.INV(p)$= z_{1-p}$

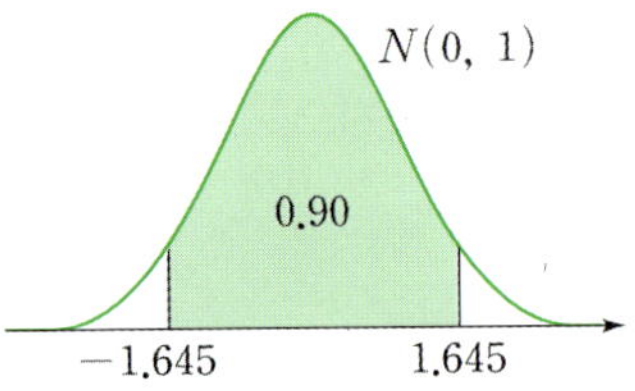

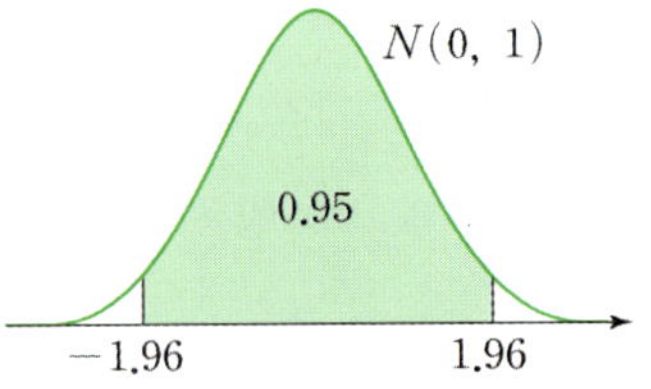

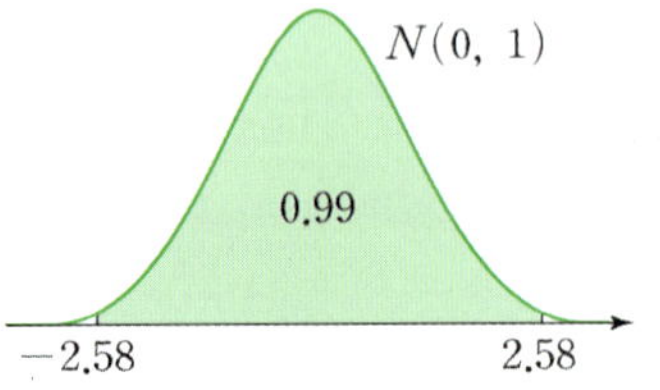

3.5.3 정규분포의 표준화

X가 평균 μ, 분산 σ^2인 확률변수라 하자.

$$E(aX+b) = aE(X)+b$$
$$Var(aX+b) = a^2 Var(X)$$

이므로 확률변수

$$\frac{X-\mu}{\sigma}$$

의 평균은 0, 분산은 1이다. 이러한 변환을 하는 과정을 **표준화한다**(standardize)고 한다.

이제 $X \sim N(\mu, \sigma^2)$의 누적분포함수 $P(X \le x)$를 표준정규분포함수 Φ를 이용하여 표현해 보기로 한다.

$$P(X \le x) = \frac{1}{\sqrt{2\pi}\,\sigma} \int_{-\infty}^{x} e^{-(t-\mu)^2/(2\sigma^2)} dt$$

에서 $z = \dfrac{t-\mu}{\sigma}$로 치환하면 $dz = \dfrac{1}{\sigma} dt$이고 우변은

$$\frac{1}{\sqrt{2\pi}} \int_{-\infty}^{\frac{x-\mu}{\sigma}} e^{-z^2/2} dz = \Phi\left(\frac{x-\mu}{\sigma}\right)$$

이다. 그러므로

$$P(X \le x) = P\left(\frac{X-\mu}{\sigma} \le \frac{x-\mu}{\sigma}\right) = \Phi\left(\frac{x-\mu}{\sigma}\right)$$

이 성립한다. 다시 말해서 X를 표준화한 변수는 표준정규분포를 따른다.

정규분포의 표준화

$$X \sim N(\mu, \sigma^2) \;\Leftrightarrow\; Z = \frac{X-\mu}{\sigma} \sim N(0,1)$$

임의의 정규확률변수는 표준화를 통하여 표준정규분포로 변환되므로 표준정규분포표를 이용하여 확률을 구할 수 있다. 다시 말해서 $X \sim N(\mu, \sigma^2)$이면 다음 식이 성립한다.

$$\begin{aligned} P(a \le X \le b) &= P\left(\frac{a-\mu}{\sigma} \le \frac{X-\mu}{\sigma} \le \frac{b-\mu}{\sigma}\right) \\ &= \Phi\left(\frac{b-\mu}{\sigma}\right) - \Phi\left(\frac{a-\mu}{\sigma}\right) \end{aligned}$$

보기 3

확률변수 X가 평균 17, 표준편차가 5인 정규분포를 따를 때 다음 확률을 구하시오.

(a) $P(X \le 11)$ (b) $P(X > 21)$ (c) $P(12 < X < 22)$

풀이 $Z = (X-17)/5$가 표준정규분포를 따른다.

(a) $$\begin{aligned} P(X \le 11) &= P\left(\frac{X-17}{5} \le \frac{11-17}{5}\right) \\ &= P(Z \le -1.2) = P(Z \ge 1.2) = 1 - P(Z < 1.2) = 0.1151 \end{aligned}$$

(b) $$\begin{aligned} P(X > 21) &= P\left(\frac{X-17}{5} > \frac{21-17}{5}\right) = P(Z > 0.8) \\ &= 1 - P(Z \le 0.8) = 0.2119 \end{aligned}$$

(c) $P(12 < X < 22) = P(-1 < Z < 1) = 2P(Z < 1) - 1 = 0.6826$

보기 4

어느 병원에서 태어난 신생아들의 체중은 평균 3.4, 표준편차 0.5(단위 : kg)인 정규분포를 따른다고 한다. 아기의 체중이 2.5kg 이하일 때는 저체중, 4.2kg 이상일 때는 과체중, 나머지 경우는 정상체중으로 분류한다. 오늘 태어난 신생아에 대하여 다음을 구하시오.

(a) 저체중일 확률 (b) 과체중일 확률 (c) 정상체중일 확률

풀이 확률변수 X를 신생아의 체중이라 한다면 $X \sim N(3.4,\ (0.5)^2)$이므로

$$Z = \frac{X-3.4}{0.5} = 2(X-3.4)$$

는 표준정규분포를 따른다. 따라서

(a) $P(X \le 2.5) = P(Z \le 2(2.5-3.4)) = P(Z \le -1.8)$

$= 1 - P(Z \le 1.8) = 0.0359$

(b) $P(X > 4.2) = P(Z > 1.6) = 1 - P(Z \le 1.6) = 0.0548$

(c) $P(2.5 < X \le 4.2) = 1 - P(X \le 2.5) - P(X > 4.2) = 0.9093$

3.5.4 정규분포의 적률생성함수

확률변수 Z가 표준정규분포를 따를 때 적률생성함수를 구해보자. 표준정규분포의 확률밀도함수는 $f(x) = \frac{1}{\sqrt{2\pi}} e^{-\frac{x^2}{2}}$ 이므로

$$m_Z(t) = \frac{1}{\sqrt{2\pi}} \int_{-\infty}^{\infty} e^{tx} e^{-\frac{x^2}{2}} dx = \frac{1}{\sqrt{2\pi}} \int_{-\infty}^{\infty} e^{-\frac{x^2}{2}+tx} dx$$

이다. 피적분함수 $e^{-\frac{x^2}{2}+tx}$의 지수부분을 따로 써보면

$$\begin{aligned} -\frac{x^2}{2} + tx &= -\frac{1}{2}(x^2 - 2tx) = -\frac{1}{2}[(x-t)^2 - t^2] \\ &= -\frac{1}{2}(x-t)^2 + \frac{t^2}{2} \end{aligned}$$

이고 $\frac{1}{\sqrt{2\pi}} e^{-\frac{1}{2}(x-t)^2}$은 정규분포 $N(t,\ 1)$의 확률밀도함수이므로

$$\frac{1}{\sqrt{2\pi}} \int_{-\infty}^{\infty} e^{-\frac{1}{2}(x-t)^2} dx = 1$$

이다. 따라서 Z의 적률생성함수는 다음과 같다.

$$\begin{aligned} m_Z(t) &= \frac{1}{\sqrt{2\pi}} \int_{-\infty}^{\infty} e^{-\frac{x^2}{2}+tx} dx \\ &= e^{\frac{t^2}{2}} \frac{1}{\sqrt{2\pi}} \int_{-\infty}^{\infty} e^{-\frac{1}{2}(x-t)^2} dx = e^{\frac{t^2}{2}} \end{aligned}$$

X가 평균이 μ이고 분산이 σ^2인 정규분포를 따를 때

$$\frac{X-\mu}{\sigma} = Z \sim N(0,1)$$

이므로 $X = \sigma Z + \mu$이다. 따라서 X의 적률생성함수는 다음과 같다.

$$\begin{aligned} m_X(t) &= E(e^{tX}) = E(e^{t\mu + t\sigma Z}) = e^{\mu t}E(e^{t\sigma Z}) \\ &= e^{\mu t}m_Z(\sigma t) = e^{\mu t}e^{\frac{\sigma^2 t^2}{2}} = \exp\left(\mu t + \frac{\sigma^2 t^2}{2}\right) \end{aligned}$$

정규분포의 적률생성함수

- $Z \sim N(0,1)$일 때, $m_Z(t) = e^{t^2/2}$
- $X \sim N(\mu, \sigma^2)$일 때, $m_X(t) = \exp\left(\mu t + \frac{\sigma^2 t^2}{2}\right)$

독립변수의 합의 적률생성함수는 각 적률생성함수의 곱으로 주어진다. 확률변수들이 독립이고 정규분포를 따르면 이 변수들의 합도 역시 정규분포를 따른다.

보기 5

$X_i \sim N(\mu_i, \sigma_i^2)$, $i = 1, 2$라고 하자. $X_1 + X_2$의 확률분포를 구하시오.

풀이 $m_{X_i}(t) = \exp\left(\mu_i t + \frac{\sigma_i^2 t^2}{2}\right)$이므로

$$\begin{aligned} m_{X_1+X_2}(t) &= m_{X_1}(t)m_{X_2}(t) \\ &= \exp\left[(\mu_1+\mu_2)t + \frac{(\sigma_1^2+\sigma_2^2)t^2}{2}\right] \end{aligned}$$

이다. 이 함수는 평균이 $\mu_1 + \mu_2$이고 분산이 $\sigma_1^2 + \sigma_2^2$인 정규분포의 적률생성함수이다. 따라서 $X_1 + X_2$도 정규분포를 따른다.

$$X_1 + X_2 \sim N(\mu_1 + \mu_2, \sigma_1^2 + \sigma_2^2)$$

3.5.5 이항분포와 정규분포

다음 그림에는 $p = 0.2,\ 0.7$인 경우 $n = 20,\ 50,\ 100$일 때 이항변수 $Bin(n,\ p)$의 확률질량함수의 그래프가 주어져 있다. n의 값이 커짐에 따라 표준정규분포에 근접함을 알 수 있다.

$$B(n, p) \approx N(np, npq)$$

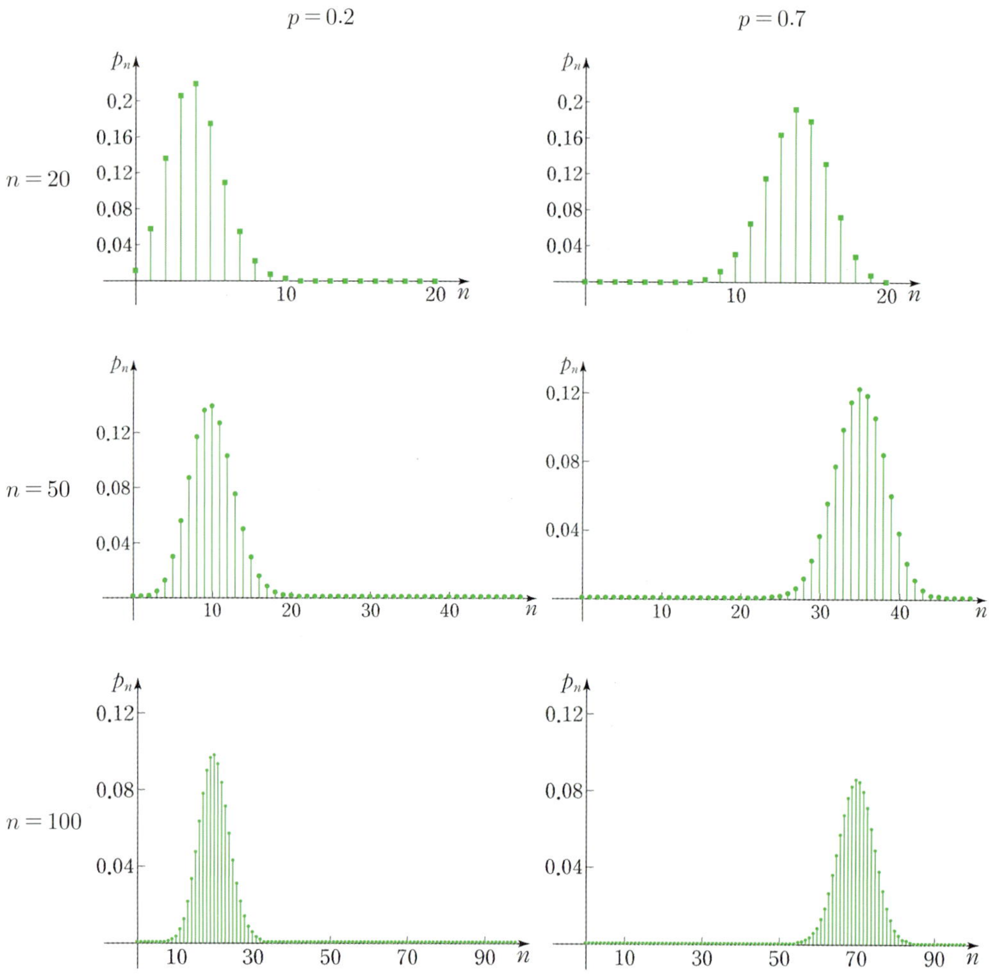

np와 $n(1-p)$가 모두 큰 경우(대략 10 이상) 이항분포의 근삿값을 정규분포를 이용하여 구할 수 있다. **드무아브르 라플라스 정리**(De Movire-Laplace Theorem)로 알려진 이 정리는 **중심극한정리**(Central limit theorem)의 특별한 경우이다. 이 결과는 1733년 **드무아브르**(De Moivre, A)[17]

17) De Moivre, Abraham, 1667~1754, 프랑스의 수학자

에 의하여 $p=1/2$ 인 경우 증명이 되었다. 1812년 **라플라스**(Laplace, P-S)[18]에 의하여 일반적인 p값에 대한 증명이 완성되었다.

드무아브르 라플라스 정리

확률변수 X가 이항분포 $Bin(n,p)$를 따르고 np와 $n(1-p)$가 적당히 크면 표준화변수

$$\frac{X-np}{\sqrt{np(1-p)}}$$

는 근사적으로 표준정규분포 $N(0,1)$을 따른다.

X는 이산확률변수이므로 연속확률변수로 근사할 때 다음과 같이 **연속성수정**을 하면 더 좋은 근삿값을 구할 수 있다. 즉, a, b가 정수일 때,

$$P(a \le X \le b) = P(a-0.5 \le X \le b+0.5)$$

임을 이용하여 다음과 같이 근사적으로 구한다. 여기서 Z는 표준정규확률변수이다.

$$P(a \le X \le b) \approx P\left(\frac{a-0.5-np}{\sqrt{np(1-p)}} \le Z \le \frac{b+0.5-np}{\sqrt{np(1-p)}}\right)$$

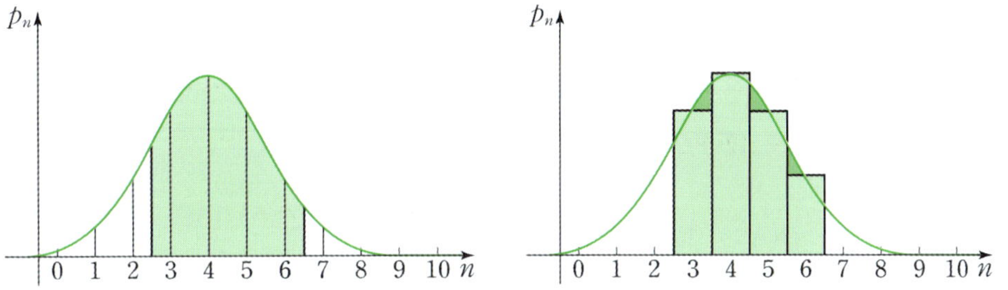

보기 6

멘델의 법칙에 의하면 분홍색의 꽃을 교배하였을 때 빨간색, 분홍색, 흰색의 꽃이 1 : 2 : 1의 비율로 나타난다고 한다. 분홍색 꽃끼리 재배하여 48송이의 꽃을 얻었을 때 빨간색 꽃이 정확히 12송이일 확률과 12송이 이하일 확률을 다음과 같은 방법으로 구하시오.

(a) 이항분포를 이용하여 (b) 정규근사를 이용하여

18) Laplace, Pierre-Simon, 1749~1827, 프랑스의 수학자, 물리학자, 천문학자, 통계학자

풀이 빨간색 송이 수를 X라고 하면 $X \sim Bin\left(48, \frac{1}{4}\right)$이므로

(a) 엑셀에서 BINOM.DIST(12, 48, 0.25, 0), BINOM.DIST(12, 48, 0.25, 1)을 입력하면 각각 다음 값을 얻는다.

$$P(X=12) = \binom{48}{12}\left(\frac{1}{4}\right)^{12}\left(\frac{3}{4}\right)^{36} \approx 0.1320$$

$$P(X \le 12) = \sum_{k=0}^{12}\binom{48}{k}\left(\frac{1}{4}\right)^{k}\left(\frac{3}{4}\right)^{48-k} \approx 0.5768$$

(b) $E(X) = 48 \cdot \frac{1}{4} = 12,\ V(X) = 48 \cdot \frac{1}{4} \cdot \frac{3}{4} = 9$이므로 표준정규분포를 이용하여 근사하면

$$\frac{X-12}{\sqrt{48 \cdot \frac{1}{4} \cdot \frac{3}{4}}} = \frac{X-12}{3} \approx N(0,1)$$

이다. 빨간색 꽃이 정확히 12송이일 확률은 연속성수정하여 계산하면

$$\begin{aligned} P(X=12) &= P(11.5 \le X \le 12.5) \\ &\approx P\left(\frac{-0.5}{3} \le Z \le \frac{0.5}{3}\right) \\ &= 2P\left(0 \le Z \le \frac{1}{6}\right) \approx 0.1324 \end{aligned}$$

이다. 이항분포를 이용하여 계산한 값 0.1320과 소수점 아래 셋째 자리까지 일치하는 근삿값을 얻는다. 또 12송이 이하일 확률은

$$\begin{aligned} P(X \le 12) = P(X \le 12.5) &= P\left(\frac{X-12}{3} \le \frac{1}{6}\right) \\ &\approx P\left(Z \le \frac{1}{6}\right) = 0.5662 \end{aligned}$$

이다.

연습문제 3.5 EXERCISES

01 확률변수 Z가 표준정규분포를 따르고 양의 실수 $a,\ b>0$에 대하여

$$P(Z \le a) = c, \quad P(Z \ge b) = d$$

일 때 다음 값을 $c,\ d$를 이용하여 나타내어라.

(a) $P(Z \ge a)$ (b) $P(Z \le -a)$ (c) $P(|Z| \le a)$

(d) $P(Z \le b)$ (e) $P(Z \ge -b)$ (f) $P(-b \le Z \le a)$

02 확률변수 Z가 표준정규분포를 따를 때 다음을 구하시오.

(a) $P(Z \le 1.9)$ (b) $P(Z \ge 1.9)$ (c) $P(Z \le -1.9)$

(d) $P(|Z| \le 1.9)$ (e) $P(Z \ge -1.1)$ (f) $P(-1.1 \le Z \le 1.9)$

03 확률변수 Z가 표준정규분포를 따를 때 다음 식을 만족하는 값 x를 구하시오.

(a) $P(Z \le x) = 0.7$ (b) $P(|Z| \le x) = 0.4$

(c) $P(0 \le Z \le x) = 0.3$ (d) $P(x \le Z \le 1.96) = 0.9$

04 $X \sim N(10, 25)$일 때 다음을 구하시오.

(a) $P(X < 11)$ (b) $P(X > 5)$

(c) $P(X \ge x_0) = 0.25$인 수 x_0

05 우리나라 40대 남성들의 혈압(수축기)은 평균이 125이고 표준편차가 20인 정규분포를 따른다고 한다. 140 이상일 때 고혈압, 90 이하일 때 저혈압으로 분류한다면 임의로 40대 남성 한 명을 선택했을 때

(a) 정상혈압일 확률을 구하시오.

(b) 고혈압일 확률을 구하시오.

(c) 저혈압일 확률을 구하시오.

06 생후 12개월인 유아의 키는 평균이 78 cm이고 표준편차가 3 cm인 정규분포를 따른다고 한다. 생후 12개월인 유아 한 명을 택할 때

(a) 키가 78 cm 이상 86 cm 이하일 확률을 구하시오.

(b) 키가 큰 25% 안에 들기 위해선 몇 cm 이상이어야 하는가?

07 어떤 자동차 회사에서 생산되는 자동차의 연비는 평균 14 km/L이고 표준편차가 2 km/L인 정규분포를 따른다고 한다. 당신이 이 회사의 자동차를 구입하였을 때 연비가 13.5 km/L 이상 17 km/L 이하일 확률을 구하시오.

08 IQ 검사결과는 평균 100, 표준편차 15인 정규분포를 따른다고 한다.

(a) 어떤 사람의 IQ가 130 이상일 확률은 얼마인가?

(b) 어떤 사람의 IQ가 90 이상 110 이하일 확률은 얼마인가?

09 대한민국 20대 남성의 키는 평균 173.5 cm, 표준편차 3.9 cm인 정규분포를 따른다고 한다. 20대 남성 중에서 키가 180 cm 이상은 몇 퍼센트인가?

10 확률변수 X가 정규분포 $N(\mu, \sigma^2)$을 따를 때, $P(|X-\mu| \le k\sigma) = 0.8$이 성립하도록 상수 k값을 정하시오.

11 정규분포 $N(\mu, \sigma^2)$을 따르는 확률변수 X에 대하여 다음 식이 성립할 때 상수 μ를 구하시오.

$$P(X \le 9) = P(X \ge 19)$$

12 어떤 회사에서 만든 두 종류의 배터리 A, B의 수명(단위 : 일)은 각각 $X \sim N(10, 4)$, $Y \sim N(12, 4)$인 정규분포를 따르고 두 배터리의 수명은 서로 독립이라 한다. 배터리가 수명을 다하면 바로 다른 배터리로 교체한다고 한다. 다음 경우 20일 이상 지속될 확률을 구하시오.

(a) 배터리 A를 두 개 사용

(b) 배터리 B를 두 개 사용

(c) 배터리 A 한 개, 배터리 B 한 개 사용

13 확률변수 X가 이항분포 $B\left(100, \frac{1}{2}\right)$를 따를 때 $P(55 \le X \le 65)$을 다음과 같이 구하시오.

(a) 이항분포로

(b) 연속성수정 없이 정규근사로

(c) 연속성수정하여 정규근사로

14 확률변수 X가 이항분포 $Bin\left(1200, \frac{1}{4}\right)$를 따를 때 다음 값을 근사적으로 구하시오.

(a) $P(270 \le X \le 330)$ (b) $P(X \ge 312)$

15 작년 A사 자동차보험에 가입한 사람의 수는 10000명이다. 한 해 동안 각 개인에게 자동차 사고가 발생할 확률은 0.001일 때 보험사가 적어도 3건을 보상해야 할 확률을 다음 방법으로 각각 구하시오.

(a) 이항분포 (b) 푸아송 근사 (c) 정규근사

◈ **(16 ~ 17) 중량이 500g으로 표기된 시리얼의 실제 중량은 평균 500g, 표준편차가 5g인 정규분포를 따른다.**

16 실중량이 490g 이하인 시리얼은 불량으로 분류한다고 한다.

(a) 100개들이 한 박스에 불량인 시리얼의 수는 어떤 분포를 따르는가?

(b) 100개들이 한 박스에 불량인 시리얼의 평균을 구하시오.

(c) 100개들이 한 박스에 불량인 시리얼이 하나 이하일 확률을 근사적으로 구하시오. 어떤 근사 방법을 사용하는 것이 타당한가?

17 실중량이 495g 이하인 시리얼을 불량으로 분류할 때 문제 16의 질문에 답하시오.

18 어느 과수원에서 생산되는 사과의 무게는 평균 420 g, 분산이 300 g^2인 정규분포를 따른다. 5 kg들이 상자에 12개의 사과를 담는데 총 중량이 4.95 kg 이하이면 함량 미달로 판정된다. 단, 사과 상자의 무게는 무시한다.

(a) 사과 한 상자의 무게를 X라고 할 때, X의 분포를 구하시오.

(b) 임의의 사과 상자가 함량 미달일 확률을 소수점 이하 네 자리까지 구하시오.

(c) 150개의 사과 상자를 백화점에 납품하였을 때 함량 미달인 사과 상자의 기댓값은 얼마인가?

(d) 함량 미달인 사과 상자에 대하여 백화점은 하나의 사과를 상자에 더 넣어줄 것을 요구하였다. 한 박스의 사과를 추가로 준비하여 갔을 때 백화점의 요구를 만족시키지 못할 확률을 정규근사를 이용하여 구하시오.

(e) 백화점의 요구를 만족시킬 확률이 95 이상이 되려면 최소한 몇 개의 사과를 추가로 준비하여야 하는가?

19 $X \sim N(\mu, \sigma^2)$일 때 $Y = e^X$라 하자.[19)]

(a) Y의 확률분포함수 $F_Y(y)$를 X의 확률분포함수 $F_X(x)$를 이용하여 나타내어라.

(b) Y의 확률밀도함수 $f_Y(y)$를 X의 확률밀도함수 $f_X(x)$를 이용하여 나타내어라.

(c) $E(Y)$, $Var(Y)$를 구하시오.

19) 이때 확률변수 Y는 **로그 정규분포**(log-normal distribution)를 따른다고 한다.

제 4 장

결합확률분포

지금까지 하나의 확률변수에 대한 결과를 다루었다. 그러나 현실에서 발생하는 확률적, 통계적 상황에는 여러 확률변수가 관여하는 경우가 많다. 예를 들어 기상 상태를 나타내는 데에는 온도, 습도, 풍향, 풍속 등이 서로 영향을 미치며, 어떤 사람의 건강 상태는 몸무게, 혈압, 콜레스테롤 수치, 체온 등을 같이 살펴보아야 한다. 이 장에서는 이렇게 서로 영향을 미치는 여러 요인들이 결합되었을 때 확률분포가 어떻게 정의되고 어떤 성질을 가지는지 알아보도록 한다. 이 교재에서는 두 확률변수에 대한 결과를 다루지만 세 개 이상의 확률변수에 대한 결과는 자연스러운 방식으로 확장이 가능하다.

4.1 결합확률분포

4.1.1 결합분포함수

두 확률변수 X와 Y의 **결합분포함수**는 실수 $x,\, y$에 대하여 다음과 같이 정의한다.

$$F(x,\, y) = P(X \le x,\, Y \le y)$$

이때 $(X \le x,\, Y \le y)$는 $X \le x$ 이고 $Y \le y$인 사건을 나타낸다. 확률변수 $X,\ Y$의 결합분포함수임을 드러내고 싶을 때는 $F_{X,Y}(x,\, y)$와 같이 나타낸다. 누적분포함수와 마찬가지로 $F(x,\, y)$는 확률이므로 모든 실수 $x,\, y$에 대하여 다음 부등식이 성립한다.

$$0 \le F(x,\, y) \le 1$$

결합분포함수 $F(x, y)$는 x, y 각각에 대하여 증가함수이다. 즉, $x_1 < x_2$, $y_1 < y_2$일 때 모든 x, y에 대하여 다음 부등식이 성립한다.

$$F(x_1, y) \le F(x_2, y), \quad F(x, y_1) \le F(x, y_2)$$

또한 모든 결합분포함수는 다음 성질을 만족한다.

$$\lim_{x \to -\infty} \lim_{y \to -\infty} F(x, y) = 0, \quad \lim_{x \to \infty} \lim_{y \to \infty} F(x, y) = 1$$

두 확률변수 X와 Y의 결합분포함수를 알면 필요한 모든 확률을 구할 수 있다. 특히 $a < b$, $c < d$일 때 사건 $a < X \le b,\ c < Y \le d$의 확률은 다음과 같이 구할 수 있다.

$$P(a < X \le b,\, c < Y \le d) = F(b,\, d) - F(a,\, d) - F(b,\, c) + F(a,\, c)$$

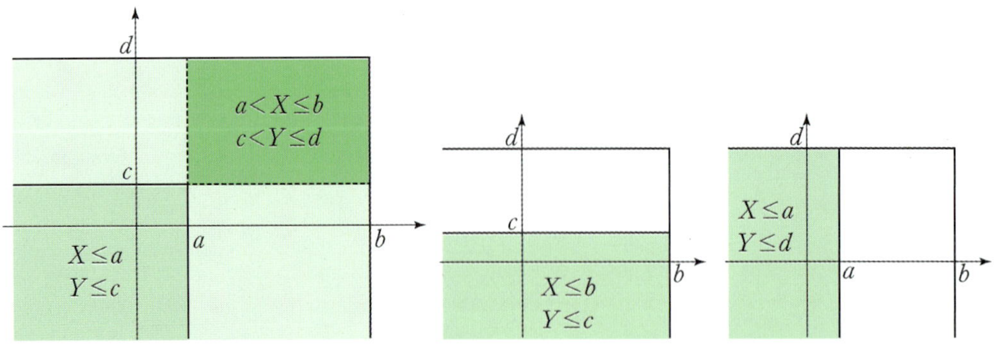

X와 Y의 결합분포함수가 주어지면 X, Y의 분포함수도 쉽게 구할 수 있는데 $F(x, y)$, X와 Y의 분포함수 $F_X(x)$, $F_Y(y)$ 사이에는 다음과 같은 관계가 성립한다.

$$F_X(x) = P(X \le x) = P(X \le x, Y < \infty) = \lim_{y \to \infty} F(x, y)$$
$$F_Y(y) = P(Y \le y) = P(X < \infty, X \le y) = \lim_{x \to \infty} F(x, y)$$

이때 X와 Y의 분포함수 $F_X(x)$, $F_Y(y)$를 각각 X, Y의 **주변분포함수**(marginal distribution function)라 부른다.

4.1.2 결합확률질량함수

주사위를 두 번 던졌을 때 첫 번째 주사위의 눈의 수를 X, 두 번째 주사위의 눈의 수를 Y라고 하자. 사건

$$(X, Y) = (i, j)$$

는 $X = i$이고 $Y = j$임을 의미한다. 이 사건은

$$X = i, \quad Y = j$$

로 나타내기도 한다. 모든 근원사건이 같은 확률을 가지는 등확률 모형에 따르면 $1 \le i \le 6$, $1 \le j \le 6$에 대하여

$$P(X = i, \ Y = j) = \frac{1}{36}$$

이다. 이때

$$p_{X, Y}(i, j) = P(X = i, Y = j) = \frac{1}{36}$$

를 X, Y의 **결합확률질량함수**(joint probability mass function)라 한다.

일반적인 이산확률변수의 결합확률질량함수는 다음과 같이 정의한다.

결합확률질량함수의 정의

X, Y가 모두 이산확률변수이면 X, Y의 결합확률질량함수 $p_{X,Y}(x, y)$를 다음과 같이 정의한다.

$$p_{X,Y}(x, y) = P(X = x,\ Y = y)$$

Note ▶ 결합확률질량함수는 혼란의 위험이 없으면 간단히 $p(x, y)$로 나타내기도 한다.

결합확률질량함수에서 $C = \{(x, y) : p_{X,Y}(x, y) > 0\}$에 포함되는 원소의 개수는 가산이며

$$\sum_{(x,y)\in C} p(x, y) = 1$$

이다. 일반적으로 X, Y의 결합확률질량함수 $p(x, y)$에 대하여 다음 사실들이 성립한다.

$$p(x, y) \geq 0$$
$$\sum_x \sum_y p(x, y) = \sum_y \sum_x p(x, y) = 1$$

보기 1

동전을 세 번 반복하여 던졌을 때 확률변수 X, Y를 다음과 같이 정의한다. X, Y의 결합확률질량함수 $p_{X,Y}(x, y)$를 구하시오.

X : 처음 던진 동전이 앞면이면 1, 아니면 0
Y : 앞면이 나온 횟수

풀이 동전을 세 번 던질 때 표본공간은 다음과 같다.

$$\Omega = \{\mathrm{HHH, HHT, HTH, THH, HTT, THT, TTH, TTT}\}$$

X는 0 또는 1의 값을, Y는 0, 1, 2, 3의 값을 취한다. 각 원소에 대하여 X, Y의 값을 구하면 다음과 같다.

	HHH	HHT	HTH	THH	HTT	THT	TTH	TTT
X	1	1	1	0	1	0	0	0
Y	3	2	2	2	1	1	1	0

확률변수의 값에 따라 다음과 같이 정리할 수 있다.

$(X=0,\ Y=0)=\{\mathrm{TTT}\}$　　$(X=1,\ Y=0)=\varnothing$

$(X=0,\ Y=1)=\{\mathrm{THT},\mathrm{TTH}\}$　　$(X=1,\ Y=1)=\{\mathrm{HTT}\}$

$(X=0,\ Y=2)=\{\mathrm{THH}\}$　　$(X=1,\ Y=2)=\{\mathrm{HHT},\mathrm{HTH}\}$

$(X=0,\ Y=3)=\varnothing$　　$(X=1,\ Y=3)=\{\mathrm{HHH}\}$

표본공간의 각 원소는 모두 확률 1/8을 가지므로 $p(i,\ j)=P(X=i,\ Y=j)$를 표로 나타내면 다음과 같다.

X \ Y	$j=0$	$j=1$	$j=2$	$j=3$
$i=0$	1/8	1/4	1/8	0
$i=1$	0	1/8	1/4	1/8

X의 주변확률질량함수(marginal probability mass function)는 i행의 모든 값을 더한 값으로 $P(X=i)$이다. 또한 Y의 주변확률질량함수는 j열의 모든 값을 더한 값 $P(Y=j)$이다. 보통 결합확률질량함수를 표로 나타낼 경우 행의 오른쪽 주변과 열의 아래 주변에 주변분포의 값을 적어준다.

결합확률질량함수와 주변확률질량함수

X, Y의 결합확률질량함수를 $p(x,\ y)$, $X,\ Y$의 (주변)확률질량함수를 각각 $p_X(x)$, $p_Y(y)$라 하면 다음 관계식이 성립한다.

$$\sum_y p(x,\ y)=p_X(x),\qquad \sum_x p(x,\ y)=p_Y(y)$$

보기 1에서 X와 Y의 주변확률질량함수를 추가하면 다음과 같다.

X \ Y	$j=0$	$j=1$	$j=2$	$j=3$	$P(X=i)$
$i=0$	1/8	1/4	1/8	0	1/2
$i=1$	0	1/8	1/4	1/8	1/2
$P(Y=j)$	1/8	3/8	3/8	1/8	1

따라서 X의 주변확률질량함수는

$$p_X(0) = p_X(1) = 0.5$$

이고 Y의 주변확률질량함수는 다음과 같다.

$$p_Y(0) = \frac{1}{8},\ \ p_Y(1) = p_Y(2) = \frac{3}{8},\ \ p_Y(3) = \frac{1}{8}$$

$a < b,\ c < d$일 때 사건 $a < X \le b,\ c < Y \le d$의 확률은 다음과 같이 구할 수 있다.

$$\begin{aligned} P(a < X \le b,\ c < Y \le d) &= \sum_{a < x \le b}\left(\sum_{c < y \le d} p(x,y)\right) \\ &= \sum_{c < y \le d}\left(\sum_{a < x \le b} p(x,y)\right) \end{aligned}$$

보기 2

두 확률변수 X, Y의 결합확률분포표가 다음과 같다.

X \ Y	0	1	2	3
0	0.1	0.1	0.07	0.05
1	0.05	0.1	0.1	0
2	0.05	0.05	0.04	0.05
3	0.08	0.06	0.08	0.02

(a) $P(0 \le X \le 2,\ 1 \le Y \le 3)$을 구하시오.

(b) $P(X = Y),\ P(X < Y)$를 구하시오.

(c) $E(X),\ E(Y)$를 구하시오.

풀이 (a) $P(0 \le X \le 2,\ 1 \le Y \le 3)$은 다음 표에서 어두운 사각형 부분의 합이다.

Y \ X	0	1	2	3
0	0.1	0.1	0.07	0.05
1	0.05	0.1	0.1	0
2	0.05	0.05	0.04	0.05
3	0.08	0.06	0.08	0.02

$$
\begin{aligned}
&P(0 \le X \le 2, 1 \le Y \le 3) \\
&\quad = 0.1 + 0.07 + 0.05 + 0.1 + 0.1 + 0 + 0.05 + 0.04 + 0.05 \\
&\quad = 0.56
\end{aligned}
$$

(b) $P(X = Y)$는 다음 표에서 대각선에 있는 값(큰 글씨)의 합이다.

$$P(X = Y) = 0.1 + 0.1 + 0.04 + 0.02 = 0.26$$

$P(X < Y)$는 다음 표에서 어두운 부분의 값의 합이다.

$$P(X < Y) = 0.1 + 0.07 + 0.05 + 0.1 + 0 + 0.05 = 0.37$$

Y \ X	0	1	2	3
0	**0.1**	0.1	0.07	0.05
1	0.05	**0.1**	0.1	0
2	0.05	0.05	**0.04**	0.05
3	0.08	0.06	0.08	**0.02**

(c) X, Y의 주변확률질량함수를 구하여 표를 작성하면 다음과 같다.

Y \ X	0	1	2	3	$P(X=i)$
0	0.1	0.1	0.07	0.05	0.32
1	0.05	0.1	0.1	0	0.25
2	0.05	0.05	0.04	0.05	0.19
3	0.08	0.06	0.08	0.02	0.24
$P(Y=j)$	0.28	0.31	0.29	0.12	1

따라서 X, Y의 기댓값은 각각 다음과 같다.

$$E(X) = 0 \cdot 0.32 + 1 \cdot 0.25 + 2 \cdot 0.19 + 3 \cdot 0.24 = 1.35$$
$$E(Y) = 0 \cdot 0.28 + 1 \cdot 0.31 + 2 \cdot 0.29 + 3 \cdot 0.12 = 1.25$$

보기 3

한 도시의 가구 중 20%는 자녀가 없고 30%는 한 자녀, 40%는 두 자녀, 10%는 세 자녀를 두고 있다. 각 자녀가 딸이거나 아들일 확률은 동일하며 자녀의 수와는 아무 상관이 없다고 한다. 이 도시에서 임의로 한 가구를 택할 때 딸의 수를 X, 아들의 수를 Y라 할 때 X, Y의 결합확률질량함수를 구하고 X와 Y의 주변확률질량함수를 구하시오.

풀이 자녀의 수를 W라 하면 $W = X + Y$이고 분포가 다음과 같다.

$$P(W=0)=0.2,\ P(W=1)=0.3,\ P(W=2)=0.4,\ P(W=3)=0.1$$

결합확률질량함수는 확률의 곱셈법칙을 이용하여 구할 수 있다. 예를 들어 딸이 둘, 아들이 하나일 확률은 자녀가 셋이고 그중 둘은 딸, 하나는 아들일 확률이므로

$$\begin{aligned} P(X=2, Y=1) &= P(X=2, Y=1 \mid W=3)P(W=3) \\ &= \binom{3}{2}(0.5)^2(0.5) \cdot 0.1 = 0.0375 \end{aligned}$$

이다. 같은 방법으로 확률을 구하여 확률분포표를 만들면 다음과 같다.

X \ Y	$j=0$	$j=1$	$j=2$	$j=3$	$P(X=i)$
$i=0$	0.2	0.15	0.1	0.0125	0.4625
$i=1$	0.15	0.2	0.0375	0	0.3875
$i=2$	0.1	0.0375	0	0	0.1375
$i=3$	0.0125	0	0	0	0.0125
$P(Y=j)$	0.4625	0.3875	0.1375	0.0125	1

보기 4

주사위를 두 번 던졌을 때 그중 작은 눈의 수[1]를 X_m, 큰 눈의 수를 X_M이라고 하자. X_m, X_M의 결합확률질량함수와 주변확률질량함수를 구하시오. 단, 두 눈의 수가 같은 경우 $X_m = X_M$이다.

1) 엄밀하게 말하자면 크지 않은 눈의 수

풀이 $X_m \le X_M$ 이므로 $x > y$ 이면

$$P(X_m = x,\ X_M = y) = 0$$

이다. 첫 번째 주사위의 눈의 수를 X, 두 번째 주사위의 눈의 수를 Y라 하면 $x = 1, 2, \cdots, 6$에 대하여

$$P(X_m = x,\ X_M = x) = P(X = x,\ Y = x) = \frac{1}{36}$$

이다. $1 \le x < y \le 6$이면

$$\{X_m = x,\ X_M = y\} = \{X = x,\ Y = y\} \cup \{X = y,\ Y = x\}$$

이므로

$$P(X_m = x,\ X_M = y) = P(X = x,\ Y = y) + P(X = y,\ Y = x) = \frac{2}{36}$$

이다. 이 결과를 표로 정리하면 다음과 같다. 이때 마지막 열은 X_m의 확률질량함수, 마지막 행은 X_M의 확률질량함수이다.

X_m \ X_M	1	2	3	4	5	6	$p_m(x)$
1	1/36	2/36	2/36	2/36	2/36	2/36	11/36
2	0	1/36	2/36	2/36	2/36	2/36	9/36
3	0	0	1/36	2/36	2/36	2/36	7/36
4	0	0	0	1/36	2/36	2/36	5/36
5	0	0	0	0	1/36	2/36	3/36
6	0	0	0	0	0	1/36	1/36
$p_M(y)$	1/36	3/36	5/36	7/36	9/36	11/36	1

4.1.3 결합확률밀도함수

실수 x, y에 대하여 항상 다음 식을 만족하는 함수 $f : \mathbb{R}^2 \to \mathbb{R}$가 존재하면 확률변수 X와 Y는 결합적으로 연속(jointly continuous)이라 한다.

$$F(x, y) = P(X \le x,\ Y \le y) = \int_{-\infty}^{x} \int_{-\infty}^{y} f(u, v)\, du\, dv$$

이때 $f(x, y)$는 X와 Y에 대한 결합확률밀도함수(joint probability density function) 또는 간

단히 결합밀도함수라 부른다. 이때 f가 연속인 (x, y)에 대하여 다음 식이 성립한다.

$$\frac{\partial^2}{\partial x \partial y} F(x, y) = f(x, y)$$

결합누적분포함수와 결합확률밀도함수

- 실수 x, y에 대하여 항상 다음 식을 만족하는 함수 $f: \mathbb{R}^2 \to \mathbb{R}$가 존재하면 확률변수 X와 Y는 **결합적으로 연속**이라 한다.

$$F(x, y) = P(X \le x,\ Y \le y) = \int_{-\infty}^{x} \int_{-\infty}^{y} f(u, v)\, du\, dv$$

- 함수 $f(x, y)$는 X와 Y에 대한 **결합확률밀도함수**라 부르며 f가 연속인 (x, y)에 대하여 다음 식이 성립한다.

$$\frac{\partial^2}{\partial x \partial y} F(x, y) = f(x, y)$$

X, Y의 확률밀도함수 $f_X(x)$, $f_Y(y)$를 각각 X, Y의 주변확률밀도함수(marginal probability density function)라 하는데 다음 식이 성립한다.

$$F_X(x) = \int_{-\infty}^{x} f_X(t)\, dt$$

$$F_X(x) = F(x, \infty) = \int_{-\infty}^{x} \int_{-\infty}^{\infty} f(t, y)\, dy\, dt$$

따라서 주변확률밀도함수 $f_X(x)$와 결합확률밀도함수 $f(x, y)$ 사이에 다음과 같은 관계식이 성립한다.

$$f_X(x) = \int_{-\infty}^{\infty} f(x, y)\, dy$$

같은 결과가 $f_Y(y)$와 $f(x, y)$ 사이에도 성립한다.

결합확률밀도함수와 주변확률밀도함수

결합적으로 연속인 확률변수 X와 Y의 결합확률밀도함수 $f(x, y)$와 주변확률밀도함수 f_X, f_Y는 다음 식을 만족한다.

$$f_X(x) = \int_{-\infty}^{\infty} f(x, y)\,dy, \quad f_Y(y) = \int_{-\infty}^{\infty} f(x, y)\,dx$$

확률변수 X, Y가 결합적으로 연속이면 다음 등식이 성립한다.

$$\begin{aligned} P(a < X \le b,\ c < Y \le d) &= P(a \le X \le b,\ c \le Y \le d) \\ &= P(a \le X \le b,\ c < Y \le d) \\ &= P(a < X \le b,\ c \le Y \le d) \\ &= F(b,d) - F(b,c) - F(a,d) + F(a,b) \end{aligned}$$

보기 5

확률변수 X, Y의 결합분포함수가 다음과 같을 때

$$F(x, y) = (1 - e^{-x})\left(1 - \frac{1}{y}\right), \quad 0 \le x < \infty,\ 1 \le y < \infty$$

(a) $P(1 \le X \le 2,\ 2 \le Y \le 3)$을 구하시오.

(b) X, Y의 결합확률밀도함수 $f(x, y)$를 구하시오.

(c) X, Y의 주변확률밀도함수 f_X, f_Y를 구하시오.

풀이 (a) $P(1 \le X \le 2,\ 2 \le Y \le 3)$

$$= F(2,3) - F(2,2) - F(1,3) + F(1,2)$$

$$= (1 - e^{-2})\frac{2}{3} - (1 - e^{-2})\frac{1}{2} - (1 - e^{-1})\frac{2}{3} + (1 - e^{-1})\frac{1}{2}$$

$$= \frac{1}{6}(e^{-1} - e^{-2}) \approx 0.0388$$

(b) $\dfrac{\partial}{\partial y} F(x, y) = \dfrac{1 - e^{-x}}{y^2}$ 이므로 결합확률밀도함수 $f(x, y)$는 다음과 같다.

$$f(x, y) = \frac{\partial^2}{\partial x \partial y} F(x, y)$$

$$= \frac{\partial}{\partial x}\left(\frac{1-e^{-x}}{y^2}\right) = \frac{e^{-x}}{y^2}, \quad 0 < x < \infty,\ 1 < y < \infty$$

(c) X, Y의 주변분포함수를 F_X, F_Y라 하면

$$F_X(x) = \lim_{y\to\infty} F_{X,Y}(x, y) = 1 - e^{-x}, \quad x \ge 0$$

$$F_Y(y) = \lim_{x\to\infty} F_{X,Y}(x, y) = 1 - \frac{1}{y}, \quad y \ge 1$$

이므로 X, Y의 주변확률밀도함수는 각각 다음과 같다.

$$f_X(x) = \frac{d}{dx}F_X(x) = e^{-x}, \quad x > 0$$

$$f_Y(y) = \frac{d}{dy}F_Y(y) = \frac{1}{y^2}, \quad y > 1$$

일반적으로 좌표평면의 영역 A에 대하여 확률변수의 쌍 (X, Y)가 A에 속할 확률은 다음과 같이 정의한다.

$$P((X, Y) \in A) = \iint_A f(x, y)dxdy$$

특히 A가 직사각형 $A = [a, b] \times [c, d]$이면 다음 식이 성립한다.

$$P((X, Y) \in A) = P(a \le X \le b,\ c \le Y \le d)$$
$$= \int_a^b \int_c^d f(x, y)dy\,dx = \int_c^d \int_a^b f(x, y)dx\,dy$$

보기 6

연속확률변수 X, Y의 결합확률밀도함수가 다음과 같다.

$$f(x, y) = c(x + y), \quad 0 \le x \le 2, \quad 0 \le y \le 10$$

(a) c의 값을 구하시오.

(b) $P(0 \le X \le 1,\ 2 \le Y \le 6)$을 구하시오.

(c) X, Y의 주변밀도함수 f_X, f_Y를 구하시오.

(d) X, Y의 주변분포함수 F_X, F_Y를 구하시오.

(e) X, Y의 결합분포함수 $F(x, y) = P(X \le x,\ Y \le y)$를 구하시오.

풀이 (a) $\int_0^2 \int_0^{10} c(x+y)dy\,dx = c\int_0^2 \left[xy + \frac{y^2}{2}\right]_{y=0}^{10} dx = c\int_0^2 (10x+50)dx$

$$= c[5x^2 + 50x]_0^2 = 120c = 1$$

이므로 $c = \frac{1}{120}$이다.

(b) $P(0 \le X \le 1,\ 2 \le Y \le 6) = \int_0^1 \int_2^6 \frac{1}{120}(x+y)dy\,dx$이고

$\int_2^6 (x+y)dy = \left[xy + \frac{y^2}{2}\right]_{y=2}^{6} = 4x + 16$이므로

$$P(0 \le X \le 1,\ 2 \le Y \le 6) = \frac{1}{120}\int_0^1 \int_2^6 (x+y)dy\,dx$$

$$= \frac{1}{120}\int_0^1 (4x+16)dx = \frac{18}{120} = \frac{3}{20}$$

(c) $0 \le x \le 2$일 때

$$f_X(x) = \int_{-\infty}^{\infty} f(x, y)\,dy = \int_0^{10} \frac{x+y}{120}dy = \left[\frac{xy}{120} + \frac{y^2}{240}\right]_{y=0}^{10} = \frac{x}{12} + \frac{5}{12}$$

$0 \le y \le 10$일 때

$$f_Y(y) = \int_{-\infty}^{\infty} f(x, y)\,dx = \int_0^{2} \frac{x+y}{120}dx = \left[\frac{x^2}{240} + \frac{xy}{120}\right]_{x=0}^{2} = \frac{1}{60} + \frac{y}{60}$$

(d) $x < 0$일 때 $F_X(x) = 0$, $x > 2$일 때 $F_X(x) = 1$이다. $0 \le x \le 2$일 때

$$F_X(x) = \int_0^x f_X(t)dt = \frac{1}{24}x^2 + \frac{5}{12}x$$

$y < 0$일 때 $F_Y(y) = 0$, $y > 10$일 때 $F_Y(y) = 1$이다. $0 \le y \le 10$일 때

$$F_Y(y) = \int_0^y f_Y(t)dt = \frac{1}{60}y + \frac{1}{120}y^2$$

(e) $x < 0$ 또는 $y < 0$이면 $F(x, y) = 0$, $x \ge 2$이고 $y \ge 10$이면 $F(x, y) = 1$이다.

$0 < x < 2$, $0 < y < 10$이면

$$F(x, y) = P(X \le x,\ Y \le y) = \frac{1}{120}\int_0^x \int_0^y (u+v)\,dv\,du$$

$$= \frac{1}{120}\int_0^x \left(yu + \frac{y^2}{2}\right)du = \frac{1}{240}(x^2y + xy^2)$$

$0 < x < 2,\ y \ge 10$이면 $F(x, y) = F(x, 10) = F_X(x) = \frac{1}{24}(x^2 + 10x)$

$x \ge 2,\ 0 \le y \le 10$이면 $F(x, y) = F(2, y) = F_Y(y) = \frac{1}{120}(y^2 + 2y)$

결합확률밀도함수 $f(x, y)$는 점 (x, y)에서 확률변수의 쌍 (X, Y)가 일어날 상대적 가능성을 의미한다. 예를 들어

$$f(1, 1) = 2f(0, 0)$$

이면 점 $(1,1)$이 일어날 가능성은 점 $(0, 0)$이 일어날 가능성의 2배임을 의미한다. 다시 말해서

$$P(0 \le X \le \Delta x, 0 \le Y \le \Delta y) \approx f(0,0)\Delta x \Delta y$$
$$P(1 \le X \le 1 + \Delta x, 1 \le Y \le 1 + \Delta y) \approx f(1, 1)\Delta x \Delta y = 2f(0, 0)\Delta x \Delta y$$

이므로 다음 관계식이 성립한다.

$$P(1 \le X \le 1 + \Delta x, 1 \le Y \le 1 + \Delta y) \approx 2P(0 \le X \le \Delta x, 0 \le Y \le \Delta y)$$

좌표평면에서 넓이가 0보다 큰 유한한 영역 A를 생각하자. A의 모든 점이 일어날 가능성이 같다면, 확률밀도함수는

$$f(x, y) = \begin{cases} c, & (x, y) \in A \\ 0, & (x, y) \notin A \end{cases}$$

이고 $\iint_A c\,dx\,dy = c\ \mathrm{Area}(A)$이므로 $c = \frac{1}{\mathrm{Area}(A)}$이다. 따라서 A의 부분집합 B에 대하여 B가 일어날 확률은 다음과 같다.

$$P((X, Y) \in B) = \frac{1}{\mathrm{Area}(A)}\iint_B 1\,dx\,dy = \frac{\mathrm{Area}(B)}{\mathrm{Area}(A)}$$

보기 7

확률변수 X, Y의 결합밀도함수가 다음과 같을 때 주어진 값을 구하시오.

$$f(x, y) = c,\ 0 \le x \le 3,\ 0 \le y \le 2$$

(a) c (b) $P(1 \le X \le 2.5,\ 1 \le Y \le 2)$

(c) $P(X \le Y)$ (d) $P(X^2 + Y^2 \le 4)$

풀이 (a) $\int_0^2 \int_0^3 c\, dx\, dy = 6c = 1$이므로 $c = \frac{1}{6}$

(b) $P(1 \le X \le 2.5,\ 1 \le Y \le 2) = \frac{1.5 \cdot 1}{6} = \frac{1}{4}$

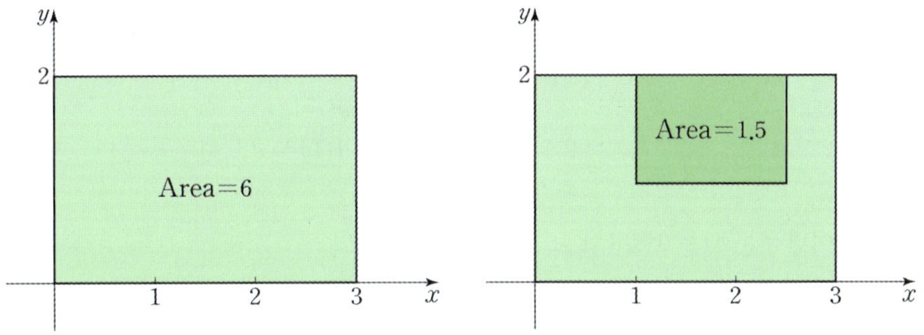

(c) $P(X \le Y) = \int_0^2 \int_0^y \frac{1}{6} dx\, dy = \int_0^2 \frac{1}{6} y\, dy = \left[\frac{1}{12} y^2\right]_0^2 = \frac{1}{3}$

(d) 반지름이 2인 4분원의 넓이는 π이므로 $P(X^2 + Y^2 \le 4) = \frac{\pi}{6}$이다.

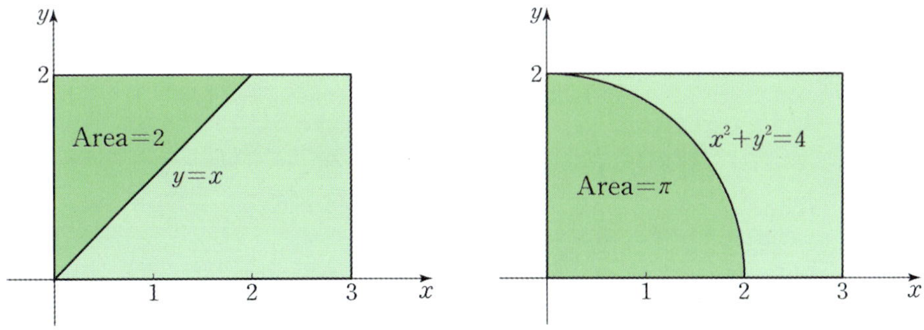

보기 8

X, Y의 결합확률밀도함수 $f(x, y)$가 다음과 같을 때 다음을 구하시오.

$$f(x, y) = 2e^{-x}e^{-2y}, \quad 0 \le x < \infty, \quad 0 \le y < \infty$$

(a) $P(X<1, Y>1)$ (b) $f_X(x)$ (c) $f_Y(y)$

풀이 (a)
$$\begin{aligned} P(X<1, Y>1) &= \int_1^{\infty}\int_{-\infty}^{1} f(x, y)\,dx\,dy \\ &= \int_1^{\infty}\int_0^1 2e^{-x}e^{-2y}\,dx\,dy \\ &= 2\int_1^{\infty} e^{-2y}dy \int_0^1 e^{-x}dx \\ &= 2\left[\frac{1}{-2}e^{-2y}\right]_1^{\infty}\left[\frac{1}{-1}e^{-x}\right]_0^1 \\ &= 2\cdot\frac{e^{-2}}{2}\cdot(-e^{-1}+1) = e^{-2}(1-e^{-1}) \end{aligned}$$

(b) $x<0$이면 $f_X(x)=0$이고 $x \ge 0$이면

$$\begin{aligned} f_X(x) = \int_{-\infty}^{\infty} f(x, y)dy &= \int_0^{\infty} 2e^{-x}e^{-2y}dy \\ &= e^{-x}\int_0^{\infty} 2e^{-2y}dy \\ &= e^{-x}\left[\frac{2}{-2}e^{-2y}\right]_0^{\infty} = e^{-x} \end{aligned}$$

이다.

(c) (b)와 같은 방법으로 $y<0$이면 $f_Y(y)=0$이고 $y \ge 0$이면

$$\begin{aligned} f_Y(y) &= \int_{-\infty}^{\infty} f(x, y)dx = \int_0^{\infty} 2e^{-x}e^{-2y}dx \\ &= 2e^{-2y}\int_0^{\infty} e^{-x}dx \\ &= 2e^{-2y}[-e^{-x}]_0^{\infty} = 2e^{-2y} \end{aligned}$$

이다. 이때 $f_{X,Y}(x, y) = f_X(x)f_Y(y)$이다.

4.1.4 독립변수

두 사건 A, B는 다음 조건을 만족할 때 독립이라 정의하였다.

$$P(A \cap B) = P(A)P(B)$$

두 확률변수 X, Y가 독립이라는 것은 이 성질을 자연스럽게 확장한 것이다. 임의의 실수 x, y에 대하여 사건 $\{X \le x\}$와 $\{Y \le y\}$가 독립이면, 다시 말해서 다음 식이 성립하면 확률변수 X와 Y는 독립(independent)이라 한다.

$$P(X \le x, Y \le y) = P(X \le x)P(Y \le y)$$

이 조건을 X와 Y의 결합분포함수 F와 주변분포함수 F_X, F_Y를 이용하여 나타내면 다음과 같다.

$$F(x, y) = F_X(x)F_Y(y)$$

독립변수

X와 Y의 결합분포함수가 F, X와 Y의 주변분포함수가 각각 F_X, F_Y일 때 임의의 실수 x, y에 대하여

$$F(x, y) = F_X(x)F_Y(y)$$

이면 X와 Y는 독립이라 한다. 독립이 아닌 확률변수들은 **종속관계**에 있다고 한다.

이산확률변수인 경우 X, Y가 독립인 것은 임의의 m, n에 대해 두 사건 $\{X = m\}$과 $\{Y = n\}$이 독립인 것과 필요충분조건이다.

$$P(X = m, Y = n) = P(X = m)P(Y = n)$$

X와 Y의 결합확률질량함수 $p(m, n)$과 X와 Y의 확률질량함수 p_X, p_Y를 이용하면 이 조건은 다음과 같이 쓸 수 있다.

$$p(m, n) = p_X(m)p_Y(n)$$

결합적으로 연속인 경우 X와 Y가 독립인 것은 임의의 실수 x, y에 대해 다음 식이 성립하는 것과 동치이다.

$$f(x, y) = f_X(x)f_Y(y)$$

이때 f, f_X, f_Y는 각각 결합확률밀도함수, X, Y의 주변확률밀도함수이다. 증명은 연습문제로 남긴다.

독립변수일 필요충분조건

확률변수 X와 Y가 독립인 것은 다음과 동치이다.

- 이산인 경우 임의의 실수 m, n에 대하여 $p(m, n) = p_X(m)p_Y(n)$
- 연속인 경우 임의의 실수 x, y에 대하여 $f(x, y) = f_X(x)f_Y(y)$

보기 9

(a) 주사위를 두 번 던졌을 때 첫 번째 주사위의 눈의 수를 X, 두 번째 주사위의 눈의 수를 Y라고 하자. $1 \le i \le 6$, $1 \le j \le 6$에 대하여

$$P(X=i,\ Y=j) = \frac{1}{36}$$

이고 $P(X=i)P(Y=j) = \frac{1}{6} \cdot \frac{1}{6} = \frac{1}{36}$이므로 X와 Y는 독립이다.

(b) (보기 4) 주사위를 두 번 던졌을 때 그중 작은 눈의 수를 X_m, 큰 눈의 수를 X_M이라 하자. $6 \ge i > j \ge 1$이면

$$P(X_m = i,\ X_M = j) = 0$$

이지만 $P(X_m = i) > 0$, $P(X_M = j) > 0$이므로

$$P(X_m = i, X_M = j) \ne P(X_m = i)P(X_M = j)$$

이다. 따라서 X_m와 X_M는 독립이 아니다.

(c) (보기 6) X, Y의 결합확률밀도함수 $f(x, y)$와 X, Y의 주변확률밀도함수 f_X, f_Y는 각각 다음과 같다.

$$f(x, y) = \frac{1}{120}(x+y), \quad 0 \le x \le 2, \quad 0 \le y \le 10$$

$$f_X(x) = \frac{1}{12}(x+5), \quad 0 < x < 2$$

$$f_Y(y) = \frac{1}{60}(y+1),\ 0 < y < 10$$

따라서 $f_{X,Y} \neq f_X f_Y$ 이고 X와 Y는 독립이 아니다.

(d) (보기 8) X, Y의 결합확률밀도함수 $f(x, y)$가 다음과 같을 때

$$f(x, y) = 2e^{-x}e^{-2y}, \quad 0 \le x < \infty,\ 0 \le y < \infty$$

X, Y의 확률밀도함수는 각각 다음과 같다.

$$f_X(x) = e^{-x}\ \ (x \ge 0), \quad f_Y(y) = 2e^{-2y}\ \ (y \ge 0)$$

따라서 $f(x, y) = f_X(x) f_Y(y)$이 성립하고 X와 Y는 독립이다.

보기 10

X, Y의 연속확률밀도함수가 $f(x, y) = 8xy,\ 0 < x < y < 1$일 때 X, Y의 주변확률밀도함수를 각각 구하고 X, Y가 독립이 아님을 보이시오.

풀이 $0 < x < 1$일 때 y는 $x < y < 1$에서 $f(x, y) = 8xy$이므로

$$f_X(x) = \int_x^1 8xy\,dy = 8x\int_x^1 y\,dy = 8x\left[\frac{1}{2}y^2\right]_x^1 = 4x(1-x^2)$$

$0 < y < 1$일 때 $0 < x < y$에서 $f(x, y) = 8xy$이므로

$$f_Y(y) = \int_0^y 8xy\,dx = 8y\int_0^y x\,dx = 4y^3$$

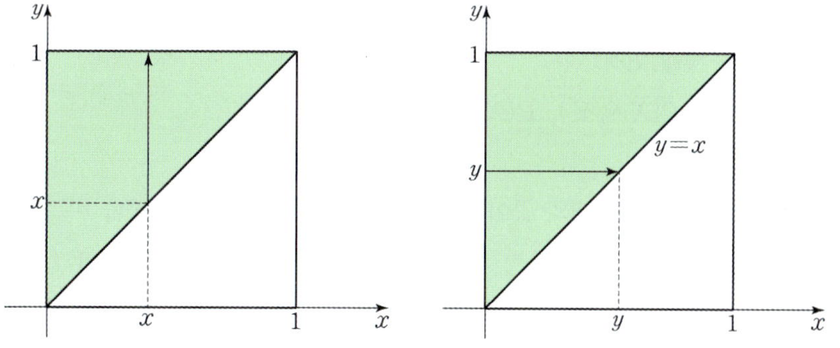

$f(x, y) \neq f_X(x) f_Y(y)$이므로 X, Y는 독립이 아니다.

연습문제 4.1 EXERCISES

01 두 변수 X, Y의 결합확률분포 $p(x, y) = P(X=x,\ Y=y)$가 다음과 같다.

$$p(x, y) = \begin{cases} \frac{1}{3}, & (x, y) = (1,1), (1,2), (2,1) \\ 0, & \text{기타} \end{cases}$$

(a) X와 Y의 주변확률질량함수를 각각 구하시오.

(b) X와 Y는 독립인가?

(c) X, Y의 기댓값과 분산을 구하시오.

(d) XY의 기댓값과 분산을 구하시오.

02 두 변수 X, Y의 결합확률분포 $p(x, y) = P(X=x,\ Y=y)$가 다음과 같다.

$$p(1, 1) = 0.2 \qquad p(1, 2) = 0.3 \qquad p(2, 1) = 0.4 \qquad p(2, 2) = 0.1$$

(a) X와 Y의 주변확률질량함수를 각각 구하시오.

(b) X와 Y는 독립인가?

(c) 확률 $P(XY \le 2)$, $P(X+Y > 2)$을 구하시오.

03 확률변수 X, Y의 결합확률질량함수가 다음과 같다.

$$p(x, y) = k(x+y),\ \ x = 1, 2, 3,\ \ y = 1,2,3,4$$

(a) 상수 k의 값을 구하시오.

(b) X와 Y의 주변확률질량함수를 각각 구하시오.

(c) X와 Y는 독립인가?

(d) $P(X=Y)$, $P(X<Y)$, $P(X>Y)$를 구하시오.

04 주머니에 1, 2, 3이 쓰인 3개의 공이 들어 있다. 주머니에서 2개의 공을 비복원추출로 꺼낼 때 처음 꺼낸 공에 쓰인 수를 X, 두 번째 꺼낸 공에 쓰인 수를 Y라 하자.

(a) (X, Y)의 결합확률질량함수를 구하시오.

(b) X와 Y는 독립인가?

(c) 확률 $P(XY \le 4)$, $P(X+Y > 4)$을 구하시오.

05 확률변수 X, Y의 결합확률분포가 다음과 같다.

X \ Y	0	1	2	3
0	0.1	0.05	0.04	0.05
1	0.06	0.08	0.1	0.04
2	0.05	0.1	0.05	0.04
3	0.04	0.05	0.04	0.11

(a) X와 Y의 주변확률질량함수를 각각 구하시오.

(b) X와 Y는 독립인가?

(c) 확률 $P(X \leq Y)$, $P(X+Y>2)$을 구하시오.

06 보기 7에 대하여

(a) X, Y의 주변확률밀도함수 f_X, f_Y를 구하시오.

(b) X, Y의 결합분포함수 $F(x, y)$를 구하시오.

07 두 변수 X, Y의 결합확률질량함수 $p(x, y) = P(X=x, Y=y)$가 다음과 같다.

$$p(x, y) = c\frac{3^{x+y}}{x!y!}, \quad x = 0, 1, 2, \cdots, \quad y = 0, 1, 2, \cdots$$

(a) 상수 c를 구하시오.

(b) X와 Y의 확률분포를 각각 구하시오.

(c) X와 Y는 독립인가? 그 이유를 설명하시오.

08 X, Y의 결합확률질량함수가 자연수 m, n에 대하여 다음과 같이 주어졌다.

$$p_{X,Y}(m, n) = \begin{cases} \dfrac{1}{2^{m+1}}, & m \geq n \\ 0, & m < n \end{cases}$$

X의 확률질량함수 $p_X(m)$과 Y의 확률질량함수 $p_Y(n)$을 구하시오.

09 $0 < a, b < 1$에 대하여 X, Y의 결합확률질량함수가 다음과 같이 주어졌다.

$$p_{X,Y}(n, m) = ca^n b^m, \quad n, m = 0, 1, 2, \cdots$$

(a) 상수 c를 구하시오.

(b) X의 확률질량함수 $p_X(n)$과 Y의 확률질량함수 $p_Y(m)$을 구하시오.

(c) X와 Y는 독립인가?

10 문제 9에서 다음 확률을 구하시오.

(a) $P(X=Y)$　　　　(b) $P(X \geq Y)$

11 연속확률변수 X, Y의 결합분포함수 $F(x, y)$가 다음과 같이 주어져 있다.

$$F(x, y) = 1 - \frac{1}{x} - \frac{1}{y} + \frac{x+y}{x^2 y^2}, \qquad x > 1,\ y > 1$$

(a) X와 Y의 주변확률분포함수를 각각 구하시오.

(b) X와 Y의 주변확률밀도함수를 각각 구하시오.

(c) X, Y의 결합확률밀도함수를 구하시오.

(d) X와 Y는 독립인가?

12 연속확률변수 X, Y의 결합확률밀도함수가 다음과 같이 주어졌다.

$$f_{X,Y}(x, y) = \begin{cases} kxy, & 0 < x < 1,\ 0 < y < 1 \\ 0, & \text{기타} \end{cases}$$

(a) 상수 k의 값을 구하시오.

(b) X와 Y의 주변확률밀도함수를 각각 구하시오.

(c) X와 Y는 독립인가?

13 연속확률변수 X, Y의 결합확률밀도함수가 다음과 같이 주어져 있다.

$$f_{X,Y}(x, y) = \begin{cases} k, & 0 < x < 2,\ 0 < y < 4 \\ 0, & \text{기타} \end{cases}$$

(a) 상수 k의 값을 구하시오.

(b) X와 Y의 주변확률밀도함수를 각각 구하시오.

(c) 확률 $P(X \leq 1, Y \leq 2)$를 구하시오.

(d) 확률 $P(X+Y \leq 3)$를 구하시오.

(e) 확률 $P(X^2 + Y^2 \leq 4)$를 구하시오.

14 연속확률변수 X, Y의 결합확률밀도함수가 다음과 같다.

$$f_{X,Y}(x, y) = \begin{cases} kx, & 0 < x < 1,\ 0 < y < 1 \\ 0, & \text{기타} \end{cases}$$

(a) 상수 k의 값을 구하시오.

(b) X와 Y의 주변확률밀도함수를 각각 구하시오.

(c) X와 Y는 독립인가?

15 연속확률변수 X, Y의 결합확률밀도함수가 다음과 같이 주어졌다.

$$f(x, y) = \begin{cases} k(x+y), & 0 < x < 1,\ 0 < y < 1 \\ 0, & \text{기타} \end{cases}$$

(a) 상수 k의 값을 구하시오.

(b) X와 Y의 주변확률밀도함수를 각각 구하시오.

(c) X와 Y는 독립인가?

16 동일한 확률밀도함수 $f(x)$를 갖는 독립변수 $X_1, X_2, \cdots, X_n$에 대하여

$$L = \max(X_1, X_2, \cdots, X_n)$$

라고 하자. X_1의 누적분포함수를 F, L의 누적분포함수를 G라고 하자.

$$F(x) = P(X_1 \le x), \quad G(x) = P(L \le x)$$

(a) $G(x) = F^n(x)$임을 보이시오.

(b) L의 확률밀도함수 $g(x)$를 구하시오.

17 동일한 확률밀도함수 $f(x)$와 누적분포함수 $F(x)$를 갖는 독립변수 $X_1, X_2, \cdots, X_n$에 대하여

$$S = \min(X_1, X_2, \cdots, X_n)$$

라고 하자. S의 누적분포함수를 $H(x) = P(S \le x)$라고 할 때,

(a) $H(x) = 1 - (1 - F(x))^n$임을 보이시오.

(b) S의 확률밀도함수 $h(x)$를 구하시오.

18 확률변수 X, Y가 자연수의 값만 취한다고 하자.

임의의 자연수 m, n에 대하여 항상 $P(X=m, Y=n)=P(X=m)P(Y=n)$이면 $P(X \leq m, Y \leq n)=P(X \leq m)P(X \leq n)$임을 보이시오.

19 결합적으로 연속인 확률변수 X, Y의 결합확률함수가 $f(x, y)$이고 주변확률밀도함수가 각각 $f_X(x), f_Y(y)$이다.

(a) X, Y가 독립이면 임의의 실수 x, y에 대하여 $f(x, y)=f_X(x)f_Y(y)$임을 보이시오.

(b) (a)의 역도 성립함을 보이시오.

4.2 기댓값의 성질

4.2.1 결합분포의 기댓값

확률변수 X에 대하여 $g(X)$의 기댓값은 X가 x 근방에 있을 확률을 가중치로 한 가중평균으로 이해할 수 있다. 이때 가중치는 이산확률변수는 확률질량함수 $p_X(x)$를, 연속확률변수는 확률밀도함수 $f_X(x)$를 이용하여 다음과 같이 기댓값을 정의하였다.

$$E(g(X)) = \begin{cases} \displaystyle\sum_x g(x)p_X(x), & \text{이산인 경우} \\ \displaystyle\int_{-\infty}^{\infty} g(x)f_X(x)dx, & \text{연속인 경우} \end{cases}$$

마찬가지로 확률변수 X와 Y에 대하여 $g(X, Y)$의 기댓값은 $g(X, Y)$가 점 (x, y) 근방에 있을 확률을 가중치로 한 가중평균으로 이해할 수 있다. 이때 $g(X, Y)$의 기댓값은 결합확률질량함수 $p(x, y)$ 또는 결합확률밀도함수 $f(x, y)$를 이용하여 다음과 같이 정의한다.

결합분포의 기댓값

확률변수 X와 Y에 대하여 $g(X, Y)$의 기댓값은 다음과 같이 정의한다.

$$E(g(X, Y)) = \begin{cases} \displaystyle\sum_x\sum_y g(x,y)p(x,y), & \text{이산인 경우} \\ \displaystyle\int_{-\infty}^{\infty}\int_{-\infty}^{\infty} g(x,y)f(x,y)\,dx\,dy, & \text{연속인 경우} \end{cases}$$

이때 $p(x, y)$는 결합확률질량함수, $f(x, y)$는 결합확률밀도함수를 나타낸다.

보기 1

X, Y의 결합확률질량함수가 다음과 같을 때 주어진 기댓값을 정의를 이용하여 구하시오.

X \ Y	$j=0$	$j=1$	$j=2$	$j=3$	$P(X=i)$
$i=0$	0.2	0.1	0.15	0.02	0.47
$i=1$	0.15	0.2	0.03	0	0.38
$i=2$	0.1	0.04	0	0	0.14
$i=3$	0.01	0	0	0	0.01
$P(Y=j)$	0.46	0.34	0.18	0.02	1

(a) $E(X)$, $E(Y)$　　(b) $E(X+Y)$　　(c) $E(XY)$

풀이 (a) $E(X)=\sum_{i=1}^{3} i\,p_X(i)=1\cdot 0.38+2\cdot 0.14+3\cdot 0.01=0.69$

$$E(Y)=\sum_{j=1}^{3} j\,p_Y(j)=1\cdot 0.34+2\cdot 0.18+3\cdot 0.02=0.76$$

(b)
$$\begin{aligned}E(X+Y)=\sum_{i=0}^{3}\sum_{j=0}^{3}(i+j)p(i,j)&=(0+1)0.1+(0+2)0.15+(0+3)0.02\\&+(1+0)0.15+(1+1)0.2+(1+2)0.03\\&+(2+0)0.1+(2+1)0.04+(3+0)0.01\\&=1.45\end{aligned}$$

(c) $i=0$ 또는 $j=0$이면 $ijp(i,j)=0$인 것을 이용하면

$$E(XY)=(1\cdot 1)0.2+(1\cdot 2)0.03+(2\cdot 1)0.04=0.34$$

이다.

다음 보기에서는 결합적으로 연속인 경우 기댓값의 정의를 이용하여 기댓값을 구해보자.

보기 2

X, Y의 결합확률밀도함수가 다음과 같을 때 주어진 값을 구하시오.

$$f(x,y)=\begin{cases}c, & 1\le x\le 3,\ 1\le y\le 5\\ 0, & \text{기타}\end{cases}$$

(a) c　　(b) $E(X)$, $E(Y)$　　(c) $E(X+Y)$　　(d) $E(XY)$

풀이 (a) $\int_{-\infty}^{\infty}\int_{-\infty}^{\infty} f(x, y)dxdy = \int_{1}^{5}\int_{1}^{3} c\,dxdy = 8c = 1$이므로 $c = \frac{1}{8}$이다.

(b) $$E(X) = \int_{-\infty}^{\infty}\int_{-\infty}^{\infty} xf(x, y)dxdy = \int_{1}^{5}\int_{1}^{3} x\frac{1}{8}dxdy$$
$$= \int_{1}^{5}\left[\frac{1}{16}x^2\right]_1^3 dy = \left[\frac{1}{2}y\right]_1^5 = 2$$
$$E(Y) = \int_{-\infty}^{\infty}\int_{-\infty}^{\infty} yf(x,y)dxdy = \int_{1}^{5}\int_{1}^{3} y\frac{1}{8}dxdy$$
$$= \int_{1}^{5}\left(\frac{1}{4}y\right)dy = \left[\frac{1}{8}y^2\right]_1^5 = 3$$

(c) $$E(X+Y) = \int_{-\infty}^{\infty}\int_{-\infty}^{\infty} (x+y)f(x, y)dxdy = \int_{1}^{5}\int_{1}^{3} (x+y)\frac{1}{8}dxdy$$
$$= \int_{1}^{5}\int_{1}^{3} x\frac{1}{8}dxdy + \int_{1}^{5}\int_{1}^{3} y\frac{1}{8}dxdy$$
$$= 2+3 = 5$$

(d) $$E(XY) = \int_{-\infty}^{\infty}\int_{-\infty}^{\infty} (xy)f(x,y)dxdy = \int_{1}^{5}\int_{1}^{3} (xy)\frac{1}{8}dxdy$$
$$= \frac{1}{8}\left(\int_{1}^{3} xdx\right)\left(\int_{1}^{5} y\,dy\right) = \frac{1}{8}\left[\frac{x^2}{2}\right]_1^3\left[\frac{y^2}{2}\right]_1^5 = 6$$

보기 2에서 X, Y의 주변확률밀도함수는 각각 다음과 같다.

$$f_X(x) = \frac{1}{2},\ \ 1 \le x \le 3,\quad f_Y(y) = \frac{1}{4},\ \ 1 \le y \le 5$$

이를 이용하여 X, Y의 기댓값은 다음과 같이 구할 수도 있다.

$$E(X) = \int_{1}^{3} x\frac{1}{2}dx = \left[\frac{1}{4}x^2\right]_1^3 = 2,\quad E(Y) = \int_{1}^{5} y\frac{1}{4}dy = \left[\frac{1}{8}y^2\right]_1^5 = 3$$

보기 3

삼순이와 삼식이는 지하철역에서 12시에 만나기로 하였다. 삼순이와 삼식이가 지하철역에 도착하는 시각은 독립이며 각각 12시부터 12시 10분까지 동일한 가능성을 가진다.

(a) 먼저 온 사람이 5분 이상 기다릴 확률을 구하시오.

(b) 먼저 온 사람이 기다리는 시간의 기댓값을 구하시오.

풀이 삼순이와 삼식이가 도착한 시간과 12시 0분과의 차이(단위 : 분)를 각각 X, Y라 하면 $X, Y \sim U(0,10)$이다. X, Y는 독립이므로 결합확률밀도함수는

$$f(x, y) = \frac{1}{100},\ \ 0 < x < 10,\ \ 0 < y < 10 \text{이다.}$$

(a) 구하는 확률은 $P(|X-Y| > 5)$이고 결합확률밀도함수가 정사각형 부분에서 상수이므로 다음 그림의 어두운 부분의 확률이다.

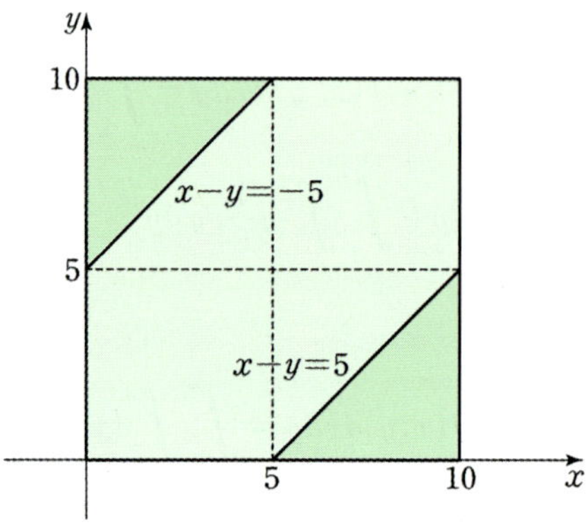

어두운 부분의 넓이는 25이므로 구하는 확률은 $P(|X-Y| > 5) = \frac{25}{100} = \frac{1}{4}$이다.

(b) 구하는 기댓값은 $E(|X-Y|) = \int_0^{10}\int_0^{10} \frac{|x-y|}{100} dxdy$이다.

$x < y$인 경우와 $x > y$인 경우로 나누어 쓰면 다음과 같다.

$$\begin{aligned} E(|X-Y|) &= \frac{1}{100}\left[\int_0^{10}\int_0^{y}(-x+y)dxdy + \int_0^{10}\int_y^{10}(x-y)dxdy\right] \\ &= \frac{1}{100}\left[\int_0^{10}\frac{1}{2}y^2dy + \int_0^{10}\frac{1}{2}(10-y)^2dy\right] \\ &= \frac{10}{6} + \frac{10}{6} = \frac{10}{3} \end{aligned}$$

따라서 먼저 온 사람이 평균 3분 20초 기다린다.

4.2.2 기댓값의 성질

보기 2(c)에서 $E(X+Y)$는 2장에서 언급한 기댓값의 덧셈법칙을 이용하면 다음과 같이 쉽게 구할 수 있다.

$$E(X+Y)=E(X)+E(Y)=2+3=5$$

기댓값의 덧셈법칙을 다시 기술하고 그 증명을 이산인 경우와 연속인 경우 알아보기로 한다.

기댓값의 덧셈법칙

같은 표본공간에 정의된 확률변수 X, Y에 대하여

$$E(X+Y)=E(X)+E(Y)$$

이다. 일반적으로 n개의 확률변수 $X_1, X_2, \cdots, X_n$에 대하여

$$E(X_1+X_2+\cdots+X_n)=E(X_1)+E(X_2)+\cdots+E(X_n)$$

이 성립한다.

■ 기댓값의 덧셈법칙 증명

X, Y가 결합적으로 이산일 때 X, Y의 결합확률질량함수를 $p(x, y)$라 하자.
함수 $g(X, Y)=X+Y$에 대한 기댓값의 정의로부터

$$E(X+Y)=\sum_y\sum_x(x+y)p(x, y)$$

이고 $\sum_y p(x, y)=p_X(x)$, $\sum_x p(x, y)=p_Y(y)$이므로

$$\begin{aligned}E(X+Y)&=\sum_x x\sum_y p(x, y)+\sum_y y\sum_x p(x, y)\\&=\sum_x xp_X(x)+\sum_y yp_Y(y)\\&=E(X)+E(Y)\end{aligned}$$

X, Y가 결합적으로 연속일 때 X, Y의 결합확률밀도함수를 $f(x, y)$라 하자.
함수 $g(X, Y)=X+Y$에 대한 기댓값의 정의로부터

$$E(X+Y)=\int_{-\infty}^{\infty}\int_{-\infty}^{\infty}(x+y)f(x,\ y)\,dx\,dy$$

이고 $\int_{-\infty}^{\infty} f(x,\ y)dy=f_X(x),\ \int_{-\infty}^{\infty} f(x,\ y)dx=f_Y(y)$이므로

$$\begin{aligned}E(X+Y)&=\int_{-\infty}^{\infty} x\int_{-\infty}^{\infty} f(x,\ y)\,dy\,dx+\int_{-\infty}^{\infty} y\int_{-\infty}^{\infty} f(x,\ y)\,dx\,dy\\&=\int_{-\infty}^{\infty} xf_Y(x)\,dx+\int_{-\infty}^{\infty} yf_Y(y)\,dy\\&=E(X)+E(Y)\end{aligned}$$

■ 기댓값의 곱셈법칙

임의의 두 확률변수 $X,\ Y$에 대하여 항상 다음 식이 성립한다.

$$E(X+Y)=E(X)+E(Y)$$

그러나 곱셈에 대하여는 일반적으로

$$E(XY)\neq E(X)E(Y)$$

이다. 이제 곱셈에 대하여 이 등식이 성립하는 경우를 알아보기로 한다.

X와 Y가 독립인 이산확률변수이면 사건 $\{X=x\}$와 사건 $\{Y=y\}$는 독립이므로 항상 다음 식이 성립한다.

$$P(X=x, Y=y)=P(X=x)P(Y=y)$$

X와 Y가 독립이고 취하는 값이 각각 $x_1, x_2, \cdots,\ y_1, y_2, \cdots$이면 두 변수의 곱 XY의 기댓값은 다음과 같이 구할 수 있다.

$$\begin{aligned}E(XY)&=\sum_{i=1}^{\infty}\sum_{j=1}^{\infty}x_iy_jP(X=x_i,\ Y=y_j)\\&=\sum_{i=1}^{\infty}\sum_{j=1}^{\infty}x_iy_jP(X=x_i)P(Y=y_j)\\&=\sum_{i=1}^{\infty}x_iP(X=x_i)\sum_{j=1}^{\infty}y_jP(Y=y_j)\\&=E(X)E(Y)\end{aligned}$$

또한 X와 Y가 독립이고 결합확률밀도함수가 $f(x, y)$인 연속확률변수이면 X의 주변확률밀도함수 $f_X(x)$와 Y의 주변확률밀도함수 $f_Y(y)$에 대하여 항상 다음이 성립한다.

$$f(x, y) = f_X(x) f_Y(y)$$

두 변수의 곱 XY의 기댓값은 다음과 같이 구할 수 있다

$$\begin{aligned} E(XY) &= \int_{-\infty}^{\infty} \int_{-\infty}^{\infty} xyf(x, y)dxdy = \int_{-\infty}^{\infty} \int_{-\infty}^{\infty} xyf_X(x)f_Y(y)dxdy \\ &= \int_{-\infty}^{\infty} xf_X(x)dx \int_{-\infty}^{\infty} yf_Y(y)dy \\ &= E(X)E(Y) \end{aligned}$$

이러한 기댓값의 성질을 **기댓값의 곱셈법칙**이라 한다.

기댓값의 곱셈법칙

두 확률변수 X와 Y가 독립이면

$$E(XY) = E(X)E(Y)$$

이다. 일반적으로 X와 Y가 독립이면 함수 f, g에 대하여 다음 식이 성립한다.

$$E(f(X)g(Y)) = E(f(X))E(g(Y))$$

2장에서 다룬 독립변수들의 확률생성함수와 적률생성함수에 대한 다음 결과는 기댓값의 곱셈법칙으로부터 쉽게 보일 수 있다.

독립변수의 합의 확률생성함수와 적률생성함수

독립인 확률변수 $X_1, X_2, \cdots, X_n$의

- 확률생성함수가 각각 $g_1(t), g_2(t), \cdots, g_n(t)$이면 $Y = X_1 + X_2 + \cdots + X_n$의 확률생성함수 h_Y는 다음과 같다.

$$h_Y(t) = g_1(t) g_2(t) \cdots g_n(t)$$

- 적률생성함수가 각각 $m_1(t), m_2(t), \cdots, m_n(t)$이면 $Y = X_1 + X_2 + \cdots + X_n$의 적률생성함수 m_Y는 다음과 같다.

$$m_Y(t) = m_1(t)m_2(t) \cdots m_n(t)$$

4.2.3 분산의 덧셈법칙

확률변수들의 합의 기댓값은 확률변수들의 기댓값의 합과 같다.

$$E(X_1 + X_2 + \cdots + X_n) = E(X_1) + E(X_2) + \cdots + E(X_n)$$

이러한 성질은 일반적으로 분산에 대해서는 성립하지 않는다. 예를 들어

$$\begin{aligned} Var(X+X) &= Var(2X) = 2^2 Var(X) = 4Var(X) \\ &\neq Var(X) + Var(X) \end{aligned}$$

이다. 그러나 독립인 변수들에 대해서는 이러한 성질이 성립한다. 독립변수 X, Y에 대하여 $U = X + Y$라 하자. $\mu_X = E(X)$, $\mu_Y = E(Y)$이면

$$E(U) = E(X+Y) = E(X) + E(Y) = \mu_X + \mu_Y$$

이다. X, Y는 독립이므로

$$E(XY) = E(X)E(Y) = \mu_X \mu_Y$$

이고 U의 분산은 다음과 같다.

$$\begin{aligned} Var(U) &= E(U^2) - [E(U)]^2 = E((X+Y)^2) - (\mu_X + \mu_Y)^2 \\ &= E(X^2) - \mu_X^2 + E(Y^2) - \mu_Y^2 + 2E(X)E(Y) - 2\mu_X\mu_Y \\ &= Var(X) + Var(Y) \end{aligned}$$

이 결과는 독립인 n개의 확률변수에 대하여 자연스러운 방법으로 확장되며 **분산의 덧셈법칙**이라 한다.

분산의 덧셈법칙

- X, Y가 독립변수이면 다음 식이 성립한다.

$$Var(X+Y) = Var(X) + Var(Y)$$

- 독립인 n개의 확률변수 $X_1, X_2, \cdots, X_n$에 대하여 다음 식이 성립한다.

$$Var(X_1 + X_2 + \cdots + X_n) = Var(X_1) + Var(X_2) + \cdots + Var(X_n)$$

- 독립인 n개의 확률변수 $X_1, X_2, \cdots, X_n$가 같은 분포를 따르면 다음 식이 성립한다.

$$Var(X_1 + X_2 + \cdots + X_n) = n\,Var(X_1)$$

보기 4

n개의 주사위를 던졌을 때 나온 눈의 수의 합을 T_n이라고 할 때 T_n의 분산을 구하시오.

풀이 X_k를 k번째 던진 주사위의 눈의 수라 하자. $X_1, X_2, \cdots, X_n$은 독립이고

$$T_n = X_1 + X_2 + \cdots + X_n$$

이다. $E(X_1) = \frac{7}{2}$이고

$$\begin{aligned} Var(X_1) &= E(X_1^2) - \left(\frac{7}{2}\right)^2 \\ &= \frac{1}{6}(1^2 + 2^2 + 3^2 + 4^2 + 5^2 + 6^2) - \left(\frac{7}{2}\right)^2 = \frac{35}{12} \end{aligned}$$

이므로 T_n의 분산은 다음과 같다.

$$Var(T_n) = n\,Var(X_1) = \frac{35}{12}n$$

4.3 공분산

4.3.1 공분산의 정의

두 확률변수 X, Y가 독립이면

$$Var(X+Y) = Var(X) + Var(Y)$$

이다. 그러나 독립이 아닌 두 확률변수 X, Y에 대해서는

$$Var(X+Y) = Var(X) + Var(Y) + 2E[(X-\mu_X)(Y-\mu_Y)]$$

가 성립한다. 여기서 $\mu_X = E(X)$, $\mu_Y = E(Y)$이다. 이때

$$E[(X-\mu_X)(Y-\mu_Y)]$$

을 X와 Y의 **공분산**(covariance)이라 정의하고 $Cov(X, Y)$로 나타낸다.

공분산은 두 변수 사이의 관계를 수치화하는 값이다. 정의에 의하면 X와 Y가 각각의 기댓값보다 동시에 커지고 동시에 작아지는 경향이 강하면 공분산은 양의 값을 갖고, 반대로 X와 Y가 반대 방향으로 움직이면 공분산은 음의 값을 갖는다.

기댓값의 성질을 이용하여 계산하면 공분산은 다음과 같이 구할 수 있다.

$$Cov(X, Y) = E(XY) - \mu_X\mu_Y$$

특히 $Y = X$이면

$$Cov(X, X) = Var(X)$$

이다.

공분산의 정의

X와 Y의 공분산은 다음과 같이 정의한다.

$$Cov(X, Y) = E[(X-\mu_X)(Y-\mu_Y)] = E(XY) - \mu_X\mu_Y$$

보기 1

다음은 S대학 동아리 구성원의 키(X)와 몸무게(Y)를 기록한 것이다. 확률변수 X, Y의 공분산을 구하시오.

풀이

학생번호	1	2	3	4	5	6	7	8	9	10
키 (X cm)	170	164	178	183	158	172	169	160	174	176
몸무게 (Y kg)	65	52	75	73	46	70	54	48	80	82

X와 Y의 평균은 다음과 같다.

$$E(X) = \frac{1}{10}(170+164+178+183+158+172+169+160+174+176)$$
$$= 170.4$$

$$E(Y) = \frac{1}{10}(65+52+75+73+46+70+54+48+80+82)$$
$$= 64.5$$

공분산을 구하기 위하여 $X-E(X)$와 $Y-E(Y)$를 구하여 다음과 같이 표를 만들자.

학생번호	1	2	3	4	5	6	7	8	9	10
$X-E(X)$	−0.4	−6.4	7.6	12.6	−12.4	1.6	−1.4	−10.4	3.6	5.6
$Y-E(Y)$	0.5	−12.5	10.5	8.5	−18.5	5.5	−10.5	−16.5	15.5	17.5
곱	−0.2	80	79.8	107.1	229.4	8.8	14.7	171.6	55.8	98

그러면

$$Cov(X, Y) = E[(X-E(X))(Y-E(Y))]$$
$$= \frac{1}{10}(-0.2+80+79.8+107.1+229.4+8.8+14.7+171.6+55.8+98)$$
$$= 84.5$$

이다. 다음 그래프는 키와 몸무게의 관계를 보여주는데 키가 커지면 대체로 몸무게도 늘어나는 경향을 볼 수 있다.

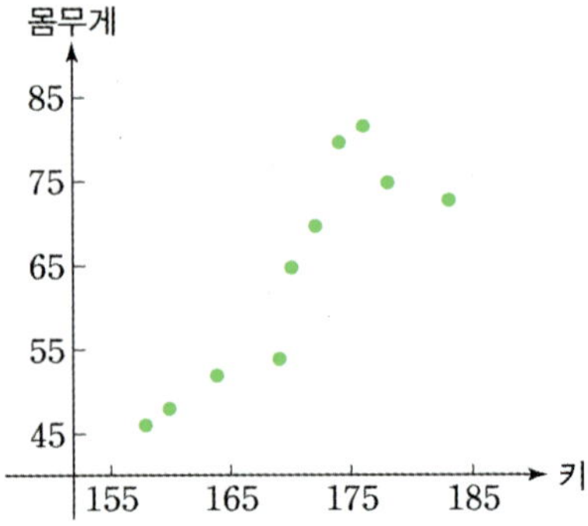

Note ▶ 엑셀을 이용한 계산방법은 부록 C를 참고하기 바란다.

보기 2

X와 Y의 결합확률분포표가 다음과 같을 때 X와 Y의 공분산 $Cov(X, Y)$와 $Var(X+Y)$을 각각 구하시오. (4.1절 보기 2 참조)

X \ Y	0	1	2	3
0	0.1	0.1	0.07	0.05
1	0.05	0.1	0.1	0
2	0.05	0.05	0.04	0.05
3	0.08	0.06	0.08	0.02

풀이 4.1절 보기 2의 결과에 의하면 $E(X)=1.35$, $E(Y)=1.25$이다.

$$\begin{aligned} E(XY) &= (1\cdot 1)0.1+(1\cdot 2)0.1+(1\cdot 3)0+(2\cdot 1)0.05+(2\cdot 2)0.04 \\ &\quad +(2\cdot 3)0.05+(3\cdot 1)0.06+(3\cdot 2)0.08+(3\cdot 3)0.02 \\ &= 1.7 \end{aligned}$$

이므로 공분산은 다음과 같다.

$$\begin{aligned} Cov(X, Y) &= E(XY)-E(X)E(Y) \\ &= 1.7-1.35\cdot 1.25 = 0.0125 \end{aligned}$$

X와 Y의 주변확률질량분포를 구하면 다음 표와 같다.

X \ Y	0	1	2	3	$P(X=i)$
0	0.1	0.1	0.07	0.05	0.32
1	0.05	0.1	0.1	0	0.25
2	0.05	0.05	0.04	0.05	0.19
3	0.08	0.06	0.08	0.02	0.24
$P(Y=j)$	0.28	0.31	0.29	0.12	1

주변확률질량함수를 이용하면

$$E(X^2) = 1^2(0.25) + 2^2(0.19) + 3^2(0.24) = 3.17$$
$$E(Y^2) = 1^2(0.31) + 2^2(0.29) + 3^2(0.12) = 2.55$$

이므로 X와 Y의 분산은 각각 다음과 같다.

$$Var(X) = 3.17 - (1.35)^2 = 1.3475$$
$$Var(Y) = 2.55 - (1.25)^2 = 0.9875$$

따라서 $X+Y$의 분산은 다음과 같다.

$$\begin{aligned} Var(X+Y) &= Var(X) + Var(Y) + 2Cov(X, Y) \\ &= 1.3475 + 0.9875 + 2 \cdot 0.0125 = 2.36 \end{aligned}$$

보기 3

X와 Y의 결합확률밀도함수가 다음과 같을 때 X와 Y의 공분산 $Cov(X, Y)$와 $Var(X+Y)$을 각각 구하시오.

$$f(x, y) = x + y, \quad 0 \le x \le 1, \quad 0 \le y \le 1$$

풀이 X와 Y의 확률밀도함수는 각각 다음과 같다.

$$f_X(x) = \int_0^1 (x+y)\,dy = x + \frac{1}{2}, \quad 0 \le x \le 1$$
$$f_Y(y) = \int_0^1 (x+y)\,dx = y + \frac{1}{2}, \quad 0 \le y \le 1$$

$Cov(X, Y) = E(XY) - E(X)E(Y)$이므로 각각의 기댓값을 구하면

$$E(X) = \int_0^1 x\left(x + \frac{1}{2}\right)dx = \left[\frac{1}{3}x^3 + \frac{1}{4}x^2\right]_0^1 = \frac{7}{12}$$

$$E(Y) = \int_0^1 y\left(y + \frac{1}{2}\right)dy = \left[\frac{1}{3}y^3 + \frac{1}{4}y^2\right]_0^1 = \frac{7}{12}$$

$$E(XY) = \int_0^1\int_0^1 (xy)(x+y)\,dx\,dy = \int_0^1 \left[y\frac{x^3}{3} + y^2\frac{x^2}{2}\right]_{x=0}^1 dy$$

$$= \int_0^1 \left(\frac{y}{3} + \frac{y^2}{2}\right)dy = \frac{1}{6} + \frac{1}{6} = \frac{1}{3}$$

이므로 공분산은

$$Cov(X, Y) = \frac{1}{3} - \left(\frac{7}{12}\right)^2 = -\frac{1}{144}$$

이다. $Var(X+Y)$을 구하기 위해서 X와 Y의 분산을 먼저 구한다.

$$E(X^2) = \int_0^1 x^2\left(x + \frac{1}{2}\right)dx = \left[\frac{1}{4}x^4 + \frac{1}{6}x^3\right]_0^1 = \frac{5}{12}$$

이므로

$$Var(X) = E(X^2) - [E(X)]^2 = \frac{5}{12} - \left(\frac{7}{12}\right)^2 = \frac{11}{144}$$

이고 같은 방법으로 $Var(Y) = \frac{11}{144}$이므로

$$\begin{aligned} Var(X+Y) &= Var(X) + Var(Y) + 2Cov(X, Y) \\ &= \frac{11}{144} + \frac{11}{144} - \frac{2}{144} = \frac{5}{36} \end{aligned}$$

이다.

정의로부터 $Cov(X, Y) = Cov(Y, X)$이다. 또한 공분산은 각 항에 대하여 선형이다. 다시 말해서

$$Cov(aX_1 + bX_2, Y) = a\,Cov(X_1, Y) + b\,Cov(X_2, Y)$$

이다. 다음 보기는 공분산의 크기에 대한 정보를 알려주는 부등식이다.

보기 4

공분산과 분산 사이에는 다음과 같은 부등식이 성립함을 보이시오.

$$|Cov(X, Y)| \le \sqrt{Var(X)Var(Y)}$$

풀이 임의의 실수 t에 대해 $Var(tX - Y) \ge 0$이고

$$Var(tX - Y) = t^2 Var(X) - 2t Cov(X, Y) + Var(Y)$$

이다. 이 식은 $Var(X) \ne 0$이면 t의 이차방정식이고 판별식이 0보다 작거나 같아야 한다.

$$D = (Cov(X, Y))^2 - Var(X)Var(Y) \le 0$$

따라서 공분산과 분산 사이에는 다음과 같은 부등식이 성립한다.

$$|Cov(X, Y)| \le \sqrt{Var(X)Var(Y)}$$

지금까지 살펴본 공분산의 성질을 정리하면 다음과 같다.

공분산의 성질

- $Cov(X, Y) = Cov(Y, X)$
- $Cov(aX_1 + bX_2, Y) = a\,Cov(X_1, Y) + b\,Cov(X_2, Y)$
- $Cov(X, X) = Var(X) \ge 0$
- $|Cov(X, Y)| \le \sqrt{Var(X)Var(Y)}$

4.3.2 공분산과 독립성

두 변수의 합 $X+Y$의 분산은 분산의 정의로부터

$$Var(X+Y) = Var(X) + Var(Y) + 2Cov(X, Y)$$

임을 보았다. n개의 변수의 합 $X_1 + X_2 + \cdots + X_n$의 공분산은 다음 식을 이용하면 자연스럽게 확장이 가능하다.

$$\left(\sum_{i=1}^{n} a_i\right)^2 = \sum_{i=1}^{n} a_i^2 + 2\sum_{i<j} a_i a_j$$

여기서 $\sum_{i<j}$는 $\{1, 2, \cdots, n\}$에서 $i<j$인 두 수를 뽑는 방법의 수 $\binom{n}{2}$만큼의 항이 더해진 것을 의미한다. 예를 들어 $n=3$이면

$$\sum_{i<j} a_i a_j = a_1 a_2 + a_1 a_3 + a_2 a_3$$

이다. $\mu_i = E(X_i)$라고 할 때, $X_1 + X_2 + \cdots + X_n$의 분산은 다음 변수의 기댓값이다.

$$\begin{aligned}\left(\sum_i X_i - \sum_i \mu_i\right)^2 &= \left(\sum_i (X_i - \mu_i)\right)^2 \\ &= \sum_i (X_i - \mu_i)^2 + 2\sum_{i<j}(X_i - \mu_i)(X_j - \mu_j)\end{aligned}$$

양변에 기댓값을 취하면 다음 식을 얻는다.

변수의 합의 분산

$$Var(\sum_i X_i) = \sum_i Var(X_i) + 2\sum_{i<j} Cov(X_i, X_j)$$

X, Y가 독립이면 $E(XY) = E(X)E(Y)$이므로

$$Cov(X, Y) = 0$$

이다. 그러나 다음 보기에서 볼 수 있듯이 그 역이 항상 참인 것은 아니다. 즉, $Cov(X, Y) = 0$이라고 해서 X와 Y가 항상 독립인 것은 아니다.

보기 5

$X \sim U(-2, 2)$이고 $Y = X^2$이라 하면

$$E(X) = E(X^3) = 0$$

이다. 따라서

$$Cov(X, Y) = E(X^3) - E(X)E(X^2) = 0$$

이지만 X, Y는 독립이 아니다. 예를 들어,

$$P(X \le 1) = \frac{3}{4}, \quad P(Y \le 1) = P(-1 \le X \le 1) = \frac{2}{4} = \frac{1}{2}$$

이다. 그러나

$$P(X \le 1, Y \le 1) = P(X \le 1, -1 \le X \le 1) = P(-1 \le X \le 1) = \frac{1}{2}$$

이므로

$$P(X \le 1, Y \le 1) \ne P(X \le 1)P(Y \le 1)$$

이고 X, Y는 독립이 아니다.

다음 보기는 공분산의 부호가 어떤 의미를 가지는지 가장 간단한 확률변수에 대하여 설명해 준다.

보기 6

두 확률변수 X, Y를 각각 두 사건 E, F의 지시변수라 하자.

$$X = I_E, \quad Y = I_F$$

$XY = I_E I_F = I_{EF}$이므로

$$E(X) = P(E), \quad E(Y) = P(F), \quad E(XY) = P(EF)$$

가 성립한다. 따라서 X, Y의 공분산은 다음과 같다.

$$Cov(X, Y) = P(EF) - P(E)P(F)$$

보기 6의 결과에 의하면 확률변수 X, Y를 각각 두 사건 E, F의 지시변수라 할 때

$$\begin{aligned} Cov(X, Y) > 0 \quad &\Leftrightarrow \quad P(EF) > P(E)P(F) \\ Cov(X, Y) = 0 \quad &\Leftrightarrow \quad P(EF) = P(E)P(F) \\ Cov(X, Y) < 0 \quad &\Leftrightarrow \quad P(EF) < P(E)P(F) \end{aligned}$$

이 성립한다. 첫 번째 경우, 사건 E와 사건 F는 **양으로 종속**(positively dependent)이라 하고,

마지막 경우에 두 사건은 음으로 종속(negatively dependent)이라 한다. 두 번째 경우는 두 사건 E와 F가 독립이다.

두 사건이 양으로 종속인 경우 사건 E(또는 F)가 일어나면, 사건 F(또는 E)가 일어날 가능성은 더 커진다. 즉

$$P(F|E) > P(F), \quad P(E|F) > P(E)$$

이 성립한다. 두 사건이 음으로 종속인 경우에는 반대의 현상이 벌어진다. 즉

$$P(F|E) < P(F), \quad P(E|F) < P(E)$$

이 성립한다.

4.3.3 상관계수

공분산의 부호가 갖는 의미는 위에 설명한 것처럼 해석이 가능하지만 공분산의 크기가 가지는 의미는 명확하지 않다. 공분산은 변수의 단위에 따라 달라진다. 예를 들어 보기 1의 경우 키의 단위를 cm에서 m로 바꾸면 공분산은 0.845가 된다. 반면에 몸무게의 단위를 g으로 바꾸면 공분산은 84500이 된다.

측정단위에 의하여 공분산의 크기가 달라진다는 것은 공분산의 크기가 자료를 해석하는 데에 아무런 정보도 제공하지 못함을 의미한다. 이러한 문제점을 해결하기 위하여 상관계수를 정의하기로 한다. 두 변수 X, Y의 상관계수(correlation)는 $Corr(X, Y)$, 또는 $\rho(X, Y)$로 나타내며 다음과 같이 정의한다.

$$\rho(X, Y) = Corr(X, Y) = \frac{Cov(X, Y)}{\sigma_X \sigma_Y}$$

여기서 X, Y는 상수가 아닌 변수이고[2] $\sigma_X = \sqrt{Var(X)}$, $\sigma_Y = \sqrt{Var(Y)}$이다. $\sigma_X \sigma_Y > 0$이므로 공분산과 상관계수는 같은 부호를 갖는다. 보기 4의 결과에 의하면

$$-\sqrt{Var(X)Var(Y)} \le Cov(X, Y) \le \sqrt{Var(X)Var(Y)}$$

이므로 항상 다음 부등식이 성립한다.

$$-1 \le Corr(X, Y) \le 1$$

2) 두 변수 중 하나라도 상수이면 공분산은 0이다.

상관계수

- 두 변수 X, Y의 **상관계수**는 다음과 같이 정의한다.

$$Corr(X, Y) = \frac{Cov(X, Y)}{\sigma_X \sigma_Y}$$

- $-1 \le Corr(X, Y) \le 1$

보기 7

보기 1에서 동아리 구성원의 키(X)와 몸무게(Y) 사이의 상관계수를 구하시오.

풀이 키(X)와 몸무게(Y)의 분산을 다음과 같이 표를 만들어 구해보자.

학생번호	1	2	3	4	5	6	7	8	9	10
$X-\mu_X$	−0.4	−6.4	7.6	12.6	−12.4	1.6	−1.4	−10.4	3.6	5.6
$(X-\mu_X)^2$	0.16	40.96	57.76	158.76	153.76	2.56	1.96	108.16	12.96	31.36

$$\begin{aligned}\sigma_X^2 &= E((X-\mu_X)^2) \\ &= \frac{1}{10}(0.16 + 40.96 + 57.76 + \cdots + 31.36) = 56.84\end{aligned}$$

학생번호	1	2	3	4	5	6	7	8	9	10
$Y-\mu_Y$	0.5	−12.5	10.5	8.5	−18.5	5.5	−10.5	−16.5	15.5	17.5
$(Y-\mu_Y)^2$	0.25	156.25	110.25	72.25	342.25	30.25	110.25	272.25	240.25	306.25

$$\begin{aligned}\sigma_Y^2 &= E((Y-\mu_Y)^2) \\ &= \frac{1}{10}(0.25 + 156.25 + 110.25 + \cdots + 306.25) = 164.05\end{aligned}$$

따라서

$$\sigma_X = \sqrt{\sigma_X^2} = \sqrt{56.84} \approx 7.54, \quad \sigma_Y = \sqrt{\sigma_Y^2} = \sqrt{164.05} \approx 12.82$$

이고 상관계수는

$$Corr(X, Y) = \frac{Cov(X, Y)}{\sigma_X \sigma_Y} = \frac{84.6}{7.54 \cdot 12.82} \approx 0.88$$

이다.

보기 8

보기 3에서 확률변수 X와 Y 사이의 상관계수를 구하시오.

풀이 $Cov(X, Y) = -\frac{1}{144}$, $Var(X) = Var(Y) = \frac{11}{144}$이므로

$$Corr(X, Y) = \frac{-\frac{1}{144}}{\sqrt{\frac{11}{144}}\sqrt{\frac{11}{144}}} = -\frac{1}{11}$$

이다.

분산과 공분산의 성질로부터 다음 결과를 쉽게 보일 수 있으며 증명은 연습문제로 남긴다.

상관계수의 성질

- $Corr(X, Y) = Corr(Y, X)$
- $-1 \le Corr(X, Y) \le 1$
- $Corr(X, X) = 1$, $Corr(X, -X) = -1$
- $Corr(aX+b, Y) = \begin{cases} Corr(X, Y), & a > 0 \\ -Corr(X, Y), & a < 0 \end{cases}$

상관계수 $\rho(X, Y)$는 두 변수 X와 Y의 상관관계의 정도를 알려 주는 측도이다. Y가 X의 일차식 $Y = aX+b$인 경우 $a > 0$이면 상관계수는 1, $a < 0$이면 상관계수는 -1이다. 이 결과는 위의 마지막 두 성질에서 얻을 수 있다.

$$\begin{aligned} Corr(X, Y) = Corr(X, aX+b) &= \begin{cases} Corr(X, X), & a > 0 \\ -Corr(X, X), & a < 0 \end{cases} \\ &= \begin{cases} 1, & a > 0 \\ -1, & a < 0 \end{cases} \end{aligned}$$

상관계수가 $\rho - 1$이면 두 변수는 완전히 양의 상관관계이고 $\rho = -1$이면 완전히 음의 상관관계이다.

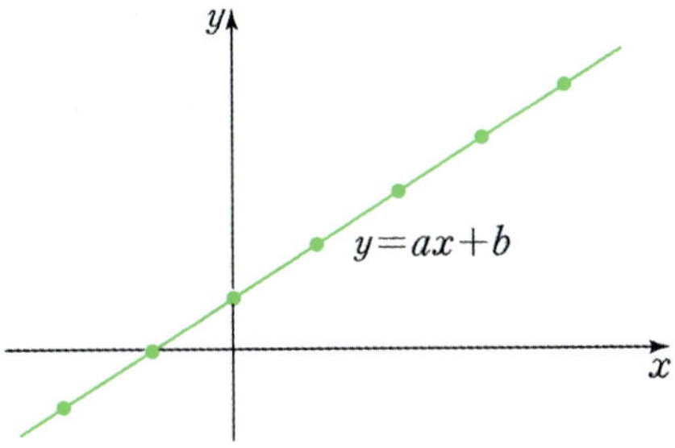

$a>0$

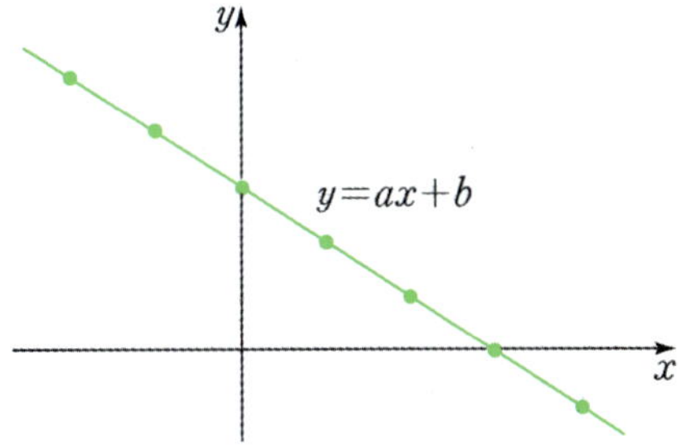

$a<0$

공분산과 마찬가지로 X와 Y가 동시에 커지고 동시에 작아지는 경향이 강하면 상관계수는 양의 값을 갖고, 반대로 X와 Y가 반대 방향으로 움직이는 경향이 강하면 상관계수도 음의 값을 갖는다. $\rho(X, Y) > 0$이면 두 확률변수 X, Y 사이에 양의 상관관계(positive correlation)가 있다고 하고 $\rho(X, Y) < 0$이면 음의 상관관계(negative correlation)가 있다고 한다. 상관계수가 1에 가까울수록 양의 상관관계가 강하고 -1에 가까울수록 음의 상관관계가 강하다. $\rho(X, Y) = 0$이면 두 확률변수 사이에 상관관계가 없다(no correlation)고 한다. 특히 X와 Y가 독립이면 $Cov(X, Y) = 0$이므로 $\rho(X, Y) = 0$이다. 다시 말해서 독립인 두 확률변수 사이에는 상관관계가 없다.

양의 상관관계
($\rho = 0.65$)

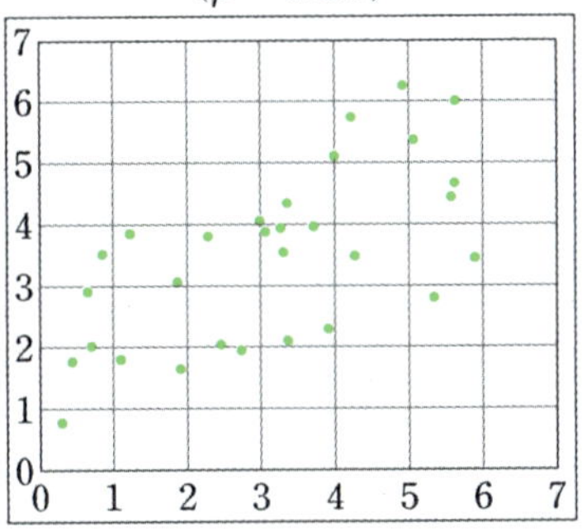

음의 상관관계
($\rho = -0.65$)

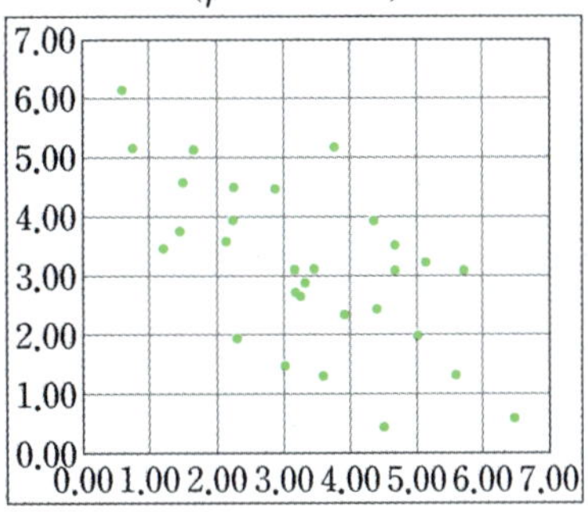

상관관계 없음
($\rho = 0$)

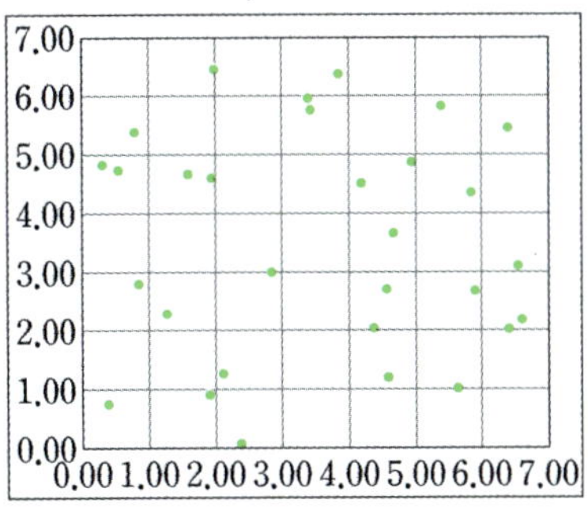

연습문제 4.2 ~ 4.3 EXERCISES

01 4.1절 연습문제 1의 두 변수 X, Y의 공분산 $Cov(X, Y)$과 상관계수 $Corr(X, Y)$를 구하시오.

02 4.1절 연습문제 2의 두 변수 X, Y에 대하여

(a) X, Y의 기댓값과 분산을 구하시오.

(b) 공분산 $Cov(X, Y)$과 상관계수 $Corr(X, Y)$를 구하시오.

(c) $X+Y$의 기댓값과 분산을 구하시오.

03 두 변수 X, Y의 결합확률분포 $p(x, y) = P(X=x, Y=y)$가 다음과 같다.

$$p(x, y) = c(x+y), \quad x = 0, 1, 2, \quad y = 0, 1, 2$$

(a) 상수 c를 구하시오.

(b) $E(XY)$를 구하시오.

(c) X와 Y의 공분산과 상관계수를 구하시오.

04 4.1절 연습문제 3의 확률변수 X, Y에 대하여

(a) X와 Y의 기댓값과 분산을 각각 구하시오.

(b) 공분산 $Cov(X, Y)$과 상관계수 $Corr(X, Y)$를 구하시오.

05 4.1절 연습문제 4의 확률변수 X, Y에 대하여

(a) X와 Y의 기댓값과 분산을 각각 구하시오.

(d) 공분산 $Cov(X, Y)$과 상관계수 $Corr(X, Y)$를 구하시오.

06 4.1절 연습문제 5의 확률변수 X, Y에 대하여

(a) X와 Y의 기댓값과 분산을 각각 구하시오.

(b) 공분산 $Cov(X, Y)$과 상관계수 $Corr(X, Y)$를 구하시오.

07 52장의 카드에서 3장의 카드를 복원추출로 꺼낸다고 한다. 다이아몬드 무늬 카드 개수를 X, 하트 무늬 카드 개수를 Y라고 하였을 때

(a) X, Y의 결합확률질량함수를 구하시오.

(b) $P(X=Y)$, $P(X<Y)$를 구하시오.

(c) $E(X+Y)$, $E(XY)$를 구하시오.

(d) X, Y의 공분산과 상관계수를 구하시오.

08 X와 Y는 각각 안정형펀드와 성장형펀드의 수익률이라고 할 때, 다음 표는 결합확률분포 $P(X=i, Y=j)$를 구하여 정리한 것이다.

i \ j	−2	0	2	5	합
−1	0.01	0.03	0.05	0.04	0.13
0	0.04	0.06	A	0.04	0.23
1	0.08	0.10	0.10	0.02	0.30
2	0.05	B	0.03	0.01	0.20
3	0.06	0.05	0.02	0.01	0.14
합	0.24	C	0.29	D	1

(a) 표의 A, B, C, D를 구하시오.

(b) $E(XY)$를 구하시오.

(c) X의 평균 μ_X와 분산 σ_X^2을 구하시오.

(d) Y의 평균 μ_Y와 분산 σ_Y^2을 구하시오.

(e) X와 Y의 공분산을 구하시오.

(f) X와 Y의 상관계수를 구하시오.

09 세 변수 X_1, X_2, X_3는 독립이고 모두 평균은 3, 분산은 7이다.

$$Y = X_1 - 2X_2 + 3X_3$$

라고 할 때

(a) $E(Y)$, $Var(Y)$를 구하시오.

(b) $Cov(X_i, Y)$, $i=1,2,3$을 구하시오.

10 4.1절 연습문제 7의 확률변수 X, Y에 대하여 공분산 $Corr(X, Y)$과 상관계수 $Corr(X, Y)$를 구하시오.

11 4.1절 연습문제 9의 확률변수 X, Y에 대하여 공분산 $Corr(X, Y)$과 상관계수 $Corr(X, Y)$를 구하시오.

12 X의 확률밀도함수가 $f(x)$이고 $f(-x)=f(x)$이다. $Y=X^2$이라 할 때 $Cov(X, Y)$를 구하시오. 단 $E(X^3)$은 존재한다고 가정한다.

13 4.1절 연습문제 12의 확률변수 X, Y에 대하여

(a) X, Y의 기댓값과 분산을 구하시오.

(b) 공분산 $Cov(X, Y)$과 상관계수 $Corr(X, Y)$를 구하시오.

14 4.1절 연습문제 13의 확률변수 X, Y에 대하여

(a) X, Y의 기댓값과 분산을 구하시오.

(b) 공분산 $Cov(X, Y)$과 상관계수 $Corr(X, Y)$를 구하시오.

15 4.1절 연습문제 14의 확률변수 X, Y에 대하여

(a) X, Y의 기댓값과 분산을 구하시오.

(b) 공분산 $Cov(X, Y)$과 상관계수 $Corr(X, Y)$를 구하시오.

16 임의의 두 변수 X, Y에 대하여 $0 < E(X^2), E(Y^2) < \infty$이라고 가정한다.

(a) 임의의 양수 a, b에 대하여 다음 부등식이 성립함을 보이시오.

$$-(a^2E(X^2)+b^2E(Y^2)) \le 2abE(XY) \le a^2E(X^2)+b^2E(Y^2)$$

(b) (a)를 이용하여 다음 부등식이 성립함을 보이시오.[3)]

$$[E(XY)]^2 \le E(X^2)E(Y^2)$$

3) 이 부등식을 코시-슈바르츠 부등식(Cauchy-Schwartz inequaliy)이라고 한다.

17 (a) 두 연속확률변수 X, Y가 독립이면 $m_{X+Y}(t) = m_X(t)m_Y(t)$임을 보이시오.

(b) 독립인 확률변수 $X_1, X_2, \cdots, X_n$의 적률생성함수가 각각 $m_1(t), m_2(t), \cdots, m_n(t)$이면 $Y = X_1 + X_2 + \cdots + X_n$의 적률생성함수 m_Y는 다음과 같음을 보이시오.

$$m_Y(t) = m_1(t)m_2(t) \cdots m_n(t)$$

(c) 독립인 확률변수 $X_1, X_2, \cdots, X_n$가 동일한 확률분포를 가지고 적률생성함수가 $m(t)$이면 $Y = X_1 + X_2 + \cdots + X_n$의 적률생성함수 m_Y는 다음과 같음을 보이시오.

$$m_Y(t) = [m(t)]^n$$

18 $X_1, X_2, \cdots, X_n$이 동일한 분포를 갖는 독립변수들이다. $Var(X_i) = \sigma^2 < \infty$, $i = 1, \cdots, n$일 때

$$Cov(X_i - \overline{X}, \overline{X}) = 0$$

임을 보이시오. 여기서 $\overline{X} = \frac{1}{n}\sum_{i=1}^{n} X_i$이다.

19 다음을 증명하시오.

(a) $Cov(aX + b, Y) = aCov(X, Y)$

(b) $Cov(X_1 + X_2, Y) = Cov(X_1, Y) + Cov(X_2, Y)$

20 X, Y가 같은 분포를 따르고 $E(X^2) < \infty$이면 다음 식이 성립함을 보이시오.

$$Cov(X + Y, X - Y) = 0$$

21 상수 $a, b, c, d\ (a \neq 0, c \neq 0)$에 대하여 다음 식이 성립함을 보이시오.

$$Corr(aX + b, cY + d) = \begin{cases} Corr(X, Y), & ac > 0\text{일 때} \\ -Corr(X, Y), & ac < 0\text{일 때} \end{cases}$$

22 $X \sim HG(N, M, n)$일 때 $Var(X) = n\frac{M}{N}\left(1 - \frac{M}{N}\right)\left(\frac{N-n}{N-1}\right)$임을 보이시오.

4.4 조건부 확률분포와 독립변수

4.4.1 조건부 확률분포: 이산확률변수

$P(B) > 0$인 사건 B가 주어졌을 때 사건 A의 조건부 확률은 다음과 같이 정의하였다.

$$P(A|B) = \frac{P(A \cap B)}{P(B)}$$

사건 B가 주어졌을 때 이산확률변수 X의 조건부 확률질량함수는 다음과 같이 정의한다.

$$P(X = x|B) = \frac{P(\{X = x\} \cap B)}{P(B)}$$

보기 1

확률변수 X가 평균이 2인 푸아송 분포를 따른다. $X > 0$일 때 X의 조건부 확률질량함수를 구하시오.

풀이 $X \sim Poi(2)$이고 $P(X > 0) = 1 - P(X = 0) = 1 - e^{-2}$이므로 $k \geq 1$에 대하여 조건부 확률질량함수는 다음과 같다.

$$P(X = k|X > 0) = \frac{P(X = k, X > 0)}{P(X > 0)} = \frac{P(X = k)}{P(X > 0)}$$
$$= \frac{e^{-2}}{1 - e^{-2}} \frac{2^k}{k!}$$

두 이산확률변수 X, Y의 결합확률질량함수를 $p(x, y)$, 주변확률질량함수를 $p_X(x)$, $p_Y(y)$라 하자. $p_Y(y) > 0$인 사건 $\{Y = y\}$가 주어졌을 때 사건 $\{X = x\}$가 일어날 조건부 확률은

$$P(X = x|Y = y) = \frac{P(X = x, Y = y)}{P(Y = y)} = \frac{p(x, y)}{p_Y(y)}$$

이다. 이 조건부 확률을 $Y=y$일 때 X의 조건부 확률질량함수(conditional probability mass function)라 하고 $p_{X|Y}(x|y)$로 나타낸다.

$$p_{X|Y}(x|y) = P(X=x \mid Y=y) = \frac{p(x,y)}{p_Y(y)}$$

$Y=y$일 때 X의 조건부 확률질량함수 $p_{X|Y}(x|y)$는 x의 함수이다. 반면에 y는 고정된 상수이다.

임의의 실수 x에 대하여

$$p_{X|Y}(x|y) \geq 0$$

이고

$$\sum_x p_{X|Y}(x|y) = \frac{\sum_x p(x,y)}{p_Y(y)} = \frac{p_Y(y)}{p_Y(y)} = 1$$

이므로 $Y=y$일 때 X의 조건부 확률질량함수 $p_{X|Y}(x|y)$는 새로운 확률질량함수가 된다. $p_Y(y)>0$이면 $Y=y$일 때 X의 조건부 확률분포함수 $F_{X|Y}(x|y)$는 다음과 같이 정의한다.

$$\begin{aligned} F_{X|Y}(a|y) &= P(X \leq a | Y=y) = \sum_{x \leq a} p_{X|Y}(x|y) \\ &= \frac{\sum_{x \leq a} p(x,y)}{p_Y(y)} \end{aligned}$$

조건부 확률분포: 이산분포

두 이산확률변수 X와 Y에 대하여 $Y=y$일 때 $(p_Y(y)>0)$

- X의 **조건부 확률질량함수** $p_{X|Y}(x|y)$는 다음과 같이 정의한다.

$$p_{X|Y}(x|y) = \frac{p(x,y)}{p_Y(y)}$$

- X의 **조건부 확률분포함수** $F_{X|Y}(x|y)$는 다음과 같이 정의한다.

$$F_{X|Y}(a|y) = \sum_{x \leq a} p_{X|Y}(x|y)$$

보기 2

4.1절의 보기 2에 주어진 결합확률분포표에서

(a) $Y=1$일 때 X의 조건부 확률분포를 구하시오.

(b) $X=1$일 때 Y의 조건부 확률분포를 구하시오.

(c) $F_{X|Y}(2|1)$, $F_{Y|X}(2|1)$을 각각 구하시오.

풀이 X, Y의 주변확률질량함수를 구하여 표를 작성하면 다음과 같다.

$X \backslash Y$	0	1	2	3	$P(X=i)$
0	0.1	0.1	0.07	0.05	0.32
1	0.05	0.1	0.1	0	0.25
2	0.05	0.05	0.04	0.05	0.19
3	0.08	0.06	0.08	0.02	0.24
$P(Y=j)$	0.28	0.31	0.29	0.12	1

(a) $p_Y(1)=0.31$이므로

$$p_{X|Y}(0|1)=\frac{0.1}{0.31}=\frac{10}{31},\ p_{X|Y}(1|1)=\frac{10}{31},$$

$$p_{X|Y}(2|1)=\frac{5}{31},\ p_{X|Y}(3|1)=\frac{6}{31}$$

(b) $p_X(1)=0.25$이므로

$$p_{Y|X}(0|1)=\frac{0.05}{0.25}=\frac{1}{5},\quad p_{Y|X}(1|1)=\frac{2}{5},$$

$$p_{Y|X}(2|1)=\frac{2}{5},\quad p_{X|Y}(3|1)=0$$

(c) $$F_{X|Y}(2|1)=p_{X|Y}(0|1)+p_{X|Y}(1|1)+p_{X|Y}(2|1)=\frac{0.1+0.1+0.05}{0.31}=\frac{25}{31}$$

$$F_{Y|X}(2|1)=p_{Y|X}(0|1)+p_{Y|X}(1|1)+p_{Y|X}(2|1)=\frac{0.05+0.1+0.1}{0.25}=1$$

보기 3

4.1절 보기 4에서 $X_m = 4$일 때 X_M의 조건부 확률질량함수를 구하시오.

풀이 $k = 1, 2, 3$일 때 $P(X_m = 4, X_M = k) = 0$이므로

$$p_{X_M|X_m}(k|4) = 0$$

이다. 또한

$$P(X_m = 4, X_M = 4) = \frac{1}{36}$$

$$P(X_m = 4, X_M = 5) = P(X_m = 4, X_M = 6) = \frac{2}{36}$$

이고 $P(X_m = 4) = \dfrac{5}{36}$이므로

$$p_{X_M|X_m}(4|4) = \frac{1/36}{5/36} = \frac{1}{5},$$

$$p_{X_M|X_m}(5|4) = p_{X_M|X_m}(6|4) = \frac{2/36}{5/36} = \frac{2}{5}$$

이다.

보기 4

$X_1 \sim Poi(\lambda_1)$, $X_2 \sim Poi(\lambda_2)$이고 X_1, X_2는 독립이다. $X_1 + X_2 = n$일 때 X_1의 조건부 분포를 구하시오.

풀이 3.3절의 보기 3의 결과에 따르면 $X_1 + X_2$는 모수가 $\lambda_1 + \lambda_2$인 푸아송 분포를 따른다. 따라서

$$p_{X_1+X_2}(n) = \frac{(\lambda_1 + \lambda_2)^n e^{-(\lambda_1+\lambda_2)}}{n!}$$

이다. X_1, X_2는 독립이므로 다음 식이 성립한다.

$$P(X_1 = k | X_1 + X_2 = n) = \frac{P(X_1 = k, X_1 + X_2 = n)}{P(X_1 + X_2 = n)} = \frac{P(X_1 = k)P(X_2 = n-k)}{P(X_1 + X_2 = n)}$$

$$= \frac{\dfrac{\lambda_1^k e^{-\lambda_1}}{k!} \dfrac{\lambda_2^{n-k} e^{-\lambda_2}}{(n-k)!}}{\dfrac{(\lambda_1+\lambda_2)^n e^{-(\lambda_1+\lambda_2)}}{n!}} = \binom{n}{k} \frac{\lambda_1^k \lambda_2^{n-k}}{(\lambda_1+\lambda_2)^n}$$

$p = \dfrac{\lambda_1}{\lambda_1+\lambda_2}$로 놓으면 $1-p = \dfrac{\lambda_2}{\lambda_1+\lambda_2}$이므로 위 식은 다음과 같이 고쳐 쓸 수 있다.

$$P(X_1 = k | X_1 + X_2 = n) = \binom{n}{k} p^k (1-p)^{n-k}$$

따라서 $X_1 + X_2 = n$일 때 X_1의 조건부 분포는 모수가 $\left(n, \dfrac{\lambda_1}{\lambda_1+\lambda_2}\right)$인 이항분포이다.

4.4.2 조건부 확률분포: 연속확률변수

결합적으로 연속인 두 확률변수 X, Y의 결합확률밀도함수를 $f(x, y)$, 각 주변확률밀도함수를 $f_X(x)$, $f_Y(y)$라 하자. $f_Y(y) > 0$이면 $Y = y$일 때 X의 조건부 확률밀도함수는 다음과 같이 정의한다.4)

$$f_{X|Y}(x|y) = \frac{f(x, y)}{f_Y(y)}$$

임의의 실수 x에 대하여 $f_{X|Y}(x|y) \geq 0$이고

$$\int_{-\infty}^{\infty} f_{X|Y}(x|y)dx = \frac{\int_{-\infty}^{\infty} f(x,y)dx}{f_Y(y)} = \frac{f_Y(y)}{f_Y(y)} = 1$$

이므로 $Y = y$일 때 X의 조건부 확률밀도함수 $f_{X|Y}(x|y)$는 새로운 확률밀도함수가 된다.

엄밀히 말하자면, $P(Y = y) = 0$이므로 조건부 확률의 정의에서 $P(X \leq x | Y = y)$를 정의할 수 없다. 그러나 $Y = y$일 때 X의 조건부 확률밀도함수 $f_{X|Y}(x|y)$가 확률밀도함수이므로

4) 이 정의는 다음 근사식으로부터 추론이 가능하다.

$$P(X \leq a | y < Y \leq y + \Delta y) = \frac{P(X \leq a,\ y < Y \leq y + \Delta y)}{P(y < Y \leq y + \Delta y)} = \frac{\int_{-\infty}^{a} \int_{y}^{y+\Delta y} f(x, t)dt\,dx}{P(y < Y \leq y + \Delta y)}$$

$$\approx \frac{\int_{-\infty}^{a} f(x, y)\Delta y\,dx}{f_Y(y)\Delta y} = \int_{-\infty}^{a} \frac{f(x, y)}{f_Y(y)} dx$$

$Y=y$일 때 X의 조건부 확률분포함수 $F_{X|Y}(x|y)=P(X \le x | Y=y)$를 다음과 같이 정의한다.

$$F_{X|Y}(x|y)=\int_{-\infty}^{x} f_{X|Y}(t|y)dt$$

마찬가지로 $A \subset \mathbb{R}$에 대하여 $P(X \in A | Y=y)$를 다음과 같이 정의한다.

$$P(X \in A | Y=y)=\int_{A} f_{X|Y}(x|y)dx$$

조건부 확률분포: 연속분포

결합적으로 연속인 확률변수 X와 Y에 대하여 $Y=y$일 때 $(f_Y(y) \neq 0)$

- X의 **조건부 확률밀도함수** $f_{X|Y}(x|y)$는 다음과 같이 정의한다.

$$f_{X|Y}(x|y)=\frac{f(x, y)}{f_Y(y)}$$

- X의 **조건부 확률분포함수** $F_{X|Y}(x|y)$는 다음과 같이 정의한다.

$$F_{X|Y}(a|y)=\int_{-\infty}^{a} f_{X|Y}(x|y)dx$$

보기 5

X, Y의 결합확률밀도함수와 주변확률밀도함수가 각각 다음과 같을 때 주어진 값을 구하시오.

$$f(x, y)=\frac{x+y}{120},\ 0 \le x \le 2,\ 0 \le y \le 10,$$

$$f_X(x)=\frac{1}{12}(x+5),\ 0<x<2,$$

$$f_Y(y)=\frac{1}{60}(y+1),\ 0<y<10$$

(a) $Y=4$일 때 X의 조건부 확률밀도함수

(b) $X=1$일 때 Y의 조건부 확률밀도함수

(c) $P(X>1 | Y=4)$

(d) $P(Y \le 7 | X=1)$

풀이 (a) $f_{X|Y}(x|4) = \dfrac{f(x, 4)}{f_Y(4)} = \dfrac{(x+4)/120}{5/60} = \dfrac{x+4}{10}, \; 0 \le x \le 2$

(b) $f_{Y|X}(y|1) = \dfrac{f(1, y)}{f_X(1)} = \dfrac{(1+y)/120}{6/12} = \dfrac{1+y}{60}, \; 0 \le y \le 10$

(c) $P(X > 1 | Y = 4) = \displaystyle\int_1^2 \frac{x+4}{10} dx = \frac{1}{10}\left[\frac{1}{2}x^2 + 4x\right]_1^2 = \frac{11}{20}$

(d) $P(Y \le 7 | X = 1) = \displaystyle\int_0^7 \frac{1+y}{60} dy = \frac{1}{60}\left[y + \frac{1}{2}y^2\right]_0^7 = \frac{63}{120} = \frac{21}{40}$

조건부 확률질량함수의 정의는 $p_X(x) > 0$, $p_Y(y) > 0$일 때 다음과 같이 곱의 형태로 쓸 수도 있다.

$$p(x, y) = p_{X|Y}(x|y) p_Y(y)$$
$$p(x, y) = p_{Y|X}(y|x) p_X(x)$$

또한 X, Y가 독립이면 $p(x, y) = p_X(x) p_Y(y)$이므로 정의로부터 다음 관계식이 성립한다.

$$p_{X|Y}(x|y) = p_X(x), \quad p_{Y|X}(y|x) = p_Y(y)$$

이 관계식은 $Y = y$라는 조건이 주어졌을 때 X의 조건부 확률질량함수가 y와는 무관함을 의미한다. 역으로 $p_{X|Y}(x|y) = p_X(x)$ 또는 $p_{Y|X}(y|x) = p_Y(y)$이면

$$p(x, y) = p_X(x) p_Y(y)$$

이므로 두 확률변수 X, Y는 독립이다.

이러한 논의는 조건부 확률밀도함수에 대해서도 동일하게 성립한다.

조건부 확률분포와 독립성

확률변수 X와 Y에 대하여 다음 조건들은 필요충분조건이다.

- X와 Y는 독립이다.
- $F(x, y) = F_X(x) F_Y(y)$
- $p_{X|Y}(x|y) = p_X(x)$ (이산확률변수인 경우)
  $f_{X|Y}(x|y) = f_X(x)$ (연속확률변수인 경우)

보기 6

자동차 모델의 신차를 구입한 사람이 다른 차량으로 교체할 때까지의 시간 X는 평균이 2 (단위 : 년)인 지수분포를 따른다고 한다. $X=x$일 때 중고차의 가격 Y는 평균이 $\dfrac{2}{x+2}$(단위 : 신차의 가격)인 지수분포를 따른다고 한다.

(a) X, Y의 결합확률밀도함수를 구하시오.

(b) 4년 된 차량을 판매할 때 신차 가격의 50% 이상에 판매할 확률을 구하시오.

(c) 판매된 중고차량이 4년 이상 되었고 판매가격이 신차의 50% 이상일 확률을 구하시오.

(d) 4년 이상 된 중고차량이 신차의 50% 이상의 가격에 판매될 확률을 구하시오.

풀이 (a) $X \sim \mathrm{Exp}(0.5)$, $Y|X=x \sim \mathrm{Exp}(0.5x+1)$이므로 $x>0$, $y>0$일 때

$$f_X(x) = 0.5e^{-0.5x}, \quad x>0$$
$$f_{Y|X}(y|x) = (0.5x+1)e^{-(0.5x+1)y}, \quad x>0,\ y>0$$

이다. 따라서 X, Y의 결합확률밀도함수는 다음과 같다.

$$f(x, y) = f_{Y|X}(y|x)f_X(x) = 0.5(0.5x+1)e^{-(0.5x+1)y}e^{-0.5x}$$

(b) $f_{Y|X}(y|4) = 3e^{-3y}$이므로

$$P(Y \ge 0.5 | X=4) = \int_{0.5}^{\infty} 3e^{-3y}dy = e^{-1.5} \approx 0.2231$$

(c) 구하는 확률은

$$P(X \ge 4,\ Y \ge 0.5) = \int_4^{\infty}\int_{0.5}^{\infty} 0.5(0.5x+1)e^{-y(0.5x+1)}e^{-0.5x}dydx$$
$$= 0.5\int_4^{\infty} e^{-0.5x}\int_{0.5}^{\infty}(0.5x+1)e^{-y(0.5x+1)}dydx$$

이다. $u = y(0.5x+1)$로 치환하면 $(0.5x+1)dy = du$이므로

$$\int_{0.5}^{\infty}(0.5x+1)e^{-y(0.5x+1)}dy = \int_{0.5(0.5x+1)}^{\infty} e^{-u}du = e^{-0.5(0.5x+1)}$$

이고

$$P(X \geq 4,\ Y \geq 0.5) = 0.5 \int_4^{\infty} e^{-0.5x} e^{-0.5(0.5x+1)} dx$$

$$= 0.5e^{-0.5} \int_4^{\infty} e^{-0.75x} dx = e^{-0.5} \frac{2}{3} e^{-3} \approx 0.0201$$

(d) 구하는 확률은 조건부 확률 $P(Y \geq 0.5 | X \geq 4)$이다. $P(X \geq 4) = e^{-2} \approx 0.1353$ 이므로 구하는 확률은 다음과 같다.

$$P(Y \geq 0.5 | X \geq 4) = \frac{P(X \geq 4,\ Y \geq 0.5)}{P(X \geq 4)} = \frac{0.0201}{0.1353} = 0.1486$$

4.4.3 기댓값과 조건부 기댓값

이산확률변수 X, Y에 대하여 $X = x$일 때 Y의 조건부 확률질량함수 $p_{Y|X}(y|x)$는 확률질량함수이다. 따라서 $X = x$일 때 Y의 **조건부 기댓값**(conditional expectation)을 다음과 같이 정의한다.

$$E(Y | X = x) = \sum_y y P(Y = y | X = x) = \sum_y y p_{Y|X}(y|x)$$

확률변수 X, Y가 결합적으로 연속이라 하자. $X = x$일 때 Y의 조건부 확률밀도함수 $f_{Y|X}(y|x)$는 확률밀도함수이므로 조건부 기댓값은 다음과 같이 정의한다.

$$E(Y|X = x) = \int_{-\infty}^{\infty} y f_{Y|X}(y|x) dy$$

보기 7

(a) 주사위를 던져 나온 윗면의 수를 X, 주사위를 던져 나온 눈의 수만큼 동전을 던졌을 때 동전의 앞면이 나온 수를 Y라 하자. $X = x$일 때 Y는 모수가 $\left(x, \frac{1}{2}\right)$인 이항분포를 따른다.

$$Y | X = x \sim Bin\left(x, \frac{1}{2}\right)$$

따라서 $E(Y | X = x) = \frac{x}{2}$이다.

(b) 태어나는 아이가 여아일 확률이 p, 남아일 확률이 $q = 1 - p$라 한다. 어느 집의 아이의

수가 x명이라면 그 집의 딸의 수는 모수가 (x, p)인 이항분포를 따른다. 따라서 아이의 수가 $X=x$일 때 딸의 수 Y의 조건부 기댓값은

$$E(Y \mid X=x)=xp$$

이다.

보기 7에서 본 것처럼 $X=x$가 주어졌을 때 Y의 조건부 기댓값 $E(Y|X=x)$는 모두 x의 함수이다.

$$h(x)=E(Y|X=x)$$

라고 할 때, $h(X)=E(Y|X)$로 나타내기로 한다. 예를 들어 보기 7에서 각각

$$E(Y|X)=\frac{X}{2}, \quad E(Y|X)=pX$$

이다. X, Y가 이산확률분포를 따르면

$$E(h(X))=\sum_x h(x)P(X=x)$$

이므로

$$E(E(Y|X))=\sum_x E(Y|X=x)P(X=x)$$

로 쓸 수 있다. $P(Y=y|X=x)P(X=x)=P(Y=y, X=x)$이고

$$\sum_x P(X=x, Y=y)=P(Y=y)$$

이므로 조건부 기댓값의 정의에 의하면 다음 결과를 얻는다.

$$\begin{aligned}\sum_x E(Y|X=x)P(X=x) &= \sum_x \left[\sum_y yP(Y=y \mid X=x)\right] P(X=x)\\ &= \sum_x \sum_y yP(Y=y, X=x) = \sum_y y \sum_x P(X=x, Y=y)\\ &= \sum_y yP(Y=y) = E(Y)\end{aligned}$$

X, Y가 결합적으로 연속인 경우도 비슷한 방법으로 같은 결과를 보일 수 있다.

기댓값과 조건부 기댓값

두 확률변수 X와 Y에 대하여 다음 식이 성립한다.

$$E(Y) = E(E(Y|X))$$

예를 들어 주사위를 던져 나온 눈의 수 X만큼 동전을 던진다고 할 때 앞면의 수 Y의 기댓값은 다음과 같다.

$$E(Y) = E(E(Y|X)) = E\left(\frac{X}{2}\right) = \frac{E(X)}{2} = \frac{7}{4}$$

두 확률변수가 하나는 이산, 하나는 연속인 경우에도 비슷한 방법으로 정의할 수 있고 같은 결과가 성립한다.

보기 8

삼식이는 학교를 갈 때 동전을 던져 앞면이 나오면 버스를 타고, 뒷면이 나오면 지하철을 탄다고 한다. 버스를 탈 경우 걸리는 시간은 평균이 20, 분산이 25인 정규분포를 따르고 지하철을 탈 경우 평균이 22, 분산이 9인 정규분포를 따른다.

(a) 학교까지 걸리는 시간이 22분 이하일 확률을 구하시오.

(b) 학교까지 걸리는 시간의 평균을 구하시오.

풀이 (a) X를 동전의 앞면이 나오면 0, 뒷면이 나오면 1인 확률변수라 하자. Y를 학교까지 가는 데 걸리는 시간이라 하면 전체 확률의 법칙[5)]에 의하면

$$\begin{aligned} P(Y \le 22) &= P(Y \le 22 | X=0)P(X=0) + P(Y \le 22 | X=1)P(X=1) \\ &= \frac{1}{2}[P(Y \le 22 | X=0) + P(Y \le 22 | X=1)] \end{aligned}$$

이다. $Y|X=0 \sim N(20, 5^2)$, $Y|X=1 \sim N(22, 3^2)$이므로 표준화를 하면 다음 값을 얻는다.

5) 사건 $B_1, \cdots, B_n$이 상호배반이고 $\bigcup_{j=1}^{n} B_j = \Omega$이면 사건 A에 대해 다음이 성립한다.
$P(A) = \sum_{j=1}^{n} P(A \cap B_j) = \sum_{j=1}^{n} P(A|B_j)P(B_j)$

$$P(Y \le 22 | X=0) = P\left(\frac{Y-20}{5} \le \frac{22-20}{5}\right)$$
$$= P(Z \le 0.4) = 0.6554$$
$$P(Y \le 22 | X=1) = P\left(\frac{Y-22}{5} \le 0\right) = P(Z \le 0) = 0.5$$

따라서 구하는 확률은 다음과 같다.

$$P(Y \le 22) = \frac{1}{2}(0.6554 + 0.5) = 0.5777$$

(b) $E(Y|X=0) = 20$, $E(Y|X=1) = 22$이고 조건부 기댓값과 기댓값의 결과에 의하면 다음 결과를 얻는다.

$$E(Y) = E(Y|X=0)P(X=0) + E(Y|X=1)P(X=1)$$
$$= \frac{1}{2}(20+22) = 21$$

보기 9

3개의 결과가 가능한 독립시행을 n번 반복한다고 하자. k번째 결과가 나올 확률은 $p_k(p_1+p_2+p_3=1)$, X_k는 k번째 결과가 나온 횟수이다.

(a) $X_1 = i$일 때 X_2의 조건부 확률분포와 X_2의 조건부 기댓값을 구하시오.

(b) $E(X_1X_2)$를 조건부 기댓값을 이용하여 구하시오.

풀이 (a) $X_1 = i$이면 나머지 $(n-i)$번의 독립시행에서 두 가지 결과(두 번째와 세 번째) 만 가능하므로 이항분포를 따른다. 이때 두 번째 결과가 나올 확률은 $\frac{p_2}{p_2+p_3}$이므로

$$X_2|X_1 = i \sim Bin\left(n-i, \frac{p_2}{p_2+p_3}\right)$$

이다. 따라서 조건부 기댓값은 다음과 같다.

$$E(X_2|X_1=i) = (n-i)\frac{p_2}{p_2+p_3}$$

(b) $E(X_1X_2|X_1=i) = iE(X_2|X_1=i) = i(n-i)\frac{p_2}{p_2+p_3}$이므로

$$E(X_1X_2|X_1) = X_1(n - X_1)\frac{p_2}{p_2 + p_3}$$

이다. $X_1 \sim Bin(n,\ p_1)$이므로

$$E(X_1) = np_1,\ \ E(X_1^2) = np_1(1 - p_1) + n^2p_1^2$$

이다. 이 결과와 $p_2 + p_3 = 1 - p_1$임을 이용하면 다음 값을 얻는다.

$$\begin{aligned} E(X_1X_2) &= E(E(X_1X_2|X_1)) = E(X_1(n - X_1))\frac{p_2}{1 - p_1} \\ &= \frac{p_2}{1 - p_1}[nE(X_1) - E(X_1^2)] \\ &= \frac{p_2}{1 - p_1}(n^2p_1 - np_1(1 - p_1) - n^2p_1^2) \\ &= n(n - 1)p_1p_2 \end{aligned}$$

다음 보기는 정확한 확률분포를 모르더라도 조건부 기댓값을 이용하여 기댓값을 구할 수 있는 경우를 보여준다.

보기 10

생쥐 한 마리가 미로에 갇혔다. 미로의 중앙에는 세 개의 문이 있고 그중 하나의 문만 외부와 연결되어 있다. 나머지는 다시 미로의 중앙으로 돌아오게 되어 있다. 외부로 통하는 길은 평균 10분이 걸리고 하나의 문에 연결된 길은 평균 15분 후 미로의 중앙으로 돌아온다. 나머지 문에 연결된 길은 평균 20분 후 다시 미로의 중앙으로 돌아온다. 세 개의 문은 구분이 불가능하여 중앙에 돌아올 때마다 생쥐는 임의로 하나의 문을 선택하게 된다고 한다. 생쥐가 미로를 빠져나오는 데 걸리는 시간의 기댓값을 구하시오.

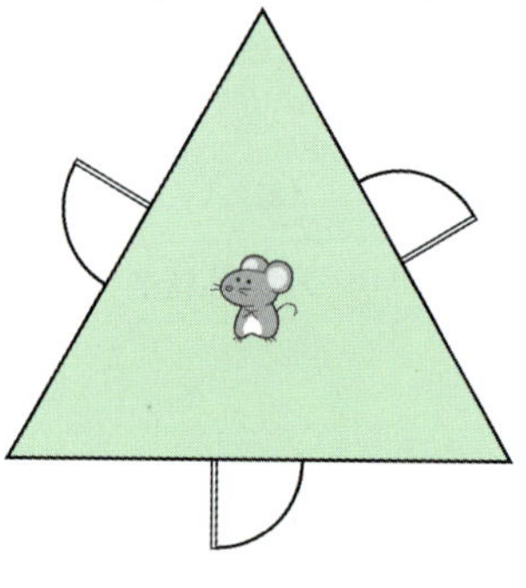

풀이 X를 미로를 빠져나오는 데 걸리는 시간, Y를 처음 선택한 문이라 하자. 조건부 기댓값을 이용하여 계산하면

$$E(X) = E(X|Y=1)P(Y=1) + E(X|Y=2)P(Y=2) + E(X|Y=3)P(Y=3)$$
$$= \frac{1}{3}(E(X|Y=1) + E(X|Y=2) + E(X|Y=3))$$

이다. 첫 번째 문을 선택하면 10분 후 미로를 빠져나가므로

$$E(X|Y=1) = 10$$

이다. 반면에 두 번째 문을 선택하면 15분 후 같은 장소에 돌아오며 같은 상황에 놓이게 된다. 따라서

$$E(X|Y=2) = 15 + E(X)$$

이다. 같은 방법으로 마지막 문을 선택하였을 때

$$E(X|Y=3) = 20 + E(X)$$

이다. 그러므로

$$E(X) = \frac{1}{3}(10 + 15 + E(X) + 20 + E(X))$$

이 된다. 즉, 미로를 빠져나오는 데 걸리는 시간의 기댓값은 45분이다.

4.4.4 확률합의 계산

주사위를 던져서 나온 눈의 수 N만큼 동전을 던진다고 하자. X_i를 i번째 던진 동전이 앞면이면 1, 뒷면이면 0인 베르누이 변수라고 하자. $N=3$이면 동전의 앞면이 나온 수 Y는

$$Y = \sum_{i=1}^{3} X_i$$

로 쓸 수 있고 $N=5$이면

$$Y = \sum_{i=1}^{5} X_i$$

로 쓸 수 있다. 일반적으로 자연수 값을 취하는 변수 N에 대하여

$$Y = \sum_{i=1}^{N} X_i$$

는 $N=n$이면

$$Y = \sum_{i=1}^{n} X_i$$

로 정의되는 확률변수이다. 더해지는 횟수가 확률변수로 주어지므로 확률합(random sum)이라고 부르기도 한다.

$X_i, i = 1, 2, 3, \cdots$가 모두 같은 분포를 따른다고 하자. $\mu = E(X_1) < \infty$이면 $Y = \sum_{i=1}^{N} X_i$의 기댓값은 다음과 같이 조건부 기댓값을 이용하여 구할 수 있다.

$$\begin{aligned} E(Y) &= E(E(Y|N)) = \sum_{n=1}^{\infty} E(Y|N=n)P(N=n) \\ &= \sum_{n=1}^{\infty} E(\sum_{i=1}^{n} X_i)P(N=n) = \sum_{n=1}^{\infty} nE(X_1)P(N=n) \\ &= E(X_1)\sum_{n=1}^{\infty} nP(N=n) = E(X_1)E(N) \end{aligned}$$

확률합의 기댓값

자연수 값을 취하는 변수 N에 대하여 $E(N) < \infty$이고 $X_i, i = 1, 2, 3, \cdots$가 모두 동일한 분포를 따른다고 하자. $\mu = E(X_1) < \infty$이면 다음 식이 성립한다.

$$E(\sum_{n=1}^{N} X_i) = E(X_1)E(N)$$

보기 11

토끼는 한 번에 평균 4마리의 새끼를 낳는다고 한다. 토끼는 일생 동안 평균 5번 새끼를 낳는다면 일생 동안 낳는 새끼는 평균 몇 마리인가? 새끼를 낳는 횟수와 한 번에 낳는 마리 수는 독립이라고 가정한다.

풀이 토끼가 일생 동안 새끼를 낳는 횟수를 N이라 하자. i번째 낳은 새끼 수를 X_i라 하면 일생 동안 낳는 새끼의 수는

$$\sum_{i=1}^{N} X_i = X_1 + X_2 + \cdots + X_N$$

이다. $E(N)=5$, $E(X_1)=4$이므로 일생 동안 낳는 새끼 수의 평균은

$$E(\sum_{i=1}^{N} X_i) = E(X_1)E(N) = 4 \cdot 5 = 20$$

마리이다.

연습문제 4.4 EXERCISES

01 4.1절의 보기 1에서

(a) $X=i\,(i=0,1)$일 때 Y의 조건부 확률질량함수를 구하시오.

(b) $i=0,1$일 때 조건부 기댓값 $E(Y|X=i)$를 구하시오.

02 4.1절의 보기 2에서 다음을 구하시오.

(a) $P(Y \le 2|X < Y)$

(b) $i=0,1,2,3$일 때 조건부 확률질량함수 $E(Y|X=i)$

(c) 조건부 기댓값을 이용하여 $E(Y)$를 구하시오.

(d) 주변확률질량함수 $p_Y(j)$를 이용하여 $E(Y)$를 구하시오.

03 4.1절의 보기 3에서

(a) 아들이 없는 집의 딸의 수의 조건부 확률질량함수를 구하시오.

(b) 아이가 2명인 집의 아들의 수의 조건부 확률질량함수를 구하시오.

04 4.1절의 보기 4에서 $X_M > X_m$일 때 다음을 구하시오.

(a) X_M의 조건부 확률질량함수

(b) 조건부 기댓값 $E(X_M|X_M > X_m)$

05 독립인 두 확률변수 X, Y는 각각 모수가 (n, p), (m, p)인 이항분포를 따른다. $X+Y=k$가 주어졌을 때 X의 분포를 구하시오.

06 4.1절의 보기 5에서 $X=x$일 때 Y의 조건부 확률밀도함수 $f_{Y|X}(y|x)$와 조건부 분포함수 $F_{Y|X}(y|x)$를 구하시오.

07 4.1절의 보기 6에서 $X=x\,(0<x<2)$일 때

(a) Y의 조건부 확률밀도함수 $f_{Y|X}(y|x)$를 구하시오.

(b) Y의 조건부 분포함수 $F_{Y|X}(y|x)$를 구하시오.

(c) 조건부 기댓값 $E(Y|X=x)$를 구하시오.

08 4.1절의 보기 10에서 $X=x$ $(0<x<1)$일 때

(a) Y의 조건부 확률밀도함수 $f_{Y|X}(y|x)$와 조건부 분포함수 $F_{Y|X}(y|x)$를 구하시오.

(b) 조건부 기댓값 $E(Y|X=x)$를 구하시오.

09 컴퓨터 AS 센터에 하루 동안 맡겨지는 컴퓨터 대수는 평균 12인 푸아송 분포를 따른다. 컴퓨터를 한 대 수리하는 데 걸리는 시간은 평균 45분인 정규분포를 따른다고 한다. 하루에 맡겨진 컴퓨터를 모두 수리하는 데 걸리는 시간의 평균을 구하시오.

10 두 변수 X, Y의 결합확률질량함수 $p(x, y)=P(X=x,\ Y=y)$가 다음과 같다.

$$p(0,0)=0.4,\quad p(0,1)=0.2,\quad p(1,0)=0.1,\quad p(1,1)=0.3$$

(a) X의 확률분포와 기댓값, 분산을 구하시오.

(b) Y의 확률분포와 기댓값, 분산을 구하시오.

(c) $X=1$일 때 Y의 조건부 확률과 조건부 기댓값 $E(Y|X=1)$을 구하시오.

11 결합적으로 연속인 확률변수 X, Y에 대하여 다음 식이 성립함을 보이시오.

$$E(Y)=E(E(Y|X))$$

12 성공 확률이 p인 베르누이 변수 X_i에 대하여 $S_n = \sum_{i=1}^{n} X_i$로 정의한다.

(a) $1 \le i \le n$에 대하여 $E(X_i \mid S_n = k)$를 구하시오.

(b) $1 \le m \le n$에 대하여 $E(S_m \mid S_n = k)$를 구하시오.

13 주사위를 던져 나온 눈의 수를 X라 하자. 동전의 앞면이 주사위를 던져서 나온 눈의 수만큼 나올 때까지 던졌을 때, 동전을 던진 횟수를 Y라 하자. $X = x$일 때

(a) Y의 조건부 분포를 구하시오.

(b) Y의 조건부 기댓값을 구하시오.

14 두 개의 주사위를 던져 나온 눈의 수를 각각 X_1, X_2라고 하자.

$$X_m = \min(X_1, X_2), \quad X_M = \max(X_1, X_2)$$

라고 할 때 다음 값을 구하시오. (4.1절 보기 4 참고)

(a) $E(X_M \mid X_m = x)$

(b) $E(X_m \mid X_M = x)$

(c) $E(X), E(Y)$를 각각 구하시오.

15 X, Y가 독립이면 다음 식이 성립함을 보이시오.

$$E(Y \mid X = x) = E(Y)$$

16 아버지의 키를 X, 아들의 키를 Y라 하자. $X = x$일 때 Y의 분포는 $N(x+4, 9)$이다. 아버지 키의 기댓값이 172일 때 아들 키의 기댓값을 구하시오.

17 이승협 선수의 2017년도 타율은 4할이다. 한 게임에서 이승협 선수의 타석 수 N은 모수가 $(5, 0.6)$인 이항분포를 따른다.

(a) 이승협 선수가 출전할 확률 p는 얼마인가?

(b) 이승협 선수가 출전한 게임에서 평균 타석 수는 얼마인가?

(c) 2017년도의 한 게임당 이승협 선수의 평균 안타 수는 얼마인가?

18 삼식이는 학교까지 날씨가 좋으면 자전거를 타고 가고 날씨가 나쁘면 버스를 타고 간다. 학교까지 걸리는 시간은 자전거를 타고 가는 경우 평균이 20분, 표준편차가 1분인 정규분포를 따른다. 버스를 타고 가는 경우는 평균이 15분, 표준편차가 5분인 정규분포를 따른다. 날씨가 좋을 확률은 0.8, 날씨가 나쁠 확률은 0.2이다.

(a) 학교까지 20분 이내에 도착할 확률을 구하시오.

(b) 학교까지 걸리는 시간의 평균을 구하시오.

19 세 개의 주머니에 하얀 공과 빨간 공이 다음과 같이 들어 있다. 하나의 주머니를 임의로 선택하여 그 주머니에서 복원추출로 3개의 공을 꺼냈다. 하얀 공의 개수를 X라 할 때 $E(X)$를 구하시오.

	노란 주머니	파란 주머니	초록 주머니
하얀 공	3	3	5
빨간 공	5	1	3

20 건강식품 매장의 하루 손님 수는 모수가 λ인 푸아송 분포를 따른다. 방문하는 손님이 남자일 확률은 p, 여자일 확률은 $1-p$라고 한다.

(a) 건강식품 매장의 하루 남자손님 수 M은 모수가 $p\lambda$인 푸아송 분포를 따름을 보이시오.

Hint. $P(M=k)=\sum_{n=k}^{\infty} P(M=k \mid N=n)P(N=n), \quad M \mid N=n \sim Bin(n, p)$

(b) 한 명의 손님이 물건을 구입하는 액수의 평균은 남자가 A, 여자가 B라고 한다. 하루 매출액의 평균을 구하시오.

21 X가 표준정규분포를 따르고 $X=x$일 때 Y는 평균이 x이고 분산이 1인 정규분포를 따른다.

(a) X, Y의 결합확률밀도함수 $f(x, y)$를 구하시오.

(b) Y의 확률밀도함수를 구하시오.

22 줄 서는 맛집에 도착한 후 주문할 때까지의 시간을 X, 도착 후 음식이 나올 때까지의 시간 Y를 조사하였다. 정의에 의하면 $X \le Y$이고 X, Y의 결합확률밀도함수가 다음과 같다는 것을 알게 되었다.

$$f(x,\, y) = e^{-y}, \quad 0 < x < y < \infty$$

(a) 도착 후 3분 안에 주문하고, 주문하고 나서 5분 안에 음식이 나올 확률을 구하시오.

(b) X, Y의 주변확률밀도함수를 각각 구하시오.

(c) 도착 후 음식이 나올 때까지의 평균시간을 구하시오.

(d) $Y = y$일 때 X의 조건부 확률밀도함수를 구하시오.

(e) $X = x$일 때 Y의 조건부 기댓값을 구하시오.

제 5 장

표본분포

정보화시대라 일컬어지는 시대를 살고 있는 우리는 일상생활에서 다양한 통계를 접하고 있다. 통계 또는 통계학을 의미하는 Statistics의 어원은 상태를 의미하는 프랑스어 'Status'이다. 통계학은 국가를 운영하는 데 필요한 수량적 정보(data)를 모으고 기술, 요약하는 것에서 시작되었다. 이렇게 데이터에 대한 기술과 요약을 다루는 통계학 분야를 **기술통계학**이라 한다.

데이터를 기술하고 요약하고 나면 이러한 것들이 의미하는 바가 무엇인지 결론을 끌어내기를 바랄 수 있는데 데이터의 요약으로부터 논리적인 결론을 이끌어내는 것을 **통계적 추론**이라 하며 이를 다루는 통계학 분야를 **추론통계학**이라 한다.

이 장에서는 추론통계학에서 가장 기본적인 역할을 하는 표본평균과 표본비율, 표본분산 등의 정의와 분포를 살펴본다. 이러한 분포를 다루기 위하여 t-분포, χ^2-분포의 정의와 성질도 알아본다. 또한 확률과 통계에서 가장 중요한 결과 중 하나인 중심극한정리도 다룬다.

5.1 표본평균

5.1.1 모집단과 표본

통계적 조사 또는 실험의 대상이 되는 집단 전체를 모집단(population)이라 한다.[1] 통계적 조사의 대상인 모집단의 속성을 수치화할 경우 몸무게, 혈압, 온도 등과 같이 수로 나타낼 수 있으면 속성의 값은 확률변수를 정의한다. 모집단에서 각각의 개체에 대한 측정값은 이 확률변수 X의 값이다. 이때 확률변수의 특성을 나타내는 평균, 분산, 표준편차, 상관계수 등을 모집단의 모수(parameter)라 한다. 모집단과 관련된 값임을 강조할 때는 평균, 분산 등을 각각 모평균(population mean), 모분산(population variance) 등으로 나타낸다.

대부분의 통계 실험에서 모집단의 분포함수 F는 완전히 알려지지는 않으며 유한개의 데이터를 이용하여 모분포 F를 추론한다. 많은 경우 일부 모수를 제외하고 모분포 F는 알려진 것으로 가정하기도 한다.[2] 예를 들어 모분포는 평균과 분산이 알려지지 않은 정규분포를 따른다고 가정할 수도 있고 성공 확률이 알려지지 않은 이항분포를 따른다고 가정할 수도 있다.

통계적 조사에서 모집단 전체에 대하여 속성을 조사하는 것을 전수조사(census)라 한다. 전수조사의 경우 모집단에 대한 모든 정보가 알려지므로 추론의 여지가 없지만 모집단 전체를 조사하는 것이 여러 가지 이유로 어렵거나 불가능한 경우가 대부분이다. 예를 들어 자동차의 안전성 측정을 위한 충돌조사나, 신약품의 효력을 알기 위한 임상 실험 등에서 모든 자동차나 모든 환자를 대상으로 실험을 할 수는 없다. 이런 경우 모집단 전체를 조사하는 대신 모집단에서 일부를 추출하여 속성을 조사함으로써 모집단의 속성을 추측하기도 한다. 이렇게 모집단의 일부를 조사하는 방법을 표본조사(sample survey)라 하고 표본조사를 위해 추출한 개체들의 집합을 표본(sample)이라 한다. 대통령 선거에서 선거 결과를 개표하여 기록하는 것은 전수조사

1) 통계학에서 모집단이라는 용어는 처음에는 사람과 관련된 통계에만 사용되었으나 지금은 대상이 사람이든, 과학적 실험결과이든 상관없이 통계적 관심이 있는 모든 분야에 사용된다.
2) 일부 모수를 제외하고 모분포가 알려진 경우 모수를 추정하는 것을 모수적 추론(parametric inference)이라 한다. 반면에 모분포에 대하여 아무것도 알려지지 않은 경우 비모수적 추론(nonparametric inference)이라 한다.

이고 선거 전 각 후보의 지지율을 조사하는 것은 표본조사의 대표적인 예이다.

표본조사는 모집단에서 표본을 추출하고 그 표본이 가지고 있는 정보를 이용하여 모집단의 속성을 추측하는 것을 목적으로 한다. 따라서 표본은 모집단의 특성을 잘 반영하도록 치우침 없이 추출하여야 한다. 이를 위해서는 추출이 임의로(at random) 이루어져야 한다. 다시 말해서 모집단의 각 원소가 표본으로 추출될 가능성이 모두 같아야 한다. 이런 추출 방법을 임의추출(random sampling)이라 하고[3] 추출된 표본을 임의표본(random sample) 또는 확률표본이라 부른다. 임의표본의 경우 표본의 각 데이터는 같은 분포를 따르는 독립인 확률변수들로 간주할 수 있다.

확률표본

서로 독립인 확률변수 $X_1, X_2, \cdots, X_n$이 각각 동일한 분포함수 F를 따를 때 $X_1, X_2, \cdots, X_n$을 분포 F를 따르는 **크기가 n인 확률표본**이라 한다.

4장의 결과에 따르면 모집단이 확률질량함수 $p_X(x)$를 갖는 이산분포를 따른다면 확률표본 $X_1, X_2, \cdots, X_n$의 결합확률질량함수는

$$p(x_1, x_2, \cdots, x_n) = p_X(x_1)p_X(x_2) \cdots p_X(x_n)$$

이고 확률밀도함수 $f_X(x)$를 갖는 연속분포를 따른다면 확률표본 $X_1, X_2, \cdots, X_n$의 결합확률밀도함수는 다음과 같다.

$$f(x_1, x_2, \cdots, x_n) = f_X(x_1)f_X(x_2) \cdots f_X(x_n)$$

확률표본을 추출하는 목적은 모집단에 대하여 알려지지 않은 모평균, 모분산, 모편차, 모상관계수 등 정보를 얻기 위한 것이다. 이러한 정보를 얻기 위해 확률표본의 특성을 나타내는 표본평균, 표본분산, 표본편차, 표본상관계수 등을 이용하는데 이렇게 확률표본으로 나타내는 확률변수들을 통계량(statistic)이라 한다.[4] 측정에 의하여 구한 통계량의 값은 통계값이라 한다.

3) 표본추출 방법은 임의추출 이외에도 통계실험의 목적과 성격에 따라 계통추출, 층화추출 등 다양하지만 이 교재에서는 가장 보편적인 임의추출에 대한 결과만 다룬다.

4) 복수의 통계량은 영어로 "statistics"로 통계학의 영어 단어인 "statistics"와 같지만 지칭하는 뜻이 다르므로 주의가 필요하다. 즉, 영어 단어 "statistics"를 통계학으로 옮기는 것이 맞는지, 아니면 통계량들로 옮기는 것이 맞는지는 글의 맥락에 따라 다르다.

5.1.2 표본평균

일반적으로 통계량은 대문자로 나타내고 추출된 확률표본의 통계값은 소문자로 나타낸다. 예를 들어 크기 n인 확률표본 $X_1, X_2, \cdots, X_n$에 대해서 **표본평균**(sample mean)을 다음과 같이 정의한다.

$$\overline{X} = \frac{X_1 + X_2 + \cdots + X_n}{n}$$

크기가 n인 표본을 추출하여 관찰한 값이 각각 $X_1 = x_1, X_2 = x_2, \cdots, X_n = x_n$일 때 표본평균값은

$$\overline{x} = \frac{x_1 + x_2 + \cdots + x_n}{n}$$

로 나타낸다.

가장 많이 쓰이는 대표적인 통계량은 표본의 중심위치를 나타내는 표본평균, 표본의 산포도를 나타내는 표본분산이다. 표본평균과 표본분산의 정의와 성질에 대하여는 2절과 3절에서 다루기로 한다.

보기 1

항아리 속에 5개의 구슬이 들어 있고 각 구슬에 1, 2, 3, 4, 5가 적혀 있다면 항아리에서 하나의 구슬을 뽑을 때 모집단은 $\{1, 2, 3, 4, 5\}$이고 모집단의 확률분포표는 다음과 같다.

k	1	2	3	4	5	합계
$P(X=k)$	0.2	0.2	0.2	0.2	0.2	1

이때 모평균과 모분산은 각각 다음과 같다.

$$\mu = \frac{1}{5}(1+2+3+4+5) = 3$$

$$\sigma^2 = \frac{1}{5}(1^2+2^2+3^2+4^2+5^2) - 3^2 = 2$$

항아리에서 복원추출로 두 개의 구슬을 꺼내어 첫 번째 구슬의 수를 X_1, 두 번째 구슬의 수를 X_2라 하면 X_1, X_2는 크기가 2인 확률표본이다. 가능한 표본을 모두 나열하여 표본평균

$\overline{X}$를 구하면 다음 표와 같다.

(X_1, X_2)	$\overline{X}$	(X_1, X_2)	$\overline{X}$
(1, 1)	1	(3, 4)	3.5
(1, 2)	1.5	(3, 5)	4
(1, 3)	2	(4, 1)	2.5
(1, 4)	2.5	(4, 2)	3
(1, 5)	3	(4, 3)	3.5
(2, 1)	1.5	(4, 4)	4
(2, 2)	2	(4, 5)	4.5
(2, 3)	2.5	(5, 1)	3
(2, 4)	3	(5, 2)	3.5
(2, 5)	3.5	(5, 3)	4
(3, 1)	2	(5, 4)	4.5
(3, 2)	2.5	(5, 5)	5
(3, 3)	3		

$\overline{X}$는 1부터 5까지 0.5 간격의 값을 가지며 각 순서쌍은 모두 같은 확률 $\frac{1}{25}$을 가지므로 확률분포는 다음과 같다.

$\overline{X}$	$P(\overline{X}=k)$
1	1/25
1.5	2/25
2	3/25
2.5	4/25
3	5/25
3.5	4/25
4	3/25
4.5	2/25
5	1/25
합계	1

이 표로부터 표본평균 $\overline{X}$의 평균과 분산을 정의를 이용하여 구하면 다음과 같다.

$$E(\overline{X}) = 1 \cdot \frac{1}{25} + 1.5 \cdot \frac{2}{25} + 2 \cdot \frac{3}{25} + \cdots + 5 \cdot \frac{1}{25} = 3$$

$$V(\overline{X}) = 1^2 \cdot \frac{1}{25} + 1.5^2 \cdot \frac{2}{25} + 2^2 \cdot \frac{3}{25} + \cdots + 5^2 \cdot \frac{1}{25} - 3^2 = 1$$

모평균 μ, 모분산 σ^2과 비교하면 다음 결과가 성립한다.

$$E(\overline{X})=3=\mu,\ \ V(\overline{X})=1=\frac{\sigma^2}{2}$$

표본평균의 기댓값과 분산은 표본분포를 구하지 않아도 기댓값의 덧셈법칙과 분산의 덧셈법칙에서 쉽게 구할 수 있다. 다시 말해서, 모평균이 μ, 모분산이 σ^2인 모집단에서 추출한 확률표본 $X_1, X_2, \cdots, X_n$의 표본평균의 기댓값은 기댓값의 덧셈법칙에 의하여 다음과 같다.

$$\begin{aligned}E(\overline{X})&=E\left(\frac{X_1+X_2+\ \cdots\ +X_n}{n}\right)\\&=\frac{1}{n}(E(X_1)+E(X_2)+\ \cdots\ +E(X_n))\\&=\frac{1}{n}(\mu+\mu+\ \cdots\ +\mu)=\mu\end{aligned}$$

마찬가지로 $X_1, X_2, \cdots, X_n$이 독립이고 같은 분포를 따르므로 분산의 덧셈법칙에 의하면 다음 결과를 얻는다.

$$\begin{aligned}V(\overline{X})&=V\left(\frac{X_1+X_2+\ \cdots\ +X_n}{n}\right)\\&=\frac{1}{n^2}(V(X_1)+V(X_2)+\ \cdots\ +V(X_n))\\&=\frac{1}{n^2}(\sigma^2+\sigma^2+\ \cdots\ +\sigma^2)=\frac{\sigma^2}{n}\end{aligned}$$

표본평균의 기댓값과 분산

모평균이 μ, 모분산이 σ^2인 모집단에서 확률표본 $X_1, X_2, \cdots, X_n$의 표본평균

$$\overline{X}=\frac{X_1+X_2+\ \cdots\ +X_n}{n}$$

의 기댓값과 분산은 각각 다음과 같다.

$$E(\overline{X})=\mu,\ \ V(\overline{X})=\frac{\sigma^2}{n}$$

표본평균의 기댓값은 표본의 크기와 상관없이 항상 모평균과 같은 반면 분산은 모분산을 표본의 크기 n으로 나눈 것과 같다. 이는 $\overline{X}$가 모평균 μ를 중심으로 분포하며 산포의 정도는 표본의 크기가 커짐에 따라 감소함을 의미한다. 따라서 n이 아주 커지면 표본평균은 모평균 근방에 집중하는 분포를 보인다.[5)]

다음 그림은 보기 1의 경우 표본의 크기에 따른 표본평균의 확률질량함수를 그린 것이다.

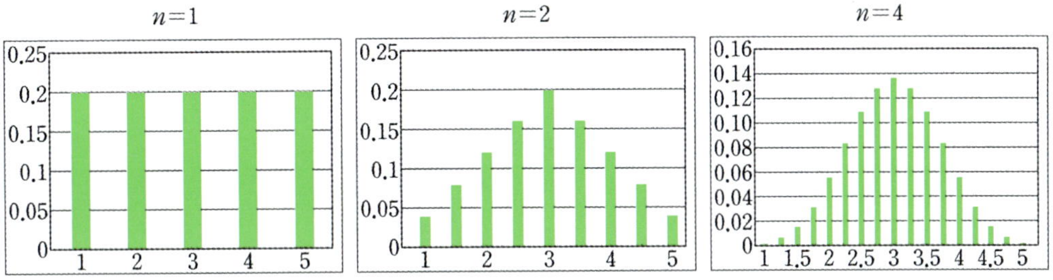

5.1.3 정규모집단의 표본평균

모집단이 평균 μ, 분산 σ^2인 정규분포를 따를 때 크기가 n인 확률표본 $X_1, X_2, \cdots, X_n$의 표본평균

$$\overline{X} = \frac{X_1 + X_2 + \cdots + X_n}{n}$$

에 대하여 적률생성함수 $m_{\overline{X}}(t) = E(e^{t\overline{X}})$를 구해보자. $X_1, X_2, \cdots, X_n$은 독립이고 모두 정규분포 $N(\mu, \sigma^2)$을 따르므로 X_k의 적률생성함수 $m_k(t)$는 다음과 같다.

$$m_1(t) = m_2(t) = \cdots = m_n(t) = \exp\left(\mu t + \frac{\sigma^2 t^2}{2}\right)$$

$X_1, X_2, \cdots, X_n$이 독립이므로

$$\begin{aligned} m_{\overline{X}}(t) &= E(e^{t\overline{X}}) = E\left(e^{\frac{t}{n}(X_1 + \cdots + X_n)}\right) \\ &= E\left(e^{tX_1/n}\right) \cdots E\left(e^{tX_n/n}\right) = \left[E\left(e^{tX_1/n}\right)\right]^n \end{aligned}$$

이다.

$$E\left(e^{tX_1/n}\right) = m_1\left(\frac{t}{n}\right) = \exp\left(\frac{\mu t}{n} + \frac{\sigma^2 t^2}{2n^2}\right)$$

5) 큰 수의 법칙

이고 지수함수의 성질[6]에 의하여 표본평균의 적률생성함수는

$$m_{\overline{X}}(t) = \left[E\left(\exp\left(\frac{tX_1}{n}\right)\right)\right]^n = \exp\left(\mu t + \frac{\sigma^2 t^2}{2n}\right)$$

이다. 따라서 $\overline{X}$은 평균이 μ이고 분산이 $\dfrac{\sigma^2}{n}$인 정규분포를 따른다.

$$\overline{X} \sim N\left(\mu, \frac{\sigma^2}{n}\right)$$

이 결과를 표준화하면 다음과 같이 나타낼 수 있다.

$$\frac{\overline{X}-\mu}{\sigma/\sqrt{n}} \sim N(0,1) \text{ 또는 } \frac{S_n - n\mu}{\sqrt{n}\,\sigma} \sim N(0,1)$$

표본평균의 분포

평균이 μ이고 분산이 σ^2인 정규모집단에서 추출한 크기가 n인 확률표본 $X_1, X_2, \cdots, X_n$의 표본평균 $\overline{X}$는 다음 성질을 가진다.

- $\overline{X} \sim N\left(\mu, \dfrac{\sigma^2}{n}\right)$
- $\dfrac{\overline{X}-\mu}{\sigma/\sqrt{n}} = \dfrac{S_n - n\mu}{\sqrt{n}\,\sigma} \sim N(0,1)$

보기 2

모분산 σ^2이 알려진 정규모집단 $N(\mu, \sigma^2)$에서 크기가 n인 표본을 추출하였을 때 표본평균 $\overline{X}$와 μ의 차가 $\dfrac{\sigma}{5}$보다 작을 확률을 $n=25$, $n=100$일 때 각각 구하시오.

풀이 $Z = \dfrac{\overline{X}-\mu}{\sigma/\sqrt{n}} \sim N(0,1)$이므로 $n=25$일 때

$$P\left(|\overline{X}-\mu| < \frac{\sigma}{5}\right) = P\left(\frac{|\overline{X}-\mu|}{\sigma/\sqrt{25}} < \frac{\sigma/5}{\sigma/\sqrt{25}}\right) = P(|Z|<1)$$
$$= 2\Phi(1) - 1 = 0.6826$$

6) $(e^t)^n = e^{tn}$

이다. $n=100$이면 결과는 다음과 같다.

$$P\left(|\overline{X}-\mu|<\frac{\sigma}{5}\right)=P\left(\frac{|\overline{X}-\mu|}{\sigma/\sqrt{100}}<\frac{\sigma/5}{\sigma/\sqrt{100}}\right)=P(|Z|<2)$$
$$=2\Phi(2)-1=0.9544$$

보기 2에서 보았듯이 표본의 크기가 커질수록 평균 근처에 집중도가 높아진다. 다음 그림은 모집단이 표준정규분포를 따를 때 표본의 크기에 따라 표본평균의 확률밀도함수를 나타낸 것이다.

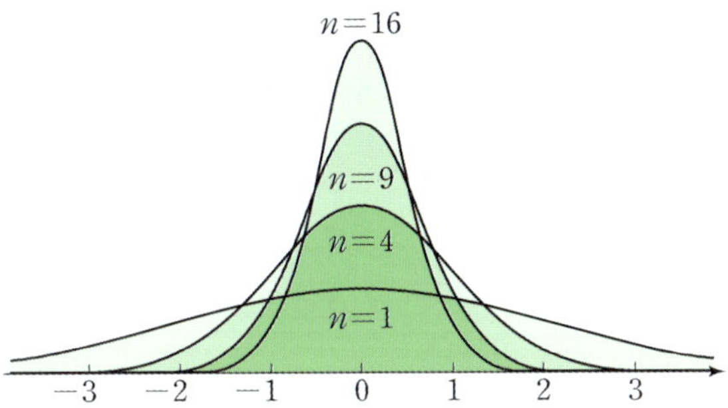

모집단이 $N(0,1)$일 때 표본의 크기가 n인 표본평균의 확률밀도함수

보기 3

어느 건물에 설치된 17인용 엘리베이터는 1150 kg 이상이면 문이 닫히지 않는다. 사람들의 평균체중이 65 kg, 표준편차가 15 kg인 정규분포를 따른다고 한다. 17명이 탔을 때 엘리베이터 문이 닫히지 않을 확률을 구하시오.

풀이 엘리베이터에 탄 사람들의 체중의 합을 S_{17}이라 하면

$$E(S_{17})=17\cdot 65=1105,\quad Var(S_{17})=17\cdot 15^2$$

이므로

$$Z=\frac{S_{17}-1105}{15\sqrt{17}}\sim N(0,1)$$

이다. 17명이 탔을 때 엘리베이터 문이 닫히지 않을 확률은 다음과 같다.

$$P(S_{17} \geq 1150) = P\left(\frac{S_{17} - 1105}{15\sqrt{17}} \geq \frac{1150 - 1105}{15\sqrt{17}}\right)$$
$$= P(Z \geq 0.73) = 0.2327$$

5.1.4 중심극한정리

이항분포 $Bin(n, p)$를 따르는 확률변수 X는 n이 크고 np와 $n(1-p)$의 값이 적당히 클 때 정규분포 $N(np,\ np(1-p))$를 근사적으로 따른다(3.1절 드무아브르 라플라스 정리). 일반적으로 모평균 μ, 모분산 σ^2인 모집단에서 추출한 확률표본 $X_1, X_2, \cdots, X_n$에 대하여

$$S_n = X_1 + X_2 + \cdots + X_n$$

이라 하면

$$E(S_n) = n\mu, \quad Var(S_n) = n\sigma^2$$

이고 S_n은 근사적으로 정규분포를 따른다.

$$S_n \approx N(n\mu, n\sigma^2) \quad \text{또는} \quad \overline{X} \approx N\left(\mu, \frac{\sigma^2}{n}\right)$$

따라서 표본평균을 표준화하면 다음 결과를 얻는다.

$$\frac{\overline{X} - \mu}{\sigma/\sqrt{n}} \approx N(0,1)$$

이처럼 모집단이 정규분포를 따르지 않는 경우에도 표본의 크기가 커지면 표본평균의 분포는 정규분포와 비슷해지는 결과를 중심극한정리(Central Limit Theorem)라 한다.

중심극한정리

모평균 μ, 모분산 σ^2인 모집단에서 추출한 확률표본 $X_1, X_2, \cdots, X_n$의 표본평균 $\overline{X}$에 대하여

$$Z = \frac{\overline{X} - \mu}{\sigma/\sqrt{n}}$$

은 n이 크면 근사적으로 표준정규분포 $N(0, 1)$을 따른다. 다시 말해서 Z가 표준정규분포를 따르는 확률변수일 때 임의의 실수 z에 대하여 다음 근사식이 성립한다.

$$P\left(\frac{\overline{X}-\mu}{\sigma/\sqrt{n}} \le z\right) \approx P(Z \le z)$$

중심극한정리는 독립이고 동일한 분포를 따르는 확률변수들의 합, 또는 평균에 대한 근삿값을 계산하는 방법을 제공한다. 그뿐 아니라 자연현상이나 경제현상 등에서 관찰되는 수많은 데이터들이 종 모양의 정규분포를 따른다는 사실에 대한 이론적 뒷받침을 제공한다.

중심극한정리에서 필요한 표본의 크기 n에 대한 기준은 정확히 주어진 것이 없다. 모집단이 어떤 분포를 따르느냐에 따라 차이가 있을 수 있지만 일반적으로 표본의 크기가 30 이상이면 정규근사를 사용하는 데에 무리가 없다고 판단한다. 다음 그림은 모수가 1인 지수분포를 따르는 모집단에서 표본의 크기가 각각 1, 20, 80일 때 표본평균의 확률밀도함수를 그린 것이다.

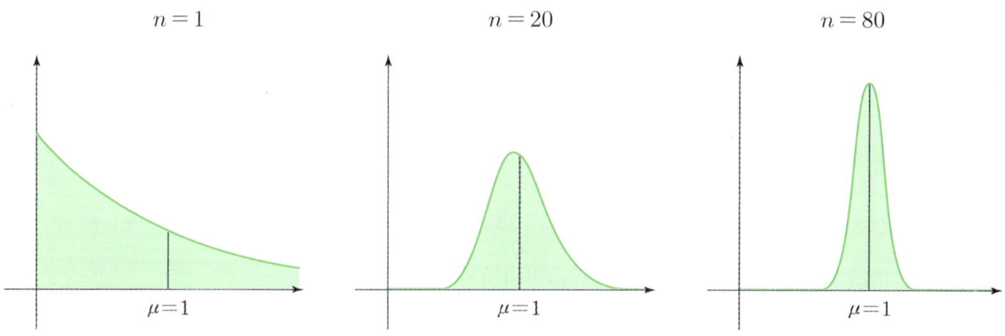

보기 4

어느 도시의 가구당 연소득은 오른쪽으로 꼬리가 긴 분포를 따른다. 가구당 연소득의 평균은 3600만원, 표준편차가 2400만원이다. 이 도시에서 임의로 100가구를 뽑아 평균 연소득 $\overline{X}$를 계산하였다. 100가구의 평균연소득이 4200만원 이상일 확률을 근사적으로 구하시오. 단 모든 가구의 연소득은 각각 독립이라 한다.

풀이 100가구의 평균 연소득(단위 : 만원)을 $\overline{X}$라 하면 표본평균의 평균과 표준편차는 각각 3600, $\frac{2400}{\sqrt{100}} = 240$이므로 $\frac{\overline{X}-3600}{240}$은 근사적으로 표준정규분포를 따른다. 따라서

구하는 확률은 다음과 같다.

$$P(\overline{X} \geq 4200) = P\left(\frac{\overline{X} - 3600}{240} \geq \frac{4200 - 3600}{240}\right)$$
$$\approx P(Z \geq 2.5) = 1 - \Phi(2.5) = 0.0062$$

5.1.5 이항모집단의 표본평균: 표본비율

모집단의 각 개체를 어떤 특성을 가지느냐 아니냐는 기준에 따라 두 그룹으로 구분할 수 있으면 **이항모집단**(binomial population)이라 한다. 예를 들어 동전을 던지는 시행의 결과는 앞 또는 뒤이고, 신생아는 남·여로, 전자제품은 정상 또는 불량으로 분류할 수 있다. **모비율**(population ratio)은 모집단 전체에서 어떤 특성을 가지는 개체가 차지하는 비율 p를 의미한다. 모집단에서 추출한 표본에서 특성을 가진 개체가 차지하는 비율을 **표본비율**(sample ratio)이라 하고 $\hat{p}$으로 나타낸다. 확률표본의 크기가 n이고 그중 특성을 가진 개체수가 X이면 표본비율은 다음과 같다.

$$\hat{p} = \frac{X}{n}$$

보기 5

2015년 우리나라 인구는 51,069,375명이고 운전면허 소지자는 30,293,621명이다. 이때 모집단은 우리나라 인구 51,069,375명이고 운전면허를 소지한 모비율은

$$p = \frac{30293621}{51069375} \approx 0.593$$

이다. 1000명을 임의로 추출하여 운전면허 소지 여부를 조사하였더니 605명이 운전면허를 소지하고 있었다. 그러면 표본비율은

$$\hat{p} = \frac{605}{1000} = 0.605$$

이다.

조사하는 특성을 가진 경우를 성공이라 부르기로 하자. 모비율이 p인 이항모집단에서 추출한 크기 n인 확률표본 $X_1, X_2, \cdots, X_n$에 대하여

$$X = X_1 + X_2 + \cdots + X_n$$

는 크기가 n인 표본에서 성공이 일어난 횟수를 나타내므로 표본비율은 다음과 같이 정의한다.

$$\hat{p} = \frac{X}{n}$$

X_k, $k = 1, 2, \cdots, n$은 서로 독립이고 성공 확률이 p인 베르누이 시행이므로 X는 모수가 (n, p)인 이항분포를 따른다. X의 평균과 분산은

$$E(X) = np, \quad Var(X) = np(1-p)$$

이므로 표본비율 $\hat{p}$의 평균과 분산은 각각 다음과 같다.

$$E(\hat{p}) = E\left(\frac{X}{n}\right) = \frac{1}{n}E(X) = \frac{np}{n} = p$$

$$Var(\hat{p}) = Var\left(\frac{X}{n}\right) = \frac{1}{n^2}Var(X) = \frac{p(1-p)}{n}$$

표본비율의 평균과 분산

모비율이 p인 이항모집단에서 추출한 크기 n인 확률표본 $X_1, X_2, \cdots, X_n$에 대하여 성공의 횟수를 $X = X_1 + X_2 + \cdots + X_n$이라 하면 표본비율 $\hat{p} = \dfrac{X}{n}$의 평균과 분산은 다음과 같다.

$$E(\hat{p}) = p, \quad Var(\hat{p}) = \frac{p(1-p)}{n}$$

드무아브르 라플라스 정리에 의하면 표본의 크기 n이 크고, p가 너무 작거나 크지 않으면[7] 확률변수 X는 근사적으로 평균이 np, 분산이 $np(1-p)$인 정규분포를 따른다. 따라서 표본비율 $\hat{p} = \dfrac{X}{n}$은 근사적으로 평균이 p, 분산이 $\dfrac{p(1-p)}{n}$인 정규분포를 따른다. 또한 $\hat{p}$을 표준화한 변수는 근사적으로 표준정규분포를 따른다.

$$\frac{\hat{p} - p}{\sqrt{p(1-p)/n}} \approx N(0, 1)$$

7) 대략 $np \ge 5$, $n(1-p) \ge 5$이면

표본비율의 분포

성공 확률이 p인 이항모집단에서 추출한 크기 n인 확률표본 $X_1, X_2, \cdots, X_n$에 대하여 표본비율 $\hat{p} = \frac{X}{n}(X = X_1 + X_2 + \cdots + X_n)$는 근사적으로 정규분포를 따른다.

$$Z = \frac{X - np}{\sqrt{np(1-p)}} = \frac{\hat{p} - p}{\sqrt{p(1-p)/n}} \approx N(0,1)$$

보기 6

어떤 농장에서 생산하는 제품의 20%가 특상품으로 분류된다고 한다. 100개의 제품을 임의로 추출하였을 때 특상품의 비율이 19% 이상 22% 이하일 확률을 구하시오.

풀이 모비율은 $p = \frac{1}{5}$이고

$$np = 100 \cdot \frac{1}{5} = 20 > 5, \quad n(1-p) = 100 \cdot \frac{4}{5} = 80 > 5$$

이므로 표본비율 $\hat{p}$은 근사적으로 정규분포를 따르며 평균과 분산은 각각 다음과 같다.

$$E(\hat{p}) = p = \frac{1}{5}$$

$$Var(\hat{p}) = \frac{p(1-p)}{n} = \frac{\frac{1}{5} \cdot \frac{4}{5}}{100} = \frac{4}{2500} = \left(\frac{1}{25}\right)^2$$

따라서 $Z = \frac{\hat{p} - 0.2}{\sqrt{\frac{4}{2500}}} = 25(\hat{p} - 0.2) \approx N(0,1)$이고 구하는 확률은 다음과 같다.

$$\begin{aligned} P(0.19 \le \hat{p} \le 0.22) &\approx P(25(0.19 - 0.2) \le Z \le 25(0.22 - 0.2)) \\ &= P(-0.25 \le Z \le 0.5) = \Phi(0.5) - (1 - \Phi(0.25)) \\ &= 0.6915 - (1 - 0.5987) = 0.2902 \end{aligned}$$

연습문제 5.1 EXERCISES

01 모집단 $\{1, 2, 3, 4\}$에서

(a) 임의로 하나를 꺼낸 수를 X라 할 때 X의 평균과 분산을 구하시오.

(b) 2개의 표본 X_1, X_2를 비복원추출로 추출하였다. 표본평균 $\overline{X} = \dfrac{X_1 + X_2}{2}$의 확률분포, 평균, 분산을 구하시오.

02 확률질량함수가 $p(x) = \dfrac{1}{4}$, $x = 1, 2, 3, 4$인 무한모집단에서 크기가 2인 표본을 임의추출하였을 때 다음을 구하시오.

(a) 표본평균 $\overline{X}$의 확률질량함수 $p_{\overline{X}}(x)$

(b) 표본평균의 기댓값 $E(\overline{X})$과 분산 $Var(\overline{X})$

03 확률질량함수가 $p(0) = 0.4$, $p(1) = 0.6$인 모집단에서 복원추출로 크기가 2인 표본을 추출하였을 때 다음을 구하시오.

(a) 표본평균 $\overline{X}$의 확률질량함수 $p_{\overline{X}}(x)$

(b) 표본평균 $\overline{X}$의 $E(\overline{X})$과 분산 $Var(\overline{X})$

04 확률분포가 $N(5, 4)$를 따르는 모집단에서 크기 25인 표본을 임의추출하였을 때

(a) $\overline{X}$의 기댓값과 분산을 구하시오.

(b) $\overline{X}$의 확률분포를 구하시오.

(c) $P(4 \le \overline{X} \le 6)$을 구하시오.

05 어느 공장에서 생산하는 LED의 수명은 평균이 600일이고 분산이 30^2인 정규분포를 따른다. 이 공장에서 만든 제품 중에서 임의로 표본 25개를 뽑아 평균수명을 조사할 때 평균수명이 612일 이상일 확률을 구하시오.

06 총 20만 명이 응시한 시험의 점수는 평균이 68점, 표준편차가 12인 정규분포를 따른다고 한다. 표본 크기가 다음과 같을 때 표본평균 $\overline{X}$의 평균과 표준편차를 구하시오.

(a) 9 (b) 25 (c) 100

07 모평균이 19.5이고 모분산이 25인 모집단에서

(a) 크기가 100인 확률표본을 추출하였을 때 표본평균이 19와 20 사이에 있을 확률을 구하시오.

(b) 크기가 400인 확률표본을 추출하였을 때 표본평균이 19와 20 사이에 있을 확률을 구하시오.

08 주사위를 n번 던져 나온 눈의 수의 합을 S_n이라 하자.

(a) S_1의 확률분포, 평균, 분산을 구하시오.

(b) S_2의 확률분포, 평균, 분산을 구하시오.

(c) S_{105}의 평균과 분산을 구하시오.

(d) $P(S_{105} \geq 400)$을 근사적으로 구하시오.

09 천문학자가 어떤 별까지의 거리(단위 : 광년)를 측정하려 한다. 여러 가지 이유로 측정할 때마다 거리는 다른 값으로 주어지는데 모평균이 μ, 모표준편차가 0.04인 정규분포를 따른다고 한다. 9번을 관측한 결과의 표본평균과 모평균의 차이가 0.02 이내일 확률을 구하시오.

10 어느 담배 회사의 담배 한 개비에는 평균 2.3 mg, 표준편차 0.5 mg의 니코틴이 들어 있다고 회사 관계자는 주장한다. 그러나 무작위로 선택한 100개비에는 평균 2.45 mg의 니코틴이 들어 있었다. 회사의 주장이 참이라고 할 때 표본평균이 2.45 mg 이상일 확률을 근사적으로 구하시오.

11 어느 다리를 지나는 차들의 무게는 평균 1.19(단위 : 톤)이고 분산이 0.0025(단위 : 톤^2)인 정규분포를 따른다. 다리에 구조적인 손상을 초래하지 않고 지탱할 수 있는 무게가 120톤이라 한다. 다리 위에 100대의 차량이 있을 때 구조적인 손상이 생길 확률을 구하시오.

12 평균이 λ인 푸아송 분포는 λ가 충분히 클 때 근사적으로 정규분포 $N(\lambda, \lambda)$를 따름을 설명하시오.

13 확률변수 X가 평균이 100인 푸아송 분포를 따른다고 하자.

(a) X가 110 이상일 확률을 구하시오.

(b) X가 110 이상일 확률을 정규근사를 이용하여 구하시오.

(c) X가 110 이상일 확률을 연속성수정을 한 후 정규근사를 이용하여 구하시오.

14 확률변수 X가 모수 (k, λ)인 감마분포를 따른다. k가 충분히 큰 자연수이면 X는 근사적으로 정규분포 $N\left(\frac{k}{\lambda}, \frac{k}{\lambda^2}\right)$를 따름을 설명하시오.

15 어떤 전기장치의 핵심부품은 고장 즉시 교체된다. 이 부품의 수명은 평균이 5일인 지수분포를 따르고 부품의 수명들은 독립이다.

(a) 70개의 부품을 가지고 있을 때 1년 동안 이 장치를 연속적으로 가동할 확률을 구하시오. 단 1년은 365일로 간주한다.

(b) (a)의 확률을 정규근사를 이용하여 구하시오.

16 확률변수 X가 모수 (r, p)인 음이항분포를 따른다. r가 충분히 큰 자연수이면 X는 근사적으로 정규분포 $N\left(\frac{r}{p}, \frac{r(1-p)}{p^2}\right)$를 따름을 설명하시오.

17 공정한 동전을 앞면이 100번 나올 때까지 던진 횟수를 X라 하자.

(a) X가 220 이하일 확률을 구하시오.

(b) X가 220 이하일 확률을 정규근사를 이용하여 구하시오.

18 어느 공장에서 생산되는 반도체의 품질은 독립적이며 불량일 확률은 0.05라고 한다. 400개의 제품으로 이루어진 확률표본을 조사할 경우 불량품이 15개 이하일 확률을

(a) 이항분포를 이용하여 구하시오.

(b) 정규근사를 이용하여 구하시오.

(c) 연속성수정을 하고 정규근사를 이용하여 구하시오.

19 어느 대통령 후보는 자신의 지지율이 50%라고 주장한다. 이 후보의 주장이 참이라고 하면 임의로 추출한 1000명의 유권자를 대상으로 지지율을 조사하였을 때 지지율이 47% 이상 53% 이하일 확률을 구하시오.

◈ (20 ~ 22) 기록에 의하면 비행 당일 No-Show(취소 없이 비행기에 탑승하지 않는 고객) 비율이 10%라 한다. 300명이 탑승하는 비행기에 330명분의 탑승권을 발급하였을 때

20 좌석이 부족하지 않을 확률을 다음과 같이 구하시오.

(a) 이항분포를 이용하여 (b) 정규근사를 이용하여

21 빈 좌석이 10개 이하일 확률을 문제 20번과 같이 구하시오.

22 좌석이 모자라지 않으면서 빈자리가 10개 이하일 확률을 문제 20번과 같이 구하시오.

23 어떤 TV 특집 프로그램의 시청률이 15%라 한다. 전국에서 500명을 임의로 추출하여 시청 여부를 조사하였을 때 시청하고 있는 사람의 수를 X라 하자.

(a) X의 확률분포, 평균, 분산을 구하시오.

(b) $\hat{p} = \dfrac{X}{500}$의 평균과 분산을 구하시오.

(c) $P(\hat{p} \le 0.17)$을 구하시오.

(d) $P(\hat{p} \le 0.17)$을 정규분포를 이용하여 근사적으로 구하시오.

◈ (24 ~ 25) 다음 표는 19세 이상 성인을 대상으로 건강에 좋지 않은 습관을 가진 사람들의 비율을 성별로 정리한 것이다.[8)]

	매일흡연율	고위험 음주율	아침 결식률	지방과다섭취율
남성	32.7%	20.5%	26.7%	11.9%
여성	3.4%	5.1%	22.9%	7.4%
전체	17.9%	12.7%	24.8%	10.2%

24 19세 이상의 남성 100명을 임의로 선택하였을 때 다음 확률을 근사적으로 구하시오.

(a) 이들 중 고위험 음주군에 속하는 사람이 20명 이하이다.

(b) 이들 중 매일 흡연하는 사람이 40명 이상이다.

8) 통계청 2015년 국민건강영양조사

25 19세 이상의 여성 80명을 임의로 선택하였을 때 다음 확률을 근사적으로 구하시오.

(a) 이들 중 아침을 거르는 사람이 20명 이상이다.

(b) 이들 중 지방을 과다 섭취하는 사람이 10명 이상이다.

26 다음 표는 2016년 우리나라 임금근로자의 상용직 비율을 성별로 나타낸 것이다. 정규근사를 이용하여 다음을 구하시오.

	전체	남성	여성
상용직 비율	66.4%	73.0%	58.0%

(a) 임금근로자 200명을 임의로 추출할 때 상용직인 사람이 130명 이상일 확률

(b) 남성 임금근로자 100명을 임의로 추출할 때 상용직인 사람이 75명 이상일 확률

(c) 여성 임금근로자 100명을 임의로 추출할 때 상용직인 사람이 60명 이상일 확률

5.2 표본분산의 분포

5.2.1 표본분산의 기댓값은 모분산이다

모평균이 μ, 모분산이 σ^2인 모집단에서 확률표본 $X_1, X_2, \cdots, X_n$의 표본평균을 $\overline{X}$라 할 때 다음과 같이 정의되는 통계량을 **표본분산**(sample variance)이라 한다.

$$S^2 = \frac{1}{n-1}\sum_{k=1}^{n}(X_k - \overline{X})^2$$

표본분산의 제곱근 $S = \sqrt{S^2}$ 은 **표본표준편차**(sample stadard deviation)라 한다.

이제 S^2의 정의가 어떤 의미를 가지는지 살펴보기로 한다. 임의의 수 $x_1, x_2, \cdots, x_n$과 이들의 산술평균 $\overline{x} = \frac{1}{n}\sum_{k=1}^{n}x_k$에 대하여

$$\sum_{k=1}^{n}(x_k - \overline{x})^2 = \sum_{k=1}^{n}x_k^2 - n\overline{x}^2$$

이 성립하므로 표본분산에 대한 다음 등식을 얻는다.

$$(n-1)S^2 = \sum_{k=1}^{n}(X_k - \overline{X})^2 = \sum_{k=1}^{n}X_k^2 - n(\overline{X})^2$$

양변에 기댓값을 취하면

$$\begin{aligned}(n-1)E(S^2) &= E\left(\sum_{k=1}^{n}X_k^2\right) - nE(\overline{X}^2)\\ &= nE(X_1^2) - nE(\overline{X}^2)\end{aligned}$$

이고 임의의 확률변수 X에 대하여 성립하는 관계식

$$E(X^2) = Var(X) + (E(X))^2$$

을 이용하면

$$E(\overline{X}^2) = Var(\overline{X}) + [E(\overline{X})]^2 = \frac{\sigma^2}{n} + \mu^2$$

이다. 따라서 다음 식이 성립한다.

$$\begin{aligned}(n-1)E(S^2) &= nE(X_1^2) - nE(\overline{X}^2) \\ &= n(\sigma^2+\mu^2) - n(\frac{\sigma^2}{n}+\mu^2) \\ &= (n-1)\sigma^2\end{aligned}$$

즉, 표본분산의 기댓값 $E(S^2)$은 모분산 σ^2이다.

표본분산과 표본표준편차

- 모평균이 μ, 모분산이 σ^2인 모집단에서 확률표본 $X_1, X_2, \cdots, X_n$을 추출하였을 때

$$S^2 = \frac{1}{n-1}\sum_{k=1}^{n}(X_k - \overline{X})^2, \quad S = \sqrt{S^2}$$

  을 각각 **표본분산**, **표본표준편차**로 정의한다.
- S^2의 기댓값은 모분산이다. $(E(S^2) = \sigma^2)$

5.2.2 카이제곱분포

표준정규분포를 따르는 확률변수 $Z_1, Z_2, \cdots, Z_n$이 독립일 때

$$V = Z_1^2 + Z_2^2 + \cdots + Z_n^2$$

로 정의되는 확률변수 V를 자유도(degree of freedom, df)가 n인 카이제곱분포(chi-square distribution)를 따른다고 하고 다음과 같이 표시한다.

$$V \sim \chi^2(n)$$

확률변수 V가 자유도가 n인 카이제곱분포를 따를 때 $\alpha\ (0 < \alpha < 1)$에 대하여 $\chi_\alpha^2(n)$을 오른쪽 꼬리 확률이 α인 값, 다시 말해서 다음 식을 만족하는 값으로 정의한다.

$$P(V \geq \chi_\alpha^2(n)) = \alpha$$

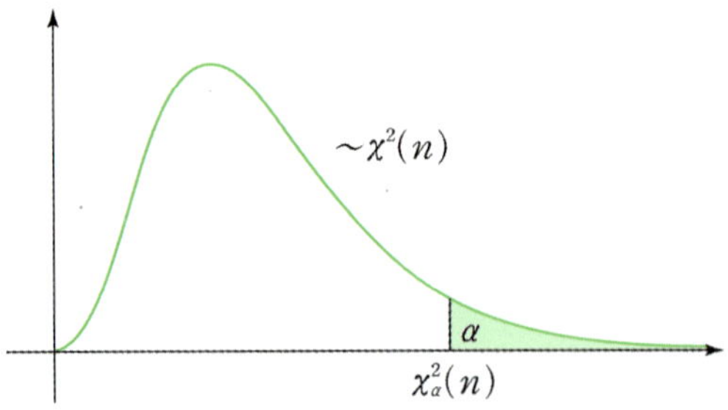

다양한 α, n에 대하여 $\chi^2_\alpha(n)$의 값을 구하여 부록 D에 카이제곱분포표로 수록하였다.

카이제곱분포표와 확률의 성질을 이용하여 $P(V \geq \chi^2(n)) = \alpha$인 $\chi^2(n)$의 값을 읽는 법은 다음과 같다.

(1) 표의 첫 번째 세로줄(첫 열)은 자유도(df)를 나타낸다.

(2) 표의 첫 번째 가로줄(첫 행)은 오른쪽 꼬리 확률을 나타낸다. 예를 들어 자유도가 9인 카이제곱분포에서 오른쪽 꼬리 확률이 0.05인 값은 16.92이다. 또한 왼쪽 꼬리 확률이 0.05인 값은 오른쪽 꼬리 확률이 0.95인 값이므로 3.33이다.

df	…	0.950	0.900	0.100	0.050	…
…	…	…	…	…	…	…
8	…	2.73	3.49	13.36	15.51	…
9	…	3.33	4.17	14.68	16.92	…
10	…	3.94	4.87	15.99	18.31	…
…	…	…	…	…	…	…

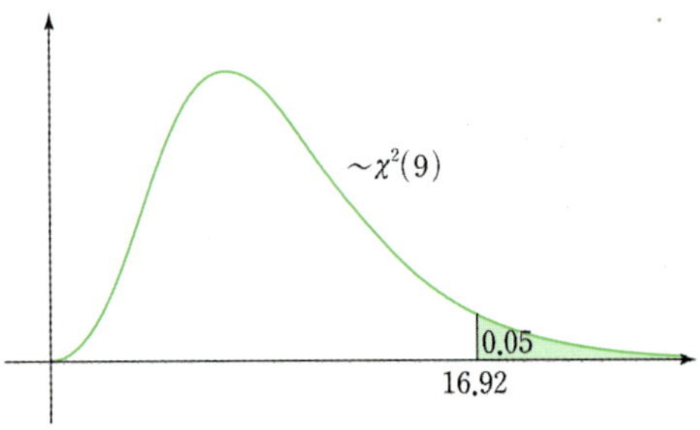

$P(\chi^2(9) \geq 16.92) = 0.05$

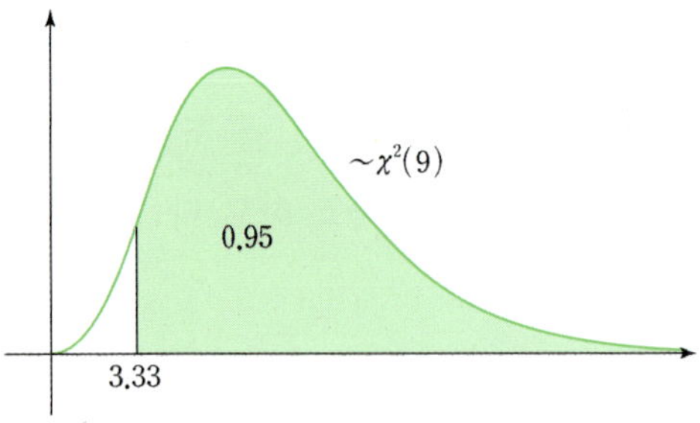

$P(\chi^2(9) \geq 3.33) = 0.95$

엑셀을 이용하면 카이제곱분포에 대하여 훨씬 다양한 값을 구할 수 있다. 확률변수 V가 자유도가 n인 χ^2-분포를 따를 때 함수 삽입에 입력하는 내용과 그에 따른 출력은 다음과 같다.

$$V \sim \chi^2(n)$$

함수 삽입에 입력	출력
= CHISQ.DIST($x, n, 1$)	$P(V \le x)$
= CHISQ.DIST($x, n, 0$)	확률밀도함수의 값 $f(x)$
= CHISQ.DIST.RT(x, n)	$P(V \ge x)$
= CHISQ.INV(α, n)	$P(V \le x) = \alpha$인 x의 값
= CHISQ.INV.RT(α, n)	$P(V \ge x) = \alpha$인 x의 값

따라서 $\chi^2_{1-\alpha}(n)$은 = CHISQ.INV(α, n), $\chi^2_{\alpha}(n)$은 =CHISQ.INV.RT(α, n)을 입력하면 구할 수 있다. 또한 다음 관계식이 성립한다.

CHISQ.DIST.RT(x, n) = $1 -$ CHISQ.DIST($x, n, 1$)

CHISQ.INV.RT(α, n) = CHISQ.INV($1 - \alpha, n$)

보기 1

독립인 두 확률변수 X, Y가 각각 자유도 4, 7인 카이제곱분포를 따른다. 다음 값을 구하시오.

(a) $P(X \le 3)$

(b) $P(Y \ge 3)$

(c) $P(X > x) = 0.05$인 x값

(d) $P(Y < x) = 0.05$인 x값

풀이 (a) 엑셀에서 =CHISQ.DIST(3,4,1)을 입력하면 $P(X \le 3) = 0.4422$이다.

(b) 엑셀에서 =CHISQ.DIST.RT(3,7)을 입력하면 $P(Y \ge 3) = 0.8850$이다.

(c) 오른쪽 꼬리 확률이 0.05인 값을 구해야 한다. 자유도가 4일 때 부록 D의 표를 이용하면

$$P(X > 9.49) = 0.05$$

이다. (엑셀에서 =CHISQ.INV.RT(0.05,4) 또는 = CHISQ.INV(0.95,4) 입력)

(d) 오른쪽 꼬리 확률이 0.95인 값을 구해야 한다. 자유도가 7일 때 부록 D의 표를 이용하면

$$P(Y > 2.17) = 0.95$$

이므로 $P(Y < 2.17) = 0.05$이다(엑셀에서 = CHISQ.INV(0.05,7) 또는 =CHISQ.INV.RT(0.95,7) 입력).

$k=1,2,\cdots,n$에 대하여 $E(Z_k^2)=1$, $Var(Z_k^2)=2$이고[9] $Z_1^2, Z_2^2, \cdots, Z_n^2$은 독립이므로 기댓값의 덧셈법칙과 분산의 덧셈법칙에서 다음 결과를 얻는다.

$$E(V)=n, \quad Var(V)=2n$$

카이제곱분포

- 표준정규분포를 따르는 확률변수 $Z_1, Z_2, \cdots, Z_n$이 독립일 때

$$V=Z_1^2+Z_2^2+\cdots+Z_n^2$$

  로 정의되는 확률변수 V를 **자유도**가 n인 **카이제곱분포**를 따른다고 하고 다음과 같이 표시한다.

$$V \sim \chi^2(n)$$

- 기댓값과 분산: $E(V)=n$, $Var(V)=2n$

카이제곱분포의 적률생성함수를 구하기 위하여 $Z \sim N(0,1)$일 때 Z^2의 적률생성함수를 구하여 보자.

$$m(t)=E(e^{tZ^2})=\frac{1}{\sqrt{2\pi}}\int_{-\infty}^{\infty} e^{tx^2}e^{-\frac{x^2}{2}}dx=\frac{1}{\sqrt{2\pi}}\int_{-\infty}^{\infty} e^{-\frac{x^2}{2}(1-2t)}dx$$

이고 $|t|<\frac{1}{2}$일 때 $\sigma^2=\frac{1}{1-2t}$로 놓으면 $\frac{1}{\sqrt{2\pi}\,\sigma}\int_{-\infty}^{\infty} e^{-\frac{x^2}{2\sigma^2}}dx=1$이므로

$$\begin{aligned} m(t)&=\frac{1}{\sqrt{2\pi}}\int_{-\infty}^{\infty} e^{-\frac{x^2}{2}(1-2t)}dx=\sigma\frac{1}{\sqrt{2\pi}\,\sigma}\int_{-\infty}^{\infty} e^{-\frac{x^2}{2\sigma^2}}dx \\ &=\sigma=(1-2t)^{-\frac{1}{2}} \end{aligned}$$

이다. 확률변수 $Z_1, Z_2, \cdots, Z_n$이 독립이므로 자유도가 n인 카이제곱분포의 적률생성함수는

$$m_X(t)=E(e^{t(Z_1^2+\cdots+Z_n^2)})=E(e^{tZ_1^2})\cdots E(e^{tZ_n^2})=(1-2t)^{-\frac{n}{2}}$$

이다. 특히 자유도가 2인 카이제곱분포의 적률생성함수는 모수가 1/2인 지수분포의 적률생성

9) 4.5절 연습문제 참조

함수이다.

$$m_X(t) = \frac{1}{1-2t} = \frac{1/2}{1/2-t}$$

자유도가 n인 카이제곱분포는 모수가 $\left(\frac{n}{2}, \frac{1}{2}\right)$인 감마분포와 같다.[10)]

자유도가 n인 카이제곱분포는 독립이고 동일한 분포를 따르는 n개의 확률변수 Z_k^2의 합이므로 n이 커지면 근사적으로 정규분포와 비슷한 모양의 분포를 따른다.

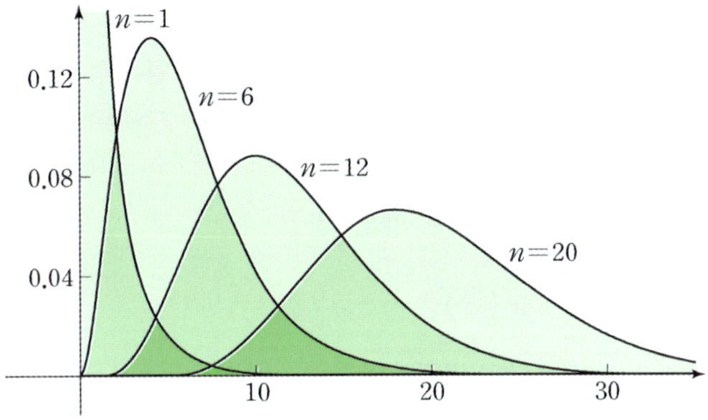

$\chi^2(n)$의 확률밀도함수

V_1, V_2가 서로 독립이고 자유도가 각각 m, n인 카이제곱분포를 따르면 $V_1 + V_2$은 자유도가 $m+n$인 카이제곱분포를 따른다. 증명은 적률생성함수의 성질을 이용하면 어렵지 않게 보일 수 있다.[11)]

카이제곱분포의 성질

확률변수 V를 **자유도**가 n인 **카이제곱분포**를 따를 때 $V \sim \chi^2(n)$

- 적률생성함수: $m_V(t) = (1-2t)^{-\frac{n}{2}}$
- V_1, V_2가 독립이고 $V_1 \sim \chi^2(m),\ \ V_2 \sim \chi^2(n)$이면

$$V_1 + V_2 \sim \chi^2(m+n)$$

10) 증명은 연습문제 참고
11) 연습문제 참고

보기 2

독립인 두 확률변수 X, Y가 각각 자유도 4, 7인 카이제곱분포를 따른다. 다음 값을 구하시오.

(a) $E(X+Y)$ (b) $Var(X+Y)$

(c) $P(X+Y>11)$ (d) $P(X+Y<x)=0.95$인 x값

풀이 $X+Y \sim \chi^2(11)$이므로

(a), (b) $E(X+Y)=11$, $Var(X+Y)=22$

(c) 엑셀에서 =CHISQ.DIST.RT(11,11)을 입력하면 결과를 얻는다.

$$P(X+Y>11)=0.4433$$

(d) 자유도가 11일 때 부록 D의 표를 이용하면

$$P(X+Y<19.68)=0.95$$

이다. (엑셀에서 =CHISQ.INV(0.95,11) 또는 =CHISQ.INV.RT(0.05,11)을 입력하면 같은 결과를 얻는다.)

보기 3

반지름이 각각 $2n(n=1,2,\cdots,10)$cm인 동심원으로 이루어진 과녁이 있다. 이 과녁을 맞추는 양궁에서 가운데 원 안에 들어가면 10점, 하나씩 바깥으로 갈 때 1점씩 감점된다. 동심원의 중심을 원점으로 하여 두 직교좌표축을 잡을 때 각 좌표가 0에서 벗어나는 거리가 각각 평균이 0이고 표준편차가 6(cm)인 정규분포를 따른다고 할 때 8점 이상을 얻을 확률을 구하시오.

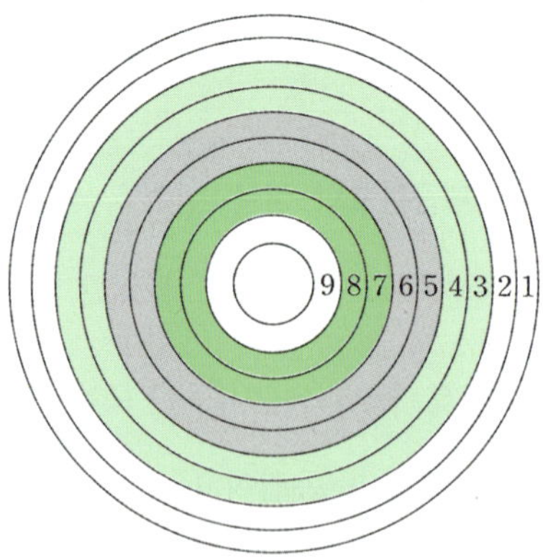

풀이 화살이 과녁에 맞는 자리의 좌표를 (X, Y), 원점과의 거리를 D라 하면

$$D^2=X^2+Y^2$$

이다. $Z_1 = \dfrac{X}{6}$, $Z_2 = \dfrac{Y}{6}$는 각각 표준정규분포를 따르고 독립이므로

$$Z_1^2 + Z_2^2 = \frac{D^2}{36}$$

은 자유도가 2인 카이제곱분포를 따른다. 자유도가 2인 카이제곱분포는 모수가 $\dfrac{1}{2}$인 지수분포와 같고 8점 이상 얻으려면 $D \le 6$이어야 하므로

$$P(D \le 6) = P(D^2 \le 36) = P\left(\frac{D^2}{36} \le 1\right) = \int_0^1 \frac{1}{2} e^{-x/2} dx$$
$$= 1 - e^{-1/2} \approx 0.3935$$

이다.

표본분산의 분포

$X_k\,(k = 1, \cdots, n)$가 평균과 분산이 각각 μ_k, σ_k^2인 정규분포를 따르면

$$\frac{X_k - \mu_k}{\sigma_k} \sim N(0,1)$$

이므로 $X_k\,(k = 1, \cdots, n)$가 모두 독립이면 확률변수

$$U = \sum_{k=1}^{n} \left(\frac{X_k - \mu_k}{\sigma_k}\right)^2$$

은 자유도가 n인 카이제곱분포를 따른다. 특히 $X_1, X_2, \cdots, X_n$이 독립이고 모두 평균 μ, 분산 σ^2인 정규분포를 따르면

$$U = \sum_{k=1}^{n} \left(\frac{X_k - \mu}{\sigma}\right)^2$$

은 자유도가 n인 카이제곱분포를 따른다.

평균이 μ이고 분산이 σ^2인 정규분포를 따르는 모집단에서 크기가 n인 표본을 추출하였을 때 통계학에서 중요한 역할을 하는 통계량

$$\frac{(n-1)S^2}{\sigma^2} = \sum_{k=1}^{n} \left(\frac{X_k - \overline{X}}{\sigma}\right)^2$$

의 분포를 살펴보기로 하자. 이때 S^2은 표본분산 $S^2 = \frac{1}{n-1}\sum_{k=1}^{n}(X_k - \overline{X})^2$이다. $\sum_{k=1}^{n}(X_k - \overline{X}) = 0$임을 이용하면

$$\begin{aligned}\sum_{k=1}^{n}(X_k - \mu)^2 &= \sum_{k=1}^{n}[(X_k - \overline{X}) + (\overline{X} - \mu)]^2 \\ &= \sum_{k=1}^{n}(X_k - \overline{X})^2 + \sum_{k=1}^{n}(\overline{X} - \mu)^2 + 2(\overline{X} - \mu)\sum_{k=1}^{n}(X_k - \overline{X}) \\ &= \sum_{k=1}^{n}(X_k - \overline{X})^2 + n(\overline{X} - \mu)^2\end{aligned}$$

이다. 양변을 σ^2으로 나누면

$$\sum_{k=1}^{n}\left(\frac{X_k - \mu}{\sigma}\right)^2 = \frac{(n-1)S^2}{\sigma^2} + \frac{(\overline{X} - \mu)^2}{\sigma^2/n}$$

$(X_k - \mu)/\sigma,\ k = 1, \cdots, n$은 표준정규분포를 따르고 모두 독립이므로 좌변은 자유도가 n인 카이제곱분포를 따른다.

$$\sum_{k=1}^{n}\left(\frac{X_k - \mu}{\sigma}\right)^2 \sim \chi^2(n)$$

우변의 두 번째 항에서 $(\overline{X} - \mu)/(\sigma/\sqrt{n})$도 표준정규분포를 따르므로 $\frac{(\overline{X} - \mu)^2}{\sigma^2/n}$은 자유도가 1인 카이제곱분포를 따른다. 한편 S^2과 $\overline{X}$은 독립임이 알려져 있다.[12] 따라서 적률생성함수를 이용하면 $\frac{(n-1)S^2}{\sigma^2}$은 자유도가 $(n-1)$인 카이제곱분포를 따른다는 것을 보일 수 있다.[13]

표본분산의 분포

모평균이 μ, 모분산이 σ^2인 정규모집단에서 확률표본 $X_1, X_2, \cdots, X_n$의 표본분산을 S^2이라 하면 통계량 V는 자유도가 $(n-1)$인 카이제곱분포를 따른다.

$$V = \frac{(n-1)S^2}{\sigma^2} = \sum_{k=1}^{n}\left(\frac{X_k - \overline{X}}{\sigma}\right)^2 \sim \chi^2(n-1)$$

12) 증명은 수리통계학 교재 참고
13) 연습문제

보기 4

초콜릿의 중량은 평균 30g, 표준편차 2g인 정규분포를 따른다고 한다. 12개가 들어 있는 상자에서 표본분산이 8 이상일 확률을 구하시오. 단, 초콜릿의 중량은 모두 독립이라 가정한다.

풀이 모분산이 $\sigma^2 = 4$이고 표본의 크기는 $n = 12$이므로 통계량 $V = 11S^2/4$은 자유도가 11인 카이제곱분포를 따른다.

$$P(S^2 > 8) = P\left(\frac{11S^2}{4} > \frac{11 \cdot 8}{4}\right) = P(V > 22)$$

엑셀의 함수 삽입에서 =CHISQ.DIST(22, 11, 1)을 입력하면 0.9756이므로

$$P(V > 22) = 1 - P(V \le 22) = 1 - 0.9756 = 0.0244$$

를 얻는다.

■ 합동표본분산

동일한 모분산 $\sigma^2 = \sigma_1^2 = \sigma_2^2$을 가지는 독립인 두 정규모집단에서 각각 크기가 n, m인 확률표본을 추출하였을 때 S_1^2, S_2^2을 각 표본분산이라 하자.

$$S_1^2 = \frac{1}{n-1}\sum_{k=1}^{n}(X_k - \overline{X})^2, \qquad S_2^2 = \frac{1}{m-1}\sum_{k=1}^{m}(Y_k - \overline{Y})^2$$

이때 합동표본분산은 다음과 같이 정의한다.

$$\begin{aligned} S_p^2 &= \frac{1}{n+m-2}\left(\sum_{k=1}^{n}(X_k - \overline{X})^2 + \sum_{k=1}^{m}(Y_k - \overline{Y})^2\right) \\ &= \frac{(n-1)S_1^2 + (m-1)S_2^2}{n+m-2} \end{aligned}$$

$V_1 = \dfrac{(n-1)S_1^2}{\sigma^2} \sim \chi^2(n-1)$, $V_2 = \dfrac{(m-1)S_2^2}{\sigma^2} \sim \chi^2(m-1)$이므로 합동표본분산에 대하여 다음 결과가 성립한다.

$$V = \frac{(n+m-2)S_p^2}{\sigma^2} = V_1 + V_2 \sim \chi^2(n+m-2)$$

보기 5

독립인 두 정규모집단 $N(\mu_1, 25)$, $N(\mu_2, 25)$에서 각각 크기가 10, 12인 확률표본을 추출하였다. 합동표본분산을 S_p^2이라 할 때

(a) $P(S_p^2 \ge v_0) = 0.05$인 v_0을 구하시오.

(b) $P(S_p^2 \ge 19)$를 구하시오.

풀이 (a) $n = 10,\ m = 12,\ \sigma^2 = 25$이므로

$$V = \frac{(n+m-2)S_p^2}{\sigma^2} = \frac{20S_p^2}{25} = \frac{4}{5}S_p^2 \sim \chi^2(20)$$

이다. $P(S_p^2 \ge v_0) = P\left(\frac{4}{5}S_p^2 \ge \frac{4}{5}v_0\right) = 0.05$에서 다음 값을 얻는다.

$$\frac{4}{5}v_0 = \chi^2_{0.05}(20) = 31.41 \Rightarrow v_0 = \frac{5}{4} \cdot 31.41 = 39.26$$

(b) $P(S_p^2 \ge 19) = P\left(\frac{4}{5}S_p^2 \ge \frac{4}{5} \cdot 19\right) = P(V \ge 15.2)$이므로 엑셀에서

=CHISQ.DIST.RT(15.2, 20) 또는 =1−CHISQ.DIST(15.2, 20, 1)을 입력하면

$$P(S_p^2 \ge 19) = P(V \ge 15.2) = 0.7649$$

이다.

5.3 t-분포

5.3.1 t-분포의 정의

연속확률변수 Z, U가 독립이고 Z는 표준정규분포, U는 자유도가 n인 카이제곱분포를 따를 때 ($Z \sim N(0,1)$, $U \sim \chi^2(n)$)

$$T_n = \frac{Z}{\sqrt{U/n}}$$

은 자유도가 n인 t-분포(t-distribution)를 따른다고 하고 기호

$$T_n \sim t(n)$$

으로 나타낸다. 이 분포는 영국의 William Scaley Gosset(1876~1937)이 Student라는 필명으로 발표한 논문에서 처음 사용하였는데 Student t-분포라고도 한다.

t-분포

연속확률변수 Z, U가 독립이고 Z는 표준정규분포, U는 자유도가 n인 카이제곱분포를 따를 때 ($Z \sim N(0,1)$, $U \sim \chi^2(n)$)

$$T_n = \frac{Z}{\sqrt{U/n}}$$

은 자유도가 n인 **t-분포**(t-distribution)를 따른다고 하고 기호

$$T_n \sim t(n)$$

으로 나타낸다.

다음 그림은 $n = 1, 5$일 때 t-분포와 표준정규분포의 확률밀도함수의 그래프이다.

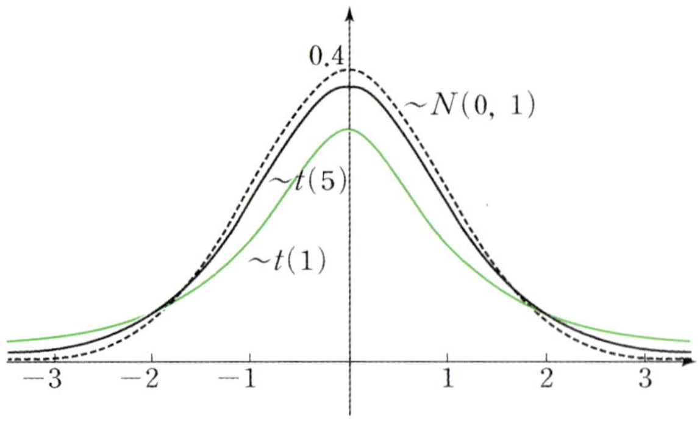

표준정규분포와 마찬가지로 t-분포의 확률밀도함수도 y축에 대하여 대칭이다. 또한 n이 커짐에 따라 표준정규분포의 확률밀도함수와 비슷해진다. 이 사실은 다음과 같은 관찰에서 추론할 수 있다. $Z_i \sim N(0,1)$, $Z_1, \cdots, Z_n$이 독립이면 큰 수의 법칙에 의하여

$$\frac{U}{n} = \frac{Z_1^2 + \cdots + Z_n^2}{n} \rightarrow E(Z_1^2) = 1$$

이다. 따라서 n이 커질수록 $T_n = \dfrac{Z}{\sqrt{U/n}}$의 분포는 표준정규분포와 비슷해진다.

다음 그림은 자유도 10의 t-분포(실선)와 표준정규분포(점선)의 확률밀도함수를 비교하여 보여주고 있다. t-분포의 꼬리 부분이 표준정규분포보다 약간 두터운데 이는 t-분포가 표준정규분포보다 변동성이 더 크다는 것을 의미한다.

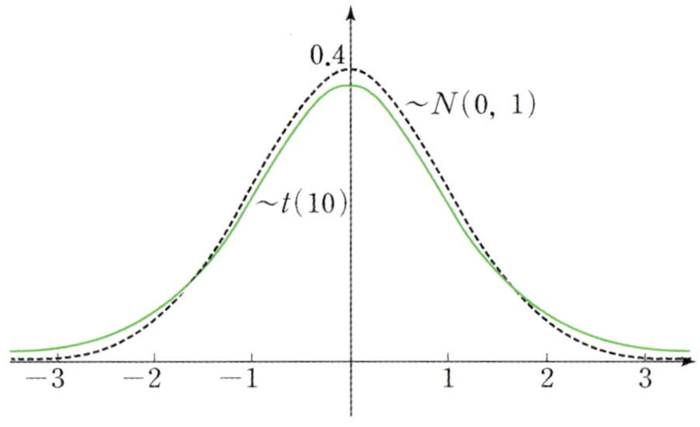

$T_n\,(n \geq 1)$의 평균과 분산은 다음과 같다고 알려져 있다.[14)]

$$E(T_n) = 0, \quad Var(T_n) = \frac{n}{n-2}, \quad n > 2$$

n이 커짐에 따라 분산은 점점 감소하여 표준정규분포의 분산인 1로 수렴한다.

14) 증명은 수리통계학 교재 참고

보기 1

1절에서 살펴본 중심극한정리는 유용하기는 하지만 모분산이 알려져 있어야 활용이 가능하다. 그러나 실제 모형에서 모분산이 알려져 있는 경우는 극히 드물어서 모분산 σ^2 대신 통계량인 표본분산 S^2을 사용한다. 예를 들어 통계량 $(\overline{X}-\mu)/(\sigma/\sqrt{n})$에서 σ를 모르면 통계량

$$T=\frac{\overline{X}-\mu}{S/\sqrt{n}}$$

을 사용한다. 통계량 T는 다음과 같이 나타낼 수 있다.

$$T=\frac{(\overline{X}-\mu)/(\sigma/\sqrt{n})}{\sqrt{S^2/\sigma^2}}=\frac{Z}{\sqrt{V/(n-1)}}$$

이때 $Z=\dfrac{\overline{X}-\mu}{\sigma/\sqrt{n}}$는 표준정규분포를 따르는 확률변수이고 $V=\dfrac{(n-1)S^2}{\sigma^2}$는 자유도가 $(n-1)$인 카이제곱분포를 따르는 확률변수이다. 정규모집단에서 추출한 표본에 대하여 $\overline{X}$와 S^2은 독립이므로 Z와 V도 독립이다. 따라서 T는 자유도가 $(n-1)$인 t-분포를 따른다.

$$T\sim t(n-1)$$

표본의 크기 n이 크면 S와 σ가 비슷하므로 T는 근사적으로 표준정규분포를 따른다.

$$T=\frac{\overline{X}-\mu}{S/\sqrt{n}}\approx N(0,1)$$

t-분포

$X_1, X_2, \cdots, X_n$이 정규모집단에서 추출한 확률표본일 때 표본평균 $\overline{X}$와 표본표준편차 S에 대하여 다음이 성립한다.

$$T=\frac{\overline{X}-\mu}{S/\sqrt{n}}\sim t(n-1)$$

표본의 크기 n이 크면 통계량 T는 근사적으로 표준정규분포를 따른다.

$$T=\frac{\overline{X}-\mu}{S/\sqrt{n}}\approx N(0,1)$$

5.3.2 t-분포표

t-분포는 가설검정에서 중요한 역할을 하는 분포이지만 정규분포와 마찬가지로 기초적인 방법으로 확률을 구하는 것은 불가능하다. 이러한 어려움을 해결하기 위하여 많이 쓰이는 $\alpha\,(0<\alpha<1)$값에 대하여 오른쪽 꼬리 확률이 α인 값 $t_\alpha(n)$, 다시 말해서

$$P(T_n \geq t_\alpha(n)) = \alpha, \text{ 또는 } P(T_n \leq t_\alpha(n)) = 1-\alpha$$

을 만족하는 값 $t_\alpha(n)$들을 t-분포표를 만들어 사용한다(부록 D).

예를 들어 $t_{0.05}(5)$의 값은 다음 표에서 자유도가 5인 행과 $\alpha = 0.05$인 열이 만나는 위치의 값 2.015이다.

$$t_{0.05}(5) = 2.015, \text{ 즉 } P(T_5 > 2.015) = 0.05$$

자유도 \ α	0.10	0.05	0.025	0.01	…
…	…	…	…	…	…
4	1.533	2.132	2.766	3.747	…
5	1.476	2.015	2.571	3.365	…
6	1.440	1.943	2.447	3.143	…
…	…	…	…	…	…

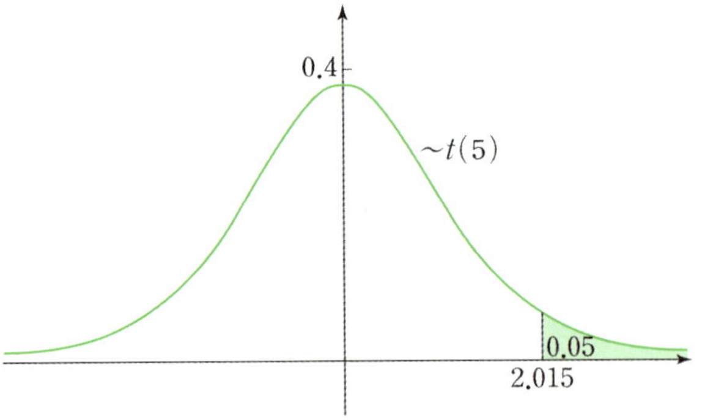

엑셀에서는 자유도가 n인 t-분포를 따르는 확률변수 T_n에 대하여 함수 삽입에서 입력에 따른 출력은 다음과 같다.

함수 삽입에 입력	출력
= T.DIST($x, n, 1$)	$P(T_n \le x)$
= T.DIST($x, n, 0$)	확률밀도함수의 값 $f(x)$
= T.DIST.RT(x, n)	$P(T_n \ge x)$
= T.INV(α, n)	$P(T_n \le x) = \alpha$인 x의 값
= T.INV.RT(α, n)	$P(T_n \ge x) = \alpha$인 x의 값

t-분포는 수직축에 대칭이므로 다음 성질이 성립함을 알 수 있다.

$$P(T_n > t_\alpha(n)) = P(T_n < -t_\alpha(n)) = \alpha$$
$$P(|T_n| > t_{\alpha/2}(n)) = \alpha$$

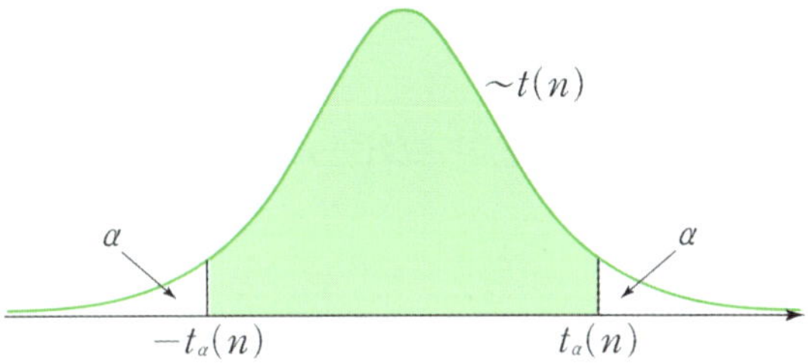

보기 2

다음을 구하시오.

(a) $P(T_{11} \le 1.7)$

(b) $P(T_{15} \ge 1.1)$

(c) $P(T_{17} \le x) = 0.9$인 x

(d) $t_{0.05}(19)$

풀이 (a) 엑셀에서 함수 삽입에 =T.DIST(1.7, 11, 1)을 입력하면 $P(T_{11} \le 1.7) = 0.9414$이다.

(b) 엑셀에서 함수 삽입에 =T.DIST(1.1, 15, 1)을 입력하면 $P(T_{15} \le 1.1) = 0.8557$이므로 $P(T_{15} \ge 1.1) = 1 - 0.8557 = 0.1443$이다. (또는 =T.DIST.RT(1.1, 15)를 입력하면 $P(T_{15} \ge 1.1) = 0.1443$이다.)

(c) 엑셀에서 함수 삽입에 =T.INV(0.9, 17)을 입력하면 1.33을 얻는다.

(d) 엑셀에서 =T.INV(0.95, 19)를 입력하면 $P(T_{19} \le x) = 0.95$인 값 $x = 1.73$을 얻는다. $P(T_{19} \ge t_{0.05}(19)) = 0.05$이므로 $t_{0.05}(19) = 1.73$이다.

연습문제 5.2 ~ 5.3 EXERCISES

01 카이제곱분포에서 다음 값을 구하시오.

(a) $\chi^2_{0.025}(15)$ (b) $\chi^2_{0.01}(7)$ (c) $\chi^2_{0.05}(24)$

02 $V \sim \chi^2(25)$일 때 다음 식을 만족하는 상수 c를 구하시오.

(a) $P(V > c) = 0.01$ (b) $P(V < c) = 0.95$

(c) $P(37.65 < V < c) = 0.045$ (d) $P(c < V < 37.65) = 0.45$

03 분산이 6인 정규모집단으로부터 추출한 크기 25인 확률표본의 표본분산 S^2에 대하여 다음 확률을 구하시오.

(a) $P(S^2 \ge 9.1)$ (b) $P(3.462 \le S^2 \le 10.745)$

04 평균이 100이고 표준편차가 4인 정규모집단에서 크기가 10인 확률표본을 추출하였다. 표본분산 S^2이 12보다 클 확률을 구하시오.

05 $V \sim \chi^2(n)$일 때 다음을 보이시오.

(a) $E(X) = n$ (b) $Var(V) = 2n$

06 X_1, X_2가 서로 독립이고 자유도가 각각 m, n인 카이제곱분포를 따르면 $X_1 + X_2$는 자유도가 $m+n$인 카이제곱분포를 따르는 것을 보이시오.

07 X_1, X_2가 서로 독립이고 X_1은 자유도가 m인 카이제곱분포를 따르고 $Y = X_1 + X_2$는 자유도가 $n(> m)$인 카이제곱분포를 따른다. X_2는 자유도가 $(n-m)$인 카이제곱분포를 따름을 보이시오.

08 실내온도가 27도 이상이면 자동으로 작동하도록 설계된 중앙냉방기가 있다. 중앙냉방기가 작동하는 온도는 분산이 σ^2인 정규분포를 따른다. 이 냉방기를 10번 시험할 경우 다음 확률을 구하시오. 단, S^2은 10개 데이터 값에 대한 표본분산이다.

(a) $P(S^2/\sigma^2 \le 1.7)$ (b) $P(0.5 \le S^2/\sigma^2 \le 1.5)$

09 독립인 두 정규모집단 $N(5, 16)$, $N(2, 16)$에서 크기가 각각 10, 12인 확률표본을 추출하였다. 합동표본분산 S_p^2에 대하여

(a) $P(S_p^2 > 25)$를 구하시오.

(b) $P(S_p^2 > s_0) = 0.05$인 s_0을 구하시오.

10 자유도가 n인 카이제곱분포는 모수가 $\left(\frac{n}{2}, \frac{1}{2}\right)$인 감마분포와 같음을 보이시오.

11 t-분포에서 다음 값을 구하시오.

(a) $t_{0.025}(15)$ (b) $t_{0.01}(7)$ (c) $t_{0.05}(24)$

12 $T \sim t(19)$일 때 다음 확률을 구하시오.

(a) $P(T \le 1.33)$ (b) $P(|T| \ge 1.33)$ (c) $P(0.37 \le T \le 1.33)$

13 $T \sim t(11)$일 때 다음 식을 만족하는 상수 c를 구하시오.

(a) $P(T > c) = 0.01$ (b) $P(T < c) = 0.95$

(c) $P(-c < T < c) = 0.95$ (d) $P(|T| > c) = 0.1$

제 6 장

통계적 추론

5장에서는 모집단의 분포를 알고 있을 때 확률표본의 특성을 조사하였다. 그러나 실험 또는 통계조사에서 모집단의 분포는 알려진 것이 아니라 실험 또는 조사를 통하여 알아내야 하는 값이다. 모집단의 알려지지 않은 특성을 표본으로부터 얻은 정보를 분석하여 추론하는 것을 **통계적 추론**이라 한다.

통계적 추론은 **추정**과 **가설검정**의 두 분야로 분류된다. 표본으로부터 얻은 통계량을 이용하여 모수를 추론하는 과정을 추정이라 하는데 모수를 하나의 값으로 추정하는 **점추정**과 모수가 포함될 것으로 기대되는 구간으로 추정하는 **구간추정**이 있다. 가설검정은 연구자의 주장을 표본으로부터 얻은 통계량의 값을 이용하여 받아들일 수 있는가를 검토하는 통계적 방법이다.

이 장에서는 모분산이 알려진 정규모집단의 모평균에 대하여 통계적 추론의 방법을 알아본다. 일반적인 경우의 모평균의 추론은 7장에서 자세히 다루기로 한다.

6.1 점추정

6.1.1 점추정

모집단의 특성을 나타내는 수를 **모수**(parameter)라 하는데 여러 모수 중에서 모평균, 모분산, 모표준편차, 모비율 등은 특히 모집단에 대한 중요한 정보를 알려준다.

표본에서 얻은 통계량으로부터 모수를 추론하는 것을 **추정**(estimation)이라 한다. 모집단의 특성을 나타내는 모수는 주로 θ로 나타내며 모수를 추정하기 위해 표본으로부터 얻은 통계량은 $\hat{\theta}$로 나타낸다. 이와 같이 모수 추정에 쓰인 통계량을 **추정량**(estimator)이라 부르는데 추정량은 확률표본 $X_1, X_2, \cdots, X_n$의 함수로 이해할 수 있다.

$$\hat{\theta} = f(X_1, X_2, \cdots, X_n)$$

특정한 표본의 관찰값(observed value) $x_1, x_2, \cdots, x_n$으로부터 구해진 추정량의 값 $\hat{\theta}_0 = f(x_1, x_2, \cdots, x_n)$을 **추정값**(estimate)이라 하는데 이 값을 이용하여 모수 θ를 추정한다. 표본으로부터 추정값을 구하는 과정을 **점추정**(point estimation)이라 한다.

추정의 용어

추정: 표본으로부터 얻은 통계량으로부터 모수를 추론하는 과정

추정량: 모수 추정에 쓰인 표본 $X_1, X_2, \cdots, X_n$의 통계량 $\hat{\theta} = f(X_1, X_2, \cdots, X_n)$

추정값: 표본의 관찰값 $x_1, x_2, \cdots, x_n$을 추정량에 대입한 값

$$\hat{\theta}_0 = f(x_1, x_2, \cdots, x_n)$$

점추정: 표본으로부터 추정값을 구하는 과정

점추정값 $\hat{\theta}_0$은 알려지지 않은 모수 θ의 정확한 값이 아니며 추출된 확률표본의 값에 따라 달라진다.

보기 1

모평균과 모분산이 알려지지 않은 모집단에서 추출한 확률표본 X_1, X_2, X_3, X_4, X_5에 대하여 모평균 μ에 대한 추정량을 표본평균 $\overline{X}=\frac{1}{5}(X_1+X_2+X_3+X_4+X_5)$, 모분산 σ^2에 대한 추정량을 표본분산 $S^2=\frac{1}{4}\sum_{k=1}^{5}(X_k-\overline{X})^2$이라 하자. 추출된 표본의 값이 다음과 같을 때 모평균과 모분산에 대한 점추정값 $\hat{\mu}_0$, s_0^2을 구하시오.

(a) 3.9, 6.8, 7.7, 1.6, 8.5　　　(b) 7.9, 4.3, 2.1, 5.7, 9.5

풀이 (a) $\hat{\mu}_0=\overline{x}=\frac{1}{5}(3.9+6.8+7.7+1.6+8.5)=5.7$

$$s_0^2=\frac{1}{4}((3.9-5.7)^2+(6.8-5.7)^2+(7.7-5.7)^2+(1.6-5.7)^2+(8.5-5.7)^2)$$
$$=8.275$$

(b) $\hat{\mu}_0=\overline{x}=\frac{1}{5}(7.9+4.3+2.1+5.7+9.5)=5.9$

$$s_0^2=\frac{1}{4}((7.9-5.9)^2+(4.3-5.9)^2+(2.1-5.9)^2+(5.7-5.9)^2+(9.5-5.9)^2)$$
$$=8.5$$

보기 1(a)에서 엑셀을 이용하여 표본평균과 표본분산은 다음과 같이 구한다. 엑셀을 이용한 일반적인 계산방법은 부록을 참고하기 바란다.

(1) 표본의 값을 행 또는 열에 입력한다. 보기 1(a)에서 5개의 표본값을 첫번째 행에 A1부터 A5까지 입력하였다.

(2) 함수마법사 창에서 =AVERAGE.S(A1:A5)를 입력하면 표본평균의 값이 출력된다. 이때 S는 sample을 의미한다.

(3) 함수마법사 창에서 =VAR.S(A1:A5)를 입력하면 표본분산의 값이 출력된다.

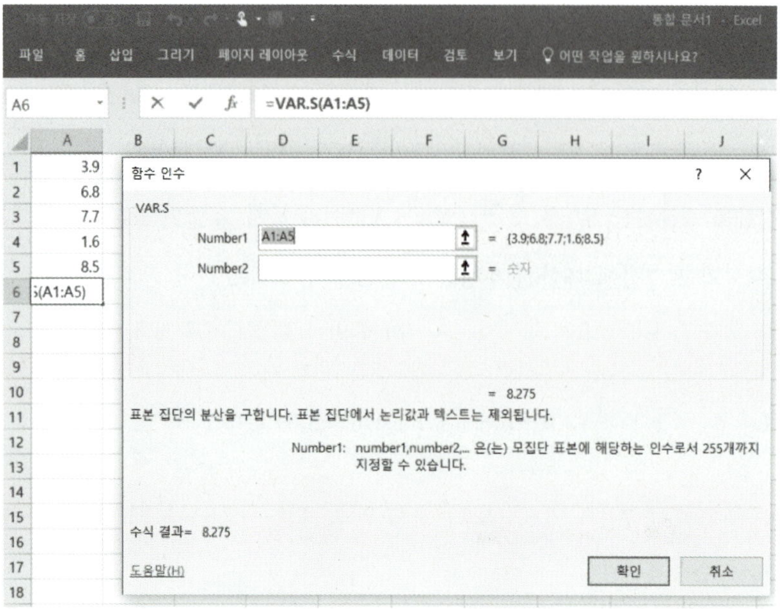

모수를 추정하는 추정량이 유일한 것은 아니다. 예를 들어 모평균을 추정할 때 표본평균을 추정량으로 사용할 수도 있고 표본중앙값을 추정량으로 사용할 수도 있다. 따라서 여러 가지 추정량 중에서 어느 추정량이 더 좋은지를 판단할 수 있도록 추정량이 가져야 하는 바람직한 성질을 살펴볼 필요가 있다. 좋은 추정량 $\hat{\theta}$가 가져야 하는 바람직한 성질 중에서 가장 많이 사용되는 불편성과 유효성에 대하여 알아보기로 한다.

6.1.2 불편성

모수 θ에 대한 추정량 $\hat{\theta}=f(X_1, X_2, \cdots, X_n)$의 기댓값이 모수 θ이면, 즉

$$E(\hat{\theta})=\theta$$

이면 추정량 $\hat{\theta}$은 불편성(unbiasedness)을 갖는다고 하고 $\hat{\theta}$을 θ의 불편추정량(unbiased estimator)이라 한다.

$E(\hat{\theta})-\theta$을 $\hat{\theta}$의 편의(bias)라 하고 다음과 같이 나타낸다.

$$\text{bias}(\hat{\theta})=E(\hat{\theta})-\theta$$

불편추정량이 아닌 추정량의 편의는 0이 아니며 편의추정량(biased estimator)이라 한다.

불편추정량

모수 θ에 대한 추정량 $\hat{\theta}=f(X_1, X_2, \cdots, X_n)$의 기댓값이 모수 θ이면, 즉

$$E(\hat{\theta})=\theta$$

이면 추정량 $\hat{\theta}$은 **불편성**을 갖는다고 하고 $\hat{\theta}$을 θ의 **불편추정량**이라 한다.

다음 그림은 θ의 불편추정량 $\hat{\theta}_1$과 편의추정량 $\hat{\theta}_2$, 그리고 $\hat{\theta}_2$의 편의를 보여준다.

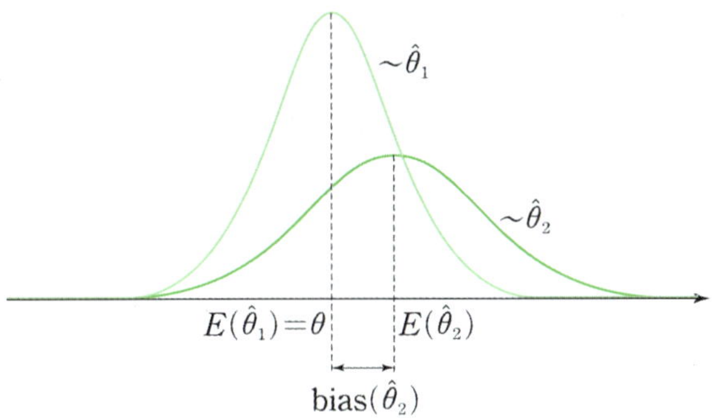

다음 보기는 5장에서 살펴본 결과를 정리한 것이다.

보기 2

모평균이 μ, 모분산이 σ^2인 모집단에서 크기가 n인 확률표본 $X_1, X_2, \cdots, X_n$을 추출하였을 때

(a) 표본평균 $\overline{X}=\dfrac{1}{n}\sum_{k=1}^{n}X_k$은 모평균 μ의 불편추정량이다.

(b) 표본분산 $S^2=\dfrac{1}{n-1}\sum_{k=1}^{n}(X_k-\overline{X})^2$은 모분산 σ^2의 불편추정량이다.

(c) 추정량 $S_1^2=\dfrac{1}{n}\sum_{k=1}^{n}(X_k-\overline{X})^2$은 $E(S_1^2)=\dfrac{n-1}{n}\sigma^2$이므로 편의추정량이다. 이때 편의는 다음과 같다.

$$E(S_1^2)-\sigma^2=\frac{n-1}{n}\sigma^2-\sigma^2=-\frac{1}{n}\sigma^2$$

따라서 표본분산을 정의할 때 모분산에 대한 불편추정량이 되도록 표본의 크기 n이 아니라 $(n-1)$로 나눈다.

불편추정량: 모평균, 모비율, 모분산

- 모평균 μ에 대한 불편추정량: **표본평균** $\overline{X}=\frac{1}{n}\sum_{k=1}^{n}X_k$
- 모비율 p에 대한 불편추정량: **표본비율** $\hat{p}=\frac{X}{n}$
- 모분산 σ^2에 대한 불편추정량: **표본분산** $S^2=\frac{1}{n-1}\sum_{k=1}^{n}(X_k-\overline{X})^2$

표본표준편차 $S=\sqrt{S^2}$ 은 모표준편차 $\sigma=\sqrt{\sigma^2}$ 의 불편추정량이 아니다. 그러나 표본의 크기가 커지면($n>30$) 표본표준편차의 편의는 0에 가까워지므로 모표준편차의 추정량은 표본표준편차를 많이 사용한다.

$$\hat{\sigma}=S$$

보기 3

모평균 μ가 알려지지 않은 모집단에서 크기 3인 확률표본 X_1, X_2, X_3을 추출하였다. 다음과 같이 정의된 추정량에 대하여 불편추정량인지 판단하고 편의추정량인 경우 편의를 구하시오.

$$\hat{\mu}_1=\frac{1}{3}(X_1+X_2+X_3),$$

$$\hat{\mu}_2=\frac{1}{4}(X_1+2X_2+X_3),$$

$$\hat{\mu}_3=\frac{1}{5}(X_1+2X_2+3X_3)$$

풀이 각 추정량의 기댓값을 구하면

$$E(\hat{\mu}_1)=\frac{1}{3}[E(X_1)+E(X_2)+E(X_3)]=\mu$$

$$E(\hat{\mu}_2)=\frac{1}{4}[E(X_1)+2E(X_2)+E(X_3)]=\mu$$

$$E(\hat{\mu}_3) = \frac{1}{5}[E(X_1) + 2E(X_2) + 3E(X_3)] = \frac{6}{5}\mu \neq \mu$$

이므로 $\hat{\mu}_1$, $\hat{\mu}_2$는 불편추정량, $\hat{\mu}_3$은 편의추정량이다. $\hat{\mu}_3$의 편의는

$$E(\hat{\mu}_3) - \mu = \frac{6}{5}\mu - \mu = \frac{1}{5}\mu$$

이다.

6.1.3 유효성

보기 3에서 보았듯이 모수 θ에 대한 불편추정량은 여러 개 있을 수 있다. $\hat{\theta}$가 모수 θ에 대한 불편추정량이면 $\hat{\theta}$의 분산

$$Var(\hat{\theta}) = E((\hat{\theta} - \theta)^2)$$

이 작으면 작을수록 $\hat{\theta}$은 모수 θ 근방에 밀집한 분포를 갖는다. 따라서 불편추정량이 여러 개이면 그중에서 분산이 가장 작은 추정량이 가장 바람직한 추정량이라 할 수 있다.

일반적으로 불편추정량의 표준편차는 추정량이 얼마나 좋은지에 대한 판단 기준으로 쓰일 수 있다. 불편추정량의 표준편차를 **표준오차**(standard error)라 하고, 기호 $\mathrm{SE}(\hat{\theta})$로 나타낸다.

표준오차 $\mathrm{SE}(\hat{\theta})$

모수 θ의 불편추정량 $\hat{\theta}$에 대하여 $\hat{\theta}$의 표준편차를 표준오차라 하고 $\mathrm{SE}(\hat{\theta})$로 나타낸다.

$$\mathrm{SE}(\hat{\theta}) = \sqrt{Var(\hat{\theta})} = \sqrt{E((\hat{\theta} - \theta)^2)}$$

예를 들어 모평균이 μ, 모분산이 σ^2인 모집단에서 크기가 n인 표본평균 $\overline{X}$는 모평균 μ에 대한 불편추정량이고 표준오차는 다음과 같다.

$$\mathrm{SE}(\overline{X}) = \sqrt{Var(\overline{X})} = \frac{\sigma}{\sqrt{n}}$$

$\hat{\theta}_1$, $\hat{\theta}_2$가 모수 θ에 대한 불편추정량일 때

$$Var(\hat{\theta}_1) < Var(\hat{\theta}_2)$$

이면 $\hat{\theta}_1$이 $\hat{\theta}_2$보다 유효하다(efficient)고 한다. 다음 그림은 불편추정량 $\hat{\theta}_1$의 표준오차가 1, 불편추정량 $\hat{\theta}_2$의 표준오차가 2, 불편추정량 $\hat{\theta}_3$의 표준오차가 $\frac{1}{2}$인 경우를 그린 것이다. 이때 세 개의 불편추정량 중에서 표준오차가 가장 작은 $\hat{\theta}_3$가 가장 유효한 추정량이다.

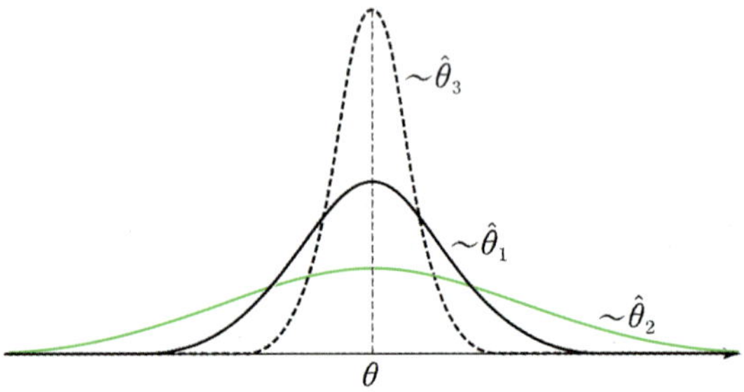

보기 4

모평균 μ와 모분산 σ^2이 알려지지 않은 모집단에서 크기가 2인 확률표본 X_1, X_2를 추출하였다. μ의 추정량

$$\hat{\mu} = aX_1 + bX_2, \quad a, b \text{는 양의 실수}$$

에 대하여

(a) $\hat{\mu}$가 모수 μ에 대한 불편추정량이 되기 위한 a, b의 조건을 구하시오.

(b) (a)에 주어진 불편추정량 중에서 가장 유효한 추정량을 구하시오.

풀이 (a) $\hat{\mu}$가 모수 μ에 대한 불편추정량이 되려면 $E(\hat{\mu}) = \mu$이어야 한다.

$$E(\hat{\mu}) = E(aX_1 + bX_2) = aE(X_1) + bE(X_2) = (a+b)\mu$$

이므로

$$a + b = 1$$

이다.

(b) X_1, X_2는 독립이므로 $\hat{\mu}$의 분산은 다음과 같다.

$$\begin{aligned} Var(\hat{\mu}) &= Var(aX_1 + bX_2) = Var(aX_1) + Var(bX_2) \\ &= a^2 Var(X_1) + b^2 Var(X_2) = (a^2 + b^2)\sigma^2 \end{aligned}$$

따라서 a^2+b^2이 최소일 때 $Var(\hat{\mu})$의 분산이 최소이다. $\hat{\mu}$가 모수 μ에 대한 불편추정량이면 $a+b=1$이므로

$$a^2+b^2=a^2+(1-a)^2=2\left(a-\frac{1}{2}\right)^2+\frac{1}{2}$$

에서 $a=\frac{1}{2}$일 때 a^2+b^2이 최소이다. 따라서 (a)에 주어진 불편추정량 중에서 모수 μ에 대하여 가장 유효한 불편추정량은 표본평균이고 이때 최소분산은 $\frac{\sigma^2}{2}$이다.

$$\hat{\mu}=\frac{1}{2}(X_1+X_2)$$

일반적으로 크기가 n인 표본 $X_1, X_2, \cdots, X_n$에 대하여 모평균 μ의 추정량

$$\hat{\mu}=a_1X_1+a_2X_2+\cdots+a_nX_n,\quad a_1, a_2, \cdots, a_n \text{은 양의 실수}$$

중에서 모수 μ에 대하여 가장 유효한 불편추정량[1)]은 표본평균임을 보일 수 있다.[2)]

$$\hat{\mu}=\frac{1}{n}(X_1+X_2+\cdots+X_n)$$

표본평균은 모든 불편추정량 중에서 가장 유효하다는 것이 알려져 있다.

표본평균은 가장 유효한 불편추정량

크기가 n인 표본 $X_1, X_2, \cdots, X_n$에 대하여 표본평균

$$\hat{\mu}=\frac{1}{n}(X_1+X_2+\cdots+X_n)$$

은 모평균 μ에 대하여 가장 유효한 불편추정량이다.

1) 불편추정량 $\hat{\theta}$의 표준오차 $SE(\hat{\theta})$가 최소이면 $\hat{\theta}$의 분산 $E((\hat{\theta}-\theta)^2)$도 최소이므로 주어진 불편추정량 중에서 가장 유효한 불편추정량을 최소분산불편추정량이라 부르기도 한다.

2) $a_1+a_2+\cdots+a_n=1$일 때 $a_1^2+a_2^2+\cdots+a_n^2$의 최댓값은 $a_1=a_2=\cdots=a_n=\frac{1}{n}$일 때 얻어진다.

6.2 구간추정: 신뢰구간

6.2.1 신뢰구간

1절에서는 모집단의 모수를 추정할 때 점추정량이 가져야 하는 바람직한 성질인 불편성과 유효성을 살펴보았다. 그러나 점추정량에는 추정량이 얼마나 정확한지 판단할 수 있는 정보가 들어 있지 않다. 이러한 단점을 보완할 수 있는 방법으로 구간추정(interval estimation)을 사용한다. 구간추정은 정해진 확신의 정도를 가지고 미지의 모수 θ가 속할 것으로 기대되는 구간(신뢰구간)을 추정하는 방법이다. 이때 모수가 추정한 구간 안에 들어갈 확신의 정도를 신뢰수준(confidence level)이라 한다.

모수 θ에 대하여 통계량 L과 U가 있어

$$P(L \le \theta \le U) = 1 - \alpha$$

일 때, 구간 $[L, U]$의 관측값 $[l, u]$를 θ의 $100(1-\alpha)\%$ 신뢰구간(confidence interval)이라 하고 추출된 하나의 표본으로부터 얻어진 관측값 l, u를 각각 신뢰구간의 하한(lower bound)과 상한(upper bound)이라 한다. 이때 $100(1-\alpha)\%$를 신뢰수준이라 하는데 α가 0.1, 0.05, 0.01인 90%, 95%, 99%를 많이 사용한다. 신뢰수준이 커질수록 신뢰구간은 넓어진다. 모평균 또는 모비율 등의 신뢰구간은 모수 θ에 대한 점추정량 $\hat{\theta}$를 중심으로 대칭인 구간을 사용하는데

$$L = \hat{\theta} - e, \quad U = \hat{\theta} + e$$

이면 e를 오차한계(bound of error)라 한다. 점추정량 $\hat{\theta}$의 관측값이 θ_1이면 신뢰구간은 다음 그림으로 설명할 수 있다.

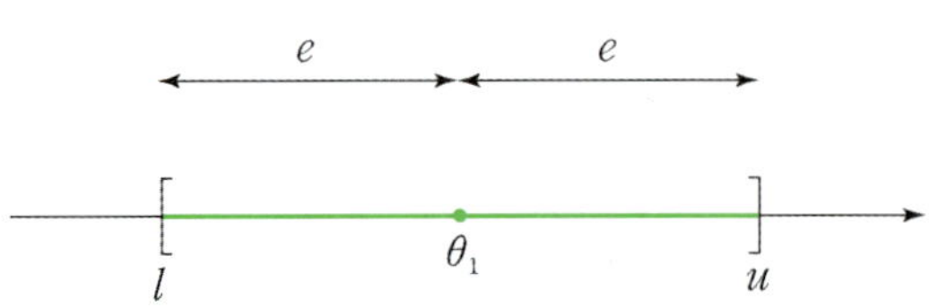

신뢰수준이 95%인 신뢰구간은 동일한 모집단에서 동일한 크기의 표본을 추출하여 구한 신뢰구간이 모수의 값을 포함하고 있을 확률이 95%임을 의미한다. 다시 말해서 표본을 20번 추출하였을 때 20개의 신뢰구간 중에 95%, 즉 19개 정도가 모수 θ의 참값을 포함하고 5%에 해당하는 1개 정도는 모수 θ의 참값을 포함하지 않는다는 것을 의미한다.

$100(1-\alpha)$% 신뢰구간과 오차한계

$\hat{\theta}$를 모수 θ에 대한 추정량으로 사용하고 신뢰수준 $100(1-\alpha)$% 신뢰구간이

$$[\hat{\theta}-e,\ \hat{\theta}+e]$$

이면 e를 **오차한계**라 한다. 이때 $\hat{\theta}$의 오차 $|\hat{\theta}-\theta|$는 e를 초과하지 않는다고 $100(1-\alpha)$% 확신할 수 있다.

$$P(|\hat{\theta}-\theta| \le e) = 1-\alpha$$

6.2.2 모평균 μ의 신뢰구간 : 모분산이 알려진 모집단

이제 모분산 σ^2이 알려진 정규모집단에서 모평균 μ의 $100(1-\alpha)\%$ 신뢰구간을 구하는 방법을 알아본다.

정규분포 $N(\mu, \sigma^2)$을 따르는 모집단으로부터 추출한 크기 n인 확률표본을 $X_1, X_2, \cdots, X_n$이라 하자. 표본평균

$$\overline{X} = \frac{1}{n}(X_1 + X_2 + \cdots + X_n)$$

에 대하여 표준화된 통계량 $Z = \dfrac{\overline{X}-\mu}{\sigma/\sqrt{n}}$는 표준정규분포를 따른다.

$$Z = \frac{\overline{X}-\mu}{\sigma/\sqrt{n}} \sim N(0,1)$$

따라서 임의의 양수 $\alpha\,(0<\alpha<1)$에 대하여 다음 식이 성립한다.

$$P(-z_{\alpha/2} \le Z \le z_{\alpha/2}) = 1-\alpha$$

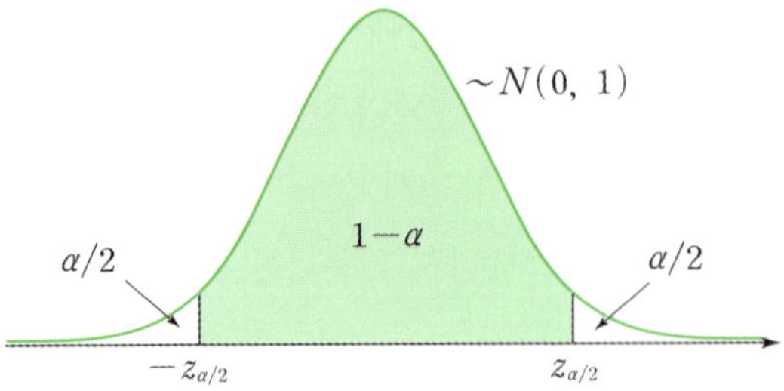

이 식을 표본평균을 이용하여 다시 쓰면 다음과 같다.

$$P\left(|\overline{X}-\mu| \le z_{\alpha/2}\frac{\sigma}{\sqrt{n}}\right) = 1-\alpha$$

또는

$$P\left(\overline{X}-z_{\alpha/2}\frac{\sigma}{\sqrt{n}} \le \mu \le \overline{X}+z_{\alpha/2}\frac{\sigma}{\sqrt{n}}\right) = 1-\alpha$$

따라서 모평균 μ에 대한 $100(1-\alpha)\%$ 신뢰구간의 오차한계는

$$e = z_{\alpha/2}\frac{\sigma}{\sqrt{n}}$$

이고 하한 L과 상한 U는 각각 다음과 같다.

$$L = \overline{X}-z_{\alpha/2}\frac{\sigma}{\sqrt{n}}, \quad U = \overline{X}+z_{\alpha/2}\frac{\sigma}{\sqrt{n}}$$

모집단에서 추출한 크기 n인 확률표본으로부터 관측값 $x_1, x_2, \cdots, x_n$을 얻었다고 하자. 이때 모평균 μ에 대한 점추정값은 표본평균

$$\overline{x} = \frac{1}{n}(x_1+x_2+\cdots+x_n)$$

이고 $100(1-\alpha)\%$ 신뢰구간은 $\overline{x}$를 중심으로 좌우대칭인 구간

$$\left[\overline{x}-z_{\alpha/2}\frac{\sigma}{\sqrt{n}},\ \overline{x}+z_{\alpha/2}\frac{\sigma}{\sqrt{n}}\right]$$

이다.

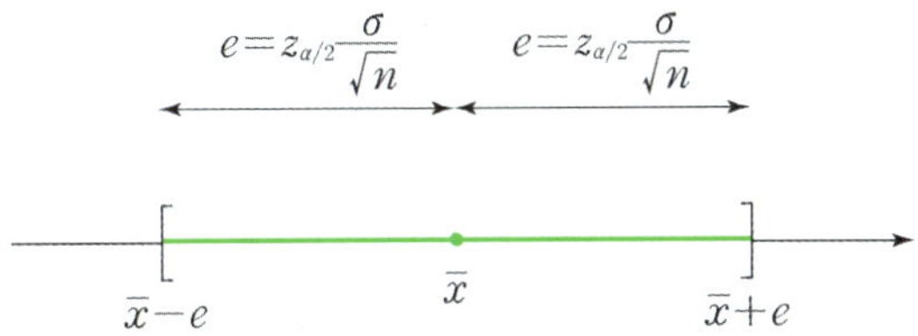

Note ▶ 표현의 편의상 μ의 신뢰구간이 $[a-b, a+b]$일 때 다음과 같은 표현을 사용하기도 한다.

$$a-b \le \mu \le a+b \text{ 또는 } \mu = a \pm b = [a-b, a+b]$$

모평균 μ의 신뢰구간 : 모분산 σ^2이 알려진 정규모집단

$\bar{x}$: 크기 n인 확률표본의 표본평균 값

모평균 μ에 대한 $100(1-\alpha)\%$ 신뢰구간은 다음과 같다.

$$\mu = \bar{x} \pm z_{\alpha/2}\frac{\sigma}{\sqrt{n}} = \left[\bar{x} - z_{\alpha/2}\frac{\sigma}{\sqrt{n}},\ \bar{x} + z_{\alpha/2}\frac{\sigma}{\sqrt{n}}\right]$$

$\alpha = 0.1, 0.05, 0.01$에 대하여 $z_{\alpha/2}$값은 다음과 같다.

$$z_{0.05} = 1.645, \quad z_{0.025} = 1.96, \quad z_{0.005} = 2.58$$

따라서 모분산 σ^2이 알려진 정규모집단의 모평균 μ에 대한 90%, 95%, 99% 신뢰구간은 각각 다음과 같다.

신뢰수준	$\overline{X}$의 표준오차	오차한계	신뢰구간
90%	$\sigma/\sqrt{n}$	$1.645\frac{\sigma}{\sqrt{n}}$	$\mu=\bar{x} \pm 1.645\frac{\sigma}{\sqrt{n}}$
95%	$\sigma/\sqrt{n}$	$1.96\frac{\sigma}{\sqrt{n}}$	$\mu=\bar{x} \pm 1.96\frac{\sigma}{\sqrt{n}}$
99%	$\sigma/\sqrt{n}$	$2.58\frac{\sigma}{\sqrt{n}}$	$\mu=\bar{x} \pm 2.58\frac{\sigma}{\sqrt{n}}$

표본의 크기가 같을 때 신뢰수준이 커질수록 신뢰구간은 넓어진다.

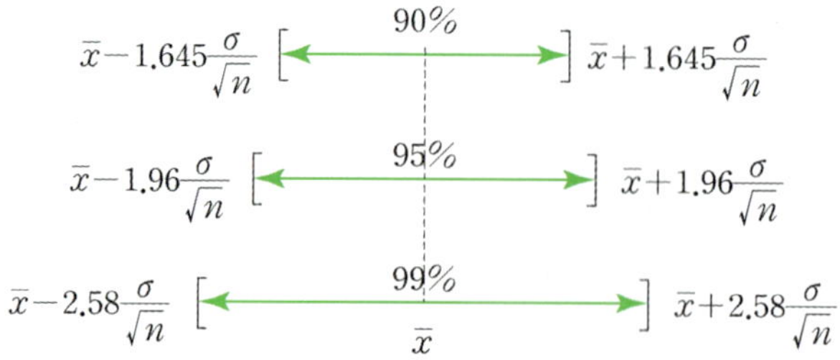

또한 신뢰수준이 고정되면 표본의 크기가 커질수록 신뢰구간은 좁아진다. 예를 들어 표본의 크기가 16일 때의 신뢰구간의 크기는 4일 때의 1/2이고 64일 때의 2배이다. 다음 그림은 신뢰수준 95%인 경우이다.

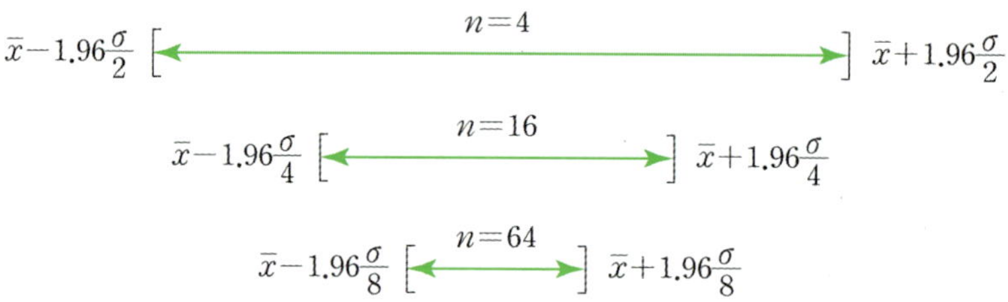

보기 1

$\sigma^2 = 16$인 정규모집단에서 모평균을 추정하기 위하여 크기가 25인 확률표본을 추출하였다. 표본평균이 19일 때 모평균에 대한 95% 신뢰구간과 99% 신뢰구간을 각각 구하시오.

풀이 $\bar{x} = 19$, $\sigma^2 = 16$, $n = 25$이므로 표본평균 $\overline{X}$의 분산은 $\frac{\sigma^2}{n} = \frac{16}{25}$이고 $z_{0.025} = 1.96$이므로 95% 오차한계는

$$e = z_{0.025}\frac{\sigma}{\sqrt{25}} = 1.96\,\frac{4}{5} = 1.568$$

이다. 95% 신뢰구간은

$$19 \pm 1.568 = [17.432, 20.568]$$

이고 같은 방법으로 99% 오차한계와 신뢰구간은 각각 다음과 같다.

$$e = z_{0.005}\frac{\sigma}{\sqrt{25}} = 2.58\frac{4}{5} = 2.064, \quad 19 \pm 2.064 = [16.936, 21.064]$$

모평균과 모분산이 각각 μ, σ^2인 모집단에 대하여 표본의 크기 n이 클 때($n \ge 30$) 모집단의 분포에 상관없이 중심극한정리에 의해 $Z = \dfrac{\overline{X} - \mu}{\sigma / \sqrt{n}}$는 근사적으로 표준정규분포를 따른다.

$$Z = \frac{\overline{X} - \mu}{\sigma / \sqrt{n}} \approx N(0,1)$$

따라서 임의의 모집단에 대하여 모분산 σ^2이 알려져 있을 때 모평균 μ의 (근사)신뢰구간은 모집단이 정규분포를 따를 때와 같이 정의된다.

모평균 μ의 신뢰구간 : 모분산 σ^2이 알려진 모집단

$\overline{x}$: 크기 $n\,(n \ge 30)$인 확률표본의 표본평균 값

모평균 μ에 대한 $100(1-\alpha)\%$ 신뢰구간은 근사적으로 다음과 같다.

$$\mu = \overline{x} \pm z_{\alpha/2}\frac{\sigma}{\sqrt{n}} = \left[\overline{x} - z_{\alpha/2}\frac{\sigma}{\sqrt{n}},\ \overline{x} + z_{\alpha/2}\frac{\sigma}{\sqrt{n}}\right]$$

보기 2

모분산 σ^2이 8로 알려진 모집단에서 크기가 32인 표본을 추출한 결과가 다음과 같다.

5.7	5.1	6.2	6.4	5.6	5.2	5.1	5.5
5.0	5.5	7.3	5.2	4.9	5.2	5.5	5.7
5.4	5.2	7.2	6.8	5.8	5.2	5.3	7.0
6.0	5.8	7.8	6.2	5.9	4.9	6.5	5.5

(a) 모평균 μ에 대한 점추정값을 구하시오.

(b) 모평균 μ에 대한 90% 신뢰구간을 근사적으로 구하시오.

풀이 (a) 표본평균 $\overline{x} = 5.8$을 점추정값으로 사용한다.

(b) 90% 오차한계는 근사적으로 다음과 같다.

$$e = z_{0.05}\frac{\sigma}{\sqrt{32}} = 1.645\frac{2\sqrt{2}}{4\sqrt{2}} = 0.8225$$

따라서 90% 신뢰구간은 근사적으로 다음과 같다.

$$5.8 \pm 0.8225 = [4.9775, 6.6225]$$

6.2.3 표본의 크기

표본이 크면 표본평균의 유효성이 커지므로 더 좋은 추정량이 되지만 표본이 커지면 표본조사에 필요한 시간과 비용이 커진다. 따라서 필요로 하는 정확성 내에서 표본의 크기를 가능한 한 작게 하는 것이 필요하다. 모평균을 추정할 때 오차한계를 정해진 값 d보다 작아지도록 하는 표본의 크기를 구하여 보자. 모분산 σ^2이 알려진 경우 모평균 μ에 대한 $100(1-\alpha)\%$ 오차한계는

$$e = z_{\alpha/2}\frac{\sigma}{\sqrt{n}}$$

이다. 이 오차한계를 d보다 작아지게 하는 표본의 크기 n의 조건은 다음과 같다.

$$\begin{aligned} e = z_{\alpha/2}\frac{\sigma}{\sqrt{n}} < d \;&\Rightarrow\; z_{\alpha/2}\frac{\sigma}{d} < \sqrt{n} \\ &\Rightarrow\; n > \left(z_{\alpha/2}\frac{\sigma}{d}\right)^2 \end{aligned}$$

표본의 크기

모집단이 정규분포 $N(\mu, \sigma^2)$를 따르고 모분산 σ^2이 알려진 경우 모평균 μ에 대한 구간추정에서 오차한계가 d보다 작을 확률이 $100(1-\alpha)\%$인 표본의 크기 n은 다음 조건을 만족한다.

$$n > \left(z_{\alpha/2}\frac{\sigma}{d}\right)^2$$

모집단이 정규분포를 따르지 않더라도 신뢰구간이 점추정값에 대하여 대칭인 경우 표본의 크기를 결정하는 문제는 위와 동일한 방법으로 해결할 수 있다.

보기 3

모분산 σ^2이 8로 알려진 정규모집단에서 모평균에 대한 구간추정을 하려고 한다. 오차한계가 0.1보다 작아지게 하는 가장 작은 표본의 크기를 다음 신뢰수준에서 구하시오.

(a) 95% (b) 90%

풀이 (a) $z_{0.025} = 1.96$이므로 표본의 크기 n은 다음 부등식을 만족해야 한다.

$$n > \left(z_{\alpha/2}\frac{\sigma}{d}\right)^2 = \left(1.96\frac{\sqrt{8}}{0.1}\right)^2 = 3073.28$$

따라서 구하는 표본의 크기 n은 3074이다.

(b) $z_{0.05} = 1.645$이므로 표본의 크기 n은 다음 부등식을 만족해야 한다.

$$n > \left(z_{\alpha/2}\frac{\sigma}{d}\right)^2 = \left(1.645\frac{\sqrt{8}}{0.1}\right)^2 = 2164.82$$

따라서 구하는 표본의 크기 n은 2165이다.

연습문제 6.1 ~ 6.2 EXERCISES

01 $E(X_1) = E(X_2) = \mu$, $Var(X_1) = 2$, $Var(X_2) = 4$일 때

(a) $\hat{\mu} = aX_1 + bX_2$가 μ의 불편추정량이 될 조건을 구하시오.

(b) $\hat{\mu} = aX_1 + bX_2$가 불편추정량일 때 분산이 최소가 되는 상수 a를 구하고 이때 최소 분산을 구하시오.

02 $E(X_1) = \mu$, $E(X_2) = 2\mu$, $Var(X_1) = Var(X_2) = 4$일 때

(a) $\hat{\mu} = aX_1 + bX_2$가 μ의 불편추정량이 될 조건을 구하시오.

(b) $\hat{\mu} = aX_1 + bX_2$가 불편추정량일 때 분산이 최소가 되는 상수 a를 구하고 이때 최소 분산을 구하시오.

03 크기가 36인 표본을 조사하여 다음 결과를 얻었다.

$$\sum_{k=1}^{36} x_k = 19.8, \qquad \sum_{k=1}^{36} x_k^2 = 84.6$$

이 결과를 이용하여 모평균 μ와 모분산 σ^2을 점추정하시오.

04 브레이크를 밟았을 때 정지거리를 알아보기 위하여 같은 종류의 자동차 7대에 대하여 같은 조건에서 실험을 하여 다음 결과를 얻었다(단위 : m).

(a) 이 자동차의 평균정지거리에 대한 점추정값을 구하시오.

(b) 주행거리의 분산에 대한 점추정값을 구하시오.

32.3	29.5	33.2	31.4	28.7	28.4	30.5

05 균일분포 $U(0, \theta)$를 따르는 모집단에서 크기 n인 확률표본 $X_1, X_2, \cdots, X_n$을 추출하였다.

(a) $\hat{\theta} = 2\overline{X}$는 θ의 불편추정량임을 보이시오.

(b) $\hat{\theta}$의 표준오차를 구하시오.

06 균일분포 $U(0, \theta)$를 따르는 모집단에서 추출된 확률표본의 값이 다음과 같다.

19	2	4	12	11	5	10	17	9	15

(a) 모평균 μ에 대한 불편추정값을 구하시오.

(b) 모수 θ에 대한 불편추정값을 구하시오.

(c) 모분산에 대한 불편추정값을 구하시오.

07 푸아송 분포 $Poi(\lambda)$를 따르는 모집단에서 크기 n인 확률표본 $X_1, X_2, \cdots, X_n$을 추출하였다.

(a) $\hat{\mu} = \overline{X}$는 λ의 불편추정량임을 보이시오.

(b) $\hat{\mu}$의 표준오차를 구하시오.

08 6.1절의 보기 3에서 모집단의 알려지지 않은 분산이 σ^2일 때 $\hat{\mu}_1$과 $\hat{\mu}_2$의 유효성을 비교하시오.

09 모평균 μ와 모분산 σ^2이 알려지지 않은 모집단에서 크기가 m, n $(m < n)$인 표본의 표본평균을 $\overline{X}_m$, $\overline{X}_n$이라 할 때 어느 것이 더 유효한지 판단하시오.

◈ **(10 ~ 12)** 모수 θ에 대한 임의의 추정량 $\hat{\theta}$에 대하여 평균제곱오차(mean square error)는 다음과 같이 정의한다.

$$\mathrm{MSE}(\hat{\theta}) = E((\hat{\theta} - \theta)^2)$$

$\hat{\theta}$가 불편추정량이면 평균제곱오차는 $\hat{\theta}$의 분산과 같다. 편의추정량의 경우 평균제곱오차가 작을수록 바람직한 점추정량이다.

10 다음 식이 성립함을 보이시오.

$$\mathrm{MSE}(\hat{\theta}) = Var(\hat{\theta}) + (\mathrm{bias}(\hat{\theta}))^2$$

11 모평균 μ에 대한 점추정량 $\hat{\mu}_1$, $\hat{\mu}_2$, $\hat{\mu}_3$의 분포가 다음과 같을 때 평균제곱오차를 구하시오.

(a) $\hat{\mu}_1 \sim N(1.2\mu,\ 0.04\mu^2)$

(b) $\hat{\mu}_2 \sim N(0.7\mu,\ 0.01\mu^2)$

(c) $\hat{\mu}_3 \sim N(1.1\mu,\ 0.06\mu^2)$

12 문제 11에서 가장 바람직한 점추정량은 어느 것인가?

13 정규모집단 $N(\mu, 9)$에서 크기 $n = 36$인 확률표본을 사용할 때 다음 질문에 답하시오.

(a) 표본평균 $\overline{X}$의 표준오차를 구하시오.

(b) $\overline{X}$를 이용한 μ의 구간추정에서 95% 오차한계를 구하시오.

(c) $\overline{X}$를 이용한 μ의 구간추정에서 95% 신뢰구간의 길이를 구하시오.

14 모표준편차가 $\sigma = 5$인 모집단에서 100개의 표본을 추출하여 얻은 표본평균이 $\bar{x} = 10.9$이다. 주어진 신뢰수준으로 모평균 μ에 대한 신뢰구간을 구하시오.

(a) 99% (b) 95% (c) 90%

15 모표준편차가 $\sigma = 5$인 모집단에서 표본을 추출하여 얻은 표본평균이 $\bar{x} = 10.9$이다. 표본의 크기 n이 다음과 같을 때 모평균 μ에 대한 95% 신뢰구간을 구하시오.

(a) 36 (b) 64 (c) 81

16 평균에 대한 불편추정량 $\overline{X}$의 표준오차를 다음과 같이 줄이려면 표본의 크기를 몇 배로 늘려야 하는가?

(a) 원래의 $\frac{1}{2}$　　　　(b) 원래의 $\frac{1}{10}$

17 어떤 전자저울의 측정 오차는 평균이 0이고 표준편차는 $\sigma = 5\text{g}$인 정규분포를 따르는 확률변수이다. 동일한 물체를 6회 연속 측정한 결과가 다음과 같다(단위 : kg).

3.142	3.139	3.141	3.147	3.145	3.149

(a) 이 물체의 진짜 무게에 대한 점추정값을 구하시오.

(b) 이 물체의 진짜 무게에 대한 95% 신뢰구간을 구하시오.

18 $N(\mu, 10)$인 정규모집단에서 크기 40인 다음 표본을 얻었다. 이 표본을 이용하여

(a) 모평균 μ에 대한 점추정값을 구하시오.

(b) 모평균 μ에 대한 95% 신뢰구간을 구하시오.

22.30	20.97	23.66	19.62	18.06	13.26	27.24	24.61
20.88	19.07	26.98	25.05	17.51	16.20	28.26	13.55
27.38	21.53	16.12	24.31	22.32	19.08	30.98	25.05
25.05	18.74	18.63	21.06	16.77	25.76	15.98	25.11
18.69	21.19	21.68	24.68	22.38	16.62	23.25	20.19

19 심장박동장치의 커넥터의 길이는 모표준편차가 0.004(cm)인 정규분포를 따른다고 한다. 모평균을 추정하기 위하여 임의로 25개의 표본을 추출하여 길이를 측정한 결과 평균 0.97(cm)이었다. 모평균의 90% 신뢰구간을 구하시오.

20 모분산 σ^2이 알려진 모집단에서 모평균을 추정하기 위하여 121개의 표본을 추출하여 구한 신뢰구간이 $[\overline{X} - 0.15\sigma, \overline{X} + 0.15\sigma]$일 때 신뢰수준을 근사적으로 구하시오.

21 어떤 실험에서 생성되는 화학침전물의 양은 표준편차가 3 g인 정규분포를 따른다고 한다. 모평균에 대한 표본평균의 오차$(\overline{X} - \mu)$가 1.2 g 이하가 될 확률이 최소한 95%가 되도록 하려면 실험을 몇 번 이상 반복해야 하는가?

6.3 가설검정

6.3.1 통계적 가설

실험이나 조사를 수행한 연구자들은 자료로부터 모수를 추정할 수도 있지만 모수 추정 자체보다 이를 통하여 어떤 주장을 입증하길 원한다. 예를 들어 신약을 개발한 연구팀은 신약이 기존의 약보다 효과가 더 좋다고 주장할 것이며, 철근을 생산하는 생산자는 철근의 강도가 기준 이상이라고 주장하며, 어떤 여성학자는 여성과 남성 사이에 임금의 차이가 난다는 주장을 할 수 있다. 이러한 주장을 입증하기 위해서는 자료에 근거한 의사결정과정이 필요하다. 이때 주장은 **통계적 가설**(statistical hypothesis)로 기술할 수 있으며 자료에 근거하여 통계적 가설을 채택, 또는 기각하는 과정을 **가설검정**(hypothesis test)이라 한다.

통계적 가설은 주로 모집단의 특성을 나타내는 모수, 또는 두 개 이상인 모집단의 특성을 나타내는 모수들에 관한 주장이다. 이를 가설이라 부르는 이유는 이 주장이 참인지 거짓인지를 정확히 알 수 없기 때문이다. 통계적 가설의 진위 여부는 모집단 전체를 조사하기 전에는 100% 확실하게 알 수는 없다. 모집단 전체를 조사하면 가장 확실한 결과를 얻겠지만 대부분의 경우 모집단 전체를 조사하는 것은 현실적으로 불가능하다. 그 대신 모집단으로부터 확률표본을 추출하고, 통계적 가설을 뒷받침할 만한 충분한 근거가 있는지를 알아보는 가설검정을 실시한다.

가설검정은 **귀무가설**(null hypothesis) H_0와 **대립가설**(alternative hypothesis) H_1을 설정하는 것으로 시작한다. 귀무가설과 대립가설은 서로 상반되는 내용으로 이루어지는데 귀무가설 H_0을 **기각한다**(reject)는 것은 대립가설 H_1을 채택하는 것을 의미한다. 또한 귀무가설 H_0을 기각하지 않는다는 것은 대립가설 H_1을 채택하지 않는 것을 의미한다.
대립가설 H_1은 검정을 통해서 입증하고 싶은 주장을 나타내며 귀무가설 H_0은 대립가설 H_1을 무효화하는 주장이다. 일반적으로 대립가설 H_1은 '새로운 결과나 주장'을 나타내는 반면 귀무가설 H_0은 '현재 상태'를 나타낸다. 가설검정을 통해 분석자는 다음 두 결론 중 하나를 선택하게 된다.

- 표본으로부터 대립가설 H_1에 대한 충분한 근거 확보
  → 귀무가설 H_0 기각, 대립가설 H_1 채택
- 표본으로부터 대립가설 H_1에 대한 충분한 근거 확보하지 못함
  → 귀무가설 H_0 기각할 수 없음

두 번째 결론에서 '귀무가설 H_0 채택'이란 표현 대신 '귀무가설 H_0 기각할 수 없음'이란 표현을 사용한 것은 주목할 만하다. 예를 들어 법정에서의 가장 일반적인 귀무가설과 대립가설은 다음과 같다.

$$H_0 : \text{피고인은 무죄}, \quad H_1 : \text{피고인은 유죄}$$

피고인은 유죄가 의심스러워 기소되었지만 무죄추정의 원칙에 의하면 충분한 증거에 기반하여 H_1이 채택되기 전까지는 귀무가설 H_0는 그대로 유지된다. 이때 '귀무가설 H_0 기각할 수 없음'이란 표현은 피고인이 무죄라는 것을 의미하는 것이 아니라 유죄로 선고할 만한 충분한 증거가 없음을 의미한다. 따라서 판사는 H_0을 채택하는 것이 아니라 H_0을 기각하지 못하는 것이다.

보기 1

현재 판매되고 있는 A사 휴대폰 배터리의 지속시간은 평균 54시간인 정규분포를 따른다고 한다. A사는 새로 개발한 휴대폰 배터리가 기존의 것보다 지속시간이 더 길다고 주장한다. 이때 다음과 같은 A사의 주장을 대립가설로 설정한다.

'새로 개발된 휴대폰 배터리의 평균지속시간은 현재 판매되고 있는 배터리보다 길다.'

이 대립가설을 무효화하는 귀무가설은

'새로 개발된 휴대폰 배터리의 평균지속시간은 현재 판매되고 있는 배터리와 같다.'

또는

'새로 개발된 휴대폰 배터리의 평균지속시간은 현재 판매되고 있는 배터리보다 길지 않다.'

가 된다. 새로 개발된 휴대폰 배터리의 평균지속시간을 μ라 하면 대립가설 $\mu > 54$에 대하여 귀무가설 $\mu = 54$ 또는 $\mu \le 54$를 검정하는 것과 같으며 다음과 같이 나타낼 수 있다.

$$H_0 : \mu = 54 \quad H_1 : \mu > 54$$

또는

$$H_0 : \mu \le 54 \quad H_1 : \mu > 54$$

이때 새로운 배터리를 생산하려면 비용이 많이 들므로 경영자의 입장에서는 새로운 배터리의 지속시간이 기존의 것보다 길다는 확실한 근거가 있어야 새로운 제품을 생산하도록 정책을 정할 수 있다.

모수 θ에 대한 귀무가설이 $H_0 : \theta = \theta_0$의 형태이면 가설검정의 내용에 따라 대립가설은 다음과 같은 형태를 가질 수 있다.

$$H_1 : \theta < \theta_0, \quad H_1 : \theta \neq \theta_0, \quad H_1 : \theta > \theta_0$$

일반적으로 귀무가설은 다음과 같이 등호(=)를 포함하는 형태로 쓰고 대립가설은 등호(=)를 포함하지 않는 형태로 나타낸다.

$$H_0 : \theta \ge \theta_0, \quad H_1 : \theta < \theta_0$$
$$H_0 : \theta \le \theta_0, \quad H_1 : \theta > \theta_0$$

이때 귀무가설과 대립가설이

$$H_0 : \theta \ge \theta_0, \ H_1 : \theta < \theta_0 \ (\text{또는 } H_0 : \theta \le \theta_0, \ H_1 : \theta > \theta_0)$$

일 때 가설검정의 과정은

$$H_0 : \theta = \theta_0, \ H_1 : \theta < \theta_0 \ (\text{또는 } H_0 : \theta = \theta_0, \ H_1 : \theta > \theta_0)$$

일 때와 동일하다. 차이점은 귀무가설을 기각할 수 없을 때 내리는 결론에서 나타난다. 따라서 앞으로의 논의는 귀무가설이 $H_0 : \theta = \theta_0$인 경우를 기준으로 진행하기로 한다.

■ 기각역과 유의수준

가설검정에서 귀무가설과 대립가설을 세우고 나면 확률표본으로부터 판단의 기준이 되는 표본통계량을 정의하게 된다. 이 표본통계량을 **검정통계량**(test statistic)이라 한다. 귀무가설을 기각하게 하는 검정통계량의 영역을 **기각역**(critical region)이라 하고 기각역의 경계값을 **임계값**(critical value)이라 한다.

가설검정의 결과는 귀무가설이 참일 때 이를 기각하거나 기각하지 않는 두 가지 경우가 있고 귀무가설이 거짓일 때도 이를 기각하거나 기각하지 않는 두 가지 경우가 있다. 따라서 가설검정에는 다음 표에서 볼 수 있듯이 두 가지 오류가 존재한다. 귀무가설이 참일 때 이를 기각하는 오류를 **제1종 오류**(type 1 error)라 하고 귀무가설이 거짓일 때 이를 기각하지 않는 오류를 **제2종 오류**(type 2 error)라 한다.

	H_0가 참	H_0가 거짓
H_0 기각	제1종 오류	옳은 결정
H_0 기각하지 않음	옳은 결정	제2종 오류

제1종 오류를 범할 확률을 **유의수준**(significance level)이라 하며 α로 나타낸다.

$$\alpha = P(H_0 : \text{기각} \mid H_0 : \text{참})$$

유의수준 α는 0.1, 0.05, 0.01 등을 많이 사용하는데 이는 구간추정에서 사용하는 신뢰수준 90%, 95%, 99%와 비교할 수 있다. 제2종 오류를 범할 확률은 β로 나타낸다.

$$\beta = P(H_0 : \text{기각하지 않음} \mid H_0 : \text{거짓})$$

가설검정의 용어

대립가설: 표본으로부터 입증하고자 하는 주장

귀무가설: 대립가설에 대한 확실한 근거가 없을 때 받아들이는 가설

검정통계량: 검정에 사용하는 통계량

기각역: 귀무가설을 기각하는 검정통계량의 값의 범위

임계값: 기각역의 경계값

유의수준: 귀무가설이 참일 때 이를 기각하는 확률, 제1종 오류의 확률

제1종 오류의 확률 α와 제2종 오류 확률 β를 동시에 줄일 수 있으면 좋겠지만 표본의 크기가 같을 때 두 종류의 오류가 일어날 확률은 반대로 움직인다. 다시 말해서 제1종 오류의 확률(유의수준 α)이 작아지면 제2종 오류의 확률은 커지고 제2종 오류의 확률이 작아지면 제1종 오류의 확률은 커진다. 다행스럽게도 두 오류의 확률은 모두 표본의 크기를 크게 하면 감소한다. 일반적으로 가설검정에서는 유의수준 α를 고정시키고 제2종 오류의 확률을 최소화하는 방법을 사용한다.

6.3.2 양쪽검정, 한쪽검정

귀무가설 H_0에 대하여 대립가설 H_1이

$$H_1 : \theta < \theta_0, \quad H_1 : \theta > \theta_0$$

처럼 한쪽(one-tailed)으로 주어질 때 가설검정을 한쪽검정(one-tailed test)이라 한다. 대립가설이 $H_1 : \theta \neq \theta_0$이면 양쪽검정(two-tailed test)이라 한다.

$$\text{(오른쪽) 한쪽검정} : H_0 : \theta = \theta_0, \; H_1 : \theta > \theta_0$$

$$\text{(왼쪽) 한쪽검정} : H_0 : \theta = \theta_0, \; H_1 : \theta < \theta_0$$

$$\text{양쪽검정} : H_0 : \theta = \theta_0, \; H_1 : \theta \neq \theta_0$$

가설검정을 할 때 양쪽검정을 할 것인지 한쪽검정을 할 것인지는 귀무가설을 기각할 때 내려지는 결론에 의하여 결정된다.

보기 2

(a) 신약의 약효가 기존의 약보다 우수하다는 대립가설에 대하여 신약의 약효는 기존의 것과 차이가 없다는 귀무가설을 가정하자. 신약의 약효의 평균값을 θ, 기존의 약의 약효를 θ_0라 하면 대립가설은

$$H_1 : \theta > \theta_0$$

이므로 (오른쪽) 한쪽검정이다. 이때 귀무가설은 $H_0 : \theta = \theta_0$이다.

(b) 두 공장 A, B에서 같은 제품을 만들 때 두 공장의 불량률 p_A, p_B를 비교하는 경우 대립가설은 A의 불량률이 B의 불량률보다 낮거나 높을 수 있으므로 한쪽검정보다 다음과 같은 양쪽검정이 적합하다.

$$H_1 : p_A \neq p_B$$

이때 귀무가설은 $H_0 : p_A = p_B$이다.

대립가설에 대한 확실한 근거가 있을 때 귀무가설을 기각하므로 기각역은 대립가설과 같은 형태를 가진다. 유의수준이 α, 검정통계량을 $\hat{\theta}$라 하자.

대립가설이 $H_1 : \theta > \theta_0$인 한쪽검정인 경우 기각역은 오른쪽 꼬리 형태이며 임계값 오른쪽에 해당하는 영역 $\hat{\theta} > c$이다. 이때 c는 $P(\hat{\theta} > c) = \alpha$인 값이다.

대립가설이 $H_1 : \theta < \theta_0$인 한쪽검정인 경우 기각역은 왼쪽 꼬리 형태로 임계값 왼쪽에 해당하는 영역 $\hat{\theta} < c$이다. 이때 c는 $P(\hat{\theta} < c) = \alpha$인 값이다.

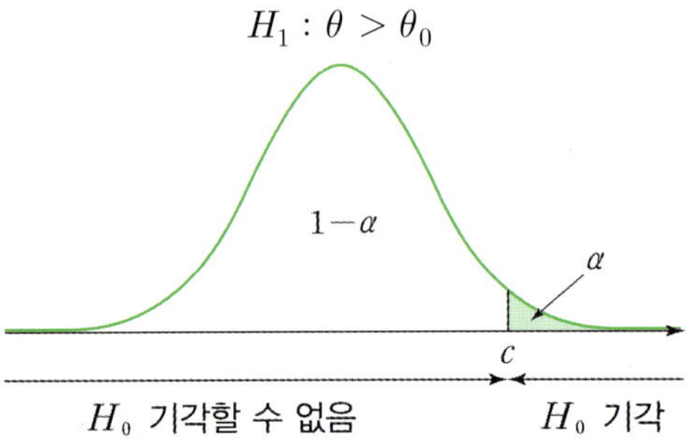

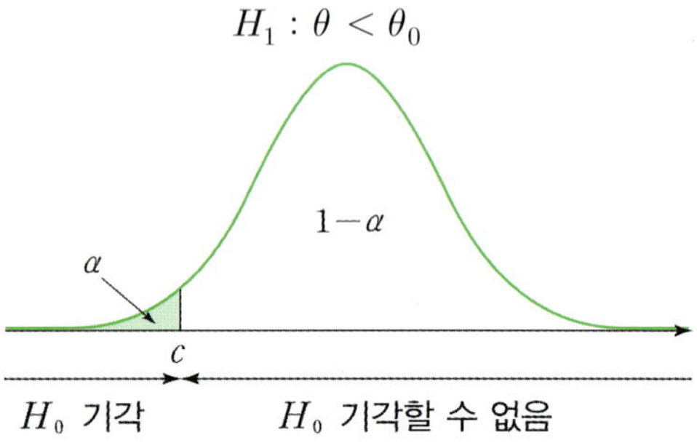

대립가설이 $H_1 : \theta \neq \theta_0$인 양쪽검정인 경우 기각역은 오른쪽 꼬리와 왼쪽 꼬리의 합집합으로 왼쪽 꼬리 영역 $\hat{\theta} < c_1$과 오른쪽 꼬리 영역 $\hat{\theta} > c_2$를 합한 것이다. 이때 c_1, c_2는 $P(\hat{\theta} < c_1) = \frac{\alpha}{2}$, $P(\hat{\theta} > c_2) = \frac{\alpha}{2}$을 만족하는 값이다.

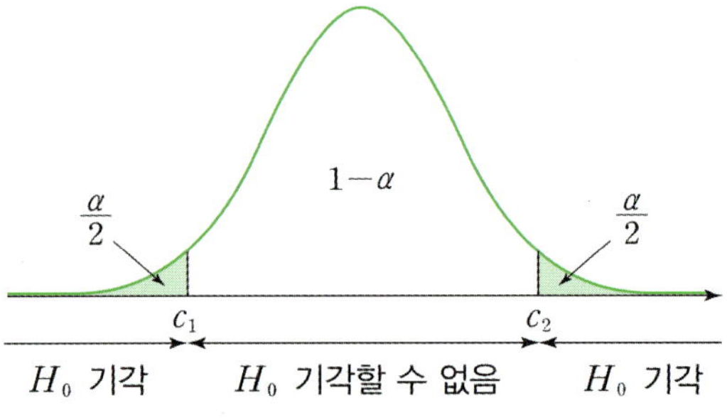

귀무가설 $H_0 : \theta = \theta_0$의 기각역

검정통계량 : $\hat{\theta}$, 유의수준 : α

대립가설	$H_1 : \theta \neq \theta_0$	$H_1 : \theta > \theta_0$	$H_1 : \theta < \theta_0$
기각역	$\hat{\theta} < c_1$ 또는 $\hat{\theta} > c_2$	$\hat{\theta} > c$	$\hat{\theta} < c$
	$P(\hat{\theta} < c_1) = P(\hat{\theta} > c_2) = \frac{\alpha}{2}$	$P(\hat{\theta} > c) = \alpha$	$P(\hat{\theta} < c) = \alpha$

보기 3

바른 먹거리 실천협회는 편의점에서 판매하는 도시락의 나트륨 함량이 WHO의 하루 나트륨 섭취 권고량(2,000 mg)의 30%인 600 mg을 넘는다고 주장한다. 이 주장을 검증하기 위하여 n개의 확률표본을 추출하였을 때 귀무가설과 대립가설을 설정하고 유의수준 α에서 기각역의 형태를 설명하시오.

풀이 바른 먹거리 실천협회의 주장은 나트륨의 평균 μ가 600보다 많아야만 채택되므로 이 주장을 검정하기 위하여 귀무가설과 대립가설을 다음과 같이 설정한다.

$$H_0 : \mu = 600, \quad H_1 : \mu > 600$$

검정을 실시한 결과 귀무가설 H_0을 기각하지 못하는 경우 모평균은 600보다 작은 값일 가능성을 배제할 수 없다. 이 검정은 오른쪽 한쪽검정이므로 검정통계량 $\overline{X}$의 값이 클 때 귀무가설을 기각(대립가설을 채택)한다. 따라서 기각역은 검정통계량 $\overline{X}$의 분포의 오른쪽 꼬리에 위치하고 있음을 알 수 있다. 다시 말해서 기각역은 $\overline{X} > c$의 형태이고 이때

$$P(\overline{X} > c) = \alpha$$

이다.

보기 4

어떤 정치학자는 성별로 개헌에 대한 입장 차이가 있다고 주장한다. 남성의 찬성비율을 p_1, 여성의 찬성비율을 p_2라 하자. 이 주장을 검증하기 위한 가설검정에서 귀무가설과 대립가설을 설정하고 유의수준 α에서 기각역의 형태를 설명하시오.

풀이 남성의 찬성비율 p_1과 여성의 찬성비율 p_2가 다르면 주장을 채택한다. 따라서 이 주장을 검정하기 위한 귀무가설과 대립가설은 다음과 같다.

$$H_0 : p_1 = p_2, \quad H_1 : p_1 \neq p_2$$

또는

$$H_0 : p_1 - p_2 = 0, \quad H_1 : p_1 - p_2 \neq 0$$

표본 중 남성과 여성이 각각 n, m명, 개헌에 찬성하는 인원이 각각 X, Y라 할 때 남성의

표본비율은 $\hat{p}_1 = \dfrac{X}{n}$, 여성의 표본비율은 $\hat{p}_2 = \dfrac{Y}{m}$이므로 모수 $p_1 - p_2$의 검정통계량은

$$\hat{p}_1 - \hat{p}_2 = \frac{X}{n} - \frac{Y}{m}$$

을 사용한다. $\dfrac{X}{n} - \dfrac{Y}{m}$의 값이 0보다 많이 크거나 0보다 많이 작은 경우 귀무가설은 기각된다. 다시 말해서 기각역은 $\dfrac{X}{n} - \dfrac{Y}{m}$ 분포의 양쪽 꼬리에 해당한다.

$$\frac{X}{n} - \frac{Y}{m} < c_1, \quad \frac{X}{n} - \frac{Y}{m} > c_2$$

이때 c_1, c_2는 $P\left(\dfrac{X}{n} - \dfrac{Y}{m} < c_1\right) = \dfrac{\alpha}{2}$, $P\left(\dfrac{X}{n} - \dfrac{Y}{m} > c_2\right) = \dfrac{\alpha}{2}$인 값이다.

일반적으로 가설검정은 다음과 같은 단계를 거쳐 수행할 수 있다.

유의수준 α인 가설검정 과정

1. 가설 설정 : 귀무가설 H_0와 대립가설 H_1을 설정한다.
2. 검정통계량 : 확률표본으로부터 적절한 검정통계량을 정의하고 검정통계량의 분포를 결정한다.
3. 기각역 : 유의수준 α에 대한 검정통계량의 기각역을 구한다.
4. 검정통계량의 값 : 표본으로부터 검정통계량의 값을 구한다.
5. 결론 : 검정통계량의 값이 기각역에 있으면 귀무가설을 기각하고 기각역에 있지 않으면 귀무가설을 기각할 수 없다.

6.4 단일 모평균의 검정: 모분산을 아는 정규모집단

모집단이 평균 μ, 분산 $\sigma^2 > 0$인 정규분포를 따를 때 귀무가설이 다음과 같은 모평균의 검정을 살펴보자.

$$H_0 : \mu = \mu_0$$

모집단으로부터 추출한 크기 n인 확률표본 $X_1, X_2, \cdots, X_n$의 표본평균을 $\overline{X}$라 하자. 귀무가설이 참이면 다음과 같이 표준화된 변수 Z는 표준정규분포를 따른다.

$$Z = \frac{\overline{X} - \mu_0}{\sigma/\sqrt{n}} \sim N(0,1)$$

모분산을 알 때 모평균의 검정은 Z를 검정통계량으로 사용하며 표준정규분포를 따르는 **Z-통계량**을 사용하는 검정을 **Z-검정**이라 한다.

6.4.1 양쪽검정

대립가설이 $H_1 : \mu \neq \mu_0$이라 하자. 유의수준 α는 제1종 오류의 확률

$$\alpha = P(H_0 \text{ 기각} \mid H_0 \text{ 참})$$

이고 두 임계값을 $c_1 < c_2$라 하면 기각역의 형태는

$$\overline{X} < c_1 \quad \text{또는} \quad \overline{X} > c_2$$

이고 다음 식이 성립한다.

$$P(\overline{X} < c_1) = P(\overline{X} > c_2) = \frac{\alpha}{2}$$

귀무가설 $H_0 : \mu = \mu_0$가 참이면 $\dfrac{\overline{X} - \mu_0}{\sigma/\sqrt{n}}$은 표준정규분포를 따르므로

$$\frac{\alpha}{2} = P(\overline{X} < c_1) = P\left(\frac{\overline{X} - \mu_0}{\sigma/\sqrt{n}} < \frac{c_1 - \mu_0}{\sigma/\sqrt{n}}\right) = P(Z < -z_{\alpha/2})$$

$$\frac{\alpha}{2} = P(\overline{X} > c_2) = P\left(\frac{\overline{X} - \mu_0}{\sigma/\sqrt{n}} > \frac{c_2 - \mu_0}{\sigma/\sqrt{n}}\right) = P(Z > z_{\alpha/2})$$

으로부터 기각역 R은 다음과 같다.

$$R : Z > z_{\alpha/2} \quad \text{또는} \quad Z < -z_{\alpha/2}$$

표본으로부터 구한 표본평균의 값이 $\overline{x}$일 때 $z_0 = \dfrac{\overline{x} - \mu_0}{\sigma/\sqrt{n}}$이라 하면

$$z_0 > z_{\alpha/2} \quad \text{또는} \quad z_0 < -z_{\alpha/2}$$

이면 귀무가설 H_0을 기각하고 대립가설 $H_1 : \mu \neq \mu_0$을 채택한다.

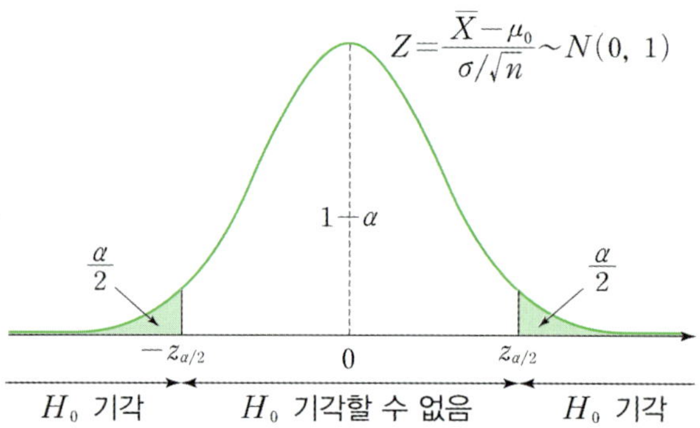

z_0을 기준으로 한 기각역

$\dfrac{c_2 - \mu_0}{\sigma/\sqrt{n}} = z_{\alpha/2}$ 또는 $c_2 = \mu_0 + z_{\alpha/2}\dfrac{\sigma}{\sqrt{n}}$이고 $c_1 = \mu_0 - z_{\alpha/2}\dfrac{\sigma}{\sqrt{n}}$이므로 기각역을 표본평균 $\overline{X}$를 이용하여 나타내면 다음과 같다.

$$\overline{X} > \mu_0 + z_{\alpha/2}\frac{\sigma}{\sqrt{n}} \quad \text{또는} \quad \overline{X} < \mu_0 - z_{\alpha/2}\frac{\sigma}{\sqrt{n}}$$

표본으로부터 구한 표본평균의 값이 $\overline{x}$일 때$\left(z_0 = \dfrac{\overline{x} - \mu_0}{\sigma/\sqrt{n}}\right)$

$$\overline{x} > \mu_0 + z_{\alpha/2}\frac{\sigma}{\sqrt{n}} \quad \text{또는} \quad \overline{x} < \mu_0 - z_{\alpha/2}\frac{\sigma}{\sqrt{n}}$$

이면 귀무가설 H_0을 기각하고 대립가설 $H_1 : \mu \neq \mu_0$을 채택한다.

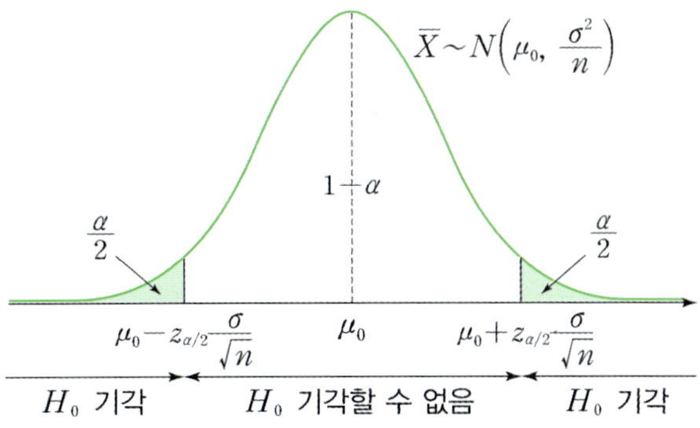

$\overline{x}$를 기준으로 한 기각역

보기 1

모분산이 $\sigma^2 = 10$인 정규모집단의 모평균 μ에 대하여 귀무가설과 대립가설이 다음과 같이 설정되었다.

$$H_0 : \mu = 17, \quad H_1 : \mu \neq 17$$

크기 40인 표본을 추출하여 조사한 결과 표본평균의 값이 $\overline{x} = 16.1$이었다. 유의수준이 다음과 같을 때 가설검정을 하시오.

(a) $\alpha = 0.05$ (b) $\alpha = 0.1$

풀이 귀무가설 $H_0 : \mu = 17$이 참일 때 모집단은 모평균 17, 모분산 10인 정규분포를 따르므로 Z-통계량은 다음과 같다.

$$Z = \frac{\overline{X} - 17}{\sqrt{10} / \sqrt{40}} = 2(\overline{X} - 17) \sim N(0,1)$$

(a) 양쪽검정이므로 유의수준 $\alpha = 0.05$에서 기각역은

$$|Z| > z_{0.025} = 1.96$$

이다. 표본으로부터 얻은 Z-값은

$$z_0 = \frac{\overline{x} - \mu_0}{\sigma / \sqrt{n}} = 2(16.1 - 17) = 2 \cdot (-0.9) = -1.8$$

이고

$$|z_0| = |-1.8| = 1.8 < z_{0.025} = 1.96$$

이다. 이 값은 기각역에 속하지 않으므로 유의수준 $\alpha = 0.05$에서 귀무가설을 기각할 수 없다.

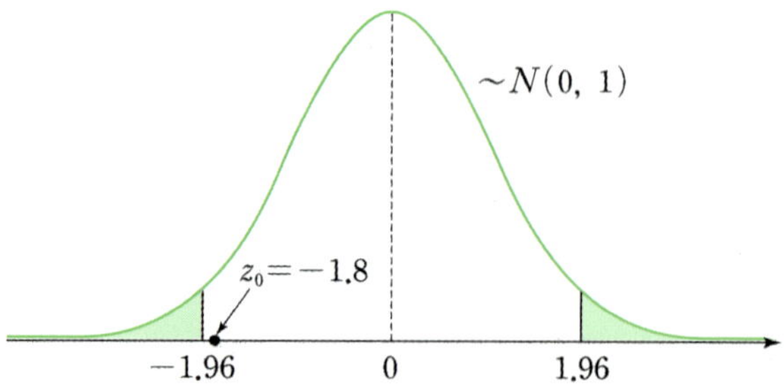

(b) 유의수준 $\alpha = 0.1$에서 기각역은

$$|Z| > z_{0.05} = 1.645$$

이다. 표본으로부터 얻은 Z-값은

$$|z_0| = |-1.8| = 1.8 > z_{0.05} = 1.645$$

이고 이 값은 기각역에 속하므로 유의수준 $\alpha = 0.1$에서 귀무가설을 기각한다.

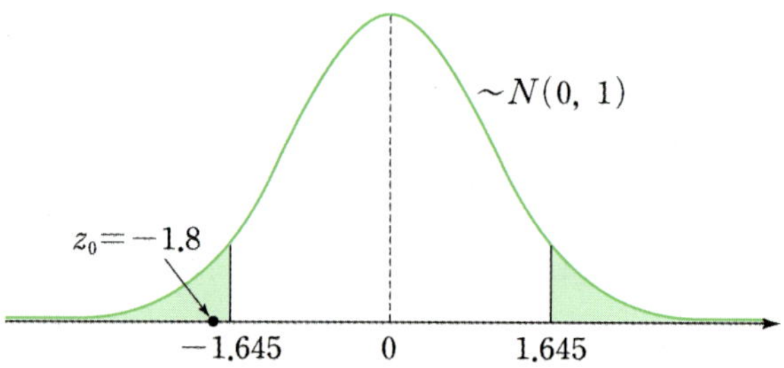

6.4.2 한쪽검정

양쪽검정과 같은 방법으로 대립가설이 $H_1 : \mu > \mu_0$일 때 기각역은 다음과 같다.

$$Z > z_\alpha \quad (\text{또는 } \overline{X} > \mu_0 + z_\alpha \frac{\sigma}{\sqrt{n}})$$

또한 대립가설이 $H_1 : \mu < \mu_0$일 때 기각역을 구하면 다음과 같다.

$$R : Z < -z_\alpha \quad (\text{또는 } \overline{X} < \mu_0 - z_\alpha \frac{\sigma}{\sqrt{n}})$$

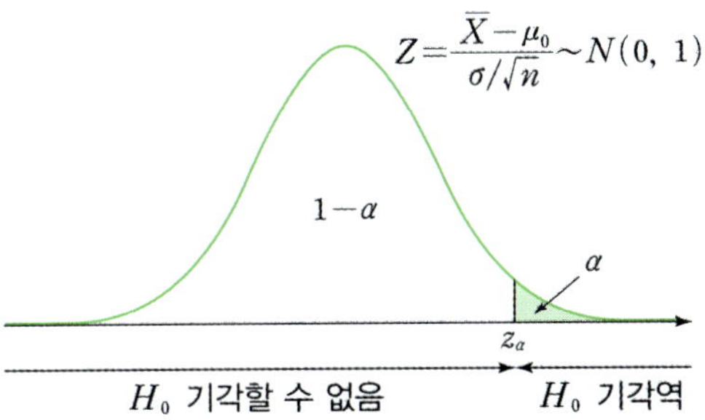

$H_1 : \mu > \mu_0$**일 때의 기각역**

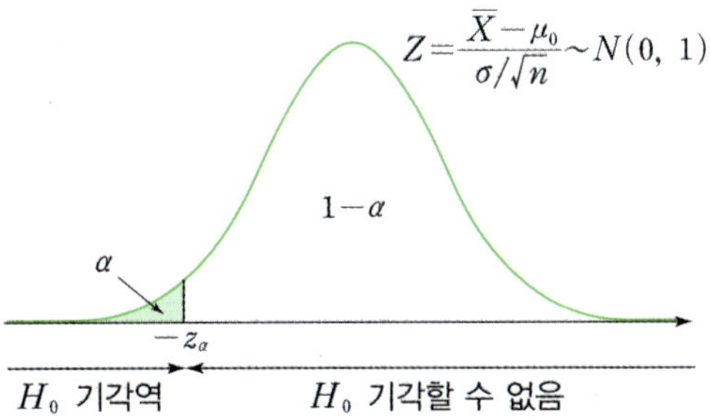

$H_1 : \mu < \mu_0$**일 때의 기각역**

보기 2

모분산이 4인 정규모집단의 모평균 μ에 대하여 귀무가설과 대립가설이 다음과 같이 설정되었다.

$$H_0 : \mu = 15, \quad H_1 : \mu > 15$$

크기 9인 표본을 추출하여 조사한 결과 표본평균의 값이 $\overline{x} = 16.4$이었다. 유의수준이 다음과 같을 때 가설검정을 하시오.

(a) $\alpha = 0.05$ (b) $\alpha = 0.01$

풀이 귀무가설 $H_0 : \mu = 15$가 참이면 모집단은 모평균 15, 모분산 4인 정규분포를 따르므로 Z-통계량은 다음과 같다.

$$Z = \frac{\overline{X}-15}{2/\sqrt{9}} = \frac{3}{2}(\overline{X}-15) \sim N(0,1)$$

(a) 오른쪽 한쪽검정이므로 유의수준 $\alpha = 0.05$에서 기각역은 다음과 같다.

$$Z > z_{0.05} = 1.645$$

표본으로부터 얻은 Z-통계량의 값은 다음과 같다.

$$z_0 = \frac{\overline{x}-\mu_0}{\sigma/\sqrt{n}} = \frac{16.4-15}{2/\sqrt{9}} = \frac{3}{2} \cdot 1.4 = 2.1 > z_{0.05} = 1.645$$

Z-통계량의 값이 기각역에 속하므로 유의수준 $\alpha = 0.05$에서 귀무가설을 기각한다.

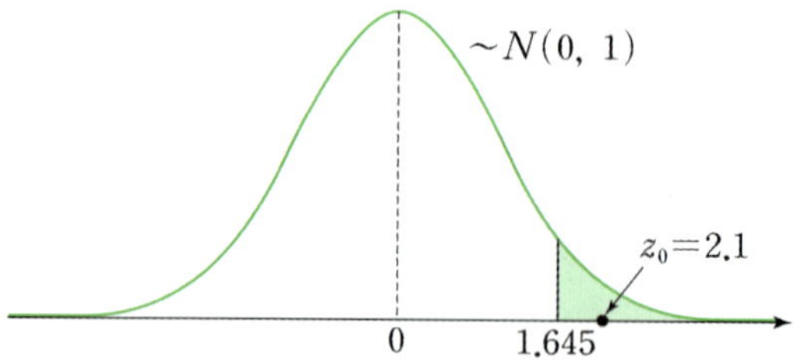

(b) 오른쪽 한쪽검정이므로 유의수준 $\alpha = 0.01$에서 기각역은

$$Z > z_{0.01} = 2.33$$

이다. 표본으로부터 얻은 Z-값은

$$z_0 = 2.1 < z_{0.01} = 2.33$$

이므로 유의수준 $\alpha = 0.01$에서 귀무가설을 기각할 수 없다.

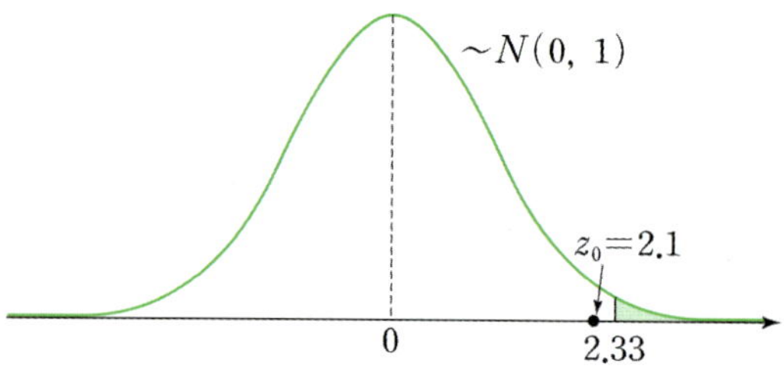

σ^2이 알려진 정규모집단의 모평균에 대한 가설검정을 정리하면 다음과 같다.

$H_0 : \mu = \mu_0$의 검정 : σ^2이 알려진 정규모집단

유의수준 : α, 표본의 크기 : n

검정통계량 $Z = \dfrac{\overline{X} - \mu_0}{\sigma / \sqrt{n}} \sim N(0,1)$

$\overline{x}$: 표본으로부터 구한 표본평균의 값

$z_0 = \dfrac{\overline{x} - \mu_0}{\sigma / \sqrt{n}}$: 표본으로부터 구한 검정통계량의 값

대립가설	$H_1 : \mu > \mu_0$	$H_1 : \mu < \mu_0$	$H_1 : \mu \neq \mu_0$
기각역	$Z > z_\alpha$	$Z < -z_\alpha$	$\lvert Z \rvert > z_{\alpha/2}$
H_0 기각	$z_0 > z_\alpha$	$z_0 < -z_\alpha$	$\lvert z_0 \rvert > z_{\alpha/2}$

6.4.3 p-값(유의확률)의 이용

귀무가설 H_0을 기각하느냐 마느냐는 기각역에 따라 결정된다. 보기 1, 보기 2에서 보았듯이 가설검정에서 같은 검정통계량의 값이라도 유의수준에 따라 다른 결론을 내릴 수 있다.

보기 3

한쪽검정 $H_0 : \theta = \theta_0$, $H_1 : \theta > \theta_0$에서 H_0가 참이라는 가정 아래 검정통계량 Z가 표준정규분포를 따른다고 하자. 표본으로부터 구한 검정통계량의 값이 $z_0 = 2.0$일 때

(a) 유의수준이 $\alpha = 0.05$, $\alpha = 0.01$일 때 각각 어떤 결론을 내릴 수 있는가?

(b) 귀무가설을 기각할 수 있는 유의수준의 범위를 구하시오.

풀이 z_α를 표준정규분포에서 오른쪽 꼬리 확률이 α인 z-값이라 하자.

$$P(Z > z_\alpha) = \alpha$$

(a) $z_{0.05} = 1.645$, $z_{0.01} = 2.33$이므로 유의수준이 $\alpha = 0.05$, $\alpha = 0.01$일 때 기각역은 각각

$$Z > 1.645 = z_{0.05}, \quad Z > 2.33 = z_{0.01}$$

이다.

$$z_{0.05} = 1.645 < z_0 = 2.0 < z_{0.01} = 2.33$$

이므로 유의수준 $\alpha = 0.05$에서 z_0은 기각역에 들어가므로 귀무가설을 기각하지만 유의수준이 $\alpha = 0.01$이면 z_0은 기각역에 들어가지 않으므로 귀무가설을 기각할 수 없다.

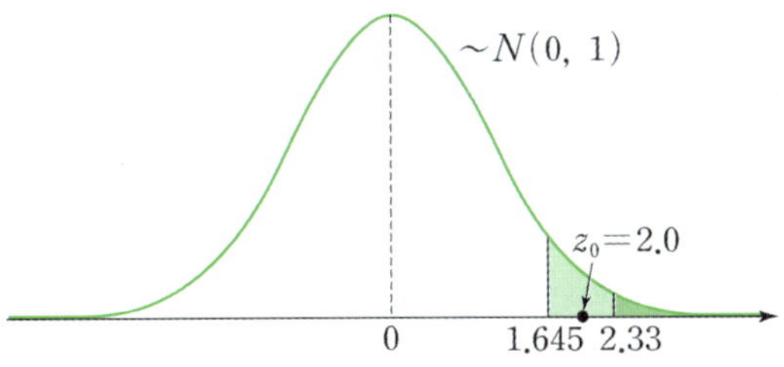

(b) 유의수준 α에서 귀무가설을 기각한다면 $z_0 = 2.0 > z_\alpha$이다. $z_{\alpha_1} > z_{\alpha_2}$이면 $\alpha_1 < \alpha_2$이므로

$$P(Z > 2.0) = 0.0228, \quad P(Z > z_\alpha) = \alpha$$

에서 다음 부등식을 얻는다.

$$0.0228 < \alpha$$

따라서 유의수준이 $\alpha > 0.0228$이면 귀무가설을 기각하지만 $\alpha < 0.0228$이면 귀무가설을 기각할 수 없다. 예를 들어 유의수준 $\alpha = 0.04$ 또는 $\alpha = 0.03$에서는 귀무가설을 기각하지만 유의수준이 $\alpha = 0.02$ 또는 $\alpha = 0.015$이면 귀무가설을 기각할 수 없다.

보기 3에서 검정통계량의 값 $z_0 = 2$에 의하여 결정되는 확률

$$0.0228 = P(Z \geq z_0)$$

는 유의수준 α가 0.0228보다 크면 귀무가설을 기각하고 작으면 귀무가설을 기각할 수 없는 기준값이다. 이처럼 귀무가설을 기각할 수 있는 유의수준 범위의 경계값을 p-값 또는 **유의확률**이라 부른다. p-값이 유의수준보다 작으면 귀무가설을 기각하고 유의수준보다 크면 귀무가설을 기각할 수 없다. 다시 말해서 p-값은 귀무가설을 기각할 수 있는 유의수준의 최솟값이다.

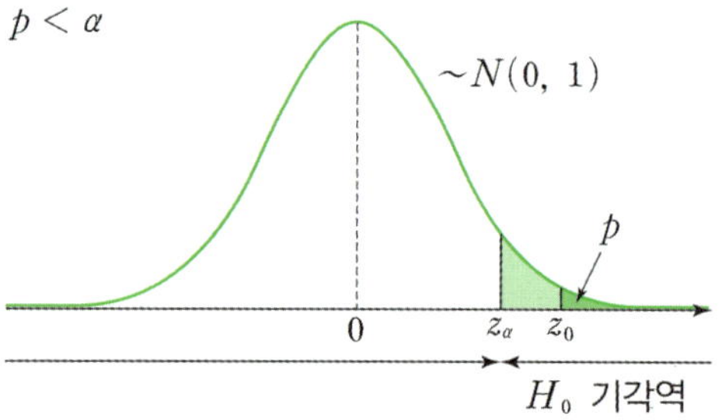

귀무가설 기각

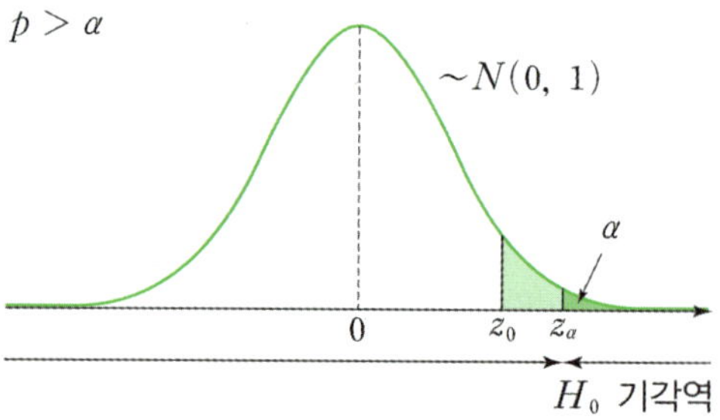

귀무가설 기각할 수 없음

p-값(유의확률)의 정의

귀무가설을 기각할 수 있는 유의수준 범위의 경계값을 p-값이라 한다.

유의수준이 α일 때

- $p < \alpha$이면 귀무가설을 기각하고
- $p > \alpha$이면 귀무가설을 기각할 수 없다.

검정통계량이 $\hat{\theta}$, 표본에서 구한 검정통계량의 값이 θ_1이면 p-값은 다음과 같다.

귀무가설	$\theta = \theta_0$		
대립가설	$\theta \neq \theta_0$	$H_1 : \theta > \theta_0$	$H_1 : \theta < \theta_0$
p-값	$P(\lvert\hat{\theta}\rvert > \lvert\theta_1\rvert)$	$P(\hat{\theta} > \theta_1)$	$P(\hat{\theta} < \theta_1)$

보기 4

보기 3에서

$$\alpha = 0.05 > p = 0.0228$$

이므로 유의수준 $\alpha = 0.05$에서 귀무가설을 기각하고

$$\alpha = 0.01 < p = 0.0228$$

이므로 유의수준 $\alpha = 0.01$에서 귀무가설을 기각할 수 없다.

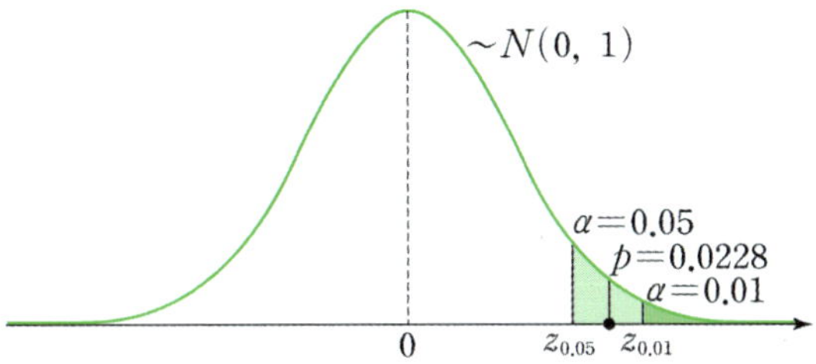

또한 유의수준이 $\alpha = 0.03$이면 귀무가설을 기각하고 $\alpha = 0.02$이면 귀무가설을 기각할 수 없다.

p-값을 이용한 가설검정은 다음과 같은 단계를 거쳐 실행할 수 있다.

p-값을 이용한 가설검정 과정 (유의수준 α)

1. 가설 설정: 귀무가설 H_0와 대립가설 H_1을 설정한다.
2. 검정통계량: 적절한 검정통계량 $\hat{\theta}$을 정의하고 검정통계량의 분포를 결정한다.
3. 검정통계량의 값: 표본으로부터 검정통계량의 값 θ_1을 구한다.
4. 검정통계량의 값을 이용하여 p-값을 구한다.
5. 결론: $p < \alpha$이면 귀무가설을 기각하고 $p > \alpha$이면 귀무가설을 기각할 수 없다.

귀무가설	$\theta = \theta_0$		
대립가설	$\theta \neq \theta_0$	$H_1 : \theta > \theta_0$	$H_1 : \theta < \theta_0$
p-값	$P(\lvert\hat{\theta}\rvert > \lvert\theta_1\rvert)$	$P(\hat{\theta} > \theta_1)$	$P(\hat{\theta} < \theta_1)$
H_0 기각	p-값 $< \alpha$일 때		

보기 5

양쪽검정 $H_0 : \theta = \theta_0$, $H_1 : \theta \neq \theta_0$에서 H_0가 참이라는 가정 아래 검정통계량 Z가 표준정규분포를 따른다고 하자. 표본으로부터 구한 검정통계량의 값이 $z_0 = 2.0$일 때 p-값을 구하고 이를 이용하여 유의수준이 $\alpha = 0.06$, $\alpha = 0.03$일 때 가설검정을 하시오.

풀이 양쪽검정에 대한 p-값의 정의로부터 다음 값을 얻는다.

$$p = P(|Z| > 2.0) = 2P(Z > 2.0) = 2(1 - P(Z < 2.0))$$
$$= 2 \cdot 0.0228 = 0.0456$$

$\alpha = 0.06 > 0.0456 = p$이므로 유의수준 $\alpha = 0.06$에서 귀무가설을 기각한다. 그러나 $\alpha = 0.03 < 0.0456 = p$이므로 유의수준 $\alpha = 0.03$에서는 귀무가설을 기각할 수 없다.

6.4.4 구간추정과 가설검정

모평균에 대한 (양쪽)가설검정은 구간추정과 밀접한 관계에 있다. 가설검정의 유의수준 α는 구간추정의 신뢰수준 $100(1-\alpha)\%$에 대응되는 개념이고 구간추정과 가설검정에 사용하는 통계량은 동일하다. 예를 들어, 모분산 σ^2이 알려진 정규모집단의 모평균 μ에 대하여 신뢰구간과 가설검정에는 Z-통계량

$$Z = \frac{\overline{X} - \mu}{\sigma / \sqrt{n}}$$

을 사용한다. 이때 모평균 μ에 대한 $100(1-\alpha)\%$ 신뢰구간은 다음과 같다.

$$\overline{x} - z_{\alpha/2}\frac{\sigma}{\sqrt{n}} \leq \mu \leq \overline{x} + z_{\alpha/2}\frac{\sigma}{\sqrt{n}}$$

유의수준 α에서 귀무가설 $H_0 : \mu = \mu_0$에 대한 대립가설 $H_1 : \mu \neq \mu_0$을 검정하는 문제를 살펴보자. 크기가 n인 표본의 표본평균이 $\overline{x}$일 때

$$-z_{\alpha/2} \leq \frac{\overline{x} - \mu_0}{\sigma / \sqrt{n}} \leq z_{\alpha/2}$$

이면 귀무가설을 기각할 수 없다. 이 부등식은 다음과 같이 바꾸어 쓸 수 있다.

$$\overline{x} - z_{\alpha/2}\frac{\sigma}{\sqrt{n}} \leq \mu_0 \leq \overline{x} + z_{\alpha/2}\frac{\sigma}{\sqrt{n}}$$

따라서 귀무가설에서 주장하는 평균 μ_0가 모평균 μ에 대한 $100(1-\alpha)\%$ 신뢰구간에 들어가면 귀무가설을 기각할 수 없고 신뢰구간에 들어가지 않으면 귀무가설을 기각한다.

이 같은 가설검정과 구간추정의 관계는 모분산을 모르는 경우의 모평균, 두 모평균의 차이, 모분산 등에도 똑같이 성립한다.

구간추정과 가설검정

모수 θ의 $100(1-\alpha)\%$ 신뢰구간: $[\ell, u]$

유의수준 α인 가설검정: $H_0 : \theta = \theta_0,\ H_1 : \theta \neq \theta_0$

$\theta_0 \notin [\ell, u] \Leftrightarrow H_0 : \theta = \theta_0$ 기각

보기 6

모분산이 $\sigma^2 = 9$인 정규모집단에서 모평균 μ를 추정하기 위하여 25개의 표본을 추출하여 표본평균 $\bar{x} = 19$를 얻었다.

(a) 모평균에 대한 95% 신뢰구간을 구하시오.

(b) 유의수준 $\alpha = 0.05$에서 $H_0 : \mu = 17,\ H_1 : \mu \neq 17$을 검정하시오.

(c) 유의수준 $\alpha = 0.05$에서 $H_0 : \mu = 18,\ H_1 : \mu \neq 18$을 검정하시오.

풀이 (a) $\sigma^2 = 9,\ n = 25$이므로 표본평균 $\overline{X}$의 표준오차는

$$\mathrm{SE}(\overline{X}) = \frac{\sigma}{\sqrt{n}} = \frac{3}{\sqrt{25}} = 0.6$$

이다. $\alpha = 0.05$이므로 모평균 μ에 대한 95% 신뢰구간에 대한 오차한계는

$$e = z_{0.025}\frac{\sigma}{\sqrt{n}} = 1.96 \cdot 0.6 = 1.176$$

이다. 따라서 구하는 신뢰구간은

$$\bar{x} \pm e = 19 \pm 1.176 = [17.824,\ 20.176]$$

이다.

(b) 귀무가설에서 주장하는 모평균의 값 17은 95% 신뢰구간 $[17.824,\ 20.176]$에 들어가지

않는다. 따라서 귀무가설을 기각한다.

(c) 귀무가설에서 주장하는 모평균의 값 18은 95% 신뢰구간 [17.824, 20.176]에 들어가므로 귀무가설을 기각할 수 없다.

연습문제 6.3 ~ 6.4 EXERCISES

01 모분산이 $\sigma^2 = 4$인 정규모집단에서 모평균 μ를 추정하기 위하여 100개의 표본을 추출하여 표본평균 $\bar{x} = 11$을 얻었다.

(a) 모평균에 대한 95% 신뢰구간을 구하시오.

(b) 유의수준 $\alpha = 0.05$에서 $H_0 : \mu = 10.5$, $H_1 : \mu \neq 10.5$를 검정하시오.

02 6.4절의 보기 1에서 p-값을 구하고 유의수준 $\alpha = 0.03$, $\alpha = 0.09$에 대하여 가설검정을 하시오.

03 6.4절의 보기 2에서 p-값을 구하고 유의수준이 다음과 같을 때 가설검정을 하시오.

(a) $\alpha = 0.03$ (b) $\alpha = 0.01$

04 한쪽검정 $H_0 : \mu = \mu_0$, $H_1 : \mu < \mu_0$에서 H_0가 참이라는 가정 아래 검정통계량 Z가 표준정규분포를 따른다고 하자. 표본으로부터 구한 검정통계량의 값이 $z_0 = -1.9$일 때 p-값을 구하고 이를 이용하여 유의수준이 $\alpha = 0.05$, $\alpha = 0.01$일 때 가설검정을 하시오.

◈ (5 ~ 8) 분산 σ^2이 알려진 정규모집단에서 크기가 n인 확률표본을 추출하여 다음과 같은 가설검정을 유의수준 α에서 하려 한다.

$$H_0 : \mu = 17, \qquad H_1 : \mu \neq 17$$

확률표본으로부터 구한 표본평균의 값이 $\overline{x}$일 때 다음과 같은 경우 귀무가설을 기각할 수 있는지 판단하시오.

05 $\sigma^2 = 16$, $\overline{x} = 17.9$, $\alpha = 0.05$이고 표본의 크기가 다음과 같을 때

(a) $n = 25$ (b) $n = 50$ (c) $n = 100$

06 $\sigma^2 = 16$, $n = 25$, $\alpha = 0.05$이고 표본평균이 다음과 같을 때

(a) $\overline{x} = 17.9$ (b) $\overline{x} = 18.9$ (c) $\overline{x} = 18.4$

07 $\overline{x} = 17.9$, $n = 100$, $\alpha = 0.05$이고 모분산이 다음과 같을 때

(a) $\sigma^2 = 9$ (b) $\sigma^2 = 25$ (c) $\sigma^2 = 100$

08 $\sigma^2 = 32$, $\overline{x} = 18.5$, $n = 25$이고 유의수준이 다음과 같을 때(p-값을 이용하시오)

(a) $\alpha = 0.05$ (b) $\alpha = 0.01$ (c) $\alpha = 0.1$

◈ (9 ~ 12) 분산 σ^2이 알려진 정규모집단에서 크기가 n인 확률표본을 추출하여 다음과 같은 가설검정을 유의수준 α에서 하려 한다.

$$H_0 : \mu = 17, \qquad H_1 : \mu > 17$$

확률표본으로부터 구한 표본평균이 $\overline{x}$일 때 다음과 같은 경우 귀무가설을 기각할 수 있는지 판단하시오.

09 $\sigma^2 = 16$, $\overline{x} = 17.9$, $\alpha = 0.05$이고 표본의 크기가 다음과 같을 때

(a) $n = 25$ (b) $n = 50$ (c) $n = 100$

10 $\sigma^2 = 16$, $n = 25$, $\alpha = 0.005$이고 표본평균이 다음과 같을 때

(a) $\overline{x} = 17.9$ (b) $\overline{x} = 18.9$ (c) $\overline{x} = 19.4$

11 $\overline{x} = 17.9$, $n = 100$, $\alpha = 0.01$이고 모분산이 다음과 같을 때

(a) $\sigma^2 = 9$ (b) $\sigma^2 = 25$ (c) $\sigma^2 = 100$

12 $\sigma^2 = 32$, $\overline{x} = 18.5$, $n = 50$이고 유의수준이 다음과 같을 때(p-값을 이용하시오)

(a) $\alpha = 0.05$ (b) $\alpha = 0.01$ (c) $\alpha = 0.1$

◈ **(13 ~ 16)** 분산 σ^2이 알려진 정규모집단에서 크기가 n인 확률표본을 추출하여 다음과 같은 가설검정을 유의수준 α에서 하려 한다.

$$H_0 : \mu = 17, \qquad H_1 : \mu < 17$$

확률표본으로부터 구한 표본평균이 $\overline{x}$일 때 다음과 같은 경우 귀무가설을 기각할 수 있는지 판단하시오.

13 $\sigma^2 = 16$, $\overline{x} = 15.9$, $\alpha = 0.05$이고 표본의 크기가 다음과 같을 때

(a) $n = 25$ (b) $n = 50$ (c) $n = 100$

14 $\sigma^2 = 16$, $n = 25$, $\alpha = 0.05$이고 표본평균이 다음과 같을 때

(a) $\overline{x} = 16.1$ (b) $\overline{x} = 15.7$ (c) $\overline{x} = 15.2$

15 $\overline{x} = 15.9$, $n = 100$, $\alpha = 0.05$이고 모분산이 다음과 같을 때

(a) $\sigma^2 = 9$ (b) $\sigma^2 = 25$ (c) $\sigma^2 = 100$

16 $\sigma^2 = 32$, $\overline{x} = 15.9$, $n = 50$이고 유의수준이 다음과 같을 때(p-값을 이용하시오)

(a) $\alpha = 0.05$ (b) $\alpha = 0.01$ (c) $\alpha = 0.1$

◈ (17 ~ 19) $\sigma = 5$인 정규모집단에서 모평균에 대한 다음 가설검정을 하려고 한다.

$$H_0 : \mu = 10, \qquad H_1 : \mu \neq 10$$

17 100개의 표본을 추출하여 얻은 표본평균이 $\overline{x} = 10.9$이다. 6.1 ~ 6.2절 연습문제 14에서 구한 신뢰구간을 이용하여 주어진 유의수준으로 가설검정을 하시오.

(a) $\alpha = 0.01$　　(b) $\alpha = 0.05$　　(c) $\alpha = 0.1$

18 100개의 표본을 추출하여 얻은 표본평균이 $\overline{x} = 10.9$이다. 6.1 ~ 6.2절 연습문제 15에서 구한 신뢰구간을 이용하여 표본의 크기가 각각 다음과 같을 때 유의수준 $\alpha = 0.05$로 가설검정을 하시오.

(a) 36　　(b) 64　　(c) 81

19 100개의 표본을 추출하여 얻은 표본평균이 다음과 같을 때 유의수준 $\alpha = 0.05$로 가설검정을 하시오.

(a) $\overline{x} = 9.5$　　(b) $\overline{x} = 11.2$　　(c) $\overline{x} = 10.7$

제 7 장

모평균의 추론: Z-검정과 t-검정

6장에서는 모집단의 분산이 알려진 경우 모평균을 추정 또는 검정하는 방법을 다루었다. 그러나 모평균이 알려져 있지 않은 모집단에 대하여 모분산이 알려져 있다고 가정하는 것은 자연스럽지 않다. 모분산 σ^2을 모르면 6장에서 사용한 통계량 $(\overline{X}-\mu)/(\sigma/\sqrt{n})$이 표준정규분포를 따른다는 사실을 이용할 수 없으므로 알려지지 않은 σ 대신 다음과 같이 σ의 추정량인 표본표준편차 S를 이용한다.

$$\frac{\overline{X}-\mu}{S/\sqrt{n}}$$

이 장에서는 모집단에 대하여 알려진 것이 없는 경우 모평균에 대한 추정과 검정을 다룬다. 하나의 모집단에 대한 결과와 두 모집단의 평균에 대한 결과를 다룬다. 모평균에 대한 추론은 대부분 표준정규분포와 t-분포를 이용하여 이루어지는데 t-분포를 이용한 검정을 t-검정이라 한다.

7.1 모평균의 추론

모분산 σ^2이 알려지지 않은 경우 모평균의 추론은 크기가 n인 확률표본의 표본표준편차를 $S\left(S = \sqrt{\frac{1}{n-1}\sum_{k=1}^{n}(X_k - \overline{X})^2}\right)$라 할 때

$$T = \frac{\overline{X} - \mu}{S/\sqrt{n}} \sim t(n-1)$$

임을 활용한다. 이때 신뢰구간이나 가설검정의 방법은 σ를 S로, 표준정규분포를 자유도가 $n-1$인 t-분포로 대체하는 것 이외에는 σ^2이 알려진 경우(6장)와 동일하다.

중심극한정리에 의하면 모집단의 분포에 상관없이 n이 커지면 확률변수 T는 표준정규분포를 근사적으로 따른다.

$$T = \frac{\overline{X} - \mu}{S/\sqrt{n}} \approx N(0,1)$$

따라서 n이 크면($n \geq 30$) σ^2이 알려진 정규모집단의 신뢰구간을 구하거나 가설검정을 하는 과정에서 σ를 S로 바꾸면 모든 과정이 동일하다.

7.1.1 신뢰구간

t-분포는 y축에 대하여 대칭이므로 다음 사실이 성립한다.

$$P(-t_{\alpha/2} \leq T \leq t_{\alpha/2}) = 1 - \alpha$$

여기서 $t_{\alpha/2} = t_{\alpha/2}(n-1)$는 자유도가 $n-1$인 t-분포의 오른쪽 꼬리 확률이 $\frac{\alpha}{2}$인 t-값이다. 대칭성에 의하여 왼쪽 꼬리의 넓이가 $\frac{\alpha}{2}$인 t값은 $-t_{\alpha/2}$이다.

$$P(T > t_{\alpha/2}) = \frac{\alpha}{2}, \quad P(T < -t_{\alpha/2}) = \frac{\alpha}{2}$$

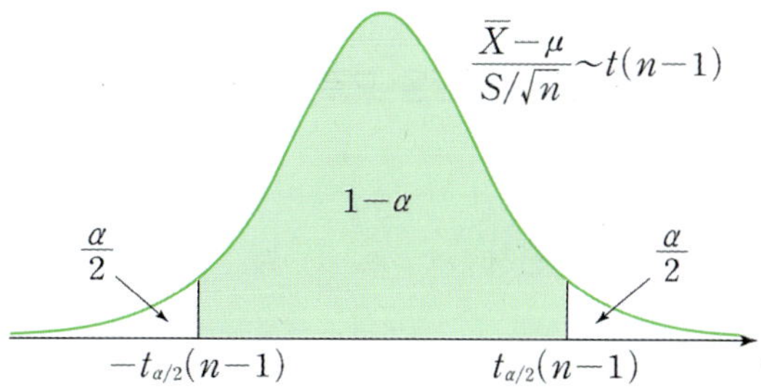

$T = \dfrac{\overline{X} - \mu}{S/\sqrt{n}}$ 이므로 $\overline{X}$를 이용하여 다시 쓰면 다음과 같다.

$$P\left(-t_{\alpha/2}\frac{S}{\sqrt{n}} \le \overline{X} - \mu \le t_{\alpha/2}\frac{S}{\sqrt{n}}\right) = 1 - \alpha$$

괄호 안의 부등식에 -1을 곱하고 $\overline{X}$을 더하면 다음 결과를 얻는다.

$$P\left(\overline{X} - t_{\alpha/2}\frac{S}{\sqrt{n}} \le \mu \le \overline{X} + t_{\alpha/2}\frac{S}{\sqrt{n}}\right) = 1 - \alpha$$

모집단에서 추출한 크기 n인 확률표본의 값 $x_1, x_2, \cdots, x_n$을 얻었다고 하자. 이때 모평균 μ에 대한 점추정값은 표본평균

$$\overline{x} = \frac{1}{n}(x_1 + x_2 + \cdots + x_n)$$

이고 표본편차 S에 대한 점추정값은 표본표준편차

$$s = \sqrt{\frac{1}{n-1}\sum_{k=1}^{n}(x_k - \overline{x})^2}$$

이다. 모평균 μ에 대한 $100(1-\alpha)\%$ 신뢰구간의 오차한계는

$$e = t_{\alpha/2}\frac{s}{\sqrt{n}}$$

이고 $100(1-\alpha)\%$ 신뢰구간은 $\overline{x}$를 중심으로 대칭인 구간이다.

$$[\overline{x} - e,\ \overline{x} + e]$$

모평균의 $100(1-\alpha)\%$ 신뢰구간: 모분산을 모르는 정규모집단

확률표본의 크기: n

확률표본의 표본평균과 표본표준편차: $\bar{x}$, s

모평균 μ에 대한 $100(1-\alpha)\%$ 신뢰구간: $\left[\bar{x} - t_{\alpha/2}\frac{s}{\sqrt{n}},\ \bar{x} + t_{\alpha/2}\frac{s}{\sqrt{n}}\right]$

모분산을 아는 경우와 모르는 경우의 차이는 모분산을 모르는 경우 모표준편차 σ 대신 표본표준편차의 값 s를 사용하고 표준정규분포 대신 자유도가 $(n-1)$인 t-분포를 사용한다는 것이다.

	σ^2이 알려진 경우	σ^2이 알려지지 않은 경우
통계량	$Z = \frac{\bar{X}-\mu}{\sigma/\sqrt{n}}$	$T = \frac{\bar{X}-\mu}{S/\sqrt{n}}$
분포	$N(0, 1)$	$t(n-1)$
오차한계	$z_{\alpha/2}\frac{\sigma}{\sqrt{n}}$	$t_{\alpha/2}(n-1)\frac{s}{\sqrt{n}}$
$100(1-\alpha)\%$ 신뢰구간	$\left[\bar{x} - z_{\alpha/2}\frac{\sigma}{\sqrt{n}},\ \bar{x} + z_{\alpha/2}\frac{\sigma}{\sqrt{n}}\right]$	$\left[\bar{x} - t_{\alpha/2}\frac{s}{\sqrt{n}},\ \bar{x} + t_{\alpha/2}\frac{s}{\sqrt{n}}\right]$

n이 크면($n \geq 30$) $t_{\alpha/2}(n-1) \approx z_{\alpha/2}$이므로 오차한계 $e = z_{\alpha/2}\frac{s}{\sqrt{n}}$를 사용하기도 하며 이때 $100(1-\alpha)\%$ 신뢰구간은 근사적으로 다음과 같다.

$$\left[\bar{x} - z_{\alpha/2}\frac{s}{\sqrt{n}},\ \bar{x} + z_{\alpha/2}\frac{s}{\sqrt{n}}\right]$$

이 결과는 모집단이 정규분포를 따르지 않는 경우에도 중심극한정리에 의하여 성립한다. 표본의 크기 n이 큰 경우 90%, 95%, 99% 신뢰구간은 다음과 같이 구할 수 있다.

신뢰수준	오차한계 (e)	신뢰구간
90%	$1.645\frac{s}{\sqrt{n}}$	$\mu = \bar{x} \pm 1.645\frac{s}{\sqrt{n}}$
95%	$1.96\frac{s}{\sqrt{n}}$	$\mu = \bar{x} \pm 1.96\frac{s}{\sqrt{n}}$
99%	$2.58\frac{s}{\sqrt{n}}$	$\mu = \bar{x} \pm 2.58\frac{s}{\sqrt{n}}$

보기 1

휴대전화 배터리의 지속시간을 추정하기 위하여 100개의 배터리를 표본으로 하여 지속시간을 조사하였다. 표본평균이 51시간, 표본분산이 20(시간^2)일 때 배터리의 평균지속시간 μ에 대한 95% 신뢰구간을 구하시오.

풀이 표본의 크기가 크므로($n = 100$) 표준정규분포를 이용한다. 95% 오차한계는

$$z_{0.025}\frac{s}{\sqrt{n}} = 1.96\frac{\sqrt{20}}{10} = 0.88$$

이므로 95% 신뢰구간은

$$[51 - 0.88,\ 51 + 0.88] = [50.12,\ 51.88]$$

이다.

보기 2

모분산이 알려지지 않은 정규모집단에서 크기가 16인 표본을 추출한 결과가 다음과 같다.

5.4	5.2	7.2	6.8	5.8	5.0	5.3	7.0
6.0	5.8	7.8	6.2	5.9	4.6	6.5	5.5

(a) 모평균 μ에 대한 점추정값을 구하시오.

(b) 표본분산을 구하시오.

(c) 모평균 μ에 대한 90%, 95% 오차한계와 신뢰구간을 구하시오.

풀이 (a) 표본평균 $\overline{x} = \frac{1}{16}(5.4 + 5.2 + 7.2 + \cdots + 5.5) = 6$을 점추정값으로 사용한다.

(b) 표본분산을 정의를 이용하여 구하면 다음과 같다.

$$\begin{aligned} s^2 &= \frac{1}{15}\sum_{k=1}^{16}(x_k - \overline{x})^2 \\ &= \frac{1}{15}((5.4-6)^2 + (5.2-6)^2 + \cdots + (5.5-6)^2) = 0.76 \end{aligned}$$

(c) $n = 16$이므로 자유도가 15인 t-분포를 사용한다. 자유도가 15인 t-분포에 대하여

$$t_{0.05} = 1.75, \qquad t_{0.025} = 2.13$$

이므로 90%, 95% 오차한계는 각각 다음과 같다.

$$t_{0.05}\frac{s}{\sqrt{n}} = 1.75\frac{\sqrt{0.76}}{\sqrt{16}} \approx 0.38$$

$$t_{0.025}\frac{s}{\sqrt{n}} = 2.13\frac{\sqrt{0.76}}{\sqrt{16}} \approx 0.46$$

따라서 90%, 95% 신뢰구간은 각각 다음과 같다.

$$6 \pm 0.38 = [5.62,\ 6.38],\quad 6 \pm 0.46 = [5.54,\ 6.46]$$

7.1.2 가설검정

모평균의 가설검정에서 귀무가설 $H_0 : \mu = \mu_0$이 참이라는 조건 아래

$$T = \frac{\overline{X} - \mu_0}{S/\sqrt{n}} \sim t(n-1)$$

이 성립한다. 이렇게 t-분포를 따르는 통계량을 이용한 검정을 t-**검정**(t-test)이라 한다. Z-검정에서는 표준정규분포를 이용하여 임계값과 기각역을 구하지만 t-검정에서는 자유도가 $(n-1)$인 t-분포를 이용한다는 사실만 제외하면 t-검정의 방법은 Z-검정과 동일하다.

$H_0 : \mu = \mu_0$의 검정 : σ^2을 모르는 정규모집단

검정통계량 : $T = \dfrac{\overline{X} - \mu_0}{S/\sqrt{n}} \sim t(n-1)$

$\overline{x}$: 표본으로부터 구한 표본평균의 값

$s^2 = \dfrac{1}{n-1}\sum_{k=1}^{n}(x_k - \overline{x})^2$: 표본분산의 값

$t_0 = \dfrac{\overline{x} - \mu_0}{s/\sqrt{n}}$: 표본으로부터 구한 검정통계량의 값

$t_\alpha = t_\alpha(n-1)$: $P(T > t_\alpha) = \alpha$인 값, α: 유의수준

대립가설	$H_1 : \mu > \mu_0$	$H_1 : \mu < \mu_0$	$H_1 : \mu \neq \mu_0$
기각역	$T > t_\alpha(n-1)$	$T < -t_\alpha(n-1)$	$\lvert T\rvert > t_{\alpha/2}(n-1)$
H_0 기각	$t_0 > t_\alpha(n-1)$일 때	$t_0 < -t_\alpha(n-1)$일 때	$\lvert t_0\rvert > t_{\alpha/2}(n-1)$일 때

보기 3

가전제품 제조회사인 L사는 새로운 양문형 냉장고를 출시하면서 소비전력량이 동급 세계 최저보다 낮다고 주장하였다. 기존 냉장고 중 평균월소비전력량이 최저인 제품은 평균 36.4 kW인 정규분포를 따른다는 것이 알려져 있다. 제조회사의 주장을 검정하기 위하여 신제품 10개에 대하여 월소비전력량을 조사하였더니 다음 표와 같았다. L사의 주장이 타당한지 유의수준 $\alpha = 0.05$에서 검정하시오.

34.5	35.6	36.2	34.7	35.9	36.5	35.8	36.7	37.2	36.5

풀이 L사의 주장을 대립가설로 놓으면 귀무가설과 대립가설은 다음과 같다.

$$H_0 : \mu = 36.4, \quad H_1 : \mu < 36.4$$

귀무가설이 참이라면 검정통계량은

$$T = \frac{\overline{X} - 36.4}{S/\sqrt{n}} \sim t(9)$$

이고 자유도가 9일 때 $t_{0.05} = 1.833$이므로 기각역은

$$T = \frac{\overline{X} - 36.4}{S/\sqrt{n}} < -t_{0.05} = -1.833$$

이다. 주어진 표본에 대하여 표본평균과 표본분산의 값은

$$\overline{x} = 35.96, \quad s^2 = 0.734$$

이므로 t-통계량의 값은

$$t_0 = \frac{\overline{x} - \mu_0}{s/\sqrt{n}} = \frac{35.96 - 36.4}{\sqrt{0.734/10}} = -1.624$$

이고

$$t_0 = -1.624 > -t_{0.05} = -1.833$$

이므로 귀무가설은 유의수준 0.05에서 기각할 수 없다.

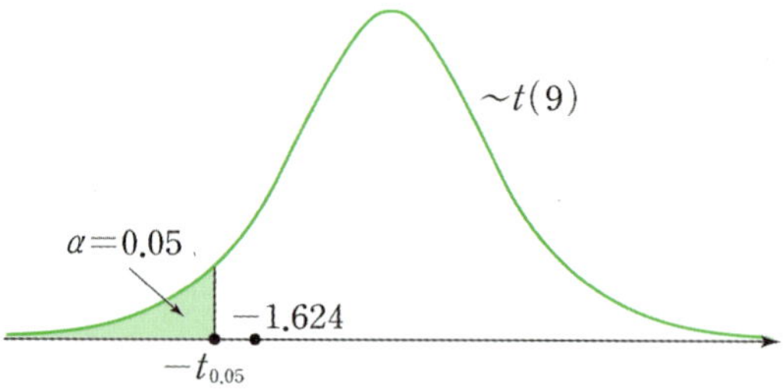

다시 말해서 유의수준 0.05에서 L사의 새로운 냉장고의 평균월소비전력량은 평균월소비전력량이 최저인 제품보다 낮다고 할 수 없다.

Note ▶ 확률표본의 크기 n이 크면 자유도가 n인 t–분포는 표준정규분포와 아주 비슷하다.

$$T = \frac{\overline{X} - \mu_0}{S/\sqrt{n}} \approx N(0,1)$$

이므로 가설검정의 기각역을 근사적으로 다음과 같이 사용하기도 한다.

대립가설	$H_1 : \mu > \mu_0$	$H_1 : \mu < \mu_0$	$H_1 : \mu \neq \mu_0$
기각역	$T > z_\alpha$	$T < -z_\alpha$	$\lvert T \rvert > z_{\alpha/2}$

보기 4

보기 3에서 50개의 표본을 추출하여 표본평균과 표본표준편차의 값을 구하였더니 다음과 같았다.

$$\overline{x} = 35.96, \quad s = 1.4$$

L사의 주장이 타당한지 유의수준 $\alpha = 0.05$와 $\alpha = 0.005$에서 검정하시오.

풀이 귀무가설과 대립가설은 보기 3과 같다. 검정통계량

$$Z = \frac{\overline{X} - 36.4}{S/\sqrt{50}} \approx N(0,1)$$

을 사용하면 $z_{0.05} = 1.645$이므로 기각역은

$$Z = \frac{\overline{X} - 36.4}{S/\sqrt{50}} < -z_{0.05} = -1.645$$

이다. 표본에서 구한 값으로 Z-통계량을 계산하면

$$z_0 = \frac{\overline{x} - \mu_0}{s/\sqrt{n}} = \frac{35.96 - 36.4}{1.4/\sqrt{50}} = -2.222 < -z_{0.05} = -1.645$$

이므로 유의수준 0.05에서 귀무가설을 기각한다. 하지만

$$z_0 = -2.222 > -z_{0.005} = -2.58$$

이므로 유의수준 0.005에서 귀무가설을 기각할 수 없다. 다시 말해서 L사의 새로운 냉장고의 평균월소비전력량은 기존의 평균월소비전력량이 최소인 제품보다 유의수준 0.05에서는 낮다고 할 수 있지만 유의수준 0.005에서는 낮다고 할 수 없다.

모집단이 정규분포를 따르지 않는 경우에도 n이 크면 중심극한정리에 의하면 같은 결과를 적용할 수 있다.

$H_0 : \mu = \mu_0$의 검정: σ^2을 모르는 임의의 모집단, n이 클 때

α : 유의수준

검정통계량: $Z = \dfrac{\overline{X} - \mu_0}{S/\sqrt{n}} \approx N(0,1)$

$\overline{x}$: 표본평균의 값, $s^2 = \dfrac{1}{n-1}\sum_{k=1}^{n}(x_k - \overline{x})^2$: 표본분산

$z_0 = \dfrac{\overline{x} - \mu_0}{s/\sqrt{n}}$: 표본으로부터 구한 검정통계량의 값

대립가설	$H_1 : \mu > \mu_0$	$H_1 : \mu < \mu_0$	$H_1 : \mu \neq \mu_0$
기각역	$Z > z_\alpha$	$Z < -z_\alpha$	$\lvert Z\rvert > z_{\alpha/2}$
H_0 기각	$z_0 > z_\alpha$일 때	$z_0 < -z_\alpha$일 때	$\lvert z_0\rvert > z_{\alpha/2}$일 때

보기 5

반지름이 1 mm인 베어링을 생산하는 회사에서 100개의 베어링의 반지름을 측정한 결과 표본평균이 1.0015 mm, 표본표준편차가 0.008 mm이었다. 이 회사에서 생산한 베어링의 평균반지름이 1 mm가 아니라고 할 수 있는지 유의수준 0.05에서 다음 방법으로 검정하시오.

(a) Z-검정 (b) t-검정

풀이 베어링의 평균반지름을 μ라 할 때

1. 가설 설정: 귀무가설 $H_0 : \mu = 1$, 대립가설 $H_1 : \mu \neq 1$
2. 검정통계량:
   (a) Z-통계량 $Z = \dfrac{\overline{X} - 1}{S/\sqrt{100}} = 10(\overline{X} - 1)/S \approx N(0,1)$
   (b) t-통계량 $T = \dfrac{\overline{X} - 1}{S/\sqrt{100}} = 10(\overline{X} - 1)/S \sim t(99)$
3. 기각역: (a) $|Z| > z_{0.025} = 1.96$ (b) $|T| > t_{0.025}(99) = 1.98$
4. 검정통계량의 값: (a), (b) 공통 $z_0 = t_0 = \dfrac{\overline{x} - \mu_0}{s/\sqrt{n}} = 10 \cdot \dfrac{1.0015 - 1}{0.008} = 1.875$
5. 결론:
   (a) $z_0 = 1.875 < z_{0.025} = 1.96$이므로 검정통계량의 값이 기각역에 속하지 않는다. 따라서 귀무가설을 기각할 수 없다.
   (b) $t_0 = 1.875 < t_{0.025}(99) = 1.98$이므로 검정통계량의 값이 기각역에 속하지 않는다. 따라서 귀무가설을 기각할 수 없다.

다시 말해서 두 방법 모두 베어링의 평균반지름이 1 mm가 아니라고 말할 수 없다.

7.1.3 p-값을 이용한 가설검정

귀무가설이 참이면 표본의 크기가 n일 때 T는 자유도가 $(n-1)$인 t-분포를 따른다.

$$T = \frac{\overline{X} - \mu_0}{S/\sqrt{n}} \sim t(n-1)$$

모집단의 모분산 σ^2을 모르는 경우 p-값은 다음과 같이 t-분포를 이용하여 구할 수 있다.

대립가설	$H_1 : \mu > \mu_0$	$H_1 : \mu < \mu_0$	$H_1 : \mu \neq \mu_0$
p-값	$P(T > t_0)$	$P(T < -t_0)$	$P(\lvert T \rvert > t_0)$

p-값을 이용한 가설검정의 결론은 다음과 같다.

- p-값이 유의수준보다 작으면 귀무가설을 기각한다.
- p-값이 유의수준보다 크거나 같으면 귀무가설을 기각할 수 없다.

귀무가설 $H_0 : \mu = \mu_0$와 대립가설 $H_1 : \mu \neq \mu_0$에 대하여 양측검정을 한다고 하자. 다음 두 그림은 귀무가설 H_0을 기각하는 경우(p-값이 유의수준 α보다 작은 경우) 기각역과 p-값을 설명한다.

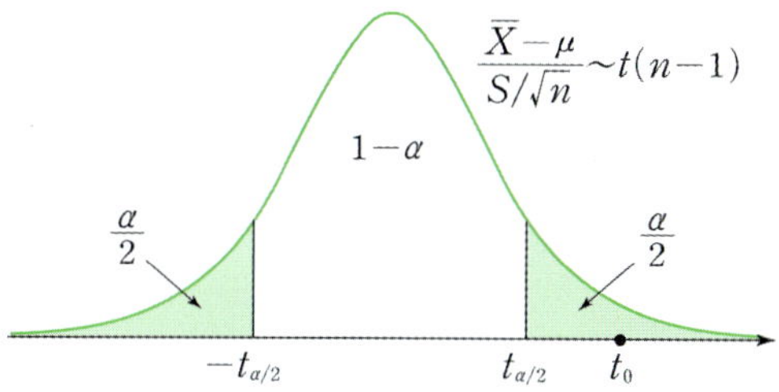

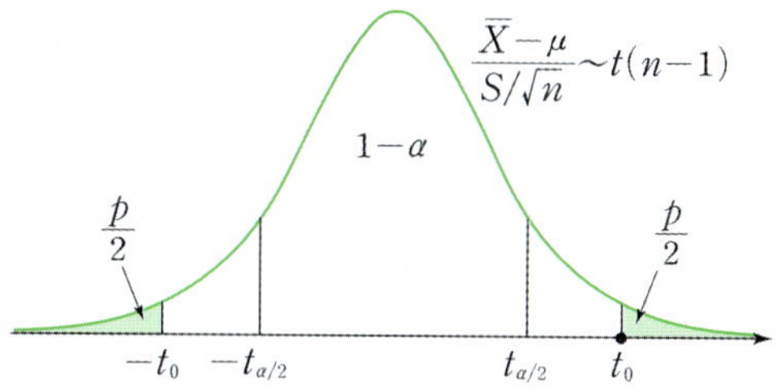

다음 두 그림은 귀무가설 H_0을 기각하지 않는 경우(p-값이 유의수준 α보다 큰 경우) 기각역과 p-값을 설명한다.

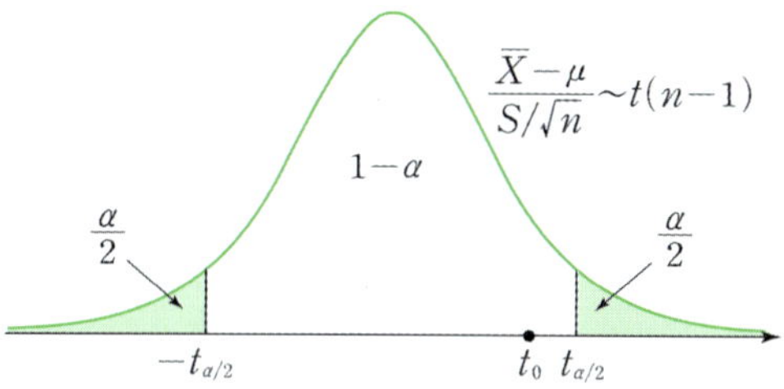

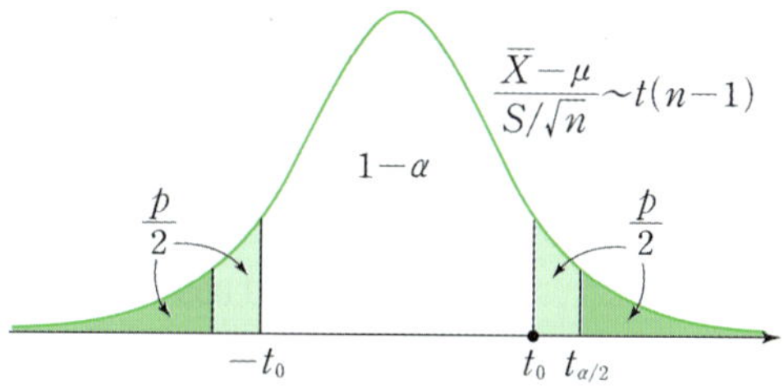

표본의 크기 n이 크면 $t(n-1) \approx N(0,1)$이므로 p-값을 다음과 같이 근사적으로 구하기도 한다.

대립가설	$H_1 : \mu > \mu_0$	$H_1 : \mu < \mu_0$	$H_1 : \mu \neq \mu_0$
p-값	$1-\Phi(z_0)$	$\Phi(z_0)$	$2(1-\Phi(\lvert z_0 \rvert))$

보기 6

(a) 보기 3에서 p-값을 구하고 L사의 주장이 타당한지 유의수준 $\alpha = 0.05$와 $\alpha = 0.1$에서 각각 검정하시오.

(b) 보기 4에서 p-값을 구하고 L사의 주장이 타당한지 유의수준 $\alpha = 0.05$, $\alpha = 0.005$에서 검정하시오.

풀이 (a) $\overline{x} = 35.96$, $s^2 = 0.734$이므로 검정통계량의 값은

$$t_0 = \frac{\overline{x} - \mu_0}{s/\sqrt{n}} = \frac{35.96 - 36.4}{\sqrt{0.734/10}} = -1.624$$

이다. 검정통계량 $T \sim t(9)$이고 p-값은

$$p = P(T < -1.624) = 1 - P(T < 1.624) = 1 - 0.9306 = 0.0694$$

이다.

$$\alpha = 0.05 < p = 0.0694$$

이므로 유의수준 $\alpha = 0.05$에서는 귀무가설을 기각할 수 없다. 그러나

$$\alpha = 0.1 > p = 0.0694$$

이므로 유의수준 $\alpha = 0.1$에서는 귀무가설을 기각한다.

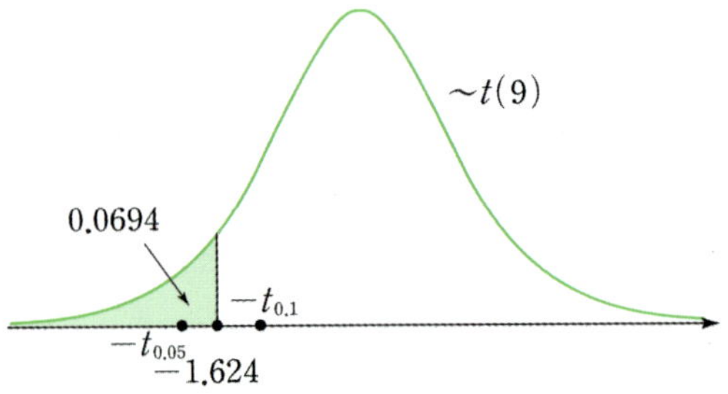

(b) $n = 50 \geq 30$이므로 정규근사를 이용하여 p-값을 구하면

$$p = P(Z < -2.222) = 1 - \Phi(2.222) = 0.0131$$

이다. 따라서

$$\alpha = 0.05 > p = 0.0131$$

이므로 유의수준 $\alpha = 0.05$에서는 귀무가설을 기각한다. 그러나

$$\alpha = 0.005 < p = 0.0131$$

이므로 유의수준 $\alpha = 0.005$에서는 귀무가설을 기각할 수 없다.

연습문제 7.1 EXERCISES

01 크기가 100인 표본으로부터 구한 모평균 μ에 대한 95% 신뢰구간이 [17.7, 19.9]이다.

(a) 표본평균과 표본표준편차를 구하시오.

(b) 모평균 μ에 대한 99% 신뢰구간을 구하시오.

02 크기가 9인 표본으로부터 모평균 μ에 대한 95% 신뢰구간이 [41, 47]이다.

(a) 표본평균과 표본표준편차를 구하시오.

(b) 모평균 μ에 대한 90% 신뢰구간을 구하시오.

03 생활가전 중 전자기파가 가장 높은 것은 전자레인지이다. 어떤 회사에서 생산되는 같은 종류의 전자레인지 20개를 임의로 추출하여 전자기파의 크기를 30 cm 떨어진 지점에서 측정하였더니 평균 260(mG), 표준편차가 12(mG)이었다. 전자기파의 크기는 정규분포를 따른다고 할 때

(a) 모평균에 대한 95% 신뢰구간을 구하시오.

(b) 회사에서는 평균 전자기파가 265(mG)보다 작다고 주장한다. 유의수준 5%로 이 주장을 검정하시오.

04 서울의 11개 지역에서 방사능 수치(단위 : 나노시버트퍼아워 nSv/h)를 측정한 결과가 다음과 같다.[1)] 방사능 수치는 정규분포를 따른다고 가정할 때

118 141 156 130 152 133 124 133 161 124 140

(a) 표본평균과 표본표준편차를 구하시오.

(b) 서울의 평균 방사능 수치에 대한 90% 신뢰구간을 구하시오.

(c) 서울의 평균 방사능 수치가 146보다 낮다는 주장을 유의수준 10%에서 검정하시오.

(d) 서울의 평균 방사능 수치가 146보다 낮다는 주장을 유의수준 5%에서 검정하시오.

1) http://iernet.kins.re.kr/국가환경방사선자동감시망, 2017년 4월 25일 자료

05 표본의 크기가 16일 때 표본평균이 $\overline{X}$, 표본표준편차가 S이다. 모평균 μ에 대한 신뢰구간이 $[\overline{X}-0.6S, \overline{X}+0.6S]$일 때 신뢰수준은 얼마인가?

06 도로 보수용으로 사용되는 시멘트가 완전히 굳기까지 걸리는 시간(단위 : 시간)을 측정하려 한다. 225군데의 파손된 도로에 사용한 결과 표본평균과 표본표준편차가 각각 3.45, 0.5이었다.

(a) 시멘트가 굳기까지의 평균시간에 대한 95% 신뢰구간을 구하시오.

(b) 시멘트 회사에서 시멘트가 완전히 굳기까지 걸리는 평균시간이 3.5시간보다 짧다고 주장한다. 이 주장을 유의수준 0.05로 검정하시오.

(c) (b)의 가설을 유의수준 0.1과 0.02로 검정하시오.

◈ **(7 ~ 9) 7.1절의 보기 1에서**

07 다음 가설을 주어진 유의수준에서 검정하시오.

$$H_0 : \mu = 50, \quad H_1 : \mu \neq 50$$

(a) $\alpha = 0.05$　　(b) $\alpha = 0.02$　　(c) $\alpha = 0.01$

08 유의수준 α에서 귀무가설이 기각되었다. 가능한 α의 범위를 구하시오.

09 다음 가설을 주어진 유의수준에서 검정하시오.

$$H_0 : \mu = 50.2, \quad H_1 : \mu \neq 50.2$$

(a) $\alpha = 0.05$　　(b) $\alpha = 0.07$　　(c) $\alpha = 0.1$

◈ **(10 ~ 12) 7.1절의 보기 2에서**

10 다음 가설을 유의수준 $\alpha = 0.05$, $\alpha = 0.1$에서 검정하시오.

$$H_0 : \mu = 5.6, \quad H_1 : \mu \neq 5.6$$

11 다음 가설을 유의수준 $\alpha = 0.05$, $\alpha = 0.03$에서 검정하시오.

$$H_0 : \mu = 5.5, \quad H_1 : \mu \neq 5.5$$

12 다음 가설이 유의수준 α에서 귀무가설이 기각되었다. 가능한 α의 범위를 구하시오.

$$H_0 : \mu = 5.6, \quad H_1 : \mu \neq 5.6$$

◈ **(13 ~ 14) 7.1절의 보기 3에서**

13 주어진 가설검정을 유의수준 $\alpha = 0.04$, $\alpha = 0.07$에서 실시하시오.

14 주어진 귀무가설을 유의수준 α에서 기각하였다. 가능한 α의 범위를 구하시오.

◈ **(15 ~ 17) 7.1절의 보기 5에서 다음과 같이 조건이 바뀌었을 때(다른 조건들은 동일) 가설검정을 실시하시오.**

15 유의수준 $\alpha = 0.1$

16 표본의 크기 $n = 36$

17 표본의 크기 $n = 36$, 표본표준편차 $s = 0.004$

18 어느 휴대폰 제조회사는 새로 개발한 전화기의 수신거리가 기존 전화기보다 길다고 주장한다. 기존 전화기의 수신거리는 평균이 380(m)인 정규분포를 따른다. 새로 개발된 전화기 25대를 임의로 추출하여 수신거리를 측정한 결과 표본평균이 394(m), 표본표준오차가 35(m)이었다. 이 회사의 주장을 유의수준 $\alpha = 0.05$에서 검정하시오. 단, 새로운 전화기의 수신거리도 정규분포를 따른다고 한다.

19 어떤 제약회사는 자사에서 만드는 비타민 제품은 열과 습기에 노출되었을 때 10일이 지나도 효과에 변화가 없다고 주장한다. 이 주장을 검정하기 위하여 임의로 10개의 비타민 제품의 효능을 검사하였다.

(a) 효능 평균유지시간 μ에 대한 가설을 설정하시오.

(b) 검정통계량의 분포를 정하고 유의수준 α에서 가설에 대한 기각역을 결정하시오.

(c) 자료가 다음과 같을 때 유의수준 $\alpha = 0.05$에서 가설검정의 결론은 무엇인가?

11.3	10.9	10.9	9.4	8.9	10.6	10.7	10.1	10.2	11.5

20 주어진 어떤 상황에서 귀무가설 H_0은 유의수준 $\alpha = 0.05$에서 기각되지 않았다. 다음 질문에 대하여 'Yes', 'No', '판단 불가' 중 하나로 답하시오.

(a) 귀무가설 H_0은 유의수준 $\alpha = 0.02$에서 기각할 수 있는가?

(b) 귀무가설 H_0은 유의수준 $\alpha = 0.1$에서 기각할 수 있는가?

(c) p-값은 0.05보다 작은가?

21 하천의 오염지표로 생화학적 산소 요구량(BOD)을 사용한다. 어느 하천의 BOD는 2.6 ppm으로 알려져 있다. 이 지역에 공장이 들어서면서 하천의 오염이 심해졌다고 환경단체는 주장한다. 공장이 들어서고 1년이 지나 하천의 20곳을 임의로 선정하여 BOD를 측정한 결과가 다음과 같다.

1.6	1.7	3.5	3.1	2.7	5.2	4.1	4.0	4.9	4.0
3.6	1.9	2.4	3.3	3.1	2.4	2.6	2.4	3.1	0.6

(a) 표본평균 $\bar{x}$와 표본표준편차 s를 구하시오.

(b) 평균 BOD의 90% 신뢰구간을 구하시오.

(c) 환경단체의 주장이 타당한지 유의수준 $\alpha = 0.05$에서 검정하시오.

7.2 모평균 차에 대한 추론: 독립비교

하나의 제품을 두 공장에서 생산하는 경우 제품들의 품질이 같은지를 조사한다고 하자. 각 공장에서 나오는 제품의 품질의 평균을 각각 μ_1, μ_2라 할 때 평균이 같은지($\mu_1 = \mu_2$), 다르다면 그 차이가 얼마나 나는지($\mu_1 - \mu_2$) 등이 조사대상이 될 수 있다. 이 절에서는 독립인 두 모집단의 모평균을 비교하는 방법에 대하여 알아보기로 한다.

7.2.1 신뢰구간

두 모집단이 독립이고 각각 평균이 μ_1, μ_2, 분산이 σ_1^2, σ_2^2인 정규분포를 따른다고 가정하자. 각 모집단에서 크기가 n, m인 확률표본을 추출하면 이들의 표본평균은 각각

$$\overline{X} = \frac{1}{n}(X_1 + \cdots + X_n), \quad \overline{Y} = \frac{1}{m}(Y_1 + \cdots + Y_m)$$

이다. 두 모평균의 차이 $\mu_1 - \mu_2$에 대한 점추정량은 표본평균의 차이 $\overline{X} - \overline{Y}$을 사용한다.

$$E(\overline{X} - \overline{Y}) = \mu_1 - \mu_2$$

이므로 $\overline{X} - \overline{Y}$은 $\mu_1 - \mu_2$의 불편추정량이다. 표본평균 $\overline{X}$, $\overline{Y}$에 대하여

$$\overline{X} \sim N\left(\mu_1, \frac{\sigma_1^2}{n}\right), \quad \overline{Y} \sim N\left(\mu_2, \frac{\sigma_2^2}{m}\right)$$

이고 두 표본이 독립이므로 $\overline{X} - \overline{Y}$의 분포는 다음과 같은 정규분포를 따른다.

$$\overline{X} - \overline{Y} \sim N\left(\mu_1 - \mu_2, \frac{\sigma_1^2}{n} + \frac{\sigma_2^2}{m}\right)$$

따라서 표준화된 확률변수 Z는 표준정규분포를 따른다.

$$Z = \frac{\overline{X} - \overline{Y} - (\mu_1 - \mu_2)}{\sqrt{\sigma_1^2/n + \sigma_2^2/m}} \sim N(0,1)$$

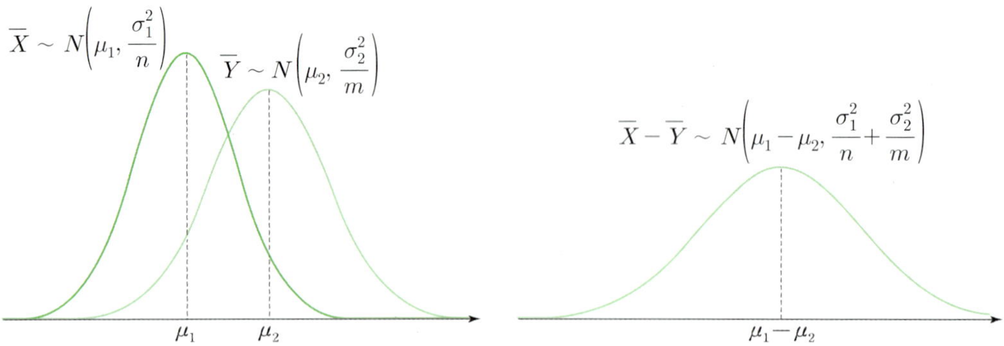

표준정규분포의 성질로부터 임의의 양수 $\alpha\,(0<\alpha<1)$에 대하여 다음 식이 성립한다.

$$P(-z_{\alpha/2} \le Z \le z_{\alpha/2}) = 1-\alpha$$

Z의 정의를 대입하여 다시 쓰면 다음과 같다.

$$P\left(-z_{\alpha/2} \le \frac{\overline{X}-\overline{Y}-(\mu_1-\mu_2)}{\sqrt{\sigma_1^2/n+\sigma_2^2/m}} \le z_{\alpha/2}\right) = 1-\alpha$$

또는

$$P\left(\overline{X}-\overline{Y}-z_{\alpha/2}\sqrt{\frac{\sigma_1^2}{n}+\frac{\sigma_2^2}{m}} \le \mu_1-\mu_2 \le \overline{X}-\overline{Y}+z_{\alpha/2}\sqrt{\frac{\sigma_1^2}{n}+\frac{\sigma_2^2}{m}}\right) = 1-\alpha$$

이 식에서 모평균의 차 $\mu_1-\mu_2$에 대한 $100(1-\alpha)\%$ 신뢰구간의 오차한계는

$$e = z_{\alpha/2}\sqrt{\frac{\sigma_1^2}{n}+\frac{\sigma_2^2}{m}}$$

이고 $100(1-\alpha)\%$ 신뢰구간은 다음과 같다.

$$\left[\overline{X}-\overline{Y}-z_{\alpha/2}\sqrt{\frac{\sigma_1^2}{n}+\frac{\sigma_2^2}{m}},\ \overline{X}-\overline{Y}+z_{\alpha/2}\sqrt{\frac{\sigma_1^2}{n}+\frac{\sigma_2^2}{m}}\right]$$

보기 1

고속도로 휴게소와 서울의 휘발유 가격(단위 : 천원/L)에 차이가 있는지 알아보기 위하여 각각 서울에서 12개소, 고속도로에서 10개소를 무작위로 선정하여 조사한 결과가 다음과 같다. 이때 서울과 고속도로의 휘발유 가격은 독립이고 모표준편차가 각각 0.08, 0.06인 정규분포를

따른다고 한다.

서울	1.55	1.43	1.54	1.48	1.59	1.81	1.47	1.52	1.6	1.58	1.62	1.65
도속도로	1.46	1.47	1.52	1.56	1.49	1.53	1.62	1.43	1.54	1.58		

(a) 서울과 고속도로 휘발유 가격의 평균의 차에 대한 점추정값을 구하시오.

(b) 서울과 고속도로 휘발유 가격의 평균의 차에 대한 95% 신뢰구간을 구하시오.

풀이 (a) 서울의 휘발유 가격의 표분평균 값을 $\overline{x}$, 휴게소의 휘발유 가격의 표본평균 값을 $\overline{y}$라 하면

$$\overline{x} = \frac{1}{12}(1.55 + 1.43 + \cdots + 1.65) = 1.57$$

$$\overline{y} = \frac{1}{10}(1.46 + 1.47 + \cdots + 1.58) = 1.52$$

이다. 따라서 서울과 고속도로 휘발유 가격의 평균의 차에 대한 점추정값은 다음과 같다.

$$\overline{x} - \overline{y} = 1.57 - 1.52 = 0.05$$

(b) 표본의 크기는 각각 $n = 12$, $m = 10$이므로 $\overline{X} - \overline{Y}$의 분산은

$$\frac{\sigma_1^2}{n} + \frac{\sigma_2^2}{m} = \frac{0.08^2}{12} + \frac{0.06^2}{10} = 0.0009 = 0.03^2$$

이다. $\alpha = 0.05$이면 $z_{0.025} = 1.96$이므로 95% 신뢰구간의 오차한계는

$$e = 1.96 \cdot 0.03 = 0.0588$$

이다. 따라서 95% 신뢰구간은 다음과 같다.

$$\overline{x} - \overline{y} \pm e = [-0.0088, 0.1088]$$

■ 모분산을 모르지만 같은 경우

독립인 두 모집단이 정규분포를 따르고 모분산 σ_1^2, σ_2^2을 모르지만 $\sigma_1^2 = \sigma_2^2 = \sigma^2$이라 하자. 표본평균을 각각 $\overline{X}$, $\overline{Y}$라 하면 $Var(\overline{X} - \overline{Y}) = \frac{\sigma^2}{n} + \frac{\sigma^2}{m}$이므로 다음과 같이 정의된 확률변수는 표준정규분포를 따른다.

$$Z = \frac{\overline{X} - \overline{Y} - (\mu_1 - \mu_2)}{\sigma\sqrt{1/n + 1/m}}$$

표본의 크기가 각각 n, m이고 표본분산을 각각 S_X^2, S_Y^2라 할 때 알려지지 않은 공통분산 σ^2의 추정량은 다음과 같은 합동표본분산(pooled sample variance)을 사용한다.[2)]

$$S_p^2 = \frac{\sum_{k=1}^{n}(X_k - \overline{X})^2 + \sum_{k=1}^{m}(Y_k - \overline{Y})^2}{n+m-2} = \frac{(n-1)S_X^2 + (m-1)S_Y^2}{n+m-2}$$

Z-통계량에서 σ 대신 S_p를 대입한 확률변수

$$T = \frac{\overline{X} - \overline{Y} - (\mu_1 - \mu_2)}{S_p\sqrt{1/n + 1/m}}$$

는 자유도가 $(n+m-2)$인 t-분포를 따른다.[3)] 자유도가 $(n+m-2)$인 t-분포의 오른쪽 꼬리 확률이 $\frac{\alpha}{2}$인 값을 $t_{\alpha/2}$라 하면

$$P(-t_{\alpha/2} \le T \le t_{\alpha/2}) = 1 - \alpha$$

이다. 위 식에 T를 정의대로 바꾸어 쓰면

$$P\left(-t_{\alpha/2} \le \frac{\overline{X} - \overline{Y} - (\mu_1 - \mu_2)}{S_p\sqrt{1/n + 1/m}} \le t_{\alpha/2}\right) = 1 - \alpha$$

또는

$$P\left(\overline{X} - \overline{Y} - t_{\alpha/2}S_p\sqrt{\frac{1}{n} + \frac{1}{m}} \le \mu_1 - \mu_2 \le \overline{X} - \overline{Y} + t_{\alpha/2}S_p\sqrt{\frac{1}{n} + \frac{1}{m}}\right) = 1 - \alpha$$

이다. 두 모평균의 차이 $\mu_1 - \mu_2$에 대한 점추정치와 $100(1-\alpha)\%$의 오차한계는 각각 다음과 같다.

$$\overline{x} - \overline{y}, \quad e = t_{\alpha/2}s_p\sqrt{\frac{1}{n} + \frac{1}{m}}$$

이때 $\overline{x}, \overline{y}$는 추출된 확률표본에서 얻어지는 표본평균, s_p^2는 추출된 확률표본에서 얻어지는 합동표본분산의 값이다. 또한 두 모평균의 차이 $\mu_1 - \mu_2$에 대한 $100(1-\alpha)\%$ 신뢰구간은 $[\overline{x} - \overline{y} - e, \overline{x} - \overline{y} + e]$이다.

2) 합동표본분산은 σ^2의 불편추정량이다($E(S_p^2) = \sigma^2$) 증명은 연습문제 참고

3) 증명은 연습문제 참고

보기 2

기존에 생산되던 엔진과 새로 생산되는 엔진의 연비를 비교하는 실험이 이루어졌다. 사용된 휘발유와 기타 실험조건은 동일한 상태에서 기존 엔진은 10회, 새로운 엔진은 12회 실험한 결과 평균연비는 각각 $\overline{x}= 11.1$, $\overline{y}= 11.9$ (단위 : km/L)이고 표본분산은 각각 $s_1^2 = 0.12$, $s_2^2 = 0.09$이었다. 새 엔진과 기존 엔진의 연비의 차이에 대한 90% 신뢰구간을 구하시오. 단, 두 엔진의 연비는 서로 독립이고 모분산이 같은 정규분포를 따른다고 가정한다.

풀이 기존 엔진의 연비 평균을 μ_1, 새 엔진의 연비 평균을 μ_2라 하면 $\mu_2 - \mu_1$의 점추정 값은

$$\overline{y} - \overline{x} = 11.9 - 11.1 = 0.8$$

이다. 합동표본분산 S_p^2의 값은

$$s_p^2 = \frac{(n-1)s_1^2 + (m-1)s_2^2}{n+m-2} = \frac{9 \cdot 0.12 + 11 \cdot 0.09}{20} = 0.1035$$

이다. $s_p = \sqrt{0.1035} = 0.3217$이고 t-분포표에서 자유도 20일 때 $t_{0.05}$의 값은

$$t_{0.05}(20) = 1.72$$

이므로 90% 오차한계는

$$e = t_{\alpha/2} s_p \sqrt{\frac{1}{10} + \frac{1}{12}} = 1.72 \cdot 0.3217 \cdot \sqrt{\frac{11}{60}} = 0.2369$$

이다. 따라서 90% 신뢰구간은 다음과 같다.

$$[0.8 - 0.2369,\ 0.8 + 0.2369] = [0.5631, 1.0369]$$

■ 두 모분산을 모르고 대표본인 경우

독립인 두 모집단이 각각 정규분포를 따르고 모분산 σ_1^2, σ_2^2에 대하여 알려진 것이 없다고 하자. 크기가 각각 n, m인 표본의 표본분산을 각각 S_1^2, S_2^2이라 할 때 표준화된 확률변수

$$Z = \frac{\overline{X} - \overline{Y} - (\mu_1 - \mu_2)}{\sqrt{\sigma_1^2/n + \sigma_2^2/m}} \sim N(0,\ 1)$$

에서 두 표본의 크기가 모두 클 때($n \geq 30,\ m \geq 30$) $\sigma_1^2,\ \sigma_2^2$ 대신 $S_1^2,\ S_2^2$을 사용하면 근사적으로 표준정규분포를 따른다.

$$Z = \frac{\overline{X} - \overline{Y} - (\mu_1 - \mu_2)}{\sqrt{S_1^2/n + S_2^2/m}} \approx N(0, 1)$$

따라서 표본분산의 값이 $s_1^2,\ s_2^2$일 때 두 모평균의 차이 $\mu_1 - \mu_2$에 대한 $100(1-\alpha)\%$의 오차한계는 다음과 같다.

$$e = z_{\alpha/2}\sqrt{\frac{s_1^2}{n} + \frac{s_2^2}{m}}$$

또한 두 모평균의 차이 $\mu_1 - \mu_2$에 대한 $100(1-\alpha)\%$ 신뢰구간은 근사적으로 다음과 같다.

$$\left[\overline{x} - \overline{y} - z_{\alpha/2}\sqrt{\frac{s_1^2}{n} + \frac{s_2^2}{m}},\ \overline{x} - \overline{y} + z_{\alpha/2}\sqrt{\frac{s_1^2}{n} + \frac{s_2^2}{m}}\right]$$

보기 3

(보기 2 참조) 원래 생산되던 엔진과 새로 생산되는 엔진의 연비를 비교하는 실험이 이루어졌다. 사용된 휘발유와 기타 실험조건은 동일한 상태에서 기존 엔진과 새로운 엔진 모두 50회 실험한 결과 평균연비는 각각 $\overline{x} = 11.1,\ \overline{y} = 11.9$ (단위 : km)이고 표본분산은 각각 $s_1^2 = 0.12,\ s_2^2 = 0.09$이었다. 새 엔진과 기존 엔진의 연비의 차이에 대한 90% 신뢰구간을 구하시오.

풀이 기존 엔진의 연비 평균을 μ_1, 새 엔진의 연비 평균을 μ_2라 하면 $\mu_2 - \mu_1$의 점추정값은

$$\overline{y} - \overline{x} = 11.9 - 11.1 = 0.8$$

이다. 두 표본의 크기가 모두 크므로 모평균의 차 $\mu_2 - \mu_1$에 대한 90% 오차한계는 근사적으로 다음과 같다.

$$e = z_{0.05}\sqrt{\frac{0.12}{50} + \frac{0.09}{50}} = 1.645\sqrt{\frac{0.12}{50} + \frac{0.09}{50}} = 0.1066$$

따라서 $\mu_2 - \mu_1$의 90% 신뢰구간은 다음과 같다.

$$0.8 \pm 0.1066 = [0.6934,\ 0.9066]$$

표본의 크기가 크지 않으면 정규분포 대신 t-분포를 이용하여 신뢰구간을 구해야 하는데 이 경우의 결과는 통계학 교재를 참고하기 바란다.

$\mu_1 - \mu_2$의 신뢰구간 : 독립인 두 모집단

두 정규모집단이 독립이고 각각 평균이 μ_1, μ_2, 분산이 σ_1^2, σ_2^2일 때, 각 모집단에서 추출된 크기 n, m인 두 표본의 표본평균을 $\overline{x}$, $\overline{y}$, 표본분산을 s_1^2, s_2^2이라 하자.
모평균의 차 $\mu_1 - \mu_2$에 대한 $100(1-\alpha)\%$ 신뢰구간은 다음과 같다.

$$\overline{x} - \overline{y} \pm e$$

σ_1^2, σ_2^2	점추정값	오차한계 e	비고
알려짐	$\overline{x} - \overline{y}$	$z_{\alpha/2}\sqrt{\frac{\sigma_1^2}{n}+\frac{\sigma_2^2}{m}}$	
알려지지 않음 $\sigma_1^2 = \sigma_2^2$	$\overline{x} - \overline{y}$	$t_{\alpha/2}s_p\sqrt{\frac{1}{n}+\frac{1}{m}}$	$s_p^2 = \frac{(n-1)s_1^2+(m-1)s_2^2}{n+m-2}$
알려지지 않음 $\sigma_1^2 \neq \sigma_2^2$	$\overline{x} - \overline{y}$	$z_{\alpha/2}\sqrt{\frac{s_1^2}{n}+\frac{s_2^2}{m}}$	n, m이 클 때 근사오차한계

또한 모집단이 정규분포를 따르지 않더라도 표본의 크기가 크면 중심극한정리에 의하여 $\overline{X} - \overline{Y}$는 근사적으로 정규분포를 따른다. 따라서 모평균의 차이 $\mu_1 - \mu_2$의 구간추정은 위의 결과들을 그대로 이용하여 근사적으로 구할 수 있다.

7.2.2 가설검정

독립인 두 모집단의 분포가 $N(\mu_1, \sigma_1^2)$, $N(\mu_2, \sigma_2^2)$이라 하자. 두 모평균의 차에 대한 귀무가설은 다음과 같이 나타낼 수 있다.

$$H_0 : \mu_1 - \mu_2 = d_0$$

대립가설은 다음과 같은 형태가 된다.

$$H_1 : \mu_1 - \mu_2 > d_0, \quad H_1 : \mu_1 - \mu_2 < d_0, \quad H_1 : \mu_1 - \mu_2 \neq d_0$$

각 모집단에서 크기가 n, m인 확률표본을 추출하였을 때 이들의 표본평균을 각각 $\overline{X}, \overline{Y}$라 하자. 귀무가설이 참이라고 가정하면 다음과 같이 정의된 Z-통계량은 표준정규분포를 따른다.

$$Z = \frac{\overline{X} - \overline{Y} - d_0}{\sqrt{\sigma_1^2/n + \sigma_2^2/m}} \sim N(0,1)$$

두 모집단에서 추출된 표본의 표본평균값이 각각 $\overline{x}, \overline{y}$이면 검정통계량의 값은

$$z_0 = \frac{\overline{x} - \overline{y} - d_0}{\sqrt{\sigma_1^2/n + \sigma_2^2/m}}$$

이다. 대립가설과 기각역은 같은 형태를 가지며 다음과 같이 결론을 내린다.

$H_0 : \mu_1 - \mu_2 = d_0$의 검정: σ_1^2, σ_2^2을 알 때

α : 유의수준

검정통계량 $Z = \dfrac{\overline{X} - \overline{Y} - d_0}{\sqrt{\sigma_1^2/n + \sigma_2^2/m}} \sim N(0, 1)$

$\overline{x}, \overline{y}$: 두 정규모집단에서 추출한 표본의 표본평균 값

$z_0 = \dfrac{\overline{x} - \overline{y} - d_0}{\sqrt{\sigma_1^2/n + \sigma_2^2/m}}$: 표본으로부터 구한 검정통계량의 값

대립가설	$H_1 : \mu_1 - \mu_2 > d_0$	$H_1 : \mu_1 - \mu_2 < d_0$	$H_1 : \mu_1 - \mu_2 \neq d_0$
기각역	$Z > z_\alpha$	$Z < -z_\alpha$	$\|Z\| > z_{\alpha/2}$
p-값	$1 - \Phi(z_0)$	$\Phi(z_0)$	$2(1 - \Phi(\|z_0\|))$
H_0 기각	$z_0 > z_\alpha$일 때	$z_0 < -z_\alpha$일 때	$\|z_0\| > z_{\alpha/2}$일 때
	p-값 $< \alpha$일 때		

보기 4

페인트를 만드는 회사에서 일반 페인트와 친환경 페인트를 생산하고 있다. 회사에서는 VOCs(휘발성 유기화합물)의 노출도가 친환경 페인트가 일반 페인트보다 낮다고 주장한다. 이 주장을 검정하기 위하여 같은 평형의 아파트 18채를 선정하여 그중 9채의 거실에는 일반형 페인트, 나머지 9채에는 친환경 페인트를 시공하였다. 시공 24시간 후 측정한 VOCs의 노

출도(단위 : ppm)는 다음과 같다. 이 회사의 주장을 유의수준 0.05로 검정하시오. 단, 각 페인트의 VOCs 노출도는 서로 독립이고 정규분포를 따르며 일반 페인트의 모표준편차는 4 ppm, 친환경 페인트의 모표준편차는 3 ppm이라 한다.

일반형	26.3	22.5	23.6	20.8	19.9	20.1	21.7	17.4	25.7
친환경	18.5	19.2	16.7	20.4	18.9	19.2	17.8	16.3	22.2

풀이 일반 페인트의 평균 VOCs 노출도를 μ_1, 친환경 페인트는 μ_2라 하자.
귀무가설 $H_0 : \mu_1 = \mu_2$와 대립가설 $H_1 : \mu_1 > \mu_2$을 설정한다. 각각의 표본평균을 $\overline{X}$, $\overline{Y}$라 하면 검정통계량은 다음과 같다.

$$Z = \frac{\overline{X} - \overline{Y}}{\sqrt{\frac{4^2}{9} + \frac{3^2}{9}}} = \frac{3}{5}(\overline{X} - \overline{Y}) \sim N(0,1)$$

주어진 데이터에서 표본평균을 구하면 각각 다음과 같다.

$$\overline{x} = 22, \quad \overline{y} = 18.8$$

$z_{0.05} = 1.645$이고 $z_0 = \frac{3}{5}(\overline{x} - \overline{y}) = \frac{3}{5} \cdot 3.2 = 1.92$이므로

$$z_0 = 1.92 > z_{0.05} = 1.645$$

이다. 따라서 유의수준 0.05에서 귀무가설을 기각한다. 다시 말해서 친환경 페인트의 VOCs 노출도가 일반 페인트보다 낮다고 할 수 있다.

■ 두 모분산을 모르지만 같은 경우

모분산들을 모르는 경우의 가설검정도 모분산을 아는 경우와 같은 귀무가설과 대립가설을 설정한다.

$\sigma_1^2 = \sigma_2^2 = \sigma^2$이면 Z-통계량 $Z = \dfrac{\overline{X} - \overline{Y} - d_0}{\sigma\sqrt{1/n + 1/m}}$에서 σ 대신 합동표본분산

$$S_p^2 = \frac{(n-1)S_1^2 + (m-1)S_2^2}{n+m-2}$$

을 대입한 확률변수

$$T = \frac{\overline{X} - \overline{Y} - d_0}{S_p \sqrt{1/n + 1/m}}$$

는 자유도가 $(n+m-2)$인 t-분포를 따른다. 두 모집단에서 추출된 크기 n, m인 표본의 표본평균값이 각각 $\overline{x}, \overline{y}$이고 합동표본분산의 값이 s_p이면 검정통계량의 값은

$$t_0 = \frac{\overline{x} - \overline{y} - d_0}{s_p \sqrt{1/n + 1/m}}$$

이다. 대립가설과 기각역은 같은 형태를 가지며 다음과 같이 결론을 내린다.

유의수준 α에서 $H_0 : \mu_1 - \mu_2 = d_0$의 검정: $\sigma_1^2 = \sigma_2^2 = \sigma^2$을 모를 때

검정통계량 $T = \dfrac{\overline{X} - \overline{Y} - d_0}{S_p \sqrt{1/n + 1/m}} \sim t(n+m-2)$

$\overline{x}, \overline{y}$: 두 모집단에서 추출한 크기 n, m인 표본의 표본평균 값

S_1^2, S_2^2: 표본의 표본분산, $S_p^2 = \dfrac{(n-1)S_1^2 + (m-1)S_2^2}{n+m-2}$

$t_0 = \dfrac{\overline{x} - \overline{y} - d_0}{s_p \sqrt{1/n + 1/m}}$: 표본으로부터 구한 검정통계량의 값

$t_\alpha = t_\alpha(n+m-2)$: $P(T > t_\alpha) = \alpha$인 값

대립가설	$H_1 : \mu_1 - \mu_2 > d_0$	$H_1 : \mu_1 - \mu_2 < d_0$	$H_1 : \mu_1 - \mu_2 \neq d_0$
기각역	$T > t_\alpha(n-1)$	$T < -t_\alpha(n-1)$	$\lvert T \rvert > t_{\alpha/2}(n-1)$
p-값	$P(T > t_0)$	$P(T < t_0)$	$2P(T > \lvert t_0 \rvert)$
H_0 기각	$t_0 > t_\alpha(n-1)$일 때	$t_0 < -t_\alpha(n-1)$일 때	$\lvert t_0 \rvert > t_{\alpha/2}(n-1)$일 때
	p-값 $< \alpha$일 때		

자유도가 크면 t-분포는 표준정규분포와 비슷하므로 표본의 크기가 크면 $(n+m-2 \geq 30)$ t-통계량 대신 Z-통계량을 사용하여도 된다.

보기 5

어떤 의사는 비타민 C를 하루에 1000 mg 섭취하면 감기회복에 효과가 있다고 주장한다. 비타민 C의 효과를 알아보기 위하여 감기에 걸린 사람 25명 중 10명에게만 하루 1000 mg의 비타민 C를 섭취하게 하고 회복기간(단위 : 일)을 조사하였다. 그 결과가 다음과 같을 때 이 의사의 주장을 유의수준 0.05로 검정하시오. 단 두 모집단에서 회복기간은 독립이고 같은 분산을 가지는 정규분포를 따른다고 가정한다.

	비타민 C 복용(10명)	비타민 C 복용하지 않음(15명)
회복기간 표본평균	7.7	9.2
회복기간 표본분산	2.5	2

풀이 비타민 C를 복용한 경우 회복기간의 모평균을 μ_1, 복용하지 않은 경우의 모평균을 μ_2라 하자. 귀무가설과 대립가설은 각각 다음과 같이 설정한다.

$$H_0 : \mu_1 = \mu_2, \quad H_1 : \mu_1 < \mu_2$$

각 모집단에서의 표본평균을 $\overline{X}$, $\overline{Y}$, 합동표본분산을 S_p^2이라 하면 검정통계량은

$$T = \frac{\overline{X} - \overline{Y}}{S_p\sqrt{1/10 + 1/15}} \sim t(23)$$

이다. 주어진 확률표본으로부터 합동표본분산의 값을 구하면

$$s_p^2 = \frac{9 \cdot 2.5 + 14 \cdot 2}{23} = 2.20$$

이고 T의 값은

$$t_0 = \frac{7.7 - 9.2}{\sqrt{\frac{2.20}{6}}} = -2.48$$

이다. 기각역은 $T < -t_{0.05}(23)$이고

$$t_0 = -2.48 < -t_{0.05}(23) = -1.71$$

이므로 귀무가설을 기각한다. 다시 말해서 비타민 C를 복용하는 것이 회복기간을 줄인다는 의사의 주장을 유의수준 0.05에서 받아들인다.

■ 두 모분산을 모르고 대표본인 경우

두 표본의 크기가 크고 모분산을 모르는 경우 귀무가설 $H_0 : \mu_1 - \mu_2 = d_0$이 참이면 검정통계량은 $Z = \dfrac{\overline{X} - \overline{Y} - d_0}{\sqrt{\sigma_1^2/n + \sigma_2^2/m}}$에서 모분산 σ_1^2, σ_2^2 대신 표본분산 S_1^2, S_2^2을 대입한 통계량은 근사적으로 정규분포를 따른다.

$$Z = \frac{\overline{X} - \overline{Y} - d_0}{\sqrt{S_1^2/n + S_2^2/m}} \approx N(0, 1)$$

두 모집단에서 추출한 확률표본의 표본평균값이 각각 $\overline{x}$, $\overline{y}$이고 표본분산의 값이 각각 s_1^2, s_2^2이면 검정통계량의 값은

$$z_0 = \frac{\overline{x} - \overline{y} - d_0}{\sqrt{s_1^2/n + s_2^2/m}}$$

이다. 대립가설과 기각역은 같은 형태를 가지며 다음과 같이 결론을 내린다.

$H_0 : \mu_1 - \mu_2 = d_0$**의 검정:** σ_1^2, σ_2^2**을 모를 때** $(n + m - 2 \geq 30)$

독립인 두 정규모집단 $N(\mu_1, \sigma_1^2)$, $N(\mu_2, \sigma_2^2)$

검정통계량 $Z = \dfrac{\overline{X} - \overline{Y} - d_0}{\sqrt{S_1^2/n + S_2^2/m}} \approx N(0, 1)$

$\overline{x}$, $\overline{y}$, s_1^2, s_2^2 : 두 모집단에서 추출한 크기 n, m인 표본평균 값과 표본분산 값

$z_0 = \dfrac{\overline{x} - \overline{y} - d_0}{\sqrt{s_1^2/n + s_2^2/m}}$: 표본으로부터 구한 검정통계량의 값

대립가설	$H_1 : \mu_1 - \mu_2 > d_0$	$H_1 : \mu_1 - \mu_2 < d_0$	$H_1 : \mu_1 - \mu_2 \neq d_0$
기각역	$Z > z_\alpha$	$Z < -z_\alpha$	$\lvert Z \rvert > z_{\alpha/2}$
p-값	$1 - \Phi(z_0)$	$\Phi(z_0)$	$2(1 - \Phi(\lvert z_0 \rvert))$
H_0 기각	$z_0 > z_\alpha$일 때	$z_0 < -z_\alpha$일 때	$\lvert z_0 \rvert > z_{\alpha/2}$일 때
	p-값 $< \alpha$일 때		

보기 6

어떤 교수가 통계학과 졸업생의 평균 초임(연봉)이 수학과 졸업생의 평균 초임보다 높다고 주장하였다. 이 주장을 검정하기 위하여 2017년 취업한 통계학과 학생 100명과 수학과 졸업생 100명을 임의로 선택하여 이들의 초임을 조사하였다. 통계학과 졸업생의 초임은 표본평균이 3000만 원, 표본표준편차가 300만 원이었으며 수학과 졸업생의 초임은 표본평균이 2900만 원, 표본표준편차가 400만 원이었다. 유의수준 $\alpha = 0.05$, $\alpha = 0.01$에서 이 교수의 주장이 타당한지 p-값을 이용하여 논의하시오.

풀이 통계학과 졸업생의 평균초임을 μ_1, 수학과 졸업생의 평균초임을 μ_2라 하자. 그러면 가설검정에서 귀무가설은 두 초임에는 차이가 없음을 주장하는 $H_0 : \mu_1 = \mu_2$이고 대립가설은 $H_1 : \mu_1 > \mu_2$이다. 표본평균을 $\overline{X}$, $\overline{Y}$, 표본분산을 S_1^2, S_2^2이라 하면 다음과 같은 Z-통계량을 얻는다.

$$Z = \frac{\overline{X} - \overline{Y}}{\sqrt{S_1^2/100 + S_2^2/100}} = \frac{10(\overline{X} - \overline{Y})}{\sqrt{S_1^2 + S_2^2}} \approx N(0, 1)$$

주어진 확률표본에 대하여 z-값을 구하면

$$z_0 = \frac{10(3000 - 2900)}{\sqrt{300^2 + 400^2}} = 2$$

이므로 p-값은 $p = P(Z > 2) = 0.0228$이다.

$$0.01 < p = 0.028 < 0.05$$

이므로 유의수준 $\alpha = 0.05$에서 귀무가설은 기각한다. 그러나 유의수준 $\alpha = 0.01$에서는 귀무가설을 기각할 수 없다.

두 모집단이 독립일 때 주어진 모분산에 대한 정보에 대하여 가설검정 방법을 정리하면 다음과 같다.

가설검정 $H_0 : \mu_1 - \mu_2 = d_0$

독립인 두 정규모집단의 분포가 각각 $N(\mu_1, \sigma_1^2)$, $N(\mu_2, \sigma_2^2)$

$\overline{X}$, $\overline{Y}$: 각 모집단에서 추출된 크기 n, m인 표본의 표본평균

S_1^2, S_2^2 : 각 모집단에서 추출된 크기 n, m인 표본의 표본분산

$S_p^2 = \dfrac{(n-1)S_1^2 + (m-1)S_2^2}{n+m-2}$: 합동표본분산

σ_1^2, σ_2^2	검정통계량	검정통계량의 분포
알려짐	$Z = \dfrac{\overline{X} - \overline{Y} - d_0}{\sqrt{\sigma_1^2/n + \sigma_2^2/m}}$	$N(0, 1)$
알려지지 않음 $\sigma_1^2 = \sigma_2^2$	$T = \dfrac{\overline{X} - \overline{Y} - d_0}{S_p\sqrt{1/n + 1/m}}$	$t(n+m-2)$
알려지지 않음 $\sigma_1^2 \neq \sigma_2^2$	$Z = \dfrac{\overline{X} - \overline{Y} - d_0}{\sqrt{S_1^2/n + S_2^2/m}}$	$\approx N(0, 1)$

7.3 모평균 차에 대한 추론 : 대응비교

7.3.1 대응비교(짝비교)

앞 절에서는 두 모집단이 서로 독립인 경우 두 모평균의 차에 대한 추론을 다루었다. 이 절에서는 두 모집단이 독립이 아닌 경우 두 모평균의 차에 대한 추론을 다루기로 한다. 두 모평균을 비교하는데 두 모집단이 서로 독립이 아닌 경우가 있을 수 있다. 예를 들어

- 혈압약을 먹기 전과 먹고 나서의 혈압
- 남편과 아내의 나이
- 어떤 가구의 월수입과 월소비 금액

등은 동일한 대상(고혈압 환자, 부부, 가구)에게 두 가지의 값을 조사하는 형태로 두 모집단 사이에 유의한 상관관계가 있다고 생각할 수 있다.

동일한 대상이 아니더라도 비슷한 유형의 대상을 짝지어 조사하는 경우도 두 모집단 사이에 유의한 상관관계가 있다고 가정하는 것이 타당하다. 예를 들어 기존의 혈압약과 새로운 혈압약의 효과를 비교하려 한다고 하자. 이때 환자의 조건(나이, 성별, 식습관, 건강상태, 운동량 등)이 다르면 약에 대한 반응에도 큰 차이가 있을 수 있다. 이럴 때는 우선 환자들의 조건과 혈압 수치 등을 고려하여 비슷한 조건을 가진 환자들을 짝을 지어 비교하는 것이 효율적이다. 즉, 각 쌍의 환자들은 비슷한 조건을 가지도록 하고 각 쌍에서 한 환자는 기존의 약을, 다른 환자는 새로운 약을 투약한 후 치료 효과를 비교한다.

이와 같이 실험 또는 조사에서 한 대상에 대하여 두 가지 처리(또는 조사)를 한 데이터를 짝을 지어 살펴보거나 비슷한 조건의 대상들을 짝을 지어 두 가지 처리를 한 결과를 살펴보는 것을 **대응비교** 또는 **짝비교**라 한다. k번째 대상에게 처리 1을 한 결과를 X_k, 처리 2를 한 결과를 Y_k라 하면 두 처리 사이에 차이가 있는지는 통계량

$$D_k = X_k - Y_k,\ \ k = 1, 2, \cdots, n$$

를 살펴보면 알 수 있다.

7.3.2 신뢰구간

표본의 크기가 n이고 처리 1을 한 결과인 X_k는 정규분포 $N(\mu_1, \sigma_1^2)$을 따르고 처리 2를 한 결과인 Y_k는 정규분포 $N(\mu_2, \sigma_2^2)$를 따른다고 하자. 순서쌍

$$(X_k, Y_k),\ k = 1, 2, \cdots, n$$

는 서로 독립이지만 일반적으로 X_k와 Y_k는 상관관계를 갖는다. 다시 말해서 $D_1, D_2, \cdots, D_n$은 서로 독립이고 평균과 분산이 각각

$$\mu_D = \mu_1 - \mu_2, \quad \sigma_D^2 = \sigma_1^2 + \sigma_2^2 - 2Cov(X_1, Y_1)$$

인 정규분포를 따른다. 따라서 $D_1, D_2, \cdots, D_n$의 표본평균

$$\overline{D} = \frac{1}{n}(D_1 + D_2 + \cdots + D_n)$$

은 정규분포 $N\left(\mu_1 - \mu_2, \frac{\sigma_D^2}{n}\right)$을 따르고 이를 표준화한 Z-통계량은 표준정규분포를 따른다.

$$Z = \frac{\overline{D} - (\mu_1 - \mu_2)}{\sigma_D / \sqrt{n}} \sim N(0, 1)$$

따라서 σ_D^2이 알려져 있으면 표준정규분포의 성질로부터 임의의 양수 $\alpha\,(0 < \alpha < 1)$에 대하여 다음 식이 성립한다.

$$P(-z_{\alpha/2} \le Z \le z_{\alpha/2}) = 1 - \alpha$$

$\overline{D}$를 이용하여 다시 쓰면 다음과 같다.

$$P\left(|\overline{D} - (\mu_1 - \mu_2)| \le z_{\alpha/2}\frac{\sigma_D}{\sqrt{n}}\right) = 1 - \alpha$$

또는

$$P\left(\overline{D} - z_{\alpha/2}\frac{\sigma_D}{\sqrt{n}} \le \mu_1 - \mu_2 \le \overline{D} + z_{\alpha/2}\frac{\sigma_D}{\sqrt{n}}\right) = 1 - \alpha$$

이므로 d_k가 D_k의 측정값이고 $\bar{d} = \frac{1}{n}(d_1 + d_2 + \cdots + d_n)$이면 $\mu_1 - \mu_2$의 $100(1-\alpha)\%$ 신뢰구간은 다음과 같다.

$$\left[\bar{d} - z_{\alpha/2}\frac{\sigma_D}{\sqrt{n}},\ \bar{d} + z_{\alpha/2}\frac{\sigma_D}{\sqrt{n}}\right]$$

σ_D^2이 알려지지 않은 경우, σ_D^2 대신 표본분산

$$S_D^2 = \frac{1}{n-1}\sum_{k=1}^{n}(D_k - \overline{D})^2$$

을 사용한 통계량 T는 자유도가 $(n-1)$인 t-분포를 따른다.

$$T = \frac{\overline{D} - (\mu_1 - \mu_2)}{S_D/\sqrt{n}} \sim t(n-1)$$

따라서 $\overline{D}$의 측정값이 $\bar{d}$, 표본분산 S_D^2의 측정값이 s_D^2이면 $(\mu_1 - \mu_2)$의 $100(1-\alpha)\%$ 신뢰구간은

$$\left[\bar{d} - t_{\alpha/2}\frac{s_D}{\sqrt{n}},\ \bar{d} + t_{\alpha/2}\frac{s_D}{\sqrt{n}}\right]$$

이다. 이때 $t_{\alpha/2}$는 자유도가 $(n-1)$인 t-분포의 오른쪽 꼬리 확률이 $\frac{\alpha}{2}$인 t-값이고 s_D^2은 표본분산의 값이다.

$$s_D^2 = \frac{1}{n-1}\sum_{k=1}^{n}(d_k - \bar{d})^2$$

대응비교에 의한 $(\mu_1 - \mu_2)$의 신뢰구간

모평균이 각각 μ_1, μ_2이고 정규분포를 따르는 두 모집단

$d_k = x_k - y_k$, $k = 1, 2, \cdots, n$: n개의 대응표본 값의 차이

$$\bar{d} = \frac{1}{n}(d_1 + d_2 + \cdots + d_n)$$

$\mu_1 - \mu_2$의 $100(1-\alpha)\%$ 신뢰구간은 다음과 같다.

σ_D^2	신뢰구간	비고
알려진 경우	$\left[\bar{d} - z_{\alpha/2}\frac{\sigma_D}{\sqrt{n}},\ \bar{d} + z_{\alpha/2}\frac{\sigma_D}{\sqrt{n}}\right]$	
알려지지 않은 경우	$\left[\bar{d} - t_{\alpha/2}\frac{s_D}{\sqrt{n}},\ \bar{d} + t_{\alpha/2}\frac{s_D}{\sqrt{n}}\right]$	$s_D^2 = \frac{1}{n-1}\sum_{k=1}^{n}(d_k - \bar{d})^2$

보기 1

고단백저탄수화물 다이어트의 체중감소 효과를 확인하기 위하여 참가자 중 20명을 임의로 추출하여 다이어트를 시작할 때의 체중 x_k와 다이어트 3개월 후의 체중 y_k를 측정한 결과가 다음과 같다.

k	x_k	y_k	k	x_k	y_k
1	55.2	56.0	11	82.5	79.4
2	67.5	66.1	12	77.4	78.2
3	73.5	65.5	13	63.5	59.9
4	88.7	79.2	14	79.9	81.3
5	76.5	72.3	15	55.8	55.5
6	92.4	85.4	16	77.5	76.3
7	61.3	63.2	17	73.5	68.5
8	58.4	55.2	18	82.4	78.3
9	103.6	91.2	19	73.2	73.5
10	58.4	59.6	20	91.2	88.4

μ_1, μ_2를 각각 고단백저탄수화물 다이어트를 하는 사람들의 시작할 때와 다이어트 3개월 후의 체중의 모평균이라 할 때 $\mu_D = \mu_1 - \mu_2$의 95% 신뢰구간을 구하시오. 단, 다이어트 시작 전과 3개월 후의 체중은 모두 정규분포를 따른다고 가정한다.

풀이 체중의 변화량을 $d_k = x_k - y_k$로 놓으면 다음 표를 얻는다.

x_k	y_k	d_k	x_k	y_k	d_k
55.2	56.0	−0.8	82.5	79.4	3.1
67.5	66.1	1.4	77.4	78.2	−0.8
73.5	65.5	8.0	63.5	59.9	3.6
88.7	79.2	9.5	79.9	81.3	−1.4
76.5	72.3	4.2	55.8	55.5	0.3
92.4	85.4	7.0	77.5	76.3	1.2
61.3	63.2	−1.9	73.5	68.5	5.0
58.4	55.2	3.2	82.4	78.3	4.1
103.6	91.2	12.4	73.2	73.5	−0.3
58.4	59.6	−1.2	91.2	88.4	2.8

$\mu_D = \mu_1 - \mu_2$의 점추정값은 d_k, $k = 1, 2, \cdots, n$의 표본평균이다.

$$\overline{d} = \frac{1}{20}(-0.8 + 1.4 + \cdots + 2.8) = 2.97$$

또한 표본표준편차는

$$s_D = \sqrt{\frac{1}{19}\sum_{k=1}^{20}(d_k - \overline{d})^2} = 3.92$$

이다. 자유도가 19일 때 $t_{0.025}(19) = 2.09$이므로 95% 오차한계는

$$e = t_{\alpha/2}\frac{s_D}{\sqrt{n}} = 2.09 \cdot \frac{3.92}{\sqrt{20}} = 1.83$$

이고 $\mu_D = \mu_1 - \mu_2$의 95% 신뢰구간은 다음과 같다.

$$\left[\overline{d} - t_{\alpha/2}\frac{s_D}{\sqrt{n}},\ \overline{d} + t_{\alpha/2}\frac{s_D}{\sqrt{n}}\right] = [2.97 - 1.83,\ 2.97 + 1.83]$$
$$= [1.14,\ 4.80]$$

따라서 고단백저탄수화물 다이어트 결과 체중 감소가 1.14kg과 4.80kg 사이임을 95%로 확신할 수 있다.

7.3.3 가설검정

대응관측값에 대한 모평균 차의 검정은 단일 모평균 $\mu_D = \mu_1 - \mu_2$에 대한 검정 문제로 단순화되며 귀무가설은 다음과 같다.

$$H_0 : \mu_D = d_0$$

귀무가설이 참이라는 가정 아래 검정통계량과 검정통계량의 값은 다음과 같다

- σ_D^2이 알려진 경우: $Z = \dfrac{\overline{D} - d_0}{\sigma_D / \sqrt{n}} \sim N(0, 1)$, $\quad z_0 = \dfrac{\overline{d} - d_0}{\sigma_D / \sqrt{n}}$
- σ_D^2이 알려지지 않은 경우: $T = \dfrac{\overline{D} - d_0}{S_D / \sqrt{n}} \sim t(n-1)$, $\quad t_0 = \dfrac{\overline{d} - d_0}{s_D / \sqrt{n}}$

대립가설과 기각역은 같은 형태를 가지며 다음과 같이 결론을 내린다.

대응비교에서 $H_0 : \mu_D = d_0$의 검정: 정규모집단

$d_1, d_2, \cdots, d_n$: 추출된 표본에서 대응관측값의 차이

$$\overline{d} = \frac{1}{n}(d_1 + d_2 + \cdots + d_n), \; s_D^2 = \frac{1}{n-1}\sum_{k=1}^{n}(d_k - \overline{d})^2$$

- σ_D^2이 알려진 경우: $Z = \dfrac{\overline{D} - d_0}{\sigma_D / \sqrt{n}} \sim N(0,1)$, $\quad z_0 = \dfrac{\overline{d} - d_0}{\sigma_D / \sqrt{n}}$

대립가설	$H_1 : \mu_1 - \mu_2 > d_0$	$H_1 : \mu_1 - \mu_2 < d_0$	$H_1 : \mu_1 - \mu_2 \neq d_0$
기각역	$Z > z_\alpha$	$Z < -z_\alpha$	$\lvert Z \rvert > z_{\alpha/2}$
H_0 기각	$z_0 > z_\alpha$일 때	$z_0 < -z_\alpha$일 때	$\lvert z_0 \rvert > z_{\alpha/2}$일 때

- σ_D^2이 알려지지 않은 경우: $T = \dfrac{\overline{D} - d_0}{S_D / \sqrt{n}} \sim t(n-1)$, $\quad t_0 = \dfrac{\overline{d} - d_0}{s_D / \sqrt{n}}$

대립가설	$H_1 : \mu_1 - \mu_2 > d_0$	$H_1 : \mu_1 - \mu_2 < d_0$	$H_1 : \mu_1 - \mu_2 \neq d_0$
기각역	$T > t_\alpha$	$T < -t_\alpha$	$\lvert T \rvert > t_{\alpha/2}$
H_0 기각	$t_0 > t_\alpha$일 때	$t_0 < -t_\alpha$일 때	$\lvert t_0 \rvert > t_{\alpha/2}$일 때

보기 2

어떤 정유회사에서는 새로 개발한 첨가제를 휘발유에 넣을 경우 연비가 증가한다고 주장한다. 이를 확인하기 위하여 자동차 20대를 임의로 추출하여 한 번은 첨가제를 넣지 않고 주행하고 한 번은 첨가제를 넣고 주행하는 실험을 한 결과 연비는 각각 다음 표와 같았다.

차 번호(k)	사용 전(x_k)	사용 후(y_k)	차 번호(k)	사용 전(x_k)	사용 후(y_k)
1	11.2	12.6	11	12.4	12.1
2	10.5	12.6	12	11.1	12.2
3	12.8	13.9	13	10.2	12.4
4	12.1	14.5	14	10.9	11.5
5	11.1	11.2	15	11.8	12.2
6	12.5	13.9	16	13.6	14.7
7	10.0	11.7	17	12.5	13.1
8	12.8	14.6	18	13.1	15.1
9	11.3	10.9	19	11.3	13.6
10	12.1	11.0	20	11.7	13.1

(a) 첨가제 사용이 연비를 높인다고 할 수 있는지 유의수준 $\alpha = 0.05$에서 검정하시오.

(b) 첨가제 사용이 연비를 1(km/L)보다 더 높인다고 할 수 있는지 유의수준 $\alpha = 0.05$에서 검정하시오.

풀이 (a) 첨가제를 사용 전과 사용 후의 모평균을 각각 μ_1, μ_2라 하자. 다음과 같이 가설을 설정한다.

$$\text{귀무가설 } H_0 : \mu_1 = \mu_2, \quad \text{대립가설 } H_1 : \mu_1 < \mu_2$$

또는 $d_0 = \mu_2 - \mu_1$이라 놓으면 가설은 다음과 같이 쓸 수 있다.

$$\text{귀무가설 } H_0 : d_0 = 0, \quad \text{대립가설 } H_1 : d_0 > 0$$

검정통계량 $T = \dfrac{\overline{D}}{S_D/\sqrt{n}}$은 자유도가 19인 t-분포를 따르고 $t_{0.05}(19) = 1.73$이다.

k번째 차량의 첨가제 사용 후와 사용 전 연비의 차이를 $d_k = y_k - x_k$로 놓으면

차 번호(k)	사용 전(x_k)	사용 후(y_k)	$d_k = y_k - x_k$
1	11.2	12.6	1.4
2	10.5	12.6	2.1
3	12.8	13.9	1.1
4	12.1	14.5	2.4
5	11.1	11.2	0.1
6	12.5	13.9	1.4
7	10	11.7	1.7
8	12.8	14.6	1.8
9	11.3	11.3	0
10	12.1	12.3	0.2
11	12.4	12.1	−0.3
12	11.1	12.2	1.1
13	10.2	12.4	2.2
14	10.9	11.5	0.6
15	11.8	12.2	0.4
16	13.6	14.7	1.1
17	12.5	13.1	0.6
18	13.1	15.1	2.0
19	11.3	13.6	2.3
20	11.7	13.1	1.4

표본평균 $\overline{d}$와 표준분산 s_D^2은 각각 다음과 같다.

$$\overline{d} = \frac{1}{20}(1.4 + 2.1 + \cdots + 1.4) = 1.18$$

$$s_D^2 = \frac{1}{20-1}((1.4 - 1.18)^2 + (2.1 - 1.18)^2 + \cdots + (1.4 - 1.18)^2) = 0.69$$

따라서 검정통계량의 값은

$$t_0 = \frac{\overline{d}}{\sqrt{s_D^2/n}} = \frac{1.18}{\sqrt{0.69/20}} = 6.35$$

이다

$$t_0 = 6.35 > t_{0.05}(19) = 1.73$$

이므로 귀무가설을 기각한다. 다시 말해서 정유회사의 주장에 타당한 근거가 있다.

(b) 가설은 다음과 같이 설정한다.

$$\text{귀무가설 } H_0 : d_0 = 1, \quad \text{대립가설 } H_1 : d_0 > 1$$

검정통계량의 값은

$$t_0 = \frac{\overline{d} - 1}{s_D/\sqrt{n}} = \frac{0.18}{0.83/\sqrt{20}} = 0.97$$

이고

$$t_0 = 0.97 < t_{0.05}(19) = 1.73$$

이므로 귀무가설을 기각할 수 없다. 다시 말해서 연비가 1보다 더 증가한다는 정유회사의 주장을 받아들일 타당한 근거가 없다.

연습문제 7.2 ~ 7.3 EXERCISES

◈ (1 ~ 2) 독립인 두 모집단이 각각 $N(\mu_1, \sigma^2)$, $N(\mu_2, \sigma^2)$을 따른다고 하자. 각 모집단에서 크기가 n, m인 확률표본의 표본분산을 S_X^2, S_Y^2이라 할 때

01 다음과 같이 정의된 합동표본분산은 σ^2의 불편추정량임을 보이시오.

$$S_p^2 = \frac{(n-1)S_X^2 + (m-1)S_Y^2}{n+m-2}$$

02 $T = \dfrac{\overline{X} - \overline{Y} - (\mu_1 - \mu_2)}{S_p\sqrt{\dfrac{1}{n} + \dfrac{1}{m}}}$는 자유도가 $(n+m-2)$인 t-분포를 따름을 보이시오.

03 7.2절의 보기 1에서 소비자단체가 다음과 같은 주장을 할 때 가설을 설정하고 유의수준 $\alpha = 0.05$에서 가설을 검정하시오.

(a) 서울과 고속도로의 휘발유 가격에 차이가 있다.

(b) 서울이 고속도로보다 휘발유 가격이 더 비싸다.

◈ (4 ~ 5) 7.2절의 보기 2에서 엔진 생산 회사가 다음과 같이 주장할 때 가설을 설정하고 유의수준 $\alpha = 0.05$에서 가설을 검정하시오.

04 새 엔진의 연비가 더 높다.

05 새 엔진과 기존 엔진의 연비 차이는 0.5 km/L보다 더 크다.

◈ (6 ~ 7) 7.2절의 보기 3에서 엔진 생산 회사가 다음과 같이 주장할 때 가설을 설정하고 유의수준 $\alpha = 0.01$에서 가설을 검정하시오.

06 새 엔진의 연비가 더 높다.

07 (a) 새 엔진과 기존 엔진의 연비 차이는 0.6 km/L보다 더 크다.

(b) 새 엔진과 기존 엔진의 연비 차이는 0.7 km/L보다 더 크다.

◈ (8 ~ 10) 7.2절의 보기 5에서

08 비타민 C의 복용이 회복기간을 하루보다 더 줄인다고 의사가 주장할 때 검정을 실시하시오.

09 (a) 비타민 C 복용 환자의 회복기간에 대한 95% 신뢰구간을 구하시오.

(b) 비타민 C 미복용 환자의 회복기간에 대한 95% 신뢰구간을 구하시오.

(c) 비타민 C 미복용 환자와 복용 환자의 회복기간 차이에 대한 95% 신뢰구간을 구하시오.

10 250명의 환자를 대상으로 100명에게는 비타민 C를 처방하고 150명에게는 처방하지 않았다고 하자. 회복기간의 표본평균과 표본분산이 보기 5와 동일하고 모분산에 대하여 알려진 것이 아무것도 없다고 하자. 의사의 다음과 같은 주장에 대하여 가설검정을 유의수준 $\alpha = 0.01$에서 실시하시오.

(a) 비타민 C의 복용이 회복기간을 단축시킨다.

(b) 비타민 C의 복용이 단축시키는 회복기간은 하루를 초과한다.

11 7.2절의 보기 6에서

(a) 통계학과 학생과 수학과 학생의 초임차에 대한 95% 신뢰구간을 구하시오.

(b) 통계학과 학생과 수학과 학생의 초임이 다르다는 주장을 유의수준 $\alpha = 0.05$에서 검정하시오.

12 휴대폰 제조회사에서 새로 개발된 휴대폰의 수신거리를 기존의 제품과 비교하기 위하여 다음과 같은 결과를 얻었다. 신형 휴대폰 15대의 수신거리는 평균 400 m, 표준편차가 12 m이었고 기존의 전화기 25대의 평균과 표준편차는 각각 390 m, 16 m이었다. 새 휴대폰과 기존 휴대폰의 수신거리는 모두 정규분포를 따르고 각각의 모평균을 μ_1, μ_2라 하자.

(a) μ_1의 95% 신뢰구간을 구하시오.

(b) μ_2의 95% 신뢰구간을 구하시오.

(c) $\mu_1 - \mu_2$의 95% 신뢰구간을 구하시오.

13 문제 12의 휴대폰 제조회사에서 새로운 휴대폰의 수신거리가 기존의 것보다 길다고 주장한다. 이 주장에 대하여 p-값을 구하여 유의수준 $\alpha = 0.01, 0.05, 0.1$에서 검정을 실시하시오.

14 어느 회사의 공장에서 영업소까지 제품을 운송하는데 두 노선 중 운송시간이 짧은 하나를 선택하려고 한다. 다음 표는 운전기사 중 임의로 16명을 뽑아 다시 8명씩 임의로 조를 나누어 두 노선을 같은 시간대에 운행한 결과(단위 : 시간)를 정리한 것이다.

노선 1	1.97	1.68	2.18	1.77	2.3	2.01	2.05	1.63
노선 2	2.11	1.69	2.36	1.5	1.56	1.62	1.49	1.6

(a) 두 노선의 운행시간 사이에 차이가 있는가? 검정에 어떤 가정이 필요한지 설명하고 유의수준 $\alpha = 0.05$에서 검정을 실시하시오.

(b) 노선 2의 운행시간이 더 짧다고 할 수 있는지 유의수준 $\alpha = 0.05$에서 검정을 실시하시오.

15 우리나라의 초혼 연령은 계속 높아지는 추세인데 2016년에는 남자와 여자 모두 30세를 넘어선 것으로 알려져 있다. 2017년 결혼한(초혼) 100명의 남자와 100명의 여자를 대상으로 조사한 결과 다음과 같은 결과를 얻었다. 이 자료로부터 사회학자가 다음과 같이 주장할 때 유의수준 $\alpha = 0.05$에서 검정을 실시하시오.

(a) 남자와 여자의 초혼 나이의 차는 3보다 작다.

(b) 남자와 여자의 초혼 나이의 차는 2보다 크다.

	여자	남자
표본평균	30.1	32.8
표본표준편차	3.2	4.2

16 7.3절의 보기 1에서 고단백저탄수화물 다이어트 결과 체중감량 효과가 2 kg보다 크다는 주장에 대하여 유의수준 $\alpha = 0.05$에서 검정하시오.

17 7.3절의 보기 2에서 표본의 크기가 100일 때 같은 표본평균과 표본표준편차를 얻었다. 첨가제 사용이 연비를 1보다 더 높인다는 주장에 대하여 가설검정을 실시하시오.

18 어느 사회학자는 남자와 여자의 초혼 나이 차이가 3살보다 더 작다고 주장한다. 2017년 결혼한(초혼) 부부 11쌍을 대상으로 조사한 결과 다음과 같은 결과를 얻었다.

	1	2	3	4	5	6	7	8	9	10	11
신랑	31	36	30	26	33	40	37	33	37	42	29
신부	32	31	25	27	35	32	31	34	35	36	28

(a) 신랑과 신부의 나이 차이에 대한 95% 신뢰구간을 구하시오.

(b) 이 자료로부터 사회학자의 주장이 맞다고 결론을 내릴 수 있는가? p-값을 구하고 유의수준 $\alpha = 0.01, 0.05, 0.1$에서 검정을 실시하시오.

19 어느 정유회사는 보통 휘발유와 고급 휘발유를 판매한다. 회사는 고급 휘발유의 연비가 더 높다고 주장하는데 이를 검사하기 위하여 8종류의 자동차 2대씩을 선별하여 한 대에는 보통 휘발유, 다른 한 대에는 고급 휘발유를 주유하고 같은 조건에서 연비(단위 : km/L)를 조사하였다. 이 결과에 따르면 고급 휘발유와 보통 휘발유의 연비 차이가 1보다 크다고 할 수 있는가? 유의수준 $\alpha = 0.05$에서 검정을 실시하시오.

차량종류	1	2	3	4	5	6	7	8
보통	11.9	9.9	13.0	11.1	10.9	14.0	8.7	12.0
고급	12.6	11.4	14.2	13.5	11.8	15.1	10.1	13.2

20 어느 공장에서 같은 제품을 조립하는 두 가지 방법이 있다. 두 가지 방법 중 어느 것이 더 효율적인지 알아보기 위하여 12명의 근로자를 임의로 선발하여 각 방법으로 제품을 조립하는 데 걸리는 시간을 조사하였다.

근로자	1	2	3	4	5	6	7	8	9	10	11	12
방법 1	4.6	4.5	5.5	4.7	2.9	5.3	5.1	5.1	4.6	5.8	4.3	5.8
방법 2	4.2	2.9	5.0	4.3	3.6	5.3	2.7	3.9	4.7	3.8	2.6	3.8

두 방법의 조립시간이 다르다고 할 수 있는지 유의수준 $\alpha = 0.05$에서 검정을 실시하시오.

◈ **(21 ~ 23) 2인 이상 가구의 월평균 가구소득을 알아보기 위하여 임의로 2인 이상의 100가구를 대상으로 소득과 소비지출을 조사하여 다음 결과를 얻었다(x_k, y_k는 k번째 가구의 소득과 지출, 단위는 만 원).**

$$\bar{x} = 440,\ \bar{y} = 257,$$
$$\sum_{k=1}^{100}(x_k - \bar{x})^2 = 20123,\ \sum_{k=1}^{100}(y_k - \bar{y})^2 = 12011,$$
$$\sum_{k=1}^{100}(x_k - \bar{x})(y_k - \bar{y}) = 8219$$

21 k번째 가구의 소득과 지출의 차이를 d_k라 할 때 표본평균 $\bar{d}$와 표본표준편차 s_D를 구하시오.

22 2인 이상 가구의 가구소득과 소비지출의 차에 대한 95% 신뢰구간을 구하시오.

23 어느 사회학자는 2인 이상 가구의 소득과 소비지출의 차가 180만 원이 넘는다고 주장한다. 유의수준 $\alpha = 0.05$에서 검정을 실시하시오.

7.4 모비율의 추론

모비율(population ratio)은 어떤 정책에 대한 지지율이나 어떤 공정에서의 불량률, 어떤 제품의 시장 점유율 등과 같이 모집단에서 어떤 속성을 가지는 비율을 의미한다. 모비율에 대한 추정은 많은 분야에서 사용되고 있다. 제조업체 관리자는 상품의 불량률에, 의사는 자신이 치료한 환자의 완치율에, 대선 후보는 자신의 지지율에 관심이 있을 것이다. 이 절에서는 이러한 비율에 대한 추론방법을 소개한다. 이러한 모비율의 추정은 여론조사, 시장조사, 품질관리 등에서 중요한 역할을 한다.

7.4.1 신뢰구간

무한 모집단에서 어떤 속성을 가지는 개체의 비율이 p라 하자. 이 모집단에서 크기가 n인 확률표본을 추출하였을 때 이 속성을 가진 표본의 개수를 X라 하면 확률변수 X는 이항분포 $Bin(n, p)$를 따른다. 이때 표본비율(sample ratio)을 나타내는 통계량

$$\hat{p} = \frac{X}{n}$$

을 모비율 p의 추정량으로 사용한다. 이항확률변수 X의 평균과 분산은 다음과 같다.

$$E(X) = np, \quad Var(X) = np(1-p)$$

따라서 표본비율 $\hat{p}$의 평균과 분산은 각각 다음과 같다.

$$E(\hat{p}) = p, \quad Var(\hat{p}) = \frac{p(1-p)}{n}$$

표본비율 $\hat{p}$은 모비율 p의 불편추정량이고, 표준오차는

$$SE(\hat{p}) = \sqrt{\frac{p(1-p)}{n}}$$

이다. 표본의 크기 n이 크면 중심극한정리(드무아브르 라플라스 정리)에 의하여 확률변수 X는 근사적으로 정규분포 $N(np, np(1-p))$를 따른다.

$$X \approx N(np, np(1-p))$$

모비율 p가 알려져 있지 않으므로 표준오차에서 모비율 p 대신 불편추정량 $\hat{p}$을 사용하면

$$Z = \frac{X - np}{\sqrt{n\hat{p}(1-\hat{p})}} = \frac{\hat{p} - p}{\sqrt{\hat{p}(1-\hat{p})/n}}$$

는 근사적으로 표준정규분포를 따른다. 따라서 임의의 양수 $\alpha\,(0 < \alpha < 1)$에 대하여 다음 식이 성립한다.

$$P(-z_{\alpha/2} \le Z \le z_{\alpha/2}) = 1 - \alpha$$

이 식을 $\hat{p}$를 이용하여 다시 쓰면 다음과 같다.

$$P\left(|\hat{p} - p| \le z_{\alpha/2}\sqrt{\frac{\hat{p}(1-\hat{p})}{n}}\right) = 1 - \alpha$$

또는

$$P\left(\hat{p} - z_{\alpha/2}\sqrt{\frac{\hat{p}(1-\hat{p})}{n}} \le p \le \hat{p} + z_{\alpha/2}\sqrt{\frac{\hat{p}(1-\hat{p})}{n}}\right) = 1 - \alpha$$

따라서 모비율 p에 대한 $100(1-\alpha)\%$ 오차한계는

$$e = z_{\alpha/2}\sqrt{\frac{\hat{p}(1-\hat{p})}{n}}$$

이고 신뢰구간에 대한 다음 결과를 얻는다.

모비율 p의 신뢰구간

무한모집단에서 어떤 속성을 가지는 모비율이 p일 때 크기 n인 확률표본에서 그 속성을 가지는 개체수를 X라 하자.

- 모비율 p의 불편추정량: 표본비율 $\hat{p} = \dfrac{X}{n}$
- 모비율 p의 $100(1-\alpha)\%$ 근사신뢰구간: $\hat{p} \pm z_{\alpha/2}\sqrt{\dfrac{\hat{p}(1-\hat{p})}{n}}$

보기 1

시청률 조사기관에서 텔레비전을 소유한 1000가구를 대상으로 대통령 후보 TV 토론회 시청 여부를 조사한 결과 $x = 177$가구가 시청하는 것으로 나타났다. 이 토론회의 실제 시청률 p에 대한 95% 신뢰구간을 구하시오.

풀이 시청률 p의 점추정값은

$$\hat{p} = \frac{177}{1000} = 0.177$$

이다. $z_{0.025} = 1.96$이므로 p의 95% 오차한계는

$$e = z_{0.025}\sqrt{\frac{\hat{p}(1-\hat{p})}{n}} = 1.96\sqrt{\frac{0.177 \cdot 0.823}{1000}} = 0.0237$$

이고 p의 95% 신뢰구간은 $0.177 \pm 0.0237 = [0.1533, 0.2007]$이다.

점추정값 $\hat{p}$은 모비율 p와 정확히 일치하지는 않으며 오차가 포함된다. 이 오차의 크기는 $\hat{p}$와 p의 차이 $|p-\hat{p}|$로 주어지며 $100(1-\alpha)\%$로 오차한계 $e = z_{\alpha/2}\sqrt{\frac{\hat{p}(1-\hat{p})}{n}}$ 보다 작을 것임을 확신할 수 있다.

■ 표본의 크기

오차(추정량과 모비율의 차이)가 d 이하일[4] 확률이 최소한 $100(1-\alpha)\%$가 되기 위해서 필요한 표본의 크기 n을 구하여 보자. 이 조건은 다음과 같이 쓸 수 있다.

$$P(|\hat{p}-p| \le d) \ge 1-\alpha$$

표본의 크기가 클 때 표본비율 $\hat{p}$는 근사적으로 정규분포 $N\left(p, \frac{p(1-p)}{n}\right)$를 따르므로

$$P\left(\frac{|\hat{p}-p|}{\sqrt{p(1-p)/n}} \le z_{\alpha/2}\right) = 1-\alpha$$

또는

4) 설문조사에서는 이 값을 오차범위라 부르기도 한다.

$$P\left(|\hat{p}-p| \le z_{\alpha/2}\sqrt{\frac{p(1-p)}{n}}\right) = 1-\alpha$$

라는 사실로부터 다음 부등식이 성립해야 한다.

$$z_{\alpha/2}\sqrt{\frac{p(1-p)}{n}} \le d$$

따라서 표본의 크기 n은 다음 조건을 만족해야 한다.

$$n \ge \left(\frac{z_{\alpha/2}}{d}\right)^2 p(1-p)$$

위의 부등식을 이용하여 표본의 크기를 구하려면 모비율 p를 알아야 하는데 모비율은 알려져 있지 않으므로 이를 적절한 수치로 대체하여야 한다. 이때

$$p(1-p) = \frac{1}{4} - \left(p - \frac{1}{2}\right)^2 \le \frac{1}{4}$$

이므로 $n \ge \frac{1}{4}\left(\frac{z_{\alpha/2}}{d}\right)^2$ 이면

$$n \ge \frac{1}{4}\left(\frac{z_{\alpha/2}}{d}\right)^2 \ge \left(\frac{z_{\alpha/2}}{d}\right)^2 p(1-p)$$

이다. 따라서 표본의 크기 n이 다음 부등식을 만족하면 오차가 d 이하일 확률이 최소한 $100(1-\alpha)\%$ 이다.

$$n \ge \frac{1}{4}\left(\frac{z_{\alpha/2}}{d}\right)^2$$

이때 사용한 신뢰구간은 표본의 크기가 클 때 중심극한정리를 이용한 것이므로 표본의 크기 n은 적어도 30 이상이어야 이 결과를 사용할 수 있다.

보기 2

대통령 후보의 지지도에 대한 신뢰도 95%의 신뢰구간을 구할 때 오차한계가 3.2%가 되도록 하려면 얼마나 많은 유권자를 상대로 여론조사를 해야 하는가?

풀이 $|\hat{p}-p| \le 0.032$이고 $z_{\alpha/2} = 1.96$이므로 표본의 크기 n은 다음 식을 만족해야 한다.

$$n \geq \frac{1}{4}\left(\frac{1.96}{0.032}\right)^2 = 937.891$$

따라서 938명 이상의 유권자에 대한 여론조사가 필요하다.

7.4.2 모비율의 검정

표본의 크기 n이 충분히 크면 중심극한정리에 의하여 확률변수 X는 근사적으로 정규분포 $N(np, np(1-p))$를 따른다.

귀무가설 $H_0 : p = p_0$이 참이면

$$E(X) = np_0, \quad Var(X) = np_0(1-p_0)$$

이고 표준화된 변수 Z는 근사적으로 표준정규분포를 따른다.

$$Z = \frac{X - np_0}{\sqrt{np_0(1-p_0)}} \approx N(0,1)$$

따라서 표본의 크기가 큰 경우 모비율의 검정은 위의 Z-통계량을 검정통계량으로 사용한다. 추출한 표본으로부터 구한 성공 횟수가 x일 때 유의수준 α인 Z-검정의 결과를 정리하면 다음과 같다.

모비율의 검정 $H_0 : p = p_0$

검정통계량: $Z = \dfrac{X - np_0}{\sqrt{np_0(1-p_0)}} \approx N(0,1)$

표본으로부터 구한 검정통계량의 값: $z_0 = \dfrac{x - np_0}{\sqrt{np_0(1-p_0)}}$

x : 검정통계량 X의 값 (표본에서의 성공 횟수)

대립가설	$H_1 : p > p_0$	$H_1 : p < p_0$	$H_1 : p \neq p_0$
기각역	$Z > z_\alpha$	$Z < -z_\alpha$	$\lvert Z\rvert > z_{\alpha/2}$
유의확률	$1-\Phi(z_0)$	$\Phi(z_0)$	$2(1-\Phi(\lvert z_0\rvert))$
H_0 기각	$z_0 > z_\alpha$일 때	$z_0 < -z_\alpha$일 때	$\lvert z_0\rvert > z_{\alpha/2}$일 때
	유의확률(p-값) $< \alpha$일 때		

보기 3

성인 1000명을 임의로 추출하여 흡연여부를 조사하였더니 224명이 흡연을 한다고 답하였다.

(a) 성인 흡연율의 95% 신뢰구간을 구하시오.

(b) 흡연율이 20%보다 높다고 할 수 있는지 유의수준 $\alpha = 0.05$에서 검정하시오.

풀이 흡연율을 나타내는 모비율을 p라 하자.

(a) p의 추정값은

$$\hat{p} = \frac{224}{1000} = 0.224$$

이고 95% 오차한계는

$$e = z_{0.025}\sqrt{\frac{\hat{p}(1-\hat{p})}{n}} = 1.96\sqrt{\frac{0.224 \cdot 0.776}{1000}} = 0.0258$$

이다. 따라서 95% 신뢰구간은 다음과 같다.

$$\hat{p} \pm e = 0.224 \pm 0.0258 = [0.1982, 0.2498]$$

(b) 문제의 뜻에 맞는 가설은 다음과 같다.

$$H_0 : p = 0.2, \quad H_1 : p > 0.2$$

기각역은 $Z > z_{0.05} = 1.645$이고 검정통계량은

$$Z = \frac{X - np_0}{\sqrt{np_0(1-p_0)}} = \frac{\hat{p} - p_0}{\sqrt{p_0(1-p_0)/n}} \approx N(0, 1)$$

이고 검정통계량의 값은

$$z_0 = \frac{\hat{p} - p_0}{\sqrt{p_0(1-p_0)/n}} = \frac{0.224 - 0.2}{\sqrt{0.2 \cdot 0.8/1000}} = 1.90$$

이다.

$$z_0 = 1.90 > z_{0.05} = 1.645$$

이므로 귀무가설을 기각한다. 즉 흡연율이 20% 이상이라 할 수 있다.

7.5 모비율 차의 추론

같은 제품을 만드는 두 공장의 불량률에 차이가 있는지, 여성과 남성의 개헌 찬성률에 차이가 있는지, 대졸자와 고졸자의 취업률에 차이가 있는지 등을 알아보려 한다고 하자. 이러한 문제는 두 이항모집단에서 모비율의 차 $(p_1 - p_2)$를 추정하는 문제가 된다.

7.5.1 표본비율 차의 분포

독립인 두 모집단에 대하여 어떤 같은 속성을 가지는 모비율이 각각 p_1, p_2라 할 때 모비율의 차 $(p_1 - p_2)$에 대한 점추정량과 신뢰구간을 구하는 방법을 살펴보자. 두 모집단에서 각각 n, m개의 확률표본을 독립적으로 추출하였을 때 주어진 속성을 가지는 개체 수를 각각 X, Y라 하면 표본비율은

$$\hat{p}_1 = \frac{X}{n}, \quad \hat{p}_2 = \frac{Y}{m}$$

이다. 두 모집단이 독립이므로 두 표본비율 $\hat{p}_1$, $\hat{p}_2$도 독립이다.

$$X \sim Bin(n,\, p_1), \quad Y \sim Bin(m,\, p_2)$$

이므로 표본비율의 차 $\hat{p}_1 - \hat{p}_2$의 기댓값과 분산은 다음과 같다.

$$E(\hat{p}_1 - \hat{p}_2) = p_1 - p_2$$
$$Var(\hat{p}_1 - \hat{p}_2) = \frac{p_1(1-p_1)}{n} + \frac{p_2(1-p_2)}{m}$$

따라서 표본비율의 차 $(\hat{p}_1 - \hat{p}_2)$은 모비율의 차 $(p_1 - p_2)$의 불편추정량이고, 표준오차는

$$SE(\hat{p}_1 - \hat{p}_2) = \sqrt{\frac{p_1(1-p_1)}{n} + \frac{p_2(1-p_2)}{m}}$$

이다. 두 표본의 크기 n, m이 크면 $(\hat{p}_1 - \hat{p}_2)$을 표준화한 Z-통계량은 중심극한정리에 의하여 근사적으로 표준정규분포를 따른다.

$$Z=\frac{(\hat{p}_1-\hat{p}_2)-(p_1-p_2)}{\sqrt{\frac{p_1(1-p_1)}{n}+\frac{p_2(1-p_2)}{m}}}\approx N(0,1)$$

표본비율 차의 분포

모비율이 p_1, p_2이고 독립인 두 이항모집단에서 각각 n, m개의 확률표본을 추출하였을 때 특성을 가지는 개체 수를 각각 X, Y라 하면 표본비율은

$$\hat{p}_1=\frac{X}{n},\quad \hat{p}_2=\frac{Y}{m}$$

이다. n, m이 크면 $\hat{p}_1-\hat{p}_2$을 표준화한 통계량에 대하여 다음이 성립한다.

$$Z=\frac{(\hat{p}_1-\hat{p}_2)-(p_1-p_2)}{\sqrt{\frac{p_1(1-p_1)}{n}+\frac{p_2(1-p_2)}{m}}}\approx N(0,1)$$

보기 1

같은 제품을 생산하는 두 공장 A, B에서 불량률은 각각 10%, 6%라 한다. 임의로 공장 A의 제품 90개와 공장 B의 제품 94개를 조사하였을 때 공장 A의 제품의 불량률이 더 높을 확률을 구하시오.

풀이 X, Y를 표본에 포함된 불량품의 개수라 하면 공장 A의 표본의 불량률은 $\hat{p}_1=\frac{X}{90}$, 공장 B의 표본의 불량률은 $\hat{p}_2=\frac{Y}{94}$이다.

$$E(\hat{p}_1-\hat{p}_2)=0.1-0.06=0.04$$

$$\sqrt{Var(\hat{p}_1-\hat{p}_2)}=\sqrt{\frac{0.1\cdot 0.9}{90}+\frac{0.06\cdot 0.94}{94}}=\sqrt{0.0016}=0.04=\frac{1}{25}$$

이므로 $25(\hat{p}_1-\hat{p}_2-0.04)$는 근사적으로 표준정규분포를 따른다. 따라서 다음 결과를 얻는다.

$$\begin{aligned}P(\hat{p}_1>\hat{p}_2)&=P(\hat{p}_1-\hat{p}_2>0)=P(25(\hat{p}_1-\hat{p}_2-0.04)>-1)\\&\approx P(Z>-1)=P(Z<1)=0.8413\end{aligned}$$

7.5.2 신뢰구간

알려져 있지 않은 모비율 p_1, p_2 대신 불편추정량 $\hat{p}_1$, $\hat{p}_2$을 사용하여 표준오차의 추정값

$$s = \sqrt{\frac{\hat{p}_1(1-\hat{p}_1)}{n} + \frac{\hat{p}_2(1-\hat{p}_2)}{m}}$$

을 사용하면

$$Z = \frac{(\hat{p}_1 - \hat{p}_2) - (p_1 - p_2)}{\sqrt{\frac{\hat{p}_1(1-\hat{p}_1)}{n} + \frac{\hat{p}_2(1-\hat{p}_2)}{m}}}$$

는 근사적으로 표준정규분포를 따른다. 따라서 모비율의 차 $p_1 - p_2$에 대한 $100(1-\alpha)\%$ 오차한계는

$$e = z_{\alpha/2} s = z_{\alpha/2} \sqrt{\frac{\hat{p}_1(1-\hat{p}_1)}{n} + \frac{\hat{p}_2(1-\hat{p}_2)}{m}}$$

이고 신뢰구간은 다음과 같다.

$$\hat{p}_1 - \hat{p}_2 \pm z_{\alpha/2} s$$

모비율의 차 $p_1 - p_2$의 점추정값과 신뢰구간

독립인 두 이항모집단에서 어떤 속성을 가지는 모비율이 각각 p_1, p_2이다. 크기 n, m인 확률표본에서 그 속성을 가지는 개체수를 각각 X, Y라 할 때

- 표본비율의 차 $\hat{p}_1 - \hat{p}_2 = \frac{X}{n} - \frac{Y}{m}$는 모비율의 차 $(p_1 - p_2)$의 불편추정량이다.
- 모비율의 차 $(p_1 - p_2)$의 $100(1-\alpha)\%$ (근사)신뢰구간은 다음과 같다.

$$\hat{p}_1 - \hat{p}_2 \pm z_{\alpha/2} s$$

여기서 $s = \sqrt{\frac{\hat{p}_1(1-\hat{p}_1)}{n} + \frac{\hat{p}_2(1-\hat{p}_2)}{m}}$ 이다.

보기 2

한국갤럽이 2016년 12월 셋째 주(13~15일) 전국 성인 1,004명에게 요즘 어느 방송사의 뉴스를 가장 즐겨보는지 물은 결과 J사가 45%로 압도적으로 1위를 차지하였다. 남성은 응답자 498명 중 229명이, 여성 응답자 506명 중 218명이 J사 뉴스를 가장 즐겨본다고 답했다. J사 뉴스를 가장 즐겨보는 남성과 여성의 비율의 차이에 대한 95% 신뢰구간을 구하시오.

풀이 J사 뉴스를 가장 즐겨보는 남성과 여성의 비율을 각각 p_1, p_2라 하자. 표본비율은 각각

$$\hat{p}_1 = \frac{229}{498} = 0.4598, \quad \hat{p}_2 = \frac{218}{506} = 0.4308$$

이다. 따라서 95% 오차한계는

$$\begin{aligned} e &= z_{0.025}\sqrt{\frac{\hat{p}_1(1-\hat{p}_1)}{n} + \frac{\hat{p}_2(1-\hat{p}_2)}{m}} \\ &= 1.96\sqrt{\frac{0.4598(1-0.4598)}{498} + \frac{0.4308(1-0.4308)}{506}} = 0.0615 \end{aligned}$$

이다. 따라서 95% 신뢰구간은

$$\begin{aligned} [\hat{p}_1 - \hat{p}_2 - e,\ \hat{p}_1 - \hat{p}_2 + e] &= [0.0290 - 0.0615,\ 0.0290 + 0.0615] \\ &= [-0.0325,\ 0.0905] \end{aligned}$$

이다.

7.5.3 가설검정

두 비율에 대한 귀무가설 $H_0 : p_1 = p_2$가 참이라 가정하면

$$\begin{aligned} Var(\hat{p}_1 - \hat{p}_2) &= \frac{p_1(1-p_1)}{n} + \frac{p_1(1-p_1)}{m} \\ &= p_1(1-p_1)\left(\frac{1}{n} + \frac{1}{m}\right) \end{aligned}$$

이므로 다음 Z-통계량은 근사적으로 표준정규분포를 따른다.

$$Z = \frac{\hat{p}_1 - \hat{p}_2}{\sqrt{p_1(1-p_1)\left(\frac{1}{n}+\frac{1}{m}\right)}} \approx N(0,1)$$

알려지지 않은 $p_1 = p_2$ 대신 다음과 같이 정의된 합동표본비율을 사용한다.

$$\hat{p} = \frac{X+Y}{n+m}$$

따라서 귀무가설 $H_0 : p_1 = p_2$에 대한 검정통계량은 다음과 같은 Z-통계량을 사용한다.

$$Z = \frac{\hat{p}_1 - \hat{p}_2}{\sqrt{\hat{p}(1-\hat{p})\left(\frac{1}{n}+\frac{1}{m}\right)}} \approx N(0,1)$$

그러므로 유의수준 α에서 두 모비율의 차에 대한 가설검정은 다음과 같다.

두 모비율의 검정 $H_0 : p_1 = p_2$

n, m : 두 표본의 크기

X, Y : 두 표본에서 속성을 가지는 개체 수

$\hat{p}_1 = \frac{X}{n},\ \hat{p}_2 = \frac{Y}{m}$: 표본비율, $\hat{p} = \frac{X+Y}{n+m}$: 합동표본비율

검정통계량 $Z = \frac{\hat{p}_1 - \hat{p}_2}{\sqrt{\hat{p}(1-\hat{p})\left(\frac{1}{n}+\frac{1}{m}\right)}} \approx N(0,1)$

z_0 : 표본으로부터 구한 검정통계량의 값

대립가설	$H_1 : p_1 > p_2$	$H_1 : p_1 < p_2$	$H_1 : p_1 \neq p_2$
기각역	$Z > z_\alpha$	$Z < -z_\alpha$	$\lvert Z \rvert > z_{\alpha/2}$
유의확률	$1-\Phi(z_0)$	$\Phi(z_0)$	$2(1-\Phi(\lvert z_0 \rvert))$
H_0 기각	$z_0 > z_\alpha$일 때	$z_0 < -z_\alpha$일 때	$\lvert z_0 \rvert > z_{\alpha/2}$일 때
	유의확률 $< \alpha$일 때		

보기 3

보건복지부는 2012년 10월부터 혐오스러운 장면을 담은 금연 광고를 실시하고 있는데 이 광고가 금연에 긍정적인 효과가 있다고 주장한다. 2012년 9월 임의로 500명, 2013년 9월 임의로 500명을 대상으로 실시한 설문에서 흡연 여부를 묻는 질문에 각각 132명, 110명이 흡연을 한다고 답하였다. 보건복지부의 주장을 유의수준 $\alpha = 0.05$에서 검정하시오.

풀이 2012, 2013의 흡연율을 각각 p_1, p_2라 하자. 문제의 뜻에 맞는 가설은

$$H_0 : p_1 = p_2, \quad H_1 : p_1 > p_2$$

이다. 두 표본비율은

$$\hat{p}_1 = \frac{X}{n} = \frac{132}{500} = 0.264, \quad \hat{p}_2 = \frac{Y}{n} = \frac{110}{500} = 0.22$$

이고 합동표본비율은

$$\hat{p} = \frac{X+Y}{n+m} = \frac{132+110}{1000} = 0.242$$

이다. 따라서 주어진 표본의 검정통계량의 값은 다음과 같다.

$$z_0 = \frac{\hat{p}_1 - \hat{p}_2}{\sqrt{\hat{p}(1-\hat{p})\left(\frac{1}{n} + \frac{1}{m}\right)}} = \frac{0.264 - 0.22}{\sqrt{0.242 \cdot 0.758\left(\frac{1}{500} + \frac{1}{500}\right)}} = 1.62$$

유의수준 $\alpha = 0.05$에서 기각역은 $Z > z_{0.05} = 1.645$이고

$$z_0 = 1.62 < z_{0.05} = 1.645$$

이므로 귀무가설은 기각할 수 없다. 다시 말해서 광고가 흡연율을 낮추었다는 확실한 근거는 없다.

연습문제 7.4 ~ 7.5 EXERCISES

01 어느 인터넷 쇼핑몰에서 새로운 상품을 판매하려 한다. 이 쇼핑몰의 고객 중에서 임의로 150명을 추출하여 새로운 상품에 대한 구매 의사를 알아본 결과 30명이 구매하겠다고 답변하였다. 이 결과로부터 새로운 상품에 대한 구입 희망 모비율을 추정하려 한다.

(a) 모비율에 대한 점추정값(표본비율 값)을 구하시오.

(b) 표본비율의 표준오차를 구하시오.

(c) 모비율에 대한 95% 오차한계를 구하시오.

(d) 모비율의 95% 신뢰구간을 구하시오.

02 어느 공장에서 생산된 제품에서 임의로 100개를 추출하여 조사한 결과 2개의 불량품이 나왔다. 모불량률을 p라 할 때

(a) p의 95% 신뢰구간을 구하시오.

(b) 유의수준 $\alpha = 0.05$으로 다음 가설검정을 하시오.

$$H_0 : p = 0.03, \quad H_1 : p < 0.03$$

03 어느 공장에서 생산된 제품에서 임의로 200개를 추출하여 조사한 결과 불량품의 개수가 다음과 같았다. 모불량률을 p라 할 때 유의수준 $\alpha = 0.05$로 다음 가설검정을 하시오.

$$H_0 : p = 0.03, \quad H_1 : p < 0.03$$

(a) 3개 (b) 2개

◈ **(4 ~ 6)** 2016년 우리나라 사람들의 결혼에 대한 견해를 알아보기 위한 설문조사에서 '결혼을 해야 한다'고 답한 비율이 52%이다.[5)]

04 (a) 설문에 답한 사람의 수가 400명일 때 모비율의 95% 신뢰구간을 구하시오.

(b) 설문에 답한 사람의 수가 1000명일 때 모비율의 99% 신뢰구간을 구하시오.

5) 2016년 통계청 자료

05 95%의 신뢰를 가지고 추정의 오차가 0.04 이하가 되게 하려면 설문 응답자 수가 얼마 이상이어야 하는가?

06 설문에 답한 사람의 수가 1600명일 때 유의수준 $\alpha = 0.05$에서 우리나라 사람 중 '결혼을 해야 한다'고 생각하는 비율 p가 절반이 넘는다는 주장에 대하여 검정하시오.

07 대형마트에서 혼합견과류를 판매하고 있다. 한 봉지에는 땅콩 40%, 아몬드 25%, 호두 20%, 마카다미아 15%가 들어 있다고 표시되어 있다. 그러나 소비자는 비싼 마카다미아가 표시만큼 들어 있지 않다고 생각하고 소비자보호원에 조사를 의뢰하였다. 50개의 봉지를 임의로 추출하여 마카다미아의 함량을 조사한 결과 평균과 표준편차는 각각 14.7(%), 1(%)이었다. 이 결과가 소비자들의 의심에 대한 증거가 될 수 있는지 p-값을 구하여 논의하시오.

◈ **(8 ~ 10) 본인의 소득에 대하여 만족하는 사람의 비율(p)을 알아보기 위하여 소득이 있는 사람 중 1000명을 임의로 선정하여 설문을 실시하였다. 1000명 중 116명이 만족한다고 답하였을 때 다음 가설을 유의수준 $\alpha = 0.05$에서 검정하시오.**

08 $H_0 : p = 0.13, \quad H_1 : p < 0.13$

09 $H_0 : p = 0.1, \quad H_1 : p > 0.1$

10 $H_0 : p = 0.1, \quad H_1 : p \neq 0.1$

11 독립인 두 이항모집단의 성공 확률이 각각 p_1, p_2이다. 두 모집단에서 크기가 각각 20, 30인 확률표본을 추출하였을 때 성공 횟수가 $x = 10, y = 12$로 관측되었다.

(a) $(p_1 - p_2)$의 95% 신뢰구간을 구하시오.

(b) 귀무가설 $H_0 : p_1 = p_2$, 대립가설 $H_1 : p_1 \neq p_2$을 유의수준 $\alpha = 0.05$에서 검정하시오.

(c) 귀무가설 $H_0 : p_1 = p_2$, 대립가설 $H_1 : p_1 > p_2$을 유의수준 $\alpha = 0.05$에서 검정하시오.

12 같은 제품을 생산하는 두 기계 A, B의 불량률을 비교하기 위하여 각 기계에서 생산된 제품을 각각 100개, 150개를 임의로 추출하여 검사한 결과 불량품이 5개, 5개이었다.

(a) 두 기계 A, B의 불량률의 차에 대한 95% 신뢰구간을 구하시오.

(b) 두 기계 A, B의 불량률에 차이가 있는지 유의수준 $\alpha = 0.05$에서 검정하시오.

13 지난해 A 은행 인터넷 뱅킹 사용자 1200명을 대상으로 조사한 결과 61%가 서비스에 만족한다고 응답하였다. 올해 홈페이지를 개편한 후 960명을 대상으로 조사한 결과 65%가 만족한다고 응답하였다. 이 자료를 근거로 인터넷 뱅킹 서비스에 대한 만족도가 상승했는지 유의수준 $\alpha = 0.05$에서 검정하시오.

14 문제 13에서 개편 전 2500명, 개편 후 2000명을 조사한 결과가 각각 61%, 65%라 할 때 같은 가설검정을 실시하시오.

15 2017년도 자원봉사 참여와 동호회 활동 참여에 대하여 만 15세 이상 인구를 대상으로 설문을 실시하였다.

(a) 여성의 자원봉사 참여율이 남성보다 높은지 유의수준 $\alpha = 0.05$에서 검정하시오.

(b) 남성의 동호회 참여율이 여성보다 높은지 유의수준 $\alpha = 0.01$에서 검정하시오.

	응답자 수	자원봉사 참여 인원	동호회 참여 인원
남자	1020	93	162
여자	980	115	126

16 성인 남녀가 받는 스트레스의 차이를 비교하면 여성이 남성보다 더 스트레스에 시달린다고 한다. 조사 결과 1100명의 남성 중 57%, 900명의 여성 중 62%가 일정 수준 이상의 스트레스에 시달린다고 한다. 스트레스에 시달리는 여성의 비율이 남성의 비율보다 더 높은지를 유의수준 $\alpha = 0.05$에서 검정하시오.

제 8 장

카이제곱검정과 F-검정

제품을 생산하는 입장에서 분산은 제품 품질의 균일성에 관련된 수치로 품질관리에 중요한 지표가 된다. 예를 들어 철근을 생산하는 공장에서 철근의 강도를 관리할 때 강도의 평균도 관리해야 하지만 그보다 더 중요한 것이 강도의 균일성이다. 평균이 목표치를 넘어서더라도 분산이 크다면 어떤 제품은 강하지만 어떤 제품은 너무 약하여 큰 위험을 초래할 수도 있기 때문이다. 분산에 대한 검정은 하나의 모집단인 경우 **카이제곱**(χ^2)**-검정**, 두 개의 독립인 모집단인 경우 F**-검정**을 사용한다.

Z-검정이나 t-검정은 모집단이 정규분포를 따르지 않는 경우에도 근사적으로 사용할 수 있는 반면 카이제곱검정, F-검정은 모집단의 정규성에 아주 민감한 방법이다. 카이제곱검정에서 모집단이 정규분포를 따르지 않을 때 검정결과 H_0을 기각하는 경우 실제로 p-값이 유의하기 때문일 수도 있지만 정규성이 만족되지 않아서 발생한 결과일 수도 있다. 그러므로 카이제곱검정을 사용할 때는 특별한 주의가 필요하다.

8.1 단일모분산의 추론

8.1.1 신뢰구간

모평균이 μ이고 모분산이 σ^2인 모집단에서 추출한 크기 n인 확률표본 $X_1, X_2, \cdots, X_n$의 표본분산 S^2은 다음과 같이 정의하였다.

$$S^2 = \frac{1}{n-1}\sum_{k=1}^{n}(X_k - \overline{X})^2$$

표본분산은 모분산의 불편추정량이며 모분산에 대한 점추정량으로 사용된다.

$$E(S^2) = \sigma^2$$

확률표본이 정규분포로부터 추출된 것이라면 통계량

$$V = \frac{(n-1)S^2}{\sigma^2}$$

는 자유도가 $(n-1)$인 χ^2-분포를 따른다.[1] 따라서 σ^2의 신뢰구간은 χ^2-통계량 V를 이용하여 구할 수 있다. 다시 말해서 임의의 양수 $\alpha\,(0<\alpha<1)$에 대하여 다음 식이 성립한다.

$$P(\chi^2_{1-\alpha/2}(n-1) < V < \chi^2_{\alpha/2}(n-1)) = 1-\alpha \tag{1}$$

여기서 $\chi^2_{1-\alpha/2}(n-1)$, $\chi^2_{\alpha/2}(n-1)$은 자유도가 $(n-1)$인 카이제곱분포에서 각각 왼쪽 넓이와 오른쪽 넓이가 $\frac{\alpha}{2}$인 값이다.

$$P(V < \chi^2_{1-\alpha/2}(n-1)) = \frac{\alpha}{2}, \quad P(V > \chi^2_{\alpha/2}(n-1)) = \frac{\alpha}{2}$$

1) χ^2-분포를 따르는 통계량을 χ^2-통계량이라 부르기로 한다.

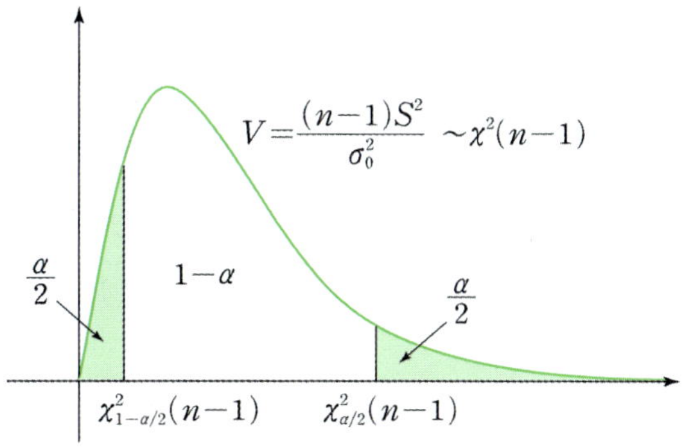

위의 식 (1)에 V의 정의를 대입하면

$$P\left(\chi^2_{1-\alpha/2}(n-1) \le \frac{(n-1)S^2}{\sigma^2} \le \chi^2_{\alpha/2}(n-1)\right) = 1-\alpha$$

이고 괄호 안 부등식에서 각 항의 역수를 취하고 $(n-1)S^2$을 곱하면 다음과 같다.

$$P\left(\frac{(n-1)S^2}{\chi^2_{\alpha/2}(n-1)} \le \sigma^2 \le \frac{(n-1)S^2}{\chi^2_{1-\alpha/2}(n-1)}\right) = 1-\alpha$$

따라서 추출된 표본의 표본분산 값이 $s^2\left(=\frac{1}{n-1}\sum_{k=1}^{n}(x_k-\overline{x})^2\right)$인 경우 σ^2에 대한 $100(1-\alpha)\%$ 신뢰구간은 다음과 같다.

$$\left[\frac{(n-1)s^2}{\chi^2_{\alpha/2}(n-1)},\ \frac{(n-1)s^2}{\chi^2_{1-\alpha/2}(n-1)}\right]$$

모분산 σ^2의 $100(1-\alpha)\%$ 신뢰구간

모집단이 정규분포 $N(\mu, \sigma^2)$를 따르고 크기 n인 확률표본의 값이 $x_1, x_2, \cdots, x_n$이라 하자. 표본평균이 $\overline{x} = \frac{1}{n}\sum_{k=1}^{n}x_k$, 표본분산이 $s^2 = \frac{1}{n-1}\sum_{k=1}^{n}(x_k-\overline{x})^2$일 때 σ^2에 대한 $100(1-\alpha)\%$ 신뢰구간은 다음과 같다.

$$\left[\frac{(n-1)s^2}{\chi^2_{\alpha/2}(n-1)},\ \frac{(n-1)s^2}{\chi^2_{1-\alpha/2}(n-1)}\right]$$

표본표준편차 S는 모표준편차 $\sigma=\sqrt{\sigma^2}$ 에 대한 편의추정량이지만 표본의 크기가 커지면 편의가 0에 가까워진다. 따라서 모표준편차 σ에 대한 $100(1-\alpha)\%$ 신뢰구간은 모분산의 신뢰구간으로부터 다음과 같이 양끝 값에 제곱근을 취하여 사용한다.

$$\left[\sqrt{\frac{(n-1)s^2}{\chi^2_{\alpha/2}(n-1)}},\ \sqrt{\frac{(n-1)s^2}{\chi^2_{1-\alpha/2}(n-1)}}\right]$$

보기 1

(7.1절 보기 2 참조) 모분산이 알려지지 않은 정규모집단에서 크기가 16인 표본을 추출한 결과가 다음과 같다. 모분산 σ^2과 모표준편차 σ에 대한 95% 신뢰구간을 구하시오.

5.4	5.2	7.2	6.8	5.8	5.0	5.3	7.0
6.0	5.8	7.8	6.2	5.9	4.6	6.5	5.5

풀이 표본평균과 표본분산은 각각 다음과 같다.

$$\bar{x}=\frac{1}{16}(5.4+5.2+7.2+\cdots+5.5)=6,\quad s^2=\frac{1}{15}\sum_{k=1}^{16}(x_k-\bar{x})^2=0.76$$

카이제곱분포표에서 자유도가 15일 때

$$\chi^2_{0.025}(15)=27.49,\quad \chi^2_{0.975}(15)=6.26$$

이므로 모분산에 대한 95% 신뢰구간은 다음과 같다.

$$\left[\frac{(n-1)s^2}{\chi^2_{\alpha/2}(n-1)},\ \frac{(n-1)s^2}{\chi^2_{1-\alpha/2}(n-1)}\right]=\left[\frac{15\cdot 0.76}{27.49},\frac{15\cdot 0.76}{6.26}\right]$$
$$=[0.41,1.82]$$

모표준편차에 대한 95% 신뢰구간은 다음과 같다.

$$[\sqrt{0.41},\ \sqrt{1.82}]=[0.64,\ 1.35]$$

8.1.2 가설검정

모분산이 σ^2인 정규모집단에 대하여 다음과 같은 귀무가설을 검정할 때, 이 검정을 **모분산의 검정**이라 한다.

$$H_0 : \sigma^2 = \sigma_0^2$$

귀무가설이 참이면 검정통계량 V는 자유도가 $n-1$인 카이제곱분포를 따른다.

$$V = \frac{(n-1)S^2}{\sigma_0^2} \sim \chi^2(n-1)$$

추출된 확률표본의 값이 $x_1, x_2, \cdots, x_n$이고

$$\overline{x} = \frac{1}{n}\sum_{k=1}^{n} x_k, \quad s^2 = \frac{1}{n-1}\sum_{k=1}^{n}(x_k - \overline{x})^2$$

이면 검정통계량의 값은 다음과 같다.

$$v_0 = \frac{(n-1)s^2}{\sigma_0^2}$$

대립가설은 다음과 같은 형태이다.

$$H_1 : \sigma^2 > \sigma_0^2, \quad H_1 : \sigma^2 < \sigma_0^2, \quad H_1 : \sigma^2 \neq \sigma_0^2$$

대립가설과 기각역은 같은 형태를 가지며 다음과 같이 결론을 내린다.

- $H_1 : \sigma^2 > \sigma_0^2$

  기각역 : $V > \chi_\alpha^2(n-1)$

  결론 : $v_0 > \chi_\alpha^2(n-1)$이면 귀무가설을 기각한다.

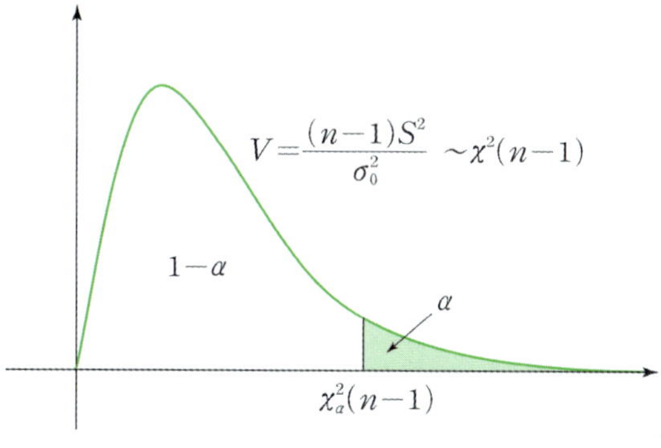

- $H_1 : \sigma^2 < \sigma_0^2$

  기각역 : $V < \chi_{1-\alpha}^2(n-1)$

  결론 : $v_0 < \chi_{1-\alpha}^2(n-1)$이면 귀무가설을 기각한다.

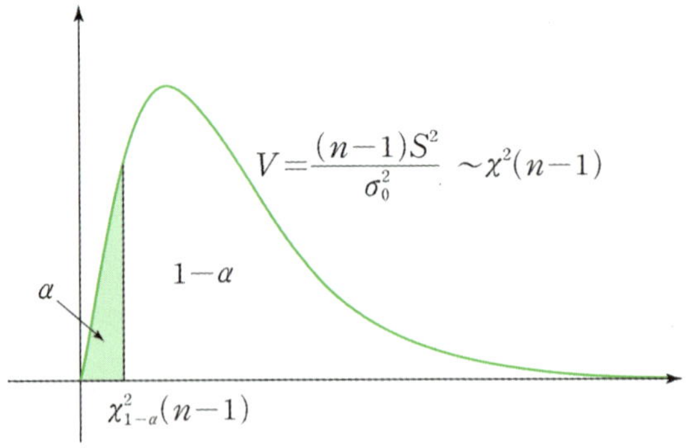

- $H_1 : \sigma^2 \neq \sigma_0^2$

  기각역: $V < \chi^2_{1-\alpha/2}(n-1)$ 또는 $V > \chi^2_{\alpha/2}(n-1)$

  결론: $v_0 < \chi^2_{1-\alpha/2}(n-1)$ 또는 $v_0 > \chi^2_{\alpha/2}(n-1)$이면 귀무가설을 기각한다.

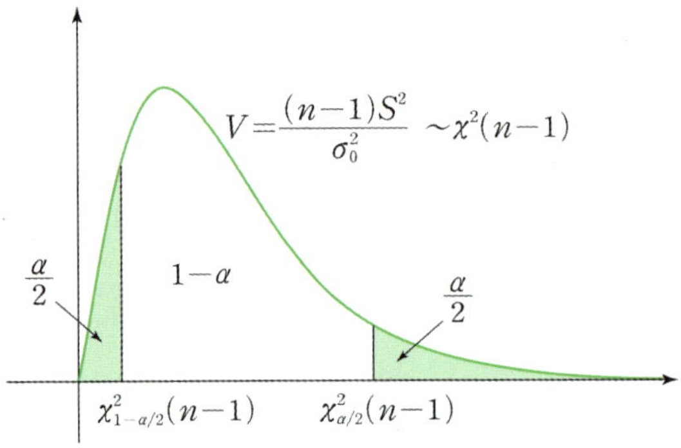

모분산의 검정 $H_0 : \sigma^2 = \sigma_0^2$: 정규모집단

α : 유의수준

검정통계량: $V = \dfrac{(n-1)S^2}{\sigma_0^2} \sim \chi^2(n-1)$

추출된 표본의 값: $x_1, x_2, \cdots, x_n$, $\overline{x} = \dfrac{1}{n}\sum_{k=1}^{n} x_k$, $s^2 = \dfrac{1}{n-1}\sum_{k=1}^{n}(x_k - \overline{x})^2$

표본으로부터 구한 검정통계량의 값: $v_0 = \dfrac{(n-1)s^2}{\sigma_0^2}$

대립가설	$H_1 : \sigma^2 > \sigma_0^2$	$H_1 : \sigma^2 < \sigma_0^2$	$H_1 : \sigma^2 \neq \sigma_0^2$
기각역	$V > \chi^2_{\alpha}(n-1)$	$V < \chi^2_{1-\alpha}(n-1)$	$V > \chi^2_{\alpha/2}(n-1)$ 또는 $V < \chi^2_{1-\alpha/2}(n-1)$
결론 (H_0 기각)	$v_0 > \chi^2_{\alpha}(n-1)$	$v_0 < \chi^2_{1-\alpha}(n-1)$	$v_0 > \chi^2_{\alpha/2}(n-1)$ 또는 $v_0 < \chi^2_{1-\alpha/2}(n-1)$

보기 2

비타민 C 음료 제조회사는 판매하는 제품 한 병에 비타민 C가 500(mg) 들어 있고 표준편차는 3(mg)이라고 주장한다. 이 주장을 검정하기 위하여 20병의 음료를 임의로 선택하여 비타민 C의 양을 조사한 결과 표본평균은 498(mg), 표본표준편차는 4(mg)이었다. 단, 한 병에 들어 있는 비타민 C의 양은 정규분포를 따른다고 가정한다. 유의수준 $\alpha = 0.05$에서 다음 가설을 검정하시오.

$$H_0 : \sigma^2 = 9, \quad H_1 : \sigma^2 > 9$$

풀이 표본의 크기가 20이므로 모분산 검정에서 검정통계량과 분포는 다음과 같다.

$$V = \frac{(n-1)S^2}{\sigma_0^2} = \frac{19 \cdot S^2}{9} \sim \chi^2(19)$$

유의수준 $\alpha = 0.05$에서 기각역은

$$V < \chi^2_{0.05}(19) = 30.14$$

이다. 표본으로부터 구한 검정통계량의 값은

$$v_0 = \frac{(n-1)s^2}{\sigma_0^2} = \frac{19 \cdot 16}{9} = 33.78 > \chi^2_{0.05}(19) = 30.14$$

이므로 귀무가설을 기각한다. 다시 말해서, 모표준편차가 3보다 크다는 주장을 받아들인다.

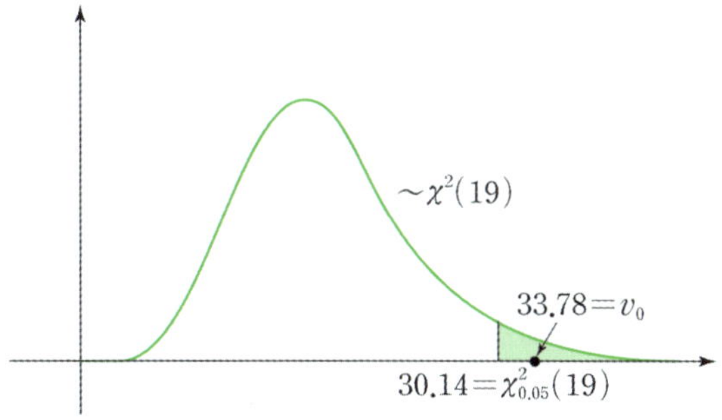

연습문제 8.1 EXERCISES

01 크기가 $n = 50$인 표본으로부터 구한 모분산 σ^2에 대한 95% 신뢰구간이 $[11.1, 24.7]$이다.

(a) 표본분산 s^2을 구하시오.

(b) 모분산 σ^2에 대한 90% 신뢰구간을 구하시오.

(c) 다음 가설을 유의수준 $\alpha = 0.05$, $\alpha = 0.1$에서 검정하시오.

$$H_0 : \sigma^2 = 11.5, \quad H_1 : \sigma^2 \neq 11.5$$

02 USB를 생산하는 공장에서 제품이 얼마나 균질한 품질을 유지하는지 검사하기 위하여 64(G) 제품 20개를 추출하여 실제 사용가능용량을 측정하였다. 그 결과 표본평균이 63.6(G), 표본분산이 0.25(G^2)이었다. 이 공장에서 생산하는 USB의 용량은 정규분포를 따른다고 가정하고 신뢰수준이 다음과 같을 때 모분산의 신뢰구간을 구하시오.

(a) 99% (b) 95% (c) 90%

03 문제 2에서 회사는 용량의 모분산이 0.16(G^2) 이하이며 따라서 충분히 균질하다는 주장을 하였다. 그러나 소비자들은 용량이 회사의 주장만큼 충분히 균질하지 않다고 주장하였다. 이 주장들을 다음 유의수준 α에서 검정하시오.

(a) $\alpha = 0.01$ (b) $\alpha = 0.05$ (c) $\alpha = 0.1$

◈ **(4 ~ 5) 8.1절의 보기 2에 대하여**

04 같은 조건에서

(a) 유의수준 $\alpha = 0.05$에서 $H_0 : \mu = 500$, $H_1 : \mu < 500$을 검정하시오.

(b) 유의수준 $\alpha = 0.05$에서 $H_0 : \sigma^2 = 9$, $H_1 : \sigma^2 \neq 9$를 검정하시오.

05 표본의 크기가 10개일 때 같은 표본평균과 표본표준편차를 얻었다. 보기 2와 같은 가설검정을 실시하시오.

06 정규모집단에서 크기가 36인 표본을 추출하여 구한 모평균의 95% 신뢰구간이 [77.2, 81.4] 이었다. 이 결과를 이용하여 다음 질문에 답하시오.

(a) 표본평균과 표본표준편차의 값을 구하시오.

(b) 가설 $H_0 : \sigma = 6, \quad H_1 : \sigma \neq 6$에 대하여 유의수준 $\alpha = 0.05$로 검정하시오.

07 7.1절의 보기 1에 대하여 모분산에 대한 95% 신뢰구간을 구하시오.

08 7.1절의 보기 2에 대하여 모분산에 대한 95% 신뢰구간을 구하시오.

◈ **(9 ~ 10) 7.1절의 보기 3에 대하여**

09 모분산에 대한 95% 신뢰구간을 구하시오.

10 다음과 같은 주장을 대립가설로 하는 적절한 가설을 세우고 주어진 자료로 유의수준 $\alpha = 0.05$에서 검정하시오.

(a) 소비자단체 : 월평균 소비전력량의 편차가 크다.

(b) 회사 품질관리부 : 월평균 소비전력량이 충분히 균질하다.

◈ **(11 ~ 12) 7.1절의 보기 5에 대하여**

11 모표준편차에 대한 95% 신뢰구간을 구하시오.

12 다음과 같은 주장에 대응하는 적절한 가설을 세우고 주어진 자료로 유의수준 $\alpha = 0.05$에서 검정하시오.

(a) 구입회사 : 베어링의 반지름이 균질하지 않다.

(b) 생산회사 품질관리부 : 베어링의 반지름이 충분히 균질하다.

8.2 두 분산의 동질성에 대한 가설검정

8.2.1 F-분포

F-분포는 두 표본의 분산을 비교하는 데 많이 이용되는 분포이다. 통계량 F는 서로 독립인 두 카이제곱변수를 각각의 자유도로 나눈 비로 정의한다. 다시 말해서 서로 독립인 확률변수 U, V가 각각 자유도가 n, m인 카이제곱분포를 따른다고 하자.

$$U \sim \chi^2(n), \quad V \sim \chi^2(m)$$

이때 확률변수

$$F = \frac{U/n}{V/m}$$

를 자유도가 (n, m)인 F-분포를 따른다고 하고 기호로

$$F \sim F(n, m)$$

으로 나타낸다. $F \sim F(n, m)$이면 정의로부터

$$\frac{1}{F} = \frac{V/m}{U/n} \sim F(m, n)$$

임을 알 수 있다.

> **F-분포 :** $F \sim F(n, m)$
>
> 서로 독립인 확률변수 U, V가 각각 자유도가 n, m인 카이제곱분포를 따른다고 할 때 $(U \sim \chi^2(n),\ V \sim \chi^2(m))$ 확률변수
>
> $$F = \frac{U/n}{V/m}$$
>
> 를 자유도가 (n, m)인 F-분포를 따른다고 하고 기호로 $F \sim F(n, m)$으로 나타낸다.

F-분포의 확률밀도함수의 그래프는 자유도 (n, m)에 따라 모양이 달라지는데 대체적으로 왼쪽으로 치우친 모양을 보인다.

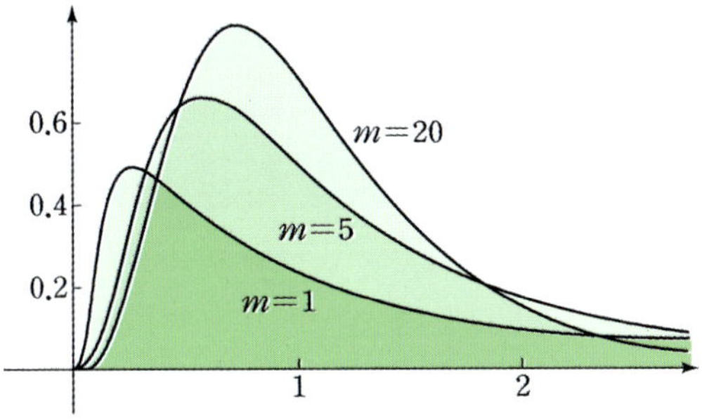

$F(10, m)$의 확률밀도함수

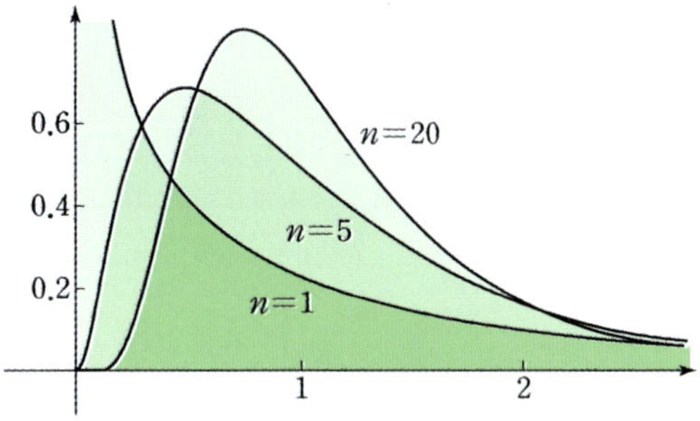

$F(n, 10)$의 확률밀도함수

확률변수 F가 자유도가 (n, m)인 F-분포를 따를 때 $\alpha\,(0 < \alpha < 1)$값에 대하여

$$P(F \geq F_{\alpha}(n,m)) = \alpha \quad \text{또는} \quad P(F \leq F_{\alpha}(n,m)) = 1-\alpha$$

를 만족하는 값 $F_{\alpha}(n, m)$들을 F-분포표를 만들어 부록 D에 수록하였다. 다시 말해서 F-분포표에서 $F_{\alpha}(n, m)$라는 값은 확률변수 F가 $F_{\alpha}(n, m)$보다 큰 부분의 면적(오른쪽 꼬리 확률)이 α라는 것을 의미한다.

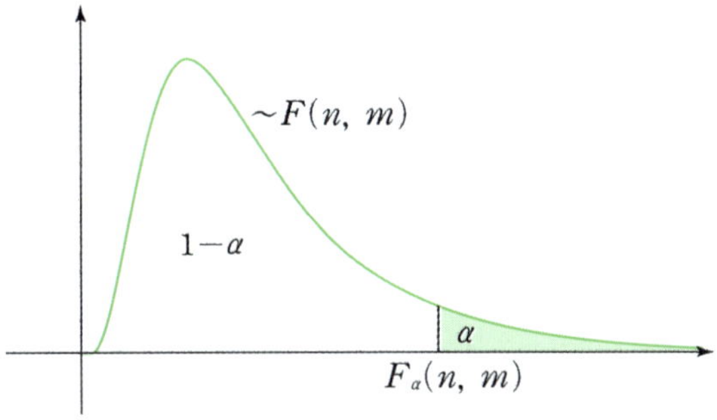

예를 들어 확률변수 F가 자유도가 $(5, 6)$인 F-분포를 따를 때 $F_{0.05}(5, 6)$은 다음 표에서 분자의 자유도가 $n = 5$인 열과 분모의 자유도가 $m = 6$인 행이 만나는 위치의 값 4.39를 읽는다.

$$F_{0.05}(5,6) = 4.39,$$

즉 다음 식이 성립한다.

$$P(F \geq 4.39) = 0.05$$

$\alpha=0.05$	분자의 자유도					
분모의 자유도		4	5	6		
…	…	…	…	…	…	…
5	…	5.19	5.05	4.95	…	…
6	…	4.53	4.39	4.28	…	…
7	…	4.12	3.97	3.87	…	…
…	…	…	…	…	…	…

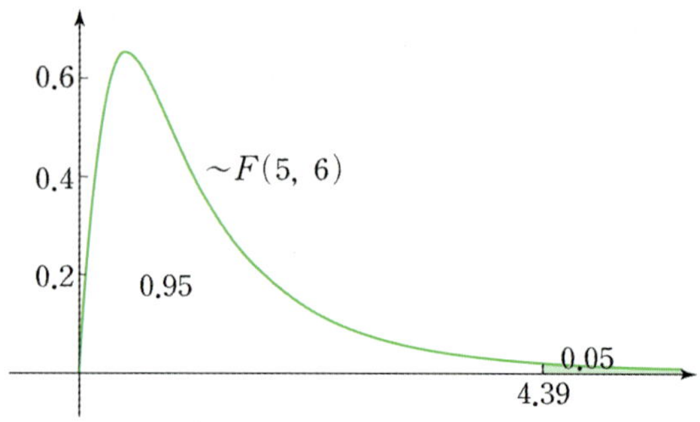

F-분포표에는 $\alpha \le 0.1$에 대한 $F_\alpha(n, m)$값이 여러 m, n에 대하여 실려 있는데 $\alpha \ge 0.9$인 경우는 다음 관계식을 이용하여 구할 수 있다.

$$\alpha = P(F \ge F_\alpha(n, m)) = P\left(\frac{1}{F} \le \frac{1}{F_\alpha(n, m)}\right)$$

$$= 1 - P\left(\frac{1}{F} \ge \frac{1}{F_\alpha(n, m)}\right)$$

이므로 $P\left(\frac{1}{F} \ge \frac{1}{F_\alpha(n,m)}\right) = 1-\alpha$이고 $\frac{1}{F} = \frac{V/m}{U/n} \sim F(m,n)$이므로

$$\frac{1}{F_\alpha(n,m)} = F_{1-\alpha}(m,n)$$

이다. 예를 들어 $F_{0.05}(6,5) = 4.95$이므로

$$F_{0.95}(5,6) = \frac{1}{F_{0.05}(6,5)} = \frac{1}{4.95} \approx 0.20$$

이다.

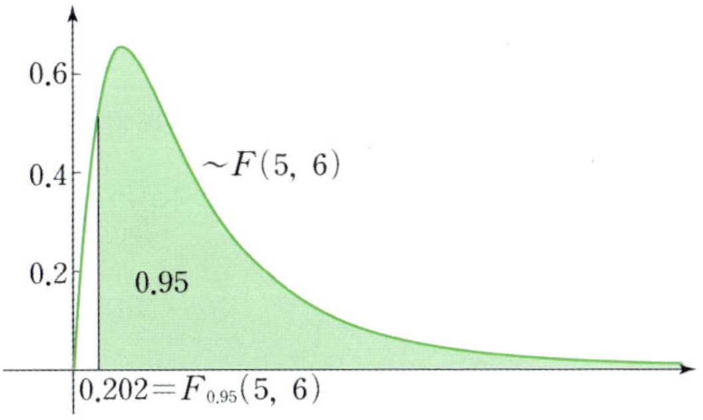

F-분포는 분자와 분모의 자유도에 따라 달라지므로 모든 값을 표에 담는 것은 불가능하다. 대신 엑셀에서는 다양한 값을 모두 구할 수 있는데 $F \sim F(n, m)$일 때 입력에 따른 출력은 다음과 같다.

함수 삽입에 입력	출력
= F.DIST(x,n,m,1)	$P(F \le x)$
= F.DIST(x,n,m,0)	확률밀도함수의 값 $f(x)$
= F.DIST.RT(x,n,m)	$P(F \ge x)$
= F.INV(α, n,m)	$P(F \le x) = \alpha$인 x의 값$= F_{1-\alpha}(n, m)$
= F.INV.RT(α, n,m)	$P(F \ge x) = \alpha$인 x의 값$= F_{\alpha}(n, m)$

보기 1

확률변수 F가 자유도가 $(10, 19)$인 F-분포를 따를 때 다음을 구하시오.

(a) $P(F \le 2)$ (b) $P(F \ge 1.1)$

(c) $P(F \le x) = 0.95$인 x (d) $F_{0.05}(10, 19)$

풀이 (a) 엑셀에서 함수 삽입에 F.DIST(2, 10, 19, 1)을 입력하면 $P(F \le 2) = 0.9071$이다.

(b) 엑셀에서 함수 삽입에 F.DIST(1.1, 10, 19, 1)를 입력하면 $P(F \le 1.1) = 0.5902$이므로 $P(F \ge 1.1) = 1 - 0.5902 = 0.4098$이다. 또는 F.DIST.RT(1.1, 10, 19)를 입력해도 같은 결과를 얻는다.

(c) 엑셀에서 함수 삽입에 F.INV(0.95, 10, 19) 또는 F.INV.RT(0.05, 10, 19)를 입력하면 2.38을 얻는다.

(d) $P(F \le 2.38) = 0.95$이므로 $P(F \ge 2.38) = 0.05$이다. 따라서 $F_{0.05}(10, 19) = 2.38$이다.

8.2.2 표본분산 비의 분포

두 모집단이 독립이고 모분산이 각각 σ_1^2, σ_2^2인 정규분포를 따른다고 하자. 각 모집단에서 크기가 n, m인 표본을 추출하고 S_1^2, S_2^2을 각각의 표본분산이라 하면

$$V_1 = \frac{(n-1)S_1^2}{\sigma_1^2}, \qquad V_2 = \frac{(m-1)S_2^2}{\sigma_2^2}$$

은 각각 자유도가 $(n-1)$, $(m-1)$인 카이제곱분포를 따른다. 따라서

$$F = \frac{V_1/(n-1)}{V_2/(m-1)} = \frac{S_1^2/\sigma_1^2}{S_2^2/\sigma_2^2}$$

은 자유도 $(n-1, m-1)$인 F-분포를 따른다.

표본분산 비의 분포

독립인 두 모집단이 모분산이 각각 σ_1^2, σ_2^2인 정규분포를 따른다.

S_1^2, S_2^2 : 각 모집단에서 크기가 n, m인 표본을 추출하였을 때 표본분산

$F = \dfrac{S_1^2/\sigma_1^2}{S_2^2/\sigma_2^2} = \dfrac{\sigma_2^2 S_1^2}{\sigma_1^2 S_2^2}$은 자유도 $(n-1,\, m-1)$인 F-분포를 따른다.

보기 2

독립인 두 정규모집단 $N(\mu_1, 10)$, $N(\mu_2, 20)$에서 각각 크기가 11, 15인 확률표본을 추출할 때

(a) $P\left(\dfrac{S_1^2}{S_2^2} \ge v_0\right) = 0.05$인 v_0을 구하시오.

(b) $P\left(\dfrac{S_1^2}{S_2^2} \ge 1.9\right)$를 구하시오.

풀이 (a) $n = 11,\ m = 15,\ \sigma_1^2 = 10,\ \sigma_2^2 = 20$이므로

$$F = \frac{S_1^2/\sigma_1^2}{S_2^2/\sigma_2^2} = \frac{2S_1^2}{S_2^2} \sim F(10, 14)$$

이다. $P\left(\frac{S_1^2}{S_2^2} \geq v_0\right) = P\left(\frac{2S_1^2}{S_2^2} \geq 2v_0\right) = P(F \geq 2v_0) = 0.05$에서 다음 값을 얻는다.

$$2v_0 = F_{0.05}(10, 14) = 2.60 \text{(=F.INV.RT(0.05, 10, 14) 입력)}$$

$$\Rightarrow v_0 = \frac{1}{2} \cdot 2.60 = 1.30$$

(b) 엑셀을 이용하면(=F.DIST.RT(3.8, 10, 14) 또는 =1−F.DIST(3.8, 10, 14, 1) 입력)

$$P\left(\frac{S_1^2}{S_2^2} \geq 1.9\right) = P(F \geq 3.8) = 0.0117$$

8.2.3 가설검정

서로 독립인 두 모집단이 각각 정규분포 $N(\mu_1, \sigma_1^2)$, $N(\mu_2, \sigma_2^2)$를 따른다고 하자. 각 모집단에서 추출한 크기가 n, m인 확률표본

$$X_1, X_2, \cdots, X_n, \qquad Y_1, Y_2, \cdots, Y_m$$

에 대하여 표본평균을 $\overline{X}$, $\overline{Y}$라 하면 표본분산은 각각

$$S_1^2 = \frac{1}{n-1}\sum_{k=1}^{n}(X_k - \overline{X})^2, \qquad S_2^2 = \frac{1}{m-1}\sum_{k=1}^{m}(Y_k - \overline{Y})^2$$

이다. 모분산 비의 검정은 일반적으로 다음과 같은 귀무가설을 설정한다.

$$H_0 : \sigma_1^2 = \sigma_2^2 \quad \text{또는} \quad H_0 : \frac{\sigma_1^2}{\sigma_2^2} = 1$$

귀무가설 $H_0 : \sigma_1^2 = \sigma_2^2$이 참이라는 가정 아래 검정통계량은 다음과 같다.

$$F = \frac{S_1^2/\sigma_1^2}{S_2^2/\sigma_2^2} = \frac{S_1^2}{S_2^2} \sim F(n-1, m-1)$$

추출된 두 표본의 값이 $x_1, x_2, \cdots, x_n$와 $y_1, y_2, \cdots, y_m$일 때 표본평균이 각각 $\overline{x}$, $\overline{y}$이고 표

본분산이 각각

$$s_1^2 = \frac{1}{n-1}\sum_{k=1}^{n}(x_k - \overline{x})^2, \quad s_2^2 = \frac{1}{m-1}\sum_{k=1}^{m}(y_k - \overline{y})^2$$

이면 검정통계량의 값은 다음과 같다.

$$f_0 = \frac{s_1^2}{s_2^2}$$

대립가설은 다음과 같은 형태이다.

$$H_1 : \sigma_1^2 > \sigma_2^2, \quad H_1 : \sigma_1^2 < \sigma_2^2, \quad H_1 : \sigma_1^2 \neq \sigma_2^2$$

$F_{1-\alpha}(n-1, m-1)$, $F_\alpha(n-1, m-1)$을 각각 자유도가 $(n-1, m-1)$인 F-분포에서 왼쪽 넓이와 오른쪽 넓이가 각각 α인 값이라 하자.

$$P(F < F_{1-\alpha}(n-1, m-1)) = \alpha, \quad P(F > F_\alpha(n-1, m-1)) = \alpha$$

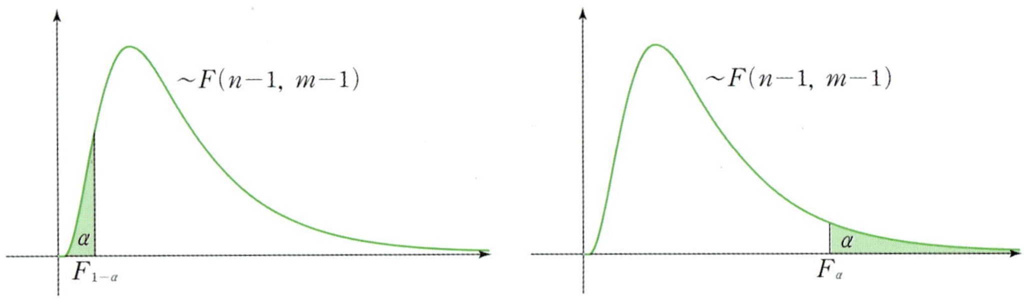

- $H_1 : \sigma_1^2 > \sigma_2^2$

  기각역: $F > F_\alpha(n-1, m-1)$

  결론: $f_0 > F_\alpha(n-1, m-1)$이면 귀무가설을 기각한다.

- $H_1 : \sigma_1^2 < \sigma_2^2$

  기각역: $F < F_{1-\alpha}(n-1, m-1)$

  결론: $f_0 < F_{1-\alpha}(n-1, m-1)$이면 귀무가설을 기각한다.

- $H_1 : \sigma_1^2 \neq \sigma_2^2$

  기각역: $F > F_{\alpha/2}$ 또는 $F < F_{1-\alpha/2}$

  결론: $f_0 > F_{\alpha/2}$ 또는 $f_0 < F_{1-\alpha/2}$ 이면 귀무가설을 기각한다.

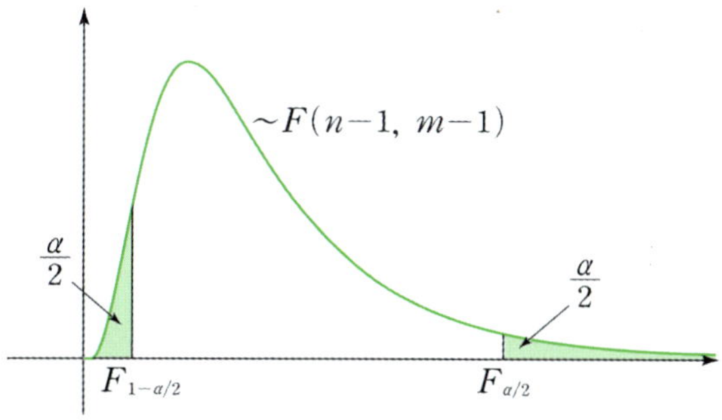

$H_0 : \sigma_1^2 = \sigma_2^2$의 검정 : 정규모집단

두 확률표본의 크기 : n, m, 유의수준 : α

S_1^2, S_2^2 : 표본분산, s_1^2, s_2^2 : 추출된 표본의 표본분산의 값

검정통계량 $F = \dfrac{S_1^2/\sigma_1^2}{S_2^2/\sigma_2^2} = \dfrac{S_1^2}{S_2^2} \sim F(n-1,\ m-1)$

$f_0 = \dfrac{s_1^2}{s_2^2}$: 검정통계량의 값

$F_\alpha = F_\alpha(n-1, m-1)$: $P(F > F_\alpha(n-1, m-1)) = \alpha$인 값

대립가설	$H_1 : \sigma_1^2 > \sigma_2^2$	$H_1 : \sigma_1^2 < \sigma_2^2$	$H_1 : \sigma_1^2 \neq \sigma_2^2$
기각역	$F > F_\alpha$	$F < F_{1-\alpha}$	$F > F_{\alpha/2}$ 또는 $F < F_{1-\alpha/2}$
H_0 기각	$f_0 > F_\alpha$일 때	$f_0 < F_{1-\alpha}$일 때	$f_0 > F_{\alpha/2}$ 또는 $f_0 < F_{1-\alpha/2}$

보기 3

어느 컴퓨터 회사는 두 가지의 조립 방법을 사용하고 있다. 두 방법의 조립 시간에 대한 분산이 동일한지 알아보려 한다. 이를 위하여 각 공정에서 21번의 컴퓨터 조립 시간을 측정하여 표본표준편차 $s_1 = 15$, $s_2 = 10$을 얻었다.

$$H_0 : \sigma_1^2 = \sigma_2^2, \quad H_1 : \sigma_1^2 > \sigma_2^2$$

에 대해 유의수준 $\alpha = 0.05$에서 검정하시오. 단, 두 방법의 조립 시간은 독립이고 각각 정규분포를 따른다고 가정한다.

풀이 표본의 크기는 $n=m=21$이고 귀무가설이 참이면 검정통계량의 분포는 다음과 같다.

$$F=\frac{S_1^2}{S_2^2} \sim F(n-1, m-1)=F(20, 20)$$

$\alpha=0.05$이고 $H_1: \sigma_1^2 > \sigma_2^2$이므로 기각역은 다음과 같다.

$$F > F_{0.05}(20, 20)=2.12$$

$s_1^2=15^2,\ s_2^2=10^2$이므로 검정통계량의 값은

$$f_0=\frac{s_1^2}{s_2^2}=\frac{225}{100}=2.25>2.12$$

이고 기각역에 속하므로 귀무가설 $H_0: \sigma_1^2=\sigma_2^2$을 기각한다. 다시 말해서 첫 번째 공정의 모분산이 두 번째 공정의 그것보다 크다고 할 수 있다.

보기 4

독립인 두 정규모집단의 모분산이 동일한지 알아보기 위하여 각 모집단으로부터 확률표본 1과 확률표본 2를 추출하여 다음 결과를 얻었다. 유의수준 $\alpha=0.05$에서 두 모분산이 같은지 검정하시오.

	표본 1	표본 2
표본의 크기	7	11
표본분산	19.8	6.6

풀이 두 정규모집단의 분산을 σ_1^2, σ_2^2이라 하면 귀무가설과 대립가설은 다음과 같다.

$$H_0: \sigma_1^2=\sigma_2^2, \quad H_1: \sigma_1^2 \neq \sigma_2^2$$

표본의 크기는 $n=7,\ m=11$이고 검정통계량과 분포는 다음과 같다.

$$F=\frac{S_1^2}{S_2^2} \sim F(n-1, m-1)=F(6, 10)$$

$\alpha=0.05$이고 양쪽검정이므로 기각역은 다음과 같다.

$$F > F_{0.025}(6, 10) = 4.07, \quad \text{또는} \quad F < F_{0.975}(6, 10) = 0.18$$

$s_1^2 = 19.8$, $s_2^2 = 6.6$이므로 검정통계량의 값은

$$f_0 = \frac{s_1^2}{s_2^2} = \frac{19.8}{6.6} = 3$$

으로 기각역에 속하지 않는다. 따라서 귀무가설 $H_0 : \sigma_1^2 = \sigma_2^2$을 기각할 수 없다. 다시 말해서 두 모분산이 다르다고 하기에는 충분한 근거가 없다.

연습문제 8.2 EXERCISES

01 F-분포표를 이용하여 $F \sim F(8,6)$일 때 다음을 구하시오.

(a) $F_{0.01}(8,6)$ (b) $F_{0.05}(8,6)$

(c) $F_{0.90}(8,6)$ (d) $F_{0.99}(8,6)$

02 $F \sim F(9,11)$일 때 다음 식을 만족하는 상수 c를 구하시오.

(a) $P(F > c) = 0.01$ (b) $P(F < c) = 0.95$

(c) $P(2.90 < F < c) = 0.025$ (d) $P(c < F < 4.63) = 0.015$

03 독립인 두 모집단은 분산이 각각 4, 8인 정규분포를 따른다. 각 모집단에서 크기가 각각 10, 15인 표본을 추출하여 구한 표본분산을 S_1^2, S_2^2라 할 때 $S_1^2 \ge S_2^2$일 확률을 구하시오.

04 독립인 두 정규모집단의 분산이 각각 4, 8이고 각 모집단에서 크기가 각각 10, 20인 표본을 추출하였다고 하자. 두 번째 표본의 표본분산이 첫 번째 표본분산보다 클 확률을 구하시오.

05 독립인 두 모집단은 분산이 각각 2, 3인 정규분포를 따른다. 각 모집단에서 크기가 각각 12, 15인 표본을 추출하여 구한 표본분산을 S_1^2, S_2^2라 할 때 $S_1^2 \le 2S_2^2$일 확률을 구하시오.

06 8.2절의 보기 3과 같은 조건에서 표본의 크기가 첫 번째 공정에서 16개, 두 번째 공정에서 11개일 때 같은 가설검정을 하시오.

◈ **(7 ~ 8) 8.2절의 보기 4에 대하여**

07 같은 조건에서 모집단 1의 분산이 모집단 2의 분산보다 더 큰지 검정하시오.

08 확률표본 1과 확률표본 2를 추출하여 다음 결과를 얻었다. 보기와 같은 가설검정을 유의수준 $\alpha = 0.1$에서 실시하시오.

	표본 1	표본2
표본의 크기	16	16
표본분산	25	10

09 7.2절의 보기 2에서 기존 엔진과 새 엔진의 연비에 대한 분산이 다르다고 할 수 있는지 유의수준 $\alpha = 0.05$에서 검정하시오. 단, 각 연비는 정규분포를 따른다고 가정한다.

10 7.2절의 보기 5에서 두 모분산이 같다는 가정이 타당한지에 대하여 유의수준 $\alpha = 0.05$에서 검정하시오.

11 7.2절의 보기 6에서 두 모분산이 같다는 가정이 타당한지에 대하여 유의수준 $\alpha = 0.05$에서 검정하시오.

12 어떤 화학공정에 사용되는 두 종류의 촉매제가 있다. 두 촉매를 사용하는 각각의 공정에서 산출량에 대한 분산이 동일한지 검정하기 위하여 12개의 장치에 대하여는 첫 번째 촉매제를 사용하고 다른 16개의 장치에는 두 번째 촉매제를 사용하였다. 각 장치는 동일한 조건에서 작동하고 서로 독립이라 한다.

(a) 각 경우의 표본표준편차의 값은 $s_1 = 18$, $s_2 = 11$ 이었다. 5%의 유의수준에서 두 번째 촉매를 사용한 경우의 분산이 더 작다고 할 수 있는가?

(b) 유의수준 $\alpha = 0.01$ 일 때 같은 조건에서 가설검정을 하시오.

8.3 범주형 자료 분석

8.3.1 범주형 자료

설문조사에 의하여 수집되는 자료는 대부분 범주형 자료이다. 다음은 19대 대선 주자 지지에 대한 설문의 일부이다.[2)]

19대 대선 후보 지지에 대한 설문

1. 귀하의 성별은?

① 남성 ② 여성

2. 귀하의 연령대는?

① 19~29세 ② 30대 ③ 40대 ④ 50대 ⑤ 60대 이상

3. 귀하의 거주 지역은?

① 서울 ② 인천/경기 ③ 강원도 ④ 대전/세종/충청
⑤ 대구/경북 ⑥ 부산/울산/경남 ⑦ 광주/전라 ⑧ 제주도

4. 귀하의 이념 성향은?

① 보수 ② 진보 ③ 중도

5. 귀하의 경제적 생활수준은?

① 상/중상 ② 중 ③ 중하 ④ 하

6. 귀하가 지지하는 대통령 후보는?

① 문재인 ② 심상정 ③ 안철수 ④ 유승민 ⑤ 조원진
⑥ 홍준표 ⑦ 기타/없음/모름

......

위의 설문은 설문조사에 쓰이는 대표적인 문항을 포함하고 있으며 모든 문항은 **범주형 자료**(categorical data)의 형태를 가지고 있다. 예를 들어 1번 문항은 성별을 ①, ②로 표시하지만

2) 2017년 4월 28일 한국갤럽 설문

숫자의 의미는 없으며 ㉠, ㉡으로 표시하거나 M(male), F(female)로 표시하여도 무방하다. 이렇게 숫자가 아니거나 숫자로 표시되더라도 숫자가 특별한 의미가 없는 자료를 범주형 자료 또는 질적 자료(qualitative data)라 한다.

지금까지 다룬 가설검정은 양적 자료에 대한 것으로 모평균 μ, 모분산 σ^2, 모비율 p와 같은 모수에 대한 것이었다. 이 절에서는 다음과 같은 경우 범주형 자료에 대한 분석방법을 소개하기로 한다.

- 실험 또는 조사 결과가 이론적으로 주어진 분포를 따르는지 검정하는 적합도 검정
- 여러 모집단이 같은 분포를 따르는지 검정하는 동질성 검정
- 모집단을 두 요인에 따라 분류하였을 때 두 요인의 독립성을 검정하는 독립성 검정

8.3.2 적합도 검정

주사위를 던지는 실험을 한다고 하자. 공정하게 만들어진 주사위라면 윗면의 숫자의 분포가 다음과 같은 이산형 균일분포를 따른다.

$$p(x) = \frac{1}{6}, \quad x = 1, 2, \cdots, 6$$

따라서 주사위가 공정하게 만들어졌는지를 검정하고 싶으면 다음과 같은 가설을 설정한다.

$$H_0 : p_1 = \frac{1}{6}, \ p_2 = \frac{1}{6}, \ \cdots, \ p_6 = \frac{1}{6}$$

$$H_1 : H_0\text{이 참이 아니다.}$$

공정하게 만들어진 주사위라면 주사위를 60번 던졌을 때 각 숫자는 10번씩 나올 것으로 기대할 수 있다. 이와 같이 귀무가설이 참일 때 기대되는 도수를 기대도수(expected frequency), 주사위를 던져 나온 각 숫자의 실제 도수를 관측도수(observed frequency)라 한다.

실험 또는 조사로 얻은 관측도수와 기대도수가 일치하는 정도를 적합도(goodness-of-fit)라 하며 관측값들이 이론적인 분포를 어느 정도 따르는가를 검정하는 것을 적합도 검정(goodness-of-fit test)이라 한다. 적합도 검정은 모집단이 어떤 속성에 의하여 여러 범주로 나뉘는 경우 여러 범주들을 비교하는 방법이다.

어떤 속성에 의하여 모집단이 ℓ개의 범주로 나뉘고 k번째 범주의 도수가 전체에서 차지하는 알려지지 않은 비율을 $p_k\,(p_1 + \cdots + p_\ell = 1)$라 하자. 크기가 n인 표본에 대하여 k번째 범주의 관측도수를 나타내는 확률변수를 O_k라 하면 적합도 검정의 자료구조는 다음과 같다.

범주	1	2	$\cdots$	ℓ	합계
관측도수	O_1	O_2	$\cdots$	O_ℓ	n
모비율	p_1	p_2	$\cdots$	p_ℓ	1

위의 표에서 각 범주에 대한 속성의 비율이 기대하는 것과 일치하는지 검정하기 위하여 귀무가설과 대립가설을 다음과 같이 설정한다.

$$H_0 : p_1 = p_{10},\ p_2 = p_{20},\ \cdots,\ p_\ell = p_{\ell 0}$$

$$H_1 : H_0\text{가 아니다.}$$

이때 p_{k0}은 주어진 분포에서 k번째 범주의 이론적 확률이고 $\sum_{k=1}^{\ell} p_{k0} = 1$이다. 귀무가설 H_0이 참이라는 가정 아래 표본의 크기가 n일 때 k번째 범주의 기대도수는 다음과 같은 상수이다.

$$e_k = np_{k0}, \quad k = 1, 2, \cdots, \ell$$

H_0가 참이면 관측도수 O_k와 기대도수 e_k는 비슷한 값을 가지므로 검정 결과는 관측도수와 기대도수의 차이들($O_k - e_k,\ k = 1, 2, \cdots, \ell$)이 얼마나 큰지에 따라 달라진다. 즉 차이가 크면 귀무가설을 기각하고 차이가 크지 않다면 귀무가설을 기각할 수 없다. 이러한 차이의 크기를 판단하기 위해 다음 통계량을 검정통계량으로 사용한다.

$$V = \sum_{k=1}^{\ell} \frac{(O_k - e_k)^2}{e_k}$$

귀무가설 H_0가 참일 때 표본의 크기 n이 충분히 크면 통계량 V는 자유도가 $(\ell - 1)$인 χ^2-분포를 따른다는 것이 알려져 있다. 따라서 통계량 V의 값이 기각역에 속하면 귀무가설을 기각한다. 적합도 검정은 다른 카이제곱검정과 같은 절차를 따르지만 기각역은 항상 $V > \chi^2_\alpha$으로 주어진다. 이때 χ^2_α은 자유도 $(\ell - 1)$인 χ^2-분포에서 오른쪽 꼬리 확률이 α인 값이다.

$$P(V > \chi^2_\alpha) = \alpha$$

표본으로부터 얻어진 검정통계량의 값을

$$v_0 = \sum_{k=1}^{\ell} \frac{(o_k - e_k)^2}{e_k}$$

라 할 때 $v_0 > \chi^2_\alpha$이면 귀무가설을 기각한다.

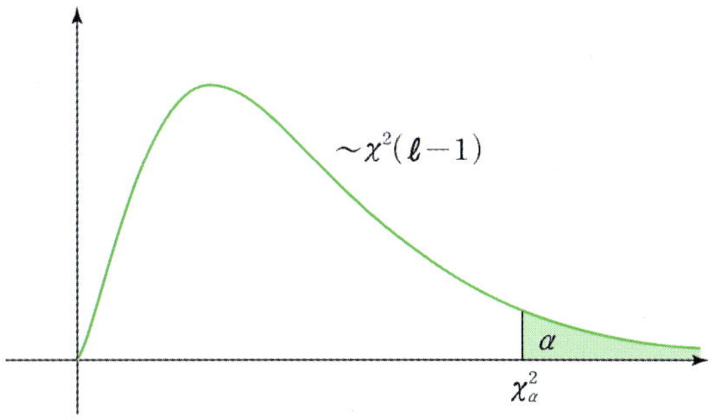

표본의 크기가 충분히 큰 경우 유의수준 α에서 적합도 검정을 정리하면 다음과 같다.

적합도 검정 과정

- 가설 설정

  $H_0 : p_1 = p_{10},\ p_2 = p_{20},\ \cdots,\ p_\ell = p_{\ell 0}\ ,\ H_1 : H_0$가 아니다.

- 검정통계량: $V = \sum_{k=1}^{\ell} \frac{(O_k - e_k)^2}{e_k} \sim \chi^2(\ell - 1)$

  O_k : k번째 범주의 관측도수, $e_k = np_{k0}$: k번째 범주의 기대도수

- 결론: $v_0 > \chi^2_\alpha(\ell - 1)$이면 H_0을 기각한다.

  v_0 : 표본으로부터 얻어진 검정통계량의 값

보기 1

주사위를 300번 던졌을 때 나온 눈의 수의 관측도수가 다음과 같다.

주사위가 공정한지 유의수준 $\alpha = 0.05$에서 검정하시오.

눈의 수	1	2	3	4	5	6	합계
관측도수	39	54	45	57	63	42	300

풀이 귀무가설과 대립가설을 다음과 같이 설정한다.

$$H_0 : p_1 = p_2 = p_3 = p_4 = p_5 = p_6 = \frac{1}{6}$$

$$H_1 : H_0\text{가 아니다.}$$

귀무가설이 참일 때 기대도수는 다음과 같다.

$$e_1 = e_2 = e_3 = e_4 = e_5 = e_6 = 300 \cdot \frac{1}{6} = 50$$

눈의 수	1	2	3	4	5	6	합계
관측도수(o_k)	39	54	45	57	63	42	300
기대도수(e_k)	50	50	50	50	50	50	300
$\frac{(o_k-e_k)^2}{e_k}$	$\frac{11^2}{50}$	$\frac{4^2}{50}$	$\frac{5^2}{50}$	$\frac{7^2}{50}$	$\frac{13^2}{50}$	$\frac{8^2}{50}$	8.88

따라서 검정통계량의 값을 구하면 다음과 같다.

$$v_0 = \sum_{k=1}^{6} \frac{(o_k - e_k)^2}{e_k} = \frac{444}{50} = 8.88$$

검정통계량 V는 자유도 5인 χ^2-분포를 따르고 $\chi^2_{0.05}(5) = 11.07$이다 검정통계량의 값 v_0과 비교하면

$$v_0 = 8.88 < \chi^2_{0.05}(5) = 11.07$$

이므로 귀무가설을 기각할 수 없다. 다시 말해서 유의수준 $\alpha = 0.05$에서 주사위가 공정하지 않다고 할 충분한 근거가 없다.

보기 2

멘델의 법칙에 의하면 분홍색의 꽃을 교배하였을 때 빨간색, 분홍색, 흰색의 꽃이 1 : 2 : 1의 비율로 나타난다고 한다. 분홍색 꽃을 재배하여 얻은 꽃의 관측도수가 다음과 같을 때 이 실험 결과가 멘델의 법칙에 어긋난다고 말할 수 있는지 유의수준 $\alpha = 0.05$에서 검정하시오.

꽃 색깔	빨간색	분홍색	흰색	합계
관측도수	282	639	279	1200

풀이 빨간색, 분홍색, 흰색 꽃의 비율을 p_1, p_2, p_3라 하면 가설을 다음과 같이 설정한다.

$$H_0 : p_1 = \frac{1}{4},\ p_2 = \frac{1}{2},\ p_3 = \frac{1}{4}$$

$H_1 : H_0$가 아니다.

귀무가설이 참일 때 기대도수는 다음과 같다.

$$e_1 = 1200 \cdot \frac{1}{4} = 300,\quad e_2 = 1200 \cdot \frac{1}{2} = 600,\quad e_3 = 1200 \cdot \frac{1}{4} = 300$$

꽃 색깔	빨간색	분홍색	흰색	합계
관측도수(o_k)	282	639	279	1200
기대도수(e_k)	300	600	300	1200
$\frac{(o_k - e_k)^2}{e_k}$	$\frac{18^2}{300}$	$\frac{39^2}{600}$	$\frac{21^2}{300}$	$\frac{1017}{200}$

따라서 검정통계량의 값을 구하면 다음과 같다.

$$v_0 = \frac{(o_1 - e_1)^2}{e_1} + \frac{(o_2 - e_2)^2}{e_2} + \frac{(o_3 - e_3)^2}{e_3} = \frac{1017}{200} = 5.085$$

검정통계량 $V = \sum_{k=1}^{3} \frac{(O_k - e_k)^2}{e_k}$은 자유도 2인 χ^2-분포를 따르고 $\chi^2_{0.05}(2) = 5.99$이다.

검정통계량의 값과 비교하면

$$v_0 = 5.085 < 5.99 = \chi^2_{0.05}(2)$$

이므로 귀무가설을 기각할 수 없다. 따라서 이 실험의 결과가 멘델의 법칙에 어긋난다고 할 수 없다.

8.3.3 동질성, 독립성 검정

이 절에서는 두 속성의 연관성을 살펴보는 검정방법을 알아보기로 한다.

예를 들어 어느 대학의 여학생과 남학생의 성적분포가 같은지를 조사한다고 하자. 임의로 여학생과 남학생 100명씩을 추출하여 다음과 같은 결과를 얻었다고 하자. 이렇게 작성한 표를 분할표(contingency table)라 한다.

	A	B	C	D	F	합계
남학생	29	37	26	4	4	100
여학생	33	39	22	3	3	100
합계	62	76	48	7	7	200

이 표에서

"남학생과 여학생의 성적분포가 같은가?"

하는 질문은 다음과 같이 5개의 질문을 포함한다.

남학생과 여학생의 A의 비율이 같은가?
남학생과 여학생의 B의 비율이 같은가?
남학생과 여학생의 C의 비율이 같은가?
남학생과 여학생의 D의 비율이 같은가?
남학생과 여학생의 F의 비율이 같은가?

이때 남학생과 여학생을 각각의 모집단으로 생각하고 p_{1A}, p_{2A}를 남학생과 여학생이 각각 A를 받은 비율이라 하면 귀무가설은 다음과 같다.

$$H_0 : p_{1A} = p_{2A},\ p_{1B} = p_{2B},\ p_{1C} = p_{2C},\ p_{1D} = p_{2D},\ p_{1F} = p_{2F}$$

이와 같이 두 모집단(남학생, 여학생) 또는 여러 개의 모집단에서 분포가 같은지를 살펴보는 것을 **동질성 검정**(test of homogeneity)이라 한다. 이때 남학생과 여학생의 수는 미리 결정된다.

이제 똑같은 조사를 하는데 임의로 200명의 학생을 추출하여 성별과 학점을 조사하여 다음과 같은 표를 얻었다고 하자.

	A	B	C	D	F	합계
남학생	31	40	29	5	5	110
여학생	32	35	20	1	2	90
합계	63	75	49	6	7	200

"이때 성별과 학점이 독립인가?" 하는 질문은 다음과 같은 10개의 질문을 의미한다.

$$p_{1A} = p_1 \cdot p_{\cdot A},\quad p_{1B} = p_1 \cdot p_{\cdot B},\quad p_{1C} = p_1 \cdot p_{\cdot C},\quad p_{1D} = p_1 \cdot p_{\cdot D},\quad p_{1F} = p_1 \cdot p_{\cdot F}$$

$$p_{2A} = p_{2\cdot}p_{\cdot A},\quad p_{2B} = p_{2\cdot}p_{\cdot B},\quad p_{2C} = p_{2\cdot}p_{\cdot C},\quad p_{2D} = p_{2\cdot}p_{\cdot D},\quad p_{2F} = p_{2\cdot}p_{\cdot F}$$

이때 $p_{1\cdot}$은 남학생의 모비율, $p_{\cdot A}$는 A의 모비율을 의미한다.

이와 같이 두 속성(성별과 학점) 또는 여러 개의 속성이 독립인지를 살펴보는 것을 독립성 검정(test of independence)이라 한다.

일반적으로 동질성 검정에서는 각 행의 도수 합이 처음부터 정해져 있으나, 독립성 검정에는 전체 도수의 합만이 미리 정해진다. 동질성 검정과 독립성 검정은 통계적 모형과 유도과정이 약간 다르지만 사용하는 통계량과 검정 방법은 동일하므로 결과만 같이 다루기로 한다.

일반적인 경우도 같은 방법으로 확장이 가능하다. 속성 A가 k개의 범주($A_1, A_2, \cdots, A_k$)로 나뉘고, 속성 B가 ℓ개의 범주($B_1, B_2, \cdots, B_\ell$)로 나뉜다고 하자. 범주 (i, j)를 범주 A_i와 범주 B_j에 동시에 속하는 것으로 표시하자. 크기가 n인 표본에 대하여 범주 (i, j)의 관측도수를 확률변수 O_{ij}로 나타내면 다음과 같이 두 속성의 관측도수에 대한 $k \times \ell$ 분할표를 구할 수 있다.

속성 A \ 속성 B	B_1	B_2	$\cdots$	B_ℓ	합계
A_1	O_{11}	O_{12}	$\cdots$	$O_{1\ell}$	$O_{1\cdot}$
A_2	O_{21}	O_{22}	$\cdots$	$O_{2\ell}$	$O_{2\cdot}$
$\vdots$	$\vdots$	$\vdots$	$\vdots$	$\vdots$	$\vdots$
A_k	O_{k1}	O_{k2}	$\cdots$	$O_{k\ell}$	$O_{k\cdot}$
합계	$O_{\cdot 1}$	$O_{\cdot 2}$	$\cdots$	$O_{\cdot \ell}$	n

$O_{i\cdot} = \sum_{j=1}^{\ell} O_{ij},\ \ O_{\cdot j} = \sum_{i=1}^{k} O_{ij}$는 각각 범주 A_i의 관측도수와 범주 B_j의 관측도수를 나타내는 확률변수이다. 관측결과가 범주 (i,j)에 속할 모비율을 $p_{ij}(i = 1, 2, \cdots, k,\ j = 1, 2, \cdots, \ell)$라 하자.

$$p_{i\cdot} = \sum_{j=1}^{\ell} p_{ij},\qquad p_{\cdot j} = \sum_{i=1}^{k} p_{ij}$$

로 정의하면 $p_{i\cdot}$는 범주 A_i에 속할 모비율, $p_{\cdot j}$는 범주 B_j에 속할 모비율이다.

$$P(A_i) = p_{i\cdot},\qquad P(B_j) = p_{\cdot j}$$

속성 A \ 속성 B	B_1	B_2	$\cdots$	B_ℓ	합계
A_1	p_{11}	p_{12}	$\cdots$	$p_{1\ell}$	$p_{1\cdot}$
A_2	p_{21}	p_{22}	$\cdots$	$p_{2\ell}$	$p_{2\cdot}$
$\vdots$	$\vdots$	$\vdots$	$\cdots$	$\vdots$	$\vdots$
A_k	p_{k1}	p_{k2}	$\cdots$	$p_{k\ell}$	$p_{k\cdot}$
합계	$p_{\cdot 1}$	$p_{\cdot 2}$	$\cdots$	$p_{\cdot \ell}$	1

이 표에서 우리가 관심을 가지는 가설은 다음과 같다.

- 동질성 검정

  H_0 : 속성 A의 각 부차 모집단 $A_1, A_2, \cdots, A_k$에서 속성 B의 확률모형은 모두 같다.

- 독립성 검정

  H_0 : 속성 A와 속성 B는 서로 독립이다.

이 가설들은 다음과 같이 바꾸어 쓸 수도 있다.

- 동질성 검정

  $H_0 : p_{1j} = p_{2j} = \cdots = p_{kj}, \quad j = 1, 2, \cdots, \ell$

- 독립성 검정

  $H_0 : p_{ij} = p_{i\cdot} p_{\cdot j}, \quad i = 1, 2, \cdots, k,\ j = 1, 2, \cdots, \ell$

두 경우 모두 대립가설은 "H_1 : 귀무가설이 참이 아니다."로 설정한다.

두 경우 모두 검정 결과는 범주 (i, j)의 관측도수 O_{ij}와 기대도수 E_{ij}의 차이가 얼마나 크냐에 따라 달라진다. 즉 차이가 크면 귀무가설을 기각하고 차이가 크지 않다면 귀무가설을 기각할 수 없다. 이러한 차이의 크기를 판단하기 위해 다음 통계량을 검정통계량으로 사용한다.

$$V = \sum_{i=1}^{k} \sum_{j=1}^{\ell} \frac{(O_{ij} - E_{ij})^2}{E_{ij}}$$

귀무가설 H_0가 참일 때 표본의 크기가 충분히 크면 통계량 V는 근사적으로 자유도가 $(k-1)(\ell-1)$인 χ^2-분포를 따른다는 것이 알려져 있다.[3)] 통계량 V의 값이 기각역에 속하

3) $k\ell$개의 p_{ij}를 추정하면서 자유도가 1개 줄어든다. $(k-1)$개의 $p_{i\cdot}$와 $(\ell-1)$개의 $p_{\cdot j}$를 추정하면서 자유도가 $(k-1)+(\ell-1)$만큼 줄어든다. 따라서 전체의 자유도는 다음과 같다.
$(k\ell-1)-(k+\ell-2)=(k-1)(\ell-1)$

면 귀무가설을 기각한다. 적합도 검정의 경우와 마찬가지로 기각역은 항상 $V > \chi_\alpha^2$의 형태이다.

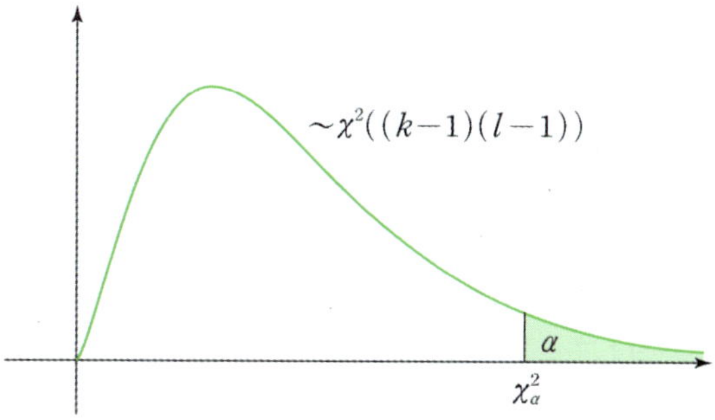

크기 n인 표본을 추출하였을 때 $p_{i\cdot}$, $p_{\cdot j}$은 각각 다음과 같은 표본비율로 추정한다.

$$\hat{p}_{i\cdot} = \frac{O_{i\cdot}}{n},\ i = 1, 2, \cdots, k, \quad \hat{p}_{\cdot j} = \frac{O_{\cdot j}}{n},\ j = 1, 2, \cdots, \ell$$

동질성 검정에서 속성 A_i의 도수 $O_{i\cdot}$은 처음부터 알려진 값이다. 귀무가설이 참이라 가정하면 A_i의 도수가 $O_{i\cdot}$이고 B_j의 확률은 $p_{\cdot j}$이므로 범주 (i, j)의 기대도수는 $O_{i\cdot}p_{\cdot j}$이고 기대도수의 점추정량은 다음과 같다.

$$E_{ij} = O_{i\cdot}\hat{p}_{\cdot j} = \frac{O_{i\cdot}O_{\cdot j}}{n}$$

독립성 검정에서 귀무가설이 참이라면 $p_{ij} = p_{i\cdot}p_{\cdot j}$이므로 범주 (i, j)의 기대도수는 np_{ij}이고 점추정량은 다음과 같다.

$$E_{ij} = n\hat{p}_{ij} = n\hat{p}_{i\cdot}\hat{p}_{\cdot j} = n\frac{O_{i\cdot}}{n}\frac{O_{\cdot j}}{n} = \frac{O_{i\cdot}O_{\cdot j}}{n}$$

표본의 크기가 충분히 큰 경우의 결과를 정리하면 다음과 같다.

유의수준 α에서 동질성 검정 및 독립성 검정

- 가설 설정

  동질성 검정: $H_0 : p_{1j} = p_{2j} = \cdots = p_{kj},\ j = 1, 2, \cdots, \ell$

  독립성 검정: $H_0 : p_{ij} = p_{i\cdot}p_{\cdot j},\ i = 1, 2, \cdots, k,\ j = 1, 2, \cdots, \ell$

  $H_1 : H_0$가 아니다.

- 검정통계량: $V = \sum_{i=1}^{k} \sum_{j=1}^{\ell} \frac{(O_{ij} - E_{ij})^2}{E_{ij}} \sim \chi^2((k-1)(\ell-1))$

  O_{ij} : (i, j) 범주의 관측도수

  $E_{ij} = \frac{O_{i\cdot} O_{\cdot j}}{n}$: (i, j) 범주의 기대도수의 점추정량

  e_{ij} : 표본으로부터 얻은 (i, j) 범주의 기대도수의 점추정값

- 결론: $v_0 > \chi^2_{\alpha}((k-1)(\ell-1))$이면 H_0을 기각한다.

  $v_0 = \sum_{j=1}^{\ell} \sum_{i=1}^{k} \frac{(o_{ij} - e_{ij})^2}{e_{ij}}$: 하나의 표본으로부터 얻어진 검정통계량의 값

보기 3

남학생 100명과 여학생 100명의 학점 분포가 다음과 같을 때

$$H_0 : \text{남학생과 여학생의 학점 분포는 동일하다.}$$

는 가설에 대하여 유의수준 $\alpha = 0.05$에서 검정을 실시하시오.

	A	B	C	D	F	합계
남학생	27	37	26	5	5	100
여학생	37	39	20	3	1	100
합계	64	76	46	8	6	200

풀이 앞에서 살펴본 것처럼 귀무가설은 다음과 같다.

$$H_0 : p_{1A} = p_{2A},\ p_{1B} = p_{2B},\ p_{1C} = p_{2C},\ p_{1D} = p_{2D},\ p_{1F} = p_{2F}$$

귀무가설이 참일 때 기대도수 E_{1A}의 값은 다음과 같다.

$$e_{1A} = \frac{100 \cdot 64}{200} = 32$$

같은 방법으로 기대도수의 값을 구하여 표로 나타내면 다음과 같다.

	A	B	C	D	F	합계
남학생	32	38	23	4	3	100
여학생	32	38	23	4	3	100
합계	64	76	46	8	6	200

따라서 검정통계량의 값은 다음과 같다.

$$v_0 = \sum_{i=1}^{2}\sum_{j=1}^{5}\frac{(o_{ij}-e_{ij})^2}{e_{ij}}$$

$$= \frac{(27-32)^2}{32}+\frac{(37-38)^2}{38}+\frac{(26-23)^2}{23}+\frac{(5-4)^2}{4}+\frac{(5-3)^2}{3}$$

$$+\frac{(37-32)^2}{32}+\frac{(39-38)^2}{38}+\frac{(20-23)^2}{23}+\frac{(3-4)^2}{4}+\frac{(1-3)^2}{3}=5.56$$

자유도는 $(2-1)(5-1)=4$이고 $\chi^2_{0.05}(4)=9.49$이므로

$$v_0 = 5.56 < \chi^2_{0.05}(4) = 9.49$$

이다. 따라서 유의수준 $\alpha = 0.05$에서 귀무가설을 기각할 수 없다. 다시 말해서 남학생과 여학생의 성적분포에 차이가 있다고 할 충분한 근거가 없다.

보기 4

소득수준과 정치성향 사이의 관계를 알아보기 위하여 1000명을 임의추출하여 설문을 실시한 결과가 다음과 같다. 이 자료로부터 소득수준과 정치성향이 서로 독립이라 할 수 있는지 유의수준 $\alpha = 0.05$에서 검정하시오.

소득수준 \ 정치성향	보수	중도	진보	합계
상/중상	65	55	30	150
중	145	145	160	450
중하	70	100	80	250
하	40	60	50	150
합계	320	360	320	1000

풀이 범주는 위에서 아래로, 왼쪽에서 오른쪽으로 커지는 순서로 부여한다. 예를 들어 소득수준이 중, 정치성향이 진보인 경우는 범주 $(2, 3)$으로 분류한다. 가설을 다음과 같이 설정한다.

$$H_0 : p_{ij} = p_{i\cdot} p_{\cdot j},\ \ i = 1, 2, 3, 4,\ \ j = 1,2,3$$

$$H_1 : H_0\text{이 아니다.}$$

이때 귀무가설 H_0이 참일 때 범주 $(1, 1)$의 기대도수는 다음과 같다.

$$e_{11} = \frac{150 \cdot 320}{1000} = 48$$

같은 방법으로 계산하면 다음과 같은 기대도수에 대한 분할표를 얻는다.

소득수준 \ 정치성향	보수	중도	진보	합계
상/중상	48	54	48	150
중	144	162	144	450
중하	80	90	80	250
하	48	54	48	150
합계	320	360	320	1000

이 표를 이용하여 검정통계량 V의 값 v_0을 구하면 다음과 같다.

$$v_0 = \frac{(65-48)^2}{48} + \frac{(55-54)^2}{54} + \cdots + \frac{(50-48)^2}{48} = 20.8$$

유의수준 $\alpha = 0.05$이고 자유도는 $(4-1)(3-1) = 6$이므로 기각역은

$$V > \chi^2_{0.05}(6) = 12.59$$

이다.

$$v_0 = 20.8 > \chi^2_{0.05}(6) = 12.59$$

이므로 귀무가설을 기각한다. 따라서 소득수준과 정치성향은 독립이 아니다 또는 관계가 있다고 할 수 있다.

연습문제 8.3 EXERCISES

01 다음 표는 4주 동안 일어난 교통사고 도수를 요일별로 조사하여 정리한 것이다. 교통사고 발생 도수가 요일별로 차이가 있는지에 대하여 유의수준 $\alpha = 0.05$에서 검정하시오.

	일	월	화	수	목	금	토	합계
관측도수	25	21	18	15	16	19	26	140

02 어느 회사의 스마트폰은 5가지의 색으로 생산된다. 지난 한 달간 판매된 스마트폰을 색상별로 조사하여 다음과 같은 표를 얻었다. 다섯 개의 색에 대한 고객의 선호도가 존재하는지 유의수준 $\alpha = 0.05$에서 검정하시오.

	Gold	Silver	White	Black	Pink Rose	합계
판매대수	310	370	290	300	330	1600

03 난수 생성기에서 0부터 9까지 10개의 수를 임의로 1000개 생성하도록 하였더니 그 분포가 다음과 같았다. 난수 생성기가 정상적으로 난수를 생성한다고 할 수 있는지 유의수준 $\alpha = 0.05$에서 검정하시오.

	0	1	2	3	4	5	6	7	8	9
관측도수	95	88	102	109	110	92	96	79	113	116

04 어느 과수원에서 나오는 사과는 20%는 특상품, 40%는 상품, 25%는 중품, 15%는 하품으로 분류되었다고 한다. 올해 수확된 사과 중 500개를 임의로 추출하였을 때 분포가 다음 표와 같았다. 올해의 품질이 예년과 같은지 유의수준 $\alpha = 0.05$에서 검정하시오.

	특상품	상품	중품	하품	합계
개수	90	220	100	90	500

05 임의로 추출한 200명의 학생의 성별과 학점을 조사하여 다음과 같은 표를 얻었다. 성별과 학점은 독립인지 유의수준 $\alpha = 0.05$에서 검정하시오.

	A	B	C	D	F	합계
남학생	31	40	29	5	5	110
여학생	32	35	20	1	2	90
합계	63	75	49	6	7	200

06 4개의 공장에서 같은 제품을 생산하고 있다. 공장에 따라 불량률이 다른지를 알아보기 위해 각 공장에서 250개의 제품을 임의로 추출하였다. 제품의 상태를 조사한 결과가 다음과 같을 때 공장에 따라 제품의 불량률이 다른지를 유의수준 $\alpha = 0.05$에서 검정하라.

	양호	불량	합계
공장 1	240	10	250
공장 2	242	8	250
공장 3	245	5	250
공장 4	248	2	250
합계	975	25	1000

07 다음은 두 요인 A, B에 대한 분할표이다. 두 요인 A, B는 서로 독립이라 할 수 있는지 유의수준 $\alpha = 0.05$에서 검정하라.

	B1	B2	B3
A1	42	32	24
A2	34	36	20
A3	36	37	41
A4	58	75	65

08 게임 개발 회사에서 3종류의 게임을 개발하였다. 10대, 20대 회원 각각 150명씩, 30대 회원 100명으로 총 400명을 임의로 추출하여 가장 선호하는 게임을 1개만 선택하도록 한 결과가 다음과 같다. 연령에 따른 게임의 선호도가 다른지 유의수준 $\alpha = 0.05$에서 검정하라.

	게임 1	게임 2	게임 3
10대	72	54	24
20대	64	56	30
30대	30	40	30

09 어느 대기업에서 500명을 무작위로 추출하여 학력과 만족도를 조사하여 다음 결과를 얻었다. 학력과 급여에 대한 만족도 사이에 상관이 있는지를 유의수준 $\alpha = 0.01$에서 독립성 검정을 시행하시오.

	만족	보통	불만족
고등학교 졸업	33	54	58
대학교 졸업	95	112	48
대학원 졸업	42	34	24

부록

부록 A – 확률과 통계를 위한 수학 기초

부록 B – 자료의 정리와 요약

부록 C – 엑셀 사용법

부록 D – 확률분포표

부록 E – 홀수문제 정답 및 풀이

부록

A. 확률과 통계를 위한 수학 기초

A.1 합과 무한급수

A.1.1 기호 $\sum$

기호 $\sum$는 여러 항의 합을 간단한 형태로 쓸 수 있게 해 준다.

$$\sum_{k=m}^{n} a_k = a_m + a_{m+1} + \cdots + a_n$$

$\sum$의 아래 $k=m$은 더하기가 시작하는 항을 의미하고 $\sum$의 위 n은 더하기가 끝나는 항을 의미한다.

보기 1

$$\sum_{k=3}^{5} k = 3+4+5 = 12, \quad \sum_{j=3}^{5} k = k+k+k = 3k$$

$$\sum_{k=1}^{5} \frac{1}{k} = 1+\frac{1}{2}+\frac{1}{3}+\frac{1}{4}+\frac{1}{5} = \frac{137}{60}$$

$$\sum_{k=1}^{5} k^2 = 1^2+2^2+3^2+4^2+5^2 = 55$$

$$\sum_{j=0}^{5} 2^j = 2^0+2^1+2^2+2^3+2^4+2^5 = 63$$

합에 대한 공식

- $\sum_{k=1}^{n} c = n \cdot c$
- $\sum_{k=1}^{n} k = \frac{n(n+1)}{2}$
- $\sum_{k=1}^{n} k^2 = \frac{n(n+1)(2n+1)}{6}$
- $\sum_{k=1}^{n} a^k = \frac{a(1-a^n)}{1-a}$
- $\sum_{k=0}^{n} a^k = \frac{1-a^{n+1}}{1-a}$

$\sum$를 이용하여 표현하는 방법은 여러 가지 있을 수 있다.

보기 2

$$1+3+5+7+9+11 = \sum_{k=1}^{6}(2k-1) = \sum_{k=0}^{5}(2k+1)$$

$$1+2x+3x^2+4x^3+5x^4 = \sum_{k=1}^{5} kx^{k-1} = \sum_{k=0}^{4}(k+1)x^k$$

기호 $\sum$의 성질

- $\sum_{k=1}^{n}(a_k \pm b_k) = \sum_{k=1}^{n} a_k \pm \sum_{k=1}^{n} b_k$
- $\sum_{k=1}^{n}(ca_k) = c\sum_{k=1}^{n} a_k$

기호 $\sum$의 성질을 이용하면 다양한 계산 결과를 구할 수 있다.

$$\sum_{k=0}^{n}(2k+1) = 2\sum_{k=0}^{n} k + \sum_{k=0}^{n} 1 = 2 \cdot \frac{n(n+1)}{2} + (n+1) = (n+1)^2$$

$$\sum_{k=1}^{n} k(k+1) = \sum_{k=1}^{n} k^2 + \sum_{k=1}^{n} k = \frac{n(n+1)(2n+1)}{6} + \frac{n(n+1)}{2} = \frac{n(n+1)(n+2)}{3}$$

■ 기호 $\sum_{i=1}^{n}\sum_{j=1}^{m}$

$\sum_{i=1}^{n}\sum_{j=1}^{m} a(i, j)$: 안에 있는 $\sum_{j=1}^{m}$ 계산을 먼저 한 후 바깥에 있는 $\sum_{i=1}^{n}$ 계산을 한다.

보기 3

$$\sum_{i=1}^{3}\sum_{j=1}^{2}(i+j)=\sum_{i=1}^{3}[(i+1)+(i+2)]=\sum_{i=1}^{3}(2i+3)$$

$$=2\sum_{i=1}^{3} i+\sum_{i=1}^{3} 3=2(1+2+3)+3\cdot 3=21$$

$$\sum_{i=1}^{n}\sum_{j=1}^{m} ij=\sum_{i=1}^{n} i\left(\sum_{i=1}^{m} j\right)=\sum_{i=1}^{n} i\left(\frac{m(m+1)}{2}\right)=\frac{m(m+1)}{2}\,\frac{n(n+1)}{2}$$

	$j=1$	$j=2$		$j=m$	합계
$i=1$	$a(1,1)$	$a(1,2)$	$\cdots$	$a(1,m)$	$\sum_{j=1}^{m} a(1,j)$
$i=2$	$a(2,1)$	$a(2,2)$	$\cdots$	$a(2,m)$	$\sum_{j=1}^{m} a(2,j)$
	$\cdots$	$\cdots$	$\cdots$	$\cdots$	$\cdots$
$i=n$	$a(n,1)$	$a(n,2)$	$\cdots$	$a(n,m)$	$\sum_{j=1}^{m} a(n,j)$
합계	$\sum_{i=1}^{n} a(i,1)$	$\sum_{i=1}^{n} a(i,2)$	$\cdots$	$\sum_{i=1}^{n} a(i,m)$	$\sum_{i=1}^{n}\sum_{j=1}^{m} a(i,j)=\sum_{j=1}^{m}\sum_{i=1}^{n} a(i,j)$

위의 표에서 볼 수 있듯이 $\sum$를 취하는 순서를 바꾸어도 같은 결과가 나온다.

마지막 열을 모두 더한 것은 $\sum_{i=1}^{n}\sum_{j=1}^{m} a(i, j)$

마지막 행을 모두 더한 것은 $\sum_{j=1}^{m}\sum_{i=1}^{n} a(i, j)$

$$\sum_{i=1}^{n}\sum_{j=1}^{m} a(i, j)=\sum_{j=1}^{m}\sum_{i=1}^{n} a(i, j)$$

A.1.2 무한급수

무한급수는 확률론에서 이산확률분포와 밀접하게 연결되어 있다. 확률론에서 많이 쓰이는 급수에 대한 결과를 간단히 소개한다.

수열 $\{a_n\}$에 대하여 각 항을 모두 더한 것을

$$a_0 + a_1 + a_2 + \cdots$$

로 나타내고 무한급수(series) 또는 단순히 급수라 한다. 급수를 간단히

$$\sum_{n=0}^{\infty} a_n \text{ 또는 } \sum a_n$$

로 나타내기도 한다. 이때 n항까지의 합

$$s_n = \sum_{k=0}^{n} a_k = a_0 + a_1 + \cdots + a_n$$

을 무한급수의 부분합(partial sum)이라 한다. 부분합의 수열 $\{s_n\}$이 s로 수렴하면 무한급수는 수렴한다(converge)고 하고 s를 무한급수의 합이라 부른다. $\{s_n\}$이 발산하면 무한급수는 발산한다(diverge)고 한다.

$$\sum_{n=0}^{\infty} a_n = \lim_{n \to \infty} \sum_{k=0}^{n} a_k$$

보기 4

$$\sum_{k=0}^{\infty} x^k = 1 + x + x^2 + \cdots = \lim_{n \to \infty} \sum_{k=0}^{n} x^k = \lim_{n \to \infty} \frac{1 - x^{n+1}}{1 - x}, \quad x \neq 1$$

$|x| < 1$일 때 $\dfrac{1}{1-x}$로 수렴한다.

$$\sum_{k=0}^{\infty} x^k = 1 + x + x^2 + \cdots = \frac{1}{1-x}, \quad |x| < 1$$

무한급수는 부분합의 극한이므로 극한이 가지는 성질을 가진다. 다음은 대표적인 무한급수의 성질이다.

무한급수의 성질

두 무한급수 $\sum_{k=0}^{\infty} a_k$, $\sum_{k=0}^{\infty} b_k$가 수렴하면 다음 식이 성립한다.

- $\sum_{k=0}^{\infty} (a_k \pm b_k) = \sum_{k=0}^{\infty} a_k \pm \sum_{k=0}^{\infty} b_k$
- $\sum_{k=0}^{\infty} (ca_k) = c\sum_{k=0}^{\infty} a_k$

A.1.3 거듭제곱급수

다음과 같은 형태로 쓰인 급수를 **거듭제곱급수**(power series)라 한다.[1]

$$f(x) = \sum_{n=0}^{\infty} c_n x^n = c_0 + c_1 x + c_2 x^2 + \cdots$$

$\rho = \lim_{n \to \infty} \left| \dfrac{c_{n+1}}{c_n} \right| \in [0, \infty]$가 존재하면 $f(x)$는 $|x| < \dfrac{1}{\rho}$일 때 수렴하고 $|x| > \dfrac{1}{\rho}$일 때 발산한다. 이때 $R = \dfrac{1}{\rho}$을 **수렴반경**(radius of convergence)이라 한다. 이때 $\rho = 0$이면 $R = \infty$, $\rho = \infty$이면 $R = 0$으로 정의한다.

■ 거듭제곱급수의 기본정리

거듭제곱급수의 미분과 적분에 관한 편리하고도 중요한 결과들이 있는데 이를 **거듭제곱급수의 기본정리**(fundamental theorem of power series)라 한다.

거듭제곱급수의 기본정리

$f(x) = \sum_{n=0}^{\infty} c_n x^n = c_0 + c_1 x + c_2 x^2 + \cdots$의 수렴반경이 $R > 0$이면

- $|x| < R$에서 f는 미분가능하고 다음 식이 성립한다.

$$f'(x) = \sum_{n=1}^{\infty} n c_n x^{n-1} = c_1 + 2c_2 x + 3c_3 x^2 + \cdots$$

1) 멱급수라 하기도 한다.

- $|x| < R$ 에서 $\int_0^x f(t)\,dt = \sum_{n=0}^{\infty} \frac{c_{n+1}}{n+1} x^{n+1}$ 이다.
- $|x| < R$ 에서 f는 무한번 미분가능하고 $c_n = \frac{f^{(n)}(0)}{n!}$ 이다.

보기 5

$|x| < 1$일 때 $\frac{1}{1-x} = \sum_{n=0}^{\infty} x^n = 1 + x + x^2 + \cdots$이므로 양변을 미분하면 다음 결과를 얻는다.

$$\left(\frac{1}{1-x}\right)' = \frac{1}{(1-x)^2} = \left(\sum_{n=0}^{\infty} x^n\right)' = \sum_{n=1}^{\infty} nx^{n-1} = 1 + 2x + 3x^2 + \cdots, \quad |x| < 1$$

같은 식으로 위 식의 양변을 다시 미분하면

$$\frac{2}{(1-x)^3} = \sum_{n=2}^{\infty} n(n-1)x^{n-2} = 2 \cdot 1 + 3 \cdot 2x + 4 \cdot 3x^2 + \cdots, \quad |x| < 1$$

$\frac{1}{1-x} = \sum_{n=0}^{\infty} x^n = 1 + x + x^2 + \cdots$의 양변을 적분하면

$$\text{좌변} = \int_0^x \frac{1}{1-t}\,dt = -\ln(1-x)$$

$$\text{우변} = \int_0^x \left(\sum_{n=0}^{\infty} t^n\right) dt = \sum_{n=0}^{\infty} \int_0^x t^n\,dt = \sum_{n=0}^{\infty} \frac{x^{n+1}}{n+1} = x + \frac{x^2}{2} + \frac{x^3}{3} + \cdots$$

$$\Rightarrow \ln(1-x) = -x - \frac{x^2}{2} - \frac{x^3}{3} - \cdots, \quad |x| < 1$$

$$\Rightarrow \ln(1+x) = x - \frac{x^2}{2} + \frac{x^3}{3} - \cdots, \quad |x| < 1$$

보기 6

$f(x)=e^x$일 때 $f^{(n)}(x)=e^x$이므로 $f^{(n)}(0)=1$이므로 다음 결과를 얻는다.

$$e^x=\sum_{n=0}^{\infty}\frac{x^n}{n!}=1+x+\frac{x^2}{2!}+\cdots$$

중요함수의 거듭제곱급수

- $\dfrac{1}{1-x}=\sum_{n=0}^{\infty}x^n=1+x+x^2+x^3+\cdots,\quad |x|<1$
- $\dfrac{1}{(1-x)^2}=\sum_{n=1}^{\infty}nx^{n-1}=1+2x+3x^2+\cdots,\quad |x|<1$
- $\dfrac{2}{(1-x)^3}=\sum_{n=2}^{\infty}n(n-1)x^{n-2}=2\cdot1+3\cdot2x+4\cdot3x^2+\cdots,\quad |x|<1$
- $-\ln(1-x)=\sum_{n=1}^{\infty}\dfrac{x^n}{n}=x+\dfrac{x^2}{2}+\dfrac{x^3}{3}+\cdots,\quad |x|<1$
- $e^x=\sum_{n=0}^{\infty}\dfrac{x^n}{n!}=1+x+\dfrac{x^2}{2!}+\dfrac{x^3}{3!}+\cdots,\quad x\in\mathbb{R}$

보기 7

다음 값을 구해 보자.

(a) $\sum_{n=1}^{\infty}\dfrac{n}{2^n}$

(b) $\sum_{n=1}^{\infty}np^n$, 단 $|p|<1$

풀이 $\dfrac{1}{(1-x)^2}=\sum_{n=1}^{\infty}nx^{n-1}=1+2x+3x^2+\cdots$에서

(a) $x=\dfrac{1}{2}$를 대입하면 $\sum_{n=1}^{\infty}\dfrac{n}{2^n}=\dfrac{1}{(1-1/2)^2}=4$

(b) $x=p$를 대입하면 $\sum_{n=1}^{\infty}np^n=p\sum_{n=1}^{\infty}np^{n-1}=p\dfrac{1}{(1-p)^2}$

A.2 미분과 적분

A.2.1 미분

극한값 $\lim_{h \to 0} \frac{f(a+h)-f(a)}{h} = \lim_{x \to a} \frac{f(x)-f(a)}{x-a}$이 존재할 때 함수 f는 $x=a$에서 미분가능하다(differentiable)고 한다. 이 극한값을 $x=a$에서의 미분계수라 하고 $f'(a)$, $\frac{df}{dx}(a)$ 등으로 나타낸다.

$$f'(a) = \lim_{h \to 0} \frac{f(a+h)-f(a)}{h} = \lim_{x \to a} \frac{f(x)-f(a)}{x-a}$$

함수 f가 미분가능한 점들의 집합을 D라 할 때 $x \in D$에 $f'(x)$를 대응시키는 함수

$$f' : D \to \mathbb{R}$$

를 f의 도함수(derivative)라 한다. 미분계수 또는 도함수를 구하는 과정을 미분(differentiation)이라고 한다.

많이 사용하는 함수의 미분공식은 다음과 같다.

중요함수의 미분공식

- $(x^r)' = rx^{r-1}$, r은 실수
- $(e^x)' = e^x$,
- $(\ln|x|)' = \frac{1}{x}$

함수의 연산에 대한 미분은 다음과 같은 성질을 만족한다.

미분의 기본 성질

함수 $f : I \to \mathbb{R}$, $g : I \to \mathbb{R}$가 미분가능하면 상수 c에 대하여

- $f(x) = c$이면(상수함수이면) $f'(x) = 0$
- $(cf)'(x) = cf'(x)$

- $(f \pm g)'(x) = f'(x) \pm g'(x)$
- $(fg)'(x) = f'(x)g(x) + f(x)g'(x)$
- $g(x) \neq 0$일 때 $\left(\dfrac{f}{g}\right)'(x) = \dfrac{f'(x)g(x) - f(x)g'(x)}{g^2(x)}$

또한 미분가능한 두 함수의 합성함수도 미분가능하며 그 결과는 다음과 같다.

연쇄법칙

함수 $u = f(x)$가 $x = a$에서 미분가능하고 함수 $y = g(u)$가 $u = f(a)$에서 미분가능하면 합성함수 $y = (g \circ f)(x) = g(f(x))$도 $x = a$에서 미분가능하고 다음 식이 성립한다.

$$(g \circ f)'(a) = g'(f(a))f'(a) \text{ 또는 } \frac{dy}{dx} = \frac{dy}{du}\frac{du}{dx}$$

보기 8

(a) $[(ax+b)^n]' = a(ax+b)^{n-1}$

(b) $(e^{kx})' = ke^{kx}$, $\left(e^{-\frac{x^2}{2}}\right)' = e^{-\frac{x^2}{2}}\left(-\dfrac{x^2}{2}\right)' = -xe^{-\frac{x^2}{2}}$

(c) $(\ln(x^2+1))' = \dfrac{2x}{x^2+1}$

특히 지수함수는 확률에서 많이 쓰이는데 지수함수의 도함수를 정리하면 다음과 같다.

지수함수의 미분법칙

$$(e^x)' = e^x, \quad (e^{kx})' = ke^{kx}, \quad (e^{f(x)})' = f'(x)e^{f(x)}$$

A.2.2 로피탈의 법칙

$\frac{0}{0}$, $\frac{\infty}{\infty}$ 꼴의 부정형의 극한은 **로피탈의 법칙**(L'Hopital's rule)을 이용하여 구할 수 있다.

로피탈의 법칙

미분가능한 함수 f, g에 대하여 극한값 $\lim_{x \to a} \frac{f'(x)}{g'(x)}$가 존재한다고 하자. $a \in [-\infty, \infty]$에 대하여

- $\lim_{x \to a} f(x) = \lim_{x \to a} g(x) = 0$
- $\lim_{x \to a} f(x) = \lim_{x \to a} g(x) = \pm\infty$

이면 다음 등식이 성립한다.

$$\lim_{x \to a} \frac{f(x)}{g(x)} = \lim_{x \to a} \frac{f'(x)}{g'(x)}$$

보기 9

(a) $\lim_{x \to \infty} xe^{-x} = \lim_{x \to \infty} \frac{x}{e^x} = \lim_{x \to \infty} \frac{1}{e^x} = 0$

(b) n은 자연수일 때

$$\lim_{x \to \infty} x^n e^{-x} = \lim_{x \to \infty} \frac{x^n}{e^x} = \lim_{x \to \infty} \frac{nx^{n-1}}{e^x} = \cdots = \lim_{x \to \infty} \frac{n!}{e^x} = 0$$

위 보기의 극한값은 확률에서 자주 쓰이는 결과로 기억해두면 유용하다.

지수함수와 극한

$n \geq 0$일 때 $\lim_{x \to \infty} x^n e^{-x} = 0$

A.3 적분

A.3.1 부정적분과 정적분

함수 f가 연속일 때 미분가능한 함수 F에 대하여

$$F'(x) = f(x)$$

라 하자. 이때 f의 부정적분(indefinite integral)을 $\int f(x)dx$로 나타내고 다음과 같이 정의한다.

$$\int f(x)dx = F(x) + C$$

따라서 다음 관계식이 성립한다.

$$\frac{d}{dx}\left(\int f(x)dx\right) = f(x), \quad \int f'(x)dx = f(x) + C$$

미분공식으로부터 중요함수에 대한 다음 결과를 바로 얻을 수 있다.

중요함수의 부정적분

- $(x^{n+1})' = (n+1)x^n \Leftrightarrow \int x^n\,dx = \frac{1}{n+1}x^{n+1} + C, \quad n \neq -1$
- $(\ln|x|)' = \frac{1}{x} \Leftrightarrow \int \frac{1}{x}dx = \ln|x| + C$
- $(e^{kx})' = ke^{kx} \Leftrightarrow \int e^{kx}\,dx = \frac{1}{k}e^{kx} + C$

닫힌구간 $[a, b]$에서 연속인 함수 $y = f(x)$에 대하여 구간 $[a, b]$에서 함수 f의 정적분(definite integral)을 $\int_a^b f(x)\,dx$로 나타내고 다음과 같이 정의한다.

$$\int_a^b f(x)\,dx = \sum_{k=1}^{n} f(x_k^*)\Delta x, \quad \Delta x = \frac{b-a}{n}$$

이때 $x_{k-1} \leq x_k^* \leq x_k$이다.

함수 f가 음이 아닌 값을 가지면 즉 구간 $[a, b]$에서 $f(x) \geq 0$이면 $\int_a^b f(x)\,dx$는 함수 $y = f(x)$, $x = a$, $x = b$와 x-축으로 둘러싸인 영역의 넓이이다.

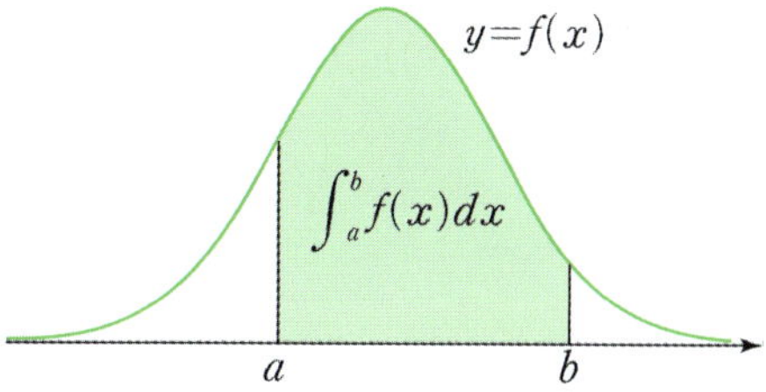

부정적분 또는 정적분을 구하는 것을 적분한다(integrate)고 한다.

다음 결과는 정적분을 부정적분과 연결시켜주는 정리로 정적분 계산의 기본원리를 제공한다.

미적분학의 기본정리

$\frac{d}{dx}F(x) = f(x)$이면 $\int_a^b f(x)dx = F(b) - F(a)$

부정적분과 정적분에 대한 기본성질을 정리하면 다음과 같다.

적분의 기본공식

- $\int cf(x)\,dx = c\int f(x)dx$, $\int_a^b cf(x)\,dx = c\int_a^b f(x)dx$
- $\int (f(x) \pm g(x))dx = \int f(x)dx \pm \int g(x)dx$

  $\int_a^b (f(x) \pm g(x))dx = \int_a^b f(x)dx \pm \int_a^b g(x)dx$
- $\int_a^b c\,dx = c(b-a)$
- $f(x) \leq g(x)$이면 $\int_a^b f(x)\,dx \leq \int_a^b g(x)\,dx$
- $\int_a^b f(x)\,dx = \int_a^c f(x)\,dx + \int_c^b f(x)\,dx$

A.3.2 적분기법

$x=g(t)$가 미분가능한 함수이고 $y=F(x)=F(g(t))$라 하자. $F'(x)=f(x)$이면 연쇄법칙으로부터

$$(F(g(t))'=F'(g(t))g'(t)=f(g(t))g'(t)$$

이므로 다음 식이 성립한다.

$$\int f(g(t))g'(t)dt=F(g(t))+C=F(x)+C=\int f(x)dx$$

이렇게 적분을 구하는 방법을 **치환적분법**(integration by substitution)이라 한다. 이때 $\frac{dx}{dt}=g'(t)$을 $dx=g'(t)dt$로 나타내면 편리하다. 치환적분으로 정적분을 구하는 방법은 다음과 같다.

$$\int_a^b f(g(t))g'(t)dt=\int_{g(a)}^{g(b)} f(x)dx=F(g(b))-F(g(a))$$

치환적분법

f, g가 미분가능한 함수이면 다음 식이 성립한다.

$$\int f(g(t))g'(t)dt=\int f(x)dx$$

$$\int_a^b f(g(t))g'(t)dt=\int_{g(a)}^{g(b)} f(x)dx=F(g(b))-F(g(a))\quad (F'=f)$$

예를 들어 $\int xe^{-\frac{x^2}{2}}dx$에서 $u=-\frac{x^2}{2}$로 치환하면 $du=-xdx$이므로

$$\int xe^{-\frac{x^2}{2}}dx=\int -e^{-u}du=e^{-u}+C=e^{-\frac{x^2}{2}}+C$$

보기 10

오차함수(error function)는 다음과 같이 정의한다.

$$\mathrm{erf}(x)=\frac{2}{\sqrt{\pi}}\int_0^x e^{-t^2}dt$$

$F(x)=\dfrac{1}{\sqrt{2\pi}}\displaystyle\int_0^x e^{-\frac{t^2}{2}}dt$를 오차함수 $\mathrm{erf}(x)$를 이용하여 나타내보자.

$u=\dfrac{t}{\sqrt{2}}$로 치환하면 $dt=\sqrt{2}\,du$이고 $t=0$이면 $x=0$, $t=x$이면 $u=\dfrac{x}{\sqrt{2}}$이므로

$$\begin{aligned}F(x)&=\frac{1}{\sqrt{2\pi}}\int_0^x e^{-\frac{t^2}{2}}dt=\frac{1}{\sqrt{2\pi}}\int_0^{x/\sqrt{2}} e^{-u^2}\sqrt{2}\,du\\&=\frac{1}{\sqrt{\pi}}\int_0^{x/\sqrt{2}} e^{-u^2}du=\frac{1}{2}\,\mathrm{erf}\left(\frac{x}{\sqrt{2}}\right)\end{aligned}$$

f, g가 미분가능한 함수이면 곱 fg도 미분가능하고

$$(fg)'(x)=f'(x)g(x)+f(x)g'(x)$$

이다. 따라서

$$\int[f'(x)g(x)+f(x)g'(x)]\,dx=\int(f(x)g(x))'dx$$

에서 다음 결과를 얻는다.

$$\int f(x)g'(x)\,dx=f(x)g(x)-\int f'(x)g(x)dx$$

이렇게 적분을 구하는 방법을 **부분적분법**(integration by parts)이라 한다. 부분적분으로 정적분을 구하는 방법은 다음과 같다.

$$\int_a^b f(x)g'(x)\,dx=[f(x)g(x)]_a^b-\int_a^b f'(x)g(x)dx$$

부분적분법

f, g가 미분가능한 함수이면 다음 식이 성립한다.

$$\int f(x)g'(x)dx)) = f(x)g(x) - \int f'(x)g(x)dx$$

$$\int_a^b f(x)g'(x)dx = [f(x)g(x)]_a^b - \int_a^b f'(x)g(x)dx$$

$u = f(x)$, $dv = g'(x)dx$로 놓으면 부정적분법은 다음과 같이 기억하기 쉬운 형태로 고쳐 쓸 수 있다.

$$\int u\,dv = uv - \int v\,du$$

보기 11

(a) $\int xe^{-x}dx$에서 $u = x$, $dv = e^{-x}$로 놓으면 $du = dx$, $v = -e^{-x}$이므로

$$\begin{aligned}\int xe^{-x}dx &= x(-e^{-x}) - \int(-e^{-x})dx \\ &= -xe^{-x} + \int e^{-x}dx = (-x-1)e^{-x} + C\end{aligned}$$

(b) $\int x^n e^{-x}dx$에서 $u = x^n$, $dv = e^{-x}$로 놓으면 $du = nx^{n-1}dx, v = -e^{-x}$이므로

$$\begin{aligned}\int x^n e^{-x}dx &= x^n(-e^{-x}) - \int(-nx^{n-1}e^{-x})dx \\ &= -x^n e^{-x} + n\int x^{n-1}e^{-x}dx\end{aligned}$$

A.3.3 무한구간에서의 이상적분

무한구간 $[a, \infty)$에서 정의된 연속함수 f의 **특이적분**(improper integral) 또는 **이상적분** $\int_a^\infty f(x)dx$는 다음과 같이 정의한다.

$$\int_a^{\infty} f(x)dx = \lim_{t \to \infty} \int_a^t f(x)dx$$

이 극한값이 존재할 때, 특이적분 $\int_a^{\infty} f(x)dx$ 는 수렴한다고 하고 수렴하지 않는 경우는 발산한다고 한다. 같은 방법으로 무한구간 $(-\infty, b]$에서 정의된 연속함수 f의 특이적분은 다음과 같이 정의한다.

$$\int_{-\infty}^{b} f(x)dx = \lim_{t \to -\infty} \int_t^b f(x)dx$$

실수에서 정의된 연속함수 f와 임의의 점 a에 대하여 $\int_a^{\infty} f(x)dx$ 와 $\int_{-\infty}^{a} f(x)dx$ 가 모두 수렴할 때 $\int_{-\infty}^{\infty} f(x)dx$ 을 다음과 같이 정의한다.

$$\int_{-\infty}^{\infty} f(x)dx = \int_a^{\infty} f(x)dx + \int_{-\infty}^{a} f(x)dx$$

보기 12

(a) $k > 0$일 때

$$\int_0^{\infty} ke^{-kx}dx = \lim_{t \to \infty}[-e^{-kx}]_0^t = \lim_{t \to \infty}(-e^{-kt}+1) = 1$$

$$\int_a^{\infty} ke^{-kx}dx = \lim_{t \to \infty}[e^{-kx}]_a^{\infty} = \lim_{t \to \infty}[-e^{-kt}+e^{-ka}] = e^{-ka}$$

(b) $\int_0^{\infty} xe^{-x}dx = \lim_{t \to \infty}[(-x-1)e^{-x}]_0^t = \lim_{t \to \infty}[(-t-1)e^{-t}+e^{-0}] = 1$

(c) $n > 0$이면 $\int_0^{\infty} x^n e^{-x}dx = [x^n(-e^{-x})]_0^{\infty} - \int_0^{\infty}(-nx^{n-1}e^{-x})dx$

$$= n\int_0^{\infty} x^{n-1}e^{-x}dx$$

(d) n이 자연수이면

$$\int_0^{\infty} x^n e^{-x}dx = n\int_0^{\infty} x^{n-1}e^{-x}dx = \cdots = n!\int_0^{\infty} e^{-x}dx = n!$$

(e) $k > 0$, n이 자연수이면 $\int_0^{\infty} x^n e^{-kx}dx$ 에서 $u = kx$로 치환하면

$$\int_0^{\infty} x^n e^{-kx}\,dx = \frac{1}{k^n}\int_0^{\infty} u^n e^{-u}\frac{du}{k} = \frac{1}{k^{n+1}}\int_0^{\infty} u^n e^{-u}\,du = \frac{n!}{k^{n+1}}$$

위의 보기에서 다룬 적분의 결과는 확률과 통계에서 자주 쓰이므로 기억해두면 유용하다.

많이 쓰이는 특이적분 공식

- $k>0$일 때 $\int_a^{\infty} ke^{-kx}\,dx = e^{-ka}$
- n은 자연수일 때 $\int_0^{\infty} x^n e^{-x}\,dx = n!$
- $\int_0^{\infty} x^n e^{-x}\,dx = n\int_0^{\infty} x^{n-1}e^{-x}\,dx$
- n은 자연수, $k>0$일 때 $\int_0^{\infty} x^n e^{-kx}\,dx = \frac{n!}{k^{n+1}}$

감마함수(gamma function)는 확률과 통계에서 많이 쓰이는 함수 중 하나인데 다음과 같이 정의한다.

$$t>0\text{일 때 } \Gamma(t) = \int_0^{\infty} x^{t-1}e^{-x}\,dx$$

지금까지 살펴본 결과를 감마함수를 이용하여 나타내면 다음과 같다.

감마함수: 정의와 성질

$t>0$일 때 $\Gamma(t) = \int_0^{\infty} x^{t-1}e^{-x}\,dx$로 정의된 함수를 감마함수라 한다.

- $\Gamma(1)=1$
- $\Gamma(t+1)=t\Gamma(t)$
- n이 자연수이면 $\Gamma(n+1)=n!$
- $\int_0^{\infty} x^{\alpha-1}e^{-\lambda x}\,dx = \lambda^{-\alpha}\Gamma(\alpha)$

부록

B. 자료의 정리와 요약

현대의 우리는 매일 수없이 많은 통계를 마주한다. 통계의 내용은 과거의 현상을 보여주기도 하고 현재의 상황을 설명해주기도 하며 미래에 어떤 일이 벌어질지에 대한 예측을 보여주기도 한다. 통계는 더 이상 통계학자에게 국한된 학문이 아니며 일반인 모두의 생활과 직결된 분야이다. 통계실험(조사나 관찰)에 의하여 얻어진 자료는 숫자로 표현되며 그 숫자의 값 자체가 의미를 가지는 경우도 있지만 그렇지 않은 경우도 있다. 예를 들어, 나이, 몸무게, 연봉 등 숫자가 의미를 가지는 경우의 자료를 양적 자료(quantative data)라 한다. 반면 신생아의 성별, 거주지역, 직업유형 등도 예를 들어 신생아가 남자면 1, 여자면 2와 같이 숫자로 구분하여 표시할 수 있으나 이 경우 숫자는 숫자로서의 의미를 가지지 않는다. 이런 경우의 자료는 질적 자료(qualitative data) 또는 범주형 자료(categorical data)라 한다.

통계청에서는 5년에 한 번씩 인구총조사를 실시하고 선거 전에는 여러 기관에서 수많은 설문조사를 한다. 기업에서는 고객을 대상으로 만족도 조사를 하며 한 학기가 끝나면 대학에서는 강좌에 대한 강의평가를 한다. 이러한 결과들을 모두 살펴보는 것은 불가능하며 가능하더라도 비효율적인 일이 될 것이다. 이러한 자료들은 통계적 기법을 통하여 몇 개의 표나 그림 또는 지표 등으로 발표된다. 이때 표나 그림, 지표들은 전체의 자료를 가능한 한 충분히 설명할 수 있도록 고안되어야 한다. 이렇게 전체 자료를 간단하게 표나 그림, 또는 지표를 통하여 나타내는 방법을 다루는 것을 기술통계학(discriptive statistics)이라 한다. 이 장에서는 이와 같은 기술통계학의 방법들을 살펴보기로 한다.

B.1 표를 이용한 자료 정리

통계학에서 도수분포표(table of frequency)는 자료의 값들이 어떻게 퍼져 있는지를 요약하여 보여 주는 표이다. 도수분포표는 양적 자료뿐만 아니라 질적 자료를 요약하는 데에도 사용할 수 있다. 도수분포표를 만드는 가장 큰 이유는 자료의 분포를 쉽게 알아보기 위해서이다. 도수분포표는 모든 자료를 몇 개의 겹치지 않는 계급(class)으로 구분하고 각 계급에 속하는 자료의 개수, 즉 도수(frequency)를 표로 나타낸 것이다. 도수분포표는 히스토그램이나 꺾은선 그래프 등 그림으로 나타낼 수도 있는데 그림을 이용하면 자료의 전체적인 분포를 이해하기가 더 쉬워진다. 일반적으로 질적 자료의 경우는 서로 다른 카테고리를 계급으로 나타내면 된다.

자료의 값들이 실수로 주어지는 양적 자료의 경우 도수분포표를 이용하여 자료를 정리한다고 하자. 도수분포표를 만드는 첫 번째 단계는 계급의 크기와 계급의 개수를 정하는 것이다. 계급의 수가 너무 적으면 계급 구분의 의미가 없어지고 너무 많으면 자료의 분포 상태를 잘 알 수 없다. 정해진 규칙이 있는 것은 아니지만 자료의 양에 따라 계급의 개수는 10개 내외로 하며 많아도 20개를 넘지 않는 것이 좋다. 각 계급의 형태와 크기는 모두 같게 하는 것이 바람직하지만 너무 큰 값이나 너무 작은 값이 포함된 경우는 계급의 크기를 다르게 하기도 한다.

서로 다른 계급은 겹치지 않는 구간이 되도록 하여 자료의 모든 값이 딱 하나의 계급에 속하게 한다. 계급의 양 끝 값이 복잡한 형태로 나오면 그 값에 가까운 자연수 또는 간단한 형태의 자연수나 소수를 이용할 수도 있다. 계급의 양 끝값의 평균을 그 계급의 계급값이라 한다. 다시 말해서 계급의 왼쪽 끝값이 x_{k-1}, 오른쪽 끝값이 x_k이면 계급값은 다음과 같다.

$$\frac{x_{k-1}+x_k}{2}$$

계급을 나누었으면 각 계급에 속하는 자료의 수, 즉 도수를 구한다. 도수를 모두 더하면 자료의 총 개수가 되어야 한다. 각 계급은 오름차순으로 또는 내림차순으로 정리할 수 있다.

도수분포표의 작성방법

1. 자료에서 최댓값 $x_{\max}$와 최솟값 $x_{\min}$을 찾아서 범위 $R=x_{\max}-x_{\min}$를 구한다.
2. 계급의 수 k를 정한다.
3. 계급의 크기 $c=\dfrac{R}{k}$를 정한다.
4. 각 계급의 계급값을 구한다.
5. 각 계급의 도수를 구한다.

보기 1

다음 표는 어느 병원에서 한 달 동안 태어난 신생아의 몸무게(단위 : g)이다. 도수분포표를 구하여라.

2419	2555	2847	2911	2988	3011	3045	3078	3086	3105
3119	3143	3177	3189	3201	3207	3217	3222	3222	3233
3235	3249	3261	3273	3281	3295	3301	3307	3311	3319
3325	3325	3330	3337	3341	3345	3347	3355	3359	3366
3371	3374	3379	3384	3391	3395	3409	3411	3417	3418
3421	3421	3426	3429	3431	3437	3441	3449	3453	3458
3467	3471	3477	3480	3485	3489	3493	3506	3510	3519
3526	3535	3541	3547	3555	3561	3566	3573	3579	3584
3592	3612	3671	3632	3645	3649	3659	3662	3675	3681
3693	3721	3752	3769	3845	3879	3966	4011	4129	4376

풀이 1. 최솟값은 $x_{\min} = 2419$, $x_{\max} = 4376$이므로 다루기 쉬운 형태인 2400과 4400까지를 계급의 시작점과 끝점으로 정한다.

2. 그러면

$$4400 - 2400 = 2000$$

이므로 계급의 개수는 10개로 정한다. 5개, 8개 또는 20개로 정할 수도 있지만 9개나 12개와 같은 개수는 계급의 끝값이 복잡해지므로 가급적 선택하지 않는다.

3. 계급의 개수를 10개로 정하면 계급의 크기는

$$\frac{2000}{10} = 200$$

이다. 따라서 2400부터 200 단위로 구간을 잘라 계급의 양 끝값을 구하여 첫 열에 입력한다.

4. 계급의 양 끝값의 평균을 계급값으로 구한다.

5. 마지막으로 각 계급에 속하는 자료의 개수(도수) f_i를 센다.

계급	계급값	계급도수
2400 이상 ~ 2600 미만	2500	2
2600 ~ 2800	2700	0
2800 ~ 3000	2900	3
3000 ~ 3200	3100	9
3200 ~ 3400	3300	32
3400 ~ 3600	3500	35
3600 ~ 3800	3700	13
3800 ~ 4000	3900	3
4000 ~ 4200	4100	2
4200 ~ 4400	4300	1
합계		100

계급의 **상대도수**(relative frequency)는 각 계급의 도수를 전체 자료의 개수로 나눈 값이다. 전체 도수(전체 자료의 개수)가 n이면

$$\text{상대도수} = \frac{\text{각 계급의 도수}}{\text{전체 도수}} = \frac{f_i}{n}$$

이다. 상대도수의 합은 항상 1이다. 계급의 상대도수를 각 계급에 적어준 것을 **상대도수분포표**라 한다. 상대도수분포표는 전체도수가 다른 두 집단의 분포를 비교하는 데 유용하다.

보기 2

보기 1의 상대도수분포표는 다음과 같다.

계급	계급값	계급도수	상대도수
2400 이상 ~ 2600 미만	2500	2	0.02
2600 ~ 2800	2700	0	0
2800 ~ 3000	2900	3	0.03
3000 ~ 3200	3100	9	0.09
3200 ~ 3400	3300	32	0.32
3400 ~ 3600	3500	35	0.35
3600 ~ 3800	3700	13	0.13
3800 ~ 4000	3900	3	0.03
4000 ~ 4200	4100	2	0.02
4200 ~ 4400	4300	1	0.01
합계		100	1

도수분포표에서 첫 번째 계급부터 어떤 계급까지의 각 도수를 차례로 더한 값을 **누적도수**(cumulative frequency)라 한다. 다음과 같이 $i(1 \le i \le k)$번째 계급까지의 도수를 합한 F_i를 i번째 계급의 누적도수라 한다.

$$F_i = f_1 + f_2 + \cdots + f_i$$

이때 계급의 누적도수를 각 계급에 대응시켜 작성한 표를 **누적도수분포표**(table of cumulative frequency)라 한다. 누적도수분포표는 몇 번째로 작은 자료의 값이 대략적으로 얼마인지(오름차순인 경우), 또는 몇 번째로 큰 자료의 값(내림차순인 경우)이 대략적으로 얼마인지 쉽게 추측할 수 있게 해 준다. 누적상대도수분포표는 누적도수를 전체도수로 나눈 **누적상대도수**(relative cumulative frequency)를 입력한 표이다.

$$\text{누적상대도수} = \frac{\text{누적도수}}{\text{전체도수}} = \frac{F_i}{n}$$

누적상대도수분포표는 첫 번째 계급에서부터 어떤 계급까지 자료가 전체에서 차지하는 비율이 어느 정도 되는지 알아보려 할 때 유용하게 사용된다.

보기 3

보기 1의 자료에 대하여 오름차순의 누적도수분포표는 다음과 같다.

계급	계급값	계급도수	누적도수
2400 이상 ~ 2600 미만	2500	2	2
2600 ~ 2800	2700	0	2
2800 ~ 3000	2900	3	5
3000 ~ 3200	3100	9	14
3200 ~ 3400	3300	32	46
3400 ~ 3600	3500	35	81
3600 ~ 3800	3700	13	94
3800 ~ 4000	3900	3	97
4000 ~ 4200	4100	2	99
4200 ~ 4400	4300	1	100
합계		100	

같은 자료에 대한 누적상대도수분포표는 다음과 같다.

계급	계급값	누적도수	누적상대도수
2400 이상 ~ 2600 미만	2500	2	0.02
2600 ~ 2800	2700	2	0.02
2800 ~ 3000	2900	5	0.05
3000 ~ 3200	3100	14	0.14
3200 ~ 3400	3300	46	0.46
3400 ~ 3600	3500	81	0.81
3600 ~ 3800	3700	94	0.94
3800 ~ 4000	3900	97	0.97
4000 ~ 4200	4100	99	0.99
4200 ~ 4400	4300	100	1.00

누적분포표와 누적상대도수분포표를 내림차순으로 정리하면 다음과 같다.

계급	계급값	누적도수	누적상대도수
4200 이상 ~ 4400 미만	4300	1	0.01
4000 ~ 4200	4100	3	0.03
3800 ~ 4000	3900	6	0.06
3600 ~ 3800	3700	19	0.19
3400 ~ 3600	3500	54	0.54
3200 ~ 3400	3300	86	0.86
3000 ~ 3200	3100	95	0.95
2800 ~ 3000	2900	98	0.98
2600 ~ 2800	2700	98	0.98
2400 ~ 2600	2500	100	1.00

지금까지 살펴본 도수, 상대도수, 누적도수, 누적상대도수의 관계를 정리하면 다음 표와 같다. 이때 계급구간은 중복되지 않고 자료를 모두 포함하여야 하며 계급의 크기는 일정하여야 한다. 계급의 양 끝점이 a, b이면 각 계급은 a 이상 b 미만$(a \le x < b)$으로 두는 것이 일반적이지만 필요에 따라 a 초과 b 이하$(a < x \le b)$로 놓기도 한다.

계급	도수	상대도수	누적도수	누적상대도수
x_0 이상 ~ x_1 미만	f_1	$\frac{f_1}{n}$	$F_1=f_1$	$\frac{F_1}{n}$
x_1 ~ x_2	f_2	$\frac{f_2}{n}$	$F_2=f_1+f_2$	$\frac{F_2}{n}$
⋮	⋮	⋮	⋮	⋮
x_{k-1} ~ x_k	f_k	$\frac{f_k}{n}$	$F_k=f_1+\cdots+f_k=n$	$\frac{F_k}{n}=1$
합계	n	1		

양적 자료와는 달리 질적 자료에서 누적도수는 별 의미가 없는 경우가 대부분이며 각 범주를 하나의 계급으로 사용하는 것이 일반적이다.

보기 4

다음은 확률과 통계를 수강하는 학생 50명의 혈액형을 조사하여 기록한 것이다.

A	B	A	B	AB	O	A	B	A	B
A	A	B	A	B	AB	O	O	A	A
B	AB	O	A	A	A	O	B	A	AB
A	A	B	O	A	A	B	O	A	A
A	B	O	AB	A	B	O	A	A	A

도수분포표와 상대도수분포표를 구하면 다음과 같다.

범주	도수	상대도수
A	24	0.48
B	12	0.24
AB	5	0.1
O	9	0.18
합계	50	1

B.2 그림을 이용한 자료 정리

자료의 대략적인 형태는 표보다 그림을 이용하면 더 쉽게 파악할 수 있는데 이 절에서는 막대그래프, 히스토그램, 도수분포다각형, 원그래프, 줄기-잎 그림 등을 소개하기로 한다.

B.2.1 질적 자료: 막대그래프와 원그래프

질적 자료에서 각 범주의 도수, 또는 상대도수를 막대 모양으로 나타낸 그림을 **막대그래프**(bar chart), 원으로 나타낸 것을 **원그래프**(pie chart)라 한다.
막대그래프는 수평축에 범주를 나열하고 수직축에는 도수 또는 상대도수를 표시한다. 다음 그림은 보기 4의 혈액형에 대한 도수분포와 상대도수를 막대그래프로 나타낸 것이다.

범주	도수	상대도수
A	24	0.48
B	12	0.24
AB	5	0.1
O	9	0.18
합계	50	1

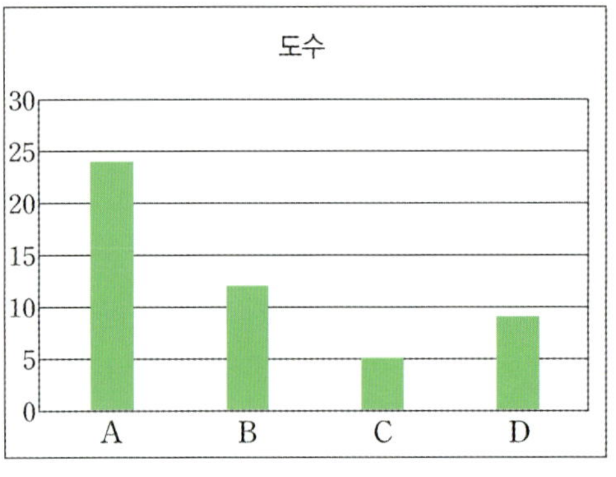

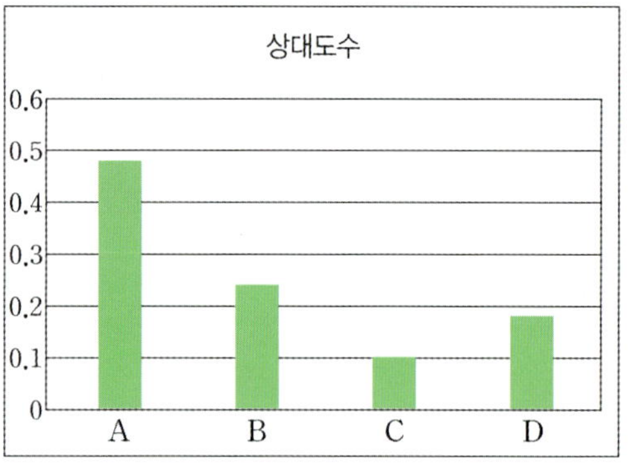

원그래프는 상대도수가 전체에서 차지하는 비율을 부채꼴을 이용하여 나타낸다. 부채꼴의 중심각은 그 범주의 상대도수에 360도를 곱하여 구한다. 위의 혈액형 자료에서 각 부채꼴의 중심각을 계산하면 다음과 같다.

범주	계급도수	상대도수	중심각
A	24	0.48	$0.48 \cdot 360 = 172.8$
B	12	0.24	$0.24 \cdot 360 = 86.4$
AB	5	0.1	$0.1 \cdot 360 = 36$
O	9	0.18	$0.18 \cdot 360 = 64.8$
합계	50	1	360

이 표를 이용하여 원그래프를 그리면 다음과 같다.

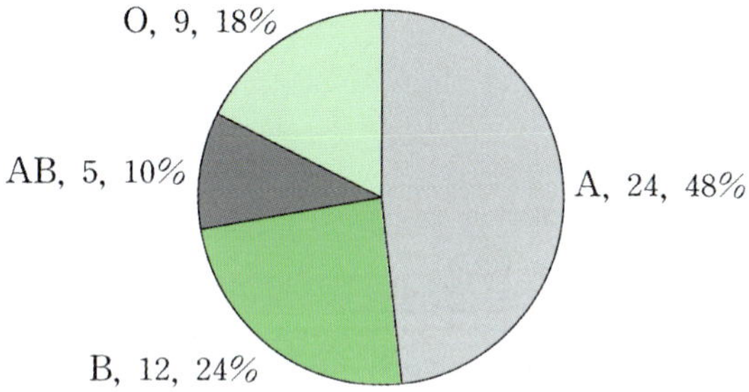

B.2.2 양적자료

히스토그램(histogram)은 양적 자료에 대한 도수분포표를 시각적으로 나타낸 그림으로 계급구간을 밑변, 계급도수를 높이로 하는 직사각형을 좌표평면에 나타낸 그래프이다. 상대도수를 높이로 하면 **상대도수 히스토그램**이 된다. 다음 그림은 보기 1의 도수분포표의 히스토그램과 상대도수 히스토그램이다. **누적도수 히스토그램**, **누적상대도수 히스토그램**도 같은 식으로 나타낼 수 있다.

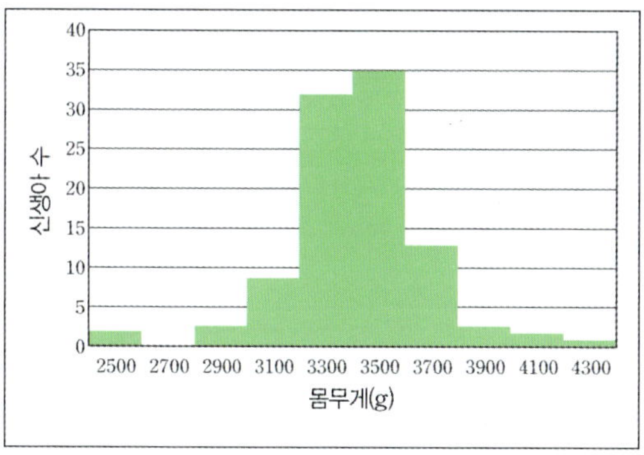

도수 히스토그램

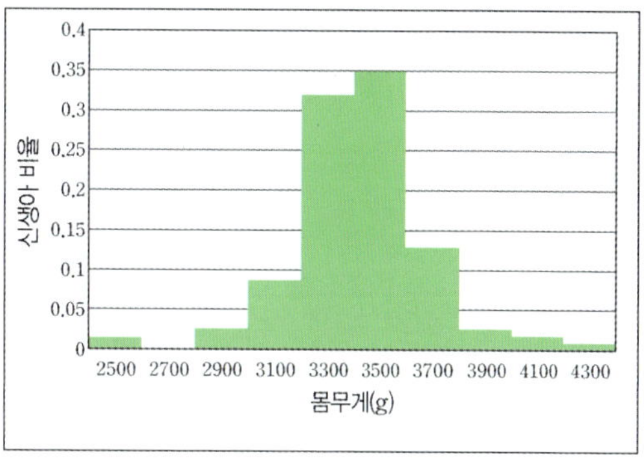

상대도수 히스토그램

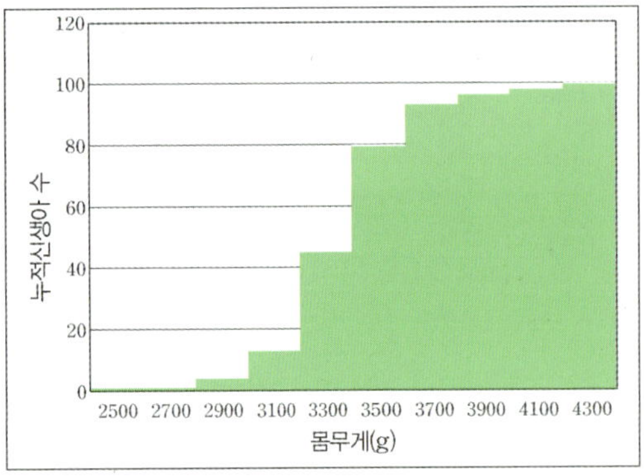

누적도수 히스토그램

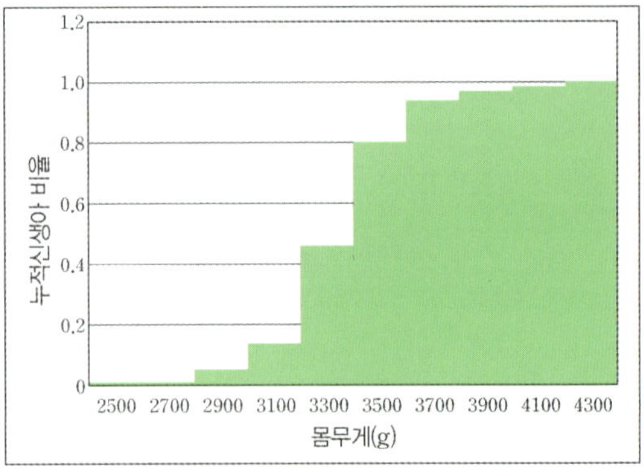

누적상대도수 히스토그램

히스토그램을 보면 각 계급도수를 바로 알 수 있으며 분포의 대칭성이나 치우침 등 자료의 전체적인 분포를 쉽게 확인할 수 있다.

양적 자료에 대한 시각적인 다른 표현은 **도수분포다각형**(frequency polygon)이다. 도수분포다각형은 히스토그램에서 각 계급의 계급값을 직선으로 연결하여 그린 것이다. 다시 말해서 도수분포다각형은 히스토그램에서 각 직사각형의 윗변의 중점, 즉 계급값에 대응하는 도수를 선분으로 연결하여 그린 그래프이다. 히스토그램의 경우와 마찬가지로 상대도수분포다각형, 누적도수분포다각형, 누적상대도수분포다각형 등을 그릴 수 있다. 다음은 보기 1의 도수분포다각형과 누적도수분포다각형이다.

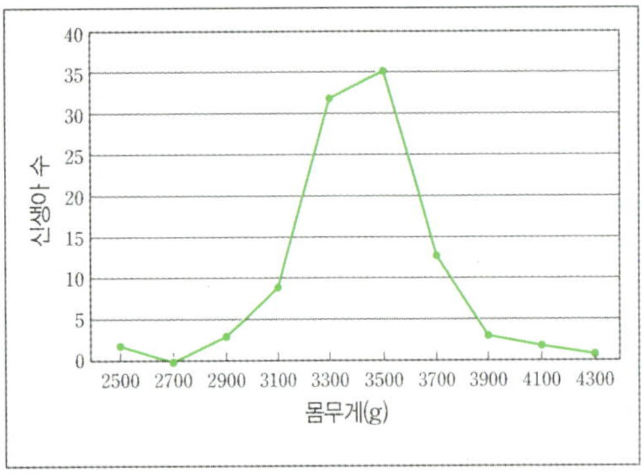

도수분포다각형

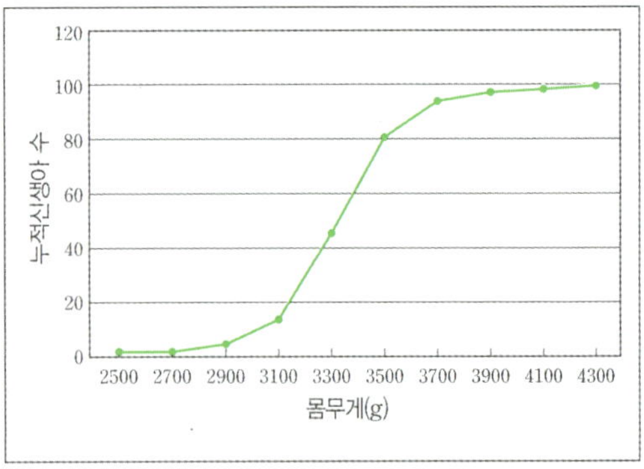

누적도수분포다각형

도수분포다각형은 두 개 이상의 자료를 같이 나타낼 수 있어 자료들을 서로 비교할 때 많이 사용한다.

보기 5

다음 도수분포표는 확률과 통계를 수강하는 학생들의 중간고사와 기말고사 성적을 정리한 것이다.

계급	중간고사 도수	기말고사 도수
90 초과 ~ 100 이하	4	4
80 ~ 90	6	5
70 ~ 80	8	7
60 ~ 70	10	8
50 ~ 60	7	6
40 ~ 50	6	5
30 ~ 40	5	3
20 ~ 30	3	2
10 ~ 20	1	0
0 ~ 10	0	0
합계	50	40

중간고사와 기말고사의 도수가 다르므로 도수분포다각형보다 상대도수다각형이 성적분포를 비교하는 데 더 유용하다. 중간고사와 기말고사의 상대도수분포표를 구하면 다음과 같다.

계급	중간고사 도수	중간고사 상대도수	기말고사 도수	기말고사 상대도수
90 초과 ~ 100 이하	4	0.08	4	0.1
80 ~ 90	6	0.12	5	0.125
70 ~ 80	8	0.16	7	0.175
60 ~ 70	10	0.2	8	0.2
50 ~ 60	7	0.14	6	0.15
40 ~ 50	6	0.12	5	0.125
30 ~ 40	5	0.1	3	0.075
20 ~ 30	3	0.06	2	0.05
10 ~ 20	1	0.02	0	0
0 ~ 10	0	0	0	0
합계	50	1	40	1

도수다각형(아래 왼쪽)을 보면 중간고사의 계급별 도수가 모두 기말고사보다 크다. 이는 중간고사의 전체도수(50)가 기말고사의 전체도수(40)보다 커서 생기는 현상으로 중간고사의 성적 분포가 기말고사보다 높다는 결론을 내릴 수 없다. 상대도수다각형(아래 오른쪽)을 그려보면 높은 점수대에서 기말고사의 상대도수가 높고 낮은 점수대에서는 대체로 기말고사의 상대도수가 낮음을 볼 수 있다. 따라서 기말고사의 성적이 전체적으로 높음을 추측할 수 있다.

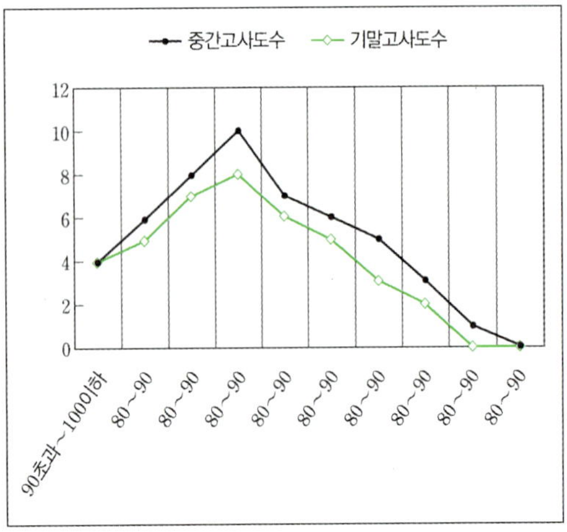

도수다각형

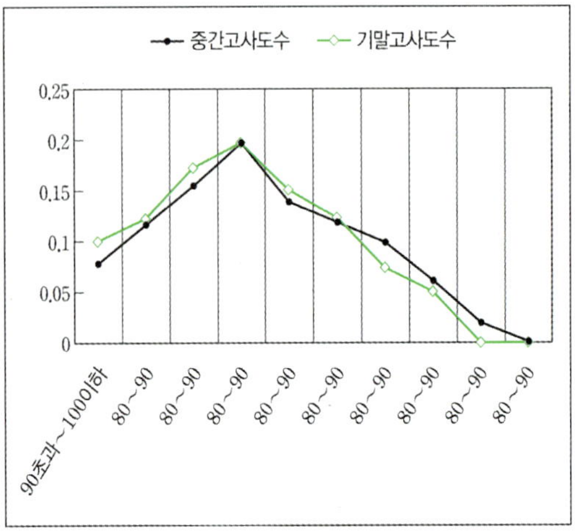

상대도수다각형

B.2.3 줄기-잎 그림

도수분포표나 히스토그램 등은 자료의 대략적인 형태는 제공하지만 개개의 자료의 값은 제공하지 못한다. 줄기-잎 그림(stem-leaf plot)은 이러한 단점을 보완하여 자료의 대략적인 분포를 제공하면서 각 자료값을 알 수 있도록 고안한 것이다. 줄기-잎 그림은 자료의 큰 수의 자릿값은 줄기에, 작은 수의 자릿값은 잎에 써서 나타낸 그림이다.

줄기-잎 그림은 다음과 같은 방법으로 구한다.

줄기-잎 그림을 나타내는 방법

1. 줄기와 잎을 구분한다. 큰 자릿수를 줄기, 작은 자릿수를 잎으로 정한다.
2. 줄기 부분은 작은 수부터 위에서 아래로 기입하고 잎 부분은 원래 자료의 순서대로 나열한다.
3. 각 줄기의 도수를 적는다.

4. 잎 부분의 자료를 왼쪽에서 오른쪽으로 크기 순서로 재배열한다.
5. 줄기 앞에 열을 만들고 전체 자료의 중앙에 놓이는 자료가 있는 행의 도수를 구하여 괄호 안에 기입한다.
6. 괄호가 있는 행을 기준으로 위에는 위로부터의 누적도수를, 아래에는 아래로부터의 누적도수를 기입한다.
7. 최소단위와 자료의 수를 기입한다.

보기 6

다음은 확률과 통계 수강생 50명의 중간고사 성적이다. 줄기-잎 그림을 구하여라.

36	71	79	42	46	63	75	88	90	58
80	84	46	62	70	76	92	79	48	96
72	73	84	67	57	66	68	95	73	65
90	61	70	80	69	98	61	59	72	86
28	65	96	73	68	52	67	56	52	72

풀이 1. 큰 자릿수인 10의 자리를 줄기, 작은 자릿수인 1의 자리를 잎으로 기록한다. 가장 작은 십의 자릿수 '2'에서부터 가장 큰 십의 자릿수 '9'까지 줄기부분에 입력한다.

2. 잎 부분은 순서대로 적는다.
3. 각 행의 잎의 도수를 적는다.

줄기	잎	도수
2	8	1
3	6	1
4	2 6 6 8	4
5	8 7 9 2 6 2	6
6	3 2 7 6 8 5 1 9 1 5 8 7	12
7	1 9 5 0 6 9 2 3 3 0 2 3 2	13
8	8 0 4 4 0 6	6
9	0 2 6 5 0 8 6	7

4. 잎은 크기 순서로 다시 옮겨 적는다.
5. 위에 구한 도수에서 전체 자료 50개 중 중앙인 25-26번째 값은 70점대에 속하므로 70점대

의 도수인 13을 적고 줄기 앞의 열에 괄호를 써준다.

	줄기	잎	도수
	2	8	1
	3	6	1
	4	2 6 6 8	4
	5	2 2 6 7 8 9	6
	6	1 1 2 3 5 5 6 7 7 8 8 9	12
(13)	7	0 0 1 2 2 2 3 3 3 5 6 9 9	13
	8	0 0 4 4 6 8	6
	9	0 0 2 5 6 6 8	7

6. 위에서부터 줄기 '6'까지 누적도수와 아래서부터 줄기 '8'까지 누적도수를 기입한다.
7. 잎의 최소단위 1과 자료의 개수 50을 기입한다.

	줄기	잎	
1	2	8	(최소단위) = 1
2	3	6	(자료의 수) = 50
6	4	2 6 6 8	
12	5	2 2 6 7 8 9	
24	6	1 1 2 3 5 5 6 7 7 8 8 9	
(13)	7	0 0 1 2 2 2 3 3 3 5 6 9 9	
13	8	0 0 4 4 6 8	
7	9	0 0 2 5 6 6 8	

완성된 줄기-잎 그림을 시계 반대방향으로 90도 회전하면 계급크기가 10인 히스토그램 모양이다. 또한 각각의 값이 표시되어 있어 최댓값, 최솟값, 중앙값 등도 쉽게 알 수 있다. 이 자료의 경우 최댓값은 98, 최솟값은 28, 중앙의 25, 26번째 자료는 모두 70이다.

보기 2의 자료를 좀 더 세분화해서 볼 필요가 있을 경우 잎의 값이 0~4이면 o, 5~9이면 +를 줄기에 표시하여 나타내면 계급크기가 5인 줄기-잎 그림을 구할 수 있다.

	줄기	잎
1	2+	8 (최소단위) = 1
1	3o	(자료의 수) = 50
2	3+	6
3	4o	2
6	4+	6 6 8
8	5o	2 2
12	5+	6 7 8 9
16	6o	1 1 2 3
24	6+	5 5 6 7 7 8 8 9
(9)	7o	0 0 1 2 2 2 3 3 3
17	7+	5 6 9 9
13	8o	0 0 4 4
9	8+	6 8
7	9o	0 0 2
4	9+	5 6 6 8

B.3 중심위치의 측도

지금까지 주어진 자료를 도표나 그림을 이용하여 나타내는 방법을 살펴보았다. 많은 경우 자료는 중심위치를 나타내는 값과 퍼져 있는 정도를 나타내는 값으로 요약된다. 이때 중심위치를 나타내는 값을 **중심위치의 측도**(measure of centrality) 또는 **대푯값**이라 하고, 퍼져 있는 정도를 나타내는 값을 **산포도**(measure of dispersity)라 한다.

중심위치의 측도는 히스토그램이나 도수분포다각형의 중심을 가리킨다. 평균, 중앙값, 최빈값, 절사평균 등이 사용된다.

■ 평균

평균(mean)은 **산술평균**(arithmetic mean), **기하평균**(geometric mean), **조화평균**(harmonic mean) 등 상황에 따라 여러 가지가 정의되지만 확률과 통계에서 사용되는 평균은 대부분 산술평균을 의미한다. 산술평균은 가장 많이 사용되는 자료의 중심위치 측도이다. 주어진 자료가 모집단일 때에는 평균을 보통 μ로 나타내고 **모평균**(population mean)이라 한다. 주어진 자료가 모집단에서 추출된 표본일 때에는 표본평균(sample mean)이라 하고 $\overline{x}$로 나타낸다. 모집단의 크기가 N, 표본의 크기가 n이라 하면 모평균과 표본평균은 다음과 같다.

평균

- 모집단이 $x_1, x_2, \cdots, x_N$일 때 모평균 $\mu = \frac{1}{N}\sum_{k=1}^{N} x_k = \frac{x_1 + x_2 + \cdots + x_N}{N}$
- 표본이 $x_1, x_2, \cdots, x_n$일 때 표본평균 $\overline{x} = \frac{1}{n}\sum_{k=1}^{n} x_k = \frac{x_1 + x_2 + \cdots + x_n}{n}$

평균은 다음과 같은 성질을 가진다.

- 편차($x_k - \mu$, $x_k - \overline{x}$)의 합은 0이다.

$$\sum_{k=1}^{N}(x_k - \mu) = 0, \qquad \sum_{k=1}^{n}(x_k - \overline{x}) = 0$$

- 표본평균은 제곱오차$(x_k - \overline{x})^2$의 합을 최소화하는 값이다. 다시 말해서 임의의 실수 a에 대하여 다음 부등식이 성립한다.

$$\sum_{k=1}^{n}(x_k - \overline{x})^2 \le \sum_{k=1}^{n}(x_k - a)^2$$

평균은 주어진 자료의 값을 모두 사용하므로 정보 손실이 없으며 표본의 평균인 표본평균은 모평균을 추론할 때 유용하게 사용된다. 그러나 평균은 이상점(outlier)[2)]이 있을 때 이상점에 의하여 크게 영향을 받는다는 단점이 있다. 이런 이상점이 존재하는 경우 중심위치에 대한 다른 측도가 자료를 좀 더 정확하게 나타낼 수 있다. 다음에 나오는 중앙값과 최빈값은 이상점에 별로 영향을 받지 않는다.

■ 중앙값

중앙값(median)은 양적 자료를 증가하는 순서, 또는 감소하는 순서로 나열할 때 가운데 놓이는 값이다. 중앙값은 이상점에 크게 영향을 받는 평균의 단점을 보완하는 중심위치의 측도로 많

2) 자료의 값 중에서 다른 값에 비하여 특별히 크거나 작은 값을 이상점 또는 특이값이라 한다. 예를 들어 자료가 1, 2, 1, 3, 2.5, 5, 6, 37이라면 37은 이상점으로 간주할 수 있다.

이 사용한다. 자료의 수가 n개일 때 중앙값은 n이 홀수이면($n=2k+1$) $k+1=\frac{n+1}{2}$번째 값이고 n이 짝수이면($n=2k$) k번째 값과 $k+1$번째 값의 평균이다. 다시 말해서, 자료들을 크기 순서대로 나열한 것이

$$x_{(1)},\ x_{(2)},\ \cdots,\ x_{(n)}$$

일 때 중앙값 m은 다음과 같이 정의한다.

$$m=\begin{cases} x_{(k+1)}, & n=2k+1 \\ \dfrac{x_{(k)}+x_{(k+1)}}{2}, & n=2k \end{cases}$$

예를 들어 $\{1, 2, 3, 4, 5, 15\}$의 평균은 $\frac{1}{6}(1+2+3+4+5+15)=5$이지만 중앙값은 세 번째 값 3과 네 번째 값 4의 평균 $\frac{1}{2}(3+4)=3.5$이다.
표본평균과 표본중앙값은 모두 자료의 중심을 나타내는 측도로 사용되지만 표본평균은 모든 자료를 사용하는 반면 표본중앙값은 하나 또는 두 개의 자료만을 사용한다는 차이가 있다. 또한 표본평균은 이상점이 있는 경우 중심위치를 왜곡할 위험이 있지만 중앙값은 이상점에 거의 영향을 받지 않는다. 따라서 한쪽으로 치우치거나 이상점이 있는 경우 중앙값은 평균보다 중심위치를 나타내기에 더 좋은 값이다. 그러나 전체 자료를 순서대로 나열한 후 가운데 있는 값을 찾아야 하므로 자료의 수가 많은 경우 적절하지 않으며 수학적으로 다루기 어렵다는 단점이 있다.

■ 최빈값

최빈값(mode)은 두 번 이상 나타나는 자료의 값 중에서 가장 도수가 높은 자료의 값을 의미한다. 평균이나 중앙값은 양적 자료에서만 정의할 수 있고 유일한 값이다. 최빈값은 양적 자료뿐 아니라 질적 자료에도 정의할 수 있는데 질적 자료의 경우는 도수가 가장 높은 범주가 최빈값이다. 평균이나 중앙값과는 달리 최빈값은 여러 개일 수도 있고 없을 수도 있다. 도수분포표나 히스토그램을 이용하여 양적 자료의 최빈값을 구하는 경우 도수가 가장 큰 계급을 찾아 그 계급의 중간값을 최빈값으로 정한다. 최빈값은 기성복의 치수를 결정하거나 제품의 색상 선호도 등을 결정할 때 많이 쓰인다.

보기 7

보기 6에서 평균, 중앙값, 최빈값을 구하여라.

36	71	79	42	46	63	75	88	90	58
80	84	46	62	70	76	92	79	48	96
72	73	84	67	57	66	68	95	73	65
90	61	70	80	69	98	61	59	72	86
28	65	96	73	68	52	67	56	52	72

풀이 평균은 50개의 값을 모두 더한 후 50으로 나눈 값이다.

$$\mu = \frac{1}{50}(36 + 71 + \cdots + 52 + 72) = 69.52$$

순서대로 나열하였을 때 25번째 자료의 값은 70, 26번째 자료의 값도 70이므로 중앙값은

$$m = \frac{1}{2}(70 + 70) = 70$$

이다. 줄기-잎 그림을 살펴보면 72가 3번, 73이 3번 나오고 다른 값들은 2번 이하로 나타나므로 최빈값 m_o은 72와 73이다.

■ 평균, 중앙값, 최빈값의 관계

지금까지 살펴본 중심위치의 측도 중 어느 것이 다른 것보다 항상 좋다고 말할 수는 없다. 상황에 따라 달라지기 때문이다. 하지만 일반적으로 가장 많이 쓰이는 것은 평균인데 모든 자료의 값을 사용하고 편차의 합이 0이며 제곱오차의 합을 최소화하는 값이며 수학적인 이론을 전개하기가 가장 수월하기 때문이다.

이제 최빈값이 하나인 경우 평균과 중앙값, 최빈값의 관계를 분포가 대칭인 경우와 비대칭인 경우로 나누어 살펴본다.

보기 8

주어진 도수분포표에 대하여 막대그래프를 그려보고 평균, 중앙값, 최빈값의 위치를 비교해 보기로 한다.

(a) 첫 번째 도수분포표는 5를 기준으로 대칭인 분포이다.

계급값	도수	누적도수
1	2	2
2	4	6
3	6	12
4	8	20
5	11	31
6	8	39
7	6	45
8	4	49
9	2	51
합계	51	

$\bar{x} = m_e = m_o$

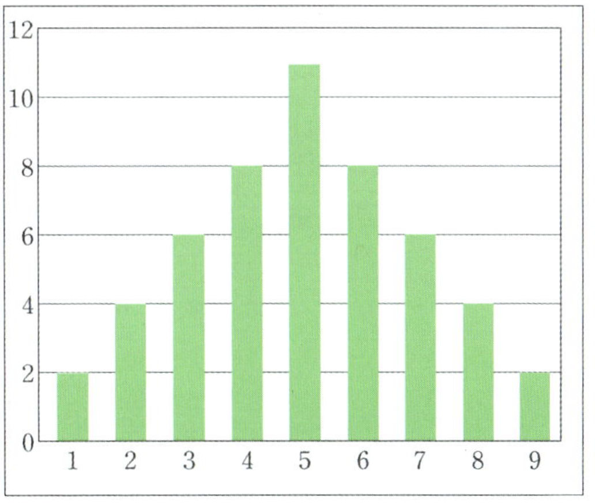

대칭인 분포

평균은

$$\bar{x} = \frac{1}{51}(1 \cdot 2 + 2 \cdot 4 + \cdots + 9 \cdot 2) = 5$$

이고 중앙값은 26번째 값 5, 5의 도수가 11로 가장 크므로 최빈값도 5이다.

$$\bar{x} = m_e = m_o = 5$$

(b) 다음 도수분포표의 그래프는 왼쪽으로 치우친 모양이고 오른쪽으로 긴 꼬리를 가지고 있다. 이때 평균은 다음과 같다.

$$\bar{x} = \frac{1}{50}(1 \cdot 3 + 2 \cdot 8 + \cdots + 9 \cdot 2) = 4.22$$

25번째 수와 26번째 수 모두 4이므로 중앙값은 $m_e = 4$이고 최빈값은 $m_o = 3$이다.

$$m_o = 3 \leq m_e = 4 \leq \bar{x} = 4.22$$

계급값	도수	누적도수
1	3	3
2	8	11
3	11	22
4	8	30
5	7	37
6	5	42
7	4	46
8	2	48
9	2	50
합계	50	

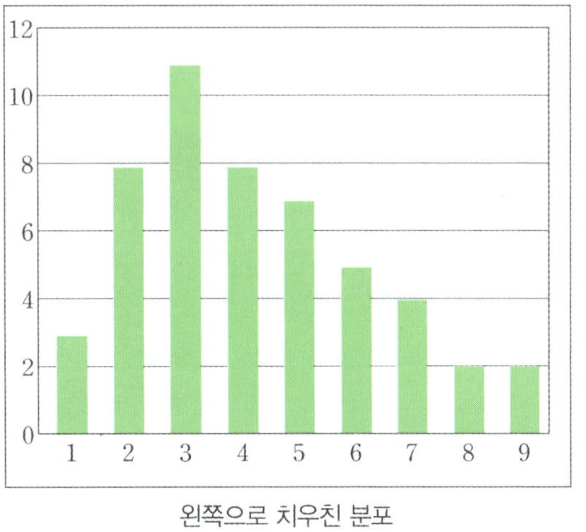

왼쪽으로 치우친 분포

(c) 다음 도수분포표의 그래프는 오른쪽으로 치우친 모양이고 왼쪽으로 긴 꼬리를 가지고 있다. 이때 평균은 다음과 같다.

$$\bar{x} = \frac{1}{50}(1 \cdot 2 + 2 \cdot 2 + \cdots + 9 \cdot 5) = 5.9$$

중앙값은 25번째 수와 26번째 수 모두 6이므로 $m_e = 6$이고 최빈값은 $m_o = 7$이다.

$$\bar{x} = 5.9 \le m_e = 6 \le m_o = 7$$

계급값	도수	누적도수
1	2	2
2	2	4
3	4	8
4	5	13
5	6	19
6	8	27
7	10	37
8	8	45
9	5	50
합계	50	

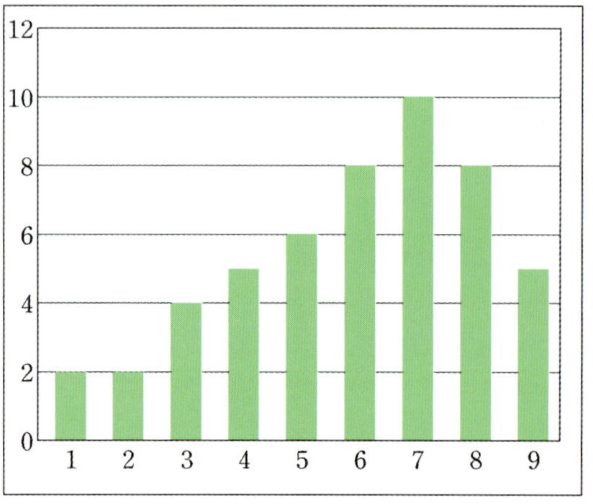

오른쪽으로 치우친 분포

최빈값이 유일한 경우 평균, 중앙값, 최빈값 사이의 관계에 대하여 다음과 같은 관찰을 할 수 있다.

- 분포가 어떤 값을 기준으로 정확히 대칭이면 평균, 중앙값, 최빈값은 일치한다.

  평균 = 중앙값 = 최빈값

  분포가 대칭에 가까울수록 평균과 중앙값, 그리고 최빈값이 비슷한 값을 가진다.
- 오른쪽 꼬리가 길고 왼쪽으로 치우친 분포의 경우 대체로 평균값이 가장 크고 최빈값이 가장 작으며 중앙값이 그 사이에 위치한다. 오른쪽 꼬리에 있는 값들이 평균을 높이는 역할을 하기 때문이다.

  평균 $\ge$ 중앙값 $\ge$ 최빈값
- 반대로 왼쪽 꼬리가 길고 오른쪽으로 치우친 분포의 경우 대체로[3] 평균값이 가장 작고 최

빈값이 가장 크며 중앙값이 그 사이에 위치한다. 왼쪽 꼬리에 있는 값들이 평균을 낮추는 역할을 하기 때문이다.

$$\text{평균} \leq \text{중앙값} \leq \text{최빈값}$$

B.4 산포도

자료의 분포 전체를 알기 위해서는 자료의 중심위치뿐 아니라 자료의 흩어진 정도, 다시 말해서 산포도를 알아야 한다. 평균, 중앙값, 최빈값과 같은 중심위치의 측도가 같더라도 흩어진 정도에 따라 분포는 완전히 다른 형태를 가질 수 있다.

보기 9

다음 표는 확률과 통계를 수강하는 여학생과 남학생의 성적이다.

	확률과 통계 성적												평균	중앙값
남	32	36	48	56	60	64	76	82	88	92	96	98	69	70
여	60	60	64	64	68	70	70	72	72	74	74	80	69	70

중심위치를 나타내는 평균과 중앙값이 남학생과 여학생에 대하여 각각 69와 70으로 동일하다. 그러나 남학생의 최고점과 최저점의 차이는 66점인 반면 여학생의 경우는 20점으로 남학생의 1/3이 되지 않는다. 히스토그램을 그려보면 분포의 차이는 더욱 확연해진다.

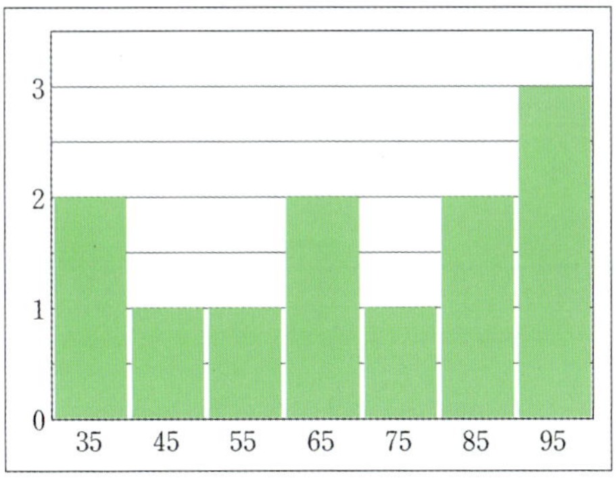

남학생 성적의 히스토그램

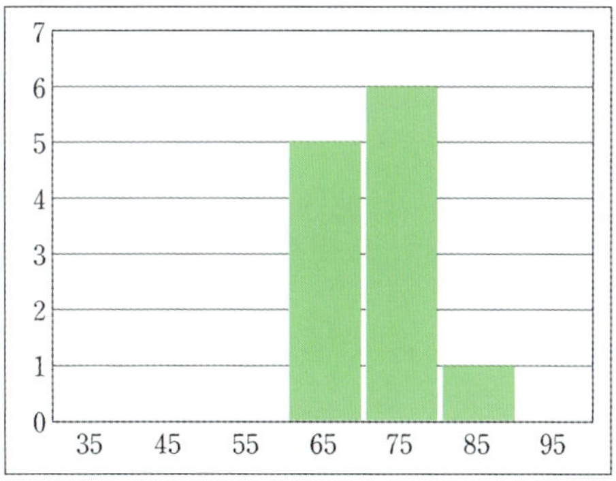

여학생 성적의 히스토그램

3) 대체로 성립하는 것이지 항상 성립하는 것은 아니다.

이렇듯 평균, 중앙값 등의 대푯값만으로는 각각의 자료에 대한 정보를 충분히 전달할 수 없다. 대푯값으로 전달할 수 없는 분포의 특성은 산포도를 살펴보면 알 수 있다. 이 절에서는 산포도를 나타내는 값으로 범위, 분산, 표준편차를 다룬다.

■ 범위

가장 간단한 산포의 측도는 **범위**(range)로 자료의 최댓값과 최솟값의 차이로 정의한다.

$$\text{범위} = \text{최댓값} - \text{최솟값}$$

범위를 계산하기는 간단하나, 평균과 같이 이상점에 영향을 많이 받고 자료의 최댓값과 최솟값만을 사용하므로 자료의 산포에 대한 정확한 정보를 주지 못할 수도 있다. 따라서 이상점이 있는 경우 범위는 좋은 산포도라 하기 어렵다.

보기 10

다음 표는 S고등학교 졸업생 중에서 20명을 임의로 추출하여 연 수입을 조사한 결과이다. (단위 : 만원)

800	1200	1800	2400	2800
2800	2800	3000	3000	3200
3300	3400	3600	3600	3800
4200	4500	5200	6800	10000

연 수입이 가장 높은 액수는 1억이고 가장 낮은 액수는 800만원이므로

$$\text{범위} = 10000 - 800 = 9200(\text{만원})$$

이다. 따라서 연수입의 범위는 9200만원이다.

■ 사분위수 범위

범위는 자료의 두 극값만을 사용하므로 이상점이 있는 경우 자료의 산포도를 나타내기에 적합하지 않다. 이러한 단점을 보완한 산포도가 **사분위수 범위**(interquartile range: IQR)이다.
크기 순서로 자료를 나열했을 때 자료를 사등분하는 수를 **사분위수**(quartile)라 하고 그중 첫 번째를 제1사분위수 Q_1, 두 번째를 제2사분위수 Q_2, 세 번째를 제3사분위수 Q_3라고 한다.

제2사분위수는 중앙값과 같다. 자료를 크기 순서로 나열했을 때 자료의 약 25%는 Q_1보다 작고 약 75%는 Q_1보다 크다. 반대로 자료의 약 75%는 Q_3보다 작고 약 25%는 Q_3보다 크다. 사분위수 범위는 다음과 같이 제3사분위수와 제1사분위수의 차이로 정의한다.

$$(\text{사분위수 범위})\ IQR = Q_3 - Q_1$$

보기 11

보기 10의 자료에서 Q_1은 5번째와 6번째 값의 평균 2400이고 Q_2는 10번째와 11번째의 평균 3250, Q_3는 3800과 4200의 평균 4000이다.

$$Q_1 = \frac{1}{2}(2800 + 2800) = 2800,\ Q_2 = \frac{1}{2}(3200 + 3300) = 3250,$$

$$Q_3 = \frac{1}{2}(3800 + 4200) = 4000$$

따라서 사분위수 범위는 다음과 같다.

$$IQR = 4000 - 2800 = 1200$$

■ 상자그림

중앙값(m, 제2사분위수)과 제1사분위수(Q_1), 제3사분위수(Q_3)와 두 극단값(최댓값, 최솟값)을 사용하면 자료의 특성을 한 눈에 알아볼 수 있다. 이를 다섯숫자요약(5 number summary)이라 하며 상자그림(box plot)은 이를 시각적으로 표현한 그림이다.

평균이나 표준편차 같이 전통적으로 많이 사용되는 측도는 자료에 이상점이 있는 경우 심하게 왜곡될 가능성이 있다. 따라서 자료에 이상점이 있는지를 확인할 필요가 있다. 상자그림은 자료에 이상점이 포함되어 있는지를 쉽게 판단할 수 있게 한다. 상자그림을 그리기 위해서는 위의 다섯숫자 이외에도 몇 가지의 용어들이 필요하며 이를 요약하면 다음과 같다.

- 안울타리(inner fence) : $Q_1 - 1.5 \cdot IQR,\ Q_3 + 1.5 \cdot IQR$
- 바깥울타리(outer fence) : $Q_1 - 3.0 \cdot IQR,\ Q_1 + 3.0 \cdot IQR$
- 인접값(adjacent value) : 안울타리 안쪽에 있는 자료 중 안 울타리에 가장 가까운 값
- 보통이상점(mild outlier) : 안울타리와 바깥울타리 사이의 자료값
- 극단이상점(extreme outlier) : 바깥울타리 바깥에 있는 자료값

상자그림에서 상자의 양끝은 제1사분위수 Q_1과 제3사분위수 Q_3이며 중앙값의 위치는 상자 안에 선으로 나타낸다. 보통이상점은 ∘ 으로 극단이상점은 ×으로 나타내는 것이 일반적이다.

보기 12

보기 10의 자료로 상자그림을 그려보기로 하자.

풀이 다섯숫자 요약을 구하면 다음과 같다.

$$Q_1 = 2800,\ Q_2 = m = 3250,\ Q_3 = 4000,\ x_{\min} = 800,\ x_{\max} = 10000$$

상자의 양끝이 제1사분위수 $Q_1 = 2800$과 제3사분위수 $Q_3 = 4000$인 상자를 그리고 중앙값 $Q_2 = m = 3250$에 선을 그어준다.

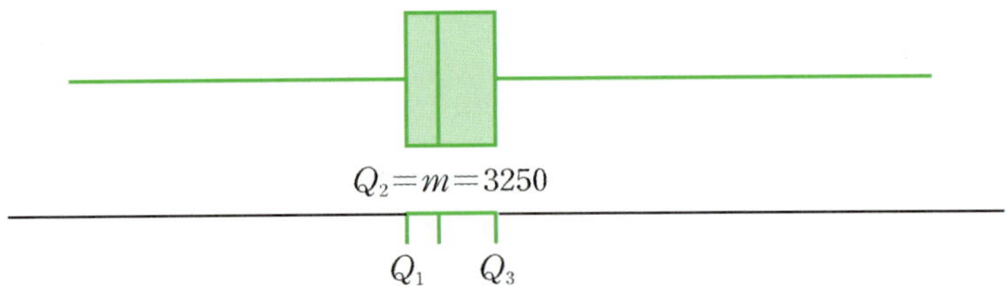

사분위수 범위는 $IQR = 1200$이므로 안울타리와 바깥울타리는 각각 다음과 같다.

안울타리	$2800 - 1.5 \cdot 1200 = 1000$,	$4000 + 1.5 \cdot 1200 = 5800$
바깥울타리	$2800 - 3 \cdot 1200 = -800$,	$4000 + 3 \cdot 1200 = 7600$

상자그림에 안울타리와 바깥울타리를 표시한다.

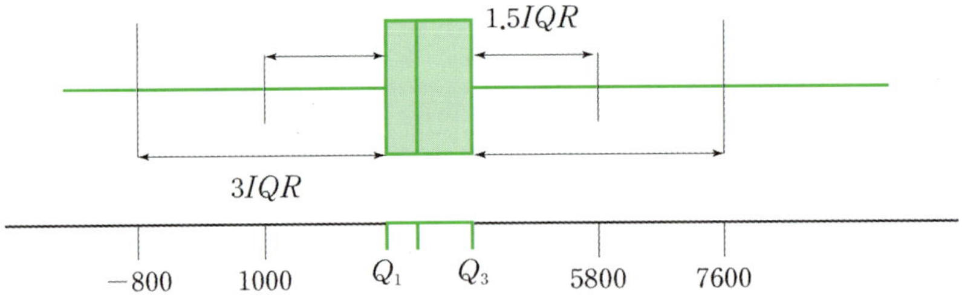

- 인접값은 안울타리 구간 $[1000, 5800]$에서 가장 경계값에 가까운 1200, 5200이다.
- 보통이상점은 구간 $[-800, 1000)$, $(5800, 7600]$에 속하는 점이므로 800, 6800이다.
- 극단이상점은 구간$[-800, 7600]$ 바깥에 있는 점이므로 10000이다.

상자그림에 인접값과 보통이상점, 극단이상점을 표시하면 완성된다.

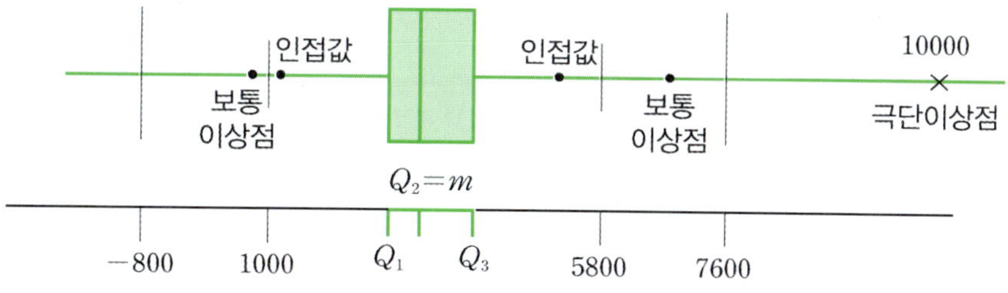

■ 분산과 표준편차

자료가 흩어져 있는 정도를 살펴보기 위하여 가장 먼저 생각할 수 있는 것은 평균으로부터의 **편차**(deviation)이다. 편차는 각 자료의 값과 평균의 차이 $x-\overline{x}$이다. 그러나 편차의 합은 항상 0이므로 산포도에 대한 아무런 정보를 주지 못한다. 편차 대신 편차의 제곱을 이용하여 산포도를 살펴보는 것이 **분산**(variance)인데 자료가 모집단이냐 표본이냐에 따라 다르게 정의된다.

자료가 N개의 원소 $x_1, x_2, \cdots, x_N$으로 이루어진 모집단일 때 모집단의 분산인 **모분산**(polulation variance)은 σ^2으로 나타내며 다음과 같이 정의한다.

$$\sigma^2 = \frac{1}{N}\sum_{k=1}^{N}(x_k-\mu)^2$$

이때 μ는 모평균 $\mu=\frac{1}{N}\sum_{k=1}^{N}x_k$이다. 한편 자료가 n개의 원소 $x_1, x_2, \cdots, x_n$으로 이루어진 표본일 때 **표본분산**(sample variance)은 s^2으로 나타내며 다음과 같이 정의한다.

$$s^2 = \frac{1}{n-1}\sum_{k=1}^{n}(x_k-\overline{x})^2$$

이때 $\overline{x}$는 표본평균 $\overline{x}=\frac{1}{n}\sum_{k=1}^{n}x_k$이다. 자료의 개수 n 대신 $(n-1)$로 나누는 것은 표본분산을 모분산의 추정량으로 사용할 때 불편추정량이 되도록 하기 위해서인데 자세한 내용은 5장을 참조하기 바란다.

분산은 편차를 제곱하여 구한 값이므로 단위가 자료 단위의 제곱으로 나타나므로 분산의 값을 수치적으로 해석하는 데 어려움이 있다. 그러나 분산의 제곱근을 취하면 측정값의 단위와 일치하는 값을 얻는다. 분산의 제곱근을 **표준편차**(standard deviation)라 한다. 모분산의 제곱근을 **모표준편차**(population standard deviation), 표본분산의 제곱근을 **표본표준편차**(sample standard deviation)라 한다.

$$\text{모표준편차}: \sigma = \sqrt{\sigma^2}, \quad \text{표본표준편차}: s = \sqrt{s^2}$$

분산과 표준편차

- 모집단이 $x_1, x_2, \cdots, x_N$일 때 모분산 $\sigma^2 = \frac{1}{N}\sum_{k=1}^{N}(x_k - \mu)^2$
- 표본이 $x_1, x_2, \cdots, x_n$일 때 표본분산 $s^2 = \frac{1}{n-1}\sum_{k=1}^{n}(x_k - \overline{x})^2$
- 모표준편차: $\sigma = \sqrt{\sigma^2}$, 표본표준편차: $s = \sqrt{s^2}$

분산을 계산하는 데 다음과 같은 식을 이용할 수도 있다.

$$\sigma^2 = \frac{1}{N}\sum_{k=1}^{N} x_k^2 - \mu^2, \qquad s^2 = \frac{1}{n-1}\left(\sum_{k=1}^{n} x_k^2 - n\,\overline{x}^{\,2}\right)$$

보기 13

다음은 확률과 통계 수강생 50명의 중간고사 성적이다.

36	71	79	42	46	63	75	88	90	58
80	84	46	62	70	76	92	79	48	96
72	73	84	67	57	66	68	95	73	65
90	61	70	80	69	98	61	59	72	86
28	65	96	73	68	52	67	56	52	72

(a) 모분산과 모표준편차를 구하여라.

(b) 5명의 표본을 뽑은 자료가 다음과 같을 때 표본분산을 구하여라.

$$42,\ 76,\ 95,\ 84,\ 73$$

풀이 (a) 모평균은 $\mu = 69.52$이므로 정의로부터 모분산을 구하면 다음과 같다.

$$\sigma^2 = \frac{1}{50}\sum_{k=1}^{50}(x_k - 69.52)^2 = 249.0896$$

모표준편차는 $\sigma = \sqrt{249.0896} = 15.78$이다.

(b) 표본평균은 $\overline{x} = \frac{1}{5}(42 + 76 + 95 + 84 + 73) = 74$이고 정의로부터 표본분산을 구하면 다음과 같다.

$$s^2 = \frac{1}{4}\sum_{k=1}^{5}(x_k - \overline{x})^2 = \frac{1}{4}(32^2 + 2^2 + 21^2 + 10^2 + 1^2) = 392.5$$

표본표준편차는 $s = \sqrt{392.5} = 19.81$이다.

■ 변동계수

표준편차는 자료의 단위에 따라 달라지는 값이다. 예를 들어 어느 병원에서 태어난 신생아 중에서 5명을 선택하여 몸무게와 키를 기록한 결과가 다음과 같다고 하자.

	1	2	3	4	5	평균
몸무게(kg)	3.2	4.1	2.9	3.3	3.5	3.4
키(cm)	87	90	86	88	89	88

몸무게의 표본표준편차는 단위를 kg으로 한 경우와 g으로 한 경우 각각 다음과 같다.

$$s_X = 0.45(\text{kg}) \text{ 또는 } s_X = 450(\text{g})$$

키의 표본표준편차는 단위를 cm로 한 경우 다음과 같다.

$$s_Y = 1.58\,(\text{cm})$$

표본표준편차를 보고 몸무게와 키 중에서 어느 것이 산포도가 더 큰지 판단할 수가 없다. 이런 경우 상대적인 산포도를 나타내는 값으로 **변동계수**(coefficient of variation: CV)를 다음과 같이 정의한다.

$$\text{변동계수(모집단)}:\ CV = \frac{\sigma}{\mu} \times 100\%$$

$$\text{변동계수(표본)}:\ CV = \frac{s}{\overline{x}} \times 100\%$$

변동계수는 단위에 영향을 받지 않는 값이므로 단위가 바뀌어도 변하지 않는다. 또한 단위가 다른 자료들을 비교하는 데에도 사용할 수 있다. 위의 자료에서 몸무게와 키의 변동계수는 각각 다음과 같다.

$$CV_X = \frac{0.45}{3.4} \times 100 = 13.24\%, \quad CV_Y = \frac{1.58}{88} \times 100 = 1.80\%$$

따라서 몸무게의 산포도가 키의 산포도보다 훨씬 크다는 것을 알 수 있다.

부록

C. 엑셀 사용법

C.1 편집 및 셀 서식

이 절에서는 자료의 입력, 간단한 형태의 편집과 셀 서식의 작성에 대해서 설명한다. 또한 간단한 연산자를 사용하는 예제도 함께 살펴보기로 한다.

C.1.1 수치 데이터 입력

- 숫자는 셀의 오른쪽에 입력(정렬)되며, 숫자와 문자를 혼합하여 입력하면 문자 데이터로 인식한다. 수치 중간에는 공백, 특수 문자를 입력하면 안 된다.
- 엑셀에서 사용하는 수치는 기본적으로 양수이므로 수치 데이터 앞에 "+" 기호를 입력해도 셀에는 나타나지 않는다. 음수 데이터를 입력할 경우에는 "-" 기호를 숫자 앞에 입력하거나 수치를 괄호로 묶어 입력하면 자동으로 음수 기호(-)를 표시한다.
- 입력 데이터가 셀의 기본 폭보다 넓으면 #####이 표시된다. 데이터가 보이게 하려면 셀의 폭을 넓혀주면 된다.
- 백분율(%)을 계산식에 입력할 경우, 20%를 입력한 것이나, 0.2를 입력한 것이나, 같은 결과를 출력한다.
- 수치 데이터를 문자 데이터로 입력하기 위해서는 숫자에 " 를 입력하면 된다.

C.1.2 문자 데이터 입력

■ 문자 데이터의 특성

- 문자 데이터는 셀의 왼쪽에 정렬된다.
- 입력 문자열이 한 개의 셀을 넘을 경우에 인접 셀에 아무런 내용이 없으면, 옆 셀에 걸쳐서 내용이 표시되고, 옆 셀에 내용이 있으면, 셀 폭 만큼만 표시된다.
- 한 셀에서 다음 셀로 문자가 넘어가는 것을 보호하려면 [홈] 탭에서 [텍스트 줄 바꿈]을 클

릭한다. 또 ALT+ENTER key를 누르면, 커서가 있는 곳에서 같은 셀 내 아래로 이동한다.

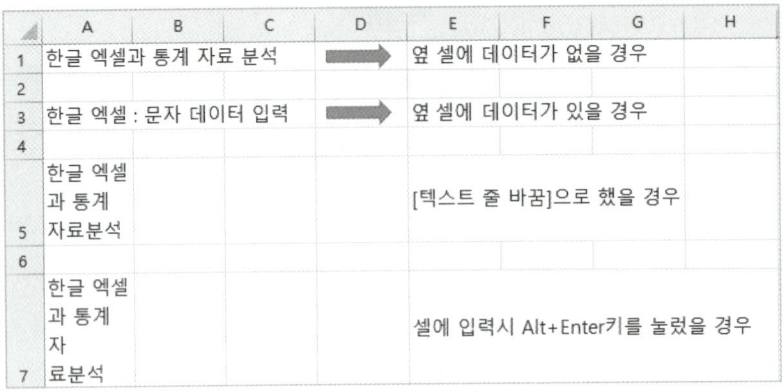

■ 특수문자 삽입

특수문자를 삽입해야 할 경우 [삽입 탭]-[기호]에서 '기호' 문구를 클릭하면 아래와 같은 기호 대화상자가 나타난다. 필요한 특수문자를 클릭한 후 삽입을 누르면 특수문자가 삽입된다.

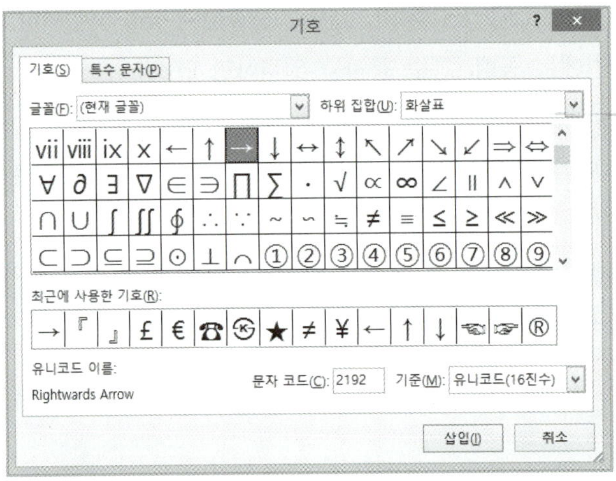

C.1.3 데이터 채우기

아래 그림과 같이 셀을 선택한 후에 채우기 핸들을 끌면 선택한 셀의 내용으로 채워진다.

■ 채우기 핸들(드래그 & 드롭)

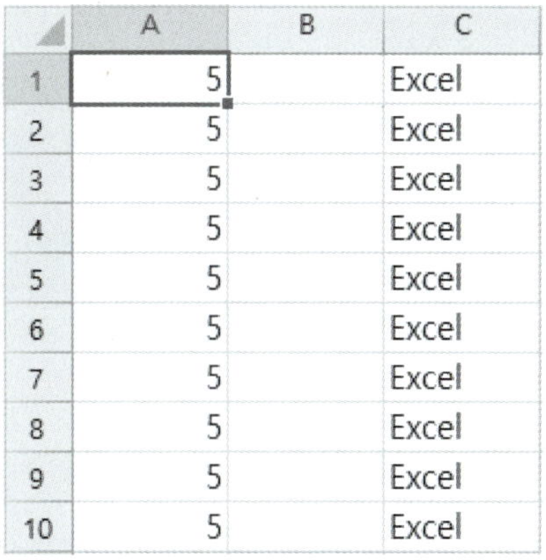

■ 연속 데이터 채우기

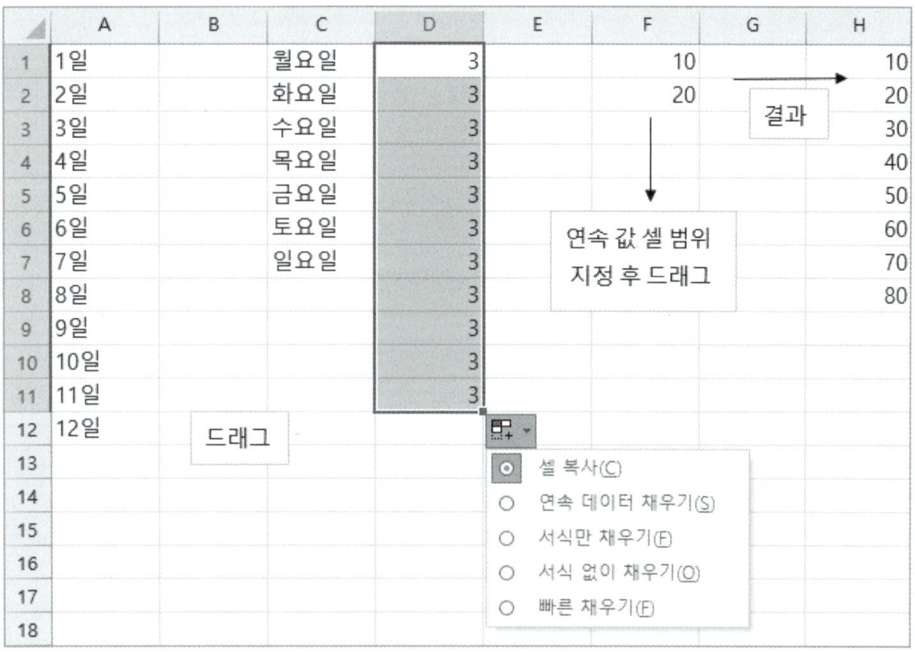

F열의 경우에는 1행을 클릭하고 Shift + 화살표 키로 연속 셀을 선택할 수 있다.

■ 수식 연산자 입력

엑셀에서 사용하는 수식은 다음 도표와 같은 연산자를 사용하며, 기본적으로 수식 선언 기호인 "="로 시작해야 된다.

연산자	의미
+	더하기
−	빼기
*	곱하기
/	나누기
^	지수
%	백분율

■ 사칙연산자 및 지수 연산자 사용 예

	A	B	C
1	15	35	=A1+B1
2	20	10	30
3	25	30	55
4	5	15	20

C열의 1행에 A열 1행과 B열 1행의 합이 표현된다. 그리고 C열의 1행을 [드래그 & 드롭]해주면 C열의 다른 행들에도 결과가 제공된다.

■ 비교 연산자

의 미	연산자
같다	=
~보다 작다	<
~보다 크다	>
작거나 같다	<=
크거나 같다	>=
같지 않다	<>

- 비교 연산자 사용 예

C4 ▾ | × ✓ fx | =A1=A2

	A	B	C	D
1	15	20		
2				
3				
4			FALSE	

지정된 C열 4행에 A열 1행과 A열 2행의 값이 같은지 표현된다. 같으면 TRUE, 다르면 FALSE로 표시된다.

C.1.4 데이터 편집

■ 셀 내용 편집하기

- 편집할 데이터가 들어 있는 셀을 더블 클릭하거나 F2키를 누른다.
- 셀 내용을 편집한다.
- 변경된 내용을 입력 저장하려면 엔터키를 치며, 만약 취소할 경우에는 ESC키를 누른다.

■ 실수한 내용 되돌리기

데이터를 수정하다가 잘못했을 경우 빠른 실행 도구모음에 있는 아이콘을 클릭하면 이전 상태로 돌아간다. 아이콘 은 마지막 실행한 것을 반복하는 기능이다.

■ 셀 삽입

- 셀을 삽입할 위치를 선택하고 마우스 오른쪽 버튼을 클릭한다.
- 단축메뉴에서 삽입을 클릭한다.
- 삽입창의 셀 삽입 공간을 확보하기 위해 아래 그림과 같이 기존 셀의 이동 위치를 지정한다. (행 삽입과 열 삽입도 같은 형태를 취한다.)

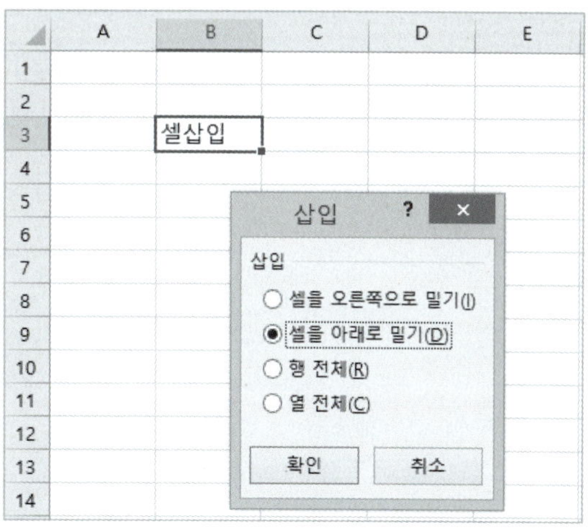

C.1.5 데이터 분석 도구 추가

엑셀을 이용한 실습이나 연습문제를 풀기 위해서는 데이터 분석 기능이 필요한 경우가 있다. 데이터 분석 도구는 각종 통계적 분석과 검정, 분석차트에 이르기까지 다양한 기능들을 이용하여 방대한 데이터를 통합, 분석할 수 있다. 현재 사용하는 엑셀에 데이터 분석 도구가 설치되어 있지 않은 경우에 설치 방법은 다음과 같다.

① [파일] 메뉴에서 [옵션]을 클릭한다.

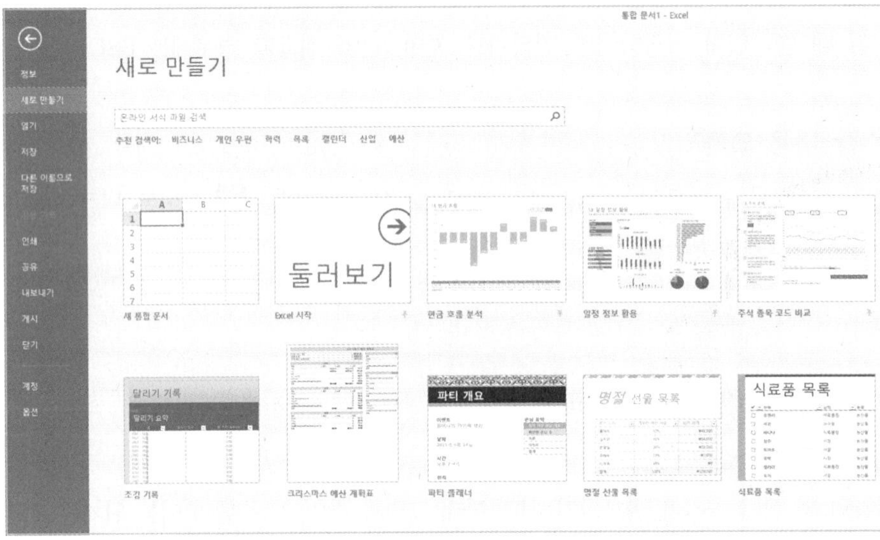

② 왼쪽 탭에서 '추가 기능'을 클릭하고 아래쪽 관리 옆에 Excel 추가 기능의 이동을 클릭한다.

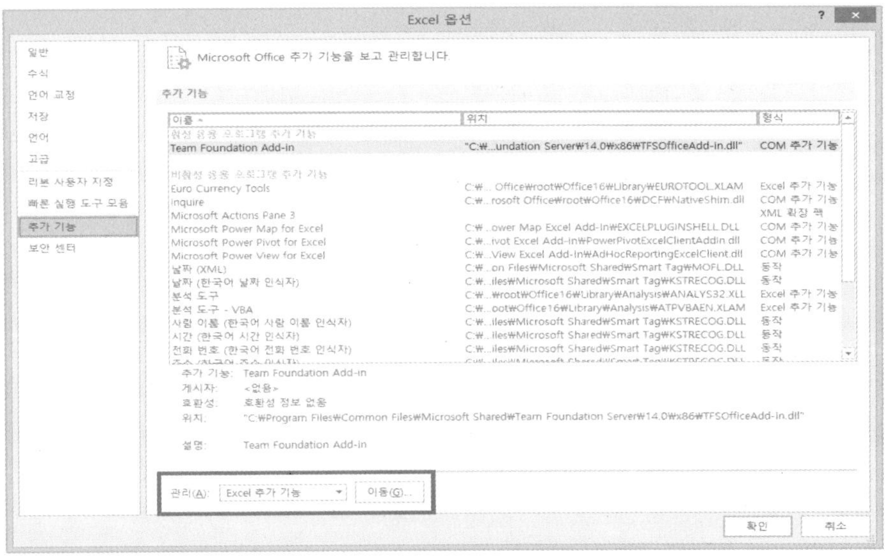

③ '추가 기능' 대화상자가 나타나면 '분석 도구'에 체크를 한 다음 확인을 클릭한다.

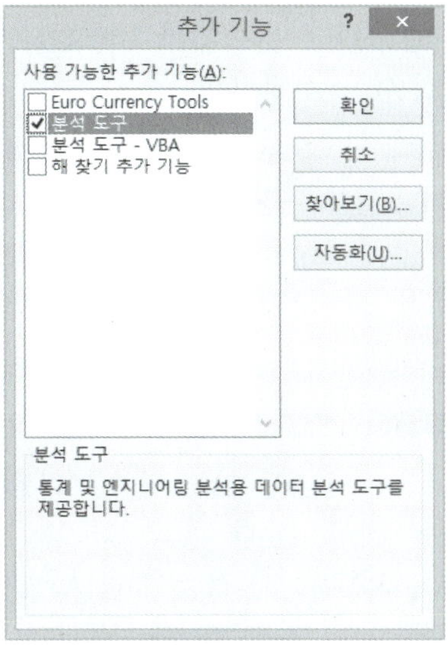

④ [데이터] 탭-[분석]에서 데이터 분석 도구 버튼이 생긴 것을 확인한다.

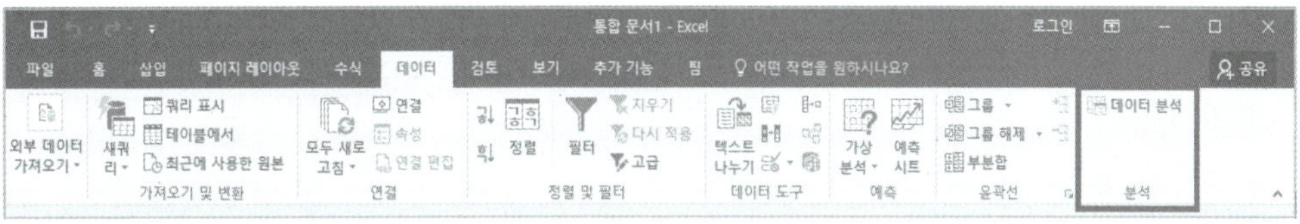

C.2 엑셀 함수의 사용

엑셀의 워크시트에서 사칙연산만으로 실제 업무 활용에 많은 제약이 있다. 따라서 실제 업무 분야에 자주 사용되는 일련의 계산 과정을 엑셀에서는 미리 함수로 정의하여 사용자에게 보다 손쉬운 계산과 빠른 업무 처리를 지원한다.

C.2.1 연산자

연산자는 수식 요소에 대해 실행할 연산(덧셈, 뺄셈, 곱셈, 나눗셈 등)을 지정한다. 엑셀의 연산자는 산술 연산자, 비교 연산자, 문자 연산자, 참조 연산자 등이 있다.

	연산자	설명
산술 연산자	+(더하기), −(빼기), /(나누기), *(곱셈)	숫자 값에 기본적인 연산을 실행하여 숫자결과를 산출한다.
비교 연산자	= (같다), > (크다), < (작다), > = (크거나 같다)	두 개의 값을 비교하여 TRUE 또는 FALSE의 논리값을 구한다.
문자 연산자	&	두 값을 하나로 연결하여 하나의 문자 값을 산출한다.
	범위(:) 예) = SUM(A1:A5)	두 참조 영역을 포함하여 사이에 있는 모든 셈들을 하나의 참조 영역으로 만든다.
참조 연산자	합집합(,) 예) = SUM(A1:A5,A3:A7)	두 참조 영역을 포함하는 하나의 참조 영역을 만든다. 예) 셀 A1부터 A5까지의 원소와 A3부터 A7까지의 원소를 모두 더한 결과를 구해준다.
	교집합(공백) 예) = SUM(A1:A5 A3:A7)	두 개의 참조 영역에 공통되는 셀을 뽑아 하나의 참조 영역을 만든다. 예) 셀 A1부터 A5까지의 원소와 A3부터 A7까지의 원소 중 겹치는 A3부터 A5까지의 합을 구해준다.

C.2.2 자동합계 이용하여 합계와 평균 구하기

■ 합계(평균)를 자동으로 구하는 방법

합계를 구하고자 하는 범위를 지정한 후 [수식] 탭의 Σ 아이콘을 클릭하면 자동으로 합계가 구해진다.

함수 마법사를 사용하여 평균을 구할 때는, 합계를 구하는 것과 같은 방법을 사용하며 Σ 아이콘 대신 평균을 클릭한다.

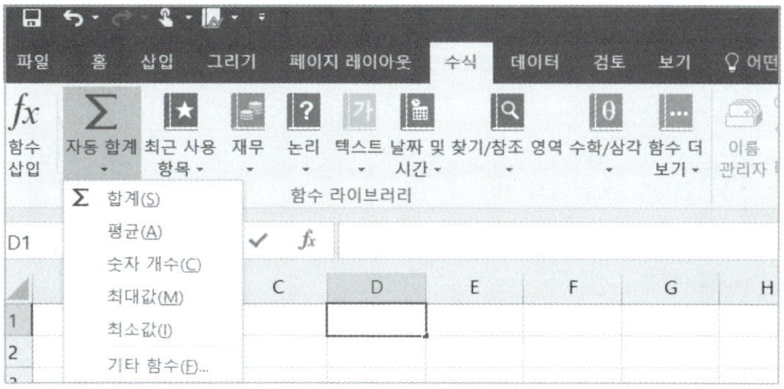

■ 여러 데이터 합계를 한 번에 구하는 방법

• 범위를 지정한다. 오른쪽에 빈칸을 하나 추가하면 가로합이 구해진다. 아래쪽에 빈칸을 하나 추가하면 세로합이 구해진다.

	A	B	C	D	E
1	연도별 개설 강좌 수				
2					
3	강좌명	2015년	2016년	2017년	
4	A강좌	21	22	19	
5	B강좌	10	15	17	
6	C강좌	11	11	16	
7	D강좌	12	14	10	

• 자동합계 아이콘 Σ을 클릭한다.

	A	B	C	D	E
1	연도별 개설 강좌 수				
2					
3	강좌명	2015년	2016년	2017년	
4	A강좌	21	22	19	62
5	B강좌	10	15	17	42
6	C강좌	11	11	16	38
7	D강좌	12	14	10	36

■ 연산자를 복사해서 계산

• 아래 워크시트의 A강좌의 합계를 구한다.

	A	B	C	D	E
1	연도별 개설 강좌 수				
2					
3	강좌명	2015년	2016년	2017년	
4	A강좌	21	22	19	62
5	B강좌	10	15	17	
6	C강좌	11	11	16	
7	D강좌	12	14	10	

• E4 셀의 진한 네모박스 오른쪽 아래에 작은 사각형에다 마우스 포인터를 갖다대면 마우스 포인터가 다음과 같이 십자형으로 바뀐다.

	A	B	C	D	E
1	연도별 개설 강좌 수				
2					
3	강좌명	2015년	2016년	2017년	
4	A강좌	21	22	19	62
5	B강좌	10	15	17	
6	C강좌	11	11	16	
7	D강좌	12	14	10	

• 마우스 포인터가 십자형 모양인 상태에서 합계를 구하는 영역까지 드래그하면 아래와 같은 합계를 구할 수 있다. 세로합도 같은 방법으로 구할 수 있다.

	A	B	C	D	E
1	연도별 개설 강좌 수				
2					
3	강좌명	2015년	2016년	2017년	
4	A강좌	21	22	19	62
5	B강좌	10	15	17	42
6	C강좌	11	11	16	38
7	D강좌	12	14	10	36

보기 1

2개월에 한 번씩 제품을 생산하는 공장의 불량품 수를 나타낸 자료이다. 이 자료를 이용해서 각 공장 불량품 수의 평균을 구해보자.

월	2월	4월	6월	8월	10월	12월
A 공장	7	4	6	2	3	6
B 공장	2	1	0	3	3	0
C 공장	10	7	8	5	3	4

- 자료를 엑셀에 입력하고 A 공장의 평균을 구하기 위해 H4 셀에 다음과 같은 함수와 범위를 적어 넣는다.

	A	B	C	D	E	F	G	H	I
1	각 공장의 불량품 수								
2									
3		2월	4월	6월	8월	10월	12월	평균	
4	A 공장	7	4	6	2	3	6	=AVERAGE(B4:G4)	
5	B 공장	2	1	0	3	3	0		
6	C 공장	10	7	8	5	3	4		

- H4 셀의 진한 네모박스에 마우스 포인터를 위치시키면 십자가 표시가 나온다.

	A	B	C	D	E	F	G	H
1	각 공장의 불량품 수							
2								
3		2월	4월	6월	8월	10월	12월	평균
4	A 공장	7	4	6	2	3	6	4.666667
5	B 공장	2	1	0	3	3	0	
6	C 공장	10	7	8	5	3	4	
7								

- 마우스 포인터가 십자가 모양인 상태에서 H6 셀까지 드래그하면 B 공장과 C 공장의 평균값이 구해진다.

	A	B	C	D	E	F	G	H
1	각 공장의 불량품 수							
2								
3		2월	4월	6월	8월	10월	12월	평균
4	A 공장	7	4	6	2	3	6	4.666667
5	B 공장	2	1	0	3	3	0	1.5
6	C 공장	10	7	8	5	3	4	6.166667

C.3 함수 마법사 사용 방법

C.3.1 함수의 사용 규칙

엑셀에서 제공되는 다양한 함수를 사용하여 데이터를 분석하고, 워크시트 값에 대하여 덧셈, 곱셈, 비교 등의 연산을 수행할 수 있다. 엑셀 함수의 기능은 일련의 값, 셀 참조 영역, 이름, 함수, 연산자들을 사용하여 현재의 값으로 새로운 값을 만든다. 엑셀 함수는 이름과 함수에 대한 하나 또는 그 이상의 인수로 구성되고 항상 등호(=)로 시작한다. 일반적인 엑셀 함수의 형식은 다음과 같다.

> 형식 : = **함수명(인수, 인수, …, 인수)**
> 예) = AVERAGE(SUM(A1:B3), SUM(1,2,3))

여기서 인수는 함수의 중요한 요소이다. 함수에 의해 연산되는 값을 인수라고 하며, 함수 계산에 의해서 산출되는 값을 결과값이라고 한다. 인수는 항상 함수 이름의 오른쪽에 위치하며,

괄호 안에 들어 있어야 한다. 함수에서 인수로 사용될 수 있는 것은 **숫자, 문자열, 논리값, 배열, 오류값, 참조 영역** 등이다. 또한 함수의 인수에는 다른 수식도 사용될 수 있다. 함수의 인수 자체가 함수인 경우 '**중첩**(reiteration)'되었다고 말하며, 엑셀에서는 7단계까지 함수를 중첩할 수 있다. 일반적인 규칙은 다음과 같다.

■ 함수의 사용 규칙

- '='은 수식의 시작이라는 의미이며 모든 수식 입력 및 함수 앞에 쓰여야 한다. 만약 쓰지 않으면 함수 이름이 아니라 그냥 문자로 인식하게 된다.
- 함수 이름은 사용하고자 하는 수학, 통계, 논리, 문자, 날짜/시간 등의 함수명이다.
- 인수를 묶는 양쪽의 괄호는 반드시 필요하다. 인수가 필요 없는 RAND라는 함수도 함수로 사용할 때는 RAND()와 같이 써야 한다.
- 함수의 인수가 될 수 있는 것은 숫자, 셀 범위, 논리값, 문자값 등이 가능하다.
- 인수가 여러 개 사용되는 함수에서는 콤마(,)를 사용하여 인수를 분리한다.
- 함수 이름을 기억하지 못할 때는 f_x를 클릭하면 함수마법사 창이 뜬다. 함수 이름 중에서 적절한 함수를 클릭해도 되고 범주 선택에서 수학/삼각이나 통계를 선택하면 이 교재에서 필요한 대부분의 함수를 찾을 수 있다.

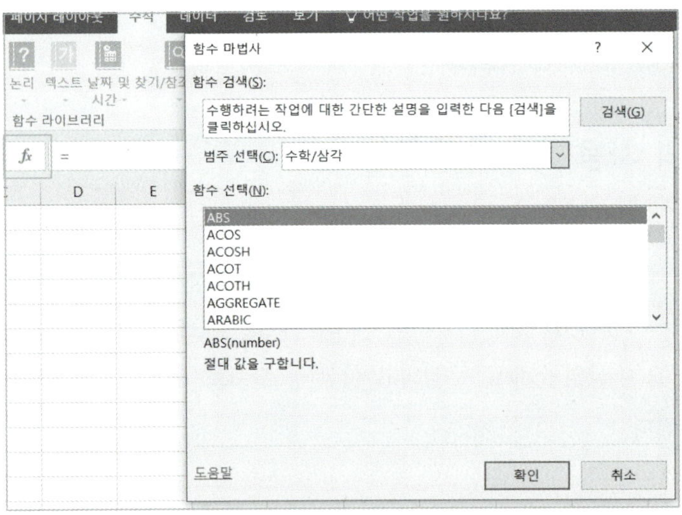

C.3.2 대표적인 수학함수

수학함수 : [수학/삼각] 범주에 들어 있다.

함수	의미
EXP(x)	e^x
SQRT(x)	$\sqrt{x}$
LOG(x, a)	$\log_a x$
LN(x)	$\ln x$
FACT(n)	$n!$
COMBIN(n, k)	$\binom{n}{k} = \frac{n!}{k!(n-k)!}$
PERMUT(n, k)	${}_nP_k = \frac{n!}{(n-k)!}$

보기 2

자연상수 e는 함수 마법창에서 =EXP(1)을 입력하고 Enter를 치면 얻을 수 있다.

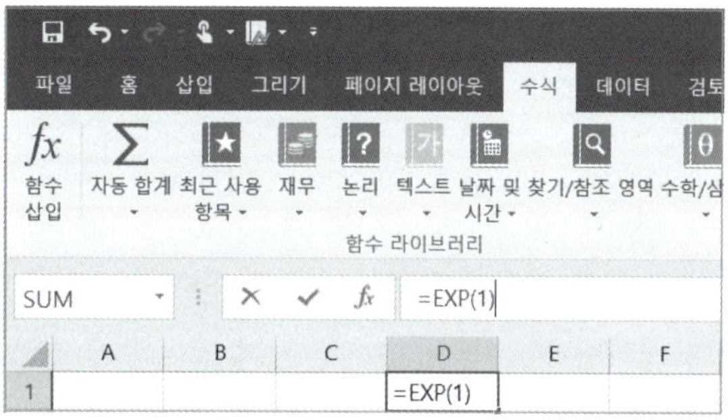

같은 방법으로 함수 마법창에 다음 표의 왼쪽 사항을 입력하면 출력의 마지막 결과를 얻는다. PERMUT(n, k)은 통계에 들어 있고 나머지는 모두 수학/삼각 범주에 들어 있다.

함수	출력
= EXP(1)	2.718282
= SQRT(9)	$\sqrt{9}=3$
= LOG(16, 2)	$\log_2 16 = 4$
= LN(3)	$\ln 3 = 1.098612$
= FACT(5)	$5! = 120$
= COMBIN(5, 2)	$\binom{5}{2} = \frac{5!}{2!3!} = 10$
= PERMUT(5, 2)	${}_5P_2 = \frac{5!}{3!} = 20$

C.3.3 대표적인 기술통계함수

- 기술통계함수 : [통계] 범주에 들어 있다.
- 주어진 데이터가 모집단이면 ***.P(P는 Population을 의미), 표본이면 ***.S(S는 Sample을 의미)로 나타낸다.

함수	함수 값
AVERAGE	수치 자료들의 평균
MEDIAN	수치 자료들의 중앙값
MODE.SNGL	수치자료들의 최빈값(최빈값이 하나인 경우)
MODE.MULT	수치자료들의 최빈값(최빈값이 여러 개인 경우)
SUM	수치 자료들의 합계
VAR.P	모집단 자료들의 모분산
VAR.S	표본 자료들의 표본분산
STDEV.P	모집단 자료들의 모표준편차
STDEV.S	표본 자료들의 표본표준편차
MAX	자료들의 최댓값
MIN	자료들의 최솟값

- 모두 괄호 안에 데이터의 시작 위치와 끝나는 위치를 적어주면 된다. 데이터를 직접 지정할 수도 있다. 보기 3처럼 데이터가 A1부터 J5까지 들어 있는 경우 괄호 안에 A1:J5를 입력하면 된다.

• 엑셀을 이용한 평균값 구하기 : AVERAGE

목적 인수의 산술평균을 구한다.

구문 AVERAGE(number1, number2, …) 또는 AVERAGE(시작 위치 : 끝나는 위치)

nunber1, number2, … : 평균계산에 사용되는 데이터를 넣는다.

또는 워크시트에서 데이터 입력 범위를 지정해 넣을 수도 있다.

• 엑셀을 이용한 중앙값 구하기 : MEDIAN

목적 주어진 수들의 중앙값을 구한다.

구문 MEDIAN(number1, number2, …) 또는 MEDIAN(시작 위치 : 끝나는 위치)

nunber1, number2, … : 중앙값 계산에 사용되는 데이터를 넣는다.

• 엑셀을 이용한 최빈값 구하기 : MODE.SNGL

목적 주어진 자료에서 최빈값을 구한다.

구문 MODE.SNGL(number1, number2, …) 또는 MODE.SNGL(시작 위치 : 끝나는 위치)

nunber1, number2, … : 최빈값을 구하기 위한 데이터

• 엑셀을 이용한 모표준편차 구하기 : STDEV.P

목적 주어진 자료에 대한 모표준편차를 구한다.

구문 STDEV.P(number1, number2, …) 또는 STDEV.P(시작 위치 : 끝나는 위치)

nunber1, number2, … : 모표준편차를 구하기 위한 데이터

• 엑셀을 이용한 모분산 구하기 : VAR.P

목적 주어진 자료에 대한 모분산을 구한다.

구문 VAR.P(number1, number2, …) 또는 VAR.P(시작 위치 : 끝나는 위치)

nunber1, number2, … : 모분산을 구하기 위한 데이터

• 엑셀을 이용한 표본표준편차 구하기: STDEV.S

목적 주어진 자료에 대한 표본표준편차를 구한다.

구문 STDEV.S(number1, number2, …) 또는 STDEV.S(시작 위치 : 끝나는 위치)

nunber1, number2, … : 표본표준편차를 구하기 위한 데이터

• 엑셀을 이용한 표본분산 구하기: VAR.S

목적 주어진 자료에 대한 표본분산을 구한다.

구문 VAR.S(number1, number2, …) 또는 VAR.S(시작 위치 : 끝나는 위치)

nunber1, number2, … : 표본분산을 구하기 위한 데이터

보기 3

(B. 자료의 정리와 요약의 보기 6)

(a) 엑셀을 이용하여 평균, 중앙값, 최빈값, 모분산, 최댓값을 구하시오.

36	71	79	42	46	63	75	88	90	58
80	84	46	62	70	76	92	79	48	96
72	73	84	67	57	66	68	95	73	65
90	61	70	80	69	98	61	59	72	86
28	65	96	73	68	52	67	56	52	72

- 평균

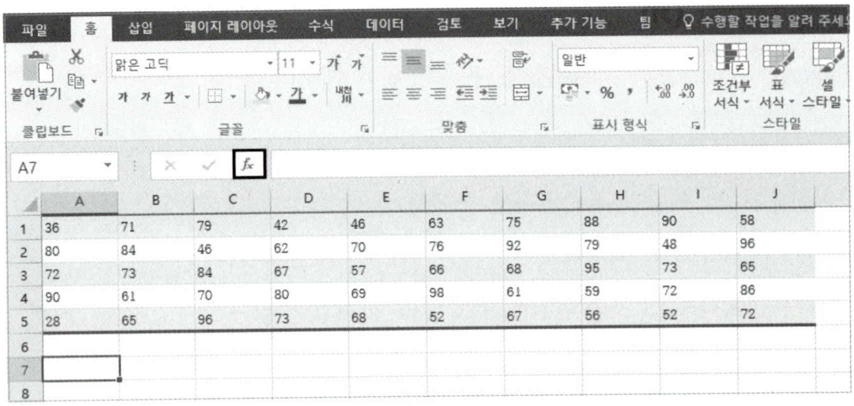

- 평균값을 나타낼 셀을 클릭한 후 함수삽입 버튼을 누른다.

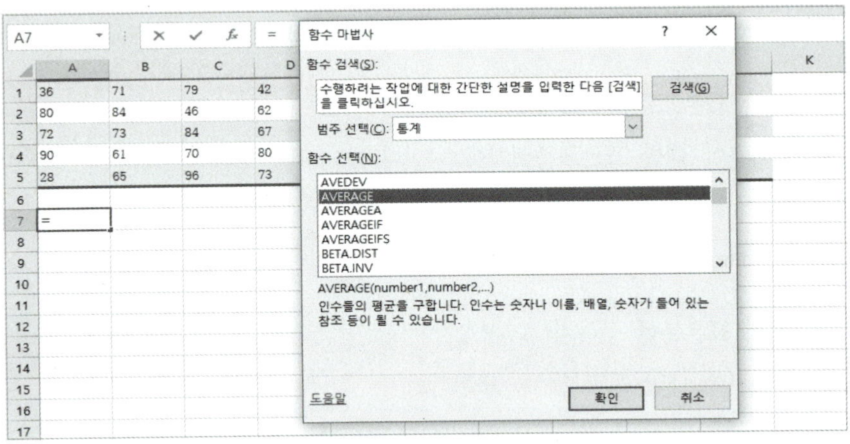

- AVERAGE 함수를 선택한 후 확인버튼을 누른다.

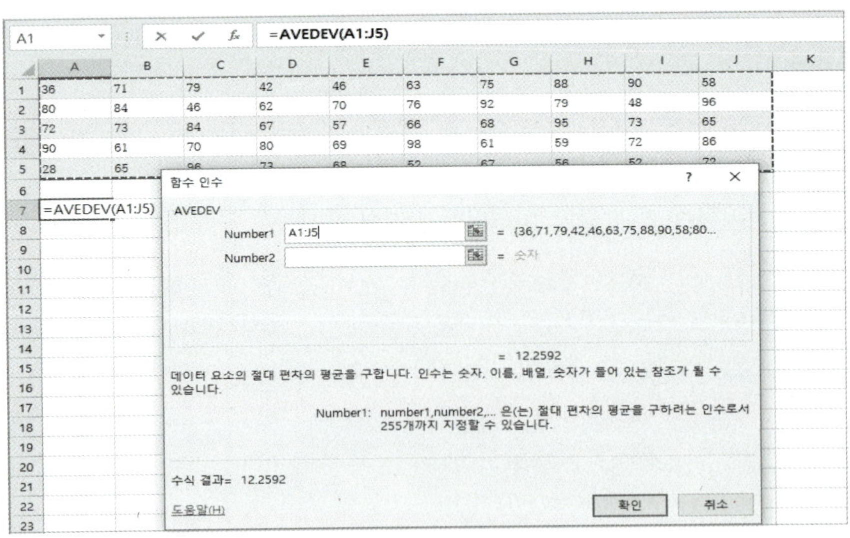

- 평균값을 구할 자료들의 범위를 입력하거나 드래그한 후 확인버튼을 누르면 결과가 다음과 같이 나온다.

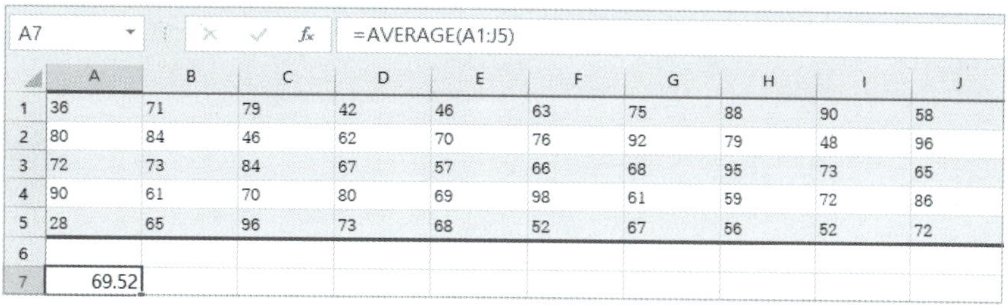

■ 모분산

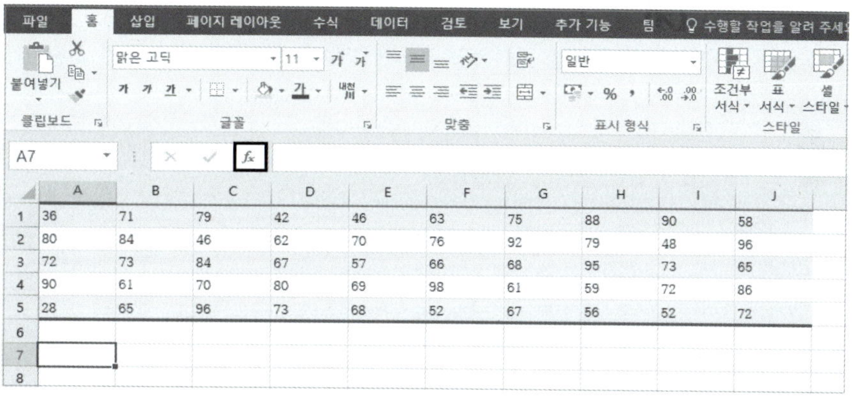

- 모분산을 나타낼 셀을 클릭한 후 함수삽입 버튼을 누른다.

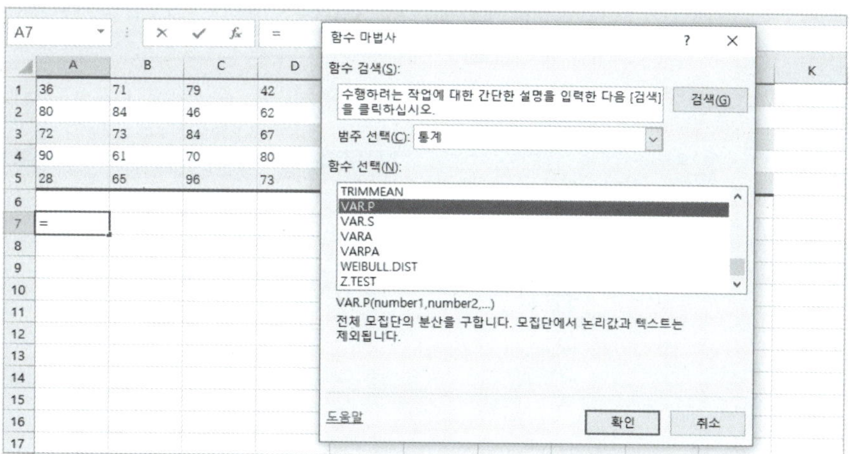

- VAR.P 함수를 선택한 후 확인버튼을 누른다.

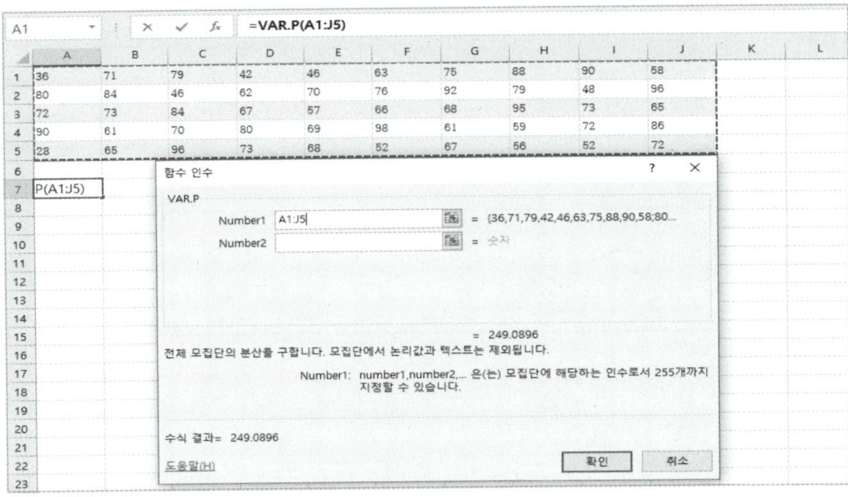

- 모분산을 구할 자료들의 범위를 입력하거나 드래그한 후 확인버튼을 누르면 결과가 다음과 같이 나온다.

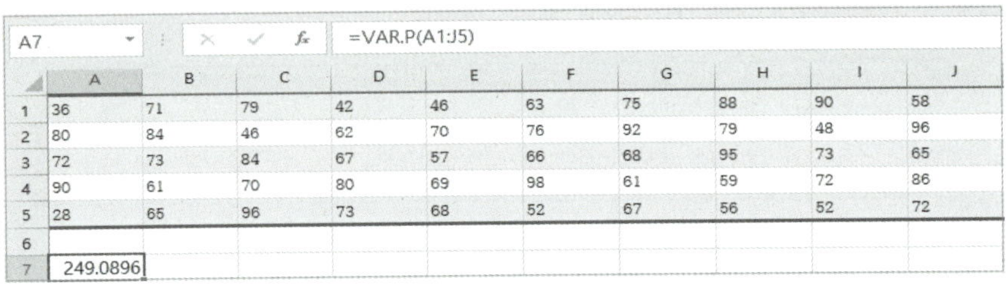

(b) 크기가 6인 표본이 다음과 같을 때 표본평균, 표본표준편차 구하시오.

36, 84, 46, 67, 57, 98

- 표본평균 : 기본적으로 평균을 구하는 방법과 동일하다.

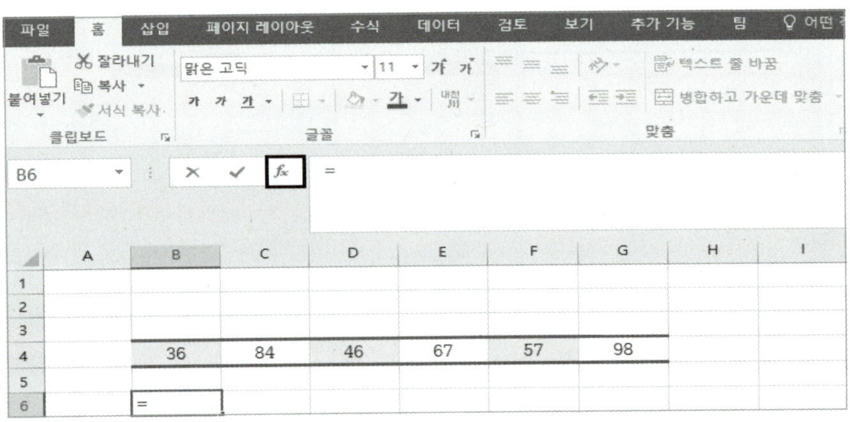

- 표본평균값을 나타낼 셀을 클릭한 후 함수삽입 버튼을 누른다.

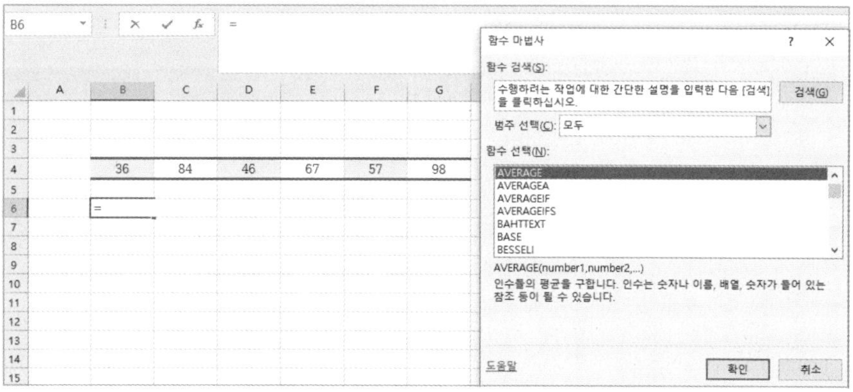

- AVERAGE 함수를 선택한 후 확인버튼을 누른다.

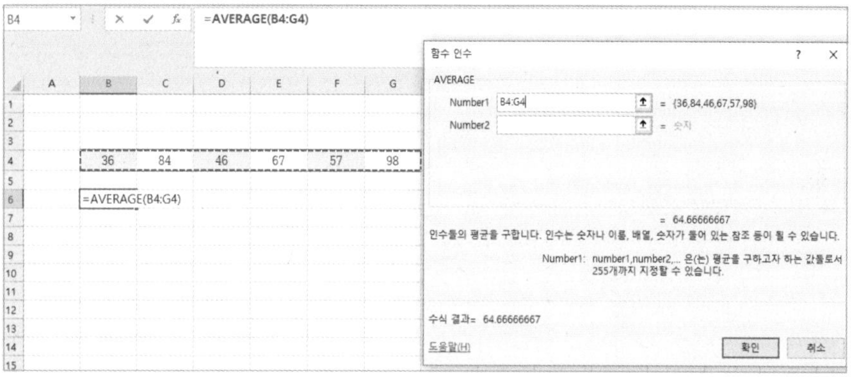

- 표본평균을 구할 자료들의 범위를 입력하거나 드래그한 후 확인버튼을 누르면 결과가 다음과 같이 나온다.

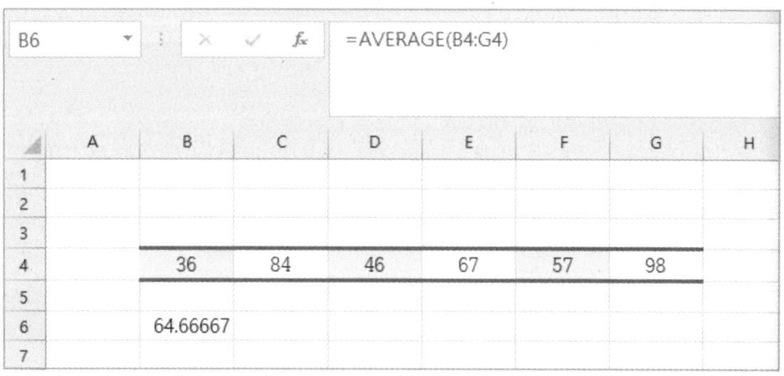

■ 표본표준편차

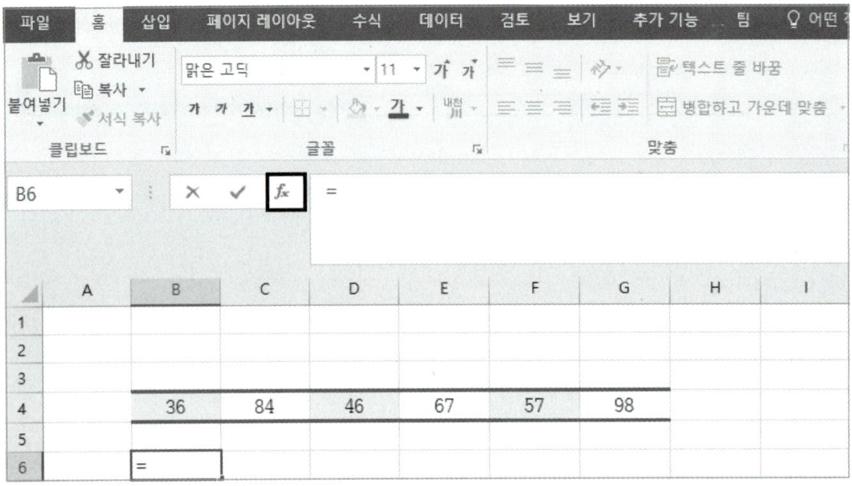

- 표본표준편차를 나타낼 셀을 클릭한 후 함수삽입 버튼을 누른다.

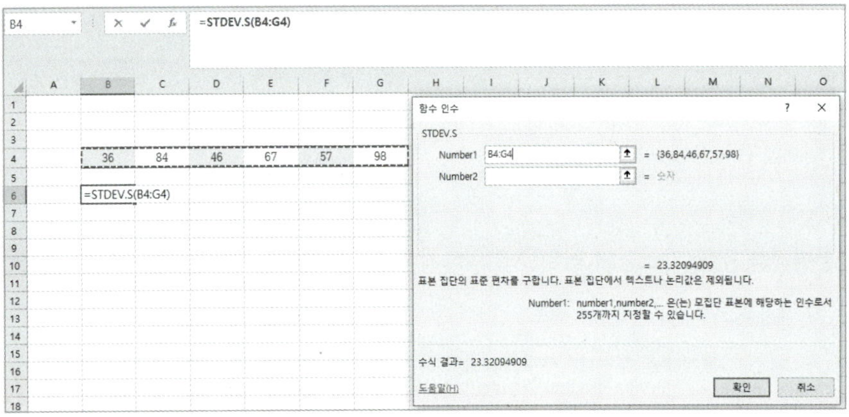

- STDEV.S 함수를 선택한 후 확인버튼을 누른다.

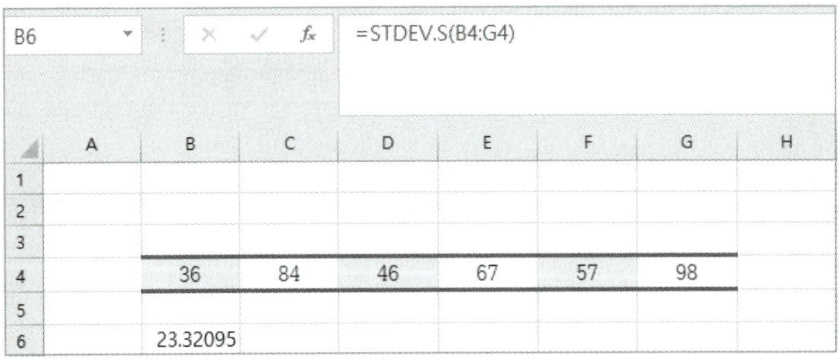

- 결과값은 다음과 같다.

입력	결과값
=SUM(B4:G4)	36+84+46+67+57+98=388
=AVERAGE(B4:G4)	$\frac{1}{6}(36+84+46+67+57+98)=\frac{194}{3}\approx 64.7$
=VAR.P(B4:G4)	$\frac{1}{6}((36-\frac{194}{3})^2+\cdots+(98-\frac{194}{3})^2)\approx 453.2$
=VAR.S(B4:G4)	$\frac{1}{5}((36-\frac{194}{3})^2+\cdots+(98-\frac{194}{3})^2)\approx 543.9$
=STDEV.P(B4:G4)	$\sqrt{\mathrm{VAR.P(B4:G4)}}=\sqrt{453.2}$
=STDEV.S(B4:G4)	$\sqrt{\mathrm{VAR.S(B4:D4)}}=\sqrt{543.9}$
=MAX(B4:G4)	98
=MIN(B4:G4)	36

C.4 확률분포표에서 구하기

C.4.1 평균

확률분포표가 다음과 같이 주어졌을 때 기댓값과 분산을 엑셀을 이용하여 구하는 방법을 알아본다.

x	1	2	3	4	5	6
$p(x)$	0.1	0.15	0.25	0.25	0.2	0.05

- 우선 주어진 데이터를 엑셀에 입력한다.
- 기댓값 $E(X)=\sum_{x=1}^{6}xp(x)$를 계산하기 위하여 셀 C4에 =C2*C3을 입력한다. 셀에서 등호(=)를 입력하면 수식입력기에 자동으로 입력된다.

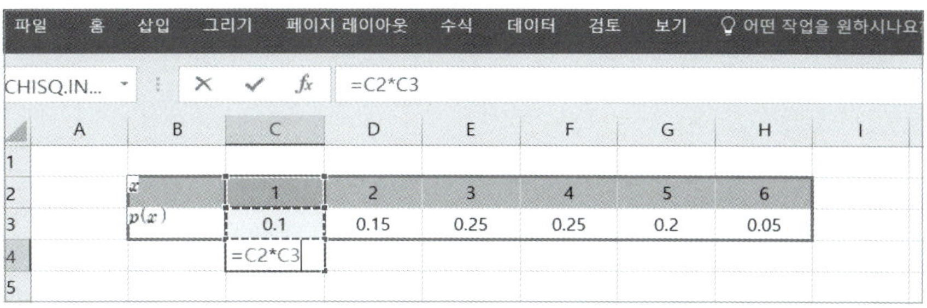

- 엔터를 누르면 셀 C4에 $1p(1)=0.1$이 입력된다.

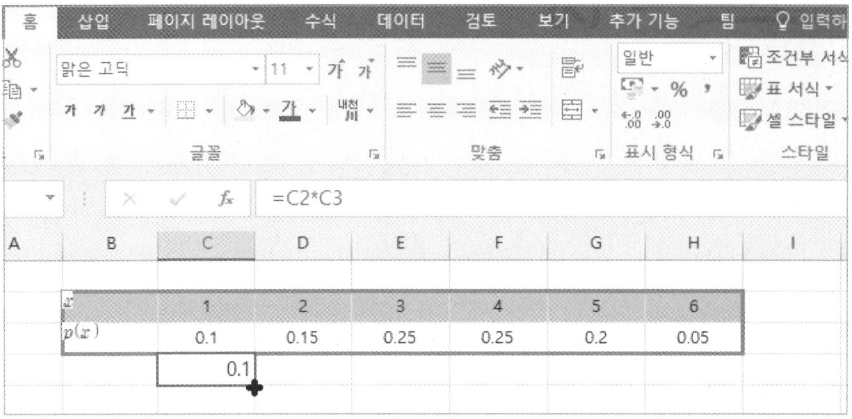

- 셀 C4를 클릭한 후 셀 우측 하단으로 마우스를 가져다 놓으면 십자 모양이 생기는데 그 상태에서 마우스로 셀 D4부터 셀 H4까지 [드래그&드롭]을 한다. 그러면 자동으로 D2*D3, E2*E3, F2*F3, G2*G3, H2*H3의 값이 차례로 계산된다.

- 셀 I4를 클릭하고 자동합계 아이콘을 클릭한 후 셀 C4부터 셀 H4까지 [드래그&드롭]을 하면 $E(X)=\sum_{x=1}^{6} xp(x)$의 값 3.45가 출력된다.

- 셀 I4에 직접 =SUM(C4:H4)를 입력하여도 같은 결과를 얻는다.

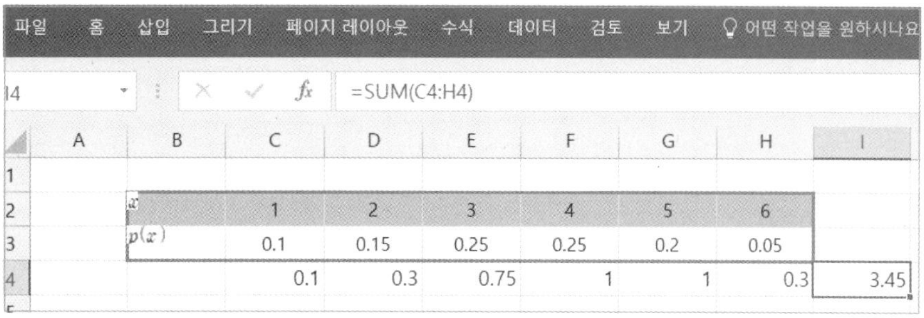

파일 홈 삽입 그리기 페이지 레이아웃 수식 데이터 검토 보기 어떤 작업을 원하시나요

I4 =SUM(C4:H4)

	A	B	C	D	E	F	G	H	I
1									
2		x	1	2	3	4	5	6	
3		$p(x)$	0.1	0.15	0.25	0.25	0.2	0.05	
4			0.1	0.3	0.75	1	1	0.3	3.45

C.4.2 분산

- 분산을 구하기 위하여 $x^2p(x)$를 같은 방법으로 셀 C5부터 셀 H5까지 계산한다. 셀 C5를 클릭한 후 =C2^2*C3을 입력한 후 D6부터 H6까지 복사하여 붙인다.

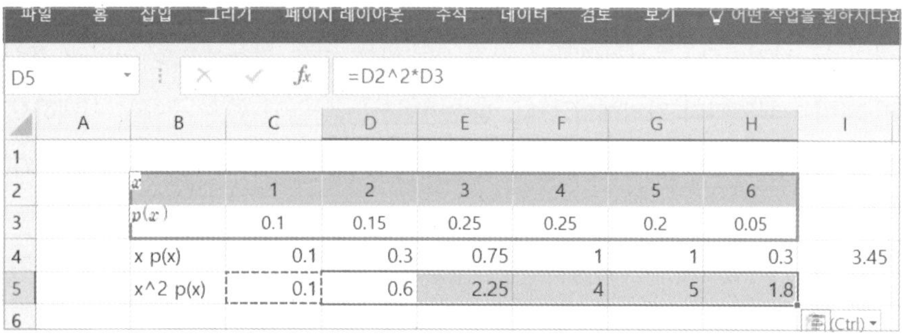

파일 홈 삽입 그리기 페이지 레이아웃 수식 데이터 검토 보기 어떤 작업을 원하시나요

D5 =D2^2*D3

	A	B	C	D	E	F	G	H	I
1									
2		x	1	2	3	4	5	6	
3		$p(x)$	0.1	0.15	0.25	0.25	0.2	0.05	
4		x p(x)	0.1	0.3	0.75	1	1	0.3	3.45
5		x^2 p(x)	0.1	0.6	2.25	4	5	1.8	
6									(Ctrl)

- 셀 I5를 클릭하고 자동합계 아이콘을 클릭하면 $E(X^2) = \sum_{x=1}^{6} x^2 p(x)$의 값 13.75가 구해진다.

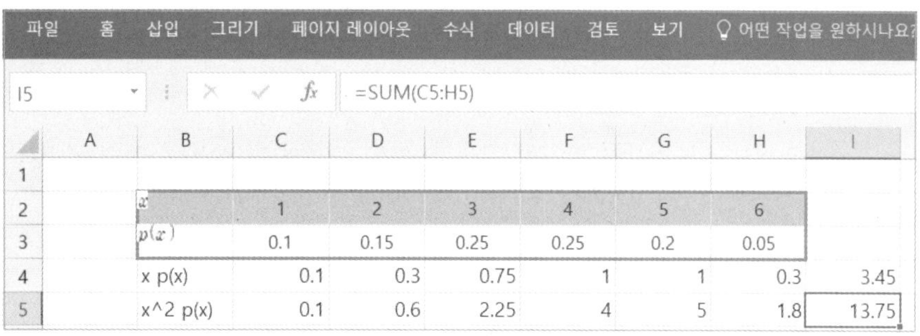

파일 홈 삽입 그리기 페이지 레이아웃 수식 데이터 검토 보기 어떤 작업을 원하시나요?

I5 =SUM(C5:H5)

	A	B	C	D	E	F	G	H	I
1									
2		x	1	2	3	4	5	6	
3		$p(x)$	0.1	0.15	0.25	0.25	0.2	0.05	
4		x p(x)	0.1	0.3	0.75	1	1	0.3	3.45
5		x^2 p(x)	0.1	0.6	2.25	4	5	1.8	13.75

- 셀 I6을 클릭하고 분산은 $Var(X) = E(X^2) - [E(X)]^2$이므로 =I5-I4^2을 입력하면 분산 1.8475가 구해진다.

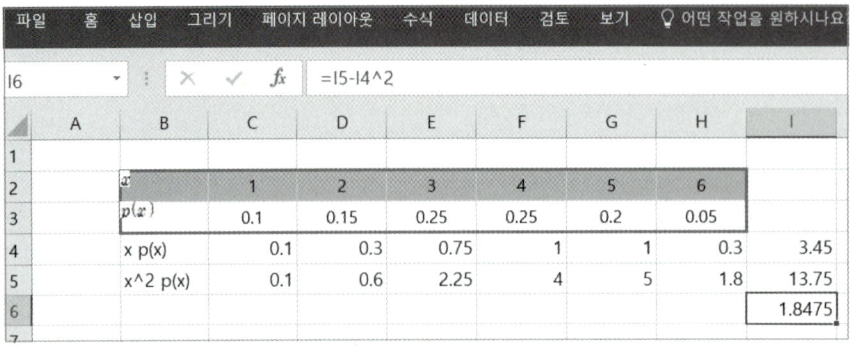

C.5 함수마법사에서 확률분포 구하기

엑셀에서 확률분포의 값을 구하는 방법은 함수마법사를 이용하는 것과 수식 입력창에 직접 입력하는 방법 두 가지이다. 수식입력창에 직접 입력하는 경우 확률분포를 어떻게 표시하는지, 각 인수의 의미가 무엇인지 기억해야 한다. 함수마법사는 나열된 함수 중에서 선택하므로 함수의 대략적인 표현만 알아도 된다는 장점이 있다. 함수마법사를 이용한 방법을 설명하기로 한다.

1. 엑셀에서 함수 마법사를 클릭하여 범주 선택에서 통계를 클릭한다.

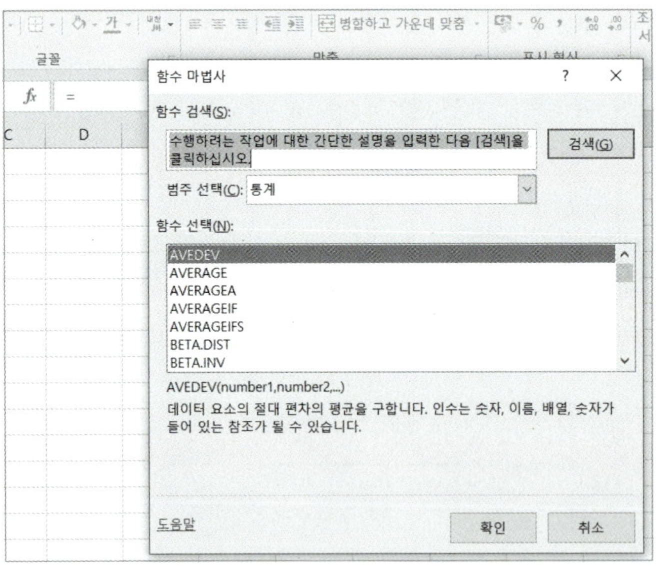

2. 함수 선택에서 해당하는 분포의 이름(***.DIST)을 선택하고 확인을 누르면 다음과 같이 함수 인수창이 뜬다. 이 교재에서 다루는 분포들의 이름은 다음과 같다.

함수	의미
BINOM.DIST	이항분포
HYPGEOM.DIST	초기하분포
NEGBINOM.DIST	음이항분포
POISSON.DIST	푸아송분포
EXPON.DIST	지수분포
GAMMA.DIST	감마분포
NORM.DIST	정규분포
NORM.S.DIST	표준정규분포
T.DIST	t-분포
CHISQ.DIST	χ^2-분포
F.DIST	F-분포

기하분포의 경우 $X \sim Geo(p) = NB(1, p)$의 관계식을 이용한다.
함수 인수창은 분포에 따라 다르며 이항분포의 경우 다음과 같다.

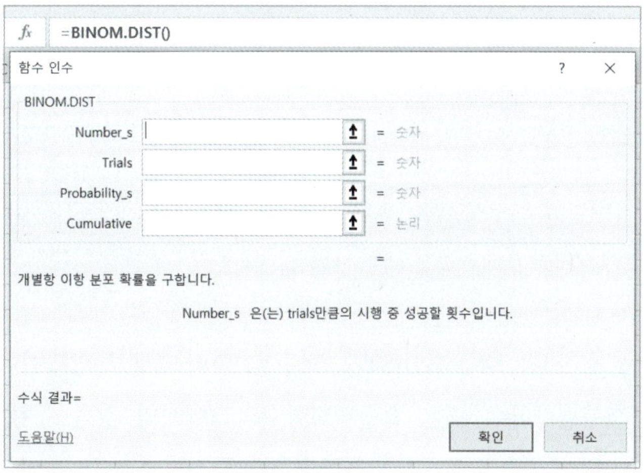

3. 모든 분포에서 마지막 인수는 **Cumulative**인데 0을 입력하면 확률질량함수, 또는 확률밀도함수의 값을, 1을 입력하면 누적분포함수의 값을 출력한다. 함수 인수창에 보이는 인수는 다음과 같은 값을 의미한다(**Cumulative 제외**).

함수	분포	인수	의미
BINOM.DIST	$X \sim Bin(n,p)$	Number_s	성공횟수 x
		Trials	시행횟수 n
		Probability_s	성공 확률 p
HYPGEOM.DIST	$X \sim HG(N,M,n)$	Sample_s	표본의 성공 개수 k
		Number_sample	표본의 크기 n
		Polulation_s	모집단의 성공 개수 M
		Number_pop	모집단의 크기 N
NEGBINOM.DIST	$X \sim NB(r,p)$	Number_f	실패횟수 $k-r$
		Number_s:	성공횟수 r
		Polulation_s	성공 확률 p
POISSON.DIST	$X \sim Poi(\lambda)$	X	X의 값
		Mean	평균$=\lambda$
EXPON.DIST	$X \sim \mathrm{Exp}(\lambda)$	X	X의 값
		Lambda	모수$=\lambda$
GAMMA.DIST	$X \sim \Gamma(k,\lambda)$	X	X의 값
		Alpha	모수 k
		Beta	$1/\lambda$
NORM.DIST	$X \sim N(\mu,\sigma^2)$	X	X의 값
		Mean	평균$=\mu$
		Standard_dev	표준편차$=\sigma$
NORM.S.DIST	$X \sim N(0,1)$	X	X의 값
T.DIST	$X \sim t(n)$	X	X의 값
		Deg_freedom	X의 자유도
CHISQ.DIST	$X \sim \chi^2(n)$	X	X의 값
		Deg_freedom	X의 자유도
F-DIST	$X \sim F(n,m)$	X	X의 값
		Deg_freedom_1	분자의 자유도 n
		Deg_freedom_2	분모의 자유도 m

확률분포의 값 $P(X \leq x)$은 NAME.DIST(x, 모수들, 1)의 형태로 입력한다. 마지막 원소 1을 0으로 바꾸면 확률질량함수 또는 확률밀도함수의 x에서의 값을 구해준다. 예를 들어 NORM.S.DIST$(2, 1)$은 표준정규분포의 분포함수값이다.

$$P(X \leq 2) = \Phi(2) = \frac{1}{\sqrt{2\pi}} \int_{-\infty}^{2} e^{-\frac{x^2}{2}} dx = 0.9773$$

반면 NORM.S.DIST$(2, 0)$은 표준정규분포의 확률밀도함수 $f(x) = \frac{1}{\sqrt{2\pi}} e^{-\frac{x^2}{2}}$ 의 2에서의 값이다.

$$f(2) = \frac{1}{\sqrt{2\pi}} e^{-\frac{2^2}{2}} = 0.0540$$

$X \sim Bin(10, 0.4)$일 때 BINOM.DIST$(3, 10, 0.4, 0)$은 다음 값을 구해준다.

$$P(X=3) = \binom{10}{3} 0.4^3 0.6^7 = 0.2150$$

다음 표는 입력한 내용과 그에 따른 결과를 보여준다.

분포	입력	결과
$X \sim Bin(5, 0.2)$	BINOM.DIST(3,5,0.2,0)	$P(X=3)=0.0512$
	BINOM.DIST(3,5,0.2,1)	$P(X \leq 3)=0.9933$
$X \sim HG(100, 10, 7)$	HYPGEOM.DIST(2,7,10,100,0)	$P(X=2)=0.1235$
	HYPGEOM.DIST(2,7,10,100,1)	$P(X \leq 2)=0.9792$
$X \sim NB(4, 0.3)$	NEGBINOM.DIST(3,4,0.3,0)	$P(X=7)=0.0556$
	NEGBINOM.DIST(3,4,0.3,1)	$P(X \leq 7)=0.1260$
$X \sim Poi(5)$	POISSON.DIST(3,5,0)	$P(X=3)=0.1404$
	POISSON.DIST(3,5,1)	$P(X \leq 3)=0.2650$
$X \sim \text{Exp}(2)$	EXPON.DIST(1,2,0)	$f(x)=2e^{-2x}$, $f(1)=0.2707$
	EXPON.DIST(1,2,1)	$P(X \leq 1)=0.8647$
$X \sim \Gamma(2, 3)$	GAMMA.DIST(1,2,1/3,0)	$f(x)=3^2 x e^{-3x}/\Gamma(3)=4.5xe^{-3x}$, $f(1)=0.4481$
	GAMMA.DIST(1,2,1/3,1)	$P(X \leq 1)=0.8009$
$X \sim N(2, 3^2)$	NORM.DIST(-1,2,3,0)	$f(x)=\frac{1}{3\sqrt{2\pi}} e^{-\frac{(x-2)^2}{3^2}}$, $f(-1)=\frac{1}{3\sqrt{2\pi}} e^{-1}=0.0807$
	NORM.DIST(-1,2,3,1)	$P(X \leq -1)=0.1587$
$X \sim N(0, 1)$	NORM.S.DIST(2,0)	$f(x)=\frac{1}{\sqrt{2\pi}} e^{-\frac{x^2}{2}}$, $f(2)=0.0540$
	NORM.S.DIST(2,1)	$P(X \leq 2)=0.9772$

음이항분포는 교재의 모수와는 다른 형태로 입력한다.

- 범주 선택에서 통계를 선택한다.
- 함수 선택에서 NEGBINOM.DIST을 선택하고 확인을 누른다.

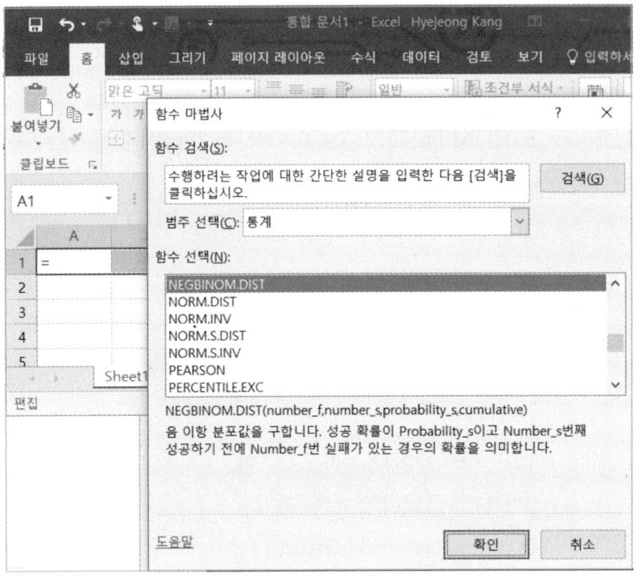

그러면 다음과 같은 화면이 나온다.

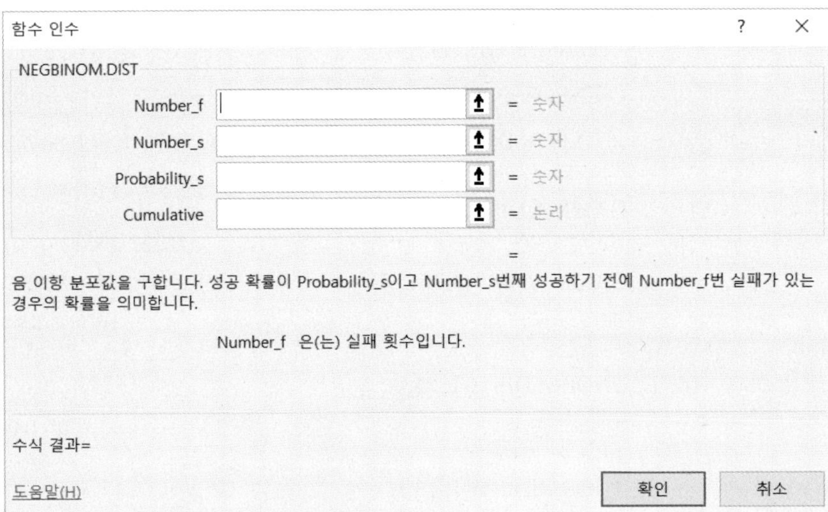

- 첫 번째 선택의 Number_f는 두 번째 선택의 Number_s번째 성공이 나올 때까지 나오는 실패의 횟수를 의미한다.
- 세 번째 선택의 Probability_s는 성공 확률을 의미한다.
- $X \sim NB(r, p)$일 때 $P(X \le r+3)$을 구하고 싶으면 순서대로 3, r, p, 1을 입력한다.
- $X \sim NB(4, 0.4)$일 때 $P(X \le 9)$을 구하고 싶으면 4번의 성공이 나오기 전 5개 이하의 실패가 나와야 하므로 NEGBINOM.DIST(5, 4, 0.4, 1)을 입력하면 다음 결과를 얻는다.

$$\text{NEGBINOM.DIST(5, 4, 0.4, 1)}= 0.8647$$

감마분포의 입력도 교재와 엑셀의 형태가 다르므로 주의해야 한다. $X \sim \Gamma(k, \lambda)$일 때 $P(X \leq x)$을 구하고 싶으면 순서대로 $x, k, 1/\lambda, 1$을 입력한다. 예를 들어 $X \sim \Gamma(3, 2)$일 때 $P(X \leq 1)$을 구하고 싶으면 GAMMA.DIST(1,3,1/2,1)을 입력하면 다음 결과를 얻는다.

$$\text{GAMMA.DIST(1,3,1/2,1)}= 0.3233$$

- NAME.DIST.RT(x, 모수들)

- $X \sim$ NAME(모수들)이면 NAME.DIST.RT(x, 모수들)은 $P(X \geq x)$를 나타낸다. 따라서 연속확률분포의 경우 다음 등식이 성립한다.

$$\text{NAME.DIST.RT(x, 모수들)} = 1 - \text{NAME.DIST(x, 모수들, 1)}$$

- NAME.INV(p, 모수들)

- 확률변수 NAME의 누적분포함수의 값이 $p(0 \leq p \leq 1)$가 되는 값을 구해준다.
- 많이 사용하는 확률변수들의 보기는 다음과 같다.

함수	함수 값
NORM.S.INV(0.9)	$X \sim N(0,1)$일 때 $P(X \leq x) = 0.9$인 값 $x = 1.28$
T.INV(0.9, 17)	$X \sim t(17)$일 때 $P(X \leq x) = 0.9$인 값 $x = 1.33$
CHISQ.INV(0.95, 7)	$X \sim \chi^2(7)$일 때 $P(X \leq x) = 0.95$인 값 $x = 14.07$
F.INV(0.95, 11, 9)	$X \sim F(11,9)$일 때 $P(X \leq x) = 0.95$인 값 $x = 3.10$

- NAME.INV.RT(α, 모수들)

- 확률변수 X가 확률분포 NAME을 따를 때 X의 오른쪽 꼬리의 확률값이 $\alpha(0 \leq \alpha \leq 1)$가 되는 값, 다시 말해서 $P(X \geq x) = \alpha$인 x를 구해준다. 따라서 연속확률분포의 경우 다음 등식이 성립한다.

$$\text{NAME.INV.RT}(\alpha, \text{모수들}) = \text{NAME.INV}(1-\alpha, \text{모수들})$$

부록

D. 확률분포표

[표 1] **표준정규분포표**

$$P(Z \le z) = \int_{-\infty}^{z} \frac{1}{\sqrt{2\pi}} e^{-t^2/2} dt$$

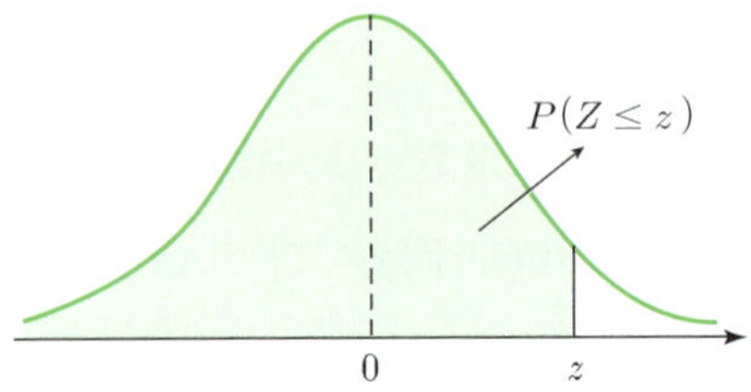

표의 숫자는 z 보다 같거나 작을 확률을 나타낸다.

z	.00	.01	.02	.03	.04	.05	.06	.07	.08	.09
0.0	.5000	.5040	.5080	.5120	.5160	.5119	.5239	.5279	.5319	.5359
0.1	.5398	.5438	.5478	.5517	.5557	.5596	.5636	.5675	.5714	.5753
0.2	.5793	.5832	.5871	.5910	.5948	.5987	.6026	.6064	.6103	.6141
0.3	.6179	.6217	.6255	.6293	.6331	.6368	.6406	.6443	.6480	.6517
0.4	.6554	.6591	.6628	.6664	.6700	.6736	.6772	.6808	.6844	.6879
0.5	.6915	.6950	.6985	.7019	.7054	.7088	.7123	.7157	.7190	.7224
0.6	.7257	.7291	.7324	.7357	.7389	.7422	.7454	.7486	.7517	.7549
0.7	.7580	.7611	.7642	.7673	.7704	.7734	.7764	.7794	.7823	.7852
0.8	.7881	.7910	.7939	.7967	.7995	.8023	.8051	.8078	.8106	.8133
0.9	.8159	.8186	.8212	.8238	.8264	.8289	.8315	.9340	.8365	.8389
1.0	.8413	.8438	.8461	.8485	.8508	.8531	.8554	.8577	.8599	.8621
1.1	.8643	.8665	.8686	.8708	.8729	.8749	.8770	.8790	.8810	.8830
1.2	.8949	.8869	.8888	.8907	.8925	.8944	.8962	.8980	.8997	.9015
1.3	.9032	.9049	.9066	.9082	.9099	.9115	.9131	.9147	.9162	.9177
1.4	.9192	.9207	.9222	.9236	.9251	.9265	.9279	.9292	.9306	.9319
1.5	.9332	.9345	.9357	.9370	.9382	.9394	.9406	.9418	.9429	.9441
1.6	.9452	.9463	.9474	.9484	.9495	.9505	.9515	.9525	.9535	.9545
1.7	.9554	.9564	.9573	.9582	.9591	.9599	.9608	.9616	.9625	.9633
1.8	.9641	.9649	.9656	.9664	.9671	.9678	.9686	.9693	.9699	.9706
1.9	.9713	.9719	.9726	.9732	.9738	.9744	.9750	.9756	.9761	.9767
2.0	.9772	.9778	.9783	.9788	.9793	.9798	.9803	.9808	.9812	.9817
2.1	.9821	.9826	.9830	.9834	.9838	.9842	.9846	.9850	.9854	.9857
2.2	.9861	.9864	.9868	.9871	.9875	.9878	.9881	.9884	.9887	.9890
2.3	.9893	.9896	.9898	.9901	.9904	.9906	.9909	.9911	.9913	.9916
2.4	.9918	.9920	.9922	.9925	.9927	.9929	.9931	.9932	.9934	.9936
2.5	.9938	.9940	.9941	.9943	.9945	.9946	.9948	.9949	.9951	.9952
2.6	.9953	.9955	.9956	.9957	.9959	.9960	.9961	.9962	.9963	.9964
2.7	.9965	.9966	.9967	.9968	.9969	.9970	.9971	.9972	.9973	.9974
2.8	.9974	.9975	.9976	.9977	.9977	.9978	.9979	.9979	.9980	.9981
2.9	.9981	.9982	.9982	.9983	.9984	.9984	.9985	.9985	.9986	.9986
3.0	.9987	.9987	.9987	.9988	.9988	.9989	.9989	.9989	.9990	.9990
3.1	.9990	.9991	.9991	.9991	.9992	.9992	.9992	.9992	.9993	.9993
3.2	.9993	.9993	.9994	.9994	.9994	.9994	.9994	.9995	.9995	.9995
3.3	.9995	.9995	.9995	.9996	.9996	.9996	.9996	.9996	.9996	.9997
3.4	.9997	.9997	.9997	.9997	.9997	.9997	.9997	.9997	.9997	.9998
3.5	.9998	.9998	.9998	.9998	.9998	.9998	.9998	.9998	.9998	.9998

[표 2] 스튜던트 t 분포-오른쪽 꼬리 확률

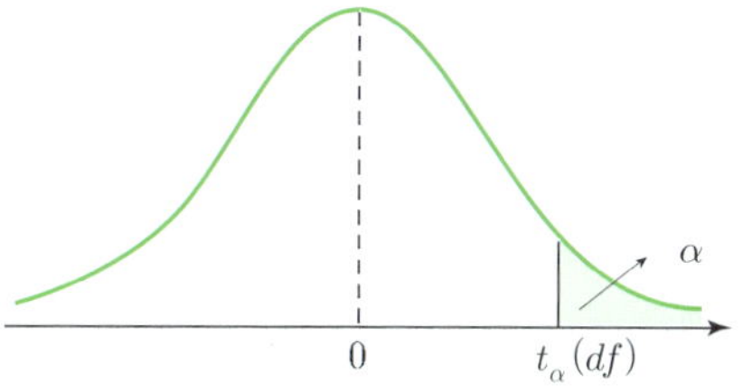

df \ α	0.10	0.05	0.025	0.01	0.005
1	3.078	6.314	12.71	31.82	63.66
2	1.886	2.920	4.303	6.965	9.925
3	1.638	2.353	3.182	4.541	5.841
4	1.533	2.132	2.776	3.747	4.604
5	1.476	2.015	2.571	3.365	4.032
6	1.440	1.943	2.447	3.143	3.707
7	1.415	1.895	2.365	2.998	3.499
8	1.397	1.860	2.306	2.896	3.355
9	1.383	1.833	2.262	2.821	3.250
10	1.372	1.812	2.228	2.764	3.169
11	1.363	1.796	2.201	2.718	3.106
12	1.356	1.782	2.179	2.681	3.055
13	1.350	1.771	2.160	2.650	3.012
14	1.345	1.761	2.145	2.624	2.977
15	1.341	1.753	2.131	2.602	2.947
16	1.337	1.746	2.120	2.583	2.921
17	1.333	1.740	2.110	2.567	2.898
18	1.330	1.734	2.101	2.552	2.878
19	1.328	1.729	2.093	2.539	2.861
20	1.325	1.725	2.086	2.528	2.845
21	1.323	1.721	2.080	2.518	2.831
22	1.321	1.717	2.074	2.508	2.819
23	1.319	1.714	2.069	2.500	2.807
24	1.318	1.711	2.064	2.492	2.797
25	1.316	1.708	2.060	2.485	2.787
26	1.315	1.706	2.056	2.479	2.779
27	1.314	1.703	2.052	2.473	2.771
28	1.313	1.701	2.048	2.467	2.763
29	1.311	1.699	2.045	2.462	2.756
30	1.310	1.697	2.042	2.457	2.750
40	1.303	1.684	2.021	2.423	2.704
50	1.299	1.676	2.009	2.403	2.678
60	1.296	1.671	2.000	2.390	2.660
80	1.292	1.664	1.990	2.374	2.639
100	1.290	1.660	1.984	2.364	2.626
1,000	1.282	1.646	1.962	2.330	2.581
∞	1.282	1.645	1.960	2.326	2.576

[표 3] **카이제곱분포-오른쪽 꼬리 확률**

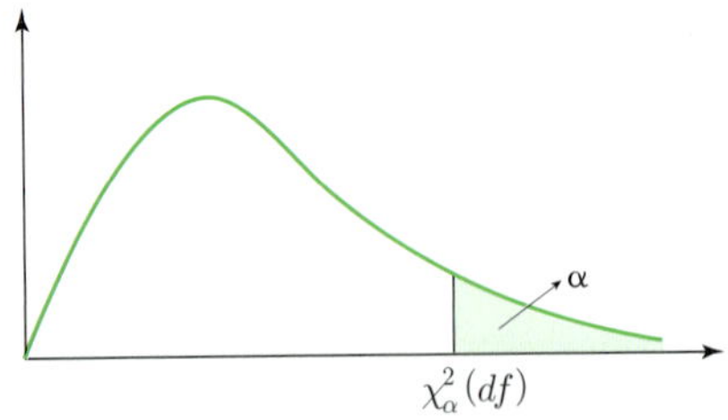

df \ α	0.995	0.990	0.975	0.950	0.900	0.100	0.050	0.025	0.010	0.005
1	0.00	0.00	0.00	0.00	0.02	2.71	3.84	5.02	6.63	7.88
2	0.01	0.02	0.05	0.10	0.21	4.61	5.99	7.38	9.21	10.60
3	0.07	0.11	0.22	0.35	0.58	6.25	7.81	9.35	11.34	12.84
4	0.21	0.30	0.48	0.71	1.06	7.78	9.49	11.14	13.28	14.86
5	0.41	0.55	0.83	1.15	1.61	9.24	11.07	12.83	15.09	16.75
6	0.68	0.87	1.24	1.64	2.20	10.64	12.59	14.45	16.81	18.55
7	0.99	1.24	1.69	2.17	2.83	12.02	14.07	16.01	18.48	20.28
8	1.34	1.65	2.18	2.73	3.49	13.36	15.51	17.53	20.09	21.95
9	1.73	2.09	2.70	3.33	4.17	14.68	16.92	19.02	21.67	23.59
10	2.16	2.56	3.25	3.94	4.87	15.99	18.31	20.48	23.21	25.19
11	2.60	3.05	3.82	4.57	5.58	17.28	19.68	21.92	24.72	26.76
12	3.07	3.57	4.40	5.23	6.30	18.55	21.03	23.34	26.22	28.30
13	3.57	4.11	5.01	5.89	7.04	19.81	22.36	24.74	27.69	29.82
14	4.07	4.66	5.63	6.57	7.79	2.106	23.68	26.12	29.14	31.32
15	4.60	5.23	6.26	7.26	8.55	22.31	25.00	27.49	30.58	32.80
16	5.14	5.81	6.91	7.96	9.31	23.54	26.30	28.85	32.00	34.27
17	5.70	6.41	7.56	8.67	10.09	24.77	27.59	30.19	33.41	35.72
18	6.26	7.01	8.23	9.39	10.86	25.99	28.87	31.53	34.81	37.16
19	6.84	7.63	8.91	10.12	11.65	27.20	30.14	32.85	36.19	38.58
20	7.43	8.26	9.59	10.85	12.44	28.41	31.41	34.17	37.57	40.00
21	8.03	8.90	10.28	11.59	13.24	29.62	32.67	35.48	38.93	41.40
22	8.64	9.54	10.98	12.34	14.04	30.81	33.92	36.78	40.29	42.80
23	9.26	10.20	11.69	13.09	14.85	32.01	35.17	38.08	41.64	44.18
24	9.89	10.86	12.40	13.85	15.66	33.20	36.42	39.36	42.98	45.56
25	10.52	11.52	13.12	14.61	16.47	34.38	37.65	40.65	44.31	46.93
26	11.16	12.20	13.84	15.38	17.29	35.56	38.89	41.92	45.64	48.29
27	11.81	12.88	14.57	16.15	18.11	36.74	40.11	43.19	46.96	49.64
28	12.46	13.56	15.31	16.93	18.94	37.92	41.34	44.46	48.28	50.99
29	13.12	14.26	16.05	17.71	19.77	39.09	42.56	45.72	49.59	52.34
30	13.79	14.95	16.79	18.49	20.60	40.26	43.77	46.98	50.89	53.67
40	20.71	22.16	24.43	26.51	29.05	51.81	55.76	59.34	63.69	66.77
50	27.99	29.71	32.36	34.76	37.69	63.17	67.50	71.42	76.15	79.49
60	35.53	37.48	40.48	43.19	46.46	74.40	79.08	83.30	88.38	91.95
80	51.17	53.54	57.15	60.39	64.28	96.58	101.9	106.6	112.3	116.3
100	67.33	70.06	74.22	77.93	82.36	118.5	124.3	129.6	135.8	140.2

[표 4] F-분포표-오른쪽 꼬리 확률

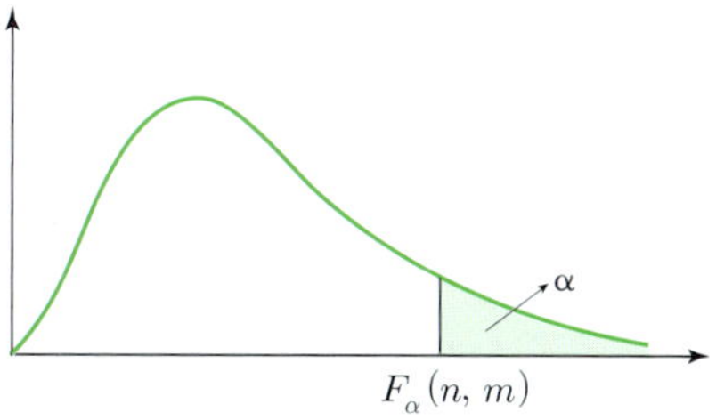

$\alpha = 0.1$

분모의 자유도(m)	분자의 자유도(n)																			
	1	2	3	4	5	6	7	8	9	10	11	12	15	20	24	30	40	60	120	∞
1	39.86	49.50	53.59	55.83	57.24	58.20	58.91	59.44	59.86	60.19	60.47	60.71	61.22	61.74	62.00	62.26	62.53	62.79	63.06	63.33
2	8.53	9.00	9.16	9.24	9.29	9.33	9.35	9.37	9.38	9.39	9.40	9.41	9.42	9.44	9.45	9.46	9.47	9.47	9.48	9.49
3	5.54	5.46	5.39	5.34	5.31	5.28	5.27	5.25	5.24	5.23	5.22	5.22	5.20	5.18	5.18	5.17	5.16	5.15	5.14	5.13
4	4.54	4.32	4.19	4.11	4.05	4.01	3.98	3.95	3.94	3.92	3.91	3.90	3.87	3.84	3.83	3.82	3.80	3.79	3.78	3.76
5	4.06	3.78	3.62	3.52	3.45	3.40	3.37	3.34	3.32	3.30	3.28	3.27	3.24	3.21	3.19	3.17	3.16	3.14	3.12	3.10
6	3.78	3.46	3.29	3.18	3.11	3.05	3.01	2.98	2.96	2.94	2.92	2.90	2.87	2.84	2.82	2.80	2.78	2.76	2.74	2.72
7	3.59	3.26	3.07	2.96	2.88	2.83	2.78	2.75	2.72	2.70	2.68	2.67	2.63	2.59	2.58	2.56	2.54	2.51	2.49	2.47
8	3.46	3.11	2.92	2.81	2.73	2.67	2.62	2.59	2.56	2.54	2.52	2.50	2.46	2.42	2.40	2.38	2.36	2.34	2.32	2.29
9	3.36	3.01	2.81	2.69	2.61	2.55	2.51	2.47	2.44	2.42	2.40	2.38	2.34	2.30	2.28	2.25	2.23	2.21	2.18	2.16
10	3.29	2.92	2.73	2.61	2.52	2.46	2.41	2.38	2.35	2.32	2.30	2.28	2.24	2.20	2.18	2.16	2.13	2.11	2.08	2.06
11	3.23	2.86	2.66	2.54	2.45	2.39	2.34	2.30	2.27	2.25	2.23	2.21	2.17	2.12	2.10	2.08	2.05	2.03	2.00	1.97
12	3.18	2.81	2.61	2.48	2.39	2.33	2.28	2.24	2.21	2.19	2.17	2.15	2.10	2.06	2.04	2.01	1.99	1.96	1.93	1.90
13	3.14	2.76	2.56	2.43	2.35	2.28	2.23	2.20	2.16	2.14	2.12	2.10	2.05	2.01	1.98	1.96	1.93	1.90	1.88	1.85
14	3.10	2.73	2.52	2.39	2.31	2.24	2.19	2.15	2.12	2.10	2.07	2.05	2.01	1.96	1.94	1.91	1.89	1.86	1.83	1.80
15	3.07	2.70	2.49	2.36	2.27	2.21	2.16	2.12	2.09	2.06	2.04	2.02	1.97	1.92	1.90	1.87	1.85	1.82	1.79	1.76
20	2.97	2.59	2.38	2.25	2.16	2.09	2.04	2.00	1.96	1.94	1.91	1.89	1.84	1.79	1.77	1.74	1.71	1.68	1.64	1.61
30	2.88	2.49	2.28	2.14	2.05	1.98	1.93	1.88	1.85	1.82	1.79	1.77	1.72	1.67	1.64	1.61	1.57	1.54	1.50	1.46
40	2.84	2.44	2.23	2.09	2.00	1.93	1.87	1.83	1.79	1.76	1.74	1.71	1.66	1.61	1.57	1.54	1.51	1.47	1.42	1.38
60	2.79	2.39	2.18	2.04	1.95	1.87	1.82	1.77	1.74	1.71	1.68	1.66	1.60	1.54	1.51	1.48	1.44	1.40	1.35	1.29
120	2.75	2.35	2.13	1.99	1.90	1.82	1.77	1.72	1.68	1.65	1.63	1.60	1.55	1.48	1.45	1.41	1.37	1.32	1.26	1.19
∞	2.71	2.30	2.08	1.94	1.85	1.77	1.72	1.67	1.63	1.60	1.57	1.55	1.49	1.42	1.38	1.34	1.30	1.24	1.17	1.00

$\alpha = 0.05$

분모의 자유도(m)	분자의 자유도(n)																			
	1	2	3	4	5	6	7	8	9	10	11	12	15	20	24	30	40	60	120	∞
1	161.5	199.5	215.7	224.6	230.2	234.0	236.8	238.9	240.5	241.9	243.0	243.9	244.7	245.4	249.1	250.1	251.1	252.2	253.3	254.3
2	18.51	19.00	19.16	19.25	19.30	19.33	19.35	19.37	19.38	19.40	19.40	19.41	19.43	19.45	19.45	19.46	19.47	19.48	19.49	19.50
3	10.13	9.55	9.28	9.12	9.01	8.94	8.89	8.85	8.81	8.79	8.76	8.74	8.70	8.66	8.64	8.62	8.59	8.57	8.55	8.53
4	7.71	6.94	6.59	6.39	6.26	6.16	6.09	6.04	6.00	5.96	5.94	5.91	5.86	5.80	5.77	5.75	5.72	5.69	5.66	5.63
5	6.61	5.79	5.41	5.19	5.05	4.95	4.88	4.82	4.77	4.74	4.70	4.68	4.62	4.56	4.53	4.50	4.46	4.43	4.40	4.36
6	5.99	5.14	4.76	4.53	4.39	4.28	4.21	4.15	4.10	4.06	4.03	4.00	3.94	3.87	3.84	3.81	3.77	3.74	3.70	3.67
7	5.59	4.74	4.35	4.12	3.97	3.87	3.79	3.73	3.68	3.64	3.60	3.57	3.51	3.44	3.41	3.38	3.34	3.30	3.27	3.23
8	5.32	4.46	4.07	3.84	3.69	3.58	3.50	3.44	3.39	3.35	3.31	3.28	3.22	3.15	3.12	3.08	3.04	3.01	2.97	2.93
9	5.12	4.26	3.86	3.63	3.48	3.37	3.29	3.23	3.18	3.14	3.10	3.07	3.01	2.94	2.90	2.86	2.83	2.79	2.75	2.71
10	4.96	4.10	3.71	3.48	3.33	3.22	3.14	3.07	3.02	2.98	2.94	2.91	2.85	2.77	2.74	2.70	2.66	2.62	2.58	2.54
11	4.84	3.98	3.59	3.36	3.20	3.09	3.01	2.95	2.90	2.85	2.82	2.79	2.72	2.65	2.61	2.57	2.53	2.49	2.45	2.40
12	4.75	3.89	3.49	3.26	3.11	3.00	2.91	2.85	2.80	2.75	2.72	2.69	2.62	2.54	2.51	2.47	2.43	2.38	2.34	2.30
13	4.67	3.81	3.41	3.18	3.03	2.92	2.83	2.77	2.71	2.67	2.63	2.60	2.53	2.46	2.42	2.38	2.34	2.30	2.25	2.21
14	4.60	3.74	3.34	3.11	2.96	2.85	2.76	2.70	2.65	2.60	2.57	2.53	2.46	2.39	2.35	2.31	2.27	2.22	2.18	2.13
15	4.54	3.68	3.29	3.06	2.90	2.79	2.71	2.64	2.59	2.54	2.51	2.48	2.40	2.33	2.29	2.25	2.20	2.16	2.11	2.07
20	4.35	3.49	3.10	2.87	2.71	2.60	2.51	2.45	2.39	2.35	2.31	2.28	2.20	2.12	2.08	2.04	1.99	1.95	1.90	1.84
30	4.17	3.32	2.92	2.69	2.53	2.42	2.33	2.27	2.21	2.16	2.13	2.09	2.01	1.93	1.89	1.84	1.79	1.74	1.68	1.62
40	4.08	3.23	2.84	2.61	2.45	2.34	2.25	2.18	2.12	2.08	2.04	2.00	1.92	1.84	1.79	1.74	1.69	1.64	1.58	1.51
60	4.00	3.15	2.76	2.53	2.37	2.25	2.17	2.10	2.04	1.99	1.95	1.92	1.84	1.75	1.70	1.65	1.59	1.53	1.47	1.39
120	3.92	3.07	2.68	2.45	2.29	2.18	2.09	2.02	1.96	1.91	1.87	1.83	1.75	1.66	1.61	1.55	1.50	1.43	1.35	1.25
∞	3.84	3.00	2.60	2.37	2.21	2.10	2.01	1.94	1.88	1.83	1.79	1.75	1.67	1.57	1.52	1.46	1.40	1.32	1.23	1.00

[표 4] F-분포표 (계속)

$\alpha = 0.025$

분모의 자유도(m) \ 분자의 자유도(n)	1	2	3	4	5	6	7	8	9	10	11	12	15	20	24	30	40	60	120	∞
1	647.8	799.5	864.2	899.6	921.9	937.1	948.2	956.7	963.3	968.6	973.0	976.7	984.9	993.1	997.3	1001	1006	1010	1014	1018
2	38.51	39.00	39.17	39.25	39.30	39.33	39.36	39.37	39.39	39.40	39.41	39.41	39.43	39.45	39.46	39.46	39.47	39.48	39.49	39.50
3	17.44	16.04	15.44	15.10	14.88	14.73	14.62	14.54	14.47	14.42	14.37	14.34	14.25	14.17	14.12	14.08	14.04	13.99	13.95	13.90
4	12.22	10.65	9.98	9.60	9.36	9.20	9.07	8.98	8.90	8.84	8.79	8.75	8.66	8.56	8.51	8.46	8.41	8.36	8.31	8.26
5	10.01	8.43	7.76	7.39	7.15	6.98	6.85	6.76	6.68	6.62	6.57	6.52	6.43	6.33	6.28	6.23	6.18	6.12	6.07	6.02
6	8.81	7.26	6.60	6.23	5.99	5.82	5.70	5.60	5.52	5.46	5.41	5.37	5.27	5.17	5.12	5.07	5.01	4.96	4.90	4.85
7	8.07	6.54	5.89	5.52	5.29	5.12	4.99	4.90	4.82	4.76	4.71	4.67	4.57	4.47	4.41	4.36	4.31	4.25	4.20	4.14
8	7.57	6.06	5.42	5.05	4.82	4.65	4.53	4.43	4.36	4.30	4.24	4.20	4.10	4.00	3.95	3.89	3.84	3.78	3.73	3.67
9	7.21	5.71	5.08	4.72	4.48	4.32	4.20	4.10	4.03	3.96	3.91	3.87	3.77	3.67	3.61	3.56	3.51	3.45	3.39	3.33
10	6.94	5.46	4.83	4.47	4.24	4.07	3.95	3.85	3.78	3.72	3.66	3.62	3.52	3.42	3.37	3.31	3.26	3.20	3.14	3.08
11	6.72	5.26	4.63	4.28	4.04	3.88	3.76	3.66	3.59	3.53	3.47	3.43	3.33	3.23	3.17	3.12	3.06	3.00	2.94	2.88
12	6.55	5.10	4.47	4.12	3.89	3.73	3.61	3.51	3.44	3.37	3.32	3.28	3.18	3.07	3.02	2.96	2.91	2.85	2.79	2.72
13	6.41	4.97	4.35	4.00	3.77	3.60	3.48	3.39	3.31	3.25	3.20	3.15	3.05	2.95	2.89	2.84	2.78	2.72	2.66	2.60
14	6.30	4.86	4.24	3.89	3.66	3.50	3.38	3.29	3.21	3.15	3.09	3.05	2.95	2.84	2.79	2.73	2.67	2.61	2.55	2.49
15	6.20	4.77	4.15	3.80	3.58	3.41	3.29	3.20	3.12	3.06	3.01	2.96	2.86	2.76	2.70	2.64	2.59	2.52	2.46	2.40
20	5.87	4.46	3.86	3.51	3.29	3.13	3.01	2.91	2.84	2.77	2.72	2.68	2.57	2.46	2.41	2.35	2.29	2.22	2.16	2.09
30	5.57	4.18	3.59	3.25	3.03	2.87	2.75	2.65	2.57	2.51	2.46	2.41	2.31	2.20	2.14	2.07	2.01	1.94	1.87	1.79
40	5.42	4.05	3.46	3.13	2.90	2.74	2.62	2.53	2.45	2.39	2.33	2.29	2.18	2.07	2.01	1.94	1.88	1.80	1.72	1.64
60	5.29	3.93	3.34	3.01	2.79	2.63	2.51	2.41	2.33	2.27	2.22	2.17	2.06	1.94	1.88	1.82	1.74	1.67	1.58	1.48
120	5.15	3.80	3.23	2.89	2.67	2.52	2.39	2.30	2.22	2.16	2.10	2.05	1.94	1.82	1.76	1.69	1.61	1.53	1.43	1.31
∞	5.02	3.69	3.12	2.79	2.57	2.41	2.29	2.19	2.11	2.05	2.00	1.94	1.83	1.71	1.64	1.57	1.48	1.39	1.27	1.00

$\alpha = 0.01$

분모의 자유도(m) \ 분자의 자유도(n)	1	2	3	4	5	6	7	8	9	10	11	12	15	20	24	30	40	60	120	∞
1	4052	5000	5403	5625	5764	5859	5928	5981	6022	6056	6083	6106	6157	6209	6235	6261	6287	6313	6339	6366
2	98.50	99.00	99.17	99.25	99.30	99.33	99.36	99.37	99.39	99.40	99.41	99.42	99.43	99.45	99.46	99.47	99.47	99.48	99.49	99.50
3	34.12	30.82	29.46	28.71	28.24	27.91	27.67	27.49	27.35	27.23	27.13	27.05	26.87	26.69	26.60	26.50	26.41	26.32	26.22	26.13
4	21.20	18.00	16.69	15.98	15.52	15.21	14.98	14.80	14.66	14.55	14.45	14.37	14.20	14.02	13.93	13.84	13.75	13.65	13.56	13.46
5	16.26	13.27	12.06	11.39	10.97	10.67	10.46	10.29	10.16	10.05	9.96	9.89	9.72	9.55	9.47	9.38	9.29	9.20	9.11	9.02
6	13.75	10.92	9.78	9.15	8.75	8.47	8.26	8.10	7.98	7.87	7.79	7.72	7.56	7.40	7.31	7.23	7.14	7.06	6.97	6.88
7	12.25	9.55	8.45	7.85	7.46	7.19	6.99	6.84	6.72	6.62	6.54	6.47	6.31	6.16	6.07	5.99	5.91	5.82	5.74	5.65
8	11.26	8.65	7.59	7.01	6.63	6.37	6.18	6.03	5.91	5.81	5.73	5.67	5.52	5.36	5.28	5.20	5.12	5.03	4.95	4.86
9	10.56	8.02	6.99	6.42	6.06	5.80	5.61	5.47	5.35	5.26	5.18	5.11	4.96	4.81	4.73	4.65	4.57	4.48	4.40	4.31
10	10.04	7.56	6.55	5.99	5.64	5.39	5.20	5.06	4.94	4.85	4.77	4.71	4.56	4.41	4.33	4.25	4.17	4.08	4.00	3.91
11	9.65	7.21	6.22	5.67	5.32	5.07	4.89	4.74	4.63	4.54	4.46	4.40	4.25	4.10	4.02	3.94	3.86	3.78	3.69	3.60
12	9.33	6.93	5.95	5.41	5.06	4.82	4.64	4.50	4.39	4.30	4.22	4.16	4.01	3.86	3.78	3.70	3.62	3.54	3.45	3.36
13	9.07	6.70	5.74	5.21	4.86	4.62	4.44	4.30	4.19	4.10	4.02	3.96	3.82	3.66	3.59	3.51	3.43	3.34	3.25	3.17
14	8.86	6.51	5.56	5.04	4.69	4.46	4.28	4.14	4.03	3.94	3.86	3.80	3.66	3.51	3.43	3.35	3.27	3.18	3.09	3.00
15	8.68	6.36	5.42	4.89	4.56	4.32	4.14	4.00	3.89	3.80	3.73	3.67	3.52	3.37	3.29	3.21	3.13	3.05	2.96	2.87
20	8.10	5.85	4.94	4.43	4.10	3.87	3.70	3.56	3.46	3.37	3.29	3.23	3.09	2.94	2.86	2.78	2.69	2.61	2.52	2.42
30	7.56	5.39	4.51	4.02	3.70	3.47	3.30	3.17	3.07	2.98	2.91	2.84	2.70	2.55	2.47	2.39	2.30	2.21	2.11	2.01
40	7.31	5.18	4.31	3.83	3.51	3.29	3.12	2.99	2.89	2.80	2.73	2.66	2.52	2.37	2.29	2.20	2.11	2.02	1.92	1.80
60	7.08	4.98	4.13	3.65	3.34	3.12	2.95	2.82	2.72	2.63	2.56	2.50	2.35	2.20	2.12	2.03	1.94	1.84	1.73	1.60
120	6.85	4.79	3.95	3.48	3.17	2.96	2.79	2.66	2.56	2.47	2.40	2.34	2.19	2.03	1.95	1.86	1.76	1.66	1.53	1.38
∞	6.63	4.61	3.78	3.32	3.02	2.80	2.64	2.51	2.41	2.32	2.25	2.18	2.04	1.88	1.79	1.70	1.59	1.47	1.32	1.00

부록

E. 홀수문제 정답 및 풀이

제 1 장 사건과 확률

연습문제 1.1

01 $A=\{2,4,6,8,10\}$, $B=\{2,3,5,7\}$, $C=\{1,2,3,4,6\}$

(a) $A\cup(B\cap C)=\{2,3,4,6,8,10\}$ (b) $(A\cup B)\cap C=\{2,3,4,6\}$

(c) $(B^c\cup C^c)=(B\cap C)^c=\{1,4,5,6,7,8,9,10\}$ (d) $B-A=\{3,5,7\}$

(e) $A-(B\cup C)=\{8,10\}$ (f) $(A-B)\cap(A-C)=\{8,10\}$

03 $A\cap B=\varnothing$

(a) $(A\cap B)\cup C=\varnothing\cup C=C$

(b) $B\cap(A\cup C)=(B\cap A)\cup(B\cap C)=B\cap C$

05 (a) $A-(B\cap C)=A\cap(B\cap C)^c=A\cap(B^c\cup C^c)$ (드모르간 법칙)

$=(A\cap B^c)\cup(A\cap C^c)$ (분배법칙)

$=(A-B)\cup(A-C)$

(b) $(A-B)-C=(A\cap B^c)\cap C^c=A\cap(B^c\cap C^c)=A\cap(B\cup C)^c$ (드모르간 법칙)

$=A-(B\cup C)$

07 $4\cdot3\cdot2-1=23$

09 (a) $(1+n)(1+m)$ (b) $(1+n)(1+m)(1+k)$

11 (a) 12개 (b) 18개

13 (a) $n(n-1)=90\Rightarrow n=10$

(b) $n(n-1)(n-2)(n-3)=6n(n-1)\Rightarrow(n-2)(n-3)=6\Rightarrow n=5$

(c) $n(n-1)=56\Rightarrow n=8$

(d) $\dfrac{n(n-1)}{2}+\dfrac{(n-1)(n-2)}{2}=\dfrac{(n+2)(n+1)}{2}\Rightarrow n=7$

15 (a) $\binom{n+m}{r}$ = 서로 다른 $n+m$개에서 r개를 뽑는 방법의 수

n개 중에서 k개를 뽑고 m개 중에서 $r-k$개를 뽑는 방법의 수를 모두 더한 것과 같다. 이때 k는 r보다 작거나 같다.

(b) (a)에서 $n=m$으로 놓고 $\binom{n}{n-k}=\binom{n}{k}$임을 이용하면 원하는 결과를 얻는다.

17 (a) $k\binom{n}{k}=k\frac{n!}{(n-k)!k!}=\frac{n(n-1)!}{(n-k)!(k-1)!}=n\frac{(n-1)!}{(n-1-k+1)!(k-1)!}=n\binom{n-1}{k-1}$

(b) $k(k-1)\binom{n}{k}=k(k-1)\frac{n!}{(n-k)!k!}=n(n-1)\frac{(n-2)!}{(n-k)!(k-2)!}=n(n-1)\binom{n-2}{k-2}$

연습문제 1.2

01 (a) $P(E\cup F)=P(E)+P(F)-P(EF)=0.6+0.4-0.2=0.8$

(b) $P(E^c)=1-P(E)=0.4$ (c) $P(E^cF)=P(F)-P(EF)=0.4-0.2=0.2$

(d) $P(E^cF^c)=P((E\cup F)^c)=1-P(E\cup F)=1-0.8=0.2$

(e) $P(E\cup F^c)=P((E^cF)^c)=1-P(E^cF)=1-0.2=0.8$

03 (a) $\frac{3}{8}, \frac{1}{2}, \frac{1}{2}$ (b) $\frac{1}{8}, \frac{1}{4}, \frac{1}{4}$ (c) $\frac{1}{8}$ (d) $\frac{3}{4}, \frac{3}{4}, \frac{5}{8}$ (e) $\frac{3}{8}$ (f) $\frac{1}{2}$

05 두 수의 곱이 짝수인 사건은 두 수가 모두 홀수인 사건의 여사건이다. 두 수 모두 홀수인 확률은 $\frac{\binom{5}{2}}{\binom{10}{2}}=\frac{5\cdot 4}{10\cdot 9}=\frac{2}{9}$이므로 두 수의 곱이 짝수일 확률은 $1-\frac{2}{9}=\frac{7}{9}$이다.

07 (a) 비기는 경우의 수 9가지, 전체 경우의 수 $3^3=27$가지 ⇒ 비길 확률 $=\frac{1}{3}$

(b) 한 사람만 이기는 확률 = 두 사람이 이기는 확률 $=\frac{1}{3}$

09 (a) $\binom{4}{3}\Big/\binom{7}{3}=\frac{4}{35}$ (b) $1-\frac{4}{35}=\frac{31}{35}$

11 (a) $\binom{13}{1}^4\Big/\binom{52}{4}=\frac{13^4\cdot 4!}{52\cdot 51\cdot 50\cdot 49}\approx 0.1055$

(b) $4\binom{13}{4}\Big/\binom{52}{4}=4\frac{13\cdot 12\cdot 11\cdot 10}{52\cdot 51\cdot 50\cdot 49}\approx 0.0026$

13 (a) $\frac{6}{36}=\frac{1}{6}$ (b) $\frac{15}{36}=\frac{5}{12}$ (c) $\frac{1}{6}+\frac{5}{12}=\frac{7}{12}$

15 다음 표를 참고하여 계산한다.

연령 \ 사고수/1년	0	1	2	3	4번 이상	합
18 이상 ~ 25 미만	42	44	45	27	18	176
25 ~ 35	75	104	78	51	12	320
35 ~ 45	88	733	38	20	5	224
45 ~ 55	38	32	20	7	3	100
55 이상	43	50	35	28	24	180
합	286	303	216	133	62	1000

(a) 0.286 (b) 0.195 (c) 0.1 (d) 0.504 (e) 0.042 (f) 0.244 (g) 0.243 (h) 0.137

연습문제 1.3 ~ 1.4

01 (a) 0.25 (b) 0.33 (c) $\frac{0.12}{0.45} \approx 0.27$ (d) $\frac{0.60}{0.80} = 0.75$

03 $\frac{9}{13}$ (풀이) 시약의 판단이 맞는 사건을 T, 틀린 사건을 F라고 하면 전체 표본공간은

$$S = \{(T,T),(T,F),(F,T),(F,F)\}$$

이다. 각 사건의 확률은

$$P[(T,T)] = 0.9 \cdot 0.8 = 0.72,\ P[(T,F)] = 0.9 \cdot (1-0.8) = 0.18$$

$$P[(F,T)] = (1-0.9) \cdot 0.8 = 0.08,\ P[(F,F)] = (1-0.9) \cdot (1-0.8) = 0.02$$

이고 두 시약의 판단 결과가 다르므로 주어진 사건은

$$\{(T,F),\ (F,T)\}$$

이다. 이 운동선수가 스테로이드를 복용한 사건은 (T,F)이므로 구하는 확률은

$$P[(T,F) \mid \{(T,F),\ (F,T)\}] = \frac{P[(T,F)]}{P[\{(T,F),\ (F,T)\}]} = \frac{0.18}{0.18+0.08} = \frac{9}{13} \text{ 이다.}$$

05 (a) F와 G가 상호배반이면 $P(FG) = 0$, $FGE \subset FG$이므로 $P(FGE) = 0$

$$P((F \cup G)E) = P((FE) \cup (GE))$$

$$= P(FE) + P(GE) - P(FGE) = P(FE) + P(GE)$$

$$\Rightarrow P(F \cup G|E) = \frac{P((F \cup G)E))}{P(E)} = \frac{P(FE)}{P(E)} + \frac{P(GE)}{P(E)} = P(F|E) + P(G|E)$$

(b) $\frac{P(F^cE)}{P(E)} = \frac{P(E-FE)}{P(E)} = \frac{P(E)-P(FE)}{P(E)} = 1 - \frac{P(FE)}{P(E)} = 1 - P(F|E)$

07 (a) $P(C|A) = \frac{P(AC)}{P(A)} = \frac{0.05}{0.15} = \frac{1}{3}$ (b) $P(C|B) = \frac{1}{4}$ (c) $P(C|AB) = \frac{2}{3}$

09 A, B: 컴퓨터가 모델 I, 모델 II인 사건, E: 1년 이내에 AS를 요청하는 사건

$$P(A)=0.6,\ P(B)=0.4,\ P(E|A)=0.04,\ P(E|B)=0.05$$

(a) $P(E)=P(E|A)P(A)+P(E|B)P(B)=0.04\cdot 0.6+0.05\cdot 0.4=0.044$, 4.4%

(b) $P(A|E)=\dfrac{P(AE)}{P(E)}=\dfrac{P(E|A)P(A)}{P(E)}=\dfrac{0.04\cdot 0.6}{0.044}=\dfrac{6}{11}$, 54.5%

11 A, B: 식욕부진현상과 수면장애현상을 보이는 사건

$$P(A)=0.06,\ P(B)=0.08,\ P((A\cup B)^c)=0.88 \Rightarrow P(A\cup B)=0.12$$

(a) $P(A\cap B)=P(A)+P(B)-P(A\cup B)=0.02$, 2%

(b) $P(B|A)=\dfrac{P(AB)}{P(A)}=\dfrac{0.02}{0.06}=\dfrac{1}{3}$

(c) $P(B|A^c)=\dfrac{P(A^cB)}{P(A^c)}=\dfrac{P(B)-P(AB)}{1-P(A)}=\dfrac{0.08-0.02}{1-0.06}=\dfrac{3}{47}\approx 0.064$, 6.4%

13 (a) $0.1\cdot 0.999+0.9\cdot 0.001=0.1008$ (b) $\dfrac{0.9\cdot 0.001}{0.1008}\approx 0.0089$

15 A: 거짓말을 하는 사건 B: 거짓이라는 판단을 내리는 사건

(a) $P(B)=P(B|A)P(A)+P(B|A^c)P(A^c)=0.9\cdot 0.5+0.1\cdot 0.5=0.5$

(b) $P(A|B)=\dfrac{P(B|A)P(A)}{P(B)}=\dfrac{0.9\cdot 0.5}{0.5}=0.9$

17 (a) $P(B)=P(B|A)P(A)+P(B|A^c)P(A^c)=0.9\cdot 0.1+0.1\cdot 0.9=0.18$

(b) $P(A|B)=\dfrac{P(B|A)P(A)}{P(B)}=\dfrac{0.9\cdot 0.1}{0.18}=\dfrac{1}{2}=0.5$

19 A: 임산부가 흡연자인 사건, B: 기형아를 출산하는 사건, $P(A)=0.1$

$$P(B|A)=3P(B|A^c) \Rightarrow \frac{P(AB)}{0.1}=3\frac{P(A^cB)}{0.9}=\frac{P(B)-P(AB)}{0.3} \Rightarrow 4P(AB)=P(B)$$

$$\Rightarrow P(A|B)=\frac{P(AB)}{P(B)}=\frac{1}{4}$$

21 A_i : i 영역에 선박이 있는 사건, E: 첫 영역에서 선박을 찾지 못하는 사건

$$P(E)=P(E|A_1)P(A_1)+P(E|A_2)P(A_2)+P(E|A_3)P(A_3)=\frac{1}{3}p_1+\frac{2}{3}$$

(a) $P(A_1|E)=\dfrac{P(E|A_1)P(A_1)}{P(E)}=\dfrac{\frac{1}{3}p_1}{\frac{1}{3}p_1+\frac{2}{3}}=\dfrac{p_1}{p_1+2}$

(b) $P(A_2|E)=\dfrac{P(E|A_2)P(A_2)}{P(E)}=\dfrac{\frac{1}{3}}{\frac{1}{3}p_1+\frac{2}{3}}=\dfrac{1}{p_1+2}$

23 A, B, C : 각각 선택한 동전이 정상, 앞면만, 뒷면만 있는 사건

E : 앞면이 나온 사건

$$P(E)=P(E|A)P(A)+P(E|B)P(B)+P(E|C)P(C)$$

$$=\frac{1}{2}\cdot\frac{k}{k+m+n}+1\cdot\frac{m}{k+m+n}+0\cdot\frac{n}{k+m+n}=\frac{k+2m}{2(k+m+n)}$$

$$P(A|E)=\frac{P(E|A)P(A)}{P(E)}=\frac{k/[2(k+m+n)]}{(k+2m)/[2(k+m+n)]}=\frac{k}{k+2m}$$

25 $P(A\cap B)=P(A)P(B)=\dfrac{3}{10}$, $P(A\cup B)=\dfrac{2}{5}+\dfrac{3}{4}-\dfrac{3}{10}=\dfrac{17}{20}$

27 $P(A)=\dfrac{1}{2}$, $P(B)=\dfrac{1}{3}$, $P(C)=\dfrac{2}{3}$

(a) $P(AB)=\dfrac{1}{6}=P(A)P(B)$ $\Rightarrow$ 독립 (b) $P(BC)=\dfrac{1}{3}\neq P(B)P(C)=\dfrac{2}{9}$ $\Rightarrow$ 종속

(c) $P(AC)=\dfrac{1}{3}=P(A)P(C)$ $\Rightarrow$ 독립

29 $P(A)=P(B)=P(C)=\dfrac{1}{2}$, $P(D)=\dfrac{5}{36}$, $P(E)=\dfrac{1}{6}$

(a) $P(AD)=\dfrac{1}{18}\neq P(A)P(D)=\dfrac{5}{72}$, 거짓 (b) $P(AE)=\dfrac{1}{12}=P(A)P(E)=\dfrac{1}{2}\cdot\dfrac{1}{6}$, 참

(c) $P(AC)=\dfrac{1}{4}=P(A)P(C)$, 참 (d) $P(CD)=0\neq P(C)P(D)$, 거짓

(e) $P(CE)=\dfrac{1}{6}\neq P(C)P(E)=\dfrac{1}{12}$, 거짓

31 $P(A^c\cap B)=P(B-A)=P(B)-P(AB)=P(B)-P(A)P(B)=P(A^c)P(B)$

$\Rightarrow A^c$와 B는 독립

A와 B가 독립이면 A^c와 B가 독립이고, A^c와 B가 독립이면 A^c와 B^c도 독립.

33 상대위험이 1 $\Rightarrow P(D^+|E)=P(D^+|E^c)$

$$\Rightarrow \frac{P(D^+E)}{P(E)}=P(D^+|E)=P(D^+|E^c)=\frac{P(D^+E^c)}{P(E^c)}=\frac{P(D^+)-P(D^+E)}{1-P(E)}$$

$$\Rightarrow P(D^+E)(1-P(E))=P(E)(P(D^+)-P(D^+E)) \Rightarrow P(D^+E)=P(D^+)P(E)$$

35 (a) $1-\left(\dfrac{5}{6}\right)^4\approx 0.5177$ (b) $1-\left(\dfrac{35}{36}\right)^n>0.5 \Rightarrow n>\dfrac{\ln(1/2)}{\ln(35/36)}\approx 24.61$, 25번

제 2 장 확률변수와 확률분포

연습문제 2.1 ~ 2.4

01 (a) $p(0)=0.3$ (b) $E(X)=0,\ m_X=0$

(c) $Var(X)=E(X^2)=1.9,\ \sigma_X=\sqrt{Var(X)}=\sqrt{1.9}\approx 1.3784$

03 (a) $P(X=5)=0.1$ (b) $P(X<6)=P(X\le 5)=0.5$ (c) $P(X>4)=P(X\ge 5)=0.6$

05 (a) 0.33 (b) $F(x)=\begin{cases} 0, & x<1 \\ 0.12, & 1\le x<2 \\ 0.35, & 2\le x<3 \\ 0.68, & 3\le x<4 \\ 1, & x\ge 4 \end{cases}$ (c) 0.65

(d) $E(X)=2.85,\ V(X)=9.13-(2.85)^2=1.0075$ (e) $m=3$

07 (a) $p(0)=\dfrac{\binom{3}{0}\binom{4}{4}}{\binom{7}{4}}=\dfrac{1}{35},\ p(1)=\dfrac{\binom{3}{1}\binom{4}{3}}{\binom{7}{4}}=\dfrac{12}{35}$

$p(2)=\dfrac{\binom{3}{2}\binom{4}{2}}{\binom{7}{4}}=\dfrac{18}{35},\ p(3)=\dfrac{\binom{3}{3}\binom{4}{1}}{\binom{7}{4}}=\dfrac{4}{35}$

(b) $E(X)=1\cdot\dfrac{12}{35}+2\cdot\dfrac{18}{35}+3\cdot\dfrac{4}{35}=\dfrac{12}{7},\quad Var(X)=\dfrac{24}{7}-\left(\dfrac{12}{7}\right)^2=\dfrac{24}{49}\approx 0.4898$

(c) $Y=500X+100(4-X)=400X+400,$

$E(Y)=400E(X)+400=400\cdot\dfrac{12}{7}+400=\dfrac{7600}{7}\approx 1086$

$Var(Y)=400^2 Var(X)=400^2\cdot\dfrac{24}{49}\approx 78367$

09 $P(X=k)=\binom{4}{k}\dfrac{4^k 48^{4-k}}{52^4},\ k=0,1,2,3,4$

(a)

X	0	1	2	3	4	합계
$P(X=k)$	0.7260	0.2420	0.0303	0.0017	0.0000[1]	1

1) $3.50\cdot 10^{-5}$

(b) $F(x)=\begin{cases}0, & x<0\\ 0.7260, & 0\le x<1\\ 0.9680, & 1\le x<2\\ 0.9983, & 2\le x<3\\ 1, & x\ge 3\end{cases}$ (c) $E(X)=0.3077,\ Var(X)=0.3785-0.3077^2=0.2838$

11 (a) $p_X(0)=3/26,\ p_X(1)=2/13,\ p_X(2)=5/26,\ p_X(3)=11/52,$

$p_X(4)=2/13,\ p_X(5)=5/52,\ p_X(6)=1/13$

(b) $P(X\le 3)=\dfrac{6+8+10+11}{52}=\dfrac{35}{52}$

(c) $E(X)=\dfrac{71}{26}\approx 2.73,\ Var(X)=\dfrac{136}{13}-\left(\dfrac{71}{26}\right)^2\approx 3.00$

13 $E(X)=\sum_{n=1}^{\infty}nP(X=n)$

$$=P(X=1)+[P(X=2)+P(X=2)]+[P(X=3)+P(X=3)+P(X=3)]+\cdots$$
$$=(P(X=1)+P(X=2)+P(X=3)+\cdots)+(P(X=2)+P(X=3)+\cdots)+\cdots$$
$$=P(X\ge 1)+P(X\ge 2)+\cdots=\sum_{n=1}^{\infty}P(X\ge n)$$

15 (a) $P(X\ge k)=P(X_1\ge k, X_2\ge k, X_3\ge k, X_4\ge k)$

$$=P(X_1\ge k)P(X_2\ge k)P(X_3\ge k)P(X_4\ge k)=\left(\frac{7-k}{6}\right)^4$$

(b) $E(X)=\sum_{k=1}^{6}P(X\ge k)=\dfrac{1}{6^4}(6^4+5^4+4^4+3^4+2^4+1^4)=\dfrac{2275}{1296}\approx 1.76$

17 (a) $E(X^2)=Var(X)+\mu^2=7+5^2=32$

(b) $E(Y)=2\cdot 5-3=7,\ Var(Y)=2^2Var(X)=28$

19 $E((X+Y)(X-Y))=E(X^2-Y^2)=E(X^2)-E(Y^2)$

분산이 같으므로

$$E(X^2)=Var(X)+E(X)^2,\ E(Y^2)=Var(Y)+E(Y)^2$$

로부터

$$E(X^2)-E(Y^2)=E(X)^2-E(Y)^2$$

임을 알 수 있다. 또한 다음 식이 성립하므로 증명이 완성된다.

$$E(X+Y)E(X-Y)=(E(X)+E(Y))(E(X)-E(Y))=E(X)^2-E(Y)^2$$

21 (a) 삼각형의 넓이가 1이므로 $\dfrac{1}{2}\cdot a\cdot 4=1\Rightarrow a=\dfrac{1}{2}$ (b) $P(-1\le X\le 0.5)=\dfrac{19}{32}$

(c) 확률변수 X는 원점에 대하여 대칭이므로 $P(X\ge b)=\dfrac{1}{4}$이다. $x=b$일 때 높이는 $\dfrac{1}{2}-\dfrac{1}{4}b$이므로 $\dfrac{1}{2}(2-b)\left(\dfrac{1}{2}-\dfrac{1}{4}b\right)=\dfrac{1}{4}$에서 $b=2-\sqrt{2}$

23 (a) $\int_0^4 kx\,dx = \frac{k}{2}(4^2 - 0^2) = 1 \Rightarrow k = \frac{1}{8}$ (b) $\frac{1}{8}\int_1^3 x\,dx = \frac{1}{16}(3^2 - 1^2) = \frac{1}{2}$

(c) $E(X) = \frac{8}{3}$, $Var(X) = 8 - \left(\frac{8}{3}\right)^2 = \frac{8}{9}$

(d) $a > 0$일 때 $P(X \le a) = \frac{1}{16}a^2$이므로 $Q_1 = 2$, $Q_2 = m = 2\sqrt{2}$, $Q_3 = 2\sqrt{3}$

25 (a) 삼각형의 넓이가 1이 되어야 하므로 $\frac{1}{2} \cdot 0.8 \cdot k = 1 \Rightarrow k = \frac{5}{2}$

(b) 직선의 기울기$= \frac{-4/5}{5/2} = -\frac{8}{25}$, $f(x) = -\frac{8}{25}x + \frac{4}{5}$, $0 \le x \le 2.5$

(c) $0 \le x \le 2.5$, $F(x) = \int_0^x \left(-\frac{8}{25}t + \frac{4}{5}\right)dt = -\frac{4}{25}x^2 + \frac{4}{5}x$,

$$F(x) = \begin{cases} 0, & x \le 0 \\ -\frac{4}{25}x^2 + \frac{4}{5}x, & 0 \le x \le \frac{5}{2} \\ 1, & x \ge \frac{5}{2} \end{cases}$$

(d) $E(X) = \int_0^{2.5} x\left(\frac{4}{5} - \frac{8}{25}x\right)dx = \frac{5}{6}$, $E(X^2) = \int_0^{2.5} x^2\left(\frac{4}{5} - \frac{8}{25}x\right)dx = \frac{25}{24}$

$Var(X) = \frac{25}{24} - \left(\frac{5}{6}\right)^2 = \frac{25}{72}$

(e) $F(m) = \frac{1}{2}$이므로 $-\frac{4}{25}m^2 + \frac{4}{5}m = \frac{1}{2}$, $0 < m < \frac{5}{2}$이므로 $m = \frac{5}{4}(2 - \sqrt{2}) \approx 0.73$

27 (a) $k = 1$ (b) $f(x) = 2 - 2x$, $0 \le x \le 1$

(c) $P(X \ge 1/2) = 1 - P(X \le 1/2) = 1 - F(1/2) = \frac{1}{4}$

(d) $E(X) = \int_0^1 x(2-2x)dx = \frac{1}{3}$, $E(X^2) = \int_0^1 x^2(2-2x)dx = \frac{1}{6}$

$Var(X) = \frac{1}{6} - \left(\frac{1}{3}\right)^2 = \frac{1}{18}$

(e) $0 < m < 1$, $F(m) = \frac{1}{2}$에서 $m(2-m) = \frac{1}{2} \Rightarrow m = 1 - \frac{\sqrt{2}}{2} \approx 0.2929$

29 (a) $P(-X \le x) = P(X \ge -x) = 1 - P(X < -x) = 1 - P(X > x) = P(X \le x)$

(b) $P(|X| \le x) = P(-x \le X \le x) = P(X \le x) - P(X < -x) = P(X \le x) - P(X > x)$

$= P(X \le x) - (1 - P(X \le x)) = 2P(X \le x) - 1 = 2F_X(x) - 1$

31 $G(y) = P(Y \le y)$ $y \le 0$이면 $G(y) = P(X^2 \le y) = 0$,

$y \ge 0$이면 $P(X^2 \le y) = P(-\sqrt{y} \le X \le \sqrt{y}) = F(\sqrt{y}) - F(-\sqrt{y})$

Y의 확률밀도함수를 $g(y) = G'(y)$라고 하면

$$g(y) = (F(\sqrt{y}) - F(-\sqrt{y}))' = \frac{1}{2\sqrt{y}} f(\sqrt{y}) + \frac{1}{2\sqrt{y}} f(-\sqrt{y})$$

f는 우함수이므로, 다시 말해서 $f(-x) = f(x)$이므로 $g(y) = \dfrac{1}{\sqrt{y}} f(\sqrt{y})$

$$\Rightarrow g(y) = \frac{1}{\sqrt{y}} f(\sqrt{y}), \quad y > 0$$

33 (a) $y \le 0$이면 $G(y) = 0$, $y > 0$이면 $G(y) = P(e^X \le y) = P(X \le \ln y) = F(\ln y)$

$$G(y) = \begin{cases} 0, & y \le 0 \\ F(\ln y), & y > 0 \end{cases}$$

(b) $(\ln y)' = \dfrac{1}{y}$이므로 연쇄법칙에 의하여 $g(y) = G'(y) = \begin{cases} \dfrac{f(\ln y)}{y}, & y > 0 \\ 0, & \text{기타} \end{cases}$

35 (a) $1 = \displaystyle\int_a^\infty \frac{8}{x^3}\,dx = \left[\frac{8}{-3+1} \cdot \frac{1}{x^2}\right]_a^\infty = \frac{4}{a^2} \Rightarrow a > 0$이므로 $a = 2$

(b) $P(X \ge 3) = \displaystyle\int_3^\infty \frac{8}{x^3}\,dx = \left[\frac{8}{-3+1} \cdot \frac{1}{x^2}\right]_3^\infty = \frac{4}{9}$

(c) $E(X) = \displaystyle\int_2^\infty x\frac{8}{x^3}\,dx = \int_2^\infty \frac{8}{x^2}\,dx = \left[-\frac{8}{x}\right]_2^\infty = 4$, 4년

(d) $P(X \ge m) = \displaystyle\int_m^\infty \frac{8}{x^3}dx = \frac{4}{m^2} = \frac{1}{2}$ 이고 $m \ge 2$이므로 $m = 2\sqrt{2} \approx 2.828$

이 전지제품의 수명이 $2\sqrt{2}$보다 길 확률이 0.5, 짧을 확률이 0.5이다.

37 $i = 1, 2, \cdots, N$에 대하여

$$X_i = \begin{cases} 1, & i\text{번째 부부가 모두 생존하는 경우} \\ 0, & \text{기타} \end{cases}$$

라고 정의하면 30년 후 부부가 모두 생존해 있는 쌍은 $X = X_1 + X_2 + \cdots + X_N$이다.

$$P(X_i = 1) = \frac{\binom{2N-2}{m}}{\binom{2N}{m}} = \frac{(2N-2)!}{m!(2N-2-m)!} \frac{m!(2N-m)!}{(2N)!}$$

$$= \frac{(2N-m)(2N-m-1)}{(2N)(2N-1)}$$

이고 생존해 있는 쌍의 기댓값은 다음과 같다.

$$E(X) = E(X_1) + E(X_2) + \cdots + E(X_N) = NP(X_1 = 1) = \frac{(2N-m)(2N-m-1)}{2(2N-1)}$$

연습문제 2.5

01 (a) $g(t)=e^t-e-t+2=3-e+\frac{1}{2!}t^2+\frac{1}{3!}t^3+\cdots$

$p_0=3-e,\ p_1=0,\ p_2=\frac{1}{2},\ p_3=\frac{1}{6}$

(b) $g'(t)=e^t-1,\ \ g''(t)=e^t$

$E(X)=g'(1)=e-1, E(X^2)=g''(1)+g'(1)=e+(e-1)=2e-1$

$Var(X)=E(X^2)-(E(X))^2=4e-e^2-2$

03 $g(1)=P(X=0)+P(X=1)+P(X=2)+P(X=3)+\cdots$

$g(-1)=P(X=0)-P(X=1)+P(X=2)-P(X=3)+\cdots$

$\Rightarrow g(1)+g(-1)=2(P(X=0)+P(X=2)+\cdots)$

$g(1)-g(-1)=2(P(X=1)+P(X=3)+\cdots)$

05 확률변수 Y의 생성함수를 $g_Y(t)$라 하면

(a) $g_Y(t)=E(t^Y)=E(t^{X+1})=tE(t^X)=tg(t)$ (b) $g_Y(t)=E(t^{2X})=E((t^2)^X)=g(t^2)$

07 (a) $m'(t)=2\cdot 3^2(3-t)^{-3},\ m''(t)=3\cdot 2\cdot 3^2(3-t)^{-4}$

$E(X)=m'(0)=\frac{2}{3},\ E(X^2)=m''(0)=\frac{2}{3},\ Var(X)=\frac{2}{3}-\left(\frac{2}{3}\right)^2=\frac{2}{9}$

(b) $m'(t)=4t\exp(2t^2),\ m''(t)=4\exp(2t^2)+(4t)^2\exp(2t^2)$

$E(X)=m'(0)=0,\ E(X^2)=m''(0)=4,\ Var(X)=4-0^2=4$

제 3 장 여러 가지 확률분포

연습문제 3.1

01 (a) 0.1444 (b) 0.5839 (c) 0.5603 (d) $E(X)=40\cdot 0.25=10$

(e) $Var(X)=40\cdot 0.25\cdot 0.75=7.5$

03 (a) $\left(\frac{1}{2}\right)^{10}=\frac{1}{1024}\approx 0.0010$ (b) $X\sim Bin(10,0.5)$, $E(X)=5$

(c) 점수 $Y=4X-2(10-X)=6X-20 \Rightarrow E(Y)=6E(X)-20=10$

05 (a) $1-(0.95)^{10}\approx 0.40$ (b) $1-(0.6)^5\approx 0.92$

(c) $Y \sim Bin(100, 0.4)$, $E(Y) = 40$, $Var(Y) = 24$

07 (a) $\left(\frac{3}{4}\right)^3 + 3\left(\frac{1}{4}\right)^1\left(\frac{3}{4}\right)^2 = \frac{27}{32}$ (b) $\left(\frac{27}{32}\right)^n$

09 (a) $X \sim HG(52, 13, 3)$,

$$P(X=0) = \binom{39}{3}\Big/\binom{52}{3} = \frac{703}{1700} \approx 0.4135,\ \ P(X=1) = \binom{13}{1}\binom{39}{2}\Big/\binom{52}{3} = \frac{741}{1700} \approx 0.4359$$

$$P(X=2) = \binom{13}{2}\binom{39}{1}\Big/\binom{52}{3} = \frac{117}{850} \approx 0.1376,\ \ P(X=3) = \binom{13}{3}\Big/\binom{52}{3} = \frac{11}{850} \approx 0.0129$$

(b) $E(X) = 3 \cdot \frac{13}{52} = \frac{3}{4}$, $Var(X) = 3 \cdot \frac{13}{52} \cdot \frac{39}{52} \cdot \frac{52-3}{52-1} = \frac{147}{272} \approx 0.5404$

(c) $4 \cdot P(X=3) = \frac{22}{425} \approx 0.0518$ (d) 1/2

11 Y를 선택한 상자 번호라 하면

$$\begin{aligned} P(X=0) &= P(X=0 \mid Y=1)P(Y=1) + P(X=0 \mid Y=2)P(Y=2) \\ &= \frac{1}{2}\left(\binom{4}{0}\binom{3}{2}\Big/\binom{7}{2} + \binom{2}{0}\binom{5}{2}\Big/\binom{7}{2}\right) = \frac{13}{42} \end{aligned}$$

같은 방법으로 $P(X=1) = \frac{1}{2}\left(\binom{4}{1}\binom{3}{1}\Big/\binom{7}{2} + \binom{2}{1}\binom{5}{1}\Big/\binom{7}{2}\right) = \frac{11}{21}$, $P(X=2) = \frac{7}{42}$

13 (a) X_1, X_2, X_3: 500원짜리, 100원짜리, 10원짜리의 개수

$$P(X=30) = P(X_1=0, X_2=0, X_3=3) = \frac{\binom{4}{3}}{\binom{9}{3}} = \frac{1}{21},$$

$$P(X=120) = P(X_1=0, X_2=1, X_3=2) = \frac{\binom{3}{1}\binom{4}{2}}{\binom{9}{3}} = \frac{3}{14}, \ \cdots$$

j	30	120	210	300	520	610	700	1010	1100
$P(X=j)$	$\frac{1}{21}$	$\frac{3}{14}$	$\frac{1}{7}$	$\frac{1}{84}$	$\frac{1}{7}$	$\frac{2}{7}$	$\frac{1}{14}$	$\frac{1}{21}$	$\frac{1}{28}$

(b) 25/42 (c) 5/12

15 $\binom{n}{k}p^k(1-p)^{n-k} \le \binom{n}{k+1}p^{k+1}(1-p)^{n-k-1} \Rightarrow \frac{1}{n-k}(1-p) \le \frac{1}{k+1}p$

$$\Rightarrow k \le np - (1-p)$$

17 $m_1(t), m_2(t)$를 각각 X, Y의 적률생성함수라 하면

$$m_1(t) = E(t^X) = (q+pt)^n, \quad m_2(t) = E(t^Y) = (q+pt)^m$$

이다. X, Y는 독립이므로 $X+Y$의 적률생성함수는

$$m(t)=E(t^{X+Y})=E(t^X)E(t^Y)=(q+pt)^n(q+pt)^m=(q+pt)^{n+m}$$

이다. 이 함수는 모수가 $(n+m,\ p)$인 이항분포의 적률생성함수이므로 X, Y는 모수가 $(n+m,\ p)$인 이항분포를 따른다.

연습문제 3.2

01 (a) 0.144 (b) 0.784 (c) 0.3133 (d) 0.216 (e) $E(X)=\dfrac{1}{0.4}=2.5$

(f) $Var(X)=\dfrac{0.6}{0.4^2}=3.75$

03 연습 스윙의 수 $X \sim NB(20, 0.25)$

(a) $E(X)=\dfrac{20}{0.25}=80$ (b) $P(X \geq 100)=1-P(X \leq 99)=0.1094$

(c) 각 연습 스윙에서 안타를 치는 사건은 모두 독립이다.

05 $X \sim Bin(12, 0.08)$, $Y \sim Geo(0.08)$

(a) $E(X)=12 \cdot 0.08=0.96$

(b) $E(Y)=\dfrac{1}{0.08}=12.5$

(c) $P(X=0)=P(Y \geq 13)=0.92^{12}$

07 (a) $X_k \sim Geo\left(\dfrac{5-k}{5}\right) \Rightarrow E(X_k)=\dfrac{1}{(5-k)/5}=\dfrac{5}{5-k}$

(b) $E(X_1+X_2+X_3+X_4+X_5)=5\left(\dfrac{1}{5}+\dfrac{1}{4}+\dfrac{1}{3}+\dfrac{1}{2}+1\right) \approx 11.42$

(c) n종류의 스티커를 모으기 위해서 필요한 과자 봉지 수의 기댓값

$$E(X_0+X_1+\cdots+X_{n-1})=n\left(\frac{1}{n}+\frac{1}{n-1}+\cdots+1\right) \approx n\ln n$$ [2)]

09 $X>n$인 사건은 n번째 시행까지 모두 실패만 일어나는 사건이므로,

$$P(X>n+m|X>n)=\frac{P(X>n+m,\ X>n)}{P(X>n)}=\frac{P(X>n+m)}{P(X>n)}$$

$$=\frac{(1-p)^{n+m}}{(1-p)^n}=(1-p)^m=P(X>m)$$

11 $E(2^X)=\sum_{k=1}^{\infty}2^k(1-p)^{k-1}p$이므로 $p \leq \dfrac{1}{2}$이면 $2(1-p) \geq 1$이므로 $E(X)=\infty$

2) $\ln n \approx 1+\dfrac{1}{2}+\cdots+\dfrac{1}{n}$

$p > \frac{1}{2}$ 이면 $E(2^X) = \sum_{k=1}^{\infty} 2^k (1-p)^{k-1} p = \frac{2p}{1-2(1-p)} = \frac{2p}{2p-1}$

13 (a) $E(M_1) = \sum_{n=1}^{\infty} P(M_1 \geq n) = \sum_{n=1}^{\infty} [(1-p_1)(1-p_2)]^{n-1} = \frac{1}{p_1 + p_2 - p_1 p_2}$

(b) $E(M_2) = \sum_{n=1}^{\infty} P(M_2 \geq n) = \frac{1}{p_1} + \frac{1}{p_2} - \frac{1}{p_1 + p_2 - p_1 p_2}$

15 $P(X=0)$은 성공 확률이 p인 베르누이 시행에서 n번 동안 성공이 한 번도 없을 확률, $P(Y > n)$은 성공 확률이 p인 베르누이 시행에서 처음 n번 동안 계속 실패가 일어날 확률이므로 같다.

연습문제 3.3

01 (a) 0.1954 (b) 0.4335 (c) 0.4559

03 $P(X \geq 4) = 1 - P(X \leq 3) = 1 - 0.3423 = 0.6577$

05 부작용을 일으키는 사람의 수 $X \sim Bin(5000, 0.001) \approx Poi(5)$

(a) $P(X=4) = \frac{5^4 e^{-5}}{4!} \approx 0.1755$ (b) $P(X \leq 4) \approx 0.4405$

07 2000대의 자동차 중에서 1년 안에 고장을 일으키는 자동차 수

$X \sim Bin(400, 0.015) \approx Poi(6)$, $P(X \leq 5) \approx 0.4457$

09 당첨된 복권의 수 $X \sim Bin(100, 0.001)$

(a) $P(X \geq 1) = 1 - P(X=0) = 1 - (1-0.001)^{100} \approx 0.0952$, $1 - e^{-0.1} \approx 0.0952$

(b) $P(X=1) = 100(1-0.001)^{99}(0.001) \approx 0.0906$, $0.1e^{-0.1} \approx 0.0905$

11 어떤 사람이 2년 동안 감기에 걸리는 횟수 $Y \sim Poi(6)$

$P(Y \leq 3) = \sum_{n=0}^{3} \frac{e^{-6} 6^n}{n!} \approx 0.1512$

13 $P(X=\lambda) = e^{-\lambda} \frac{\lambda^\lambda}{\lambda!} = e^{-\lambda} \frac{\lambda^{\lambda-1}}{(\lambda-1)!} = P(X = \lambda - 1)$

15 (a) $E(e^{tX}) = \sum_{k=1}^{\infty} e^{tk} (1-p)^{k-1} p = pe^t \sum_{k=1}^{\infty} e^{t(k-1)} (1-p)^{k-1} = \frac{pe^t}{1-(1-p)e^t}$

(b) $E(e^{tX})=\sum_{k=0}^{n}e^{kt}\binom{n}{k}p^k(1-p)^{n-k}=\sum_{k=0}^{n}\binom{n}{k}(pe^t)^k(1-p)^{n-k}=(1-p+pe^t)^n$

(c) $E(e^{tX})=\sum_{k=0}^{\infty}e^{tk}\frac{e^{-\lambda}\lambda^k}{k!}=e^{-\lambda}\sum_{k=0}^{\infty}\frac{(\lambda e^t)^k}{k!}=e^{-\lambda}e^{\lambda e^t}=\exp(\lambda(e^t-1))$

17 $E(X!)=\sum_{n=0}^{\infty}n!P(X=n)=\sum_{n=0}^{\infty}n!\frac{e^{-\lambda}\lambda^n}{n!}=e^{-\lambda}\sum_{n=0}^{\infty}\lambda^n=\frac{e^{-\lambda}}{1-\lambda}$

연습문제 3.4

01 (a) $f(x)=\begin{cases}0.01e^{-0.01x}, & x\geq 0\\ 0, & \text{기타}\end{cases}$, $F(x)=\begin{cases}1-e^{-0.01x}, & x\geq 0\\ 0, & \text{기타}\end{cases}$

(b) $S(t)=1-F(t)=e^{-0.01t}$ (c) $E(X)=100,\ Var(X)=10000$

03 (a) $P(X\leq 0.25)=1-e^{-2}\approx 0.8647$ (b) $P(X>0.5)=e^{-4}\approx 0.0183$

05 $m_X(t)=\frac{\lambda}{\lambda-t},\ t<\lambda$

(a) $m_{-X}(t)=E(e^{-tX})=m_X(-t)=\frac{\lambda}{\lambda+t},\ t>-\lambda$

(b) $m_{X-2}(t)=E(e^{t(X-2)})=e^{-2t}E(e^{tX})=e^{-2t}m_X(t)=\frac{\lambda e^{-2t}}{\lambda-t},\ t<\lambda$

(c) $m_{\lambda X}(t)=E(e^{\lambda tX})=m_X(\lambda t)=\frac{\lambda}{\lambda-\lambda t}=\frac{1}{1-t},\ t<1$

07 $P(X=n)=P([T]+1=n)=P([T]=n-1)=P(n-1\leq T<n)$

$=\lambda\int_{n-1}^{n}e^{-\lambda t}dt=e^{-\lambda(n-1)}-e^{-\lambda n}=e^{-\lambda(n-1)}(1-e^{-\lambda})$

$\Rightarrow p=1-e^{-\lambda}$로 놓으면 $P(X=n)=p(1-p)^{n-1}$ 따라서 $X\sim Geo(1-e^{-\lambda})$

09 $P(\min(X_1,\cdots,X_n)>x)=P(X_1>x,\cdots,X_n>x)$

$=P(X_1>x)\cdots P(X_n>x)=(e^{-\lambda x})^n=e^{-\lambda nx}$

$\Rightarrow S=\min(X_1,X_2,\cdots,X_n)\sim \text{Exp}(n\lambda)$

11 X의 적률생성함수: $m(t)=\frac{\lambda}{\lambda-t}$

$E(X^k)=m^{(k)}(0)=\frac{d^k}{dt^k}\left[\frac{\lambda}{\lambda-t}\right]_{t=0}=\left[\frac{k!\lambda}{(\lambda-t)^{k+1}}\right]_{t=0}=\frac{k!}{\lambda^k}$

13 X_1, X_2, X_3 : 부품 3개의 수명,

이 부품으로 유지 가능한 기간의 평균 $= E(X_1 + X_2 + X_3) = \frac{1}{4} + \frac{1}{4} + \frac{1}{4} = \frac{3}{4}$

15 $X \geq 0 \Rightarrow Y \geq \beta$이므로 $P(Y \leq \beta) = 0$

$y > \beta$이면 $P(Y \leq y) = P\left(e^X \leq \frac{y}{\beta}\right) = P\left(X \leq \ln\frac{y}{\beta}\right) = 1 - e^{-\lambda \ln \frac{y}{\beta}} = 1 - \left(\frac{\beta}{y}\right)^{\lambda}$

따라서 $f(y) = \frac{\lambda \beta^{\lambda}}{y^{\lambda+1}},\ y > \beta$

17 (a) 확률밀도함수가 우함수이므로 $\int_0^{\infty} f(x)dx = \int_{-\infty}^{0} f(x)dx = \frac{1}{2}$

따라서 $p(X \geq 0) = \frac{1}{2}$

(b) $E(X) = \frac{1}{2}\int_{-\infty}^{\infty} xe^{-|x|}dx = 0$

$Var(X) = E(X^2) = \frac{1}{2}\int_{-\infty}^{\infty} x^2 e^{-|x|}dx = \int_0^{\infty} x^2 e^{-x}dx = 2$

19 (a) X의 확률밀도함수: $f(x) = \frac{1}{2}\lambda e^{-\lambda|x|},\ -\infty < x < \infty$

$P(|X| \leq x) = P(-x \leq X \leq x) = \int_{-x}^{x} \frac{1}{2}\lambda e^{-\lambda|t|}dt = \int_0^x \lambda e^{-\lambda t}dt$

$\Rightarrow$ $|X|$의 확률밀도함수는 $\frac{d}{dx}P(|X| \leq x) = \begin{cases} \lambda e^{-\lambda x}, & x \geq 0 \\ 0, & \text{기타} \end{cases}$

$\Rightarrow |X| \sim \text{Exp}(\lambda)$

(b) $X - \mu \sim$ Laplace$(\lambda, 0)$이므로 (a)에 의해 $|X - \mu| \sim \text{Exp}(\lambda)$

연습문제 3.5

01 (a) $1-c$ (b) $1-c$ (c) $2c-1$ (d) $1-d$ (e) $1-d$ (f) $c-d$

03 (a) 0.52 (b) 0.52 (c) $P(Z \leq x) = 0.8,\quad x = 0.84$

(d) $P(x \leq Z \leq 1.96) = P(Z \leq 1.96) - P(Z \leq x) = 0.975 - P(Z \leq x)$

$P(Z \leq x) = 0.075 \Rightarrow x = -1.44$

05 혈압 $= X \sim N(125, 20^2)$, $Z = \frac{X - 125}{20} \sim N(0,1)$

(a) $P(90 \leq X \leq 140) = P\left(-\frac{35}{20} \leq \frac{X-125}{20} \leq \frac{15}{20}\right) = \Phi(0.75) - \Phi(-1.75) = 0.7333$

(b) $P(X \geq 140) = P(Z \geq 0.75) = 1 - \Phi(0.75) = 0.2266$

(c) $P(X \le 90) = P(Z \le -1.75) = 0.0401$

07 $X \sim N(14, 2^2)$, $Z = \dfrac{X-14}{2} \sim N(0,1)$

$P(13.5 \le X \le 17) = P(-0.25 \le Z \le 1.5) = 0.5319$

09 $X \sim N(173.5, 3.9^2)$, $P(X \ge 180) = P\left(Z \ge \dfrac{6.5}{3.9}\right) = 0.0478$, 4.78%

11 $19 - \mu = -(9 - \mu) \Rightarrow \mu = 14$

13 (a) $P(55 \le X \le 65) = P(X \le 65) - P(X \le 54) = 0.1832$

$X \approx N(50, 5^2)$

(b) $P(55 \le X \le 65) = P(1 \le Z \le 3) = 0.1573$

(c) $P(55 \le X \le 65) = P(54.5 \le X \le 65.5) = P(0.9 \le Z \le 3.1) = 0.1831$

15 (a) $P(X \ge 3) = 1 - P(X \le 2) = 1 - 0.0028 = 0.9972$

(b) $X \approx Poi(10)$

$P(X \ge 3) = 1 - P(X \le 3) = 1 - e^{-10}\left(1 + 10 + \dfrac{10^2}{2!}\right) = 1 - 61e^{-10} = 0.9972$

(c) $X \approx N(10, 9.99)$, $P(X \ge 3) = P(X \ge 2.5) = P\left(Z \ge -\dfrac{7.5}{\sqrt{9.99}}\right) = 0.9912$

17 하나의 시리얼이 불량일 확률 $P(X \le 495) = P(Z \le -1) = 0.1587$

(a) 모수가 (100, 0.1587)인 이항분포

(b) $100 \cdot 0.1587 = 15.87$

(c) $np = 15.87$로 큰 편이므로 정규근사를 사용한다. $X \approx N(15.87, 3.57^2)$

$P(X \le 10) = P(X \le 10.5) = P\left(Z \le \dfrac{10.5 - 15.87}{3.57}\right) = P(Z \le -1.5) = 0.0668$

19 (a) $Y > 0$이므로 $y \le 0$이면 $F_Y(y) = 0$,

$y > 0$이면 $F_Y(y) = P(Y \le y) = P(X \le \ln y) = F_X(\ln y)$

(b) $f_Y(y) = \dfrac{d}{dy}F_Y(y) = \dfrac{d}{dy}F_X(\ln y) = \dfrac{f_X(\ln y)}{y}$, $y \ge 0$

(c) $E(Y) = E(e^X) = m_X(1) = \exp\left(\mu + \dfrac{\sigma^2}{2}\right)$

$E(Y^2) = E(e^{2X}) = m_X(2) = \exp(2\mu + 2\sigma^2)$, $Var(Y) = e^{2\mu+\sigma^2}(e^{\sigma^2} - 1)$

제 4 장 결합확률분포

연습문제 4.1

01 (a) $p_X(1)=\frac{2}{3},\ p_X(2)=\frac{1}{3},\ p_Y(1)=\frac{2}{3},\ p_Y(2)=\frac{1}{3}$

(b) $p(1,1)=\frac{1}{3} \neq p_X(1)p_Y(1)=\frac{4}{9}$이므로 독립이 아니다.

(c) $E(X)=E(Y)=\frac{4}{3},\ \ Var(X)=Var(Y)=\frac{2}{9}$

(d) $E(XY)=\frac{5}{3},\ E(X^2Y^2)=3,\ Var(XY)=\frac{2}{9}$

03 (a) $k\sum_{x=1}^{3}\sum_{y=1}^{4}(x+y)=k\sum_{x=1}^{3}(4x+10)=k(24+30)=54k=1 \Rightarrow k=\frac{1}{54}$

(b) $p_X(1)=\sum_{y=1}^{4}p(1,y)=\frac{1}{54}\sum_{y=1}^{4}(1+y)=\frac{4+10}{54}=\frac{7}{27}$

$p_X(2)=\frac{1}{54}\sum_{y=1}^{4}(2+y)=\frac{8+10}{54}=\frac{1}{3},\ p_X(3)=\frac{1}{54}\sum_{y=1}^{4}(3+y)=\frac{12+10}{54}=\frac{11}{27}$

$p_Y(1)=\frac{1}{54}\sum_{x=1}^{3}(x+1)=\frac{6+3}{54}=\frac{1}{6},\ p_Y(2)=\frac{1}{54}\sum_{x=1}^{3}(x+2)=\frac{6+6}{54}=\frac{2}{9}$

$p_Y(3)=\frac{1}{54}\sum_{x=1}^{3}(x+3)=\frac{6+9}{54}=\frac{5}{18},\ p_Y(4)=\frac{1}{54}\sum_{x=1}^{3}(x+4)=\frac{6+12}{54}=\frac{1}{3}$

(c) $p(1,1) \neq p_X(1)p_Y(1)$이므로 독립이 아니다.

(d) $P(X=Y)=p(1,1)+p(2,2)+p(3,3)=\frac{2}{9}$

$P(X>Y)=p(2,1)+p(3,1)+p(3,2)=\frac{2}{9}$

$P(X<Y)=1-P(X=Y)-P(X>Y)=\frac{5}{9}$

05 (a) $p_X(0)=0.24,\ p_X(1)=0.28,\ p_X(2)=0.24,\ p_X(3)=0.24$

$p_Y(0)=0.25,\ p_Y(1)=0.28,\ p_Y(2)=0.23,\ p_Y(3)=0.24$

(b) $p(0,0)=0.1 \neq p_X(0)p_Y(0)=0.24\cdot 0.25=0.06$이므로 독립이 아니다.

(c) $P(X\le Y)=1-P(X>Y)=1-(0.06+0.05+0.04+0.1+0.05+0.04)=0.66$

$P(X+Y>2)=1-P(X+Y\le 2)=1-(0.1+0.05+0.04+0.06+0.08+0.05)=0.62$

07 (a) $1=\sum_{x=0}^{\infty}\sum_{y=0}^{\infty}p(x,y)=c\sum_{x=0}^{\infty}\frac{3^x}{x!}\sum_{y=0}^{\infty}\frac{3^y}{y!}=ce^3e^3 \Rightarrow c=e^{-6}$

(b) $P(X=k)=\sum_{y=0}^{\infty}p(k,y)=e^{-6}\sum_{y=0}^{\infty}\frac{3^k3^y}{k!y!}=e^{-6}\frac{3^k}{k!}\sum_{y=0}^{\infty}\frac{3^y}{y!}=e^{-3}\frac{3^k}{k!}\ \Rightarrow\ X\sim Poi(3)$

같은 방법으로 $P(Y=j)=\sum_{x=0}^{\infty}p(x,j)=e^{-3}\frac{3^j}{j!}\ \Rightarrow\ Y\sim Poi(3)$

(c) $x=0,1,\cdots,\ y=0,1,\cdots$에 대하여 $p(x,y)=p_X(x)p_Y(y)$이므로 독립이다.

09 (a) $\sum_{n=0}^{\infty}\sum_{m=0}^{\infty}ca^nb^m=c\sum_{n=0}^{\infty}a^n\sum_{m=0}^{\infty}b^m=\frac{c}{(1-a)(1-b)}=1$이므로 $c=(1-a)(1-b)$

(b) $p_X(n)=\sum_{m=0}^{\infty}p(n,m)=(1-a)(1-b)a^n\sum_{m=0}^{\infty}b^m=(1-a)a^n,\ n=0,1,2,\cdots$

$p_Y(m)=\sum_{n=0}^{\infty}p(n,m)=(1-a)(1-b)b^m\sum_{n=0}^{\infty}a^n=(1-b)b^m,\ m=0,1,2,\cdots$

(c) $n,m=0,1,2,\cdots$에 대하여 $p(n,m)=p_X(n)p_Y(m)$이므로 독립이다.

11 (a) $F_X(x)=\lim_{y\to\infty}F(x,y)=1-\frac{1}{x},\ x>1,\ \ F_Y(y)=\lim_{x\to\infty}F(x,y)=1-\frac{1}{y},\ y>1$

(b) $f_X(x)=\frac{d}{dx}F_X(x)=\frac{1}{x^2},\ x>1,\quad f_Y(y)=\frac{d}{dy}F_Y(y)=\frac{1}{y^2},\ y>1$

(c) $f(x,y)=\frac{\partial^2}{\partial x\partial y}F(x,y)=\frac{2}{x^2y^3}+\frac{2}{x^3y^2},\ x>1,\ y>1$

(d) 독립이 아니다. $(f(x,y)\neq f_X(x)f_Y(y))$

13 (a) $k=\frac{1}{8}$ (b) $f_X(x)=\frac{1}{2},\ 0<x<2,\ f_Y(y)=\frac{1}{4},\ 0<y<4$ (c) $\frac{1}{4}$ (d) $\frac{1}{2}$ (e) $\frac{\pi}{8}$

15 (a) $1=\int_0^1\int_0^1k(x+y)\,dx\,dy=k\int_0^1\left(\frac{1}{2}+y\right)dy=k\left(\frac{1}{2}+\frac{1}{2}\right)=k\ \Rightarrow\ k=1$

(b) $0<x<1$이면 $f_X(x)=\int_0^1(x+y)dy=x+\frac{1}{2}\ \Rightarrow\ f_X(x)=\begin{cases}x+\frac{1}{2}, & 0<x<1\\ 0, & \text{기타}\end{cases}$

같은 방법으로 $f_Y(y)=\begin{cases}y+\frac{1}{2}, & 0<y<1\\ 0, & \text{기타}\end{cases}$

(c) $f(x,y)\neq f_X(x)f_Y(y)$이므로 독립이 아니다.

17 (a) $H(x)=P(S\le x)=1-P(S>x)=1-P(X_1>x,\cdots,X_n>x)$

$=1-P(X_1>x)\cdots P(X_n>x)=1-(1-F(x))^n$

(b) $h(x)=\frac{d}{dx}(1-(1-F(x))^n)=n(1-F(x))^{n-1}f(x)$

19 (a) X, Y가 독립이면 $F(x, y) = F_X(x)F_Y(y)$

$$f(x, y) = \frac{\partial^2}{\partial x \partial y}F(x, y) = \frac{\partial^2}{\partial x \partial y}(F_X(x)F_Y(y)) = \frac{\partial}{\partial x}(F_X(x)f_Y(y)) = f_X(x)f_Y(y)$$

(b) 임의의 실수 x, y에 대하여 $f(x, y) = f_X(x)f_Y(y)$이면

$$F(x, y) = \int_{-\infty}^{x}\int_{-\infty}^{y} f(u, v)dvdu = \int_{-\infty}^{x}\int_{-\infty}^{y} f_X(u)f_Y(v)dvdu$$

$$= \int_{-\infty}^{x} f_X(u)du\int_{-\infty}^{y} f_Y(v)dv = F_X(x)F_Y(y)$$

연습문제 4.2 ~ 4.3

01 $Cov(X, Y) = E(XY) - E(X)E(Y) = \frac{5}{3} - \left(\frac{4}{3}\right)^2 = -\frac{1}{9}$

$$Corr(X, Y) = \frac{Cov(X, Y)}{\sqrt{Var(X)\,Var(Y)}} = \frac{-1/9}{2/9} = -\frac{1}{2}$$

03 (a) $1 = c\sum_{x=0}^{2}\sum_{y=0}^{2}(x+y) = c\sum_{x=0}^{2}(3x+3) = 18c \Rightarrow c = \frac{1}{18}$

(b) $E(XY) = \frac{1}{18}\sum_{x=0}^{2}\sum_{y=0}^{2}xy(x+y) = \frac{1}{18}\sum_{x=0}^{2}(3x^2+5x) = \frac{1}{18}(3+12+5+10) = \frac{5}{3}$

(c) $p_X(0) = \frac{1}{18}\sum_{y=0}^{2}(0+y) = \frac{1}{6} = p_Y(0)$, $p_X(1) = \frac{1}{18}\sum_{y=0}^{2}(1+y) = \frac{1}{3} = p_Y(1)$

$p_X(2) = \frac{1}{18}\sum_{y=0}^{2}(2+y) = \frac{1}{2} = p_Y(2)$

$E(X) = E(Y) = \frac{4}{3}$, $\quad Var(X) = Var(Y) = \frac{7}{3} - \left(\frac{4}{3}\right)^2 = \frac{5}{9}$

$Cov(X, Y) = E(XY) - E(X)E(Y) = \frac{5}{3} - \left(\frac{4}{3}\right)^2 = -\frac{1}{9}$

$Corr(X, Y) = \frac{-1/9}{5/9} = -\frac{1}{5}$

05 (a) $E(X) = E(Y) = 2$, $Var(X) = Var(Y) = \frac{2}{3}$

(b) $Cov(X, Y) = \frac{11}{3} - 2 \cdot 2 = -\frac{1}{3}$, $Corr(X, Y) = \frac{-1/3}{2/3} = -\frac{1}{2}$

07 Z를 나머지 무늬의 카드 개수라 하면 X, Y, Z는 모수가 $\left(3; \frac{1}{4}, \frac{1}{4}, \frac{1}{2}\right)$인 다항분포를 따른다.

(a) $p(0,0) = P(X=0, Y=0, Z=3) = \frac{3!}{0!0!3!}\left(\frac{1}{4}\right)^0\left(\frac{1}{4}\right)^0\left(\frac{1}{2}\right)^3 = \frac{1}{8}$이고 같은 방법으로 계산하여 표를 만들면 다음과 같다.

x \ y	0	1	2	3	$P(X=x)$
0	1/8	3/16	3/32	1/64	27/64
1	3/16	3/16	3/64	0	27/64
2	3/32	3/64	0	0	9/64
3	1/64	0	0	0	1/64
$P(Y=y)$	27/64	27/64	9/64	1/64	1

(b) $P(X=Y)=\frac{5}{16}$, $P(X<Y)=P(X>Y)=\frac{11}{32}$

(c) $X+Y \sim Bin\left(3, \frac{1}{2}\right)$이므로 $E(X)=\frac{3}{2}$, $E(XY)=\frac{3}{16}+2\cdot\frac{3}{64}+2\cdot\frac{3}{64}=\frac{3}{8}$

(d) $X, Y \sim Bin\left(3, \frac{1}{4}\right)$이므로 $E(X)=E(Y)=\frac{3}{4}$, $Var(X)=Var(Y)=\left(\frac{3}{4}\right)^2$

$Cov(X, Y)=\frac{3}{8}-\left(\frac{3}{4}\right)^2=-\frac{3}{16}$, $Corr(X, Y)=\frac{-3/16}{9/16}=-\frac{1}{3}$

09 (a) $E(Y)=3-2(3)+3(3)=6$, $Var(Y)=1(7)+2^2(7)+3^2(7)=98$

(b) $i \neq j$이면 $Cov(X_i, X_j)=0$이므로 $Cov(X_1, Y)=Var(X_1)=7$

$Cov(X_2, Y)=-2Var(X_2)=-14$, $Cov(X_3, Y)=3Var(X_3)=21$

11 X, Y는 독립이므로 $Cov(X, Y)=0$, $Corr(X, Y)=0$

13 (a) $E(X)=E(Y)=\frac{2}{3}$, $Var(X)=Var(Y)=\frac{1}{2}-\left(\frac{2}{3}\right)^2=\frac{1}{18}$

(b) X, Y는 독립이므로 $Cov(X, Y)=0$, $Corr(X, Y)=0$

15 (a) $E(X)=\frac{2}{3}$, $E(Y)=\frac{1}{2}$

$Var(X)=\frac{1}{2}-\left(\frac{2}{3}\right)^2=\frac{1}{18}$, $Var(Y)=\frac{1}{3}-\left(\frac{1}{2}\right)^2=\frac{1}{12}$

(b) X, Y는 독립이므로 $Cov(X, Y)=0$, $Corr(X, Y)=0$

17 (a) $m_{X+Y}(t)=E(e^{(X+Y)t})=E(e^{tX}e^{tY})$이고 e^{tX}, e^{tY}는 독립이므로

$m_{X+Y}(t)=E(e^{tX}e^{tY})=E(e^{tX})E(e^{tY})=m_X(t)m_Y(t)$

(b) $m_Y(t)=E(e^{(X_1+X_2+\cdots+X_n)t})=E(e^{tX_1}e^{tX_2}\cdots e^{tX_n})$이고 $e^{tX_1}, e^{tX_2}, \cdots, e^{tX_n}$은 독립이므로

$m_Y(t)=E(e^{tX_1}e^{tX_2}\cdots e^{tX_n})=E(e^{tX_1})E(e^{tX_2})\cdots E(e^{tX_n})=m_1(t)m_2(t)\cdots m_n(t)$

(c) $X_1, X_2, \cdots, X_n$이 동일한 분포를 갖는다면 (b)에서 $m_1(t)=m_2(t)=\cdots=m_n(t)$이므로 (b)의 결과에서 $m_Y(t)=[m(t)]^n$을 얻는다.

19 (a) $Cov(aX+b, Y)=E((aX+b)Y)-E(aX+b)E(Y)$

$$= aE(XY) + bE(Y) - aE(X)E(Y) - bE(Y)$$

$$= a(E(XY) - E(X)E(Y)) = aCov(X, Y)$$

(b) $Cov(X_1 + X_2, Y) = E((X_1 + X_2)Y) - E(X_1 + X_2)E(Y)$

$$= E(X_1 Y) - E(X_1)E(Y) + E(X_2 Y) - E(X_2)E(Y)$$

$$= Cov(X_1, Y) + Cov(X_2, Y)$$

21 $Cov(aX+b, cY+d) = E((aX+b)(cY+d)) - (a\mu_X + b)(c\mu_Y + d)$

$$= ac(E(XY) - \mu_X\mu_Y) = ac\,Cov(X, Y)$$

$Var(aX+b) = a^2 Var(X)$, $Var(cY+d) = c^2 Var(Y)$

$$Corr(aX+b, cX+d) = \frac{acCov(X, Y)}{|ac|\sqrt{Var(X)\,Var(Y)}} = \begin{cases} Corr(X, Y), & ac > 0\text{일 때} \\ -Corr(X, Y), & ac < 0\text{일 때} \end{cases}$$

연습문제 4.4

01 (a)

$p_{Y\|X}(j\|i)$	$j=0$	$j=1$	$j=2$	$j=3$
$i=0$	1/4	1/2	1/4	0
$i=1$	0	1/4	1/2	1/4

(b) $E(Y|X=0) = 1$, $E(Y|X=1) = 2$

03 (a) $p_{X|Y}(0|0) = P(X=0|Y=0) = \dfrac{0.2}{0.4625} = \dfrac{16}{37}$, $p_{X|Y}(1|0) = \dfrac{0.15}{0.4625} = \dfrac{12}{37}$

$p_{X|Y}(2|0) = \dfrac{0.1}{0.4625} = \dfrac{8}{37}$, $p_{X|Y}(3|0) = \dfrac{0.0125}{0.4625} = \dfrac{1}{37}$

(b) $p_{Y|W}(0|2) = \dfrac{P(Y=0, W=2)}{P(W=2)} = \dfrac{P(X=2, Y=0)}{P(W=2)} = \dfrac{0.1}{0.4} = \dfrac{1}{4}$

$p_{Y|W}(1|2) = \dfrac{P(Y=1, W=2)}{P(W=2)} = \dfrac{0.2}{0.4} = \dfrac{1}{2}$, $p_{Y|W}(2|2) = \dfrac{P(Y=2, W=2)}{P(W=2)} = \dfrac{0.1}{0.4} = \dfrac{1}{4}$

05 $X + Y \sim Bin(n+m, p)$이고 X, Y는 독립이므로

$$P(X=i|X+Y=k) = \frac{P(X=i, X+Y=k)}{P(X+Y=k)} = \frac{P(X=i, Y=k-i)}{P(X+Y=k)} = \frac{P(X=i)P(Y=k-i)}{P(X+Y=k)}$$

$$= \frac{\binom{n}{i}p^i(1-p)^{n-i}\binom{m}{k-i}p^{k-i}(1-p)^{m-k+i}}{\binom{n+m}{k}p^k(1-p)^{n+m-k}} = \frac{\binom{n}{i}\binom{m}{k-i}}{\binom{n+m}{k}}$$

$\Rightarrow X+Y=k$가 주어졌을 때 X는 모수가 $(n+m, n, k)$인 초기하분포를 따른다.

07 (a) $f_{Y|X}(y|x) = \dfrac{f(x,y)}{f_X(x)} = \dfrac{(x+y)/120}{(x+5)/12} = \dfrac{x+y}{10(x+5)}$, $0 < y < 10$

(b) $0 \le y \le 10$이면 $F_{Y|X}(y|x) = \displaystyle\int_0^y \frac{x+t}{10(x+5)}dt = \frac{2xy+y^2}{20(x+5)}$

$y < 0$이면 $F_{Y|X}(y|x) = 0$, $y > 10$이면 $F_{Y|X}(y|x) = 1$

(c) $E(Y|X=x) = \displaystyle\int_0^{10} y\frac{x+y}{10(x+5)}dy = \frac{15x+100}{3(x+5)}$

09 하루에 맡겨지는 컴퓨터 대수 $N \sim Poi(12)$,

k번째 컴퓨터를 수리하는 데 걸리는 시간 $X_k \sim N(\frac{3}{4}, \sigma^2)$,

하루에 맡겨진 컴퓨터를 모두 수리하는 데 걸리는 시간 $Y = \sum_{k=1}^{N} X_k$,

$E(Y) = E(X_1)E(N) = \dfrac{3}{4} \cdot 12 = 9$(시간)

11 $g(X) = E(Y|X)$라 하면

$$g(x) = E(Y|X=x) = \int_{-\infty}^{\infty} yf_{Y|X}(y|x)dy = \int_{-\infty}^{\infty} y\frac{f(x,y)}{f_X(x)}dy = \frac{1}{f_X(x)}\int_{-\infty}^{\infty} yf(x,y)dy$$

$$E(E(Y|X)) = E(g(X)) = \int_{-\infty}^{\infty} g(x)f_X(x)dx = \int_{-\infty}^{\infty}\int_{-\infty}^{\infty} yf(x,y)dydx = E(Y)$$

13 (a) $X=x$일 때 Y는 앞면이 x번 나올 때까지 동전을 던진 횟수이므로

$Y \sim NB(x, 0.5)$

(b) $E(Y|X=x) = \dfrac{x}{0.5} - 2x$

15 X, Y가 이산이면서 독립이면 $p_{Y|X}(y|x) = p_Y(y)$

$$E(Y|X=x) = \sum_y yp_{Y|X}(y|x) = \sum_y yp_Y(y) = E(Y)$$

X, Y가 연속이면서 독립이면 $f_{Y|X}(y|x) = f_Y(y)$

$$E(Y|X=x) = \int_{-\infty}^{\infty} yf_{Y|X}(y|x)dy = \int_{-\infty}^{\infty} yf_Y(y)dy = E(Y)$$

17 (a) $p = P(N > 0) = 1 - P(N=0) = 1 - \left(\dfrac{2}{5}\right)^5 = \dfrac{3093}{3125} \approx 0.99$

(b) $k \ge 1$일 때 $P(N=k|N>0) = \dfrac{P(N=k)}{p}$이므로

$$E(N|N>0) = \sum_{k=1}^{5} kP(N=k|N>0) = \frac{1}{p}\sum_{k=1}^{5} kP(N=k) = \frac{E(N)}{p} = \frac{3}{p} = \frac{3125}{1031} \approx 3.031$$

(c) X_k를 k번째 타석에서 안타를 치면 1 아니면 0인 베르누이 변수라 하면 한 게임에 친 안타의 수 $Y=\sum_{k=1}^{N} X_k$, $E(Y)=E(N)E(X_1)=3 \cdot 0.4=1.2$

19 Y를 노란, 파란, 초록 주머니를 선택했을 때 각각 1, 2, 3인 확률변수라 하면

$P(Y=1)=P(Y=2)=P(Y=3)=\frac{1}{3}$이고

$X|Y=1 \sim HG(8,3,3)$, $X|Y=2 \sim HG(4,3,3)$, $X|Y=3 \sim HG(8,5,3)$

$$E(X)=\sum_{k=1}^{3} E(X|Y=k)P(Y=k)=\frac{1}{3}\left(3 \cdot \frac{3}{8}+3 \cdot \frac{3}{4}+3 \cdot \frac{5}{8}\right)=\frac{7}{4}$$

21 (a) $f_X(x)=\frac{1}{\sqrt{2\pi}}e^{-\frac{x^2}{2}}$, $f_{Y|X}(y|x)=\frac{1}{\sqrt{2\pi}}e^{-\frac{(y-x)^2}{2}}$

$$f(x,y)=f_{Y|X}(y|x)f_X(x)=\frac{1}{\sqrt{2\pi}}e^{-\frac{(y-x)^2}{2}}\frac{1}{\sqrt{2\pi}}e^{-\frac{x^2}{2}}=\frac{1}{2\pi}e^{-x^2+xy-\frac{y^2}{2}}$$

$$=\frac{1}{2\pi}e^{-\left(x-\frac{y}{2}\right)^2}e^{-\frac{y^2}{4}}$$

(b) $$f_Y(y)=\int_{-\infty}^{\infty} f(x,y)dx=\frac{1}{\sqrt{2}\sqrt{2\pi}}e^{-\frac{y^2}{2\cdot 2}}\int_{-\infty}^{\infty}\frac{\sqrt{2}}{\sqrt{2\pi}}e^{-\left(x-\frac{y}{2}\right)^2/\left(2\cdot\frac{1}{2}\right)}dx$$

$$=\frac{1}{\sqrt{2}\sqrt{2\pi}}e^{-\frac{y^2}{2\cdot 2}}$$ 이므로 $Y \sim N(0, 2)$

제 5 장 표본분포

연습문제 5.1

01 (a) $E(X)=2.5$, $Var(X)=\frac{5}{4}$

(b)

x	1.5	2	2.5	3	3.5
$P(\overline{X}=x)$	1/6	1/6	2/6	1/6	1/6

$E(\overline{X})=2.5$, $Var(\overline{X})=E(\overline{X}^2)-(E(\overline{X}))^2=\frac{20}{3}-\frac{25}{4}=\frac{5}{12}$

03 (a)

x	0	0.5	1
$p_{\overline{X}}(x)$	0.16	0.48	0.36

(b) $E(\overline{X}) = 0.6$, $Var(\overline{X}) = 0.12$

05 LED의 수명 $X \sim N(600, 30^2)$, 표본 25개의 평균수명 $\overline{X} \sim N(600, 6^2)$

$$P(\overline{X} \geq 612) = P\left(\frac{\overline{X} - 600}{6} \geq \frac{612 - 600}{6}\right) = P(Z \geq 2) = 1 - \Phi(2) = 0.0228$$

07 (a) $\overline{X} \approx N\left(19.5, \frac{25}{100}\right)$, $Z = \frac{\overline{X} - 19.5}{1/2} = 2(\overline{X} - 19.5) \approx N(0,1)$

$$P(19 \leq \overline{X} \leq 20) \approx P(-1 \leq Z \leq 1) = 2\Phi(1) - 1 = 0.6826$$

(b) $\overline{X} \approx N\left(19.5, \frac{25}{400}\right)$, $Z = \frac{\overline{X} - 19.5}{1/4} = 4(\overline{X} - 19.5) \approx N(0,1)$

$$P(19 \leq \overline{X} \leq 20) \approx P(-2 \leq Z \leq 2) = 2\Phi(2) - 1 = 0.9544$$

09 9번을 관측한 표본평균 $\overline{X} \sim N\left(\mu, \frac{0.04^2}{9}\right)$, $\frac{\overline{X} - \mu}{1/75} = 75(\overline{X} - \mu) \sim N(0,1)$

$$P(|\overline{X} - \mu| \leq 0.02) = P(75|\overline{X} - \mu| \leq 1.5) = P(|Z| \leq 1.5) = 2\Phi(1.5) - 1 = 0.8664$$

11 X_k : k번째 차량의 무게, $S_{100} = X_1 + X_2 + \cdots + X_{100}$

$X_k \sim N(1.19, 0.0025)$이므로 $S_{100} \sim N(119, 0.25)$, 따라서 $\frac{S_{100} - 119}{0.5} \sim N(0,1)$

$$P(S_{100} \geq 120) = P\left(\frac{S_{100} - 119}{0.5} \geq \frac{120 - 119}{0.5}\right)$$
$$= P(Z \geq 2) = 0.0228$$

즉 차량이 100대일 때 다리에 구조적인 손상이 있을 확률은 2.28%이다.

13 (a) $P(X \geq 110) = 1 - P(X \leq 109) = 1 - 0.8294 = 0.1706$

(b) $\frac{X - 100}{10} \approx N(0,1)$이므로

$$P(X \geq 110) = P\left(\frac{X - 100}{10} \geq \frac{110 - 100}{10}\right) \approx P(Z \geq 1) = 1 - \Phi(1) = 0.1587$$

(c) $P(X \geq 110) = P(X \geq 109.5) \approx P(Z \geq 0.95) = 1 - \Phi(0.95) = 0.1711$

15 (a) k번째 부품의 수명이 X_k라 하면 $X_k \sim \text{Exp}(1/5)$이고 70개의 부품으로 가동하는 시간은 $S = X_1 + X_2 + \cdots + X_{70}$, $S \sim \Gamma(70, 1/5)$이다.

$$P(S \geq 365) = 1 - P(S \leq 364) = 0.3557$$

(b) $E(S) = 70 \cdot 5 = 350$, $Var(S) = 70 \cdot 25 = 1750$, $S \approx N(350, 1750)$이므로

$$P(S \geq 365) = P\left(\frac{S - 350}{\sqrt{1750}} \geq \frac{365 - 350}{\sqrt{1750}}\right) = P(Z \geq 0.36) = 1 - \Phi(0.36) = 0.3594$$

17 $X_k \sim Geo\left(\frac{1}{2}\right)$, $k=1, 2, \cdots, 100$ 독립

(a) $X = X_1 + X_2 + \cdots + X_{100} \sim NB(100, 1/2)$이므로 $P(X \leq 220) = 0.9217$

(b) $X \approx N(200, 200)$이므로

$$P(X \leq 220) = P\left(\frac{X-200}{\sqrt{200}} \leq \frac{220-200}{\sqrt{200}}\right) = P(Z \leq \sqrt{2}) = 0.9213$$

19 $X \sim Bin(1000, 0.5)$, 표본비율 $\hat{p} = \frac{X}{1000} \approx N\left(\frac{1}{2}, \frac{1}{4000}\right)$, 중심극한정리에 의하여

$$\frac{\hat{p}-0.5}{1/\sqrt{4000}} = \sqrt{4000}(\hat{p}-0.5) \approx N(0,1)$$

$$\begin{aligned} P(0.47 \leq \hat{p} \leq 0.53) &= P(\sqrt{4000}(0.47-0.5) \leq \sqrt{4000}(\hat{p}-0.5) \leq \sqrt{4000}(0.53-0.5)) \\ &\approx P(-1.90 \leq Z \leq 1.90) = 0.9426 \end{aligned}$$

21 (a) X : 탑승한 고객 수 $X \sim Bin(330, 0.9)$

$P(X \geq 290) = 1 - P(X \leq 289) = 1 - 0.0873 = 0.9127$

(=1-BINOM.DIST(289, 330, 0.9, 1))

(b) $X \approx N(297, \sqrt{29.7})$

$$\begin{aligned} P(X \geq 290) &= P(X \geq 289.5) = P\left(\frac{X-297}{\sqrt{29.7}} \geq \frac{289.5-297}{\sqrt{29.7}}\right) \\ &\approx P(Z \geq -1.38) = 0.9162 \end{aligned}$$

23 (a) $X \sim Bin(500, 0.15)$, $E(X) = 500 \cdot 0.15 = 75$,

$Var(X) = 500 \cdot 0.15 \cdot 0.85 = 63.75$

(b) $E(\hat{p}) = \frac{1}{500}E(X) = 0.15$, $\quad Var(\hat{p}) = \frac{1}{500^2}Var(X) = \frac{0.15 \cdot 0.85}{500} = 2.55 \cdot 10^{-4}$

(c) $P(\hat{p} \leq 0.17) = P(X \leq 85) = 0.9041$(=BINOM.DIST(85, 500, 0.15, 1))

(d) $P(\hat{p} \leq 0.17) = P\left(\frac{\hat{p}-0.15}{\sqrt{2.55 \cdot 10^{-4}}} \leq \frac{0.17-0.15}{\sqrt{2.55 \cdot 10^{-4}}}\right) \approx P(Z \leq 1.25) = 0.8944$

25 (a) $X \sim Bin(80, 0.229)$, $E(X) = 18.32$, $Var(X) = 14.12 = 3.76^2$

$$P(X \geq 20) = P(X \geq 19.5) = P\left(\frac{X-18.32}{3.76} \geq \frac{19.5-18.32}{3.76}\right) \approx P(Z \geq 0.31) = 0.3783$$

(b) $X \sim Bin(80, 0.074)$, $E(X) = 5.92$, $Var(X) = 5.48 = 2.34^2$

$P(X \geq 10) = P(X \geq 9.5) = P(Z \geq 1.53) = 0.0630$

연습문제 5.2 ~ 5.3

01 (a) 27.49(=CHISQ.INV(0.975, 15)=CHISQ.INV.RT(0.025, 15))

(b) 18.48(=CHISQ.INV(0.99, 7)=CHISQ.INV.RT(0.01, 7))

(c) 36.42(=CHISQ.INV(0.95, 24)=CHISQ.INV.RT(0.05, 24))

03 $V=\frac{24S^2}{6}=4S^2 \sim \chi^2(24)$

(a) $P(S^2 \geq 9.1)=P(V \geq 36.4)=0.05$

(=CHISQ.DIST.RT(36.4, 24)=1-CHISQ.DIST(36.4, 24, 1))

(b) $P(3.462 \leq S^2 \leq 10.745)=P(13.848 \leq V \leq 42.98)$

$$=P(V \leq 42.98)-P(V \leq 13.848)=0.99-0.05=0.94$$

05 적률생성함수 $M_X(t)=(1-2t)^{-\frac{n}{2}}$

(a) $M_X{}'(t)=\left(-\frac{n}{2}\right)(1-2t)^{-\frac{n}{2}-1}(-2)=n(1-2t)^{-\frac{n}{2}-1}, \quad E(X)=M_X{}'(0)=n$

(b) $M_X{}''(t)=n\left(-\frac{n}{2}-1\right)(1-2t)^{-\frac{n}{2}-2}(-2)=n(n+2)(1-2t)^{-\frac{n}{2}-2},$

$E(X^2)=M_X{}''(0)=n^2+2n, \quad Var(X)=E(X^2)-[E(X)]^2=n^2+2n-n^2=2n$

07 X_1, X_2의 적률생성함수 $M_1(t)=(1-2t)^{-\frac{m}{2}}, M_2(t)$

X_1+X_2의 적률생성함수 $M(t)=(1-2t)^{-\frac{n}{2}}=M_1(t)M_2(t)=(1-2t)^{-\frac{m}{2}}M_2(t)$

따라서 $M_2(t)=(1-2t)^{-\frac{n-m}{2}}$ 이고 X_2는 자유도가 $(n-m)$인 카이제곱분포를 따른다.

09 $V=\frac{(10+12-2)S_p^2}{16}=\frac{5S_p^2}{4}\sim \chi^2(20)$이다.

(a) $P(S_p^2>25)=P(5S_p^2/4>5\cdot 25/4)=P(V>31.25)=0.0520$

(=CHISQ.DIST.RT(31.25, 20) 또는 =1-CHISQ.DIST(31.25, 20, 1))

(b) $\chi^2_{0.05}(20)=31.41$(=CHISQ.INV.RT(0.05, 20) 또는 =CHISQ.INV(0.95, 20))

$$\Rightarrow s_0=\frac{4}{5}\cdot 31.41=25.128$$

11 (a) 2.13(=T.INV(0.975, 15)) (b) 3.00 (c) 1.71

13 (a) 2.72 (b) 1.80 (c) 2.20 (d) 1.80

제 6 장 통계적 추론

연습문제 6.1 ~ 6.2

01 (a) $a+b=1$ (b) $a=\frac{2}{3}$, 최소분산 $\frac{4}{3}$

03 표본평균 $\hat{\mu}=\bar{x}=\frac{19.8}{36}=0.55$,

표본분산 $\widehat{\sigma^2}=s^2=\frac{1}{35}\sum_{k=1}^{36}(x_k-\bar{x})^2=\frac{1}{35}\left(\sum_{k=1}^{36}x_k^2-36\bar{x}^2\right)=2.106$

05 (a) $E(X_k)=\frac{\theta}{2}$, $k=1,2,\cdots,n$, $E(\hat{\mu})=E(2\bar{X})=\frac{2}{n}\sum_{k=1}^{n}E(X_k)=\frac{2}{n}\sum_{k=1}^{n}\frac{\theta}{2}=\theta$

(b) $Var(X_k)=\frac{\theta^2}{12}$, $k=1,2\cdots,n$

$Var(\hat{\mu})=Var(2\bar{X})=4Var(\bar{X})=4\frac{Var(X_1)}{n}=\frac{\theta^2}{3n}$

$\hat{\mu}$의 표준오차 $\mathrm{SE}(\hat{\mu})=\sqrt{Var(\hat{\mu})}=\frac{\theta}{\sqrt{3n}}$

07 (a) $E(X_k)=\lambda$, $k=1,2,\cdots,n$, $E(\bar{X})=\frac{1}{n}\sum_{k=1}^{n}E(X_k)=\frac{n\lambda}{n}=\lambda$

(b) $Var(\bar{X})=\frac{Var(X_1)}{n}=\frac{\lambda}{n}$, $\hat{\mu}$의 표준오차 $\mathrm{SE}(\hat{\mu})=\sqrt{Var(\hat{\mu})}=\sqrt{\frac{\lambda}{n}}$

09 $Var(\bar{X}_m)=\frac{1}{m}\sigma^2$, $Var(\bar{X}_n)=\frac{1}{n}\sigma^2$이므로 표본의 크기가 클수록 표본평균의 유효성이 커진다.

11 (a) $Var(\widehat{\mu_1})=0.04\mu^2$, $\text{bias}^2=0.04\mu^2$, $\mathrm{MSE}(\widehat{\mu_1})=0.08\mu^2$

(b) $Var(\widehat{\mu_1})=0.01\mu^2$, $\text{bias}^2=0.09\mu^2$, $\mathrm{MSE}(\widehat{\mu_2})=0.1\mu^2$

(c) $Var(\widehat{\mu_1})=0.06\mu^2$, $\text{bias}^2=0.01\mu^2$, $\mathrm{MSE}(\widehat{\mu_3})=0.07\mu^2$

13 (a) $\mathrm{SE}(\bar{X})=\sqrt{\frac{9}{36}}=0.5$ (b) $e=z_{0.025}\cdot 0.5=0.98$ (c) $2e=1.96$

15 (a) $\bar{x}\pm z_{0.025}\cdot\frac{5}{6}=10.9\pm 1.63=[9.27,\ 12.53]$

(b) $\bar{x}\pm z_{0.025}\cdot\frac{5}{8}=10.9\pm 1.225=[9.675,12.125]$

(c) $\bar{x}\pm z_{0.025}\cdot\frac{5}{9}=10.9\pm 1.09=[9.81,\ 11.99]$

17 (a) $\bar{x}=3.144$ (b) $3.144 \pm z_{0.025}\dfrac{0.005}{\sqrt{6}}=3.144 \pm 0.004=[3.14,\ 3.148]$

19 $\bar{x}=0.97$, $\bar{x} \pm z_{0.05}\dfrac{0.004}{\sqrt{25}}=0.97 \pm 0.0013=[0.9687,\ 0.9713]$

21 실험을 n번 할 때 신뢰수준 95%에서 오차한계 $e=z_{0.025}\dfrac{\sigma}{\sqrt{n}}=1.96\dfrac{3}{\sqrt{n}}$

$P(|\bar{X}-\mu| \le e)=0.95$이므로 $e=1.96\dfrac{3}{\sqrt{n}} \le 1.2$이면 표본평균의 오차$(\bar{X}-\mu)$가 1.2 g 이하가 될 확률이 95% 이상이 된다. $n \ge \left(1.96\dfrac{3}{1.2}\right)^2=24.01$이므로 실험을 25번 이상 반복해야 한다.

연습문제 6.3 ~ 6.4

01 (a) $11 \pm 1.96 \cdot \dfrac{2}{10}=[10.608,\ 11.392]$

(b) 귀무가설의 모평균값 $\mu=10.5$가 95% 신뢰구간에 들어가지 않으므로 귀무가설을 기각한다.

03 p-값 $=P(Z>z_0)=P(Z>2.1)=1-P(Z \le 2.1)=0.0179$

(a) $\alpha=0.03>0.0179$이므로 유의수준 $\alpha=0.03$에서 귀무가설을 기각한다.

(b) $\alpha=0.01<0.0179$이므로 유의수준 $\alpha=0.01$에서 귀무가설을 기각할 수 없다.

05 검정통계량 $Z=\dfrac{\bar{X}-17}{4/\sqrt{n}}$, 검정통계량의 값 $z_0=\dfrac{17.9-17}{4/\sqrt{n}}=0.225\sqrt{n}$

기각역은 $|Z|>z_{0.025}=1.96$

(a) $|z_0|=5 \cdot 0.225=1.125<1.96$이므로 귀무가설을 기각할 수 없다.

(b) $|z_0|=0.225\sqrt{50}=1.59<1.96$이므로 귀무가설을 기각할 수 없다.

(c) $|z_0|=0.225\sqrt{100}=2.25>1.96$이므로 귀무가설을 기각한다.

07 검정통계량 $Z=\dfrac{\bar{X}-17}{\sigma/\sqrt{100}}$, 검정통계량의 값 $z_0=\dfrac{17.9-17}{\sigma/\sqrt{100}}=\dfrac{9}{\sigma}$

기각역은 $|Z|>z_{0.025}=1.96$

(a) $|z_0|=\dfrac{9}{3}=3>1.96$이므로 귀무가설을 기각한다.

(b) $|z_0|=\dfrac{9}{5}=1.8<1.96$이므로 귀무가설을 귀무가설을 기각할 수 없다.

(c) $|z_0| = \frac{9}{10} = 0.9 < 1.96$이므로 귀무가설을 귀무가설을 기각할 수 없다.

09 검정통계량 $Z = \frac{\overline{X} - 17}{4/\sqrt{n}}$, 검정통계량의 값 $z_0 = \frac{17.9 - 17}{4/\sqrt{n}} = 0.225\sqrt{n}$

기각역은 $Z > z_{0.05} = 1.645$

(a) $z_0 = 5 \cdot 0.225 = 1.125 < 1.645$이므로 귀무가설을 기각할 수 없다.

(b) $z_0 = 0.225\sqrt{50} = 1.59 < 1.645$이므로 귀무가설을 기각할 수 없다.

(c) $z_0 = 0.225\sqrt{100} = 2.25 > 1.645$이므로 귀무가설을 기각한다.

11 검정통계량 $Z = \frac{\overline{X} - 17}{\sigma/\sqrt{100}}$, 검정통계량의 값 $z_0 = \frac{17.9 - 17}{\sigma/\sqrt{100}} = \frac{9}{\sigma}$

기각역은 $Z > z_{0.01} = 2.33$

(a) $z_0 = \frac{9}{3} = 3 > 2.33$이므로 귀무가설을 기각한다.

(b) $z_0 = \frac{9}{5} = 1.8 < 2.33$이므로 귀무가설을 기각할 수 없다.

(c) $z_0 = \frac{9}{10} = 0.9 < 2.33$이므로 귀무가설을 기각할 수 없다.

13 검정통계량 $Z = \frac{\overline{X} - 17}{4/\sqrt{n}}$, 검정통계량의 값 $z_0 = \frac{15.9 - 17}{4/\sqrt{n}} = -0.275\sqrt{n}$

기각역은 $Z < -z_{0.05} = -1.645$

(a) $z_0 = -5 \cdot 0.275 = -1.375 > -1.645$이므로 귀무가설을 기각할 수 없다.

(b) $z_0 = -0.275\sqrt{50} = -1.945 < -1.645$이므로 귀무가설을 기각한다.

(c) $z_0 = -0.275\sqrt{100} = -2.75 < -1.645$이므로 귀무가설을 기각한다.

15 검정통계량 $Z = \frac{\overline{X} - 17}{\sigma/\sqrt{100}}$, 검정통계량의 값 $z_0 = \frac{15.9 - 17}{\sigma/\sqrt{100}} = -\frac{11}{\sigma}$

기각역은 $Z < -z_{0.05} = -1.645$

(a) $z_0 = -\frac{11}{3} < -1.645$이므로 귀무가설을 기각한다.

(b) $z_0 = -\frac{11}{5} = -2.2 < -1.645$이므로 귀무가설을 기각한다.

(c) $z_0 = -\frac{11}{10} = -1.1 > -1.645$이므로 귀무가설을 기각할 수 없다.

17 (a) $10 \in [9.61, 12.19]$이므로 귀무가설을 기각할 수 없다.

(b) $10 \in [9.92, 11.88]$이므로 귀무가설을 기각할 수 없다.

(c) $10 \notin [10,0775, 11.7225]$이므로 귀무가설을 기각한다.

19 검정통계량 $Z = \dfrac{\overline{X} - 10}{5/\sqrt{100}} = 2(\overline{X} - 10)$

기각역은 $|Z| > z_{0.025} = 1.96$

(a) $|z_0| = |2(9.5 - 10)| = 1 < 1.96$이므로 귀무가설을 기각할 수 없다.

(b) $|z_0| = |2(11.2 - 10)| = 2.4 > 1.96$이므로 귀무가설을 기각한다.

(c) $|z_0| = |2(10.7 - 10)| = 1.4 < 1.96$이므로 귀무가설을 기각할 수 없다.

제 7 장 모평균의 추론 : Z-검정과 t-검정

연습문제 7.1

01 (a) $\bar{x} = \dfrac{17.7 + 19.9}{2} = 18.8$, $e = 1.1 = z_{0.025}\dfrac{s}{10}$이므로 $s = \dfrac{11}{1.96} = 5.61$

(b) $\bar{x} \pm z_{0.005}\dfrac{s}{10} = 18.8 \pm 2.58 \cdot \dfrac{5.61}{10} = [17.35, 20.25]$

03 (a) $\bar{x} \pm t_{0.025}(19)\dfrac{s}{\sqrt{20}} = 260 \pm 2.09 \cdot \dfrac{12}{\sqrt{20}} = [254.39, 265.61]$

(b) $H_0 : \mu = 265$, $H_1 : \mu < 265$, $T = \dfrac{\overline{X} - 265}{12/\sqrt{20}} \sim t(19)$

기각역 $T < -t_{0.05}(19) = -1.73$, $t_0 = \dfrac{260 - 265}{12/\sqrt{20}} = -1.86$

$t_0 = -1.86 < -1.73$이므로 귀무가설을 기각하고 회사의 주장을 받아들인다.

05 $e = t_{\alpha/2}(15)\dfrac{S}{\sqrt{16}} = 0.6S$이므로 $t_{\alpha/2}(15) = 2.4$, $P(|T| \le 2.4) = 0.97$이므로 신뢰수준은 97%

07 검정통계량 $Z = \dfrac{\overline{X} - 50}{\sqrt{20}/\sqrt{100}} = \sqrt{5}(\overline{X} - 50) \sim N(0, 1)$

$z_0 = \sqrt{5}(51 - 50) = 2.24$, p-값$= P(|Z| > 2.24) = 0.0251$

(a) 귀무가설 기각 $(0.0251 < 0.05)$

(b), (c) 귀무가설 기각할 수 없음 $(0.0251 > 0.02,\ 0.0251 > 0.01)$

09 검정통계량 $Z = \dfrac{\overline{X} - 50.2}{\sqrt{20} / \sqrt{100}} = \sqrt{5}(\overline{X} - 50.2) \sim N(0,1)$

$z_0 = \sqrt{5}(51 - 50.2) = 1.79$, p-값 $= P(|Z| > 1.79) = 0.0735$

(a), (b) 귀무가설 기각할 수 없음 $(0.0735 > 0.05,\ 0.0735 > 0.07)$

(c) 귀무가설 기각 $(0.0735 < 0.1)$

11 검정통계량 $T = \dfrac{\overline{X} - 5.5}{\sqrt{0.76} / \sqrt{16}} = 4.59(\overline{X} - 5.5) \sim t(15)$

$t_0 = 4.59(6 - 5.5) = 2.29$, p-값 $= P(|T| > 2.29) = 0.0369$

$\alpha = 0.05$에서 귀무가설을 기각, $\alpha = 0.03$에서 귀무가설 기각할 수 없음

13 p-값 $= P(T < -1.624) = 0.0694$, 유의수준 $\alpha = 0.04$에서 귀무가설 기각할 수 없음, $\alpha = 0.07$에서 귀무가설을 기각

15 (a) $z_{0.05} = 1.645 < 1.875 = z_0$이므로 귀무가설 기각

(b) $t_{0.05}(99) = 1.66 < t_0 = 1.875$이므로 귀무가설 기각

17 (a) $z_0 = \dfrac{\overline{x} - \mu_0}{s / \sqrt{n}} = 6 \cdot \dfrac{1.0015 - 1}{0.004} = 2.25$

$z_{0.025} = 1.96 < 2.25 = z_0$이므로 귀무가설 기각

(b) $t_{0.025}(35) = 2.03 < t_0 = 2.25$이므로 귀무가설 기각

19 (a) $H_0 : \mu = 10,\ H_1 : \mu > 10$

(b) 검정통계량 $T = \dfrac{\overline{X} - 10}{S / \sqrt{10}} \sim t(9)$, 기각역 $t_0 > t_\alpha(9)$

(c) $\overline{x} = 10.45$, $s = 0.82$, $t_0 = \dfrac{10.45 - 10}{0.82 / \sqrt{10}} = 1.74$, $t_{0.05}(9) = 1.83$이므로 귀무가설을 기각할 수 없다.

21 (a) $\overline{x} = 3.01$, $s = 1.13$

(b) $\overline{x} \pm t_{0.05}(19) \dfrac{s}{\sqrt{20}} = 3.01 \pm 1.73 \cdot \dfrac{1.13}{\sqrt{20}} = [2.57, 3.45]$

(c) $H_0 : \mu = 2.6,\ H_1 : \mu > 2.6$, 검정통계량 $T = \dfrac{\overline{X} - 2.6}{1.13 / \sqrt{20}} = 3.96(\overline{X} - 2.6) \sim t(19)$

기각역 $T > t_{0.05}(19) = 1.73$, 검정통계량의 값 $t_0 = 3.96(3.01 - 2.6) = 1.62$

t_0이 기각역에 속하지 않으므로($t_0 = 1.62 < 1.73$) 귀무가설을 기각할 수 없다. 즉 환경단체의 주장을 뒷받침할 확실한 근거는 없다.

연습문제 7.2 ~ 7.3

01 $E(S_X^2)=\sigma^2,\ E(S_Y^2)=\sigma^2$이므로

$$E(S_p^2)=\frac{(n-1)E(S_X^2)+(m-1)E(S_Y^2)}{n+m-2}=\frac{(n-1)\sigma^2+(m-1)\sigma^2}{n+m-2}=\frac{n-1+m-1}{n+m-2}\sigma^2=\sigma^2$$

03 서울의 평균 휘발유 가격 μ_1, 고속도로의 평균 휘발유 가격 μ_2

(a) $H_0:\mu_1=\mu_2,\ H_1:\mu_1\neq\mu_2$, 귀무가설이 참이면

검정통계량 $Z=\dfrac{\overline{X}-\overline{Y}}{\sqrt{0.08^2/12+0.06^2/10}}=\dfrac{100}{3}(\overline{X}-\overline{Y})\sim N(0,1)$,

기각역 $|Z|>z_{0.025}=1.96$, $z_0=\dfrac{100}{3}(0.05)=1.67<1.96$이므로 귀무가설을 기각할 수 없다. 즉, 서울과 고속도로의 휘발유 가격이 다르다고 할 충분한 근거가 없다.

(b) $H_0:\mu_1=\mu_2,\ H_1:\mu_1>\mu_2$, Z, z_0은 (a)와 같고 $z_0=1.67>z_{0.05}=1.645$이므로 귀무가설을 기각한다. 즉, 서울이 고속도로보다 휘발유 가격이 더 비싸다고 할 수 있다.

05 $H_0:\mu_2=\mu_1+0.5,\ H_1:\mu_2>\mu_1+0.5$, 귀무가설이 참이면

검정통계량 $T=\dfrac{\overline{Y}-\overline{X}-0.5}{S_p\sqrt{1/10+1/12}}\sim t(20)$, 기각역 $T>t_{0.05}(20)=1.72$,

$t_0=\dfrac{\overline{y}-\overline{x}-0.5}{s_p\sqrt{1/10+1/12}}=\dfrac{0.3}{0.3217\cdot 0.4282}=2.18$이므로 귀무가설을 기각한다. 다시 말해서, 새 엔진과 기존 엔진의 연비 차이는 0.5 km/L보다 더 크다고 할 수 있다.

07 (a) $H_0:\mu_2=\mu_1+0.6,\ H_1:\mu_2>\mu_1+0.6$, 귀무가설이 참이면

검정통계량 $Z=\dfrac{\overline{Y}-\overline{X}-0.6}{\sqrt{S_1^2/50+S_2^2/50}}\sim N(0,1)$, 기각역 $Z>z_{0.01}=2.58$,

$z_0=\dfrac{\sqrt{50}(\overline{y}-\overline{x}-0.6)}{\sqrt{0.12+0.09}}=\dfrac{\sqrt{50}\cdot 0.2}{\sqrt{0.21}}=3.08$이므로 귀무가설을 기각한다. 다시 말해서, 유의수준 $\alpha=0.01$에서 새 엔진과 기존 엔진의 연비 차이가 0.6 km/L보다 더 크다고 할 수 있다.

(b) $H_0:\mu_2=\mu_1+0.7,\ H_1:\mu_2>\mu_1+0.7$, 귀무가설이 참이면

검정통계량 $Z=\dfrac{\overline{Y}-\overline{X}-0.7}{\sqrt{S_1^2/50+S_2^2/50}}\sim N(0,1)$, 기각역 $Z>z_{0.01}=2.58$,

$z_0=\dfrac{\sqrt{50}(\overline{y}-\overline{x}-0.7)}{\sqrt{0.12+0.09}}=\dfrac{\sqrt{50}\cdot 0.1}{\sqrt{0.21}}=1.54$이므로 귀무가설을 기각할 수 없다. 다시

말해서, 유의수준 $\alpha=0.01$에서 새 엔진과 기존 엔진의 연비 차이가 0.7 km/L보다 더 크다고 할 충분한 근거가 없다.

09 (a) $e=t_{0.025}(9)\dfrac{\sqrt{2.5}}{\sqrt{10}}=\dfrac{2.26}{2}=1.13,\ \ \overline{x}\pm e=7.7\pm1.13=[6.57,\ 8.83]$

(b) $e=t_{0.025}(14)\dfrac{\sqrt{2}}{\sqrt{15}}=2.14\sqrt{\dfrac{2}{15}}=0.78,\ \ \overline{x}\pm e=9.2\pm0.78=[8.42,\ 9.98]$

(c) $e=t_{0.025}(23)s_p\sqrt{\dfrac{1}{10}+\dfrac{1}{15}}=2.07\cdot1.48\cdot0.41=1.26$

$\overline{y}-\overline{x}\pm e=1.5\pm1.26=[0.24,\ 2.76]$

11 (a) $e=z_{0.025}\sqrt{\dfrac{s_1^2}{100}+\dfrac{s_2^2}{100}}=1.96\sqrt{\dfrac{300^2+400^2}{100}}=98,$

$\overline{x}-\overline{y}\pm e=100\pm98=[2,198]$

(b) $H_0:\mu_1-\mu_2=0,\ H_1:\mu_1-\mu_2\neq0$, 0이 95% 신뢰구간에 들어가지 않으므로 귀무가설을 기각한다. 다시 말해서 통계학과 학생과 수학과 학생의 초임이 다르다는 주장을 유의수준 $\alpha=0.05$에서 받아들인다.

13 $H_0:\mu_1=\mu_2,\ H_1:\mu_1>\mu_2,\ Z=\dfrac{\overline{X}-\overline{Y}}{\sqrt{S_1^2/15+S_2^2/25}}\approx N(0,1)$

$z_0=\dfrac{400-390}{\sqrt{12^2/15+16^2/25}}=2.25,\ \ p$-값$=P(Z>2.25)=0.0122$이므로

유의수준 $\alpha=0.05, 0.1$에서 귀무가설을 기각하지만 유의수준 $\alpha=0.01$에서 귀무가설을 기각할 수 없다.

15 μ_1, μ_2 : 남자와 여자 100명의 초혼 평균 나이

(a) $H_0:\mu_1=\mu_2+3,\ H_1:\mu_1<\mu_2+3,$

$$Z=\frac{\overline{X}-\overline{Y}-3}{\sqrt{S_1^2/100+S_2^2/100}}=\frac{10(\overline{X}-\overline{Y}-3)}{\sqrt{S_1^2+S_2^2}}\approx N(0,1)$$

$z_0=\dfrac{10(32.8-30.1-3)}{\sqrt{4.2^2+3.2^2}}=-0.57$, 기각역 $Z<-z_{0.05}=-1.645$이므로 귀무가설을 기각할 수 없다. 다시 말해서 나이 차이가 3살보다 작다는 충분한 근거가 없다.

(b) $H_0:\mu_1=\mu_2+2,\ H_1:\mu_1>\mu_2+2,$

$$Z=\frac{\overline{X}-\overline{Y}-2}{\sqrt{S_1^2/100+S_2^2/100}}=\frac{10(\overline{X}-\overline{Y}-2)}{\sqrt{S_1^2+S_2^2}}\approx N(0,1)$$

$z_0 = \dfrac{10(32.8-30.1-2)}{\sqrt{4.2^2+3.2^2}} = 1.33$, 기각역 $Z > z_{0.05} = 1.645$이므로 귀무가설을 기각할 수 없다. 다시 말해서 나이 차이가 2살보다 크다는 충분한 근거가 없다.

17 $t_0 = \dfrac{\overline{d}-1}{s_D/\sqrt{n}} = \dfrac{0.18}{0.83/\sqrt{100}} = 2.17 > t_{0.05}(19) = 1.73$이므로 귀무가설을 기각한다. 즉, 첨가제 사용이 연비를 1보다 더 높인다고 할 수 있다.

19 μ_1, μ_2 : 보통과 고급의 연비평균, $\mu_D = \mu_2 - \mu_1$, $H_0 : \mu_D = 1$, $H_1 : \mu_D > 1$

x_k, y_k : k번째 종류 차량의 보통과 고급의 연비, $d_k = y_k - x_k$

k	1	2	3	4	5	6	7	8
x_k	11.9	9.9	13	11.1	10.9	14	8.7	12
y_k	12.5	11.4	14.2	13.5	11.8	15.1	10.1	13.2
d_k	0.7	1.5	1.2	2.4	0.9	1.1	1.4	1.2

$\overline{d} = 1.3$, $s_D = 0.51$, $T = \dfrac{\overline{D}-1}{S_D/\sqrt{8}} \sim t(7)$, 기각역 $T > t_{0.05}(7) = 1.89$,

$t_0 = \dfrac{1.3-1}{0.51/\sqrt{8}} = 1.66$이므로 귀무가설을 기각할 수 없다. 다시 말해서 연비 차이가 1보다 크다고 할 수 없다.

21 $\overline{d} = \overline{x} - \overline{y} = 183$,

$$s_D^2 = \frac{1}{99}\left(\sum_{k=1}^{100}(x_k-\overline{x})^2 + \sum_{k=1}^{100}(y_k-\overline{y})^2 - 2\sum_{k=1}^{100}(x_k-\overline{x})(y_k-\overline{y})\right)$$

$$= \frac{1}{99}(20123+12011-2\cdot 8219) = 158.54 \Rightarrow s_D = 12.59$$

23 $H_0 : d = 180$, $H_1 : d > 180$, 검정통계량 $Z = \dfrac{\overline{D}-180}{S_D/\sqrt{100}} \approx N(0,1)$,

기각역 : $Z > z_{0.05} = 1.645$, $z_0 = \dfrac{183-180}{12.59/10} = 2.38$이므로 귀무가설을 기각한다.

연습문제 7.4 ~ 7.5

01 (a) $\hat{p} = \dfrac{30}{150} = \dfrac{1}{5}$ (b) $SE(\hat{p}) = \sqrt{\dfrac{\hat{p}(1-\hat{p})}{n}} = \sqrt{\dfrac{4/25}{150}} = 0.0327$

(c) $e = z_{0.025}SE(\hat{p}) = 1.96 \cdot 0.0327 = 0.0640$ (d) $\hat{p} \pm e = 0.2 \pm 0.0640 = [0.1360,\ 0.2640]$

03 X: 불량품의 개수, 검정통계량 $Z = \dfrac{X - np_0}{\sqrt{np_0(1-p_0)}} = \dfrac{X-6}{2.41} \sim N(0,1)$

기각역 $Z < -z_{0.05} = -1.645$

(a) $z_0 = \dfrac{3-6}{2.41} = -1.24$, z_0은 기각역에 속하지 않으므로 귀무가설을 기각할 수 없다.

(b) $z_0 = \dfrac{2-6}{2.41} = -1.66$, z_0은 기각역에 속하므로 귀무가설을 기각한다.

05 $1.96\sqrt{\dfrac{0.52 \cdot 0.48}{n}} \le 0.04 \Rightarrow n \ge \dfrac{1.96^2 \cdot 0.52 \cdot 0.48}{0.04^2} = 599.29$

따라서 600명 이상이어야 한다.

07 μ : 한 봉지에 마카다미아가 들어 있는 비율

$H_0 : \mu = 0.15$, $H_1 : \mu < 0.15$, $\overline{X}$: 50개의 표본평균

귀무가설이 참이면 검정통계량 $Z = \dfrac{\overline{X} - 0.15}{0.01/\sqrt{50}} \approx N(0,1)$

검정통계량의 값 $z_0 = \dfrac{0.147 - 0.15}{0.01/\sqrt{50}} = -2.12$, p-값$= P(Z < -2.12) = 0.017$

유의수준 $\alpha = 0.05$에서 $\alpha = 0.05 > 0.017 = p$-값이므로 귀무가설은 기각한다. 다시 말해서 소비자들의 의심에 대한 충분한 증거가 된다.

09 1000명 중 만족한다고 답한 사람 수를 X라 하면 귀무가설이 참일 때

$X \sim Bin(1000, 0.1) \approx N(100, 90)$이고 $Z = \dfrac{X - 100}{\sqrt{90}} \approx N(0,1)$

기각역은 $Z > z_{0.05} = 1.645$

$z_0 = \dfrac{116 - 100}{\sqrt{90}} = 1.69 > z_{0.05} = 1.645$이므로 귀무가설을 기각한다.

11 각 모집단에서의 성공 횟수 X, Y, $\hat{p}_1 = \dfrac{X}{20}$, $\hat{p}_2 = \dfrac{Y}{30}$, $\hat{p} = \dfrac{X+Y}{20+30} = \dfrac{X+Y}{50}$

(a) $\hat{p}_1 - \hat{p}_2 = \dfrac{10}{20} - \dfrac{12}{30} = \dfrac{1}{10} = 0.1$, $s_p = \sqrt{\dfrac{0.5 \cdot 0.5}{20} + \dfrac{0.4 \cdot 0.6}{30}} = 0.1432$

95% 신뢰구간 $\hat{p}_1 - \hat{p}_2 \pm z_{0.025}s_p = 0.1 \pm 1.96 \cdot 0.1432 = [-0.1807, 0.3807]$

(b) $\hat{p} = \dfrac{22}{50} = 0.44$, $s = \sqrt{\hat{p}(1-\hat{p})\left(\dfrac{1}{n} + \dfrac{1}{m}\right)} = \sqrt{0.44 \cdot 0.56\left(\dfrac{1}{20} + \dfrac{1}{30}\right)} = 0.1433$

기각역 $|Z| > z_{0.025} = 1.96$, $z_0 = \dfrac{\hat{p}_1 - \hat{p}_2}{s} = \dfrac{0.1}{0.1433} = 0.70$이므로 귀무가설을 기각할 수 없다.

(c) 기각역 $Z > 1.645$, $z_0 = 0.70$이므로 귀무가설을 기각할 수 없다.

13 p_1, p_2: 개편 전 만족도와 개편 후 만족도

$H_0 : p_1 = p_2$, $H_1 : p_1 < p_2$, $\hat{p}_1 = 0.61$, $\hat{p}_2 = 0.65$

합동표본비율 $\hat{p} = \dfrac{1200 \cdot 0.61 + 960 \cdot 0.65}{1200 + 960} = 0.6278$, 기각역 $Z > z_{0.05} = 1.645$

$z_0 = \dfrac{\hat{p}_2 - \hat{p}_1}{\sqrt{\hat{p}(1-\hat{p})\left(\dfrac{1}{1200} + \dfrac{1}{960}\right)}} = \dfrac{0.04}{0.0209} = 1.91 > 1.645$이므로 귀무가설을 기각한다.

15 (a) p_1, p_2: 남자와 여자의 자원봉사 참여비율

$H_0 : p_1 = p_2$, $H_1 : p_1 < p_2$, $\hat{p}_1 = 0.0912$, $\hat{p}_2 = 0.1173$,

합동표본비율 $\hat{p} = \dfrac{93 + 115}{1020 + 980} = 0.1040$, 기각역 $Z > z_{0.05} = 1.645$

$z_0 = \dfrac{\hat{p}_2 - \hat{p}_1}{\sqrt{\hat{p}(1-\hat{p})\left(\dfrac{1}{1020} + \dfrac{1}{980}\right)}} = 1.91$이므로 귀무가설을 기각한다.

(b) p_1, p_2: 남자와 여자의 동호회 참여비율

$H_0 : p_1 = p_2$, $H_1 : p_1 > p_2$, $\hat{p}_1 = 0.1588$, $\hat{p}_2 = 0.1286$

합동표본비율 $\hat{p} = \dfrac{162 + 126}{1020 + 980} = 0.144$

$Z = \dfrac{\hat{p}_1 - \hat{p}_2}{\sqrt{\hat{p}(1-\hat{p})\left(\dfrac{1}{1020} + \dfrac{1}{980}\right)}} \approx N(0, 1)$, 기각역 $Z > z_{0.01} = 2.33$

$z_0 = \dfrac{\hat{p}_1 - \hat{p}_2}{\sqrt{\hat{p}(1-\hat{p})\left(\dfrac{1}{1020} + \dfrac{1}{980}\right)}} = 1.92$이므로 귀무가설을 기각할 수 없다.

제 8 장 카이제곱검정과 F-검정

연습문제 8.1

01 (a) $\dfrac{49s^2}{\chi^2_{0.025}(49)} = 11.1$이므로 $s^2 = \dfrac{11.1 \cdot \chi^2_{0.025}(49)}{49} = \dfrac{11.1 \cdot 70.22}{49} = 15.91$

(b) $\chi^2_{0.05}(49) = 66.34$, $\chi^2_{0.95}(49) = 33.93$이므로 $\left[\dfrac{49 \cdot 15.91}{66.34}, \dfrac{49 \cdot 15.91}{33.93}\right] = [11.75, 22.98]$

(c) $\sigma^2 = 11.5$는 95% 신뢰구간 [11.1, 24.7]에 들어가므로 유의수준 $\alpha = 0.05$에서 귀무가설을 기각할 수 없다. 그러나 90% 신뢰구간 [11.75, 22.98]에는 들어가지 않으므로 유의수준 $\alpha = 0.1$에서는 귀무가설을 기각한다.

03 $H_0 : \sigma^2 = 0.16,\ H_1 : \sigma^2 > 0.16$

검정통계량 $V = \dfrac{(n-1)S^2}{\sigma_0^2} = \dfrac{19S^2}{0.16} = 118.75S^2 \sim \chi^2(19)$

$v_0 = 118.75 \cdot 0.25 = 29.69$

(a) 기각역 $V > \chi^2_{0.01}(19) = 36.19$이므로 귀무가설을 기각할 수 없다.

(b) 기각역 $V > \chi^2_{0.05}(19) = 30.14$이므로 귀무가설을 기각할 수 없다.

(c) 기각역 $V > \chi^2_{0.1}(19) = 27.20$이므로 귀무가설을 기각한다.

05 $V = \dfrac{(n-1)S^2}{\sigma_0^2} = \dfrac{9S^2}{9} = S^2 \sim \chi^2(9)$, 기각역 $V > \chi^2_{0.05}(9) = 16.92$

$v_0 = 16 < 16.92 = \chi^2_{0.05}(9)$이므로 귀무가설을 기각할 수 없다.

07 $\left[\dfrac{99s^2}{\chi^2_{0.025}(99)}, \dfrac{99s^2}{\chi^2_{0.975}(99)}\right] = \left[\dfrac{99 \cdot 20}{128.42}, \dfrac{99 \cdot 20}{73.36}\right] = [15.42, 26.99]$

09 $\left[\dfrac{9s^2}{\chi^2_{0.025}(9)}, \dfrac{9s^2}{\chi^2_{0.975}(9)}\right] = \left[\dfrac{9 \cdot 0.734}{19.02}, \dfrac{9 \cdot 0.734}{2.70}\right] = [0.3473, 2.4467]$

11 $\left[\sqrt{\dfrac{99s^2}{\chi^2_{0.025}(99)}}, \sqrt{\dfrac{99s^2}{\chi^2_{0.975}(99)}}\right] = [0.0070, 0.0093]$

연습문제 8.2

01 (a) 8.10 (b) 4.15 (c) $F_{0.90}(8,6) = \dfrac{1}{F_{0.1}(6,8)} = \dfrac{1}{2.67} = 0.37$

(d) $F_{0.99}(8,6) = \dfrac{1}{F_{0.01}(6,8)} = \dfrac{1}{6.37} = 0.16$

03 $\dfrac{S_1^2/4}{S_2^2/8} = \dfrac{2S_1^2}{S_2^2} \sim F(9,14)$

$P(S_1^2 \ge S_2^2) = P\left(\dfrac{2S_1^2}{S_2^2} \ge 2\right) = 0.1183$(=F.DIST.RT(2,9,14) 또는 =1-F.DIST(2,9,14,1))

05 $\dfrac{S_1^2/2}{S_2^2/3} = \dfrac{3S_1^2}{2S_2^2} \sim F(11,14)$, $P(S_1^2 \le 2S_2^2) = P\left(\dfrac{3S_1^2}{2S_2^2} \le 3\right) = 0.9718$

07 $H_0 : \sigma_1^2 = \sigma_2^2,\ H_1 : \sigma_1^2 > \sigma_2^2,\ F = \dfrac{S_1^2}{S_2^2} \sim F(6,10)$

기각역 $F > F_{0.05}(6,10) = 3.22$

$f_0 = 3 < F_{0.05}(6,10) = 3.22$이므로 귀무가설을 기각할 수 없다.

09 $H_0 : \sigma_1^2 = \sigma_2^2,\ H_1 : \sigma_1^2 \neq \sigma_2^2,\ F = \dfrac{S_1^2}{S_2^2} \sim F(9,11)$

기각역 $F > F_{0.025}(9,11) = 3.59,\ F < F_{0.975}(9,11) = 0.26$

$f_0 = \dfrac{0.12}{0.09} = \dfrac{4}{3} = 1.33$은 기각역에 들어가지 않으므로 귀무가설을 기각할 수 없다.

11 $H_0 : \sigma_1^2 = \sigma_2^2,\ H_1 : \sigma_1^2 \neq \sigma_2^2,\ F = \dfrac{S_1^2}{S_2^2} \sim F(99,99)$

기각역 $F > F_{0.025}(99,99) = 1.49,\ F < F_{0.975}(99,99) = 0.67$

$f_0 = \dfrac{300^2}{400^2} = 0.56$ 은 기각역에 들어가므로 귀무가설을 기각한다.

연습문제 8.3

01 요일을 순서대로 1부터 7을 대응시키자.

귀무가설 H_0: $p_1 = p_2 = p_3 = p_4 = p_5 = p_6 = p_7 = \dfrac{1}{7}$

	일	월	화	수	목	금	토	합계
관측도수	25	21	18	15	16	19	26	140
기대도수	20	20	20	20	20	20	20	140
$\dfrac{(o_k - e_k)^2}{e_k}$	1.25	0.05	0.2	1.25	0.8	0.05	1.8	5.4

따라서 검정통계량의 값은 $v_0 = 5.4$이고 자유도는 6이다. 기각역은 $V > \chi^2_{0.05}(6) = 12.59$이므로 유의수준 $\alpha = 0.05$에서 귀무가설을 기각할 수 없다. 다시 말해 요일별로 차이가 있다고 말할 충분한 근거가 없다.

03

	0	1	2	3	4	5	6	7	8	9	합계
관측도수	95	88	102	109	110	92	96	79	113	116	1000
기대도수	100	100	100	100	100	100	100	100	100	100	1000
$\dfrac{(o_k - e_k)^2}{e_k}$	0.25	1.44	0.04	0.81	1	0.64	0.16	4.41	1.69	2.56	13

따라서 검정통계량의 값은 $v_0 = 13$이고 자유도는 9이다. 기각역은 $V > \chi^2_{0.05}(9) = 16.92$이므로 유의수준 $\alpha = 0.05$에서 귀무가설을 기각할 수 없다. 다시 말해 난수 생성기가 정상적

으로 난수를 생성하지 않는다고 말할 충분한 근거가 없다.

05 기대도수 분할표는 다음과 같다.

	A	B	C	D	F	합계
남학생	34.65	41.25	26.95	3.3	3.85	110
여학생	28.35	33.75	22.05	2.7	3.15	90
합계	63	75	49	6	7	200

$\dfrac{(o_{ij}-e_{ij})^2}{e_{ij}}$의 값을 구하여 표를 만들면 다음과 같다.

	A	B	C	D	F	합계
남학생	0.38	0.04	0.16	0.88	0.34	1.80
여학생	0.47	0.05	0.19	1.07	0.42	2.20

따라서 검정통계량의 값은 $v_0=4$이고 자유도는 $(2-1)(5-1)=4$이다. 기각역은 $V>\chi^2_{0.05}(4)=9.49$이므로 유의수준 $\alpha=0.05$에서 귀무가설을 기각할 수 없다. 다시 말해서 성별과 학점이 독립이 아니라고 말할 충분한 근거가 없다.

07

	B1	B2	B3	합계
A1	33.32	35.28	29.4	98
A2	30.6	32.4	27	90
A3	38.76	41.04	34.2	114
A4	67.32	71.28	59.4	198
합계	170	180	150	500

$v_0=\sum_{i=1}^{4}\sum_{j=1}^{3}\dfrac{(o_{ij}-e_{ij})^2}{e_{ij}}=10.11$, 검정통계량의 자유도 $(4-1)(3-1)=6$

기각역 $V>\chi^2_{0.05}(6)=12.59$이므로 유의수준 $\alpha=0.05$에서 귀무가설을 기각할 수 없다.

09 H_0: 학력과 급여에 대한 만족도는 독립이다. H_1 : H_0이 참이 아니다.

기대도수 분할표는 다음과 같다.

	만족	보통	불만족	합계
고등학교 졸업	49.3	58	37.7	145
대학교 졸업	86.7	102	66.3	255
대학원 졸업	34	40	26	100
합계	170	200	130	500

검정통계량의 값

$$v_0 = \frac{16.3^2}{49.3} + \frac{4^2}{58} + \frac{20.3^2}{37.7} + \frac{8.3^2}{86.7} + \frac{10^2}{102} + \frac{18.3^2}{66.3} + \frac{8^2}{34} + \frac{6^2}{40} + \frac{2^2}{26} = 26.36$$

검정통계량의 자유도 $(3-1)(3-1)=4$, 기각역 $V > \chi^2_{0.01}(4) = 13.28$이므로 유의수준 $\alpha = 0.05$에서 귀무가설을 기각한다. 즉, 학력과 만족도는 독립이 아니다.

찾아보기

ㄹ

ㅁ

ㅂ

ㅍ

ㅎ

이공계생을 위한
확률과 통계

지은이 강혜정
펴낸이 조경희
펴낸곳 경문사
펴낸날 2018년 3월 5일 1판 1쇄
등 록 1979년 11월 9일 제313-1979-23호
주 소 04057, 서울특별시 마포구 와우산로 174
전 화 (02)332-2004 팩스 (02)336-5193
이메일 kyungmoon@kyungmoon.com
facebook facebook.com/kyungmoonsa

값 34,000원

ISBN 979-11-6073-088-3

★ 경문사 홈페이지에 오시면 즐거운 일이 생깁니다.
http://www.kyungmoon.com

한국과학기술출판협회 회원사

이산확률변수에 대한 요약

분포	확률질량함수 $p_X(x) = P(X=x)$	기댓값 $E(X)$ 분산 $Var(X)$	확률생성함수 $g(t) = E(t^X)$
베르누이 분포 $X \sim Bin(1,p)$ $q=1-p$	$p^x(1-p)^{1-x}$ $x=0,1$	p pq	$q+pt$
이항분포 $X \sim Bin(n,p)$ $q=1-p$	$\binom{n}{x} p^x q^{n-x}$ $x=0,1,\cdots,n$	np npq	$(q+pt)^n$
초기하분포 $X \sim HG(N,M,n)$	$\binom{M}{x}\binom{N-M}{n-x}/\binom{N}{n}$ $\max(0,n-N+M)$ $\le x \le \min(n,M)$	$n\frac{M}{N}$ $n\frac{M}{N}\left(1-\frac{M}{N}\right)\left(\frac{N-n}{N-1}\right)$	
기하분포 $X \sim Geo(p)$ $q=1-p$	$(1-p)^{x-1}p$ $x=1,2,3,\cdots$	$\frac{1}{p},\ \frac{q}{p^2}$	$\frac{pt}{1-qt}$
음이항분포 $X \sim NB(r,p)$ $q=1-p$	$\binom{x-1}{r-1}(1-p)^{x-r}p^r$ $x=r,r+1,r+2,\cdots$	$\frac{r}{p},\ \frac{rq}{p^2}$	$\left(\frac{pt}{1-qt}\right)^r$
푸아송 분포 $X \sim Poi(\lambda)$	$p(x) = e^{-\lambda}\frac{\lambda^x}{x!}$ $x=0,1,2,\cdots$	λ λ	$e^{\lambda(t-1)}$

근사식

p가 아주 작고 n이 아주 클 때 $Bin(n,p) \approx Poi(\lambda),\ \lambda = np$

N, M이 클 때 $HG(N,M,n) \approx Bin\left(n, \frac{M}{N}\right)$

n이 크고 p가 적당한 값일 때 $B(n,p) \approx N(np, npq)$

$X \sim Bin(n,p)$일 때 $\frac{X-np}{\sqrt{npq}} \approx N(0,1)$

연속확률변수에 대한 요약

분포	확률밀도함수 $f_X(x)$	기댓값 $E(X)$ 분산 $Var(X)$	적률생성함수 $m(t)=E(e^{tX})$
균일분포 $X \sim U(a,b)$	$\frac{1}{b-a},\ a \le x \le b$	$\frac{a+b}{2},\quad \frac{(b-a)^2}{12}$	$\frac{e^{tb}-e^{ta}}{t(b-a)}$
지수분포 $X \sim \mathrm{Exp}(\lambda)$	$\lambda e^{-\lambda x}$ $x \ge 0$	$\frac{1}{\lambda},\quad \frac{1}{\lambda^2}$	$\frac{\lambda}{\lambda-t},\ t<\lambda$
감마분포 $X \sim \Gamma(k,\lambda)$	$\frac{(\lambda x)^{k-1}}{\Gamma(k)}\lambda e^{-\lambda x}$ $x \ge 0$	$\frac{k}{\lambda},\quad \frac{k}{\lambda^2}$	$\left(\frac{\lambda}{\lambda-t}\right)^k,\ t<\lambda$
정규분포 $X \sim N(\mu,\sigma^2)$	$\frac{1}{\sqrt{2\pi}\,\sigma}\exp\left(-\frac{(x-\mu)^2}{2\sigma^2}\right)$	$\mu,\quad \sigma^2$	$\exp\left(\mu t+\frac{\sigma^2 t^2}{2}\right)$
표준정규분포 $X \sim N(0,1)$	$\frac{1}{\sqrt{2\pi}}e^{-\frac{x^2}{2}}$	$0,\quad 1$	$e^{\frac{t^2}{2}}$
카이제곱분포 $V \sim \chi^2(n)$	·	$n,\ 2n$	$(1-2t)^{-\frac{n}{2}}$

확률변수 사이의 관계식

$Geo(p)=NB(1,p)$

$\mathrm{Exp}(\lambda)=\Gamma(1,\lambda)$

$Z \sim N(0,1)$이면 $\sigma Z+\mu \sim N(\mu,\sigma^2)$

$X \sim N(\mu,\sigma^2)$이면 $\frac{X-\mu}{\sigma} \sim N(0,1)$

독립변수의 합

$X_1, X_2, \cdots X_n$: 독립이고 $X_i \sim Bin(1,p)$이면 $X_1+X_2+\cdots+X_n \sim Bin(n,p)$

$X_1, X_2, \cdots X_r$: 독립이고 $X_i \sim Geo(p)$이면 $X_1+X_2+\cdots+X_r \sim NB(r,p)$

$X_1, X_2, \cdots X_k$: 독립이고 $X_i \sim \mathrm{Exp}(\lambda)$이면 $X_1+X_2+\cdots+X_k \sim \Gamma(k,\lambda)$

$X_1, X_2, \cdots X_n$: 독립이고 $X_i \sim N(0,1)$이면 $X_1^2+X_2^2+\cdots+X_n^2 \sim \chi^2(n)$